高职高专土木与建筑规划教材

房屋建筑学

(第2版)

胡建琴　崔　岩　主　编
程肖琼　肖　芳　副主编

清华大学出版社
北　京

内 容 简 介

本书分为上、下两篇。上篇主要介绍一般工业与民用建筑的构造，包括地基与基础、墙体、楼地层、楼梯与电梯、屋顶、门窗、变形缝，以及单层厂房结构构件和围护构件等；下篇主要包括建筑设计的内容、依据和程序，民用建筑设计基础，施工图的设计规定和要求，课程设计指导和两个民用建筑设计实例。

本书兼顾了不同地区的建筑特点，内容新颖、重点突出、图文并茂、资料性强，论述与现行规范统一。

本书可作为高职高专院校建筑工程类各专业的教材，也可作为土建工程岗位的培训教材或技术员的设计参考书。

图书在版编目(CIP)数据

房屋建筑学/胡建琴，崔岩主编. --2 版. --北京：清华大学出版社，2013（2021.2 重印）
(高职高专土木与建筑规划教材)
ISBN 978-7-302-33724-9

Ⅰ. ①房… Ⅱ. ①胡… ②崔… Ⅲ. ①房屋建筑学—高等职业教育—教材 Ⅳ. ①TU22

中国版本图书馆 CIP 数据核字(2013)第 204701 号

责任编辑：刘天飞 桑任松
封面设计：刘孝琼
责任校对：周剑云
责任印制：宋 林

出版发行：清华大学出版社
网 址：http://www.tup.com.cn, http://www.wqbook.com
地 址：北京清华大学学研大厦 A 座 邮 编：100084
社 总 机：010-62770175 邮 购：010-62786544
投稿与读者服务：010-62776969, c-service@tup.tsinghua.edu.cn
质量反馈：010-62772015, zhiliang@tup.tsinghua.edu.cn
课件下载：http://www.tup.com.cn, 010-62791865
印 装 者：北京鑫海金澳胶印有限公司
经 销：全国新华书店
开 本：185mm×260mm 印 张：30.75 字 数：745 千字
版 次：2006 年 3 月第 1 版 2013 年 12 月第 2 版 印 次：2021 年 2 月第 9 次印刷
定 价：56.00 元

产品编号：041083-01

目 录

上篇 建 筑 构 造

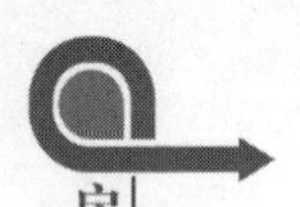

下篇 建筑设计基础

绪　　论

内容提要：绪论主要介绍本课程的内容、特点及学习方法；建筑的构成要素、分类与等级划分；建筑模数协调统一的标准等。

教学目标：

了解本课程的内容、特点及学习方法；
掌握建筑的构成要素、分类与等级划分；
掌握建筑模数协调统一的标准和建筑的构成要素。

0.1　房屋建筑学课程概述

建筑是人类为了满足日常生活和社会活动需要而建造的，是与人们生产生活和社会活动关系十分密切的人工产品。人们日常生活中所称的“建筑”通常是建筑物和构筑物的总称。其中供人们生产、生活或进行其他活动的房屋或场所叫做“建筑物”，人们习惯上也称之为建筑，如住宅、学校、办公楼、影剧院、体育馆和工厂的车间等。而仅为满足生产、生活的某一方面需要而建造的某些工程设施则称为“构筑物”，如水坝、水塔、蓄水池和烟囱等。建筑具有实用性，属于社会产品；建筑又具有艺术性，反映特定的社会思想意识，因此建筑又是一种精神产品。

房屋建筑学是研究房屋的建筑构造组成、构造原理、构造方法及建筑设计的一般原则的一门课程，分为民用建筑和工业建筑两部分，每一部分又包括建筑构造组成和建筑设计原理。建筑构造组成研究一般房屋的各个组成部分及其作用；构造原理研究房屋各个组成部分的构造原理和构造方法；构造方法研究的是在构造原理的指导下，用建筑材料和建筑制品构成构件和配件，以及构配件之间的连接方法；建筑设计原理研究一般房屋的设计原则和设计方法，包括总平面布置、平面设计、剖面设计和立面处理等方面的问题。

该课程是学生认识、了解建筑的重要途径，是建筑类各专业的一门主要专业课。它以“建筑材料”、“建筑制图”和“建筑测量”等课程为基础，同时又为学习“建筑结构”、“建筑施工技术”等后续专业课程提供必要的基础知识，起着承前启后的重要作用。因此它体现着建筑类各专业岗位的基本要求。

1. 本课程的任务

(1) 掌握房屋构造的基本理论，了解房屋各个部分的组成、科学称谓和功能要求。

(2) 了解民用建筑设计的一般原则，掌握建筑设计的基本知识，正确理解设计意图。

(3) 能根据房屋的功能、自然环境因素、建筑材料及施工技术的实际条件，选择合理的构造方案。

(4) 熟练地识读一般的工业与民用建筑施工图纸，有效处理建筑中的构造问题，合理地组织和指导施工，使其满足设计要求。

(5) 能按照设计意图绘制一般的建筑施工图。

2．学习本课程的方法

(1) 掌握构造规律。从简单的、常见的具体构造入手，逐步掌握建筑构造原理和方法的一般规律。

(2) 理论联系实际。观察学习已建或在建工程的建筑构造，了解构造和施工过程，印证所学的构造知识。

(3) 学习查阅资料。注意收集、阅读有关的科技文献和资料，了解建筑构造方面的新工艺、新技术和新材料。

(4) 重视设计绘图。通过对建筑设计知识的学习，建立建筑的空间概念和系统观念；通过课程作业和设计，提高绘制和识读施工图纸的能力。

0.2　建筑的构成要素、分类与分级

建筑的发展经历了从远古到现代、从简陋到完善、从小型到大型以及从低级到高级的漫长过程。

0.2.1　建筑的构成要素

从根本上讲，建筑构成的基本三要素是建筑功能、建筑的物质技术条件和建筑的艺术形象，建筑构成三要素之间的关系如图 0.1 所示。

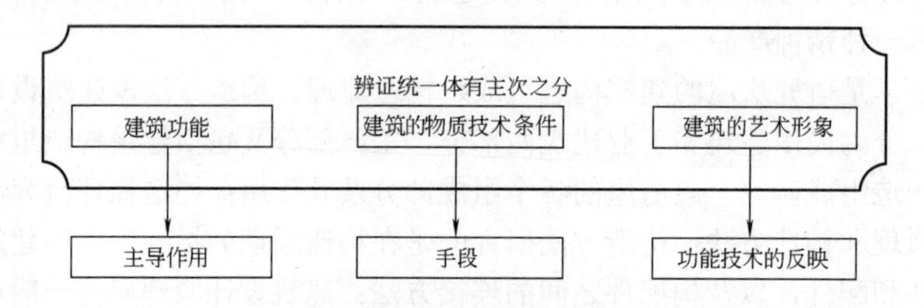

图 0.1　建筑构成三要素之间的关系

1．建筑功能

建筑功能即建筑的实用性，它是建筑三个基本要素中最重要的一个。建筑功能是人们建造房屋的具体目的和使用要求的综合体现，任何建筑物都具有为人所用的功能。随着社会经济的发展，人们对建筑功能产生了更多的要求，这就促进了建筑业的发展和新型建筑不断涌现。因此在建筑千变万化的形式中，建筑功能起到了主导作用。

2．建筑的物质技术条件

建筑是由不同的建筑材料和建筑构配件、设备构成的。建筑材料是构成建筑的物质基础，建筑结构是运用建筑材料，通过一定的技术手段构成的建筑骨架。物质技术条件在限制建筑发展空间的同时也促进了建筑的发展。一方面，新技术、新材料为满足越来越复杂的建筑功能要求创造了条件；另一方面，随着社会活动、科学技术和生产活动的不断丰富，

人们对建筑功能的要求更加复杂、多样化，进而又推动了建筑技术的发展。所以，物质技术条件是构成建筑的重要要素和手段。

3. 建筑的艺术形象

建筑的艺术形象是以其平面空间组合、建筑体型和立面、材料的色彩和质感、细部的处理构成的一定的建筑形象。成功的建筑应当反映时代特征、民族特点、地方特色和文化色彩等，并且与周围的建筑和环境有机融合、协调。优秀的建筑作品能形象地反映出建筑的性质、结构和材料的特征，并给人以美的享受。它是建筑功能和技术的综合反映。

综上所述，建筑功能、建筑的物质技术条件和建筑的艺术形象三者是辩证统一的关系，是互相促进、互相制约的。建筑功能起着主导作用，建筑的物质技术条件是达到建造目的的手段，建筑的艺术形象是功能和技术的反映。建筑设计应当本着满足功能、技术先进、经济适用、安全美观和符合环保要求的原则，对不同的构造方案进行比较、分析和优化。

0.2.2 建筑物的分类

建筑物可以从不同的角度进行分类研究，常见的分类方法有以下几种。

1. 按照使用性质分类(见表 0.1)

表 0.1 按照使用性质分类的建筑物

使用性质		分 类	举 例
民用建筑	供人们工作、学习、生活、居住等的建筑	居住建筑	如住宅、单身宿舍和招待所等
		公共建筑	如办公、科教、文体、商业、医疗、邮电、广播及交通建筑等
工业建筑	各类工业生产用房和为生产服务的附属用房	单层工业厂房	主要用于重工业类的生产企业
		多层工业厂房	主要用于轻工业、IT 业类的生产企业
		单、多层混合厂房	主要用于化工、食品类的生产企业
农业建筑	各类供农业生产使用的房屋		如种子库、拖拉机站、温室等

2. 按照结构类型分类(见表 0.2)

表 0.2 按照结构类型分类的建筑物

结构类型	承重构件所用材料与制作方法、传力方式的比较	应用举例
砌体结构	结构的竖向承重构件采用黏土、多孔砖或承重钢筋混凝土小砌块等砌筑的墙体，水平承重构件为钢筋混凝土楼板及屋顶板	一般用于多层建筑
框架结构	结构的承重部分由钢筋混凝土或钢材制作的梁、板、柱形成骨架，墙体只起围护和分隔作用	可用于多层和高层建筑
钢筋混凝土板墙结构	结构的竖向承重构件和水平承重构件均采用钢筋混凝土制作，施工时可以在现场浇筑或在加工厂预制，现场吊装	可用于多层和高层建筑
特种结构	又称为空间结构，它包括悬索、网架、拱、壳体等结构形式	多用于大跨度公共建筑

3．按照建筑层数或总高度分类

建筑层数是房屋建筑的一项非常重要的控制指标，但必须结合建筑总高度综合考虑，具体分类见表 0.3。

表 0.3　按照建筑层数或总高度分类的建筑物

<table>
<tr><td rowspan="2">公共建筑、综合性民用建筑</td><td>分　类</td><td colspan="2">普通建筑</td><td colspan="2">高层建筑</td></tr>
<tr><td>建筑总高度/m</td><td colspan="2">≤24</td><td colspan="2">>24</td></tr>
<tr><td rowspan="3">高层建筑(住宅、公共建筑、综合性建筑)</td><td>分　类</td><td>低高层</td><td>中高层</td><td>高层</td><td>超高层</td></tr>
<tr><td>层　数</td><td>9～16</td><td>17～25</td><td>26～40</td><td>>40</td></tr>
<tr><td>建筑总高度/m</td><td><50</td><td>50～75</td><td>76～100</td><td>>100</td></tr>
</table>

注：(1) 普通建筑指建筑总高度不超过 24 m 的普通民用建筑和超过 24 m 的高层民用建筑。

(2) 建筑高度按下列方法确定：①在重点文物保护单位和重要风景区附近的建筑物，其高度系指建筑物的最高点，包括电梯间、楼梯间、水箱和烟囱等。②在前条所指地区以外的一般地区，其建筑高度按以下标准计算：平顶房屋按女儿墙高度计算；坡顶房屋按屋檐和屋脊的平均高度计算。屋顶上的附属物，如电梯间、楼梯间、水箱和烟囱等，其总面积不超过屋顶面积的 20%，高度不超过 4 m 的不计入高度之内。③消防要求的建筑物高度为建筑物室外地面到其屋顶平面或檐口的高度。

(3) 在 GB 50096—2011 住宅设计规范中有关住宅按层数划分的低层住宅、多层住宅、中高层住宅，高层住宅概念已停止使用。

4．按照承重结构的材料分类(见表 0.4)

表 0.4　按照承重结构的材料分类的建筑物

承重结构的材料		举　例
砖混结构	用砖墙(柱)、钢筋混凝土楼板及屋面板作为主要承重构件，属于墙承重结构体系	在居住建筑和一般公共建筑中大量采用
钢筋混凝土结构	钢筋混凝土材料作为建筑的主要承重构件，多属于骨架承重结构体系	大型公共建筑、大跨度建筑、高层建筑较多采用
钢结构	主要承重结构全部采用钢材，具有自重轻、强度高的特点，但耐火能力较差	大型公共建筑、工业建筑、大跨度和高层建筑经常采用
土木结构、砖木结构	由于这两类结构的耐久性和防火性能均较差，现在已基本被淘汰	

5．按照施工方法分类

施工方法是指建筑房屋所采用的方法，它分为以下几类。

(1) 现浇、现砌式。施工方法是主要构件均在施工现场砌筑(如砖墙等)或浇筑(如钢筋混凝土构件等)。

(2) 预制、装配式。施工方法是主要构件在加工厂预制，施工现场进行装配。

(3) 部分现浇现砌、部分装配式。施工方法是一部分构件在现场浇筑或砌筑(大多为竖向构件)，一部分构件为预制吊装(大多为水平构件)。

6. 按照规模和数量分类

民用建筑还可以根据建筑规模和建造数量的差异进行分类。

(1) 大型性建筑。主要包括建造数量少、单体面积大、个性强的建筑，如机场候机楼、大型商场和旅馆等。

(2) 大量性建筑。主要包括建造数量多、相似性大的建筑，如住宅、中小学校、商店及加油站等。

0.2.3 建筑物的等级划分

由于建筑物的功能和在社会生活中的地位差异较大，为了使建筑物充分发挥投资效益，避免造成浪费，适应社会经济发展的需要，我国对各类不同建筑物的级别进行了明确的划分。民用建筑是根据建筑物的耐久(使用)年限、重要性和规模大小、耐火等级来划分等级的。

1. 按建筑物的耐久年限划分

建筑物耐久等级的指标是使用年限。使用年限的长短是依据建筑物的性质决定的。影响建筑寿命长短的主要因素是结构构件的选材和结构体系。在《民用建筑设计通则》(JGJ 37—87)中对建筑物的耐久年限作了规定(见表 0.5)。大量建造的建筑，如住宅等，属于次要建筑，其耐久等级应为三级。

表 0.5 按建筑物性质划分的耐久年限

耐火等级	耐久年限	适用范围
一级	100 年以上	重要的建筑和高层建筑
二级	50～100 年	一般性建筑
三级	25～50 年	次要的建筑
四级	15 年以下	临时性建筑

2. 按建筑物的重要性和规模大小划分

建筑物按照其重要性、规模的大小、使用要求的不同，分成特级、1 级、2 级、3 级、4 级、5 级等 6 个级别(见表 0.6)，它是基本建设投资和建筑设计的重要依据。

表 0.6 民用建筑的等级

工程等级	工程主要特征	工程范围举例
特级	• 列为国家重点项目或以国际性活动为主的特高级大型公共建筑 • 有全国性历史意义或技术要求特别复杂的中小型公共建筑 • 30 层以上建筑 • 高大空间有声、光等特殊要求的建筑物	国宾馆、国家大会堂、国际会议中心、国际体育中心、国际贸易中心、国际大型空港、国际综合俱乐部、重要历史纪念建筑、国家级图书馆、博物馆、美术馆、剧院、音乐厅和三级以上人防的工程

续表

工程等级	工程主要特征	工程范围举例
1 级	• 高级大型公共建筑 • 有地区性历史意义或技术要求复杂的中、小型公共建筑 • 16 层以上 29 层以下或超过 50 m 高的公共建筑	高级宾馆、旅游宾馆、高级招待所、别墅、省级展览馆、博物馆、图书馆、科学实验研究楼(包括高等院校)、高级会堂、高级俱乐部、300 床位以上的医院、疗养院、医疗技术楼、大型门诊楼，大中型体育馆、室内游泳馆、室内滑冰馆、大城市火车站、航运站、候机楼、摄影棚、邮电通信楼、综合商业大楼、高级餐厅、四级人防和五级平战结合人防的工程
2 级	• 中高级、大中型公共建筑 • 技术要求较高的中小型建筑 • 16 层以上 29 层以下的住宅	大专院校教学楼、档案馆、礼堂、电影院，部、省级机关办公楼，300 床位以下医院、疗养院，地(市)级图书馆、文化馆、少年宫、俱乐部、排演厅、报告厅、风雨操场、大中城市汽车客运站、中等城市火车站、邮电局、多层综合商场、风味餐厅及高级小住宅等
3 级	• 中级、中型公共建筑 • 7 层以上(包括 7 层)15 层以下有电梯住宅或框架结构的建筑	重点中学、中等专科学校、教学楼、实验楼、电教楼、社会旅馆、饭馆、招待所、浴室、邮电所、门诊部、百货楼、托儿所、幼儿园、综合服务楼、一层和二层商场、多层食堂、小型车站等
4 级	• 一般中小型公共建筑 • 7 层以下无电梯的住宅、宿舍及砖混结构建筑	一般办公楼、中小学教学楼、单层食堂、单层汽车库、消防车库、蔬菜门市部、粮站、杂货店、阅览室、理发室和水冲式公共厕所等
5 级	一、二层单功能，一般小跨度结构建筑	

3. 按耐火等级划分

建筑物的耐火等级是衡量建筑物耐火程度的标准，划分耐火等级是建筑防火设计规范中规定的防火技术措施中最基本的措施之一。为了提高建筑物对火灾的抵抗能力，在建筑构造上采取措施控制火灾的发生和蔓延就显得非常重要。建筑物的耐火等级的划分，是按照建筑物的使用性质、体形情况、防火面积等确定的。我国《建筑设计防火规范》(GB 50016—2006)规定，民用建筑耐火等级分为四类，见表 0.7。

民用建筑之间的防火间距不应小于表 0.8 的规定，与其他建筑物之间的防火间距应按规范有关规定执行。

防火分区之间应采用防火墙作分隔，如有困难时，可采用防火卷帘和水幕分隔。托儿所、幼儿园及儿童游乐厅等儿童活动场所应独立建造。当必须设置在其他建筑内时，宜设置独立的出入口。

耐火等级取决于房屋主要构件的燃烧性能和耐火极限，是衡量建筑物耐火程度的标准。

1) 燃烧性能

燃烧性能是指建筑构件在明火或高温辐射的情况下，能否燃烧及燃烧的难易程度。建筑构件按材料的燃烧性能把材料分为不燃烧体、难燃烧体和燃烧体，见表 0.9。

表 0.7　民用建筑的耐火等级、层数和最大允许建筑面积

耐火等级	最多允许层数	防火分区的最大允许建筑面积/m^2	备　注
一、二级	9 层和 9 层以下的居住建筑(包括设置商业服务网点的居住建筑)和建筑高度≤24 m 的公共建筑；建筑高度＞24 m 的单层公共建筑；地下、半地下建筑(包括建筑附属的地下室、半地下室)；可燃材料堆场；城市交通隧道	2500	(1) 体育馆、剧院的观众厅，展览建筑的展厅，其防火分区最大允许建筑面积可适当放宽 (2) 托儿所、幼儿园的儿童用房和儿童游乐厅等儿童活动场所不应超过三层或设置在四层及四层以上楼层或地下、半地下建筑(室)内
三级	5 层	1200	(1) 托儿所、幼儿园的儿童用房和儿童游乐厅等儿童活动场所、老年人建筑和医院、疗养院的住院部分不应超过二层或设置在三层及三层以上楼层或地下、半地下建筑(室)内 (2) 商店、学校、电影院、剧院、礼堂、食堂、菜市场不应超过二层或设置在三层及三层以上楼层
四级	2 层	600	学校、食堂、菜市场、托儿所、幼儿园、老年人建筑、医院等不应设置在二层
地下、半地下建筑(室)		500	

注：建筑内设置自动灭火系统时，该防火分区的最大允许建筑面积可按本表的规定增加 1.0 倍。局部设置时，增加面积可按该局部面积的 1.0 倍计算。

表 0.8　民用建筑之间的防火间距　　单位：m

耐火等级	一、二级	三级	四级
一、二级	6.0	7.0	9.0
三级	7.0	8.0	10.0
四级	9.0	10.0	12.0

注：① 两座建筑物相邻较高一面外墙为防火墙或高出相邻较低一座一、二级耐火等级建筑物的屋面 15m 范围内的外墙为防火墙且不开设门窗洞口时，其防火间距可不限。

② 相邻的两座建筑物，当较低一座的耐火等级不低于二级、屋顶不设置天窗、屋顶承重构件及屋面板的耐火极限不低于 1.00h，且相邻的较低一面外墙为防火墙时，其防火间距不应小于 3.5m。

表 0.9　建筑材料和构件的燃烧性能

材料分类	定　义	举　例
不燃烧体	用不燃烧材料制成的构件。不燃烧材料是指在空气中受到火烧或高温作用时不起火、不微燃、不炭化的材料	建筑中采用的金属材料和天然或人工的无机矿物材料均属于不燃烧体，如混凝土、钢材、天然石材等

续表

材料分类	定 义	举 例
难燃烧体	用难燃烧材料制成的构件或用可燃材料制成而用不燃烧材料作保护层的构件。难燃烧材料是指在空气中受到火烧或高温作用时难起火、难微燃、难碳化，当火源移走后燃烧或微燃立即停止的材料	如沥青混凝土、经过防火处理的木材、用有机物填充的混凝土和水泥刨花板等
燃烧体	用可燃材料做成的构件。可燃材料是指在空气中受到火烧或高温作用时立即起火或微燃，且火源移走后仍继续燃烧或微燃的材料	如木材等

2) 耐火极限

耐火极限指的是建筑构件按时间—温度标准曲线进行耐火试验，从受到火的作用时起，到失去支持能力或完整性被破坏或失去隔火作用时止的这段时间，用小时表示。在不同耐火等级的建筑物中建筑物构件的耐火等级及其燃烧性能的要求亦不同。除本规范另有规定者外，不同耐火等级建筑物相应构件的燃烧性能和耐火极限不应低于表 0.10 的规定。

表 0.10 建筑物构件的燃烧性能和耐火极限 单位：h

构件名称		耐火等级			
		一级	二级	三级	四级
		燃烧性能和耐火极限/h			
墙	防火墙	不 3.00	不 3.00	不 3.00	不 3.00
	承重墙	不 3.00	不 2.50	不 2.00	难 0.50
	非承重墙	不 1.00	不 1.00	不 0.50	燃烧体
	楼梯间的墙、电梯井的墙、住宅单元之间的墙、住宅分户墙	不 2.00	不 2.00	不 1.50	难 0.50
	疏散走道两侧的隔墙	不 1.00	不 1.00	不 0.50	难 0.25
	房屋隔墙	不 0.75	不 0.50	难 0.50	难 0.25
柱		不 3.00	不 2.50	不 2.00	难 0.50
梁		不 2.00	不 1.50	不 1.00	难 0.50
楼板、疏散楼梯		不 1.50	不 1.00	不 0.50	燃烧体
屋顶承重构件		不 1.50	不 1.00	燃烧体	燃烧体
吊顶(包括吊顶格栅)		不 0.25	难 0.25	难 0.15	燃烧体

注：“不”指不燃烧体、“难”指难燃烧体、“燃”指燃烧体。

① 在二级耐火等级的建筑中，吊顶采用不燃烧体时，其耐火极限不限；面积不超过 100 m^2 的房间隔墙，如执行本表的规定确有困难时，可采用耐火极限不低于 0.3 h 的不燃烧体；住宅的楼板采用预应力钢筋混凝土楼板时，该楼板的耐火极限不应低于 0.75 h。当房间隔墙采用难燃烧体时其耐火极限应提高 0.25 h。

② 一、二级耐火等级建筑疏散走道两侧的隔墙，按本表规定执行确有困难时，可采用 0.75 h 不燃烧体。上人平屋顶，其屋面板的耐火极限分别不应低于 1.50 h 和 1.00 h。屋面板应采用不燃烧材料，但其屋面防水层和绝热层可采用可燃材料。

③ 三级耐火等级的医院、疗养院、中小学校、老年人建筑及托儿所、幼儿园的儿童用房和儿童游乐厅等儿童活动场所和三层及三层以上建筑中的门厅、走道建筑或部位的吊顶，应采用不燃烧体或耐火极限不低于 0.25 h 的难燃烧体。

失去稳定性是指构件自身解体或垮塌，梁、楼板等受弯承重构件的挠曲速率发生突变是失去支持能力的象征；完整性破坏是指楼板、隔墙等具有分隔作用的构件，在试验中出现穿透裂缝或较大的孔隙；失去隔热性是指具有分隔作用的构件在试验中背火面测温点测得的平均温升到达 140℃(不包括背火面的起始温度)，或背火面测温点中任意一点的温升到达 180℃，或在不考虑起始温度的情况下背火面任一测点的温度到达 220℃。建筑构件出现了上述现象之一，就认为其达到了耐火极限。

《高层民用建筑设计防火规范》GBJ 50045—95(2005 版)规定，高层民用建筑分为两类，主要依据建筑高度、建筑层数、建筑面积和建筑物的重要程度来划分，见表 0.11。一类高层的耐火等级应为一级，二类高层应不低于二级，裙房应不低于二级，地下室应为一级。

高层民用建筑构体的耐火等级分为两级，其划分方法见表 0.12。高层建筑之间及高层建筑与其他民用建筑之间的防火间距不小于表 0.13 的规定。

建筑物的等级划分是根据其重要性和对社会生活影响程度来划分的。通常重要建筑设计的耐久年限长，耐火等级高，导致建筑构件和设备的标准高，可靠性高，抵抗破坏的能力强，施工难度大，造价也高。因此应当根据建筑物的实际情况，合理确定建筑物的耐久年限和防火等级。

表 0.11　高层民用建筑的分类

名　称	一　类	二　类
居住建筑	高级住宅、≥19 层的住宅	10～18 层的住宅
公共建筑	医院；高级旅馆；建筑高度超过 50 m 或 24 m 以上部分的任一楼层的建筑面积超过 1000 m^2 的商业楼、展览馆楼、综合楼、电信楼、财贸金融楼；建筑高度超过 50 m 或 24 m 以上部分的任一楼层的建筑面积超过 1500 m^2 的商住楼；中央级和省级广播电视楼；网局级和省级电力调度楼；省级邮政楼、防灾指挥调度楼；藏书超过 100 万册的图书馆、书库；重要的办公楼、科研楼、档案楼；建筑高度超过 50 m 的教学楼和普通的旅馆、办公楼、科研楼、档案楼等	除一类建筑以外的商业楼、展览馆楼、综合楼、电信楼、财贸金融楼、商住楼、图书馆、书库；省级以下的邮政楼、防灾指挥调度楼、广播电视楼、电力调度楼；建筑高度不超过 50 m 的教学楼和普通的旅馆、办公楼、科研楼、档案楼等

表 0.12　高层民用建筑构件燃烧性能和耐火极限

构件名称		耐火等级	
		一级	二级
		燃烧性能和耐火极限/h	
墙	防火墙	不 3.00	不 3.00
	承重墙、楼梯墙、电梯井和住宅单元间的墙、住宅分户墙	不 2.00	不 2.00
	非承重墙、疏散走道两侧的隔墙	不 1.00	不 1.00
	房屋隔墙	不 0.75	不 0.50
柱		不 3.00	不 2.50
梁		不 2.00	不 1.50
楼板、疏散楼梯、屋顶承重构件		不 1.50	不 1.00
吊顶		不 0.25	不 0.25

表 0.13　高层建筑之间及高层建筑与其他民用建筑之间的防火间距　　单位：m

建筑类别	高层建筑	裙　房	其他民用建筑		
			耐火等级		
			一、二级	三　级	四　级
高层建筑	13	9	9	11	14
裙房	9	6	6	7	9

0.3　建筑模数

为了实现设计标准化、构配件生产工业化、施工机械化，协调建筑设计、施工及构配件生产之间的尺度关系，使采用不同材料、不同形式和不同制造方法制作的建筑构配件、组合件具有一定的通用性和互换性，达到简化构件类型、降低建筑造价、保证建筑质量、提高施工效率的目的，我国制定有《建筑模数协调统一标准》(GBJ 2—86)，用以约束和协调建筑的尺度关系。

建筑模数是选用标准的尺度单位，作为建筑空间、建筑构配件、建筑制品以及有关设备尺寸相互协调中的增值单位，包括以下几点内容。

1. 基本模数

基本模数是模数协调中选用的基本单位，其数值为 100 mm，符号为 M，即 1M=100 mm。整个建筑物和建筑物的各个部分以及建筑组合构件的模数化尺寸，应是基本模数的倍数。

2. 导出模数

由于建筑中需要用模数协调的各部位尺度相差较大，仅仅靠基本模数不能满足尺度的协调要求，因此在基本模数的基础上又发展了相互之间存在内在联系的导出模数，包括扩大模数和分模数。

扩大模数是基本模数的整数倍数。水平扩大模数基数为 3M、6M、12M、15M、30M、60M，其相应的尺寸分别是 300 mm、600 mm、1200 mm、1500 mm、3000 mm、6000 mm。主要适用于建筑物的开间或柱距、进深或跨度、构配件尺寸和门窗洞口尺寸。

竖向扩大模数基数为 3M、6M，其相应的尺寸分别是 300 mm、600 mm。主要适用于建筑物的高度、层高、门窗洞口尺寸。

分模数是整数除基本模数的数值。分模数基数为 M/10、M/5、M/2，其相应的尺寸分别是 10 mm、20 mm、50 mm，主要适用于缝隙、构造节点和构配件断面尺寸。

3. 模数数列及应用

模数数列是以选定的模数基数为基础而展开的模数系统，它可以保证不同建筑及其组成部分之间尺度的统一协调，有效减少建筑尺寸的种类，并确保尺寸具有合理的灵活性。模数数列根据建筑空间的具体情况拥有各自的适用范围，建筑物的所有尺寸除特殊情况之外，均应满足模数数列的要求，表 0.14 所示为我国现行的模数数列。

表 0.14　我国现行的模数数列

模数名称	基本模数	扩大模数						分模数		
模数基数	1M	3M	6M	12M	15M	30M	60M	M/10	M/5	M/2
基数数值/mm	100	300	600	1200	1500	3000	6000	10	20	50
模数数列	100	300						10		
	200	600	600					20	20	
	300	900						30		
	400	1200	1200	1200				40	40	
	500	1500			1500			50		50
	600	1800	1800					60	60	
	700	2100						70		
	800	2400	2400	2400				80	80	
	900	2700						90		
	1000	3000	3000		3000	3000		100	100	100
	1100	3300						110		
	1200	3600	3600	3600				120	120	
	1300	3900						130		
	1400	4200	4200					140	140	
	1500	4500			4500			150		150
	1600	4800	4800	4800				160	160	
	1700	5100						170		
	1800	5400	5400					180	180	
	1900	5700						190		
	2000	6000	6000	6000	6000	6000	6000	200	200	200
	2100	6300							220	
	2200	6600	6600						240	
	2300	6900								250
	2400	7200	7200	7200					260	
	2500	7500			7500				280	
	2600		7800						300	300
	2700		8400	8400					320	
	2800		9000		9000	9000			340	
	2900		9600	9600						350
	3000				10500				360	
	3100			10800					380	
	3200			12000	12000	12000	12000		400	400
	3300					15000				450
	3400					18000	18000			500
	3500					21000				550

续表

模数名称	基本模数	扩大模数						分模数		
模数数列	3600					24000	24000			600
						27000				650
						27000				650
						30000	30000			700
						33000				750
						36000	36000			800
										850
										900
										950
										1000

0.4 建筑构件尺寸

为了保证建筑物构件的安装与有关尺寸间的相互协调，在建筑模数协调中把尺寸分为标志尺寸、构造尺寸和实际尺寸，三种尺寸间的关系如图 0.2 所示。

(1) 标志尺寸。应符合模数数列的规定，用以标注建筑物定位轴面、定位面或定位轴线、定位线之间的垂直距离(如开间或柱距、进深或跨度、层高等)，以及建筑构配件、建筑组合件、建筑制品以及有关设备界限之间的尺寸。

(2) 构造尺寸。建筑构配件、建筑组合件和建筑制品等的设计尺寸。一般情况下，标志尺寸减去缝隙尺寸为构造尺寸，缝隙尺寸的大小最好符合模数数列的规定。

(3) 实际尺寸。建筑构配件、建筑组合件和建筑制品等生产制作后的实有尺寸。实际尺寸与构造尺寸之间的差数应符合建筑公差的规定。

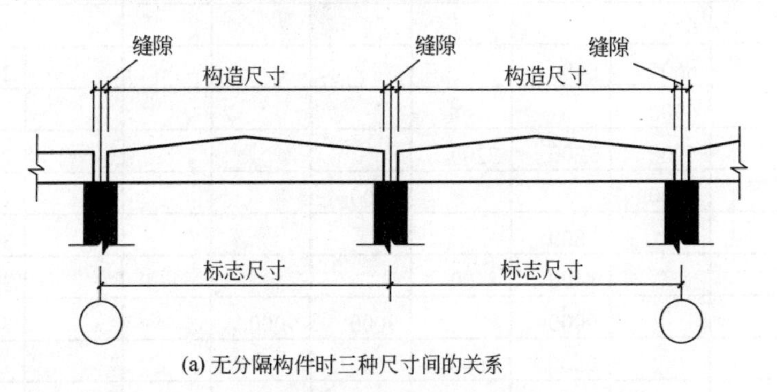

(a) 无分隔构件时三种尺寸间的关系

图 0.2　三种尺寸间的关系

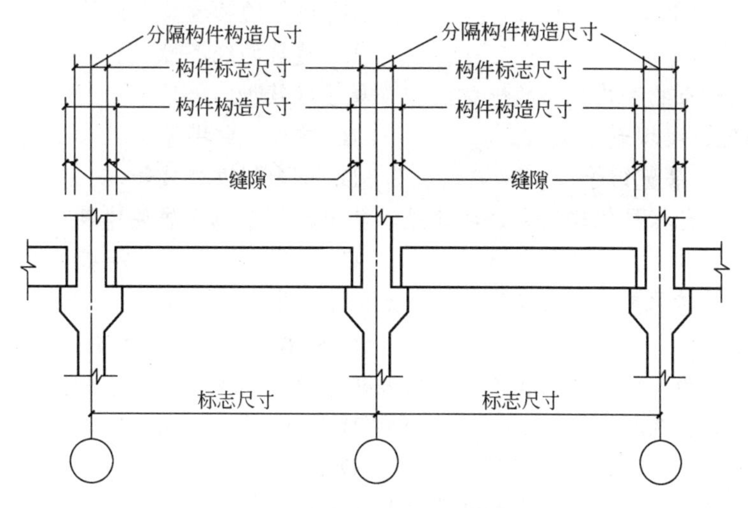

(b) 有分隔构件时三种尺寸间的关系

图 0.2　三种尺寸间的关系(续)

0.5　单 元 小 结

内　容	知识要点	能力要求
房屋建筑构造	建筑构造与建筑设计原理的基本概念	建筑构造与建筑设计的区别
房屋建筑分类	建筑的构成要素：建筑功能、建筑物质技术条件和建筑的艺术形象之间是辩证统一的 房屋建筑分别按照建筑物使用性质、结构类型、层数、材料、施工方法的不同分类	能熟练对建筑物进行分类
建筑物等级划分	建筑物分别是按耐久性、重要性和规模、耐火等级的不同来划分等级的	会确定建筑物等级
建筑模数	基本模数、导出模数、模数数列和应用	能应用模数数列
建筑构件尺寸	建筑模数协调中建筑构件尺寸分为标志尺寸、构造尺寸和实际尺寸	会辨析应用建筑模数协调中的建筑构件的三种尺寸

0.6　复习思考题

一、名词解释

1. 耐火极限　2. 基本模数　3. 大量性建筑　4. 开间　5. 模数数列

二、选择题

1. 建筑的构成三要素中，____是建筑的目的，起主导作用。

A. 建筑功能　　B. 建筑的物质技术条件

C. 建筑形象　　D. 建筑的经济性

2. 建筑是建筑物和构筑物的统称，____属于建筑物。

A. 住宅、堤坝等　　B. 学校、电塔等

C. 工厂、展览馆等　　D. 烟囱、办公楼等

3. 民用建筑包括居住建筑和公共建筑，其中，____属于居住建筑。

A. 托儿所　　B. 宾馆　　C. 公寓　　D. 疗养院

4. 普通黏土砖承重墙，当厚度为 240 mm 时，其耐火极限为____h。

A. 3.00　　B. 2.500　　C. 5.50　　D. 4.50

5. 耐火等级为二级时楼板和吊顶的耐火极限应分别满足____。

A. 1.50 h 和 0.25 h　　B. 1.00 h 和 0.25 h

C. 1.50 h 和 0.15 h　　D. 1.00 h 和 0.15 h

6. 耐火等级为三级的一般民用建筑的层数不应超过____。

A. 8 层　　B. 7 层　　C. 6 层　　D. 5 层

三、简答题

1. 什么是建筑物？什么是构筑物？

2. 影响建筑构造的因素主要有哪些？它们之间的辩证关系是什么？

3. 建筑物按使用性质如何划分？建筑物按规模和数量如何划分？

4. 民用建筑的耐火等级是如何划分的？高层民用建筑的耐火等级是如何划分的？

5. 什么是模数、基本模数、扩大模数和分模数？在建筑模数协调中规定了哪几种尺寸？它们相互间的关系如何？

上篇　建 筑 构 造

第 1 章　民用建筑构造概述

内容提要：本章主要介绍建筑物的基本构造组成、影响建筑构造的因素、建筑构造设计原则和定位轴线的定位与编号等内容。

教学目标：

了解影响建筑构造的因素和建筑构造设计原则；
掌握建筑物的基本构造组成以及各组成部分的作用和要求；
掌握民用建筑定位轴线的定位方法和编号。

1.1　民用建筑的构造组成

常见的民用建筑，往往因其功能不同，形式也多种多样，但在建筑构造的基本构造组成、影响因素、设计原则和定位轴线等基本问题上通常是相同的。

民用建筑通常由基础、墙体或柱、楼地层、楼梯、屋顶和门窗这 6 个主要构造部分组成。这些组成部分构成了房屋的主体，它们在建筑的不同部位发挥着不同的作用。房屋除了上述的 6 个主要组成部分之外，往往还有其他的构配件和设施，如阳台、雨篷、台阶、散水、垃圾道、通风道和壁橱等，可根据建筑物的要求设置，以保证建筑物可以充分发挥其功能。民用建筑的构造组成如图 1.1 所示。

1. 基础

基础是建筑物最下部的承重构件，承担建筑物的全部荷载，并将这些荷载传给它下面的土层(该土层称为地基)。基础作为建筑物的主要受力构件，是建筑物得以立足的根基。由于基础埋置于地下，受到地下各种不良因素的影响，因此基础应具有足够的强度、刚度和耐久性，达到足够的使用年限。

2. 墙体或柱

墙体是建筑物的重要构造组成部分。在砖混结构或混合结构中，墙体作为承重构件时，它承担屋顶和楼板层传下来的各种荷载，并把荷载传递给基础。作为墙体，外墙还具有围护功能，能够抵御风霜雨雪及寒暑等自然界各种因素对室内的侵袭；内墙起到分隔建筑物

内部空间，创造适宜的室内环境的作用。因此，墙体应具有足够的强度、稳定性、保温、隔热、防火、防水和隔声等性能，以及一定的耐久性和经济性。

柱是框架或排架等以骨架结构承重的建筑物的竖向承重构件，承受屋顶和楼板层传来的各种荷载，并进一步传递给基础，要求具有足够的强度、刚度和稳定性。

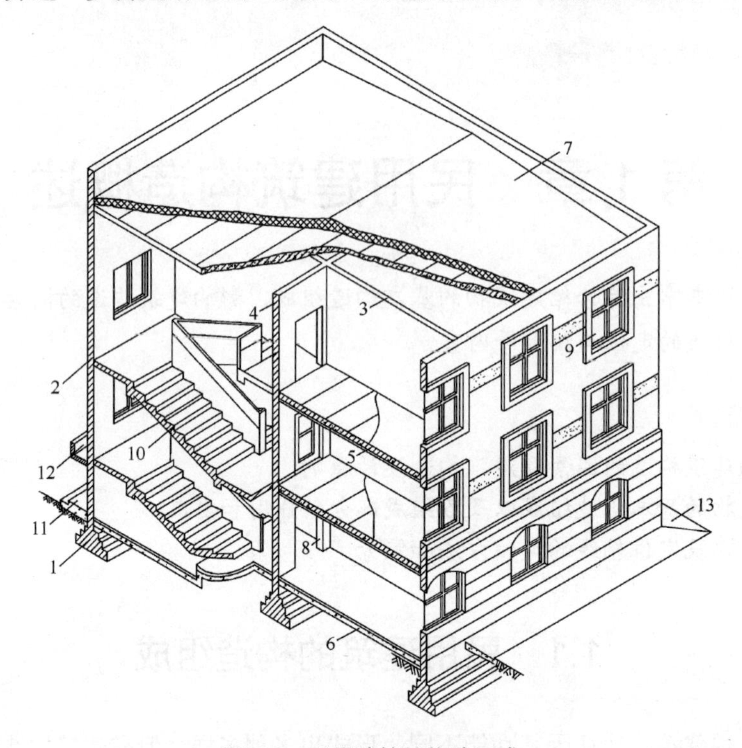

图 1.1　民用建筑的构造组成

1—基础；2—外墙；3—内横墙；4—内纵墙；5—楼板；6—地坪；7—屋顶；
8—门；9—窗；10—楼梯；11—台阶；12—雨篷；13—散水

3. 楼地层

楼地层指楼板层和地坪。

楼板层是建筑中水平方向的承重构件，承担楼板上的家具、设备和人体荷载以及自身的重量，并把这些荷载传给建筑物的竖向承重构件，同时对墙体起到水平支撑的作用，传递风、地震等侧向水平荷载；同时还有竖向分隔空间的功能，将建筑物沿水平方向分为若干层。因此，楼板层应具有足够的强度、刚度和隔声性能，还应具备足够的防火、防潮和防水的能力。

地坪是建筑底层房间与地基土层相接的构件，它承担着底层房间的地面荷载，也应有一定的强度以满足承载能力，且地坪下面往往是夯实的土壤，所以地坪还应具有防潮、防水的能力。

楼板层与地坪都是人们使用接触的部分，应满足耐磨损、防尘、保温和地面装饰等要求。

4. 楼梯

楼梯是建筑中联系上下各层的垂直交通设施，在平时供人们上下或搬运家具、设备，遇到紧急情况时供人们安全疏散。因此，楼梯在宽度、坡度、数量、位置、布局形式和防火性能等诸方面均有严格要求，以保证楼梯具有足够的通行能力和安全疏散能力，并且满足坚固、耐磨、防滑及防火等要求。目前，许多高层建筑或大型建筑的竖向交通主要靠电梯、自动扶梯等设备解决，但楼梯作为安全通道仍然是建筑不可缺少的组成部分，在建筑设计中不容忽视。

5. 屋顶

屋顶是建筑顶部的承重构件和围护构件。它承受着直接作用于屋顶的各种荷载，如风、雨、雪及施工、检修等荷载，并进一步传给承重墙或柱，同时抵抗风、雨、雪的侵袭和太阳辐射热的影响，因此，屋顶应具有足够的强度、刚度及保温、隔热、防水等性能。屋顶又被称为建筑的“第五立面”，在建筑设计中，屋顶的造型、檐口、女儿墙的形式与装饰等，对建筑的体型和立面形象具有较大的影响。

6. 门和窗

门主要是供人们通行或搬运家具、设备进出建筑物或房间的构件，室内门兼有分隔房间的作用，室外门兼有围护的作用，有时还能进行采光和通风。因此进行门的布置时，应符合规范的要求，合理确定门的宽度、高度、数量、位置和开启方式等，以保证门的通行能力，并应考虑安全疏散的要求。

窗是建筑围护结构的一部分，主要作用是采光、通风和供人眺望，所以窗应有足够的面积。窗的形式和选材对建筑的立面形象也有较大程度的影响。

门和窗是围护结构的薄弱环节，因此在构造上应满足保温、隔热的要求；在某些有特殊要求的房间，还应具有隔声、防火等性能。

1.2 影响建筑构造的因素

建筑物存在于自然界之中，在使用过程中经受着人为和自然界的各种影响，在进行建筑构造设计时，必须考虑这些因素，采取必要措施，以提高建筑物抵御外界影响的能力，提高其使用质量和耐久性，从而满足人们的使用要求。

影响建筑构造的因素，归纳起来有以下三个主要方面。

1.2.1 外界环境的影响

1. 外力作用的影响

作用在建筑结构上的各种外力统称为荷载。荷载可分为恒载(如结构自重、土压力等)和活荷载(如人群、家具和设备的重量，作用在墙面和屋顶上的风压力，落在屋顶上的雨、雪重量及地震作用等)两类。荷载的大小是建筑结构设计的主要依据，也是结构选型的重要

依据。在构造设计时，必须认真分析作用在建筑构造上的各种外力的作用形式、作用位置和力的大小，以便正确合理地确定构件的用材类型、用料多少、尺寸大小、构件形式和连接方式，以及合理地确定建筑物的构造方式和结构形式。所以，外力作用是确定建筑构造方案的主要影响因素。

2. 自然环境的影响

处于自然环境中的建筑物随时受到各种各样的自然环境的影响，如日晒、雨淋、冰冻、太阳辐射、大气污染、冷热寒暖和地下水侵蚀等。不同的地域有着不同的地理环境，从我国的南方到北方，气候条件有着许多差异。故在进行构造设计时，应该针对建筑物所受影响的性质与程度，对有关构配件及构造部位采取相应的构造措施，如防潮、防水、防冻、保温、隔热、防腐蚀和设伸缩缝等等。有时也可以将一些自然因素加以利用。例如，寒冷地区利用太阳辐射热提高室内温度，炎热地区组织自然风通过室内以降温，保证住宅的一定日照时间以满足使用需要等。

3. 人为因素的影响

人们在生产、工作和生活等活动中，往往会对建筑物产生一些不利的影响，如机械振动、噪声和化学腐蚀，甚至遇到火灾、爆炸等，这些都是人为因素的影响。为防止这些影响因素对建筑物造成危害，在进行建筑构造设计时，必须针对这些影响因素，认真分析，采取相应的防振、隔声、防腐、防火和防爆等构造措施，以防止建筑物遭受不应有的损失。

1.2.2 建筑技术条件的影响

建筑物是由不同的建筑材料构成的，而在形成建筑物的过程中，受到建筑结构技术、施工技术、设备技术等条件的制约。任何好的设计方案如果没有技术的保证，都只能停留在图纸上，不能成为建筑物。建筑物所在地区不同、用途不同，对建筑构造设计也就有不同的技术要求。随着科学技术的不断发展，建筑新材料、新工艺和新技术等不断出现，相应地促进了建筑构造技术的不断进步，促使建筑可以向大空间、大高度、大体量的方向发展，从而涌现出大量的现代建筑。

1.2.3 经济条件的影响

随着社会的发展和建筑技术的不断发展，各类新型装饰材料和中、高档的配套家具设备等相继大量出现。人们的生活水平日益提高，对建筑物的使用要求也越来越高，相应地促使建筑标准也在不断变化。建筑标准所包含的内容较多，与建筑构造关系密切的主要有建筑造价标准、建筑装饰标准和建筑设备标准。所以，对建筑构造的要求也将随着经济条件的改变而发生巨大的变化。

1.3 建筑设计原则

建筑物进行构造设计时应综合处理各种技术因素，遵循以下原则。

1. 满足建筑的各项功能要求

由于建筑物所处的位置不同、使用性质不同，因而进行建筑设计时必须满足不同的使用功能要求，进行相应的构造处理。例如北方寒冷地区要满足建筑物冬季保温的要求；南方炎热地区要求建筑物夏季能通风隔热；会堂、播音室等要求吸声；影剧院、会堂、音乐厅，要求听得清楚、看得见、疏散快；住宅区要求隔声，有安静、卫生的居住环境；厕所、厨房等用水房间要求防潮、防水；实验室要求防水、防腐蚀等。在进行构造设计时，必须综合运用有关技术知识，设计出合理的构造方案，以满足建筑物各项功能的要求。

2. 保证结构坚固安全

建筑物除应根据荷载的大小、性质及结构要求确定构件的基本尺寸之外，对一些如阳台和楼梯的栏杆，顶棚、地面的装修，构件之间的连接等也要采取必须的构造措施，保证其在使用过程中的安全可靠。

3. 适应建筑物工业化的需要

在进行建筑构造设计时，应大力改进传统的建筑方式，积极推广先进生产技术、施工技术，恰当使用先进的施工设备，尽量采用轻质高强的新型建筑材料，充分利用标准设计、标准通用构配件，为适应和发展建筑工业化创造条件。

4. 考虑建筑物的综合效益

在进行建筑设计时，要注重建筑物的综合效益，即经济效益、社会效益和环境效益。依据国家的建设政策、技术规范，在保证工程质量的前提下，把握建筑标准，合理选用建筑材料、构造方式等，在经济上注意降低建筑造价，节约投资；选用环保材料，以降低材料的能源消耗，注意保护环境，综合考虑社会效益。

5. 注意美观

建筑物的形象主要取决于建筑设计中的体型组合和立面处理，而一些建筑物细部的处理对建筑物的美观也有很大的影响。例如檐口的造型，阳台栏杆的形式，雨篷的形式，门窗的类型，室内外的细部装饰等，从形式、材料、颜色和质感等方面进行合理的构造设计，以符合人们的审美观。

总之，在构造设计中，应全面执行坚固适用、先进合理、经济美观的基本原则。

1.4 民用建筑定位轴线及编号

定位轴线是确定建筑构配件位置及相互关系的基准线。建筑构配件的定位又分为水平面定位和竖向定位。合理确定定位轴线，有利于实现建筑工业化，充分发挥投资效益。

1.4.1 墙体的平面定位轴线

1. 承重外墙的定位轴线

平面定位轴线与承重外墙的顶层墙身的内缘距离为 120 mm，如图 1.2 所示。

2. 承重内墙的定位轴线

应与顶层内墙中线相重合，如图 1.3 所示，图中 t 为顶层墙体的厚度。

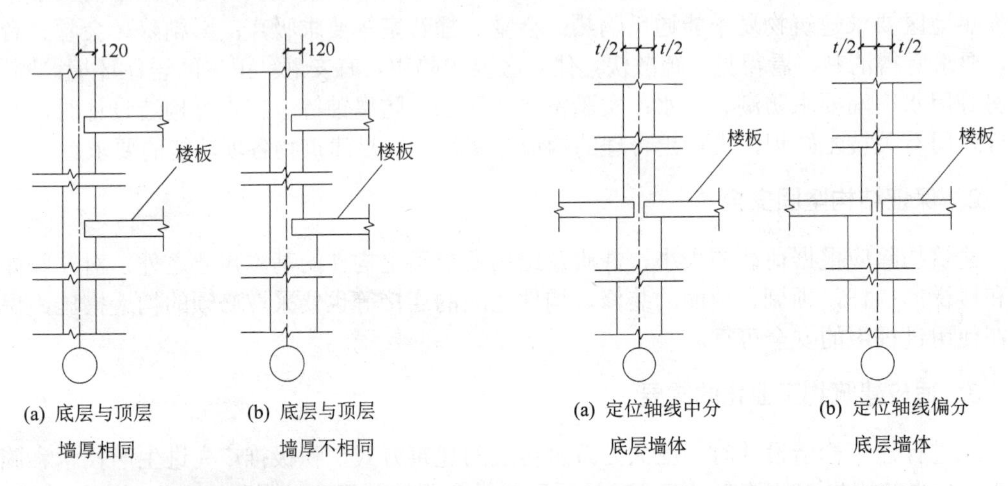

图 1.2 承重外墙的定位轴线

图 1.3 承重内墙的定位轴线

3. 非承重墙的定位轴线

除了可按承重墙定位轴线的规定进行定位之外，也可以使墙身内缘与平面定位轴线相重合。

4. 带内壁柱外墙和带外壁柱外墙的定位轴线

既可与带壁柱外墙的墙体内缘相重合，如图 1.4 所示；也可与距墙身内缘 120 mm 处相重合，如图 1.5 所示。

5. 变形缝处的定位轴线

变形缝处通常设置双轴线。

(1) 当变形缝处一侧为墙体，另一侧为墙垛时，墙垛的外缘应与平面定位轴线重合。墙体如果是承重墙时，平面定位轴线距顶层墙内缘 120 mm，如图 1.6(a)所示。墙体如果是非承重墙时，平面定位轴线应与顶层墙内缘重合，如图 1.6(b)所示。

(2) 当变形缝处两侧均为墙体时，如两侧墙体均为承重墙，平面定位轴线应分别设在距顶层墙体内缘 120 mm 处，如图 1.6(c)所示；如两侧墙体均为非承重墙时，平面定位轴线应分别与顶层墙体内缘重合，如图 1.6(d)所示；如图 1.7 所示是带连系尺寸时双墙的定位。

6. 建筑物高低层分界处的墙体定位轴线

(1) 建筑物高低层分界处不设变形缝时，应按高层部分承重外墙定位轴线处理，平面

定位轴线应距墙体内缘 120 mm，并与底层定位轴线相重合，如图 1.8 所示。

(2) 建筑物高低层分界处设有变形缝时，应按变形缝处墙体平面定位处理。建筑物底层为框架结构时，框架结构的定位轴线应与上部砖混结构平面定位轴线一致。

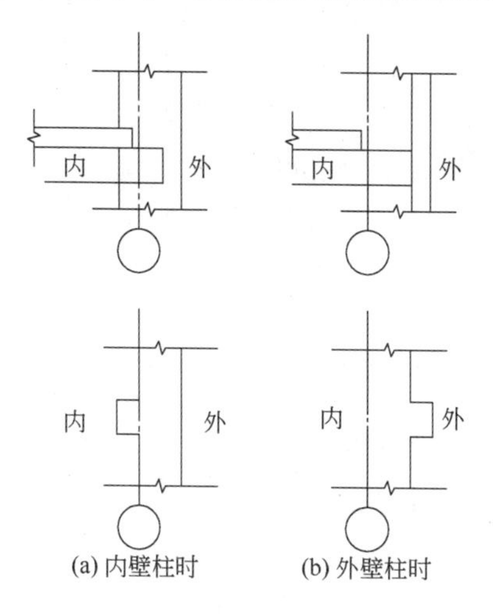

图 1.4　定位轴线与墙身内缘重合

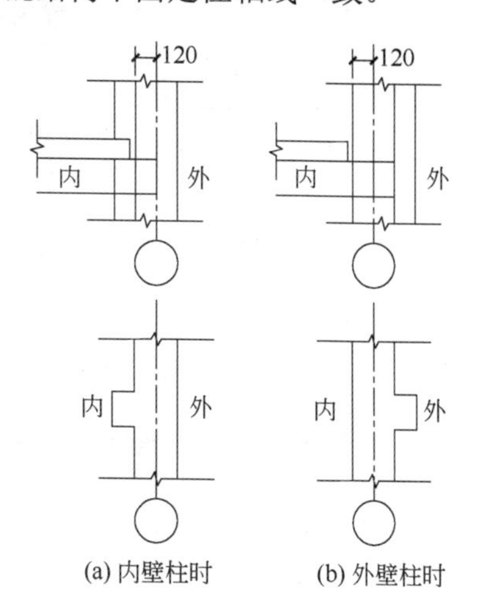

图 1.5　定位轴线距墙身内缘 120 mm

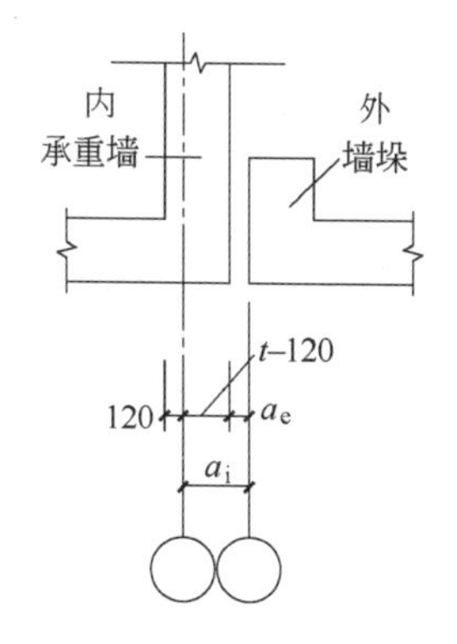

(a) 一侧为承重墙，另一侧为墙垛

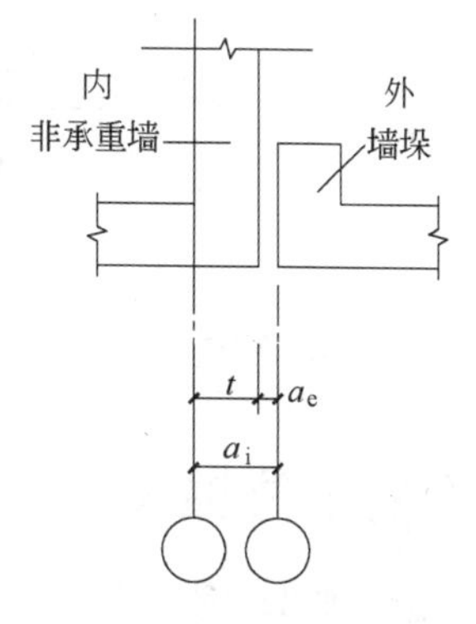

(b) 一侧为非承重墙，另一侧为墙垛

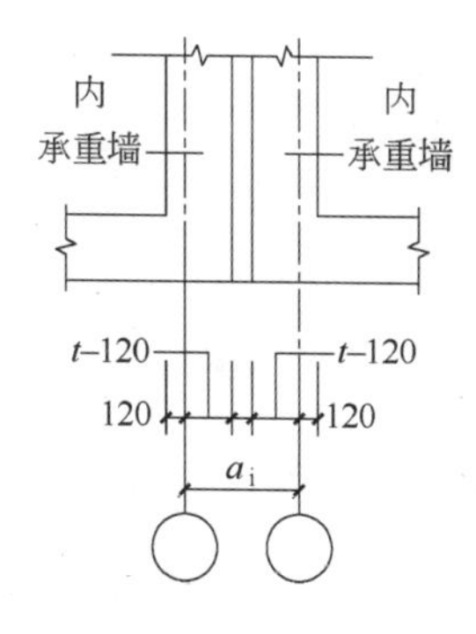

(c) 两侧均为承重墙

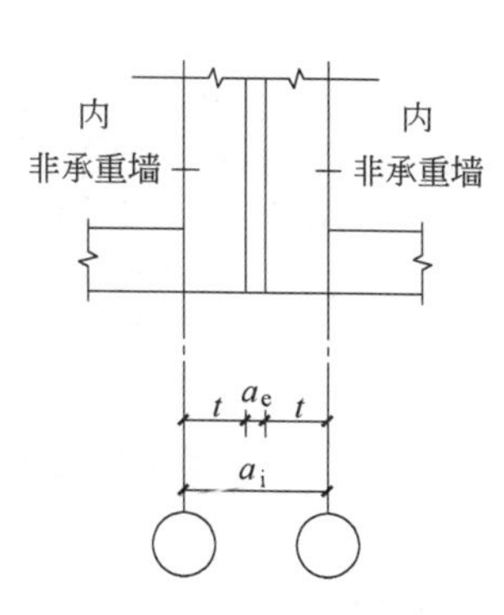

(d) 两侧均为非承重墙

图 1.6　变形缝处的定位轴线

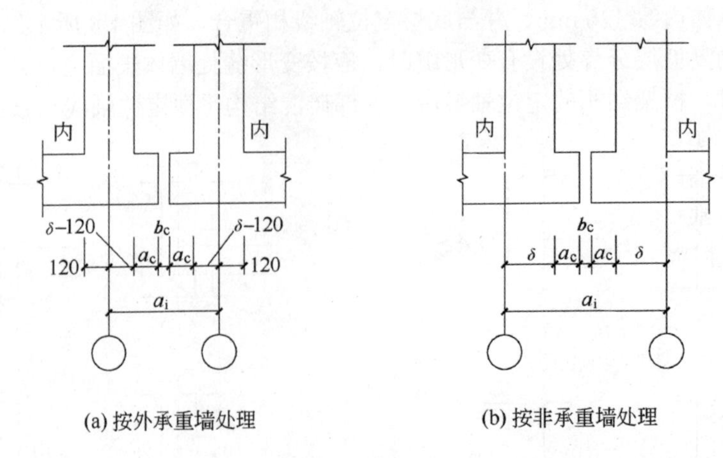

(a) 按外承重墙处理　　(b) 按非承重墙处理

图 1.7　变形缝处双墙连系尺寸的定位

a_i—插入距；b_c—.变形缝宽；a_c—联系尺寸；δ—墙厚

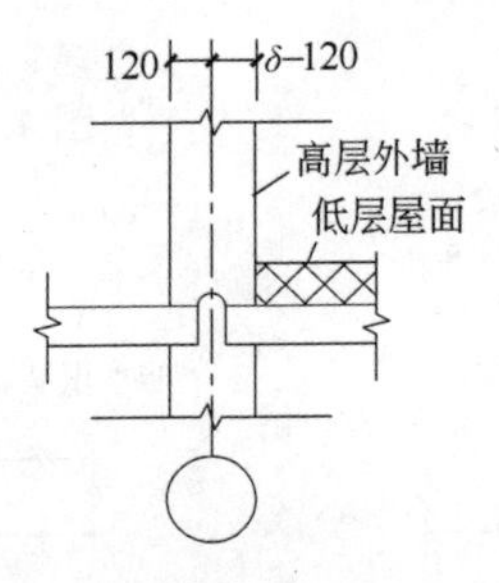

图 1.8　高低层分界处不设变形缝时墙体的定位轴线

1.4.2　框架结构的定位轴线

框架结构中柱的定位轴线一般与顶层柱截面中心线相重合，墙与柱相结合的定位轴线通常是墙中线与定位轴线一致，如图 1.9 所示。

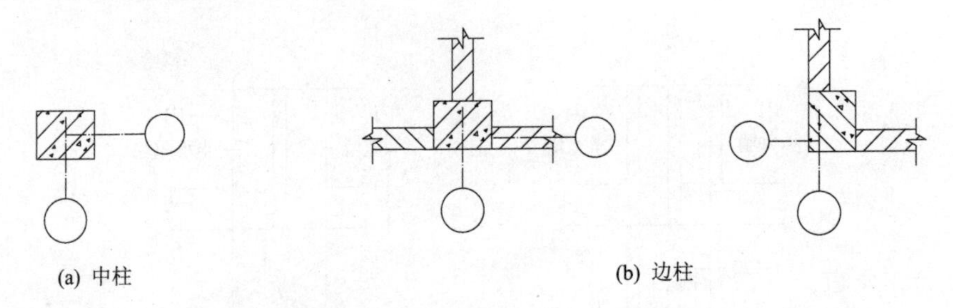

(a) 中柱　　(b) 边柱

图 1.9　框架结构柱的定位轴线

1.4.3　建筑的竖向定位

竖向定位的目的是确定构配件的竖向位置和竖向尺寸。其定位基准为房屋上的某一水平平面。

(1) 图 1.10 所示为以各楼层上表面作为本层的竖向定位。

(2) 图 1.11 所示为以屋面结构层上表面作为屋面的竖向定位。

(3) 若屋面为结构找坡，结构层顶面不能形成水平面时，屋面定位基准选定在屋面结构层上表面与外墙定位轴线相交处。

在竖向定位基准处，应标注相对标高符号。

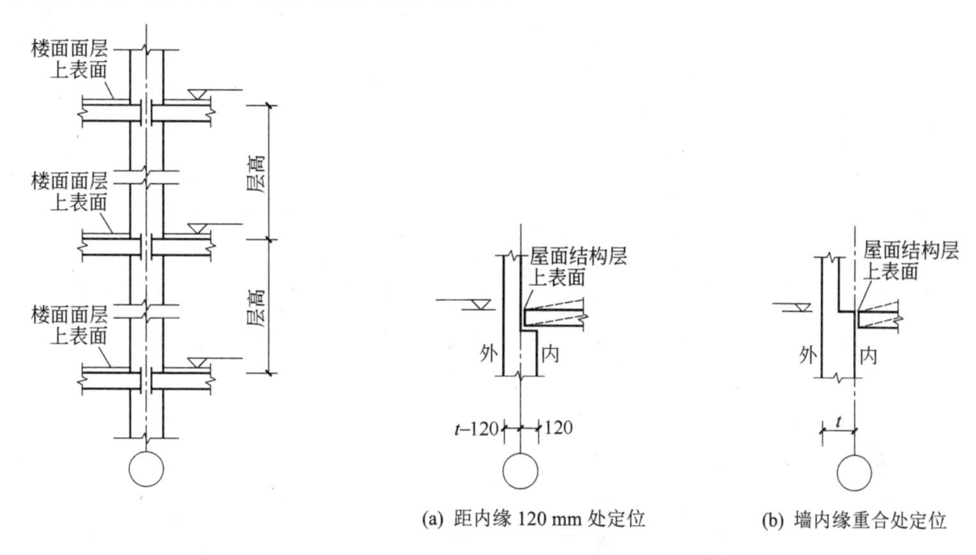

图 1.10　楼层的竖向定位

图 1.11　屋面的竖向定位

1.4.4　定位轴线的编号

为了方便设计及施工，水平定位的墙或柱要引出定位轴线并进行编号。定位轴线编号的规定如下。

(1) 定位轴线应用细点划线绘制，轴线编号应注写在轴线端部的圆内。编号圆应用细实线绘制，直径为 8 mm，详图编号圆直径可增为 10 mm。定位轴线编号圆的圆心，应在定位轴线的延长线或延长线的折线上。

(2) 平面图上定位轴线的编号，宜标注在图样的下方与左侧。横向编号应用阿拉伯数字，从左到右顺序编写；竖向编号应用大写拉丁字母，从下至上顺序编写，如图 1.12 所示。为避免与数字 1、0、2 混淆，拉丁字母中 I、O、Z 不得用作轴线编号。如字母数量不够，可增用 A_A、B_A、…或 A_1、B_1、…标注。

(3) 当建筑规模较大或平面形状不规则时，定位轴线也可分区编号，分区号可用阿拉伯数字或拉丁字母，编号的注写方式为：分区号－该区轴线号，如图 1.13 所示。

(4) 一些次要的建筑部件如非承重墙、构造柱等，常用附加轴线进行编号，通常以分数表示，具体按下列规定编写。

① 两根轴线之间的附加轴线，应以分母表示前一轴线的编号，分子表示附加轴线的编号，附加轴线编号宜用阿拉伯数字顺序编号。如 $\frac{1}{A}$ 表示 A 号轴线之后附加的第一根轴线，$\frac{2}{B}$ 表示 B 号轴线之后附加的第二根轴线。

② 1 号轴线或 A 号轴线之前的附加轴线应以分母 01、0A 分别表示，如 $\frac{1}{01}$ 表示 1 号轴线之前附加的第一根轴线，如图 1.14 所示。

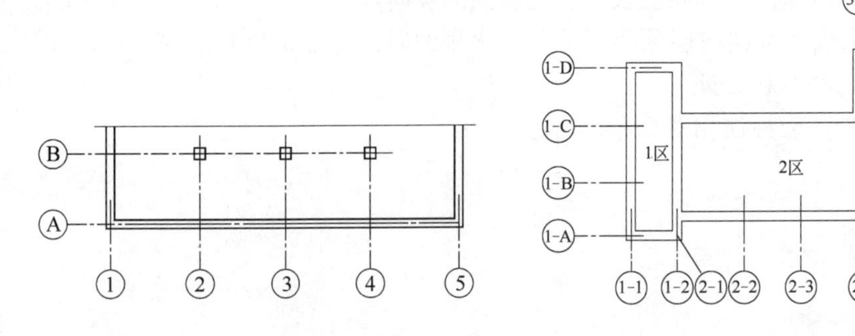

图 1.12　定位轴线编号顺序　　　　图 1.13　轴线分区编号

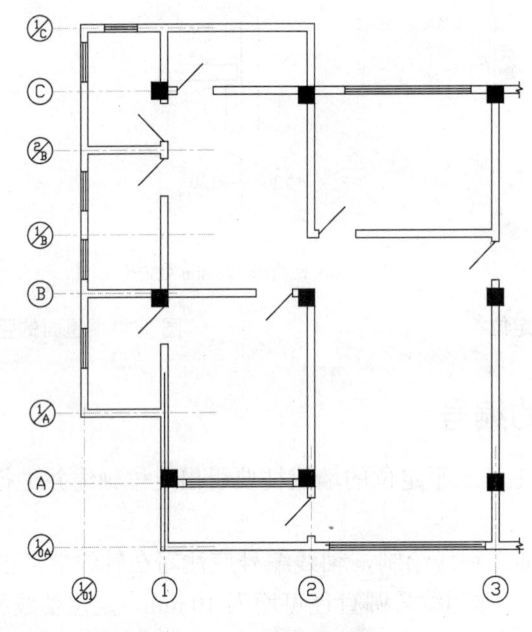

图 1.14　附加轴线编号

(5) 当一个详图适用几根定位轴线时，应同时注明各有关轴线的编号，如图 1.15 所示。通用详图的定位轴线，只画图不注写轴线编号。

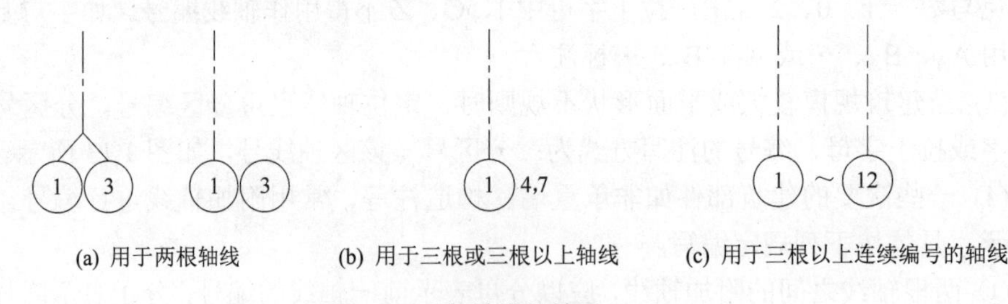

(a) 用于两根轴线　　(b) 用于三根或三根以上轴线　　(c) 用于三根以上连续编号的轴线

图 1.15　各轴线的编号

1.5 单元小结

内　容	知识要点	能力要求
民用建筑构造组成	民用建筑的基本构造组成(基础、墙或柱、楼地层、屋顶、门窗等)及其各组成的作用和要求	能辨别建筑物的构造组成，并明白其作用和要求
影响建筑构造的因素	影响建筑构造的因素：外界环境、建筑技术条件、经济条件	会运用影响建筑构造的有关因素思考建筑构造设计
建筑设计原则	满足功能要求、保证结构坚固安全、适应工业化需要、考虑综合效益、注意美观	会运用建筑设计原则思考建筑设计
民用建筑定位轴线及编号	建筑平面定位、竖向定位和定位轴线的编号	能熟练进行建筑平面和竖向定位并对定位轴线准确编号

1.6 复习思考题

一、名词解释

1. 定位轴线　2. 房屋结构上的作用

二、选择题

1. 楼板层的自重和楼板上人群的重量属于____的因素影响建筑构造。
   A. 外力作用　B. 自然环境　C. 人为　D. 建筑技术条件
2. 建筑物的六大组成部分中，____属于非承重构件。
   A. 基础　B. 门窗　C. 楼梯　D. 屋顶
3. 定位轴线编号圆的直径为____，详图编号圆的直径为____。
   A. 8mm、8mm　B. 8mm、10mm　C. 10mm、12mm　D. 10mm、10mm
4. 被称为建筑的“第五立面”的构造组成是____。
   A. 墙或柱　B. 屋顶　C. 楼梯　D. 门窗

三、简答题

1. 民用建筑的主要组成部分有哪些？各部分有哪些作用与要求？
2. 承重外墙、承重内墙和非承重墙的定位轴线分别是如何确定的？
3. 图示说明变形缝处砖墙与定位轴线的关系。
4. 建筑楼层和屋面的标高如何确定？
5. 定位轴线的编号原则是什么？
6. 分区编号与附加轴线编号在注写上有何不同？

第 2 章　地基与基础

内容提要： 本章主要介绍地基与基础的概念，基础埋深的影响因素，常用基础的类型及构造。

教学目标：

掌握地基与基础的概念，了解人工加固地基的方法；
掌握基础埋深的概念，熟悉影响基础埋深的因素；
掌握常见基础的分类，熟悉基础的一般构造形式；
了解地下室的分类，掌握地下室的防潮、防水构造。

地基和基础是两个不同的概念。基础是建筑物的重要组成部分，地基不属于建筑物的组成部分。它们的作用虽然不同，但在构造上却密切相关。

2.1　地基与基础的基本知识

2.1.1　地基与基础的基本概念

基础是建筑物最下面与土壤直接接触的扩大构件，是建筑物的下部结构。基础承受建筑物上部结构传下来的全部荷载，并把这些荷载连同本身的重量一起传给地基。基础与地基的示意图如图 2.1 所示。

地基是承受由基础传下来的荷载的土层，它不属于建筑物的组成部分。地基是承受建筑物荷载而产生应力和应变的土壤层，而且地基的应力和应变随着土层深度的增加而减小，达到一定深度后就可以忽略不计。直接承受荷载的土层称为持力层。持力层以下的土层称为下卧层。

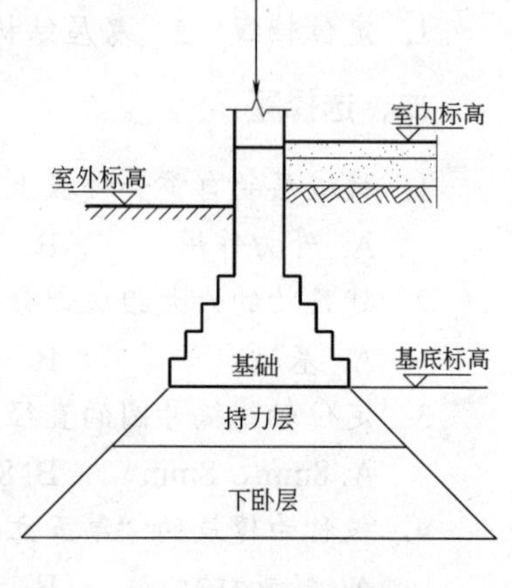

图 2.1　基础与地基

2.1.2　地基的分类

地基按土层性质和承载力的不同，可分为天然地基和人工地基两大类。

1．天然地基

凡天然土层具有足够的承载力，不需经过人工加固，可直接在其上建造房屋的地基称为天然地基。一般呈连续整体状的岩层或由岩石风化破碎成松散颗粒的土层可作为天然地基。天然地基根据土质不同可分为岩石、碎石土、砂土、黏性土和人工填土等五大类。

2．人工地基

当地基的承载力较差或虽然土质较好，但上部荷载较大时，为使地基具有足够的承载能力，则需对土层进行人工加固，这种经人工处理的地基称为人工地基。

人工加固地基经常采用的方法有压实法、换土法和打桩法，另外还有化学加固法等。压实法是利用人工方法挤压土壤，排走土壤中的空气，提高土的密实性，从而提高土的承载能力，如夯实法、重锤夯实法和机械碾压法；换土法是将基础下一定范围内的土层挖去，然后回填以强度较大的砂、碎石或灰土等，并夯至密实；打桩法一般是将钢筋混凝土桩打入或灌入土中，把土壤挤实或把桩打入地下坚实的土壤层中，从而提高土壤的承载能力。

2.1.3　地基与基础的设计要求

1. 基础应具有足够的强度和耐久性

基础处于建筑物的底部，是建筑物的重要组成部分，对建筑物的安全起着根本性作用，因此基础本身应具有足够的强度和刚度来支承和传递整个建筑物的荷载。

基础是埋在地下的隐蔽工程，建成后检查和维修困难，所以在选择基础材料和构造形式时，应考虑其耐久性与上部结构相适应。

2. 地基应具有足够的强度和均匀程度

地基直接支承着整个建筑，对建筑物的安全使用起着保证作用，因此地基应具有足够的强度和均匀程度。建筑物应尽量选择地基承载力较高而且均匀的地段，如岩石、碎石等。地基土质应均匀，否则基础处理不当，会使建筑物发生不均匀沉降，引起墙体开裂，甚至影响建筑物的正常使用。

3. 造价经济

基础工程约占建筑总造价的 10%～40%，因此选择土质好的地段，降低地基处理的费用，可以减少建筑的总投资。需要特殊处理的地基，也要尽量选用地方材料及合理的构造形式。

2.2　基础的埋置深度及影响因素

基础埋深的确定是基础设计的一个重要方面。建筑物的使用特点、工程地质条件、地下水位位置、地基土冻结深度和相邻建筑物基础是影响基础埋深的主要因素。

2.2.1　基础的埋置深度

基础的埋置深度是指从室外地面至基础底面的垂直距离，简称基础埋深，如图 2.2 所示。基础埋深不超过 5 m 时称为浅基础，基础埋深超过 5 m 时称为深基础。

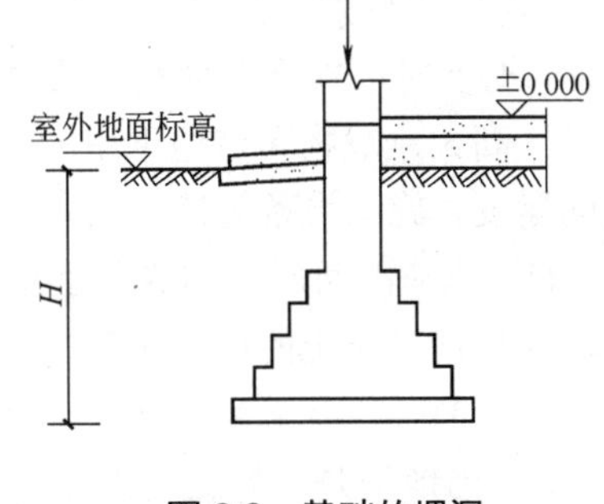

图 2.2　基础的埋深

从基础的经济效果看，基础的埋置深度越小，工程造价越低。但基础底面的土层受到压力后，会把基础四周的土挤出，没有足够厚度的土层

包围基础，基础本身将产生滑移而失去稳定。同时，埋得过浅易受到外界因素的影响而损坏。所以，基础的埋置需要一个适当的深度，既要保证建筑物的坚固安全，又要节约基础的用材，并加快施工速度。根据实践证明，在没有其他因素影响的条件下，基础的埋置深度不应小于 500 mm。

2.2.2 影响基础埋深的因素

影响基础埋深的因素有很多，主要考虑下列条件。

1. 建筑物的用途

当建筑物设置地下室、设备基础或地下设施时，基础埋深应满足其使用要求。高层建筑筏形和箱形基础的埋置深度应满足地基承载力、变形和稳定性要求。在抗震设防区，除岩石地基外，天然地基上的箱形和筏形基础的埋置深度不宜小于建筑物高度的 1/15；桩箱或桩筏基础的埋置深度(不计桩长)不宜小于建筑物高度的 1/18～1/20。位于岩石地基上的高层建筑，常须依靠基础侧面土体承担水平荷载，其基础埋深应满足抗滑要求。

2. 工程地质条件

基础应建造在坚实可靠的地基上，基础底面应尽量选在常年未经扰动而且坚实平坦的土层或岩石上，因为在接近地表面的土层内，常带有大量植物根、茎的腐殖质或垃圾等，故不宜选作地基。由此可见，基础埋深与地质构造密切相关，在选择埋深时应根据建筑物的大小、特点、体型、刚度、地基土的特性、土层分布等情况区别对待。下面介绍几种典型情况。

(1) 地基由均匀的、压缩性较小的良好土层构成，承载力能满足要求，基础可按最小埋置深度建造，如图 2.3(a)所示。

(2) 地基由两层土构成。上面软弱土层的厚度不超过 2 m，而下层为压缩性较小的好土。这种情况一般应将基础埋在下面良好的土层上，如图 2.3(b)所示。

(3) 地基由两层土构成，上面软弱土层的厚度在 2～5 m。低层和轻型建筑物可争取将基础埋在表层的软弱土层内，如图 2.3(c)所示。如采用加宽基础的方法，可避免开挖大量土方、延长工期和增加造价。必要时可采用换土法、压实法等较经济的人工地基。而高大的建筑物则应将基础埋到下面的好土层上。

(4) 如果软弱土层的厚度大于 5 m，低层和轻型建筑物应尽量将基础埋在表层的软弱土层内，必要时可加强上部结构或进行人工加固地基，如采用换土法、短桩法等，如图 2.3(d)所示。高大建筑物和带地下室的建筑物是否需要将基础埋到下面的好土上，则应根据表土层的厚度、施工设备等情况而定。

(5) 地基由两层土构成，上层是压缩性较小的好土，下层是压缩性较大的软弱土。此时，应根据表层土的厚度来确定基础的埋深。如果表层土有足够的厚度，基础应尽可能争取浅埋，同时注意下卧层软弱土的压缩对建筑物的影响，如图 2.3(e)所示。

(6) 当地基是由好土与弱土交替构成，或上面持力层为好土，下卧层有软弱土层或旧矿床、老河床等时，在不影响下卧层的情况下，应尽可能做成浅基础。当建筑物较高大，持力层强度不足以承载时，应做成深基础，使用打桩法等，将基础底面落到下面的好土上，如图 2.3(f)所示。

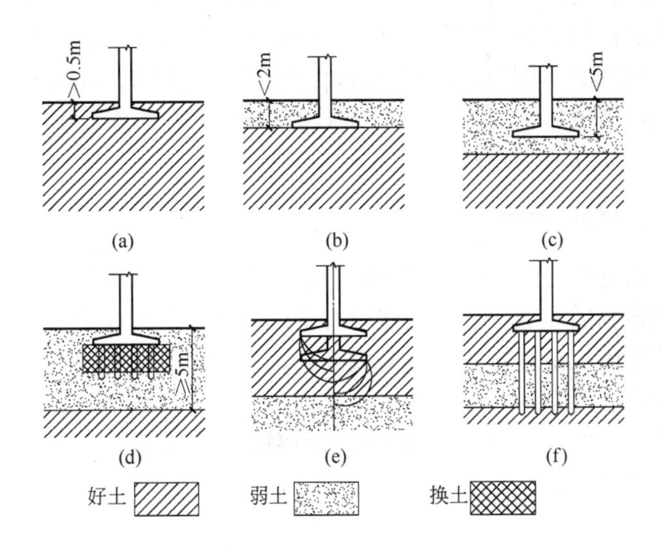

图 2.3　地质构造与基础埋深的关系

3．地下水位的影响

地下水对某些土层的承载力有很大影响。如黏性土在地下水上升时，会因含水量增加而膨胀，使土的强度下降；当地下水位下降时，土粒直接的接触压力增加，基础产生下沉。为了避免地下水位变化直接影响地基承载力，同时防止地下水对基础施工带来麻烦和侵蚀性，一般应尽量将基础埋置在地下水位以上，如图 2.4(a)所示。

当地下水位较高，基础不能埋置在地下水位以上时，应采取地基土在施工时不受扰动的措施，宜将基础底面埋置在最低地下水位以下不小于 200 mm 处，如图 2.4(b)所示。

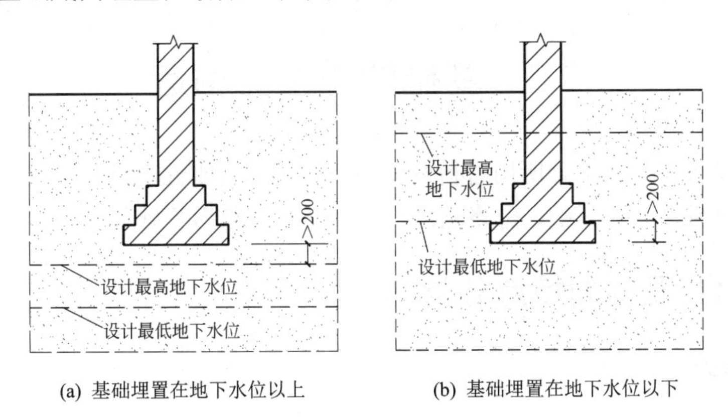

图 2.4　地下水位对基础埋深的影响

4．地基土冻胀和融陷的影响

冻结土与非冻结土的分界线，称为土的冰冻线。土的冻结深度主要取决于当地的气候条件，气温越低和低温持续时间越长，冻结深度愈大。如哈尔滨地区冻结深度为 2 m 左右，北京地区冻结深度为 0.8～1.0 m，武汉地区基本上无冻结土。

当建筑物基础处在粉砂、粉土和黏性土等具有冻胀现象的土层范围内时，冬季土的冻胀会把房屋向上拱起；到了春季气温回升，土层解冻，基础又下沉，使房屋处于不稳定状态。由于土中冰融化情况不均匀，会使建筑物产生严重的变形，如墙身开裂、门窗倾斜，甚至使建筑物遭到严重破坏。因此，一般要求将基础埋置在冰冻线以下 200 mm 处，如图 2.5 所示为基础埋深和冰冻线的关系。

5．相邻建筑物基础的影响

在原有建筑物附近建造房屋，为保证原有建筑物的安全和正常使用，新建建筑物的基础不宜深于原有建筑物的基础。当新建建筑物基础埋深大于原有建筑基础时，两基础间应保持一定净距，其数值应根据原有建筑荷载大小、基础形式和土质情况确定。当上述要求不能满足时，应采取分段施工，设临时加固支撑、打板桩、地下连续墙等施工措施，或加固原有建筑物地基。一般，两基础之间的水平距离取两基础底面高差的 1～2 倍，基础埋深与相邻基础的关系如图 2.6 所示。

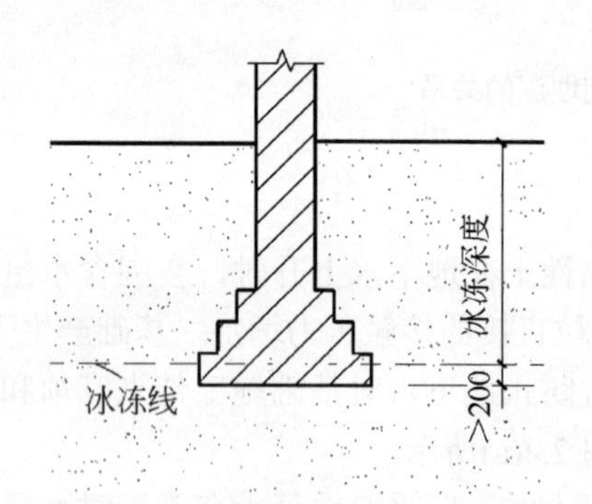

图 2.5　基础埋深和冰冻线的关系

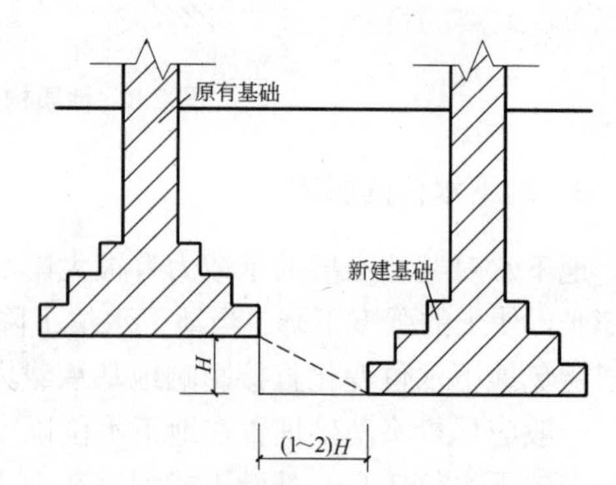

图 2.6　基础埋深与相邻基础的关系

2.3　基础的类型与构造

基础的类型很多，按基础所用材料及受力特点可分为刚性基础和柔性基础；按构造形式可分为单独基础、条形基础、井格基础、筏形基础、箱形基础和桩基础等。

2.3.1　按材料及受力特点分类

1．刚性基础

用刚性材料制作的基础称为刚性基础。刚性材料一般是指抗压强度较高，而抗拉、抗剪强度较低的材料，常用的刚性材料有砖、石和混凝土等。

由于土壤单位面积的承载力很小，上部结构通过基础将其荷载传给地基时，只有将基础底面积不断扩大(即基础底宽 B_0 往往大于墙身的宽度 B)，才能适应地基承载受力的要求，刚性基础如图 2.7 所示。

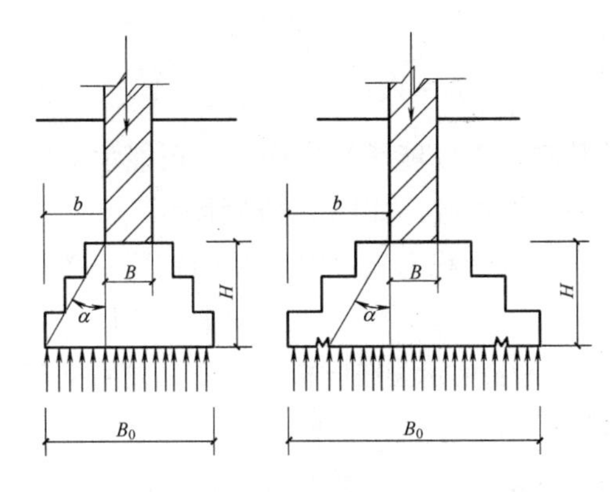

图 2.7　刚性基础

当基础 B_0 很宽(即出挑部分 b 很长)时，如果不能保证有足够的高度 H，基础将因受弯曲或冲切而破坏。为了保证基础不受拉力或冲切的破坏，基础必须有足够的高度。因此，需要根据材料的抗拉、抗剪极限强度，对基础的出挑宽度 b 与基础高度 H 之比进行限制，即对宽高比进行限制，并按此宽高比形成的夹角来表示，保证基础在此夹角内不因材料受拉和受剪而破坏，这一夹角称为刚性角，用 α 表示，刚性基础放大角不应超过刚性角。例如：砖、石基础的刚性角控制在(1∶1.25)～(1∶1.50)以内，混凝土基础刚性角控制在 1∶1.25 以内。

为了设计施工方便，将刚性角 α 换算成宽高比，如表 2.1 所示为各种材料刚性基础宽高比的允许值。

表 2.1　刚性基础宽高比的允许值

基础材料类型	质量要求	台阶宽高比允许值		
		$p \leqslant 100$ kPa	100 kPa< $p \leqslant 200$ kPa	200 kPa< $p \leqslant 300$ kPa
混凝土基础	C15 混凝土	1∶1.00	1∶1.00	1∶1.25
毛石混凝土基础	C15 混凝土	1∶1.00	1∶1.25	1∶1.50
砖基础	砖不低于 MU10，砂浆不低于 M5	1∶1.50	1∶1.50	1∶1.50
毛石基础	砂浆不低于 M5	1∶1.25	1∶1.50	
灰土基础	体积比为 3∶7 或 2∶8 的灰土，其最小干密度： 粉土：1.55 t/m^3 粉质黏土：1.50 t/m^3 黏土：1.45 t/m^3	1∶1.25	1∶1.50	
三合土基础	体积比 1∶2∶4～1∶3∶6(石灰∶砂∶骨料)，每层约虚铺 220 mm，夯实至 150 mm	1∶1.50	1∶2.00	

注：① p 为荷载效应标准组合基础底面处的平均压力值(kPa)。

② 阶梯形毛石基础的每阶伸出宽度，不宜大于 200 mm。

2. 柔性基础

用钢筋混凝土建造的基础，不仅能承受压应力，还能承受较大的拉应力，基础宽度加大不受刚性角的限制，称为柔性基础，如图 2.8(b)所示。

当建筑物的荷载较大而地基承载力较小时，基础底面积必须加宽，如果仍然采用刚性基础，势必加大基础的埋深，既增加了挖土方工程量，又使混凝土材料的用量增加，对工期和造价都十分不利，如图 2.8(a)所示。在同样条件下，采用钢筋混凝土基础可节省大量的混凝土材料和减少土方量工程。

钢筋混凝土基础相当于受均布荷载的悬臂梁，它的截面可做成锥形或阶梯形。如做成锥形，最薄处不宜小于 200 mm；如做成阶梯形，每阶高度宜为 300～500 mm。基础垫层的厚度不宜小于 70 mm，垫层混凝土强度等级应为 C10。底板受力钢筋直径不宜小于ϕ10，间距不宜大于 200 mm，也不宜小于 100 mm。钢筋保护层厚度有垫层时不小于 40 mm，无垫层时不小于 70 mm。

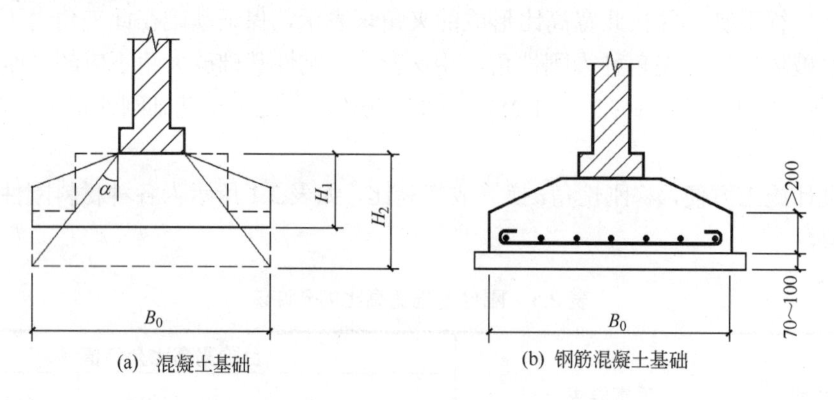

(a) 混凝土基础 (b) 钢筋混凝土基础

图 2.8 混凝土与钢筋混凝土基础比较

B_0—柔性基础底宽；H_1—柔性基础高；H_2—混凝土基础高

2.3.2 按构造形式分类

基础构造的形式随建筑物上部结构形式、荷载大小及地基土壤性质的变化而不同。一般情况下，上部结构形式直接影响基础的形式，当上部荷载较大，地基承载力有变化时，基础形式也随着变化。基础按构造特点可分为六种基本类型。

1. 单独基础

单独基础呈独立的块状，形式有台阶形、锥形和杯形等，如图 2.9 所示。当建筑物上部结构采用框架结构或单层排架结构承重时，基础常常采用单独基础。当柱为预制时，则将基础做成杯口形，然后将柱子插入，并嵌固在杯口内。

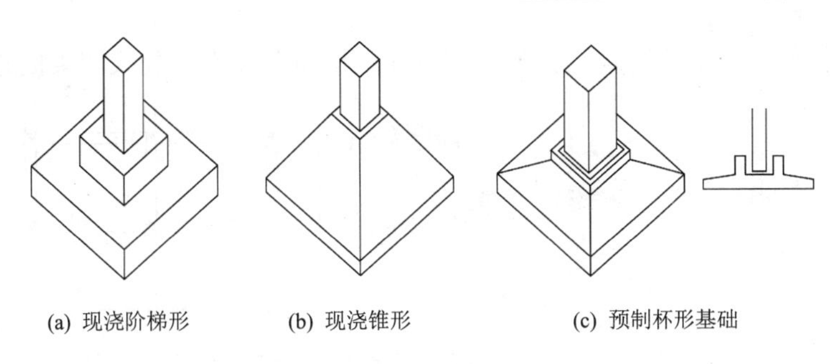

(a) 现浇阶梯形　　(b) 现浇锥形　　(c) 预制杯形基础

图 2.9　单独基础

2．条形基础

条形基础呈连续的带形，又称带形基础。条形基础可分为墙下条形基础和柱下条形基础。

(1) 墙下条形基础。当建筑物上部为混合结构时，在承重墙下往往做成通长的条形基础。如一般中小型建筑常选用砖、石、混凝土、灰土和三合土等材料的刚性条形基础，如图 2.10(a)所示。当上部是钢筋混凝土墙，或地基很差、荷载较大时，承重墙下也可用钢筋混凝土条形基础，如图 2.10(b)所示。

(2) 柱下条形基础。当建筑物上部为框架结构或部分框架结构，荷载较大，地基又属于软弱土时，为了防止不均匀沉降，可以将各柱下的基础相互连接在一起，形成钢筋混凝土条形基础，使整个建筑物的基础具有较好的整体性。

3．井格基础

当地基条件较差时，为了提高建筑物的整体性，防止柱子之间产生不均匀沉降，常将柱下基础沿纵横两个方向连接起来，形成十字交叉的井格基础，如图 2.11 所示。

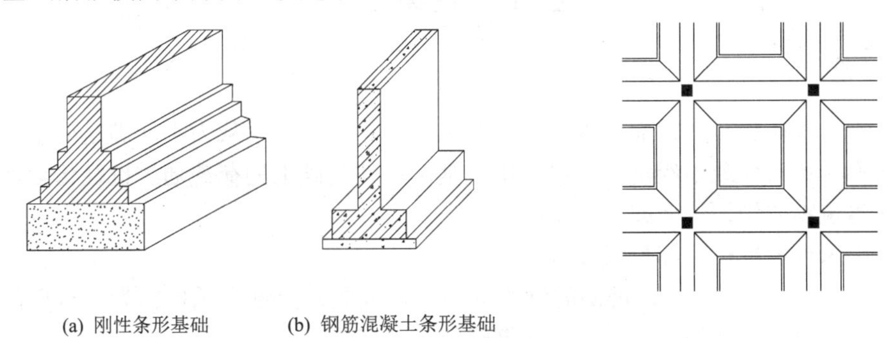

(a) 刚性条形基础　　(b) 钢筋混凝土条形基础

图 2.10　条形基础

图 2.11　井格基础

4．筏形基础

当建筑物上部荷载大而地基又软弱，采用简单的条形基础或井格基础不能适应地基承载力或变形的需要时，通常将墙下或柱下基础连成一片，使建筑物的荷载承受在一块整板上，这种基础称为筏形基础，如图 2.12 所示。筏形基础的整体性好，可跨越基础下的局部软弱土，常用于地基软弱的多层砌体结构、框架结构、剪力墙结构的建筑，以及上部结构

荷载较大或地基承载力低的建筑。筏形基础按其结构布置分为平板式和梁板式两种。

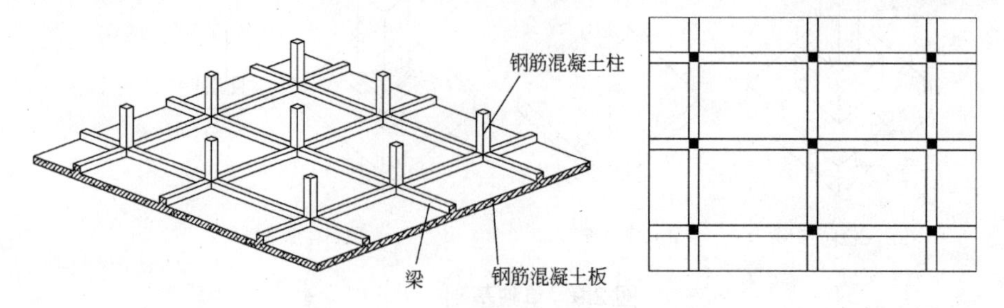

图 2.12 筏形基础

5．箱形基础

当建筑物设有地下室，且基础埋深较大时，可将地下室做成整浇的钢筋混凝土箱形基础，如图 2.13 所示。箱形基础由底板、顶板和若干纵、横墙组成，整体空间刚度很大，整体性好，能承受很大的弯矩，抵抗地基的不均匀沉降，常用于高层建筑或在软弱地基上建造的重型建筑物。

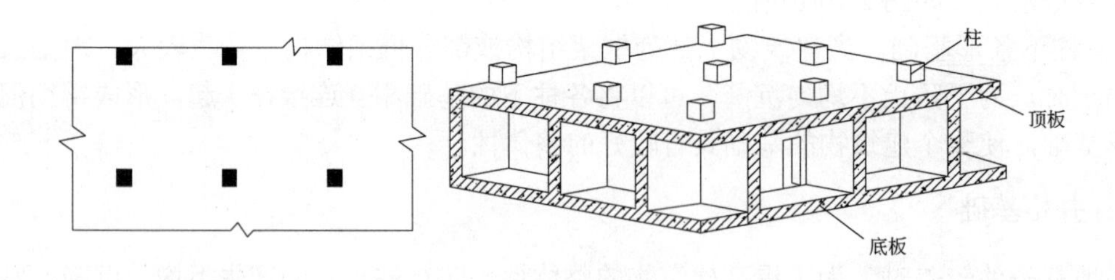

图 2.13 箱形基础

6．桩基础

当建筑物上部荷载较大，而且地基的软弱土层较厚，地基承载力不能满足要求，做成人工地基又不具备条件或不经济时，可采用桩基础，使基础上的荷载通过桩柱传给地基土层，以保证建筑物的均匀沉降或安全使用。

桩基础由承台和桩柱两部分组成。

(1) 承台。承台是在桩柱顶现浇的钢筋混凝土板或梁，上部支承柱的为承台板，上部支承墙的为承台梁，承台的厚度由结构计算确定。

(2) 桩柱。桩的种类很多，按桩的材料可以分为木桩、钢筋混凝土桩、钢桩等；按桩的入土方法可以分为打入桩、振入桩、压入桩及灌注桩等；按桩的受力性能又可以分为端承桩与摩擦桩。

桩基础把建筑物的荷载通过桩端传给深处的坚硬土层，这种桩称为端承桩，如图 2.14(a)所示；通过桩侧表面与周围土的摩擦力传给地基的桩，称为摩擦桩，如图 2.14(b)所示。端承桩适用于表面软土层不太厚，而下部为坚硬土层的地基情况，端承桩的荷载主要由桩端应力承受。摩擦桩适用于软土层较厚，而坚硬土层距地表很深的地基情况，摩擦桩上的荷载由桩侧摩擦力和桩端应力承受。

钢筋混凝土预制桩是在混凝土构件厂或施工现场预制，然后打入、压入或振入土中。桩身横截面多采用方形，桩长一般不超过 12 m。预制桩制作简便，容易保证质量。

钢筋混凝土灌注桩是直接在桩位上就地成孔，然后在孔内灌注混凝土或钢筋混凝土的一种成桩方法，如图 2.14(c)所示。灌注桩的优点是没有振动和噪声、施工方便、造价较低、无需接桩及截桩等，特别适合用于周围有危险房屋或深挖基础不经济的情况。但也存在一些缺点：如不能立即承受荷载，操作要求严，在软土地基中易缩颈、断裂，桩尖处虚土不易清除干净等。灌注桩的施工方法，常用的有钻孔灌注桩、挖孔灌注桩、套管成孔灌注桩和爆扩成孔灌注桩等多种，图 2.14(d)为爆扩桩示意图。

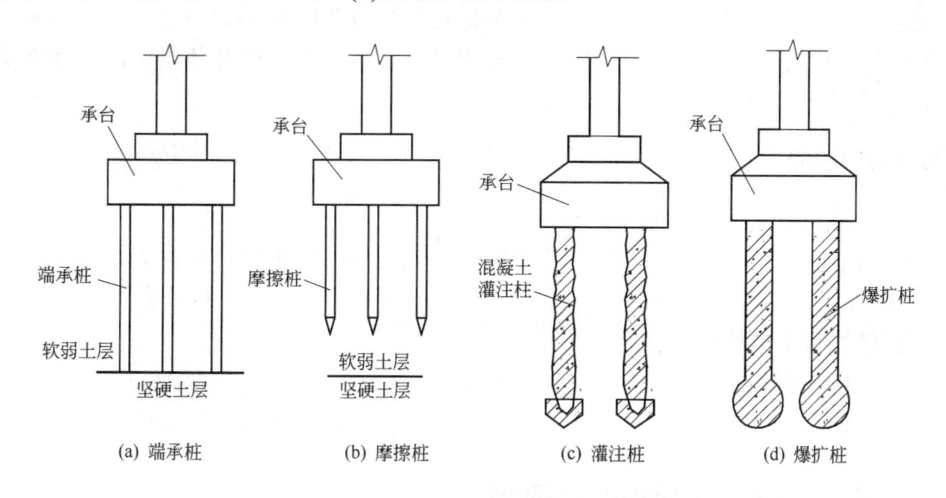

图 2.14 桩基础

2.4 地下室构造

地下室是建筑物首层以下的房间。一些高层建筑的基础埋置很深，可利用这一深度建造地下室，从而在增加投资不多的情况下增加使用面积，较为经济。此外，考虑供战争时期防御空袭的需要，可以按照防空要求建造地下室。防空地下室也可适当考虑和平时期的利用。

2.4.1 地下室的分类

1. 按使用功能分

1) 普通地下室

普通地下室是建筑空间在地下的延伸，由于地下室的环境比地上房间差，通常不用来居住，往往布置成一些无长期固定使用对象的公共场所或建筑的辅助房间，如健身房、营业厅、车库、仓库和设备间等。

2) 防空地下室

防空地下室是战争时期人们的隐蔽之所，在建设的位置、面积和结构构造等方面均要

符合防空管理的有关规定。应考虑到防空地下室平时也能充分发挥作用，尽量做到平战结合。

2．按地下室顶板标高分

1) 全地下室

当地下室房间地坪埋深为地下室房间净高一半以上时为全地下室。地下室埋深较大，不易采光、通风，一般多用做建筑辅助房间、设备用房等。

2) 半地下室

当地下室房间地坪埋深为地下室房间净高的 1/3～1/2 时为半地下室。半地下室有相当一部分处于室外地面以上，可进行自然采光和通风，故可作为普通使用房间，如客房、办公室等。

3．按结构材料分

1) 砖墙结构地下室

当建筑的上部结构荷载不大以及地下室水位较低时，可采用砖墙作为地下室的承重外墙和内墙，形成砖墙结构地下室。

2) 钢筋混凝土结构地下室

当建筑的上部结构荷载较大以及地下室水位较高时，可采用钢筋混凝土墙作为地下室的外墙，形成钢筋混凝土结构地下室。这种结构具有良好的防潮、防水性能。

2.4.2 地下室的构造组成与要求

地下室一般由墙体、顶板、底板、门窗、采光井和楼梯等部分组成，地下室的构造组成如图 2.15 所示。

1．墙体

地下室的外墙不仅承受上部结构的荷载，还要承受外侧土、地下水及土壤冻结时产生的侧压力。所以地下室的墙体要求具有足够的强度与稳定性。同时地下室外墙处于潮湿的工作环境，故在选材上还要具有良好的防水、防潮性能。一般采用砖墙、混凝土墙或钢筋混凝土墙。

2．顶板

通常与建筑的楼板相同，如钢筋混凝土现浇板、预制板、装配整体式楼板(预制板上做现浇层)。防空地下室为了防止空袭时的冲击破坏，顶板的厚度、跨度、强度应按相应防护等级的要求进行确定，其顶板上面还应覆盖一定厚度的夯实土。

3．底板

当底板高于最高地下水位时，可在垫层上现浇 60～80 mm 厚的混凝土，再做面层；当底板低于最高地下水位时，底板不仅承受上部垂直荷载，还承受地下水的浮力作用，此时应采用钢筋混凝土底板。底板还要在构造上做好防潮或防水处理。

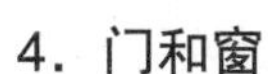

4. 门和窗

普通地下室的门窗与地上房间门窗相同。地下室外窗如在室外地坪以下时，可设置采光井，以便采光和通风。防空地下室的门窗应满足密闭、防冲击的要求，一般采用钢门或钢筋混凝土门；平战结合的防空地下室，可以采用自动防爆破窗，在平时可采光和通风，战时封闭。

5. 采光井

在城市规划和用地允许的情况下，为了改善地下室的室内环境，可在窗外设置采光井。采光井由侧墙、底板、遮雨设施或铁格栅组成。侧墙为砖墙，底板为现浇混凝土，面层用水泥砂浆抹灰向外找坡，并设置排水管。地下室采光井的构造如图 2.16 所示。

6. 楼梯

地下室的楼梯可以与地上部分的楼梯连通使用。但要求用乙级防火门分隔。若层高较小或用作辅助房间的地下室，可设置单跑楼梯。一个地下室至少应有两部楼梯通向地面。防空地下室也应至少有两个出口通向地面，其中一个必须是独立的安全出口。独立安全出口与地面以上建筑物的距离要求不小于地面建筑物高度的一半，以防空袭时建筑物倒塌，堵塞出口，影响疏散。

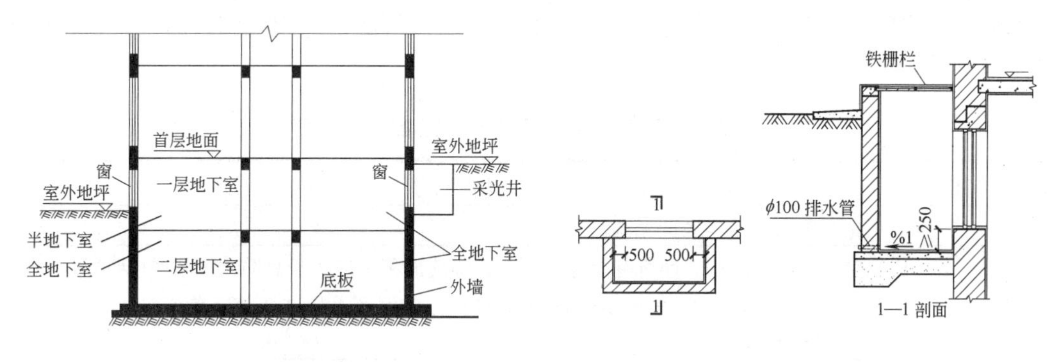

图 2.15 地下室构造　　图 2.16 地下室采光井

2.4.3 地下室防潮

当设计最高地下水位低于地下室底板 0.30～0.50 m，且地基范围内的土壤及回填土无形成上层滞水可能时，地下室的墙体和底板只受到无压水和土壤中毛细管水的影响，此时地下室只需做防潮处理，地下室的防潮构造如图 2.17 所示。

防潮的构造要求是：砖墙必须用水泥砂浆砌筑，灰缝必须饱满；在外墙外侧设垂直防潮层，做法是：先用 1∶3 的水泥砂浆找平 20 mm 厚，再刷冷底子油一道，热沥青两道，然后在防潮层外侧回填渗透性差的土壤，如黏土、灰土等，并逐层夯实，底宽 500 mm 左右；地下室所有墙体必须设两道水平防潮层，一道设在地下室地坪附近，一道设在室外地面散水以上 150～200 mm 的位置。

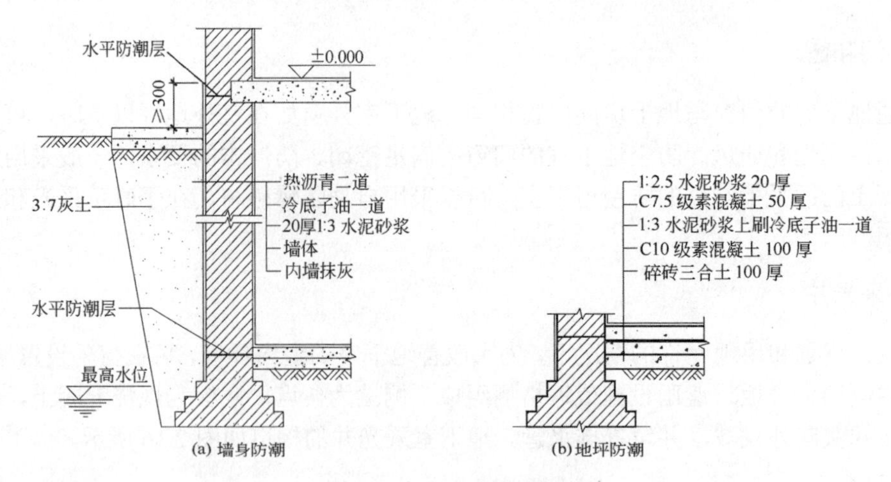

图 2.17　地下室的防潮构造

2.4.4　地下室防水

当设计最高地下水位高于地下室地坪时，地下室相当于浸泡在地下水中，其外墙受到地下水的侧压力，底板受到地下水的浮力。因此必须对地下室的外墙和底板做防水处理。

《地下工程防水技术规范》(GB 50108—2008)中将地下工程的防水等级分为四级，各等级防水标准应符合表 2.2 的规定。地下工程不同防水等级的适用范围，应根据工程的重要性和使用中对防水的要求按表 2.3 选定。

表 2.2　地下工程防水标准

防水等级	防水标准
一级	不允许渗水，结构表面无湿渍
二级	不允许渗水，结构表面可有少量湿渍；总湿渍面积不应大于总防水面积(包括顶板、墙面、地面)的 1/1000；任意 100 m^2 防水面积上的湿渍不超过 2 处，单个湿渍的最大面积不大于 0.1 m^2
三级	有少量漏水点，不得有线流和漏泥砂；任意 100 m^2 防水面积上的漏水或湿渍点数不超过 7 处，单个漏水点的最大漏水量不大于 2.5 L/(m^2 • d)，单个湿渍的最大面积不大于 0.3 m^2
四级	有漏水点，不得有线流和漏泥砂；整个工程平均漏水量不大于 2L/(m^2 • d)，任意 100m^2 防水面积上的平均漏水量不大于 4 L/(m^2 • d)

表 2.3　不同防水等级的适用范围

防水等级	适用范围	备　注
一级	人员长期停留的场所；因有少量湿渍会使物品变质、失效的贮物场所及严重影响设备正常运转和危及工程安全运营的部位；极重要的战备工程、地铁车站	一般的地下室都按二级考虑
二级	人员经常活动的场所；在少量湿渍的情况下不会使物品变质、失效的贮物场所及基本不影响设备正常运转和危及工程安全运营的部位；重要的战备工程	
三级	人员临时活动的场所；一般战备工程	
四级	对漏水无严格要求的工程	

地下工程的防水设防要求，应根据使用功能、使用年限、水文地质、结构形式、环境条件、施工方法及材料性能等因素确定。明挖法地下工程的防水设防要求应按表2.4选用。

表2.4 明挖法地下工程防水设防要求

工程部位		主体结构						
防水措施		防水混凝土	防水卷材	防水涂料	塑料防水板	膨润土防水材料	防水砂浆	金属防水板
防水等级	一级	应选	应选一至二种					
	二级	应选	应选一种					
	三级	应选	宜选一种					
	四级	宜选	—					

地下室常用的防水措施有卷材防水和防水混凝土两类。

1. 卷材防水

规范规定卷材防水层应铺设在混凝土结构的迎水面。卷材防水层用于建筑物地下室时，应铺设在结构底板垫层至墙体防水设防高度的结构基面上。

卷材防水的品种有高聚物改性沥青类防水卷材(如SBS卷材、APP卷材、BAC卷材等)和合成高分子类防水卷材(如三元乙丙橡胶防水卷材)，卷材的品种见表2.5。

表2.5 卷材防水层的卷材品种

类 别	品种名称
高聚物改性沥青类防水卷材	弹性体沥青防水卷材
	改性沥青聚乙烯胎防水卷材
	自粘聚合物改性沥青防水卷材
合成高分子类防水卷材	三元乙丙橡胶防水卷材
	聚氯乙烯防水卷材
	聚乙烯丙纶复合防水卷材
	高分子自粘胶膜防水卷材

防水卷材的品种规格和层数，应根据地下工程防水等级、地下水位高低及水压力作用状况、结构构造形式和施工工艺等元素确定。铺贴高聚物改性沥青卷材应采用热熔法施工；铺贴合成高分子卷材采用冷粘法施工。

防水卷材粘贴在外墙外侧称外防水，粘贴在外墙内侧称内防水，如图2.18所示。由于外防水的防水效果较好，因此应用较多。内防水施工方便，容易维修，但对防水不利，故一般在补救或修缮工程中应用较多。

卷材外防水在施工时应先做地下室底板的防水，然后把卷材沿地下室地坪连续粘贴到墙体外表面。地下室地面防水首先在基底浇筑C10混凝土垫层，厚度约为100 mm，然后粘贴卷材，再在卷材上抹1∶3水泥砂浆20 mm厚，最后浇筑钢筋混凝土底板。墙体外表面先抹1∶3水泥砂浆20 mm厚，刷冷底子油一道，然后粘贴卷材，卷材的粘贴应错缝，相邻卷材搭接宽度不小于100 mm。卷材最上部应高出最高水位500～1000 mm，外侧砌半

砖护墙。保护墙与防水层之间用水泥砂浆填实，保护墙下应干铺卷材一层，沿保护墙的长度方向每隔 5～8 m 设一道通高的垂直缝，以使保护墙在水压、土压的作用下，能紧紧压向防水层。在墙面与底板的转角处，找平层应做成圆弧形，并把卷材接缝留在底面上，且距墙的根部 600 mm 以上。在保护墙的外侧回填渗透性差的土壤，如黏土、灰土等。

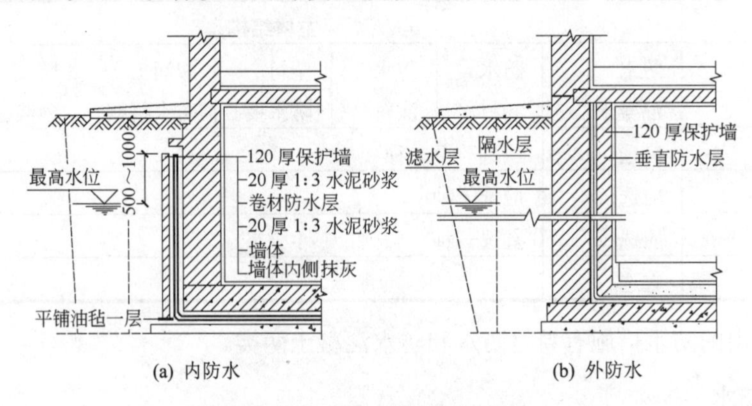

图 2.18　地下室卷材防水构造

2. 防水混凝土防水

防水混凝土防水是把地下室的墙体和底板用防水混凝土整体浇筑在一起，以具备承重、围护和防水的功能。防水混凝土的配制要求满足强度的同时，还要满足抗渗等级的要求。防水混凝土的设计抗渗等级应符合表 2.6 的规定。

表 2.6　防水混凝土设计抗渗等级

工程埋置深度 *H*/m	设计抗渗等级
$H<10$	P6
$10\leqslant H<20$	P8
$20\leqslant H<30$	P10
$H\geqslant 30$	P12

为了提高混凝土的抗渗能力，通常采用的防水混凝土有：集料级配混凝土、外加剂防水混凝土和膨胀防水混凝土等。

(1) 集料级配混凝土：采用不同粒径的骨料进行级配，且适当减少骨料的用量和增加砂率与水泥用量，以保证砂浆充满于骨料之间，从而提高混凝土的密实性和抗渗性。

(2) 外加剂防水混凝土：在混凝土中掺入微量有机或无机外加剂，以改善混凝土内部组织结构，使其有较好的和易性，从而提高混凝土的密实性和抗渗性。常用的外加剂有引气剂、减水剂、三乙醇胺、氯化铁等。

(3) 膨胀防水混凝土：在水泥中掺入适量膨胀剂或使用膨胀水泥，使混凝土在硬化过程中产生膨胀，弥补混凝土冷干收缩形成的孔隙，从而提高混凝土的密实性和抗渗性。防水混凝土的构造如图 2.19 所示。

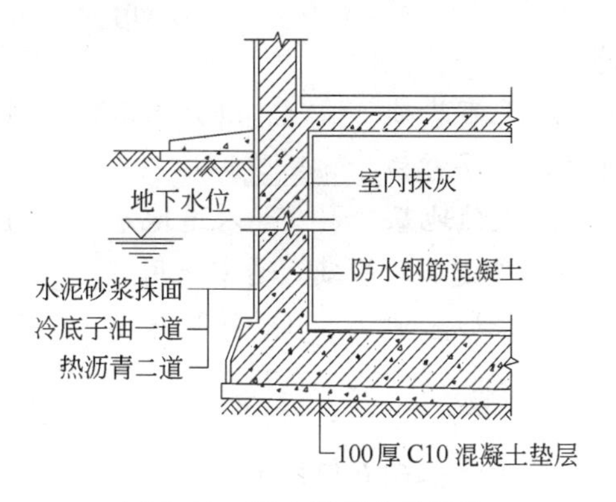

图 2.19　防水混凝土的构造

2.5　单元小结

内　容	知识要点	能力要求
地基与基础概述	地基、基础的概念，人工加固地基的方法	掌握地基与基础的概念，了解人工加固地基的方法
基础的埋置深度及影响因素	基础埋深的概念，影响基础埋深的因素	掌握基础埋深的概念，熟悉影响基础埋深的因素
基础的类型与构造	刚性基础、柔性基础、独立基础、条形基础、井格基础、筏形基础、箱形基础、桩基础	掌握常见基础的分类，熟悉基础的一般构造形式
地下室构造	地下室的防潮构造、防水构造做法	了解地下室的分类，掌握地下室的防潮、防水构造

2.6　复习思考题

一、名词解释

1. 地基　2. 基础　3. 基础埋深　4. 刚性基础　5. 柔性基础

二、选择题

1. 当建筑物为柱承重且柱距较大时宜采用________。
   A. 独立基础　B. 条形基础　C. 井格基础　D. 筏形基础
2. 基础埋置深度不超过________时，叫浅基础。
   A. 500 mm　B. 5 m　C. 6 m　D. 5.5 m
3. 基础设计中，在连续的的墙下或密集的柱下，宜采用________。
   A. 独立基础　B. 条形基础　C. 井格基础　D. 筏形基础
4. 以下基础中，刚性角最大的基础通常是________。
   A. 混凝土基础　B. 砖基础　C. 砌体基础　D. 石基础

5. 属于柔性基础的是________。

A. 砖基础　　B. 毛石基础　　C. 混凝土基础　　D. 钢筋混凝土基础

6. 直接在上面建造房屋的土层称为________。

A. 原土地基　　B. 天然地基　　C. 人造地基　　D. 人工地基

7. 对于大量砖混结构的多层建筑的基础，通常采用________。

A. 独立基础　　B. 条形基础　　C. 筏形基础　　D. 箱形基础

三、简答题

1. 什么是地基和基础？地基和基础有何区别？
2. 天然地基和人工地基有何区别？人工加固地基的方法有哪些？
3. 地基和基础的设计要求有哪些？
4. 什么是基础的埋置深度？影响基础埋深的因素有哪些？
5. 什么是刚性基础？刚性基础为什么要考虑刚性角？
6. 什么是柔性基础？
7. 简述常用基础的分类及其特点。
8. 简述地下室的分类和构造组成。
9. 如何确定地下室应该防潮还是防水？简述地下室防水的构造做法。

第3章　墙　　体

内容提要：本章介绍墙体的作用、分类、设计要求与墙体的细部构造。重点讲述砖墙的材料、组砌方式和细部构造；常用隔墙的特点和构造；常用墙面装饰的类型和构造；墙体的节能构造；玻璃幕墙的结构类型和构造设计技术要求。

教学目标：

- 掌握墙体的作用、分类和墙体承重方案；
- 了解墙体的设计要求；
- 掌握砖墙的细部构造；
- 了解隔墙的类型，掌握隔墙的构造；
- 了解墙面装饰的用途与分类，掌握常用墙面装饰构造；
- 掌握建筑外墙的节能构造；
- 了解玻璃幕墙的结构类型和构造设计技术要求。

墙体是建筑物的重要组成部分。墙体的自重、工程量及造价往往在建筑物的所有构件中占的份额最大。所以，在工程设计中合理地选择墙体材料、结构方案及构造做法十分重要。

3.1　墙体的基本知识

在一般民用建筑中，墙和楼板统称为主体工程。墙的造价约占工程总造价的 30%～40%，墙的重量占房屋总重量的 40%～65%。如何选择墙体的材料和构造方法，将直接影响房屋的使用质量、自重、造价、材料消耗和施工工期。

3.1.1　墙体的作用

1. 承重作用

承重墙承担建筑的屋顶、楼板传给它的荷载，以及自身荷载、风荷载，是砖混结构、混合结构建筑的主要承重构件。

2. 围护作用

外墙起着抵御自然界中风、霜、雨、雪的侵袭，防止太阳辐射、噪声的干扰和保温、隔热等作用，是建筑围护结构的主体。

3. 分隔作用

外墙体界定室内与室外空间。内墙体是建筑水平方向划分空间的构件，把建筑内部划分成若干房间或使用空间。

墙体不一定同时具有上述的三个作用，根据建筑的结构形式和墙体的位置情况，往往只具备其中的一、两个作用。

3.1.2 墙体的类型

根据墙体在建筑物中的承重情况、材料选用、位置和施工方式等的不同，可将墙体分为不同类型。

1. 按墙体的承重情况分类

按墙体的承重情况可分为承重墙和非承重墙两类。承担楼板、屋顶等构件传来荷载的墙称为承重墙；不承担其他构件传来荷载的墙称为非承重墙。非承重墙包括自承重墙和隔墙，自承重墙不承担外来荷载，只承受自身重量，并将重量传给下部构件。隔墙仅起分隔房间的作用，其重量是由其下部的梁或楼板承担。

2. 按墙体材料分类

墙体按其所用材料分类有很多种，较常见的有用砖和砂浆砌筑的砖墙；用石块和砂浆砌筑的石墙；用工业废料制作各种砌块砌筑的砌块墙；钢筋混凝土墙；墙体板材通过设置骨架或无骨架方式固定形成的板材墙等。

3. 按墙体在建筑物中的位置和走向分类

墙体按其所在位置可分为外墙、内墙。沿建筑物四周边缘布置的墙体称为外墙。被外墙所包围的墙体称为内墙。沿着建筑物短轴方向布置的墙体称为横墙，横墙有内横墙、外横墙之分，位于建筑物两端的外横墙俗称山墙。沿着建筑物长轴方向布置的墙体称为纵墙，纵墙有内纵墙、外纵墙之分。在同一道墙上，门窗洞口之间的墙体称为窗间墙，门窗洞口上、下的墙体分别称为窗上墙、窗下墙，如图 3.1 所示。

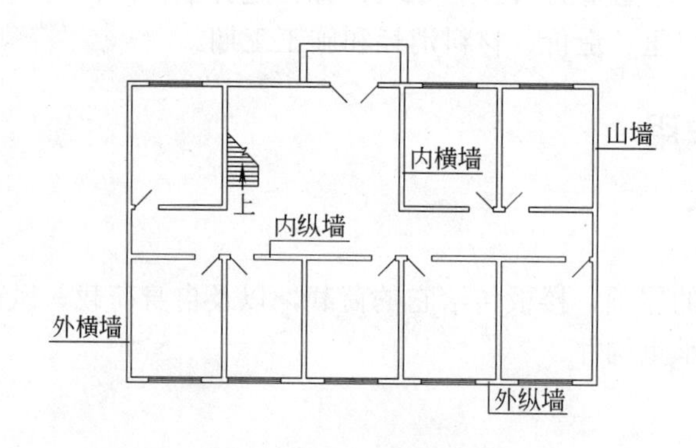

图 3.1　墙体各部分的名称

4. 按墙体的施工方式分类

墙体按施工方式可分为块材墙、板筑墙和板材墙三种。块材墙又称叠砌墙，是用砂浆等胶结材料将砖、石块、中小型砌块等组砌而成的，如实砌砖墙、砌块墙等。板筑墙是在墙体部位设置模板现浇而成的墙体，如夯土墙、滑模或大模板现浇钢筋混凝土墙。板材墙

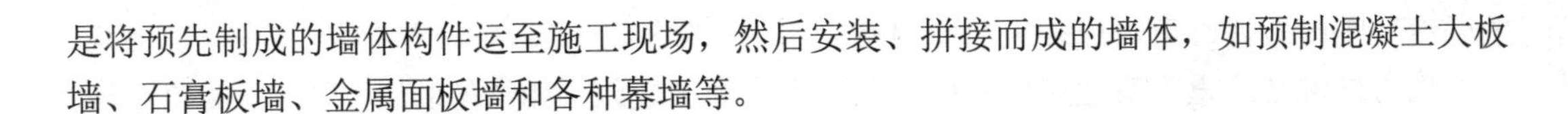

是将预先制成的墙体构件运至施工现场，然后安装、拼接而成的墙体，如预制混凝土大板墙、石膏板墙、金属面板墙和各种幕墙等。

3.1.3 墙体的承重方案

墙体有四种承重方案：横墙承重、纵墙承重、纵横墙混合承重和墙与柱混合承重。

1. 横墙承重

横墙承重是将楼板、屋面板等水平承重构件搁置在横墙上，如图 3.2(a)所示，楼面、屋面荷载通过结构板依次传递给横墙、基础以及地基。通常建筑的横墙间距要小于纵墙间距，因此水平承重构件的跨度小、截面高度也小，可以节省钢材和混凝土用量。由于横墙起主要承重作用且间距较密，建筑物的横向刚度较强，整体性好，因此有利于抵抗水平荷载(风荷载、地震作用等)和调整地基不均匀沉降。由于纵墙是非承重墙，因此内纵墙可自由布置，在外纵墙上开设门窗洞口较为灵活。但是横墙间距受到最大间距的限制，建筑开间尺寸不够灵活，且墙体所占的面积较大，相应地降低了建筑面积的使用率。

横墙承重方案适用于房间开间尺寸不大，房间面积较小的建筑物，如宿舍、旅馆、办公楼和住宅等。

2. 纵墙承重

纵墙承重是将楼板、屋面板等水平承重构件搁置在纵墙上，横墙只起分隔空间和连接纵墙的作用，如图 3.2(b)所示。楼面、屋面荷载通过结构板依次传递给纵墙、基础以及地基。由于横墙是非承重墙，因此可以灵活布置，可增大横墙间距，分隔出较大的使用空间。建筑物中纵墙的累计长度一般要少于横墙的累计长度，纵墙承重方案中的横墙厚度薄，相应地可以增大使用面积，同时节省墙体材料；纵墙因承重需要而较厚，而在北方地区，外纵墙因保温需要，其厚度往往大于承重所需的厚度，因此充分发挥了外纵墙的作用。但由于横墙不承重，自身的强度和刚度较低，抵抗水平荷载的能力比横墙承重差；水平承重构件的跨度较大，其截面高度增加，单件重量较大，施工要求高；承重纵墙上开设门窗洞口有一定限制，不易组织采光、通风。

纵墙承重方案适用于使用上要求有较大空间的建筑，如办公楼、商店、餐厅等。

3. 纵横墙混合承重

纵横墙混合承重方案中的承重墙体由纵横两个方向的墙体组成，如图 3.2(c)所示。纵横墙混合承重方式综合了横墙承重和纵墙承重的优点，房屋刚度较好，平面布置灵活，可根据建筑功能的需要而综合运用。但水平承重构件类型较多，施工复杂，墙体所占面积较大，降低了建筑面积的使用率，墙体材料消耗较多。

纵横墙混合承重方案适用于房间开间、进深变化较多的建筑，如医院、幼儿园、教学楼和阅览室等。

4. 墙与柱混合承重

墙与柱混合承重方案是建筑物内部采用柱、梁组成的内框架承重，四周采用墙承重，由墙和柱共同承担水平承重构件传来的荷载，又称内骨架结构，如图 3.2(d)所示。建筑物

的强度和刚度较好，可形成较大的室内空间。

墙与柱混合承重方案适用于室内需要较大空间的建筑，如大型商店、餐厅、阅览室等。

建筑物采用哪种承重方案，应结合建筑物的使用功能、平面空间布局、预制构件的加工能力和施工技术水平等进行综合分析比较后，合理地确定。

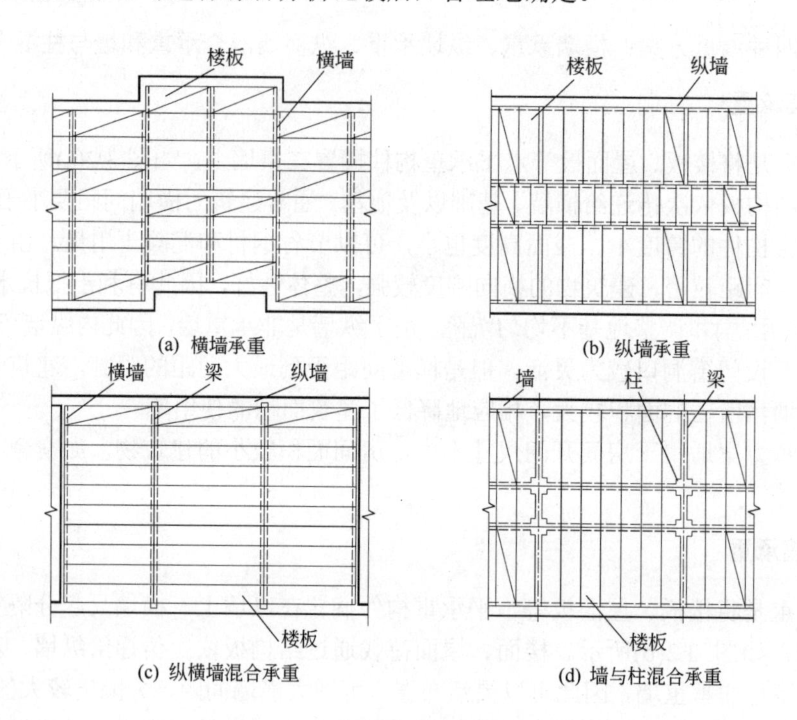

图 3.2　墙体的承重方案

3.2　墙体设计要求

墙体设计应满足以下要求。

1. 具有足够的强度和稳定性

强度是指墙体承受荷载的能力，它与墙体采用的材料、材料强度等级、墙体的截面积、构造和施工方式有关。如钢筋混凝土墙体比同截面的砖墙强度高；强度等级高的砖和砂浆所砌筑的墙体比强度等级低的砖和砂浆所砌筑的墙体强度高；相同材料和相同强度等级的墙体相比，截面积大的墙体强度高。作为承重墙的墙体，必须具有足够的强度以保证结构的安全。

墙体的稳定性也关系到墙体是否可以正常使用。墙体的稳定性与墙体厚度、高度和长度有关。高而薄的墙体比矮而厚的墙体稳定性差；长而薄的墙体比短而厚的墙体稳定性差；两端有固定的墙体比两端无固定的墙体稳定性好。在墙体的长度和高度确定之后，一般可以采用增加墙体厚度，提高墙体材料强度等级，增设墙垛、壁柱、圈梁、构造柱等措施，增加墙体的稳定性。

2．满足热工要求

外墙是建筑围护结构的主体，其热工性能的好坏会对建筑物的使用及能耗带来直接的影响。按照现行《民用建筑热工设计规范》(GB 50176—1993)规定，我国共划分5个热工设计分区(见表3.1)。

表3.1 设计规范划分的5个热工设计分区

热工设计分区	地区气候	热工要求	地区举例
严寒地区	累年最冷月平均温度≤-10℃的地区	充分考虑冬季保温，可不考虑夏季防热	黑龙江、内蒙古
寒冷地区	累年最冷月平均温度在>-10℃和≤0℃的地区	满足冬季保温，兼顾夏季防热	吉林、辽宁、北京、山西、河北
夏热冬冷地区	累年最冷月平均温度0～10℃，最热月平均温度在25～30℃的地区	满足夏季防热，适当兼顾冬季保温	陕西、安徽、福建北部
夏热冬暖地区	最冷月平均温度≥10℃，最热月平均温度在25～29℃的地区	满足夏季防热，一般不考虑冬季保温	海南、广西、广东、福建南部
温和地区	最冷月平均温度在0～13℃，最热月平均温度在18～28℃的地区	满足冬季保温，可不考虑夏季防热	云南、四川部分地区

建筑物热工设计应与地区气候相适应，热工要求主要是考虑墙体的保温与隔热性，以适宜的温度满足人们的生活和工作需要。有关墙体保温与隔热的技术构造见本章3.6节墙体的节能构造。

3．满足隔声要求

为了使人们获得安静舒适的工作、生活环境，避免相互干扰，要求墙体有良好的隔声性能，并应符合国家有关隔声标准的要求。

结构隔绝空气传声的能力，主要取决于墙体的单位面积质量(面密度)，面密度越大，隔声性能越好，故在进行墙体设计时，应尽量选择面密度(kg/m^2)大的材料。另外，适当增加墙体厚度，选用密度大的墙体材料，设置中空墙或双层墙均是提高墙体的隔声能力的有效措施。

声音的大小可用dB(分贝)表示，它是声强级的单位。不同建筑的墙具有不同的隔声要求。例如：我国的《民用建筑隔声设计规范》中规定，无特殊要求的住宅分户墙的隔声标准是45 dB；学校一般教室与教室之间的隔墙隔声标准为≥40 dB等。采用双面抹灰的半砖墙能满足隔声要求。

4．满足防火要求

作为建筑墙体的材料及厚度，应满足《建筑设计防火规范》(GB 50016—2006)的要求。当建筑的单层建筑面积或长度达到一定指标时(见表0.7和表0.8)，应划分防火分区，以防止火灾蔓延，防火分区一般利用防火墙进行分隔。防火墙应采用非燃烧体制作，且耐火极限不低于3 h，其他墙体详见表0.10。

5. 满足防水防潮要求

地下室的墙体应满足防潮、防水要求。卫生间、厨房、实验室等用水房间的墙体应满足防潮、防水、易清洗、耐摩擦和耐腐蚀的要求。应根据不同的部位，选用良好的防潮、防水材料及恰当的构造做法，以保证墙体的坚固耐久，室内有良好的卫生环境。

6. 满足建筑工业化要求

墙体作为建筑物的主体工程之一，工程量占着相当大的比重。建筑节能和建筑工业化的发展要求改革以普通黏性土砖为主的墙体材料，发展和应用新型的轻质高强砌墙材料、装配式墙体材料与构造方案，减轻墙体自重，提高施工效率，降低劳动强度，降低工程造价，为生产工厂化，施工机械化创造条件。

3.3 砖墙的构造

我国使用砖墙有着悠久的历史。砖墙是由砖和砂浆按一定的规律和砌筑方式组合成的砖砌体。其优点表现在保温、隔热、隔声和防火性能较好，且取材容易、制作简单，有一定承载能力，缺点是施工速度慢、劳动强度大、自重大，且黏性土砖占用农田。但砖墙在今后一段时期内仍将广泛采用。随着建筑节能和建筑工业化要求，黏性土砖的应用将逐步被大力发展的新型环保、节能砌墙材料所代替。

3.3.1 砖墙材料

1. 砖的种类和强度等级

砖是传统的砌墙材料，按材料不同，有黏性土砖、页岩砖、粉煤灰砖、灰砂砖和炉渣砖等；按外观形状分有普通实心砖(标准砖)、多孔砖和空心砖三种。

普通实心砖的标准名称叫烧结普通砖，是指没有孔洞或孔洞率小于15%的砖。常见的有黏性土砖，还有炉渣砖、烧结粉煤灰砖等。

多孔砖是指孔洞率不小于15%，孔的直径小而数量多的砖，常用于承重部位。

空心砖是指孔洞率不小于15%，孔的直径大而数量少的砖，常用于非承重部位。

砖的强度等级是由其抗压强度和抗折强度综合确定的，分为MU30、MU25、MU20、MU15、MU10五个等级。

标准砖的规格为240 mm×115 mm×53 mm，每块砖的重量为2.50～2.65 kg。加入灰缝尺寸后，砖的长、宽、厚之比为4∶2∶1。即一个砖长等于两个砖宽加灰缝(2×115 mm+ 10 mm)或等于四个砖厚加三个灰缝(4×53 mm+3×9.5 mm)。标准砖砌筑墙体时通常以砖宽度的倍数(115 mm+10 mm)为模数，这与我国现行《建筑模数协调统一标准》中的基本模数M=100 mm不协调，在工程使用中，须注意标准砖的这一特征。标准砖的尺寸关系如图3.3所示。

2. 砂浆

砂浆是砌块的胶结材料，它将砖块粘结在一起形成整体。砂浆的强度对砌体的强度会有直接的影响。

砌筑墙体的常用砂浆有水泥砂浆、混合砂浆和石灰砂浆。水泥砂浆属于水硬性材料，强度高，主要用于砌筑地下部分的墙体和基础。石灰砂浆属于气硬性材料，防水性差、强度低，适于砌筑非承重墙或荷载较小的墙体。混合砂浆有较高的强度和良好的可塑性、保水性，在地上砌体中被广泛应用。

砂浆强度等级分为 M20、M15、M10、M7.5、M5、M2.5 六个等级。常用的砌筑砂浆为 M10、M7.5、M5、M2.5 四种。

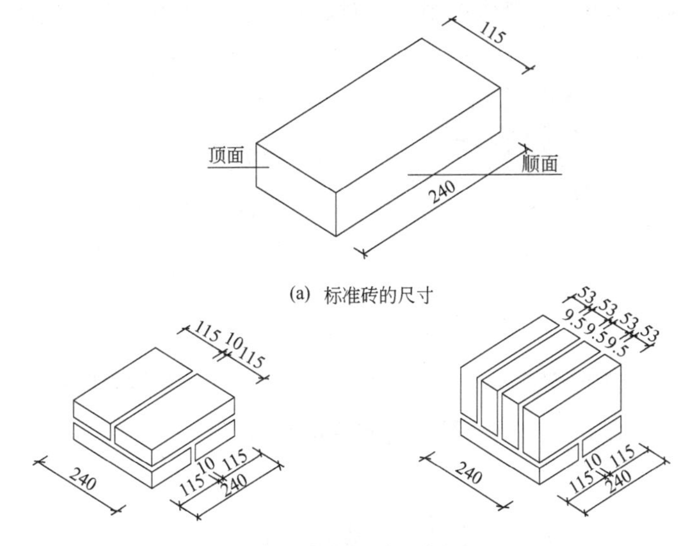

图 3.3　标准砖的尺寸关系

3. 砖墙的尺寸和组砌方式

1) 砖墙的厚度

实心砖墙的尺寸为砖宽加灰缝(115 mm+10 mm=125 mm)的倍数。砖墙的厚度在工程上习惯以它们的标志尺寸来称呼，如 12 墙、18 墙、24 墙等。砖墙的厚度尺寸见表 3.2。

表 3.2　砖墙的厚度尺寸　　　单位：mm

墙厚名称	1/4 砖	1/2 砖	3/4 砖	1 砖	1 砖半	2 砖	2 砖半
标志尺寸	60	120	180	240	370	490	620
构造尺寸	53	115	178	240	365	490	615
习惯称谓	60 墙	12 墙	18 墙	24 墙	37 墙	49 墙	62 墙

2) 砖墙的组砌方式

为了保证墙体的强度，砖墙在砌筑时应遵循“内外搭接、上下错缝”的原则，砖缝要横平竖直、砂浆饱满、厚薄均匀。砖与砖之间搭接和错缝的距离一般不小于 60 mm。

将砖的长边垂直于砌体长边砌筑时，称为顶砖。将砖的长边平行于砌体长边砌筑时，称为顺砖。每排列一层砖称为一皮。常见的砖墙砌筑方式有：全顺式、一顺一顶式、两平一侧式、多顺一顶式、每皮顶顺相间式等，实际中应根据墙体厚度、墙面观感和施工便利等进行选择。通常全顺式应用于 60 墙、12 墙，两平一侧式应用于 18 墙，一顺一丁式应用于 24 墙、37 墙。砖墙彻筑方式如图 3.4 所示。

3) 空斗墙

用普通砖侧砌或平砌与侧砌相结合砌成的内空的墙体称为空斗墙。空斗墙中采用侧砌方式砌成的称为无眠空斗墙，如图 3.5(a)所示；采用平砌与侧砌相结合方式砌成的称为有眠空斗墙，如图 3.5(b)所示。空斗墙节省材料，自重轻，隔热性能好，在南方炎热地区一些小型民居中有采用，但该墙体整体性稍差，对砖和施工技术水平要求较高。

(a) 全顺式　(b) 一顺一丁式

(c) 两平一侧式　(d) 三顺一顶式　(e) 每皮顶顺相间式

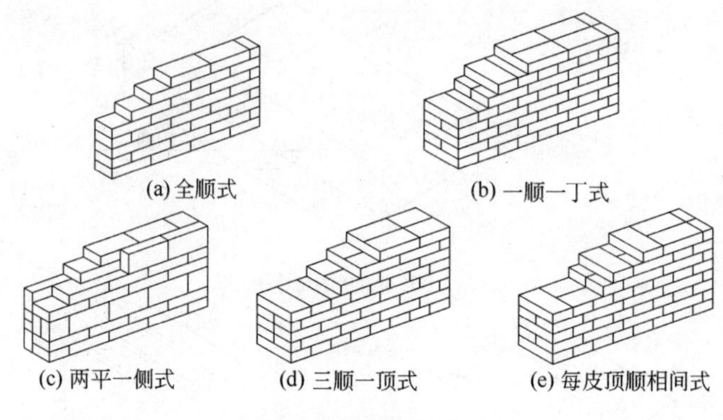

图 3.4　砖墙砌筑方式

4) 空心墙

空心墙又称空腹墙，是由普通黏性土砖砌筑的空斗墙或由空心砖砌筑的具有空腔的墙体。空心砖具有孔洞，较普通砖墙自重小、保温(隔热)性能好、造价低，在要求保温的地区用得较多。空心墙的构造如图 3.6 所示。

(a) 无眠空斗墙　(b) 有眠空斗墙

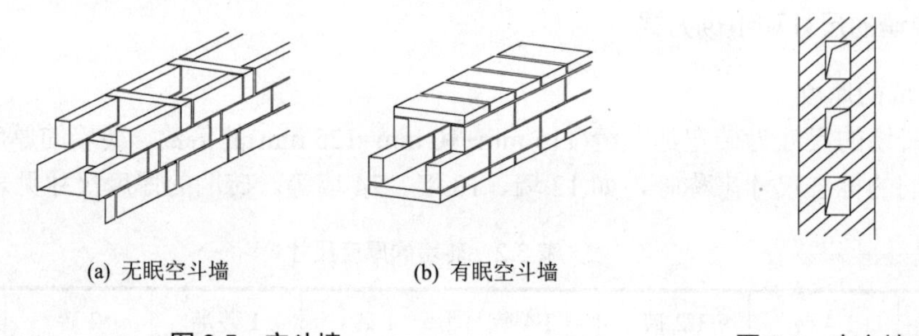

图 3.5　空斗墙

图 3.6　空心墙

3.3.2　砖墙的细部构造

1. 散水和明沟

散水是沿建筑物外墙四周设置的向外倾斜的坡面，其作用是将屋面下落的雨水排到远处，保护墙基避免雨水侵蚀。散水的宽度一般为 600～1000 mm，散水的坡度一般为 3%～5%。当屋面为自由落水时，散水宽度应比屋面檐口宽出 200 mm 左右，以保证屋面雨水能够落在散水上。散水适用于降雨量较小的地区，通常的做法有：砖砌、砖铺、块石、碎石、水泥砂浆和混凝土等，散水的构造如图 3.7 所示。在季节冰冻地区的散水，需在散水垫层下加设防冻胀层，以免散水被土壤冻胀而破坏。防冻胀层应选用砂石、炉渣灰土和非冻胀材料，其厚度可结合当地经验确定，通常在 300 mm 左右。散水整体面层纵向距离每隔 6～12 m 做一道伸缩缝，缝宽为 20～30 mm，缝内填粗砂，上嵌沥青胶盖缝，以防渗水，散水伸缩缝的构造如图 3.8 所示。由于建筑物的沉降，勒脚与散水施工时间的差异，在勒脚与散水交接处应留有缝隙，缝内处理一般用沥青麻丝灌缝。

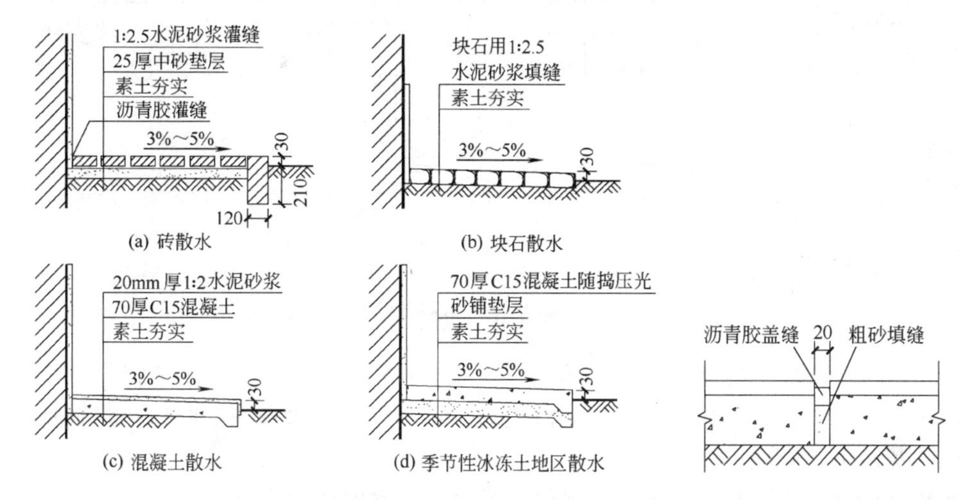

图 3.7　散水的构造

图 3.8　散水伸缩缝的构造

明沟又称阳沟、排水沟，设置在建筑物的外墙四周，以便将屋面落水和地面积水有组织地导向地下排水井，然后流入排水系统，保护外墙基础。明沟一般采用混凝土浇筑，或用砖、石砌筑成宽不少于 180 mm、深不少于 150 mm 的沟槽，然后用水泥砂浆抹面。为保证排水通畅，沟底应有不少于 1%的纵向坡度。明沟适用于降雨量较大的南方地区，其构造如图 3.9 所示。

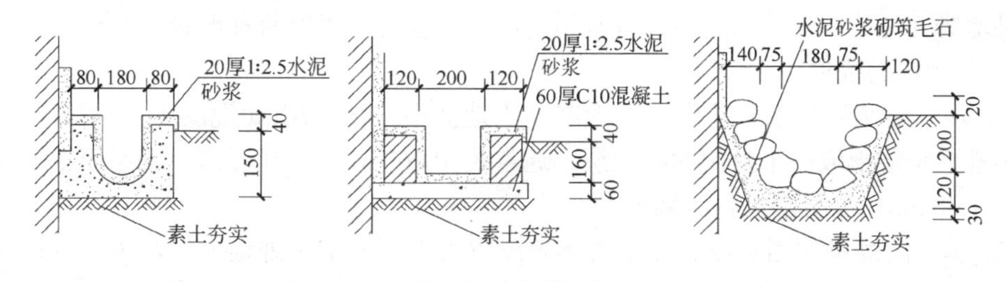

图 3.9　明沟构造

2．勒脚和踢脚

勒脚是指室内地坪以下、室外地面以上的这段墙体。勒脚的作用是保护近地墙体免受外界环境中的雨、雪或地表水的侵蚀，或人为因素的碰撞、破坏等，而且对建筑立面处理产生一定的效果。所以要求勒脚坚固、防水和美观。勒脚高度一般为室内地坪与室外地坪之高差，一般在 500 mm 以上，也可根据立面需要提高到底层窗台位置。勒脚的做法常有以下几种。

(1) 对一般建筑，采用水泥砂浆抹面或水刷石、斩假石等。

(2) 标准较高的建筑，可贴墙面砖或镶贴天然、人工石材，如花岗石、水磨石等。

(3) 换用砌墙材料，采用强度高、耐久性和防水性好的墙体材料，如毛石、料石、混凝土等，如图 3.10 所示。

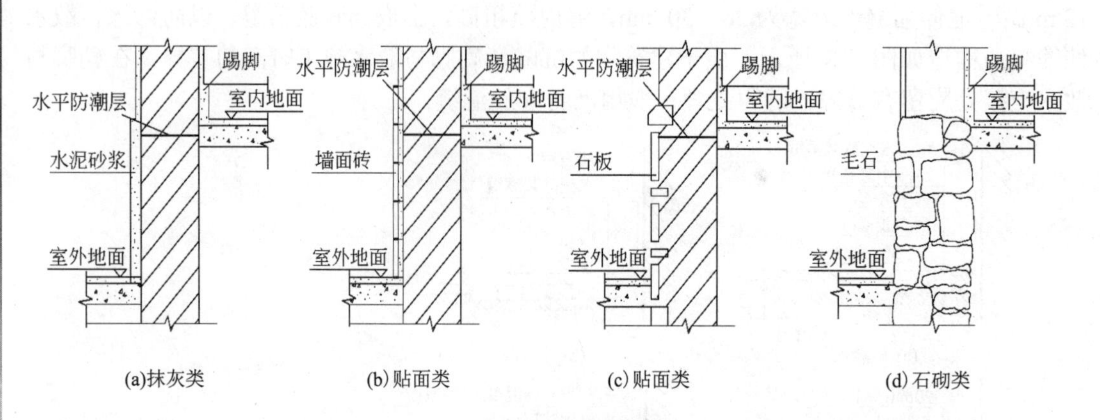

图 3.10　勒脚

为了避免勒脚抹灰经常出现的表皮脱壳现象，勒脚施工时应严格遵守操作规程，在构造上应采取必要的措施，如切实做好防潮处理；适当加大勒脚抹灰的咬口；将勒脚抹灰伸入散水抹灰以下等措施。

踢脚(踢脚板、踢脚线)是外墙内侧和内墙两侧与室内地坪交接处的构造。踢脚的作用是防止扫地时污染墙面、防潮、保护墙角和起到室内美化装饰效果。踢脚材料一般和地面相同。踢脚的高度一般在 120～150mm，如图 3.10 和图 14.15 所示。

3．墙身防潮层

在墙身中设置防潮层的目的是防止土壤中的水分沿基础和墙脚上升，或位于勒脚处的地面水渗入墙内而导致地上部分墙体受潮，以保证建筑的正常使用和安全。因此，必须在内、外墙脚部位连续设置防潮层，有水平防潮层和垂直防潮层两种形式。

1) 防潮层的位置

(1) 水平防潮层。水平防潮层一般在室内地面不透水垫层(如混凝土垫层)厚度范围之内，与地面垫层形成一个封闭的隔潮层，通常在-0.060 m 标高处设置，而且至少要高于室外地坪 150 mm，以防雨水溅湿墙身。

(2) 垂直防潮层。当室内地面出现高差或室内地面低于室外地面时，为了保证这两地面之间的墙体干燥，除了要分别按高差不同在墙体内设置两道水平防潮层之外，还要在两道水平防潮层的靠土壤一侧设置一道垂直防潮层。防潮层的位置如图 3.11 所示。

2) 防潮层的做法

防潮层按所用材料的不同，一般有油毡防潮层、砂浆防潮层、细石混凝土防潮层等做法。

(1) 油毡防潮层。油毡防潮层通常是用沥青油毡，在防潮层部位先抹 20 mm 厚的 1∶3 水泥砂浆找平层，然后干铺油毡一层或用沥青粘贴一毡二油。卷材的宽度应比墙体宽 20 mm，搭接长度不小于 100 mm。

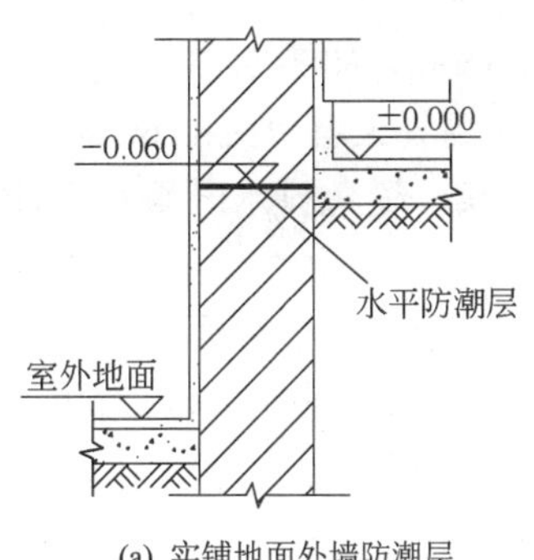

(a) 实铺地面外墙防潮层

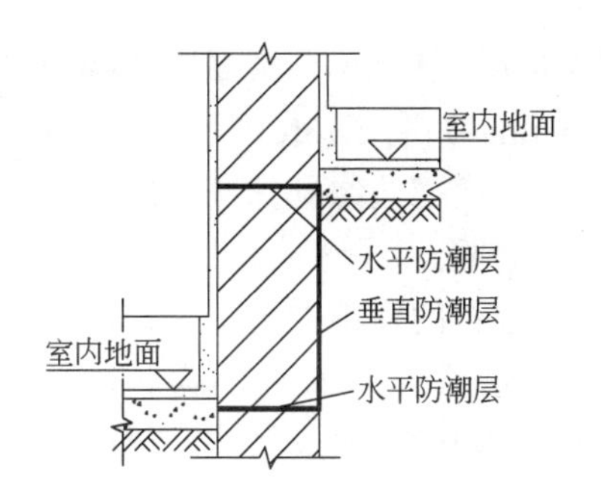

(b) 实铺地面内墙防潮层(两侧地面有标高差)

图 3.11　防潮层的位置

油毡防潮层具有一定的韧性、延伸性和良好的防潮性能，但不能与砂浆有效地粘结，降低了结构的整体性，对抗震不利，而且卷材的使用年限往往低于建筑的耐久年限，老化后将失去防潮的作用。因此，卷材防潮层在建筑中已较少采用。

(2) 砂浆防潮层。砂浆防潮层是在防潮层部位抹 20 mm 厚掺入防水剂的 1∶3 水泥砂浆，防水剂的掺入量一般为水泥用量的3%～5%。或者在防潮层部位用防水砂浆砌筑 4～6 皮砖，同样可以起到防潮层的作用。

防水砂浆防潮层克服了卷材防潮层的缺点，目前在实际工程中应用较多，特别适用于抗震地区、独立砖柱和扰动较大的砖砌体中。但砂浆属于刚性材料，易产生裂缝，所以在基础沉降量大或有较大振动的建筑中应慎重使用。

(3) 细石混凝土防潮层。细石混凝土防潮层是在防潮层部位铺设 60 mm 厚 C15 或 C20 细石混凝土，内配 3ϕ6 或 3ϕ8 钢筋以抗裂。

由于内配钢筋的混凝土密实性和抗裂性好，防水、防潮性强，且与砖砌体结合紧密，整体性好，故适用于整体刚度要求较高的建筑中，特别是抗震地区。防潮层的做法如图 3.12 所示。

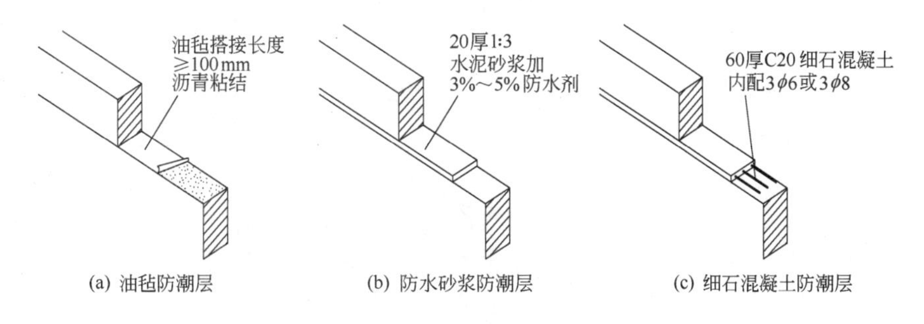

(a) 油毡防潮层　(b) 防水砂浆防潮层　(c) 细石混凝土防潮层

图 3.12　墙身水平防潮层

4. 窗台

窗台形式如图 3.13 所示，是位于窗洞下部的建筑构件，根据位置的不同分为外窗台和内窗台两种。外窗台的主要作用是排水，避免室外雨水沿窗向下流淌时，积聚在窗洞下部并沿窗下框向室内渗透。同时外窗台也是建筑立面细部的重要组成部分。外窗台应有不透水的面层，并向外形成一定的坡度以利于排水。外窗台有悬挑和不悬挑两种。不悬挑窗台

如图 3.13(a)所示。悬挑窗台常采用顶砌一皮砖挑出 60 mm，如图 3.13(b)所示，或将一砖侧砌并挑出 60 mm，如图 3.13(c)所示，也可采用预制钢筋混凝土窗台挑出 60 mm，如图 3.13(d)所示。悬挑窗台底部边缘处抹灰时应做滴水线或滴水槽，避免排水时雨水沿窗台底面流至下部墙体污染墙面。

处于阳台位置的窗不受雨水冲刷，通常不设悬挑窗台；当外墙面材料为贴面砖时，因为墙面砖表面光滑，容易被上部淌下的雨水冲刷干净，可不设悬挑窗台，如图 3.13(a)所示，只在窗洞口下部用面砖做成斜坡，现在不少建筑采用这种形式。

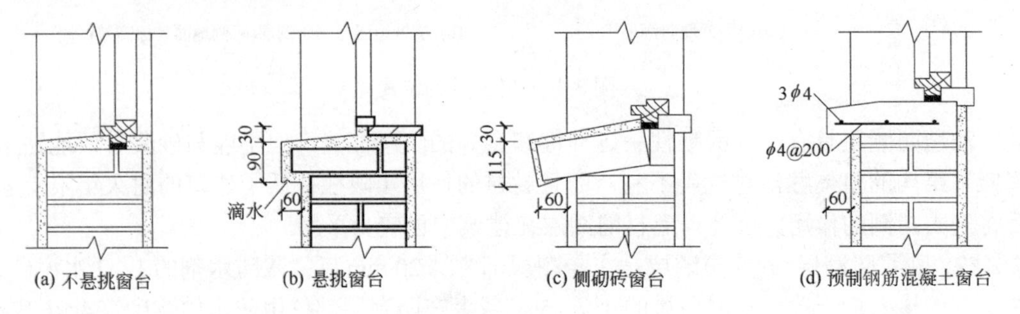

(a) 不悬挑窗台　(b) 悬挑窗台　(c) 侧砌砖窗台　(d) 预制钢筋混凝土窗台

图 3.13　窗台形式

内窗台可直接用砖砌筑，常常结合室内装饰做成砂浆抹灰、水磨石、贴面砖或天然石材等多种饰面形式。在寒冷地区，室内如为暖气采暖时，为便于安装暖气片，窗台下应预留龛，此时内窗台应采用预制水磨石板或钢筋混凝土板。暖气槽与窗台的构造如图 3.14 所示。

图 3.14　暖气槽与内窗台的构造

5. 门窗过梁

当墙体上要开设门窗洞口时，为了承担洞口上部砌体传来的荷载，并把这些荷载传给洞口两侧的墙体，常在门窗洞口上设置横梁，即门窗过梁。

过梁的形式较多，常见的有砖拱过梁、钢筋砖过梁和钢筋混凝土过梁三种。

1) 砖拱过梁

砖拱过梁的历史悠长，有平拱和弧拱两种类型，其中平拱形式用得较多。砖拱过梁应事先设置胎模，由砖侧砌而成，拱中的砖垂直放置，称为拱心。两侧砖对称于拱心分别向两侧倾斜，灰缝上宽下窄，靠材料之间产生的挤压摩擦力来支撑上部墙体。为了使砖拱能更好地工作，平拱的中心应比拱的两端略高，为跨度的 1/50～1/100，砖拱过梁如图 3.15 所示。

砖砌平拱过梁适用跨度一般不大于 1.2 m。砖拱过梁可节约钢材和水泥，但施工麻烦、过梁整体性较差，不适用于过梁上部有集中荷载、振动较大、地基承载力不均匀以及地震区的建筑。

2) 钢筋砖过梁

钢筋砖过梁是由平砖砌筑，并在砖缝中加设适量钢筋而形成的过梁。该梁的适宜跨度为 1.5 m 左右，且施工简单，所以在无集中荷载的门窗洞口上应用比较广泛。

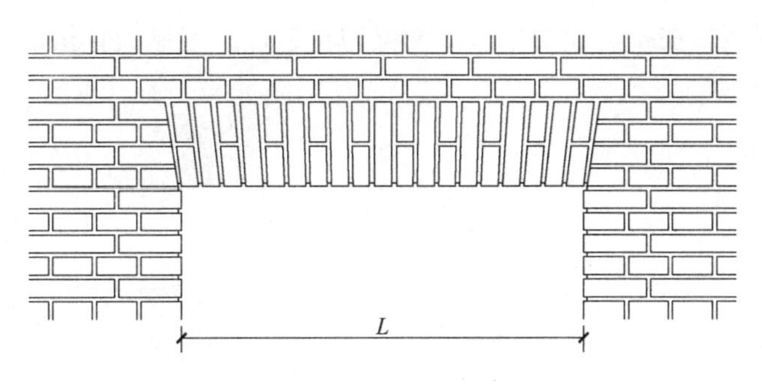

图 3.15　砖拱过梁

钢筋砖过梁的构造要求是：①应用强度等级不低于 MU7.5 的砖和不低于 M5 的砂浆砌筑；②过梁的高度应在 5 皮砖以上，且不小于洞口跨度的 1/4；③ϕ6 钢筋放置于洞口上部的砂浆层内，砂浆层为 1∶3 水泥砂浆 30 mm 厚，也可以放置于洞口上部第 1 皮砖和第 2 皮砖之间，钢筋两端伸入墙内不少于 240 mm，并做 60 mm 高的垂直弯钩。钢筋直径不小于ϕ5，根数不少于 2 根，间距≤120 mm。钢筋砖过梁的构造如图 3.16 所示。

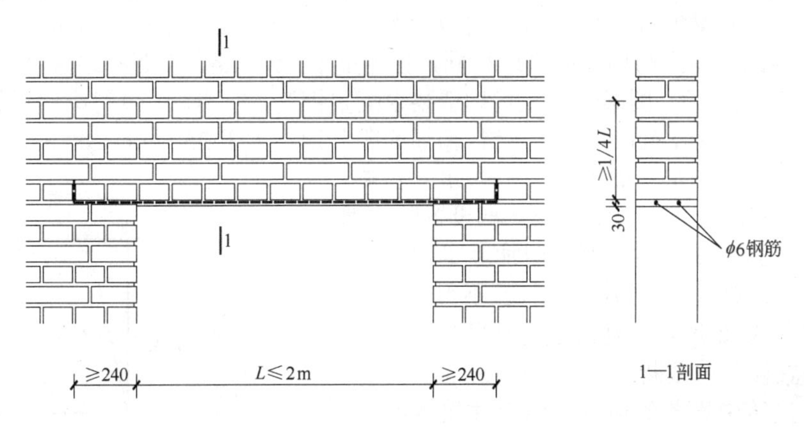

图 3.16　钢筋砖过梁

3) 钢筋混凝土过梁

钢筋混凝土过梁的承载能力强，跨度可超过 2 m，施工简便，目前已被广泛采用。按照施工方式不同，钢筋混凝土过梁分为现浇和预制两种，截面尺寸及配筋应由计算确定。过梁的高度应与砖的皮数尺寸相配合，以便于墙体的连续砌筑，常见的梁高为 120 mm、180 mm、240 mm。过梁的宽度通常与墙厚相同，当墙面不抹灰为清水墙结构时，其宽度应比墙小 20 mm。为了避免局压破坏，过梁两端伸入墙体的长度都不应小于 240 mm。

钢筋混凝土过梁的截面形式有矩形和 L 形两种，如图 3.17 所示。矩形过梁多用于内墙或南方地区的混水墙。钢筋混凝土的导热系数比砖砌体的导热系数大，为避免过梁处产生热桥效应，内壁结露，在严寒及寒冷地区，外墙或清水墙中多用 L 形过梁，过梁截面尺寸参见表 14.1。

6. 圈梁

圈梁是沿建筑物外墙及部分内墙设置的连续水平闭合的梁。圈梁与楼板共同作用，能增强建筑物的空间刚度和整体性，对建筑物起到腰箍的作用，防止由于地基不均匀沉降、

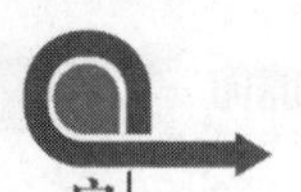

振动引起的墙体开裂。在抗震设防地区，圈梁与构造柱一起形成骨架，可提高房屋的抗震能力。

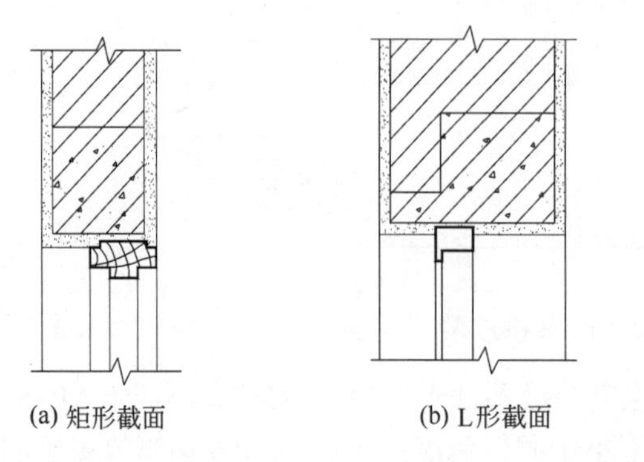

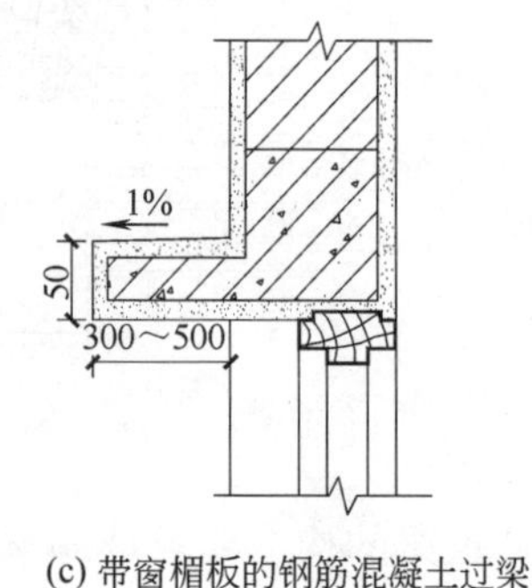

(a) 矩形截面　　(b) L形截面　　(c) 带窗楣板的钢筋混凝土过梁

图 3.17　钢筋混凝土过梁

圈梁有钢筋砖圈梁和钢筋混凝土圈梁两种。钢筋砖圈梁是将前述的钢筋砖过梁沿外墙和部分内墙连通砌筑而成，目前已经较少使用。

钢筋混凝土圈梁的高度应与砖的皮数相配合，以方便墙体的连续砌筑，一般不小于 120 mm。圈梁的宽度宜与墙体的厚度相同，且不小于 180 mm，在寒冷地区可略小于墙厚，但不宜小于墙厚的 2/3。圈梁一般是按构造要求配置钢筋，7、8、9 度时纵向钢筋分别不小于 4ϕ10、4ϕ12、4ϕ14，而且要对称布置；箍筋间距分别不大于 250 mm、200 mm 和 150 mm。

圈梁应该在同一水平面上连续、封闭，当被门窗洞口截断时，应就近在洞口上部或下部设置附加圈梁，其配筋和混凝土强度等级不变。附加圈梁与圈梁搭接长度不应小于二者垂直间距的两倍，且不得小于 1.0 m，附加圈梁如图 3.18 所示。地震设防地区的圈梁应当完全封闭，不宜被洞口截断。

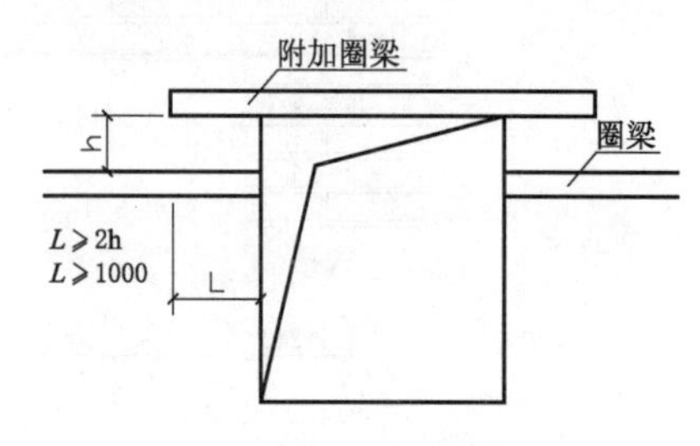

图 3.18　附加圈梁

圈梁在建筑中设置的道数应结合建筑物的高度、层数、地基情况和抗震设防要求等情况综合考虑，见表 3.3。

表 3.3　多层砖砌体房屋现浇钢筋混凝土圈梁的设置要求

墙　类	烈　度		
	6、7 度	8 度	9 度
外墙和内纵墙	屋盖处及每层楼盖处	屋盖处及每层楼盖处	屋盖处及每层楼盖处
内横墙	同上，屋盖处间距不应大于 4.5 m；楼盖处间距不应大于 7.2 m；构造柱对应部位	同上；各层所有横墙，且间距不应大于 4.5 m；构造柱对应部位	同上；各层所有横墙

圈梁通常设置在建筑物的基础墙处、檐口处和楼板处，当屋面板或楼板与窗洞口间距较小，而且抗震设防等级较低时，也可以把圈梁设在窗洞口上皮，兼做过梁使用。

7．构造柱

由于多层砌体结构的整体性差，抗震能力较差，抗震规范对地震区砌体结构建筑的总高度、横墙间距、圈梁的设置和墙体的局部尺寸等，都提出了一定的限制和要求，设置构造柱也能有效地加强建筑的整体性。设置要求见表 3.4。构造柱不是承重柱，是从构造角度考虑而设置的。

构造柱在墙体内部与水平设置的圈梁相连，相当于圈梁在水平方向将楼板和墙体箍住，构造柱则从竖向加强层与层之间墙体的连接，共同形成具有较大刚度的空间骨架，从而较大地加强建筑物的整体刚度，提高墙体抵抗变形的能力。

表 3.4 多层砖砌体房屋构造柱的设置要求

<table>
<tr><th colspan="4">层 数</th><th colspan="2" rowspan="2">设置部位</th></tr>
<tr><th>6 度</th><th>7 度</th><th>8 度</th><th>9 度</th></tr>
<tr><td>四、五</td><td>三、四</td><td>二、三</td><td></td><td rowspan="3">楼、电梯间的四角；楼梯斜梯段上下端对应的墙体处；外墙四角和对应转角处；错层部位横墙与外纵墙交接处；较大洞口两侧，大房间内外墙交接处</td><td>隔 12 m 或单元横墙与外墙交接处；楼梯间对应的另一侧内横墙与外墙交接处</td></tr>
<tr><td>六</td><td>五</td><td>四</td><td>二</td><td>隔开间横墙(轴线)与外墙交接处；山墙与内纵墙交接处</td></tr>
<tr><td>七</td><td>≥六</td><td>≥五</td><td>≥三</td><td>• 内墙(轴线)与外墙交接处；
• 内墙局部墙垛较小处；
• 内纵墙与横墙(轴线)交接处</td></tr>
</table>

(1) 构造柱的构造

构造柱最小截面可采用 180 mm×240 mm(墙厚 190 mm 时为 180 mm×190 mm)，纵向钢筋宜采用 4ϕ12，箍筋间距不宜大于 250 mm，且在柱上下端宜适当加密；6、7 度时超过 6 层，8 度时超过 5 层和 9 度时，构造柱纵向钢筋宜采用 4ϕ14，箍筋间距不应大于 200 mm；房屋四角的构造柱可适当加大截面及配筋。

(2) 构造柱与墙体的连接

钢筋混凝土构造柱不需设计基础，但其下端应伸入基础梁内或伸入室外地坪以下 500 mm 处。施工时必须先砌墙，后浇柱，构造柱与墙连接处宜砌成马牙搓，从下部开始每隔 300 mm 先退后进 60 mm，并应沿墙高每隔 500 mm 设 2ϕ6 拉结钢筋，每边伸入墙内不宜小于 1 m，如图 3.19 所示。

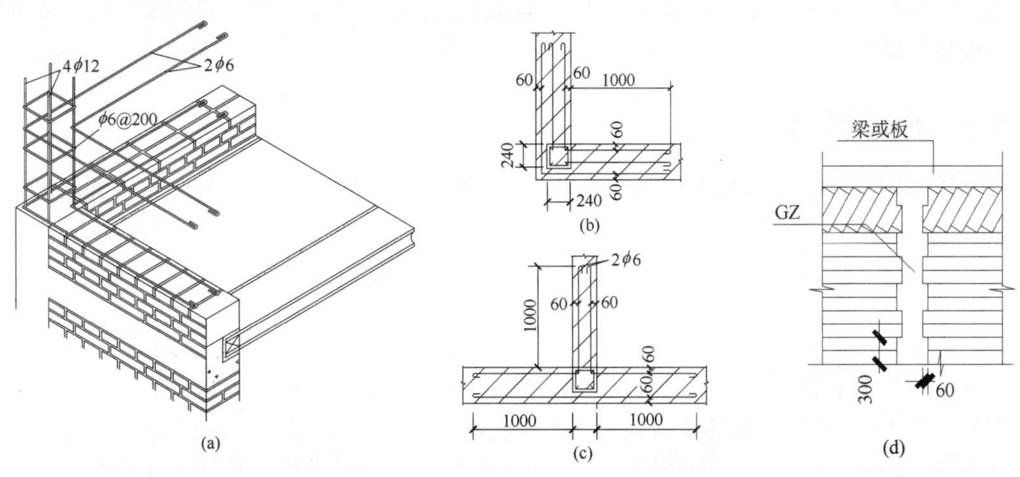

图 3.19 钢筋混凝土构造柱

8．墙中孔道

砖墙中的竖向孔道主要有通风道、垃圾道、烟道等。由于垃圾道在管理不善时容易对周围环境造成较大影响，因此垃圾道的设置要认真慎重。《住宅设计规范》(GB 50096—1999)中规定：住宅不宜设置垃圾管道。多层住宅不设垃圾管道时，应根据垃圾收集方式设置相应设施。中高层及高层住宅不设置垃圾管道时，每层应设置封闭的垃圾收集空间。

卫生间楼层烟道的构造举例如图 3.20 所示。

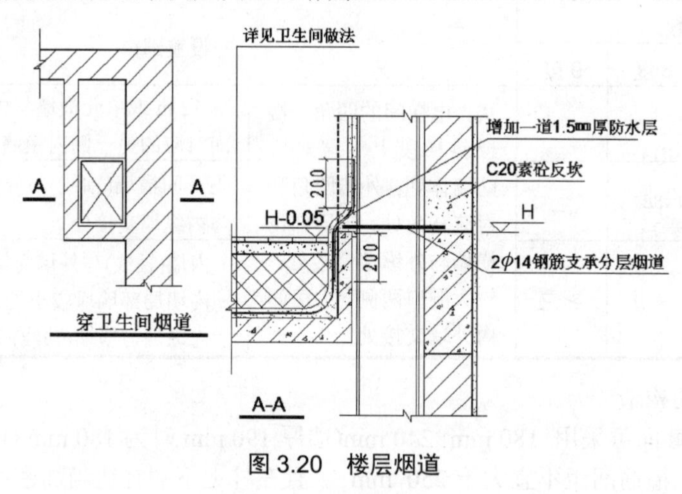

图 3.20　楼层烟道

3.4　隔 墙 构 造

隔墙是分隔建筑物内部空间的非承重内墙。隔墙的重量由楼板或墙梁承担，所以要求隔墙重量轻。为了增加建筑的有效使用面积，隔墙在满足稳定的前提下，厚度应尽量薄。要求隔墙便于安装与拆卸，结合房间不同的使用要求，如厨房、卫生间等还应具备防火、防潮、防水和隔声等性能。隔墙根据其材料和施工方式不同，可以分成砌筑隔墙、立筋隔墙和板材隔墙。

3.4.1　砌筑隔墙

砌筑隔墙有砖砌隔墙和砌块隔墙两种。这种隔墙自重较大，现场湿作业较大，但经过抹灰装饰后隔声效果较好。

1．砖砌隔墙

砖砌隔墙多采用普通砖砌筑，有 1/4 砖墙和 1/2 砖墙两种，其中 1/2 砖砌隔墙应用较广。

1/2 砖砌隔墙又称半砖隔墙，标志尺寸是 120 mm，采用全顺式砌筑而成，砌筑砂浆强度不应低于 M5。由于隔墙的厚度较薄，应控制墙体的长度和高度，以确保墙体的稳定。当墙体的高度超过 3.0 m 或长度超过 5.0 m 时，应当采取加固措施。具体方法是在墙内每隔 500～700 mm 设 2ϕ6 通长拉结钢筋，并与两端的承重墙或柱连接牢固，内放拉结钢筋的砂

浆灰缝厚宜为 30 mm。同时，为使隔墙的上端与楼板之间结合紧密，隔墙顶部采用斜砌立砖一皮或每隔 1.0 m 用木楔打紧，用砂浆填缝，1/2 砖砌隔墙的构造如图 3.21 所示。

1/4 砖砌隔墙采用标准砖侧砌而成，标志尺寸是 60 mm，砌筑砂浆的强度不应低于 M5。因其厚度薄，稳定性差，高度不应大于 2.8 m，长度不应大于 3.0 m，一般应用于建筑内部一些不设门窗的小房间的墙体，如厕所、卫生间的隔墙，并且采取加固措施，办法是沿墙体高度方向每隔 500～700 mm 设 2ϕ4(或 1ϕ6)通长拉结钢筋，并与两端的主墙或柱连接牢固，内放拉结钢筋的砂浆灰缝厚度宜为 30 mm。

2. 砌块隔墙

为了减轻隔墙自重和节约用砖，可采用轻质砌块来砌筑隔墙。目前应用较多的砌块有：炉渣混凝土砌块、陶粒混凝土砌块、加气混凝土砌块等。炉渣混凝土砌块和陶粒混凝土砌块的厚度通常为 90 mm，加气混凝土砌块多采用 100 mm 厚，砌块隔墙厚由砌块尺寸决定。由于砌块墙吸水性强，一般不在潮湿环境中应用。在砌筑时应先在墙下部实砌三皮实心砖再砌砌块。砌块不够整块时宜用实心砖填补，砌块隔墙的加固措施与普通砖隔墙相同。

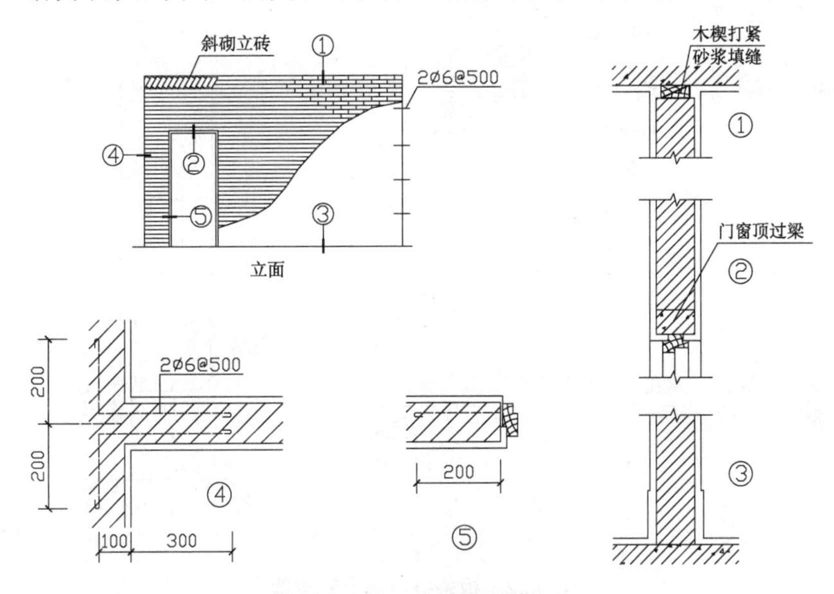

图 3.21 1/2 砖砌隔墙的构造

3.4.2 立筋隔墙

立筋隔墙由骨架和面板两部分组成，一般采用木材、铝合金或薄壁型钢等做成骨架，然后将面板通过钉结或粘贴在骨架上形成。常用的面板有板条抹灰、钢丝网抹灰、纸面石膏板、纤维板、吸声板等。这种隔墙自重轻、厚度薄、安装与拆卸方便，在建筑中应用较广泛。

1. 板条抹灰隔墙

这种隔墙的特点是耗费木材多、防火性能差、不适用于潮湿环境，如厨房、卫生间等隔墙。

板条抹灰隔墙是由上槛、下槛、立筋(龙骨、墙筋)和斜撑等构件组成木骨架，在立筋上沿横向钉上板条，然后抹灰而成，板条抹灰隔墙的构造如图 3.22 所示。

具体做法是：先立边框立筋，撑稳上槛、下槛并分别固定在顶棚和楼板(或砖垄)上，每隔 500～700 mm 将立筋固定在上下槛上，然后沿立筋每隔 1.5 m 左右设一道斜撑以加固立筋。立筋一般采用 50 mm×70 mm 或 50 mm×100 mm 的木方。灰板条钉在立筋上，板条之间在垂直方向应留出 6～10 mm 的缝隙，以便抹灰时灰浆能够挤入缝隙之中，与灰板条粘结。灰板条的接头应在立筋上，且接头处应留出 3～5 mm 的缝隙，以利伸缩，防止抹灰后灰板条膨胀相顶而弯曲，灰板的接头连续高度应不超过 0.5 m，以免出现通长裂缝。为了使抹灰层粘结牢固和防止开裂，砂浆中应掺入适量的草筋、麻刀或其他纤维材料。为了保证墙体干燥，常常在下槛下方先砌三皮砖，形成砖垄。

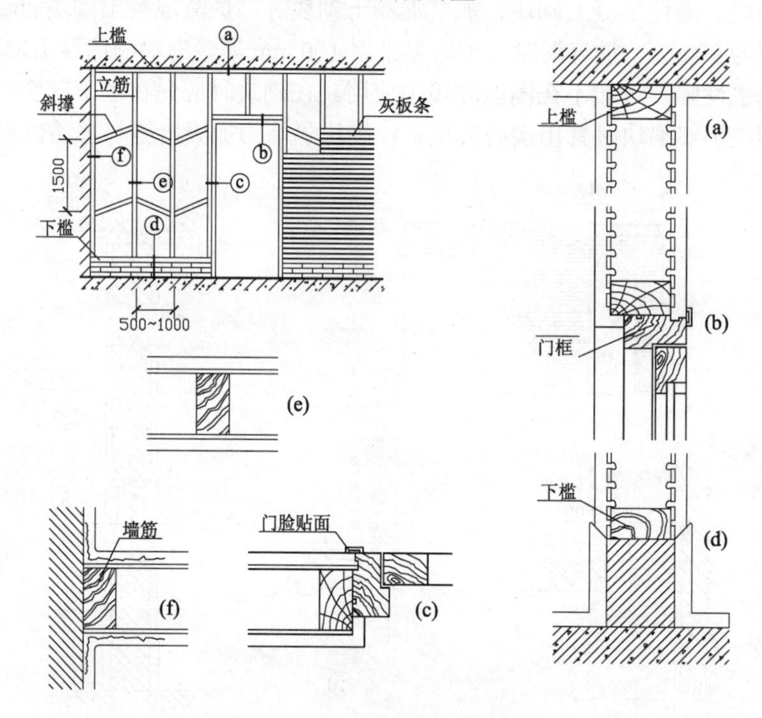

图 3.22 板条抹灰隔墙的构造

2. 立筋面板隔墙

立筋面板隔墙的面板材料采用胶合板、纤维板、石膏板或其他轻质薄板。胶合板、纤维板是以木材为原料，多采用木骨架。石膏板多采用石膏或轻金属骨架。木骨架的做法同板条抹灰隔墙。金属骨架通常采用薄型钢板、铝合金薄板或拉眼钢板网加工而成。面板可用自攻螺钉(木骨架)或膨胀铆钉(金属骨架)等固定在骨架上，并保证板与板的接缝在立筋和横档上，缝隙间距为 5 mm 左右以供板的伸缩，采用木条或铝压条盖缝。面板固定好后，可在面板上刮腻子后裱糊墙纸、墙布或喷涂油漆等。

石膏面板隔墙是目前在建筑中使用较多的一种隔墙。石膏板是一种新型建筑材料，自重轻、防火性能好、加工方便、价格便宜，为增加其搬运时的抗弯能力，生产时在板的两

面贴上面纸，所以又称纸面石膏板。但石膏板极易吸湿，不宜用于厨房、卫生间等处。

钢丝(钢板)网抹灰隔墙和板条钢丝网抹灰隔墙也是立筋隔墙。前者是用薄壁型钢做骨架，后者是用木方做骨架，然后固定钢丝(板)网，再在其上面抹灰形成隔墙。这两种隔墙的强度高、重量轻、变形小，多用于防火、防水要求较高的房间，但隔声能力稍差。

3.4.3 板材隔墙

板材隔墙是采用轻质大型板材直接在现场装配而成。板材的高度相当于房间的净高，不需要依赖骨架。常用的板材有石膏空心条板、加气混凝土条板、碳化石灰板、水泥玻璃纤维空心条板等。这种隔墙具有自重轻，装配性好，施工速度快，工业化程度高，防火性能好等特点。碳化石灰条板隔墙的构造如图 3.23 所示。

条板的长度略小于房间净高，宽度多为 600～1000 mm，厚度多为 60～100 mm。安装条板时，在楼板上采用木楔将条板楔紧，然后用砂浆将空隙堵严，条板之间的缝隙用粘结剂或粘结砂浆进行粘结，常用的有水玻璃粘结剂(水玻璃：细矿渣：细砂：泡沫剂=1：1：1.5：0.01) 或加入 108 胶的聚合物水泥砂浆，安装完毕后可根据需要进行表面装饰。

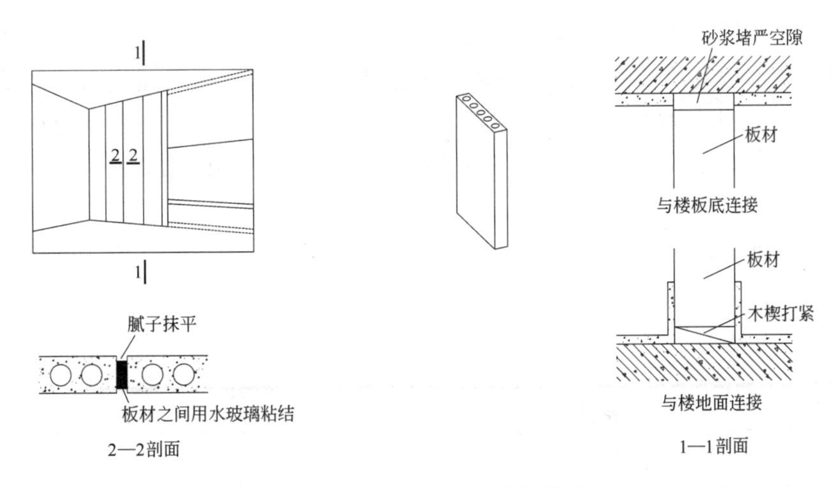

图 3.23　碳化石灰板隔墙的构造

3.5 墙 面 装 饰

墙面装饰工程包括建筑物外墙饰面和内墙饰面。不同的墙面有不同的使用和装饰要求，应根据不同的使用和装饰要求选择相应的材料、构造方法和施工工艺，以达到设计的实用性、经济性和装饰性。

3.5.1 墙面装饰的作用与分类

1. 墙面装饰的作用

1) 保护墙体

外墙是建筑物的围护结构，为避免墙体直接受到风吹、日晒、雨淋、霜雪和冰雹的袭

击，可抵御空气中腐蚀性气体和微生物的破坏作用，增强墙体的坚固性、耐久性，延长墙体的使用年限进行的墙面装饰。内墙在某些相对潮湿或酸碱度高的房间中，墙体饰面也能起到保护墙体的作用。

2) 改善墙体的物理性能

对墙面进行装饰，墙厚增加，或利用饰面层材料的特殊性能，可改善墙体的保温、隔热、隔声等能力。平整、光滑、色浅的内墙面装饰，可便于清扫、保持卫生，可增加光线的反射，提高室内照度和采光均匀度。某些声学要求较高的用房，可利用不同饰面材料所具有的反射声波及吸声的性能，达到控制混响时间，改善室内音质效果的目的。

3) 美化环境，丰富建筑的艺术形象

建筑物的外观效果主要取决于建筑的体量、形式、比例、尺度和虚实对比等立面设计手法。而外墙的装饰可通过饰面材料的质感、色彩、线形等产生不同的立面装饰效果，丰富建筑物的艺术形象。内墙装饰应结合室内的家具、陈设以及地面和顶棚的装饰，恰当选用装饰材料和装饰手法，可在不同程度上起到美化室内环境的作用。

2. 墙面装饰的分类

(1) 墙面装饰按其所处的部位不同，可分为外墙面装饰和内墙面装饰。外墙面装饰应选择耐光照、耐风化、耐大气污染、耐水、抗冻、抗腐蚀和抗老化的建筑材料，以起到保护墙体的作用，并保持外观清新。内墙面装饰应根据房间的不同功能要求及装饰标准来选择饰面，一般选择易清洁、接触感好、光线反射能力强的饰面。

(2) 墙面装饰按材料及施工方式的不同，通常分为抹灰类、贴面类、涂刷类、裱糊类、铺钉类和其他类，具体见表3.5。

表3.5　墙面装饰分类

类　别	室外装饰	室内装饰
抹灰类	水泥砂浆、混合砂浆、聚合物水泥砂浆、拉毛、水刷石、干粘石、斩假石、拉假石、假面砖、喷涂、滚涂等	纸筋灰、麻刀灰粉面、石膏粉面、膨胀珍珠岩灰浆、混合砂浆、拉毛、拉条等
贴面类	外墙面砖、马赛克、玻璃马赛克、人造水磨石板、天然石板等	釉面砖、人造石板、天然石板等
涂刷类	石灰浆、水泥浆、溶剂型涂料、乳液涂料、彩色胶砂涂料、彩色弹涂等	大白浆、石灰浆、油漆、乳胶漆、水溶性涂料、弹涂等
裱糊类		塑料墙纸、金属面墙纸、木纹壁纸、花纹玻璃纤维布、纺织面墙纸及锦缎等
铺钉类	各种金属装饰板、石棉水泥板、玻璃	各种竹、木制品和塑料板、石膏板、皮革等各种装饰面板
其他类	清水墙饰面	

3.5.2 墙面装饰构造

1. 抹灰类墙面装饰

抹灰类墙面装饰是我国传统的饰面做法，是用各种加色的、不加色的水泥砂浆或石灰砂浆、混合砂浆、石膏砂浆，以及水泥石渣浆等做成的各种装饰抹灰层。其材料来源丰富、造价较低、施工操作简便，通过施工工艺可获得不同的装饰效果，还具有保护墙体、改善墙体的物理性能等功能。这类装饰属于中、低档装饰，在墙面装饰中应用广泛。

抹灰用的各种砂浆，往往在硬化过程中随着水分的蒸发，体积要收缩。当抹灰层厚度过大时，会因体积收缩而产生裂缝。为保证抹灰牢固、平整、颜色均匀，避免出现龟裂、脱落，抹灰要分层操作。抹灰的构造层次通常由底层、中间层和饰面层三部分组成。底层厚 5～15 mm，主要起与墙体基层粘结和初步找平的作用；中层厚 5～12 mm，主要起进一步找平和弥补底层砂浆的干缩裂缝的作用；面层抹灰厚 3～8 mm，表面应平整、均匀、光洁，以取得良好的装饰效果。抹灰层的总厚度依位置不同而异，外墙抹灰为 20～25 mm，内墙抹灰为 15～20 mm。按建筑标准及不同墙体，抹灰可分为三种标准。

普通抹灰：一层底灰，一层面灰或不分层一次成活。

中级抹灰：一层底灰，一层中灰，一层面灰。

高级抹灰：一层底灰，一层或数层中灰，一层面灰。

常用的抹灰做法举例见表 3.6。

表 3.6 常用抹灰做法举例

抹灰名称	材料配合比及构造	适用范围
水泥砂浆	• 15 mm 厚 1∶3 水泥砂浆打底 • 10 mm 厚 1∶2.5 水泥砂浆饰面	室外饰面及室内需防潮的房间及浴厕墙裙、建筑物阳角
混合砂浆	• 12～15 mm 厚 1∶1:6 水泥、石灰膏、砂的混合砂浆打底 • 5～10 mm 厚 1∶1:6 水泥、石灰膏、砂的混合砂浆饰面	一般砖、石砌筑的外墙、内墙均可
纸筋(麻刀)灰	• 12～17 mm 厚 1∶3 石灰砂浆(加草筋) 打底 • 2～3 mm 厚纸筋(麻刀)灰、玻璃丝罩面	一般砖、石砌筑的内墙抹灰
石膏灰	• 13 mm 厚 1∶(2～3)麻刀灰砂浆打底 • 2～3 mm 厚石膏灰罩面	高级装饰的内墙面抹灰的罩面
水刷石	• 15 mm 厚 1∶3 水泥砂浆打底 • 10 mm 厚 1∶(1.2～1.4)水泥石渣浆抹面后水刷饰面	用于外墙
水磨石	• 15 mm 厚 1∶3 水泥砂浆打底 • 10 mm 厚 1∶1.5 水泥石渣饰面，并磨光、打蜡	用于室内潮湿部位
膨胀珍珠岩	• 13 mm 厚 1∶(2～3)麻刀灰砂浆打底 •9 mm 厚水泥∶石灰膏∶膨胀珍珠岩 100∶10～20∶(3～5) (质量比)分 2～3 次饰面	用于室内有保温、隔热或吸声要求的房间内墙抹灰

续表

抹灰名称	材料配合比及构造	适用范围
干粘石	• 10～12 mm 厚 1∶3 水泥砂浆打底 • 7～8 mm 厚 1∶0.5∶2 外加 5% 108 胶混合砂浆粘结层 • 3～5 mm 厚彩色石渣面层(用喷或甩的方式进行)	用于外墙
斩假石	• 15 mm 厚 1∶3 水泥砂浆打底后刷素水泥浆一道 • 8～10 mm 厚水泥石渣饰面 • 用剁斧斩去表面层水泥浆或石尖部分使其显出凿纹	用于外墙或局部内墙

不同的墙体基层，抹灰底层的操作也有所不同，以保证饰面层与墙体的连接牢固及饰面层的平整度。砖、石砌筑的墙体，表面一般较为粗糙，对抹灰层的粘结较有利，可直接抹灰；混凝土墙体表面较为光滑，甚至残留有脱模油，需先进行除油垢、凿毛、甩浆、划纹等，然后再抹灰；轻质砌块的表面孔隙大、吸水性极强，需先在整个墙面上涂刷一层 108 建筑胶封闭基层，再进行抹灰。

室内抹灰砂浆的强度较差，阳角位置容易碰撞损坏，因此，通常在抹灰前先在内墙阳角、柱子四角、门洞转角等处，用强度较高的 1∶2 水泥砂浆抹出护角，或预埋角钢做成护角。护角高度从地面起 1.5～2.0 m，墙和柱的护角如图 3.24 所示。

在室内抹灰中，卫生间、厨房、洗衣房等常受到摩擦、潮湿的影响，人群活动频繁的楼梯间、走廊、过厅等处常受到碰撞、摩擦的损坏，为保护这些部位，通常做墙裙处理，如用水泥砂浆、水磨石、瓷砖、大理石等进行饰面，高度一般为 1.2～1.8 m，有些将高度提高到天棚底。

室外墙面抹灰一般面积较大，为施工操作方便和立面处理的需要，保证装饰层平整、不开裂、色彩均匀，常对抹灰层先进行嵌木条分格，做成引条，抹灰面的分块与设缝如图 3.25 所示。面层抹灰完成后，可取出木引条，再用水泥砂浆勾缝，以提高抗渗能力。

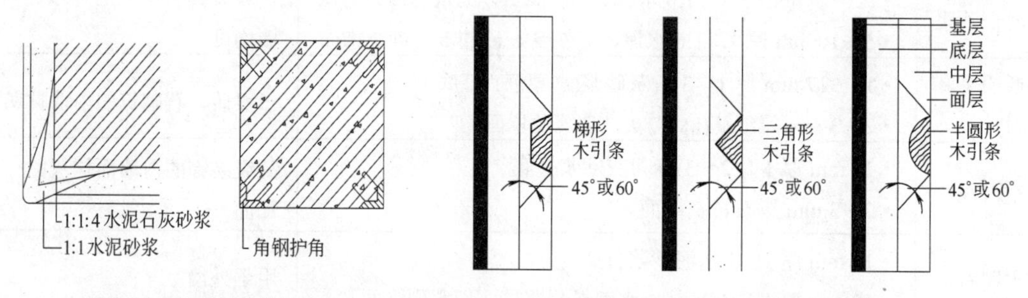

图 3.24 墙和柱的护角

图 3.25 抹灰面的分块与设缝

2. 贴面类墙面装饰

贴面类墙面装饰是指将各种天然的或人造的板材通过构造连接或镶贴的方法形成墙体装饰面层。它具有坚固耐用、装饰性强、容易清洗等优点。常用的贴面材料可分为三类：天然石材，如花岗岩、大理石等；陶瓷制品，如瓷砖、面砖、陶瓷锦砖等；预制块材，如仿大理石板、水磨石、水刷石等。由于材料的形状、重量、适用部位不同，装饰的构造方

法也有一定的差异，轻而小的块材可以直接镶贴，大而厚的块材则必须采用挂贴的方式，以保证它们与主体结构连接牢固。

1) 天然石板及人造石板墙面装饰

天然石材具有强度高、结构密实、装饰效果好等优点。由于它们加工复杂、价格昂贵，多用于高级墙面装饰中。

花岗岩石是由长石、石英和云母组成的深成岩，属于硬石材，质地密实，抗压强度高，吸水率低，抗冻和抗风化性好。花岗岩石的纹理多呈斑点状，有白、灰、墨、粉红等不同的色彩，其外观色泽可保持百年以上。经过加工的石材面板，主要用于重要建筑的内外墙面装饰。

大理石是由方解石和白云石组成的一种变质岩，属于中硬石材，质地密实，呈层状结构，有显著的结晶或斑状条纹，色彩鲜艳，花纹丰富，经加工的板材有很好的装饰效果。由于大理石板材的硬度不大，化学稳定性和大气稳定性不是太好，其组成中的碳酸钙在大气中易受二氧化碳、二氧化硫、水汽的作用而转化为石膏，从而使经精磨、抛光的表面很快失去光泽，并变得疏松多孔，因此，除白色大理石(又称汉白玉) 外，一般大理石板材宜用于室内装饰。

人造石板一般由白水泥、彩色石子、颜料等配合而成，具有天然石材的花纹和质感，优点有重量轻、厚度薄、强度高、耐酸碱，抗污染、表面光洁、色彩多样、造价低等。

天然石板和人造石板的板块面积大、重量大，为保证饰面的牢固与耐久，通常采用系挂贴法，即板材与基层绑牢或钩牢，然后灌浆固定。具体做法是：先在墙身或柱内预埋 ϕ6 镀锌铁箍，在铁箍内立 ϕ8～ϕ10 竖筋和横筋，间距 500～1000 mm，在竖筋上绑扎横筋，形成钢筋网，如图 3.26 所示。如果基层未预埋铁箍，可用金属胀管螺栓固定预埋件，然后进行绑扎或焊接竖筋和横筋。在板材上端两边钻小孔，用双股铜丝或镀锌铁丝穿过孔眼将板材绑扎在横筋上。上下两块石板用“Z”形不锈钢钩钩住。板与墙身之间留 20～30 mm 间隙，上部用定位活动木楔做临时固定，校正无误后，在板与墙身之间浇筑 1∶3 水泥砂浆，每次灌入高度不宜超过板高的 1/3。最上部灌浆高度应距板材上边 50 mm，以便和上层石板下部的灌浆结合在一起。待砂浆初凝后，取掉定位活动木楔，继续上层石板的安装。系挂贴法如图 3.27 所示。

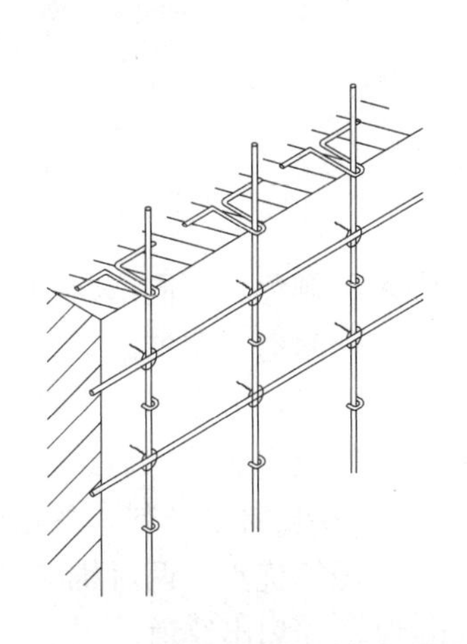

图 3.26　墙面预埋铁箍绑扎钢筋网

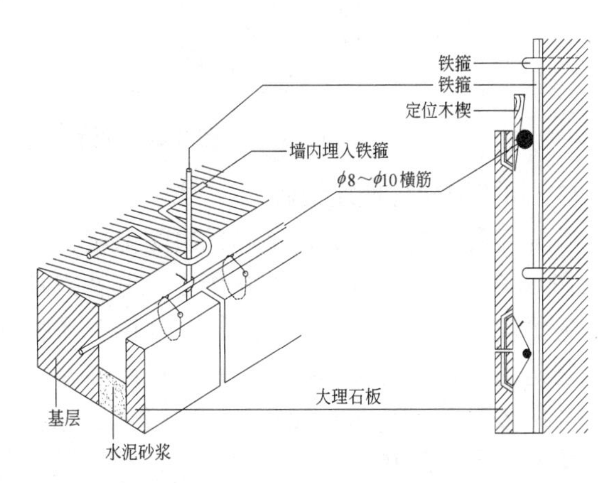

图 3.27　系挂贴法

2) 陶瓷制品墙面装饰

陶瓷制品是以陶土或瓷土为原料，压制成型后，经 1100℃左右的高温煅烧而成的。它具有良好的耐风化、耐酸碱、耐摩擦、耐久等性能，可以做成各种美丽的颜色和花纹，起到很好的装饰效果。陶瓷制品一般是采用直接镶贴的方式进行墙面装饰。

(1) 外墙面砖饰面

外墙面砖分挂釉和不挂釉、平滑和有一定纹理质感等不同的类型，釉面又可分为有光釉和无光釉两种。面砖装饰的构造做法是：在基层上抹 1∶3 水泥砂浆找平层 15～20 mm，宜分层施工，以防出现空鼓或裂缝，然后划出纹道，接着利用粘结剂将在水中浸泡过并晾干或擦干的面砖贴于墙上，用木锤轻轻敲实，使其与底灰粘牢，面砖之间要留缝隙，以利于湿气的排除，缝隙用 1∶1 水泥砂浆勾缝。粘结剂可以是素水泥浆或 1∶2.5 水泥细砂砂浆，若采用掺 108 胶(水泥用量的 5%～10%)的水泥砂浆则粘贴效果更好。外墙面瓷砖装饰构造如图 3.28(a)所示。

(2) 釉面砖饰面

釉面砖又称瓷砖或釉面瓷砖，色彩稳定、表面光洁美观、吸水率较低、易于清洗，但由于釉面砖是多孔的精陶体，在长期与空气接触的过程中，会吸收水分而产生吸湿膨胀现象，甚至会因膨胀过大而使釉面发生开裂，所以多用于厨房、卫生间、浴室等处墙裙、墙面和池槽。釉面砖饰面的构造做法是：在基层上用 1∶3 水泥砂浆找平 15 mm 厚，并划出纹道，以 2～4 mm 厚的水泥胶或水泥细砂砂浆(掺入水泥用量的 5%～10%的 108 胶粘结效果更好)粘结浸泡过水的釉面砖。为便于清洗和防水，面砖之间不应留灰缝，细缝用白水泥擦平。釉面砖装饰构造如图 3.28(b) 所示。

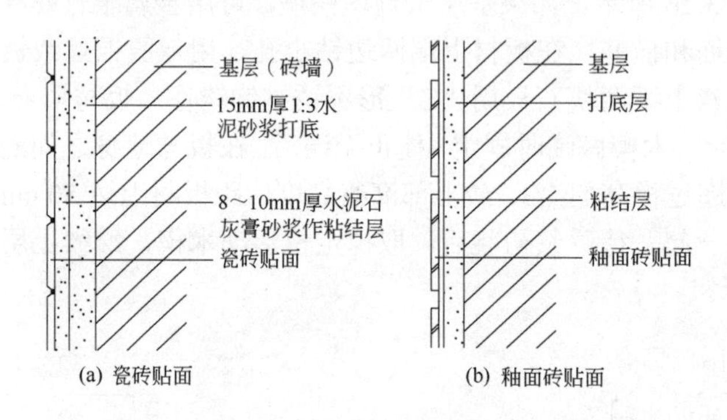

图 3.28　瓷砖、釉面砖贴面

(3) 陶瓷锦砖与玻璃锦砖

陶瓷锦砖又名马赛克，是以优质陶土烧制，在生产时将多种颜色、不同形状的小瓷片拼贴在 300 mm×300 mm 的牛皮纸上。其特点是色泽稳定、坚硬耐磨、耐酸耐碱、防水性好、造价较低，可用于室内外装饰。但由于易脱落、装饰效果一般，近来采用玻璃锦砖较多，它是由各种颜色玻璃掺入其他原料经高温熔炼发泡后压延制成小块，然后结合不同的颜色与图案贴于 325 mm×325 mm 牛皮纸上，是一种半透明的玻璃质饰面材料，质地坚硬、色泽柔和，具有耐热、耐寒、耐腐蚀、不龟裂、不褪色、自重轻等优点。两种锦砖的装饰方法基本相同：在基层上用 1∶3 水泥砂浆找平 12～15 mm 厚，并划出纹道，用 3～4 mm 厚白水泥胶(掺入水泥用量的 5%～10%的 108 胶) 满刮在锦砖背面，然后将整张纸皮砖粘贴

在找平层上，用木板轻轻挤压，使其粘牢，然后湿水洗去牛皮纸，再用白水泥浆擦缝。

(4) 预制板块材墙面装饰

预制板块材的材料主要有水磨石、水刷石、人造大理石等。它们要经过分块设计、制模型、浇捣制品、表面加工等步骤制成。其长和宽尺寸一般在 1.0 m 左右，有厚型和薄型之分，薄型的厚度为 30～40 mm，厚型的厚度为 40～130 mm。在预制板达到强度后，才能进行安装。预制饰面板材与墙体的固定方法，和大理石固定于墙基上一样。通常是先在墙体内预埋铁件，然后绑扎竖筋与横筋形成钢筋网，再将预制面板与钢筋网连接牢固，离墙面留缝 20～30 mm，最后再水泥砂浆灌缝。

3. 涂刷类墙面装饰

涂刷类墙面装饰是指将建筑涂料涂刷于墙基表面并与之很好粘结，形成完整而牢固的膜层，以对墙体起到保护与装饰的作用。这种装饰具有工效高、工期短、自重轻、造价低等优点，虽然耐久性差些，但操作简单、维修方便、更新快，且涂料几乎可以配成任何需要的颜色，因而在建筑上应用广泛。

涂料按其主要成膜物的不同可分为无机涂料和有机涂料两大类。

1) 无机涂料

无机涂料有普通无机涂料和无机高分子涂料。

普通无机涂料有石灰浆、大白浆、可赛银浆、白粉浆等水质涂料，适用于一般标准的室内刷浆装修。无机高分子涂料有 JH80-1 型、JH80-2 型、JHN84-1 型、F832 型、LH-82 型、HT-1 型等，它具有耐水、耐酸碱、耐冻融、装饰效果好、价格较高等特点，主要用于外墙面装饰和有耐擦洗要求的内墙面装饰。

2) 有机涂料

有机涂料依其主要成膜物质与稀释剂的不同，可分为溶剂型涂料、水溶性涂料和乳液涂料三大类。

溶剂型涂料有传统的油漆涂料和现代发展起来的苯乙烯内墙涂料、聚乙烯醇缩丁醛内(外)墙涂料、过氯乙烯内墙涂料等。常见的水溶性涂料有聚乙烯醇水玻璃内墙涂料(即 106 涂料)、聚合物水泥砂浆饰面涂料、改性水玻璃内墙涂料、108 内墙涂料、SJ-803 内墙涂料、JGY-821 内墙涂料、801 内墙涂料等。乳液涂料又称乳胶漆。常用的有乙丙乳胶涂料、苯丙乳胶涂料等，多用于内墙装饰。

建筑涂料的品种繁多，应结合使用环境与不同装饰部位，合理选用，如外墙涂料应有足够的耐水性、耐碱性、耐污染性、耐久性；内墙涂料应具有一定的硬度，耐干擦与耐湿擦，满足人们需要的颜色等装饰效果，潮湿房间的内墙涂料应具有很好的耐水性和耐清洗、耐摩擦性能；用于水泥砂浆和混凝土等基层的涂料，要有很好的耐碱性和防止基层的碱析出涂膜表面的现象发生。

涂料类装饰构造有如下做法。

平整基层后满刮腻子，对墙面找平，用砂纸磨光，然后再用第二遍腻子进行修整，保证坚实牢固、平整、光滑、无裂纹，潮湿房间的墙面可适当增加腻子的胶用量或选用耐水性好的腻子或加一遍底漆。待墙面干燥后便进行施涂，涂刷遍数一般为两遍(单色)，如果是彩色涂料可多涂一遍，颜色要均匀一致。在同一墙面应用同一批号的涂料。每遍涂料施涂厚度应均匀，且后一遍应在前一遍干燥后进行，以保证各层结合牢固，不发生皱皮、

开裂。

4．裱糊类墙面装饰

裱糊类墙面装饰是将墙纸、墙布、织锦等各种装饰性的卷材材料裱糊在墙面上形成装饰面层。常用的饰面卷材有 PVC 塑料墙纸、墙布、玻璃纤维墙布、复合壁纸、皮革、锦缎和微薄木等，品种众多，在色彩、纹理、图案等方面丰富多样，选择性很大，可形成绚丽多彩、质感温暖、古雅精致、色泽自然逼真等多种装饰效果，且造价较经济、施工简捷高效、材料更新方便，在曲面与墙面转折等处可连续粘贴，获得连续的饰面效果，因此，经常被用于餐厅、会议室、高级宾馆客房和居住建筑中的内墙装饰。

1) 墙纸饰面

墙纸的种类较多，有多种分类方法。若按外观装饰效果分，有印花的、压花的、发泡(浮雕)的；若按施工方法分，有刷胶裱贴的和背面预涂压敏胶直接铺贴的两种；若从墙纸的基层材料分，有全塑料的、纸基的、布基的和石棉纤维基的。

塑料墙纸是目前用得最广泛的装饰卷材，是以纸基、布基和其他纤维等为底层，以聚氯乙烯或聚乙烯为面层，经复合、印花或发泡压花等工序而制成。它图案雅致、色彩艳丽、美观大方，且在使用中耐水性好、抗油污、耐擦洗和易清洁等，是理想的室内装饰材料。塑料墙纸有普通、发泡和特种三类，其中特种墙纸有耐水墙纸、防火墙纸、抗静电墙纸、吸声墙纸和防污墙纸等，能适应不同功能的需要。

2) 玻璃纤维墙布

玻璃纤维墙布是以玻璃纤维织物为基层，表面涂布树脂，经染色、印花等工艺制成的一种装饰卷材。由于纤维织物的布纹感强，经套色印花后品种丰富，色彩鲜艳，有较好的装饰效果，而且耐擦洗、遇火不燃烧、抗拉力强，不产生有毒气体，价格便宜，因此应用广泛。但其覆盖力较差，易泛色，当基层颜色有深浅不一时，容易在裱糊面上显现出来，而且玻璃纤维本身属碱性材料，使用时间长易变黄色。

3) 无纺贴墙布

无纺贴墙布是采用棉、麻等天然纤维或涤纶、腈纶等合成纤维，经过无纺成型，上树脂、印彩花而成的一种新型高级饰面材料。它具有挺括、富有弹性、色彩鲜艳、图案雅致、不褪色、耐晒、耐擦洗，且有一定的吸声性和透气性等优点。

4) 丝绒和锦缎

丝绒和锦缎是高级的墙面装饰材料，它具有绚丽多彩、质感温暖、古雅精致、色泽自然逼真等优点，适用于高级的内墙面裱糊装饰。但它柔软光滑、极易变形，且不耐脏、不能擦洗，裱糊工艺技术要求很高，还要避免受潮、霉变。

裱糊墙面的构造如图 3.29 所示。

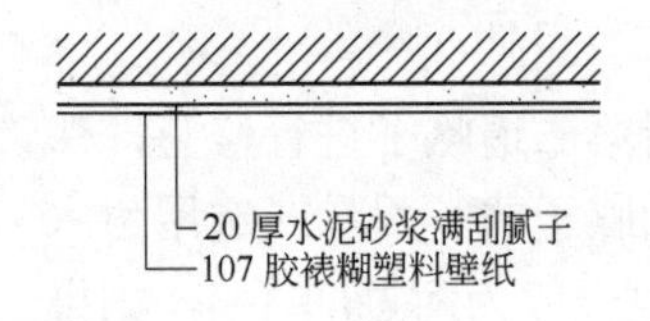

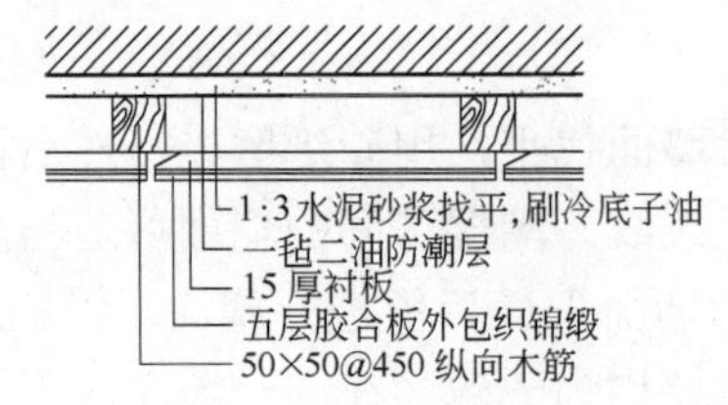

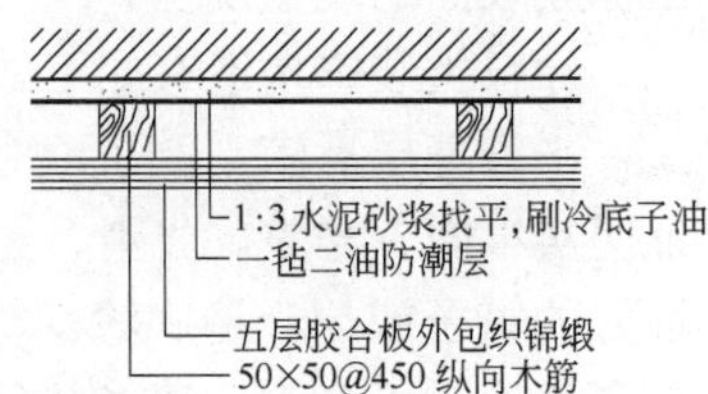

图 3.29　裱糊墙面的构造

裱糊类墙面装饰的构造做法如下：

墙纸、墙布均可直接粘贴在墙面的抹灰层上。粘贴前先清扫墙面，满刮腻子，干燥后用砂纸打磨光滑。

墙纸裱糊前应先进行胀水处理，即先将墙纸在水槽中浸泡2～3分钟，取出后抖掉多余的水，再静置15分钟，然后刷胶裱糊。这样，纸基遇水充分胀开，粘贴到基层表面上后，纸基壁纸随水分的蒸发而收缩、绷紧。复合纸质壁纸耐湿性较差，不能进行胀水处理。纸基塑料壁纸刷胶时，可只刷墙基或纸基背面；裱糊顶棚或裱糊较厚重的墙纸墙布，如植物纤维壁纸、化纤贴墙布等，可在基层和饰材背面双面刷胶，以增加粘结能力。

玻璃纤维墙布和无纺贴墙布不需要胀水处理，且要将胶粘剂刷在墙基上，用的胶粘剂与纸基不同，宜用聚醋酸乙烯乳液，可掺入一定量的淀粉糊。由于它们的盖底力稍差，基层表面颜色较深时，可满刮石膏腻子或在胶粘剂中掺入10%的白涂料，如白乳胶漆等。

丝绒和锦缎饰面的施工技术和工艺要求较高。为了更好地防潮、防腐，通常的做法是：在墙面基层上用水泥砂浆找平，待彻底干燥后刷冷底子油，再做一毡二油防潮层，然后固定木龙骨，将胶合板钉在龙骨上，最后利用108胶、化学浆糊、墙纸胶等胶粘剂裱糊饰面卷材。

裱糊的原则是：先垂直面，后水平面；先细部，后大面；先保证垂直，后对花拼缝；垂直面是先上后下，先长墙面后短墙面；水平面是先高后低。粘贴时，要防止出现气泡，并对拼缝处压实。

5. 铺钉类墙面装饰

铺钉类墙面装饰是指将各种装饰面板通过镶、钉、拼贴等构造手法固定于骨架上构成的墙面装饰，其特点是无湿作业，饰面耐久性好，采用不同的饰面板，具有不同的装饰效果，在墙面装饰中应用广泛。常用的面板有木条、竹条、实木板、胶合板、纤维板、石膏板、石棉水泥板、皮革、人造革、玻璃和金属薄板等。骨架有木骨架和金属骨架两种。

1) 木质板饰面

木质板饰面常选用实木板、胶合板、纤维板和微薄木贴面板等装饰面板，若有声学要求的，则选用穿孔夹板、软质纤维板、装饰吸声板等。这类饰面美观大方、安装方便，外观纹理和色泽显得质朴、高雅，但消耗木材多，防火、防潮性能较差，多用于宾馆等公共建筑的门厅、大厅的内墙面装饰。

木质板饰面的构造做法如下：

在墙面上钉立木骨架，木骨架由竖筋和横筋组成，竖筋的间距为400～600 mm，横筋的间距视面板规格而定，然后钉装木面板。为了防止墙体的潮气对面板的影响，往往采取防潮构造措施：可先在墙面上做一层防潮层或装饰时面板与墙面之间留缝。如果是吸声墙面，则必须要先在墙面上做一层防潮层再钉装，如果在墙面与吸声面板之间填充矿棉、玻璃棉等吸声材料则吸声效果更佳，如图3.30所示为木质面板墙面装饰的构造示意图。

2) 金属薄板饰面

金属薄板饰面常用的面板有薄钢板、不锈钢板、铝板或铝合金板等，安装在型钢或铝合金板所构成的骨架上。不锈钢板具有良好的耐腐蚀性、耐气候性和耐磨性，强度高，质软且富有韧性，便于加工，且表面呈银白色，显得高贵华丽，多用于高级宾馆等门厅的内

墙、柱面的装饰。铝板、铝合金板的重量轻、花纹精巧别致、装饰效果好，且经久耐用，在建筑中应用广泛，尤其是商店、宾馆的入口和门厅以及大型公共建筑的外墙装饰中采用较多。

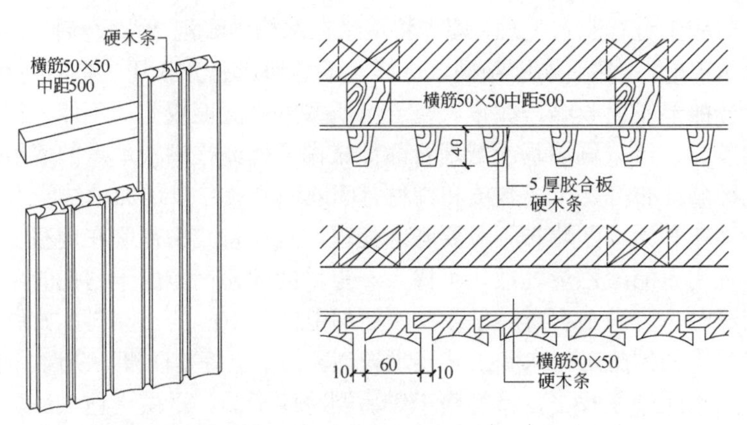

图 3.30　木质面板墙面装饰的构造

金属薄板饰面的构造做法如下。

在墙基上用膨胀铆钉固定金属骨架，间距为 600～900 mm，然后用自攻螺丝或膨胀铆钉将金属面板固定，有些内墙装饰是将金属薄板压卡在特制的龙骨上。金属骨架多数采用型钢，因为型钢强度高、焊接方便、造价较低。金属薄板固定后，还要进行盖缝或填缝处理，以达到防渗漏或美观的要求。

3) 皮革和人造革饰面

皮革和人造革墙面，具有质地柔软、格调高雅、保温、耐磨、吸声和易清洁的特点，常用于防碰撞的房间，如健身房、练功房、幼儿园等，或咖啡室、酒吧台、会客室等优雅舒适的房间，或有一定消声要求的录音室、电话亭等的墙面。

皮革和人造革饰面的做法与木护壁相似。墙面先用 1∶3 水泥砂浆找平 20 mm 厚，涂刷冷底子油一道，再粘贴油毡，然后再通过预埋木砖，立木龙骨间距按皮革面分块，钉胶合板衬底，最后将皮革铺钉或铺贴成饰面。往往皮革里衬泡沫塑料做硬底，或衬棕丝、玻璃棉、矿棉等软材料做成软底。

6．清水墙饰面

清水墙饰面是指墙面不加其他覆盖性装饰面层，只是在原结构砖墙或混凝土墙的表面进行勾缝或模纹处理，利用墙体材料的质感和颜色以取得装饰效果的一种墙体装饰方法。这种装饰具有耐久性好、耐候性好、不易变色等优点，利用墙面特有的线条质感，达到淡雅、凝重、朴实的装饰效果。当今在新型墙体材料及工业化施工方法已居主导地位的墙面装饰中，清水墙面仍占有重要的一席。

清水墙饰面主要有清水砖、石墙和混凝土墙面，而在建筑中清水砖、石墙用得相对广泛些。石材料有料石和毛石两种，质地坚实、防水性好，在产石地区用得较多。用于砌筑清水墙的砖，应选用质地密实、表面晶化、色泽一致、吸水率低、抗冻性好且棱角分明、砌体规整的黏性土砖。常用的有青砖和红砖。一般用手工脱坯的砖，也有专门用于清水墙装饰的砖。

清水砖墙的砌筑工艺讲究，灰缝要一致，阴阳角要锯砖磨边，接槎要严密、有美感。清水砖墙灰缝的面积约是清水墙面积的 1/6，适当改变灰缝的颜色能够有效地影响整个墙面的色调与明暗程度，这就要对清水砖墙进行勾缝处理。清水砖墙勾缝的处理主要有平缝、斜缝、凹缝、圆弧凹缝等形式，如图 3.31 所示。清水砖墙勾缝常用 1∶1.5 的水泥砂浆，可根据需要在勾缝砂浆中掺入一定量颜料。也可以在勾缝之前涂刷颜色或喷色，色浆由石灰浆加入颜料(氧化铁红、氧化铁黄等)、胶粘剂构成。

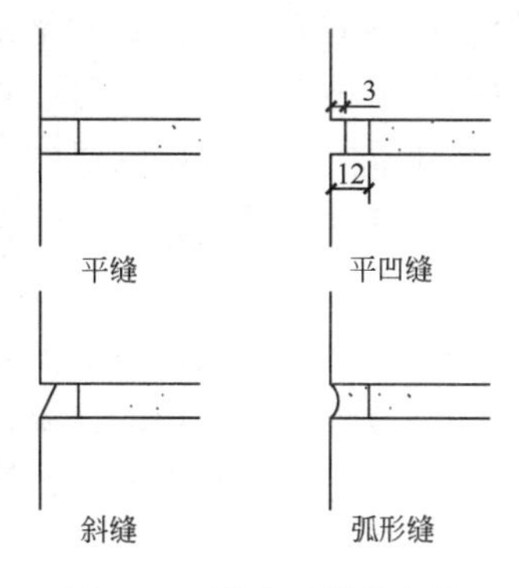

图 3.31　清水砖墙的勾缝

3.6　墙体的节能构造

建筑节能是当前的世界性大潮流，而围护结构在建筑节能方面发挥着举足轻重的作用。建筑外墙是建筑物的重要围护构件，耗热量较大，约占建筑物总耗热量的 25%，所以，改善外墙的保温隔热性能是建筑节能的主要措施之一。

3.6.1　墙体的保温技术与构造

对于有冬季保温要求的建筑，外墙要具有良好的保温能力，在采暖期尽量减少热量损失，降低能耗，保证室内温度不致过低，墙体内表面不产生冷凝水的现象。围护结构的热阻是影响其热工性能的主要因素，热阻越大，通过围护结构传递的热量就越少。墙体的厚度越厚，热阻越大；墙体材料的导热系数越小，热阻越大。

1．常用的外墙保温措施

(1) 适当增加墙体厚度。墙体的热阻与墙体的厚度成正比，墙体加厚可以提高墙体的保温性能，但同时也会增加结构自重和建筑面积，这种做法应通过进行经济比较而选用；

(2) 选择导热系数小的墙体材料。常用的保温材料有膨胀珍珠岩、膨胀蛭石、岩棉、矿渣棉、稻壳等。应节能环保的需要，当前的新型墙体材料主要有三大类：非黏土砖类，如非黏土烧结多孔砖和空心砖、混凝土砖和混凝土多孔砖；砌块类，如石膏砌块、粉煤灰小型空心砌块、蒸压加气混凝土砌块、普通混凝土或轻集料混凝土小型空心砌块；板材类，如纤维增强硅酸钙板、玻璃纤维增强水泥轻质多孔墙用条板(GRC 空心条板)、蒸压加气混凝土板、钢丝网架水泥夹芯板、金属面夹芯板等。

(3) 做复合保温墙体。保温外墙分为单一材料墙体和复合材料墙体。单一材料的保温外墙，是利用某种材料自身的热工性能及其他力学性能来完成结构和保温功能，构造简单、施工方便，常用的砌墙材料有黏土多孔砖、混凝土空心砌块、加气混凝土砌块，或框架填充外墙用的水泥炉渣轻质砌块、大孔空心砖等。随着对外墙节能高效保温要求的提高，为满足墙体保温材料的技术性能、结构以及技术经济指标，需要采用复合墙体，即以两种或两种以上的材料分别满足保温和承重等功能要求。复合保温墙体分外保温、内保温和夹芯

保温三种方式，即是在外墙的外或内表面粘贴(挂)某种保温材料，或在外墙的内外两面墙中夹以某种高效保温材料，并通过拉结件使之成为一体。

建筑围护结构中保温的薄弱部位是墙转角、圈梁、窗过梁、檐口以及钢筋混凝土骨架等处，其导热系数较砌体墙大，热量容易传递，也即形成热桥(或冷桥)，如图 3.32 所示。外保温在减少热桥方面比较有利，但内保温往往在内外墙连接处和外墙与楼板连接处等产生热桥，夹芯保温也由于内外两层结构需要连接而增加了热桥耗热。

为改善热桥部位的保温，以维持保温性能的连续性，同时防止冷桥部位内表面结露，对各种接缝和混凝土嵌入体构成的热桥，应作保温处理，如图 3.33 所示，在《民用建筑热工设计规范》(GB 50176—1993)中对几种节点的处理原则的建议如图 3.34 所示。

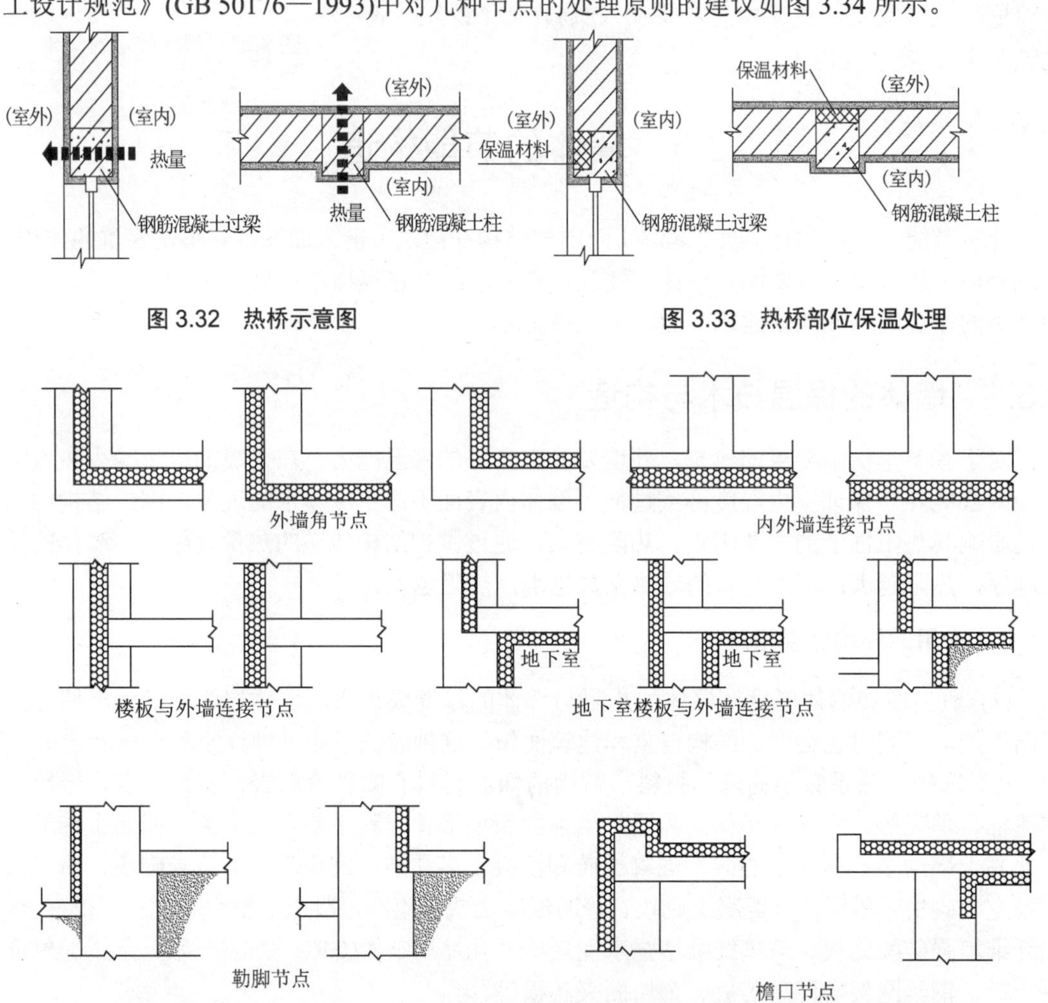

图 3.32 热桥示意图

图 3.33 热桥部位保温处理

图 3.34 几种节点的保温处理方式示意图

冬季里，室内空气的温度和绝对湿度都比室外高，因此，外墙两侧存在着水蒸气压力差，水蒸气分子由压力高的一侧向压力低的一侧扩散，形成蒸汽渗透，当水蒸气遇到露点温度时，蒸汽含量达到饱和而凝结成水，称为结露，这种现象会使外墙内表面的装饰层破坏或保温材料的保温效果降低。因此，在保温层靠高温一侧采用沥青、卷材、隔汽涂料或铝箔等防潮、防水材料设置隔汽层，以防产生冷凝水，隔蒸汽的构造如图 3.35 所示。

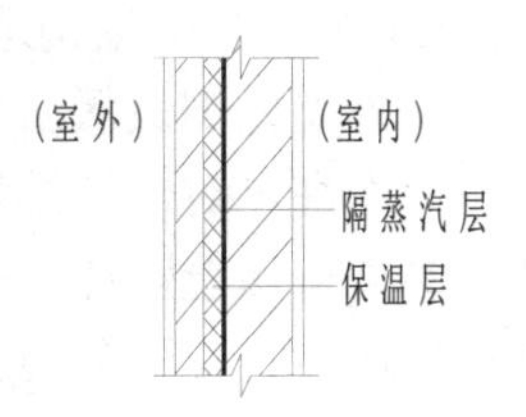

图 3.35 隔蒸汽构造图

2. 外墙保温构造

1) 单一材料保温墙体的构造

以非黏土多孔砖或混凝土空心砌块、粉煤灰砌块等保温砌筑材料构成，墙体厚度符合保温需要，勒脚部位应用实心砖砌筑，以满足承重需要和防潮要求。

2) 复合保温墙体构造

(1) 外墙内保温构造

在外墙的内侧做保温层，通常的做法有以下几种：粘贴或砌筑块状保温板(如膨胀珍珠岩板、EPS 板和 XPS 板等)，并在表面做保护层，如聚合物水泥砂浆抹灰或粉刷石膏；拼装 GRC 聚苯复合板或石膏聚苯复合板，表面刮腻子；挂装岩棉轻钢龙骨纸面石膏板等板材；用保温砂浆进行抹灰。外墙内保温构造操作灵活方便，施工速度快，技术成熟，施工技术及检验标准比较完善，且不影响外墙外饰面及防水等构造的做法，但因为有楼板或墙体等的分隔而造成保温层不连续性，易形成热桥，热桥部位要求有高效节能保温措施，且内保温层占用一定的空间，减少了室内净使用面积，会对居住建筑的用户自主装修造成一定的不便。例如，外墙内保温构造有：

① 粘贴硬质保温制品。具体做法是在外墙内侧用胶粘剂粘贴增强聚苯复合保温板、炉渣水泥聚苯复合保温板等，然后在其表面粉刷石膏，并在里面压入中碱玻纤涂塑网格布(满铺)，最后用腻子嵌平，表面刷装饰涂料，构造如图 3.36 所示。卫生间、厨房等较潮湿的房间内不适宜使用石膏板材。

② 胶粉聚苯颗粒保温浆料内保温(或外保温)。具体做法是在墙体基层上经界面处理后直接喷涂或抹聚苯颗粒保温浆料，干燥后再做聚合物抗裂砂浆层，并压入耐碱涂塑玻璃纤维网格布增强，最后做饰面涂层或贴面砖。保温层是由胶粉料和聚苯颗粒轻集料加水搅拌成膏状浆料，涂抹于墙体表面，形成密实的保温层，其厚度不宜超过 100mm。构造如图 3.37 所示。在门窗洞口等易开裂部位应加铺玻纤布一道，或钉入镀锌钢丝网以加强防裂。

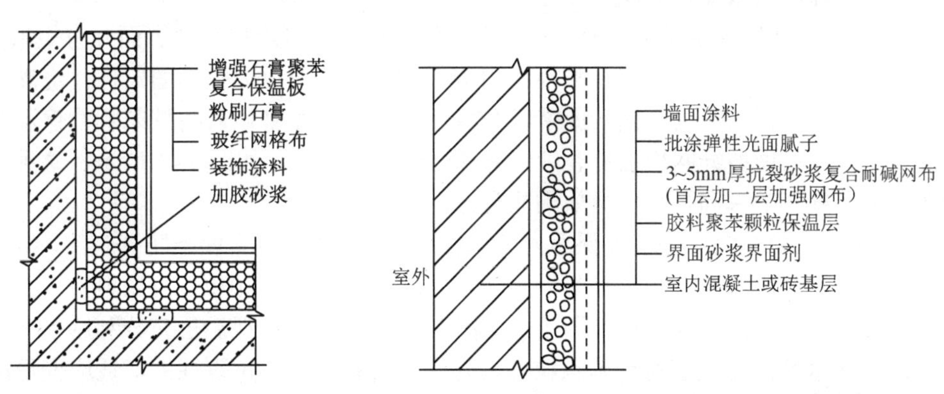

图 3.36 粘贴硬质保温制品内保温的构造

图 3.37 胶粉聚苯颗粒保温浆料内保温的构造

(2) 外墙外保温构造

在外墙外侧做保温层正好克服了外墙内保温的缺点，不占室内空间，连续的外保温层热工效率高，对保护结构有利，对新建或要节能改造的既有建筑都适用，是目前应用广泛的一种外墙保温做法。但因为外保温层的连续性，且受到太阳辐射和雨雪的侵袭，构造处理上应满足抗变形和防脱落要求。常用的外墙外保温构造有：

① 外贴 EPS 保温板材。EPS 保温板即为绝热用聚苯乙烯泡沫塑料，自重轻、价廉且保温性能好。保温层的做法是用胶粘剂将 EPS 板与基层墙体牢固粘贴，在胶粘剂初凝后用锚栓加以固定，每平方米 2 个以上，高层建筑每平方米 4 个以上，然后抹聚合物抗裂砂浆保护层，同时内嵌耐碱玻纤布以加强抗裂，构造如图 3.38 所示。为提高保温层的自防水及阻燃性，可选用阻燃性挤塑型聚苯板、聚氨酯外墙保温板等。粘贴 EPS 板时应逐行错缝，在门窗洞口四角处不得拼接，而是采用整块板材切割成型，且 EPS 板接缝应离开角部不少于 200mm，如图 3.39 所示。在门窗洞口等易开裂部位应加铺玻纤布以加强防裂。

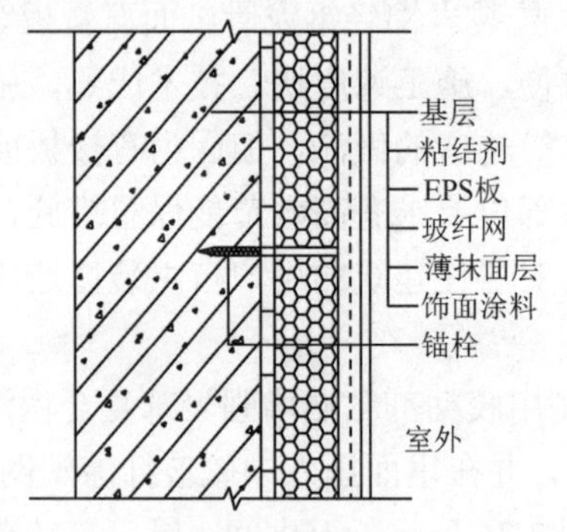

图 3.38　外贴 EPS 保温板材构造

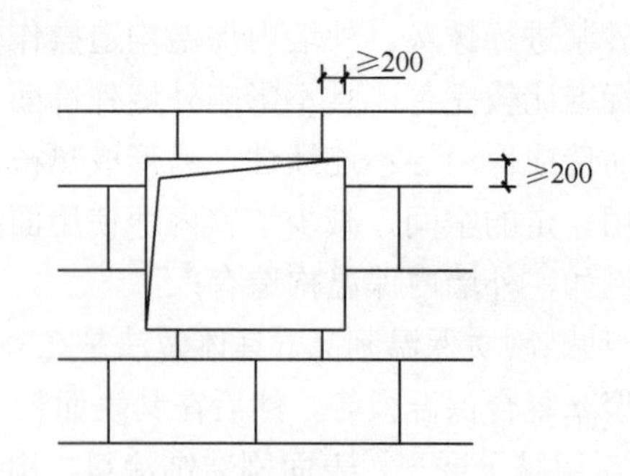

图 3.39　EPS 保温板材排板图

② EPS 钢丝网架板现浇混凝土外墙外保温。保温板为腹丝穿透型单面钢丝网架聚苯板，置于外墙外模板内侧，每平方米设 4 根$\phi 6$ 钢筋辅助固定，锚固深度不小于 100mm，保温板内插腹丝，斜插腹丝不大于 200 根，外侧焊接钢丝网构成三维空间网架芯板，与混凝土浇筑为一体，如图 3.40 所示，然后外表面做饰面层。这种构造方式工业化程度高，施工方便，且保温效果非常好。

③ EPS 板无网现浇混凝土外墙外保温。保温板与混凝土接触的表面开有矩形齿槽，板两面均预涂界面砂浆，然后置于外模板内侧，并安装锚栓作为辅助固定件，浇灌混凝土墙后，墙体与保温板结合为一体。拆模后 EPS 板表面不平整处用胶粉聚苯颗粒保温浆进行修补和找平，之后做玻纤网增强抗裂砂浆薄抹面层和饰面层，如图 3.41 所示。这种构造方式施工方便，施工效率高，且保温效果非常好，应用广泛。

④ 硬泡聚氨酯喷涂外墙外保温。在外墙外表面现场涂刷聚氨酯防潮底漆，接着喷涂聚氨酯硬泡保温层，然后涂刷聚氨酯界面砂浆，再用胶粉 EPS 颗粒保温浆料找平，表面做玻纤网增强抗裂砂浆薄抹面层和饰面层，如图 3.42 所示。这种保温层充分利用了聚氨酯优质的保温和防水性能以及胶粉聚苯颗粒外墙外保温体系的柔性抗裂性能，适应变形能力强，具有保温效果好、防火性能好、稳定性好、抗裂性好等优点。

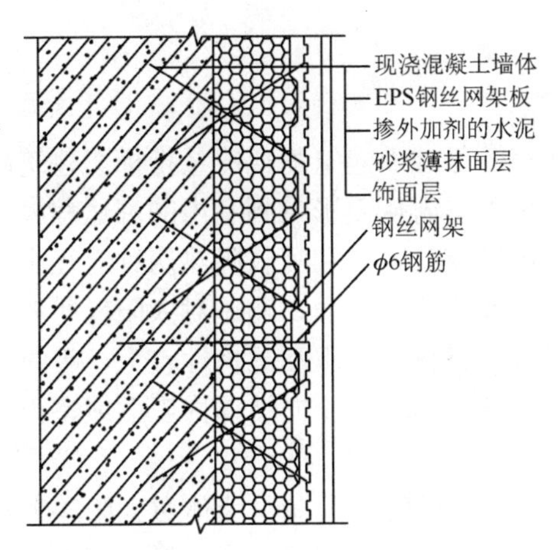

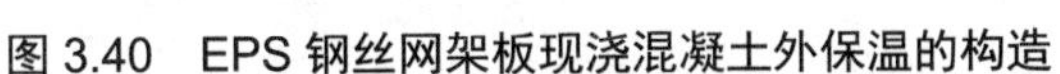
图 3.40 EPS 钢丝网架板现浇混凝土外保温的构造

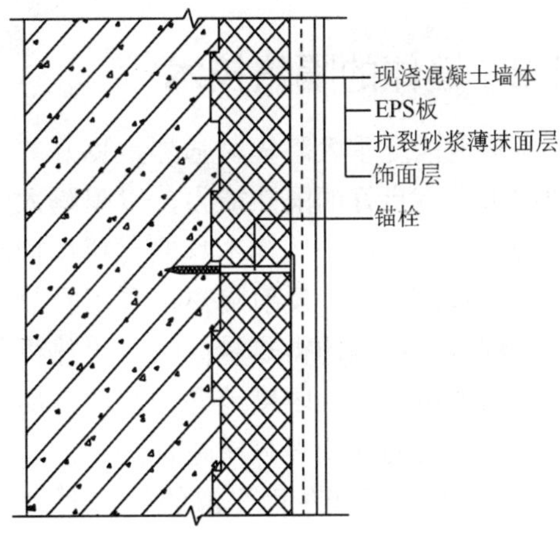

图 3.41 EPS 无网现浇混凝土外保温的构造

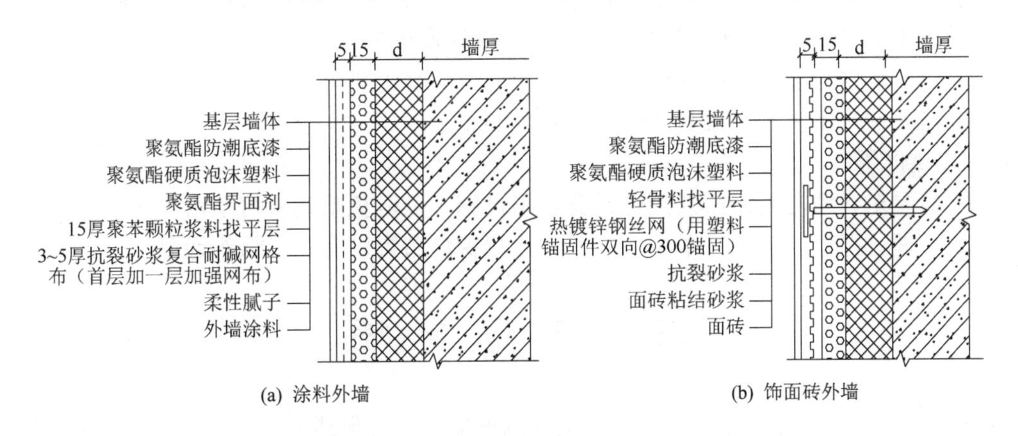

图 3.42 硬泡聚氨酯喷涂外墙保温的构造

(3) 夹芯保温墙体构造

夹芯保温墙分为承重墙、保温墙和围护墙三层，构成的方式常有三种：在外墙承重基层与装饰面板之间形成的夹层中设置保温材料、在承重墙与围护墙这双层砌块墙体形成的夹层中设置保温材料、在封闭夹层空间形成静止的空气间层作为保温层，若在封闭夹层中设置具有较大热量反射性能的铝箔，保温效果更佳。常用的夹层保温材料有岩棉板、玻璃棉板、珍珠岩芯板、聚苯板等，选用的材料及厚度由设计确定。为保证墙体的整体性，要使用有防腐处理的钢筋或拉结砖对承重墙与围护墙进行有效的拉结，如图 3.43 所示。因外墙增设拉结措施，施工难度和工程造价均有所提高。

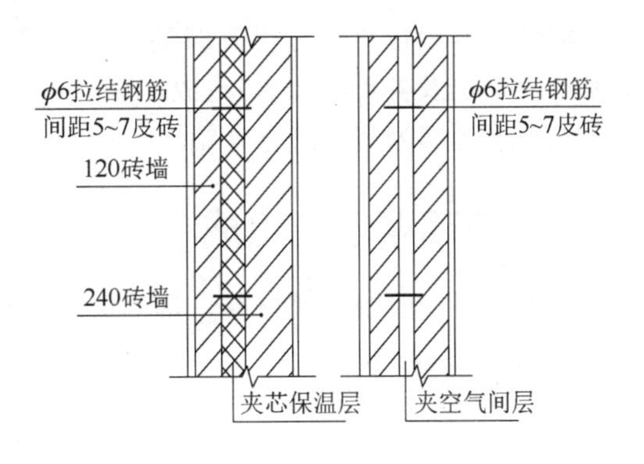

图 3.43 夹芯保温墙体的构造

3.6.2 墙体的隔热技术

炎热地区夏季太阳辐射强烈，良好的防热设计有助于减少建筑物耗冷量指标。建筑的外墙要求具有良好的隔热能力，以阻隔太阳辐射热传入室内从而影响到室内的舒适程度。外墙隔热应利用围护结构本身的材料和构造特性，通过反射隔热和吸收隔热两种途径来减少热量向室内传递。反射隔热可采用吸热率小的材料或浅色外墙面，通过对太阳辐射的反射，控制围护结构的得热量；吸收隔热可利用重质墙体材料的热阻和热惰性较大，吸收太阳辐射的得热量最大限度地通过墙体外层消耗或散失掉，尽量减少向墙体内表面或室内传递热量。通常的外墙隔热措施有：

(1) 外墙采用浅色而平滑的外饰面，增加对太阳光的反射，以减少墙体对太阳辐射热的吸收。

(2) 房屋的墙体采用导热系数小的材料或采用中空墙体以减少热量的传导，其中的封闭空气层可以配合铝箔的使用来阻隔热流，隔热效果显著。

(3) 在外墙内部设置通风间层，利用空气的流动带走热量，降低外墙内表面的温度。

(4) 在外墙底部种植攀爬植物，利用植物的遮挡、蒸发、光合作用吸收太阳辐射热，以起到隔热作用。

(5) 房屋东、西向的窗口外侧可设置遮阳设施，以避免阳光直射室内。

(6) 合理选择建筑朝向、平面、剖面设计和窗户布置以有利于组织通风。

3.7 玻璃幕墙

幕墙是将外墙和窗户合二为一的建筑外围护墙的一种形式，它是集防风、遮雨、保温、隔热、防噪声和防空气渗透等使用功能并与建筑装饰功能有机地融合为一体的外围护结构，因形似挂幕，故称幕墙。幕墙不仅可以用在整个外墙面上，还可以用在需要加强造型处理的局部外墙面上。它的装饰效果明快开朗，重量轻、抗震性能好，施工简便、工期短、维修方便，可以使建筑增加有效使用面积，成为现代建筑的特征之一。

常见的幕墙按材料分类有玻璃幕墙、金属薄板(铝单板、彩板、不锈钢板和搪瓷板)幕墙和石板幕墙及其他材质(铝塑板、蜂窝板、陶瓷板、纤维板和人造板)的幕墙几种类型，下面以玻璃幕墙为重点进行介绍。

3.7.1 玻璃幕墙的组成

玻璃幕墙一般由骨架材料、幕墙玻璃材料和填缝密封材料所组成。

1. 骨架材料

(1) 型材骨架。构成玻璃幕墙的骨架材料有各种型材。常用的型材有型钢、铝型材和不锈钢型材三大类。型钢是以普通碳素钢 A3 为主，断面形式有角钢、槽钢、空腹方钢等，按设计要求组成钢骨架，再通过配件与饰面板(如玻璃、铝板、搪瓷板等)相连接。这类型材价格低、强度高，但维修费用高。铝型材主要有立柱、横档及副框料等，铝型材的材质

以铝镁合金 LD31 为主，铝型材的规格，一般以立柱断面的高度确定。设计时可根据使用的部位，对框架的刚度要求及风压的大小等因素进行选材。这类型材价格较高，但构造合理，安装方便，装饰效果较好。不锈钢型材一般采用不锈钢薄板压弯或冷轧制造成钢框格式竖框，这类型材价格昂贵，型材规格少，为了降低成本，一般还须有型钢或铝合金骨架做内衬。

(2) 紧固件与连接件。紧固件主要有铝拉铆钉、射钉、普通螺栓和膨胀螺杆等。膨胀螺杆和射钉一般通过连接件将骨架固定于主体结构上，螺栓一般用于骨架型材之间及骨架与连接件之间的连接。铝拉铆钉一般用于骨架型材之间的连接。

考虑到易于焊接、加工方便等因素，连接件多采用角钢、槽钢、钢板加工。连接件的形状，可因部位不同、幕墙结构不同而有所不同。

2. 玻璃材料

用于玻璃幕墙的玻璃品种主要为热反射玻璃，其他还有吸热玻璃、夹层玻璃、夹丝玻璃、浮法透明玻璃、中空玻璃和钢化玻璃等，单块玻璃一般为 5~6 mm 厚。

3. 密封材料

密封材料是用于幕墙面板安装及块与块之间缝隙处理的各种材料的总称，通常有防水材料、填充材料和密封固定材料三种。

(1) 防水密封材料。其作用是封闭缝隙和粘结，应用较多的是聚硫橡胶封缝材料和硅酮封缝材料，其中后者具有较好的耐久性，施工操作方便，品种多，应用最广泛。硅酮系的封缝材料常见的有醋酸型硅酮封缝料和中性硅酮封缝料，使用何种产品，应根据框架料的材质、玻璃的品种、施工的方法、封缝料的特点及封缝对活动缝隙的适用能力等进行选择，参考表 3.7 选用。

表 3.7　封缝料的种类及选用

<table>
<tr><th rowspan="2">硬化机理</th><th rowspan="2">主要精华成分</th><th rowspan="2">模　数</th><th rowspan="2">特　点</th><th colspan="5">适用玻璃品种</th></tr>
<tr><th>聚碳酸酯</th><th>热反射玻璃</th><th>夹丝玻璃</th><th>双层中空玻璃</th><th>钢化玻璃
吸热玻璃
压花玻璃
浮法玻璃</th></tr>
<tr><td rowspan="2">单一组分吸湿固化型</td><td>醋酸型</td><td>高、中</td><td>硬化快，腐蚀金属，粘结性和耐久性好，透明度较高，有恶臭</td><td>×</td><td>×</td><td>×</td><td>×</td><td>△</td></tr>
<tr><td>乙醇型</td><td>中</td><td>无毒无臭，无腐蚀性，硬化较慢，粘结性较好</td><td>●</td><td>△</td><td>△</td><td>△</td><td>△</td></tr>
<tr><td>单一组分吸湿固化型</td><td>氨化物或氨基酸型</td><td>低</td><td>容易操作，无腐蚀性，耐久性较好</td><td>×</td><td>△</td><td>●</td><td>●</td><td>●</td></tr>
</table>

续表

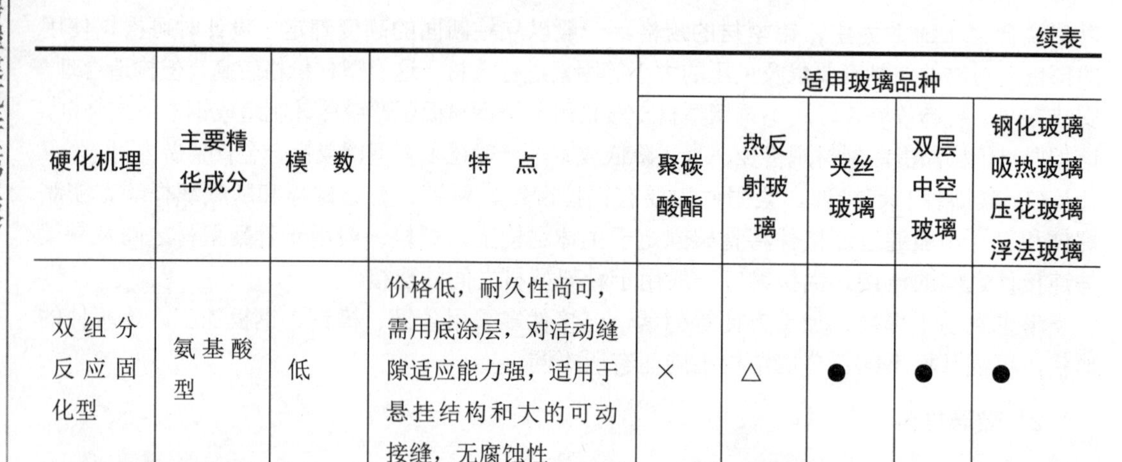

硬化机理	主要精华成分	模数	特点	适用玻璃品种				
				聚碳酸酯	热反射玻璃	夹丝玻璃	双层中空玻璃	钢化玻璃 吸热玻璃 压花玻璃 浮法玻璃
双组分反应固化型	氨基酸型	低	价格低，耐久性尚可，需用底涂层，对活动缝隙适应能力强，适用于悬挂结构和大的可动接缝，无腐蚀性	×	△	●	●	●

注：×为不可用；●为适用；△为可用。

(2) 填充材料。主要用于框架凹槽内的底部，起填充间隙和定位的作用。填充材料主要有聚乙烯泡沫胶系、聚苯乙烯泡沫胶系及氯丁二烯胶等，有片状、板状、圆柱状等多种规格。

(3) 密封固定材料。其用途是在安装玻璃时嵌于板材两侧，起一定的密封缓冲和固定压紧的作用。目前使用比较多的是橡胶密封条，其规格和断面形式很多，应根据框架材料的规格、凹槽的断面形式及施工方法加以选用。

3.7.2 玻璃幕墙的结构类型与构造

常见的玻璃幕墙的结构类型可以从不同角度进行划分。

按组合形式和构造方式的不同玻璃幕墙可分成显框式玻璃幕墙、隐框式玻璃幕墙、全玻式玻璃幕墙、钢管骨架玻璃幕墙和支点式玻璃幕墙等类型。

按施工方法的不同分为现场组合的分件式玻璃幕墙和工厂预制后到现场组装的板块式玻璃幕墙。

按结构体系的不同分为型钢框架结构体系、铝合金型材框架结构体系、铝合金隐蔽框架结构体系、无框架结构体系和不锈钢索玻璃幕墙等。

1. 型钢框架结构体系

以型钢做玻璃幕墙的骨架，玻璃镶嵌在铝合金框内，然后再将玻璃框与型钢骨架固定。这种类型的型钢框架结构由于用型钢组成幕墙的框架可以充分利用钢结构强度高的特点，便利固定框架的锚固点间距可以增大，更适用于开敞的空间，如门厅、大堂等部位。当然，也可以采用小规格型钢做成网格尺寸较小的框架结构。

2. 铝合金型材框架结构体系

以特殊断面的铝合金型材作为玻璃幕墙的骨架，将玻璃镶嵌在框架的凹槽内，框架型材兼有龙骨及固定饰面板的双重作用，即在龙骨上已加工有固定玻璃的凹槽，而不需另行安装其他配件，这样使骨架和框架合二为一，一根杆件可以同时满足两个方面的要求，这种结构类型目前在玻璃幕墙中运用得最多，具有结构构造可靠、合理，施工安装简单的特点。其铝合金型材骨架，一般分为立柱和横档。断面尺寸有多种规格，可根据使用部位和抗风压能力，经过结构计算和方法比较后选择，常用的方管断面高度为 115 mm、130 mm、160 mm、180 mm。

1) 幕墙框架的连接

框架竖杆是主要承重结构，幕墙饰面板及横杆等一般均连接固定在竖杆上，因而竖杆的固定非常重要。其立柱与主体结构之间，固定方式应用连接板，经常用两片角钢或专门夹具与主体结构相连，角钢或夹具通过不锈钢螺栓与竖杆连接拧牢，立柱固定节点的构造如图 3.44 所示，图 3.45 所示为幕墙铝框连接构造。

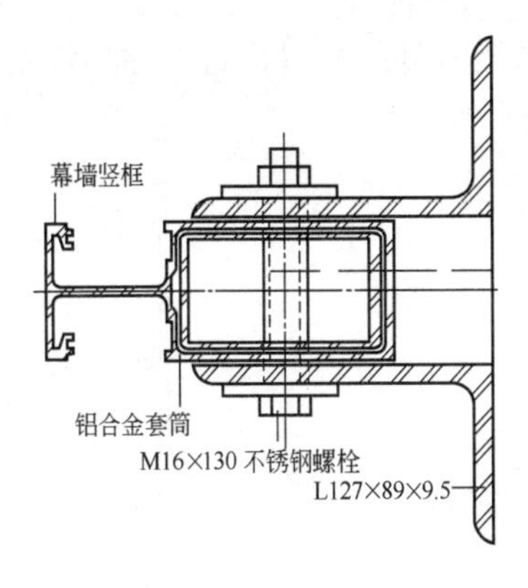

图 3.44　立柱固定节点的构造

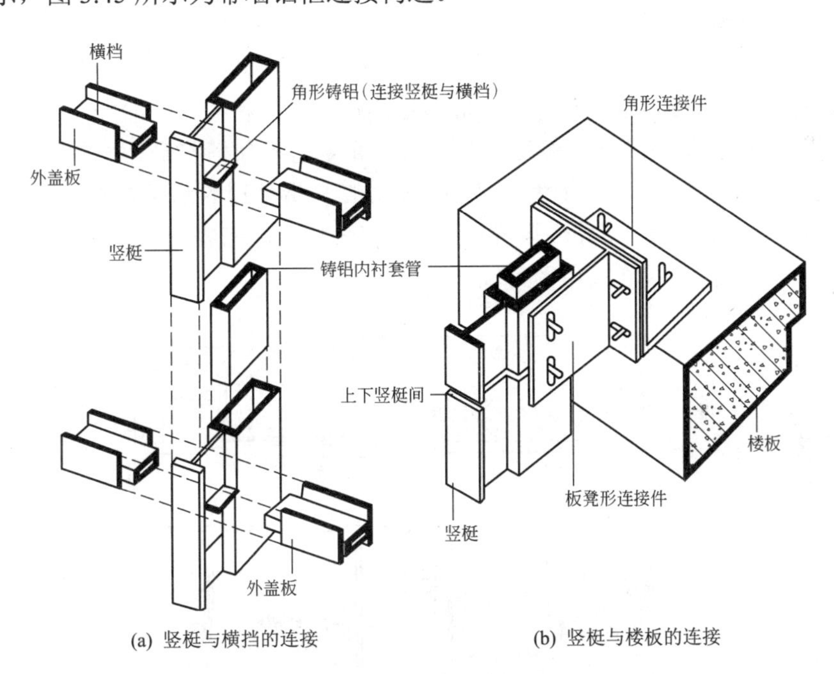

(a) 竖梃与横挡的连接　　(b) 竖梃与楼板的连接

图 3.45　幕墙铝框连接的构造

2) 幕墙的转角部位

幕墙的转角部位包括阴角、阳角、任意角等。对于转角部位的处理主要包括骨架布置、饰面板固定位置、交接处接缝处理。

(1) 90°阴角的构造处理。一般有两种处理方法：一种是将两根竖杆呈垂直布置，竖杆之间的空隙，外侧用封缝材料密封，内侧则以成形薄铝板饰面，如图 3.46(a)所示；另一种是采用 90°阴角型材，如图 3.46(b)所示。

(2) 90°阳角的构造处理。也有两种处理方法：一种是将两根竖杆相互垂直布置，用铝合金板做封角处理，可将铝合金板做成多种形状，丰富装饰效果，如图 3.47 所示。另一种是直接采用 90°阳角型材。

(3) 任意转角的构造处理。用于任意角的型材种类有限，所以主要处理方法是通过调节两竖杆的相对位置，并加设定位件，来达到幕墙造型要求。

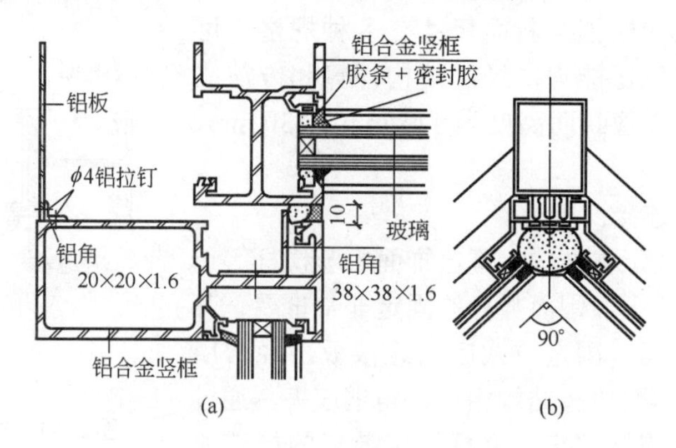

图 3.46　90°阴角的构造

3) 端部收口的构造

端部收口处理，就是幕墙本身一些接头转折部位的遮盖处理问题，如洞口、两种材料交接处、压顶、窗台板和窗下墙等。一般包括侧端、顶部和底部三部分。

(1) 侧端的收口构造处理。侧端的收口处理主要是指如何将最边部的竖杆连接固定并遮挡封闭的方法。如图 3.48 所示为立柱两侧端收口构造处理的示意方法。幕墙最后一根立柱的小侧面的封闭可采用 1.5 mm 厚成型铝板，将骨架全部包裹遮挡。为防止铝合金与块体伸缩系数不一，相接处铰连接用密封胶防水。

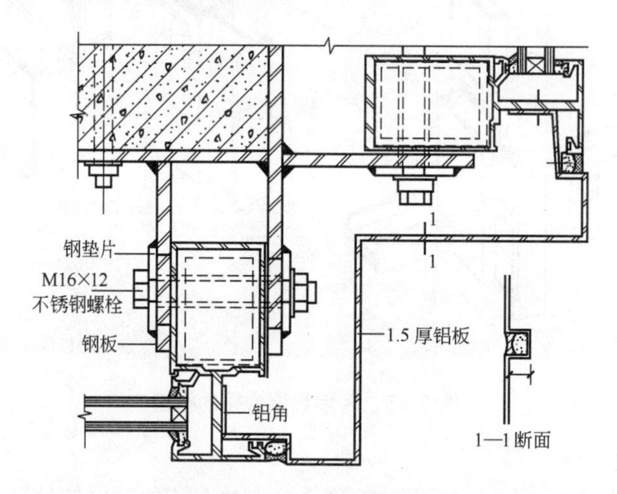

图 3.47　90°阳角的构造

(2) 底部的收口构造处理。底部收口指的是幕墙横杆与结构水平面接触部位的处理方法，使横杆与结构脱开一段距离，以便安装布置横杆，横杆与结构之间的间隙，采用弹性封缝材料做密封和防水处理。如果有合适的型材也可直接将型材边部嵌入结构，然后再做密封处理，底部的收口构造如图 3.49 所示。

(3) 顶部的收口构造示意。顶部是指幕墙的上端，需同时考虑收口、防水及防止幕墙立面污染等问题，有时还要兼顾防雷及景观的要求。女儿墙压顶收口是用通长铝合金成型板固定在横杆上，在横杆与成型板间注入密封胶，压顶的铝合金板用螺栓固定于型钢骨架上，顶部的收口构造处理如图 3.50(a)所示。幕墙压顶收口的构造处理是幕墙渗漏与否的关键，常用一条成型铝合金板(压顶板)罩在幕墙顶面，在压顶型材下铺放两层防水材料，幕墙斜面与女儿墙收口处理如图 3.50(b)所示。

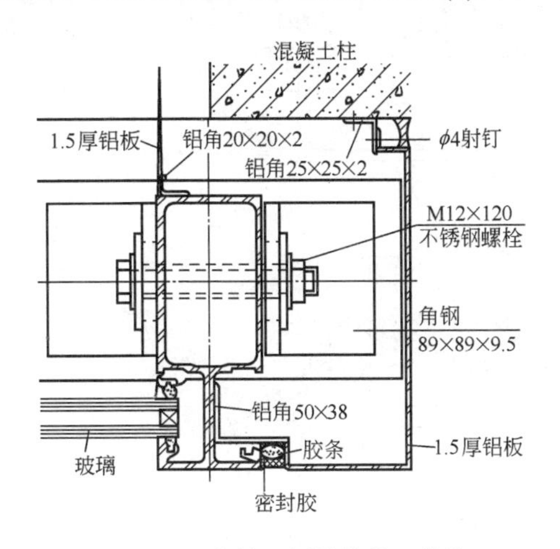

图 3.48　立柱两侧端的收口构造

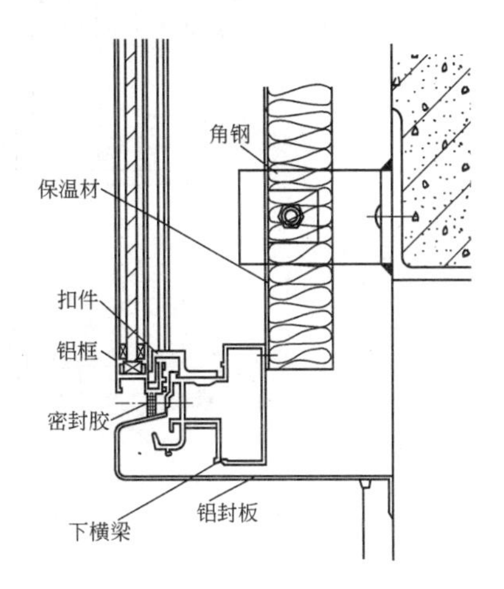

图 3.49　底部的收口构造

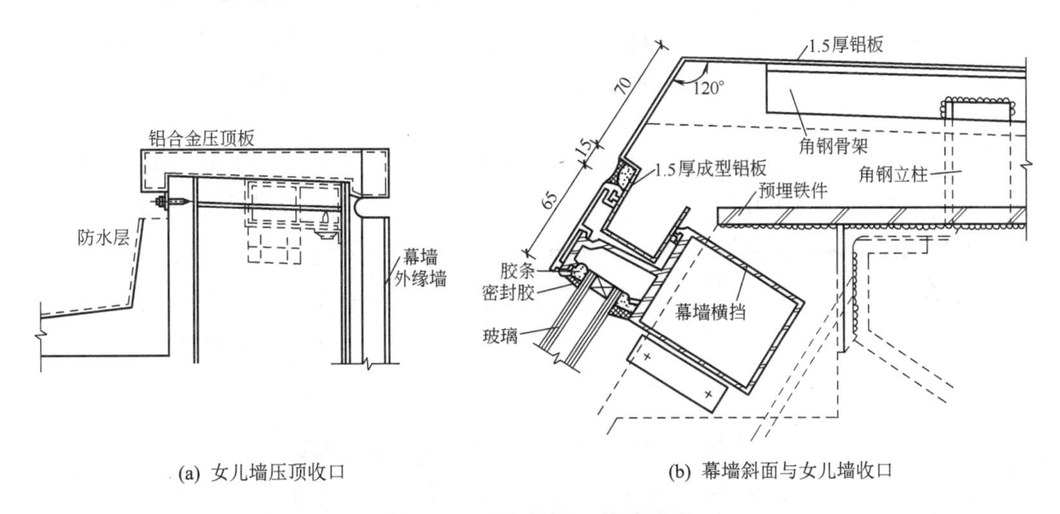

(a) 女儿墙压顶收口　　(b) 幕墙斜面与女儿墙收口

图 3.50　顶部的收口构造处理

(4) 玻璃与框架的固定

主要考虑连接的可靠性和保证幕墙的使用功能。同时，玻璃镶嵌在金属框上，必须保证接缝处的防水密闭和玻璃胀缩余地。通常的做法是在玻璃与金属框接触部位设置定位垫块、密封衬垫和密封层，玻璃与框架的固定如图 3.51 所示。

3．铝合金隐蔽框架结构体系

铝合金隐框幕墙，是玻璃直接与骨架连接、外面不露骨架，属隐蔽式装配结构，使得玻璃幕墙外表更加简洁、新颖，是较为流行的一种玻璃幕墙。这种幕墙的结构形式是将玻璃镶嵌到窗框的凹槽内，用一种高强胶粘剂将玻璃粘到铝合金的封框上，从立面上看不到封框。它可以简化安装程序，节约工效，而且在牢固程度上因四边采用丁连接板而得以加强，构造更趋于合理。隐框式玻璃幕墙分为全隐型玻璃幕墙和半隐型玻璃幕墙。

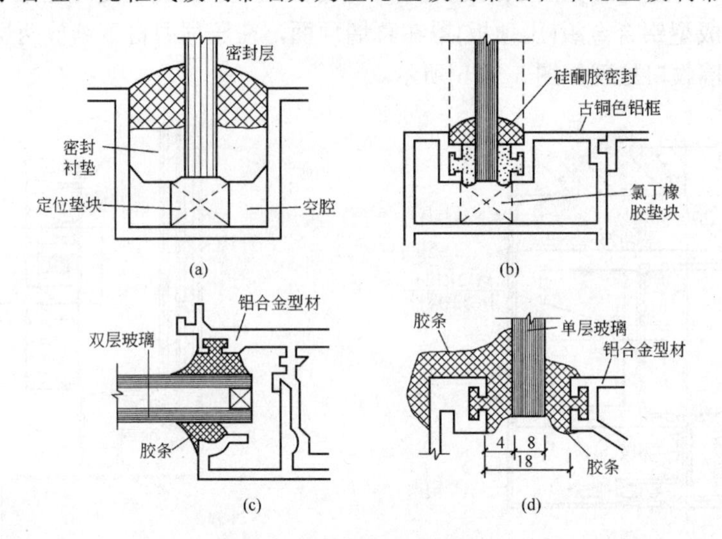

图 3.51 玻璃与框架的固定

全隐型玻璃幕墙玻璃的安装固定，主要通过结构硅酮胶将其粘接在金属框架上。隐框玻璃幕墙的玻璃间要留有一定宽度的缝隙，其宽度大小与玻璃的平面尺寸有关，一般为12～20 mm，以适应幕墙平面内由于玻璃的热胀冷缩而造成的结构胶的变形，如图 3.52 所示。

半隐框玻璃幕墙是根据建筑物立面需要，选择金属骨架中一个水平或垂直方向使用隐框，另一个方向不使用隐框结构，利用结构硅酮胶为玻璃相对的两边提供结构的支持力，另外的两边用框料和金属扣件进行固定，这种体系看上去只有一个方向的金属条，不如全隐型玻璃幕墙简洁，但安全性比较高，如图 3.53 所示为半隐框式玻璃幕墙的构造。

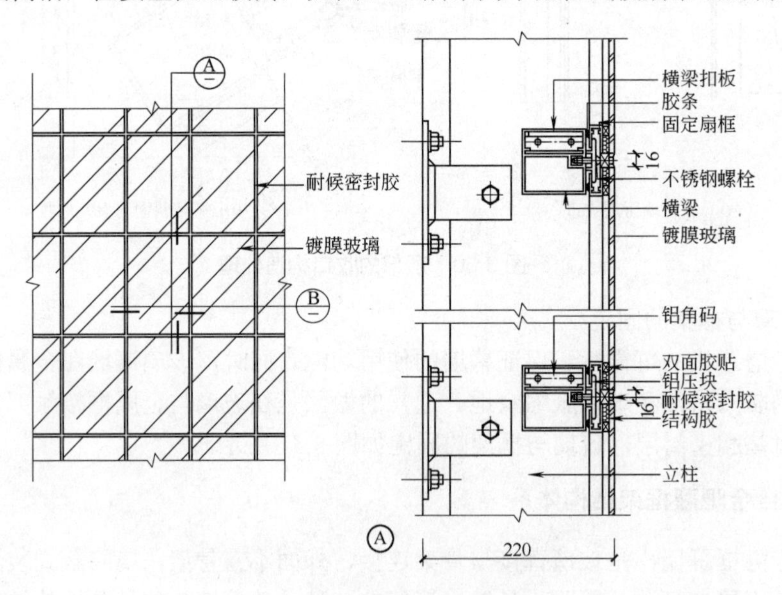

图 3.52 全隐框式玻璃幕墙

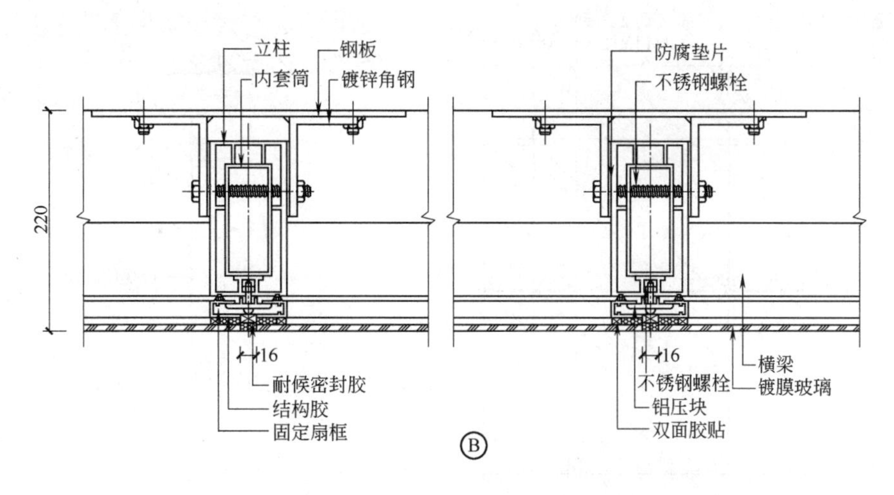

图 3.52　全隐框式玻璃幕墙(续)

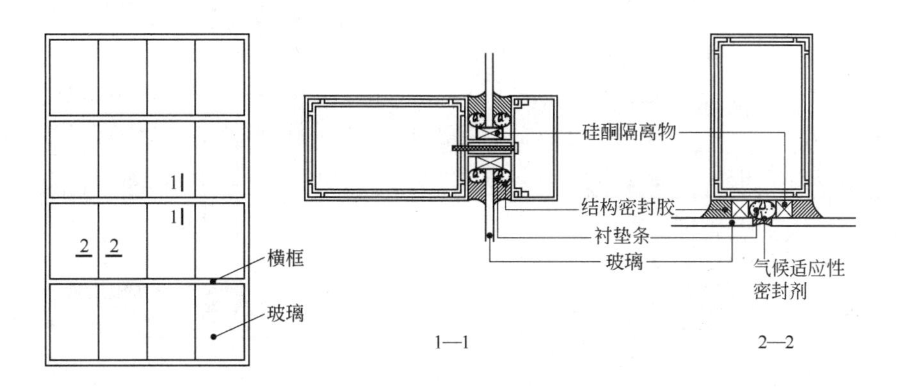

图 3.53　半隐框式玻璃幕墙

4．不锈钢索玻璃幕墙

不锈钢索玻璃幕墙，又称支点式幕墙，系当今最新型的一种第三代玻璃幕墙。它是由不锈钢索和不锈钢“蛙爪形”扣件组成的一个整套支架结构，通过横、竖、斜三个方向，将大片玻璃锚固，构成了开阔、明朗、简洁、内外通透的整片玻璃幕墙。它与一般吊挂式全玻幕墙相比，更为简洁、坚固。从室外看不锈钢索幕墙，除给人一种现代美感以外，还由于钢架外透，金属部件横竖交叉、挺拔雄伟、玻璃光亮，钢架坚挺，其艺术感染力之强，无与比拟。如图 3.54 所示为支点式玻璃幕墙构造。

5. 无框架结构体系

无框架幕墙结构主要用于饰面材料尺寸大，刚度也大的幕墙。玻璃本身既是饰构件，又是承重构件，因为没有骨架，整个幕墙必须采用尺寸大的大块玻璃，这样就使得幕墙的通透感更强，视线更加开阔，而且立面也更加简洁。目前，主要应用于全玻璃幕墙，是目前最为现代、最为新型的一种幕墙形式。全玻式玻璃幕墙一般选用比较厚的钢化玻璃和夹层钢化玻璃。选用的单片玻璃的面积和厚度，主要应满足最大风压情况下的使用要求。

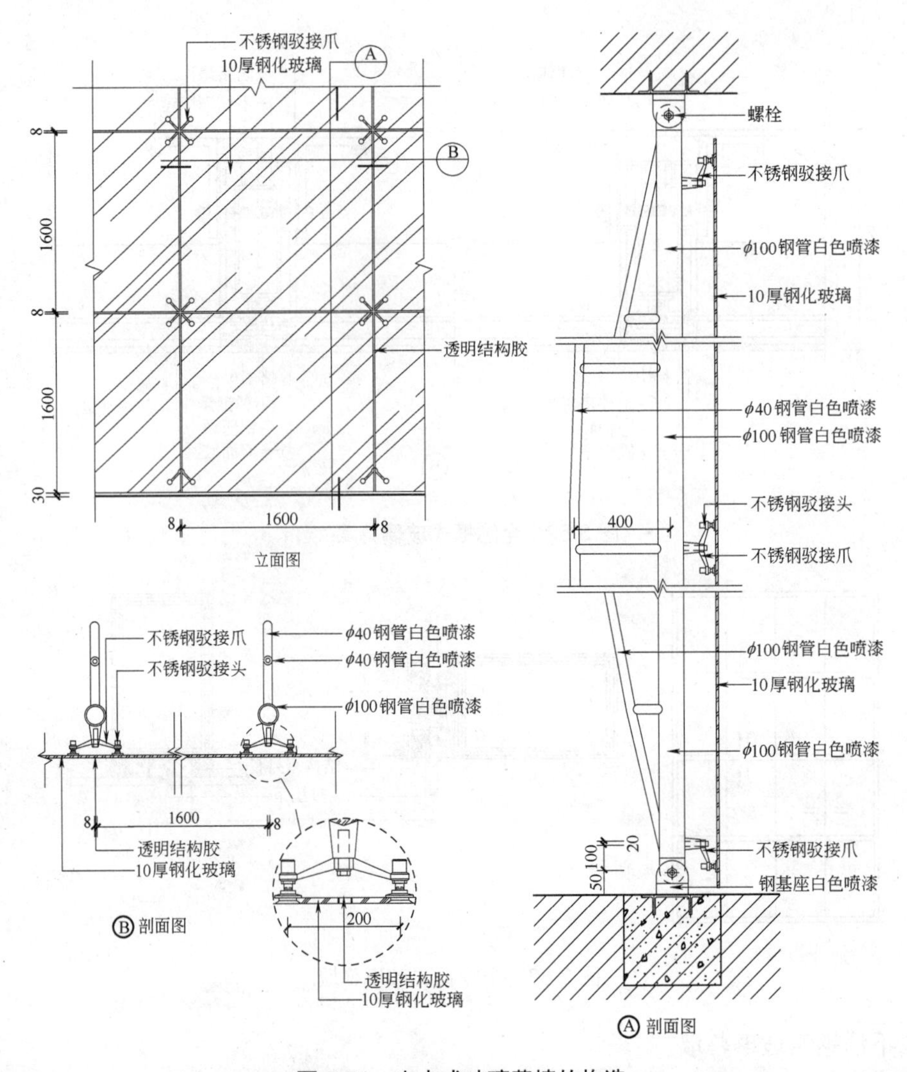

图 3.54　支点式玻璃幕墙的构造

全玻式玻璃幕墙是指在视线范围内不出现金属框料，而是形成在某一范围内幅面比较大的无遮挡透明墙面，为了增强透明玻璃墙面的刚度，必须每隔一定距离用条形玻璃作为加强肋板，称为肋玻璃，肋玻璃与立面玻璃之间用结构硅酮胶粘接有单肋幕墙玻璃、双肋幕墙玻璃、通肋幕墙玻璃 3 种结构形式，加肋幕墙玻璃的构造如图 3.55 所示。其施工做法应符合《玻璃幕墙工程技术规范》(JG 102—1996)。

全玻式玻璃幕墙因支撑方式不同，在构造上分为座地式和吊挂式两种。

1) 座地式全玻幕墙

座地式全玻幕墙又名落地式全玻璃幕墙，一般适用于高度不超过 4.5 m 的墙面。幕墙全部落地，由地梁承担起全部重量，不用吊挂处理。构造的关键点是下部的支撑点、两侧的端部及顶部需设置不锈钢压型凹槽，玻璃肋和立面玻璃之间的安装。不锈钢凹槽内设氯丁橡胶垫块定位，缝隙用泡沫橡胶填实后再用结构硅酮胶封口；玻璃肋与立面玻璃之间用结构硅酮胶粘接，如图 3.51 所示。也可通过不锈钢爪件连接，转角处为避免碰撞，可采用立柱形式，如图 3.56 所示为全玻幕墙转角的构造。

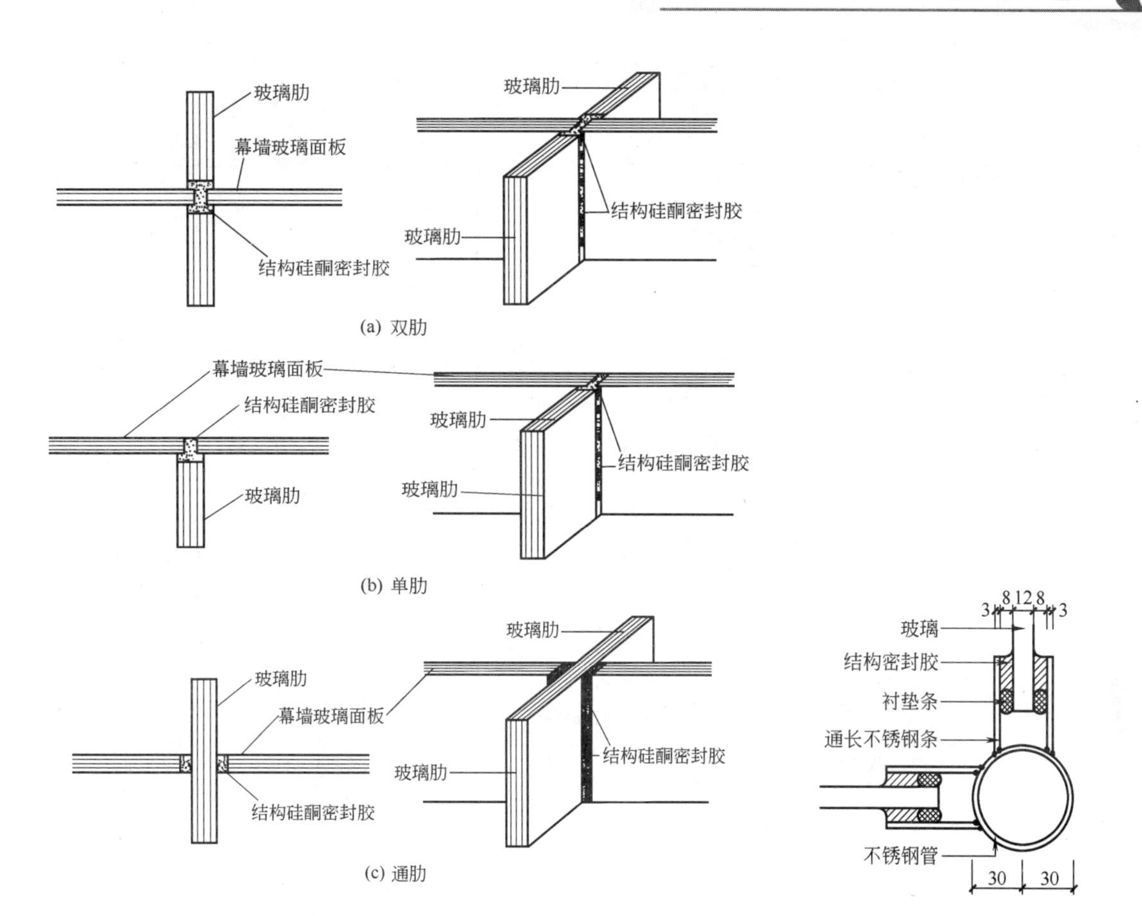

图 3.55　加肋幕墙玻璃的构造　　　图 3.56　全玻幕墙转角的构造

2) 吊挂式全玻璃幕墙

高度在 4.5 m 以上的全玻式幕墙必须采用吊挂式，最高可达 12 m。因玻璃幕墙高度高、面积大、重量重，要使结构受力合理，需要钢结构支架将其吊挂。吊挂式全玻璃幕墙是将整片玻璃吊挂于结构梁下，全部重量由大梁承受，广泛适用于大厦、商厦、饭店、宾馆、办公楼及其他公共建筑。吊挂式全玻璃幕墙的构造分三种做法，分别是无框架吊挂、金属竖框吊挂和无框架滑轮支承，如图 3.57 所示。如图 3.58 为吊挂式全玻式玻璃幕墙构造。

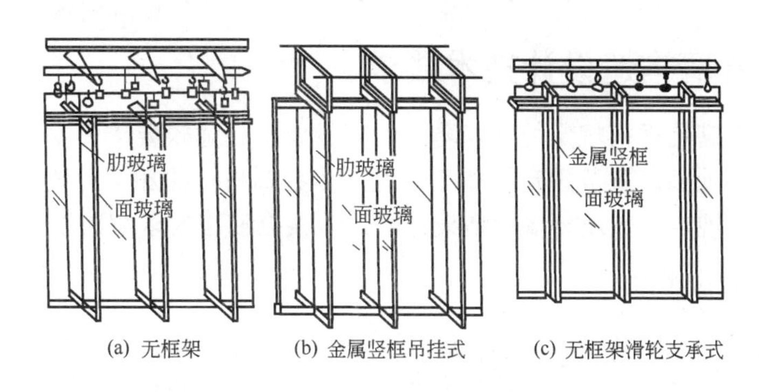

图 3.57　吊挂式全玻式玻璃幕墙构造

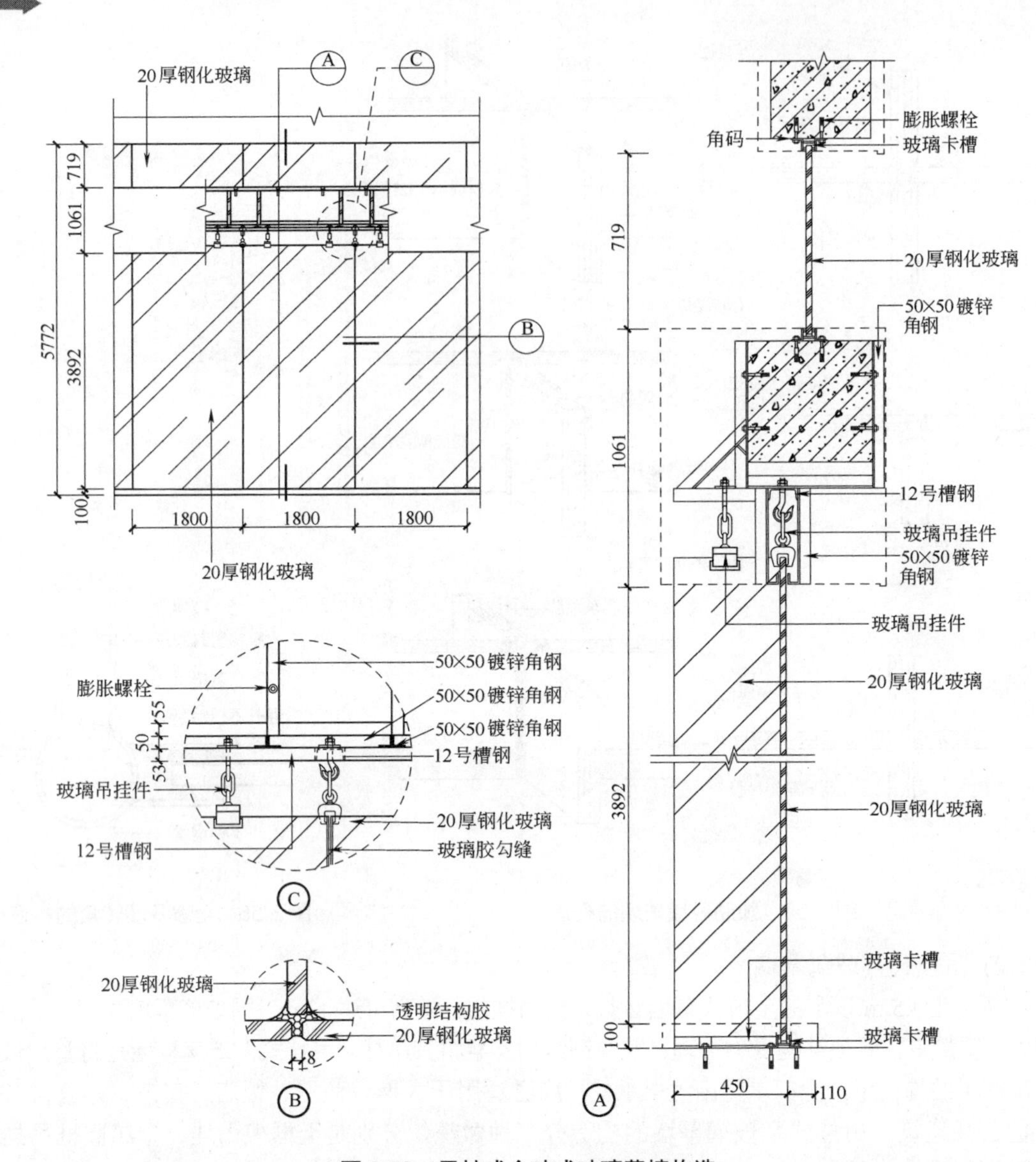

图 3.58　吊挂式全玻式玻璃幕墙构造

3.7.3　玻璃幕墙构造设计技术要求

玻璃幕墙必须满足规范规定的玻璃幕墙的一般要求、建筑要求和安全要求。玻璃幕墙在构件制作方面必须满足规范规定的加工精度，非金属材料的加工组装要求，在安装施工方面必须遵照规范规定。玻璃幕墙构造设计时，应根据使用要求解决以下技术问题。

1. 满足自身强度要求

作用在玻璃幕墙上的荷载有幕墙自重、风荷载、地震作用、温度作用等。其中，风荷载对幕墙结构的影响最大。应根据计算的各类荷载，对玻璃幕墙的饰面板、框架杆件、连接节点、胶缝等分别进行承载力验算。

2. 满足风压变形性能要求

风压变形性能系指建筑玻璃幕墙在与其平面相垂直的风力 F 作用下，保持正常使用功能的性能。通常采用控制玻璃幕墙构件的允许挠度值的方法来解决。挠度允许值一般在(1/150～1/1800)L(L 为立柱和横梁两支点间的跨度)范围之内。玻璃幕墙在风荷载标准值作用下，其主柱和横梁的相对挠度不应大于 L/180，绝对挠度不应大于 20 mm。

3. 满足雨水渗漏性能要求

雨水渗漏性能是指在风雨同时作用下，玻璃幕墙阻止雨水透过的性能。《玻璃幕墙工程技术规范》(下称《规范》)规定：玻璃幕墙在风荷载标准值除以 2.25 的风荷载作用下不应发生雨水渗漏，在任何情况下，玻璃幕墙开启部分的雨水渗漏压力应大于 250 Pa。

4. 空气渗透性能要求

空气渗透性能是指玻璃幕墙在风压作用下，可开启部分为关闭状态时的整个幕墙透气的性能。《规范》以幕墙每米长缝隙 1 小时的空气渗透量为分级值依据(内外压力差为 10 Pa)，判别玻璃幕墙空气渗透性能好坏，并规定有空调和采暖要求时，玻璃幕墙的空气渗透性能应在 10 Pa 的内外压力差下，其固定部分的空气渗透量不应大于 0.10 m^3/(m・h)，开始部分的空气渗透量不应大于 2.5 m^3/(m・h)。

5. 满足保温隔热性能要求

保温隔热性能是指玻璃幕墙两侧存在空气温差条件下，幕墙阻抗从高温一侧向低温一侧传热的能力(不包括从缝隙中渗透空气的传热)。

玻璃幕墙的保温隔热性能应通过控制总热阻值和选取相应的材料来解决。为了减少热损失，可以从以下三个方面改善做法：①改善采光窗玻璃的保温隔热性能，尽量选用中空玻璃，并减少开启扇；②对非采光部分采用隔热效果好的材料作后衬墙(如浮石、轻混凝土)或设置保温芯材；③作密闭处理和减少透风。

6. 满足隔声性能要求

隔声性能是指通过空气传到玻璃幕墙外表的噪声，经玻璃幕墙反射、吸收和其他路径转化后的减少量，也称为玻璃幕墙的有效隔声量。玻璃幕墙的隔声效果主要考虑隔除室外噪声。一般单层玻璃有效隔声量为 25～29 dB，采用中空玻璃有效隔声量为 27～32 dB。

7. 满足平面内变形性能要求

玻璃幕墙平面变形是由于建筑物受地震作用引起的建筑物层间发生相对位移而产生的。平面内变形性能是指玻璃幕墙适应建筑层间变位的能力，即不会导致玻璃幕墙构件损坏的变形能力。玻璃幕墙平面内变形性能的好坏是以相对位移量(即层间角变位值 θ)为分级依据的。

8. 满足耐撞击性能要求

耐撞击性能表示玻璃幕墙对冰雹、大风时飞来物、人的动作和鸟的撞击等外力的耐力。玻璃幕墙设计时应考虑各种可能对幕墙造成撞击的危害，从而选用不同耐撞击性能的玻璃

幕墙饰面板及必要的保护措施。

9. 满足建筑防火设计要求

(1) 窗间墙、窗槛墙的填充材料应采用非燃烧材料，如其外墙面采用耐火极限不低于 1 h 的非燃烧材料时，其墙内填充材料可采用难燃烧材料。

(2) 无窗间墙和窗槛墙的玻璃幕墙，应在每层楼板沿设置不低于 80 cm 高的实体裙墙或在玻璃幕墙内侧，每层设自动喷水保护，且喷头间距不应大于 2 m。

(3) 玻璃幕墙与每层楼板、隔墙处的缝隙，必须用不燃烧材料严密填实。

10. 满足防雷设计要求

低矮的多层建筑，主要是遭到顶雷的袭击。对多层及高层建筑，可能同时遭到顶雷和侧雷的袭击。玻璃幕墙防顶雷，可采用避雷针。当采用避雷带时，可结合装饰，如采用不锈钢栏杆兼作避雷带。不锈钢栏杆应与建筑物防雷系统相连接，保证接地满足要求。

11. 满足玻璃幕墙保养与维修的要求

玻璃幕墙表面会受到大气的污染，应定期对玻璃幕墙进行清洗。需定期检查与维修是否螺栓松动，连接件锈蚀，玻璃破损松动，密封胶和密封条脱落、损坏等。因此，设计时必须预先考虑在屋顶设置擦窗机。

3.8 单 元 小 结

内　容	知识要点	能力要求
墙体的基本知识	墙体的作用、分类、承重方案	会对墙体进行分类和理解承重方案的应用
墙体设计要求	满足强度和稳定性、热工、隔声、防火、防潮建筑工业化要求	能运用墙体设计要求思考墙体设计的有关问题
砖墙的细部	砖墙材料，散水、明沟、勒脚、墙身防潮层、窗台、门窗过梁、圈梁、构造柱等细部构造	能理解和应用有关的墙体细部构造做法
隔墙构造	砌筑隔墙、立筋隔墙、板材隔墙	能理解和应用有关的墙体隔墙构造做法
墙体装饰	墙体装饰的作用和分类，抹灰类、贴面类、涂刷类、裱糊类、铺钉类、清水墙类装饰构造	掌握和应用常用的墙体装饰构造做法
墙体的节能构造	墙体的保温技术与构造、隔热技术	懂得结合地区气候进行保温或隔热构造处理
玻璃幕墙	玻璃幕墙的组成、结构类型与构造、构造设计技术要求	能分辨玻璃幕墙的结构类型和应用常见的构造做法

3.9　复习思考题

一．名词解释

1. 过梁　2. 圈梁　3. 构造柱　4. 散水　5. 幕墙

二．选择题

1. 普通黏性土砖的规格为____。

   A. 240 mm × 120 mm × 60 mm　　B. 240 mm × 110 mm × 55 mm

   C. 240 mm × 115 mm × 53 mm　　D. 240 mm × 115 mm × 55mm

2. 120 墙采用的组砌方式为____。

   A. 全顺式　B. 一顺一顶式　C. 两平一侧式　D. 每皮顶顺相间式

3. 半砖墙的实际厚度为____。

   A. 120 mm　B. 115 mm　C. 110 mm　D. 125 mm

4. 18 砖墙、37 砖墙的实际厚度为____。

   A. 180 mm；360 mm　　B. 180 mm；365 mm

   C. 178 mm；360 mm　　D. 178 mm；365 mm

5. 两平一侧式组砌的墙为____。

   A. 120 墙　B. 180 墙　C. 240 墙　D. 370 墙

6. 一砖墙的实际厚度为____。

   A. 120 mm　B. 180 mm　C. 240 mm　D. 60 mm

7. 当室内地面垫层为碎砖或灰土材料时，其水平防潮层的位置应设在____。

   A. 垫层高度范围内　　B. 室内地面以下一 60 mm 处

   C. 垫层标高以下　　D. 平齐或高于室内地面面层

8. 圈梁遇洞口中断，所设的附加圈梁与原圈梁的搭接长度应满足____。

   A. ≤2 h 且≤1000 mm　　B. ≤4 h 且≤1500 mm

   C. ≥2 h 且≥1000 mm　　D. ≥4 h 且≥1500 mm

9. 墙体设计中，构造柱的最小尺寸为____。

   A. 180 mm × 180 mm　　B. 180 mm × 240 mm

   C. 240 mm × 240 mm　　D. 370 mm × 370 mm

10. 半砖隔墙的顶部与楼板相接处为满足连接紧密，其顶部常采用____或预留 30 mm 左右的缝隙，每隔 1 m 用木楔打紧。

   A. 嵌水泥砂浆　B. 立砖斜侧　C. 半砖顺砌　D. 浇细石混凝土

三．简答题

1. 墙体的承重方案有几种，它们的优、缺点分别有哪些？
2. 砖墙的组砌原则是什么？组砌方式有哪些？
3. 常见勒脚的构造做法有哪些？简述墙体防潮层的作用、常用的做法和设置的位置。

4. 过梁主要有哪几种？它们的适用范围和构造特点分别有哪些？
5. 圈梁的作用是什么？一般设置在什么位置？
6. 构造柱的作用是什么？有哪些构造要求？
7. 常用的隔墙有哪些？它们的构造要求如何？
8. 常用的墙面装饰有哪些类别？各自的特点和构造做法怎样？
9. 建筑外墙常用的保温、隔热的构造技术有哪些？
10. 玻璃幕墙的结构类型各有何特点？其主要构造是什么？

第4章　楼　地　层

内容提要：本章主要介绍楼地层的构造组成、类型、设计要求；钢筋混凝土楼板的主要类型、特点和构造；常用楼地面的特点及构造做法；顶棚、阳台和雨篷的类型及做法等内容。重点是钢筋混凝土楼板的结构布置和细部构造；常见楼地面、顶棚、阳台和雨篷的构造做法。

教学目标：

熟悉楼地层的设计要求、类型和构造组成；
掌握钢筋混凝土楼板的主要类型、特点和构造，重点掌握现浇钢筋混凝土楼板的构造原理和结构布置；
掌握常见楼地面的构造做法；
掌握顶棚的作用、类型和构造做法；
掌握阳台和雨篷的构造。

楼板层是建筑物中分割上下层空间的水平结构构件；地坪层是建筑物底层承受荷载的结构构件；楼地层是房屋建筑的重要组成部分之一，它的结构布置对建筑物的影响较大。另外，楼板顶棚和地面的构造方法直接影响着建筑空间的使用性能和美观度。

4.1　楼地层的设计要求和构造组成

4.1.1　楼地层的构造组成

楼地层是房屋主要的构造组成部分之一，楼地层包括楼板层和地坪层两类，是建筑物中分隔竖向空间的水平承重构件。一方面，它承受着楼板层上的各种荷载，并把它们传给下面的墙体和柱子；另一方面，它又对墙体起着水平支撑的作用，增强墙体的稳定性，从而加强建筑物的整体刚度。

1．楼板层

楼板层通常由面层、结构层和顶棚层 3 个基本部分组成，还可以根据需要设置附加层，楼板层的构造组成如图 4.1 所示。

(1) 面层是楼板层最上面的层次，通常又称为楼面。面层是楼板层中直接与人和家具设备相接触经受摩擦的部分，起着保护楼板结构层、传递荷载的作用，同时可以美化建筑的室内空间。

(2) 结构层是楼板层的承重构件，位于楼板层的中部，通常称为楼板。结构层可以是板，也可以是梁和板。主要作用是承受楼板层上的荷载并传递给墙或者柱，同时可以提高

墙体的稳定性，增强建筑物的整体刚度。

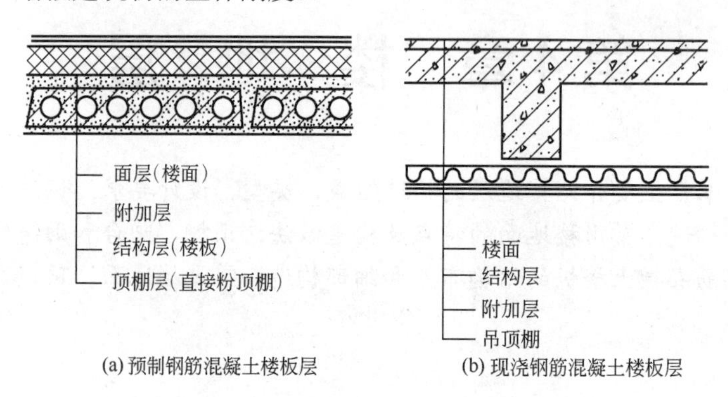

图 4.1　楼板层的构造组成

(3) 附加层可以设置在面层和结构层之间，也可以设在结构层和顶棚层之间，设置的位置视具体需要而定。附加层通常有隔声层、保温层、隔热层、防水层等类型。附加层是为满足特定需要而设的构造层次，因此又称为功能层。

(4) 顶棚层是楼板层最下部的层次，保护了楼板，对室内空间起着一定的美化作用，同时还应该满足管线敷设的要求。

2. 地坪层

地坪层主要由面层、垫层和基层组成，也可以根据实际需要设置附加层，如图 4.2 所示。

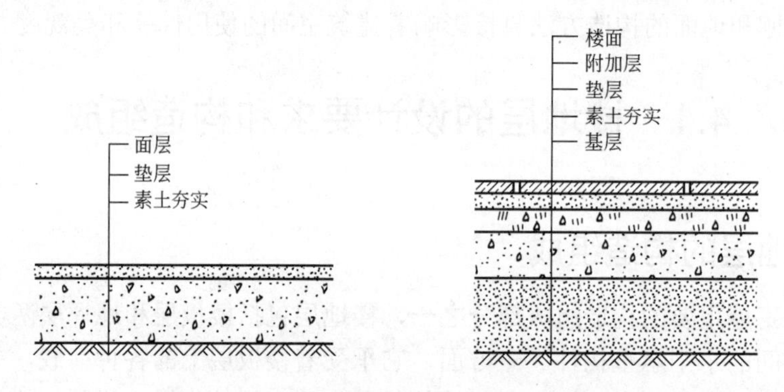

图 4.2　地坪层的构造组成

(1) 面层的作用与楼面基本相同，是室内空间下部的装修层，又称为地面。地面应具有一定的装饰作用。

(2) 垫层是面层下部的填充层，作用是承受和传递荷载，并起到初步找平的作用。通常采用 C10 混凝土垫层，厚度是 60～100 mm，有时也可以用砂、碎石、炉渣等松散材料。

(3) 基层位于垫层之下，又称为地基。通常的做法是原土或者填土分层夯实。如建筑物的荷载较大、标准较高或者使用中有特殊要求的情况下，在夯实的土层上再铺设灰土层、道渣三合土层和碎砖层，以对基层进行加强。

(4) 附加层是满足某些特殊使用要求而设置的构造层次，如防水层、防潮层、保温隔热层等。

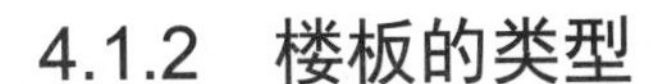

4.1.2 楼板的类型

楼板按使用的材料不同，分为木楼板、砖拱楼板、钢筋混凝土楼板和压型钢板组合楼板四种类型，如图 4.3 所示。

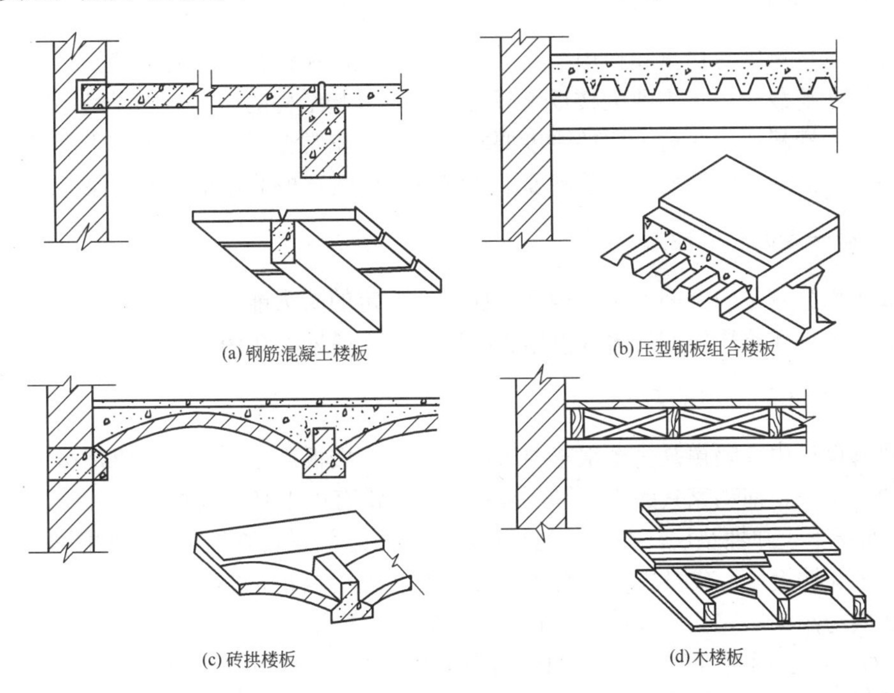

(a) 钢筋混凝土楼板　(b) 压型钢板组合楼板　(c) 砖拱楼板　(d) 木楼板

图 4.3　楼板的类型

1. 木楼板

木楼板是我国的传统做法。构造简单，自重轻，保温隔热性能好，弹性好，但防火性、耐腐蚀性差，耗费木材，一般工程中很少采用。当前只在木材产地和装修等级较高的建筑物中有少量应用。

2. 砖拱楼板

砖拱楼板可节约钢材和水泥，但自重大，抗震性能差，现在基本上已经不采用了。

3. 钢筋混凝土楼板

钢筋混凝土楼板因其强度高、整体性好，耐久性好，可模性好，防火和抗震能力强，在实际中应用最为广泛。

4. 压型钢板组合楼板

压型钢板组合楼板，又称为钢衬板楼板，它是利用压型钢板作为模板，在其上现浇混凝土而形成的。压型钢板作为模板成为楼板的一部分，永久地留在楼板中，又提高了楼板的抗弯刚度和强度，虽然其造价高，但仍是值得大力推广应用的楼板。

4.1.3 楼板层的设计要求

楼板应该满足以下设计要求。

1. 具有一定的强度和刚度

楼板层直接承受着自重和作用在其上的各种荷载，在设计楼板时应使楼板具有一定的强度，保证在荷载作用下不致因楼板承载力不足而引起结构的破坏。为了满足建筑物的正常使用要求，楼板还应具有一定的刚度要求，保证在正常使用的状态下，不会发生过大的影响使用的裂缝和挠度等变形，强度要求通常是通过限定板的最小厚度来保证的。

2. 具有一定的防火能力

楼板作为分割竖向空间的承重构件，应具有一定的防火能力。现行的《建筑设计防火规范》对于多层建筑楼板的耐火极限作了明确规定，参见表 0.10。

3. 具有一定的隔声能力

在建筑设计中，隔声是一个很重要的问题。对于楼板而言，噪声主要是撞击声，如楼板上人的脚步声、拖动家具的声音等。楼板隔声通常有以下几种处理方法。

(1) 面层下设弹性垫层。在楼板的结构层和面层之间增设弹性垫层，如图 4.4(a)所示，称为“浮筑式楼板”，减弱楼板的振动，以降低噪声。弹性垫层可以是块状、条状、片状，使楼板面层与结构层完全脱离，从而起到一定的隔声作用。

(2) 对楼板表面进行处理。在楼板表面铺设塑料地毡、地毯、橡胶地毡、软木板等弹性较好的材料，以降低楼板的振动，减弱撞击声能。这种方法的隔声效果好，也便于机械化施工，如图 4.4(b)所示。

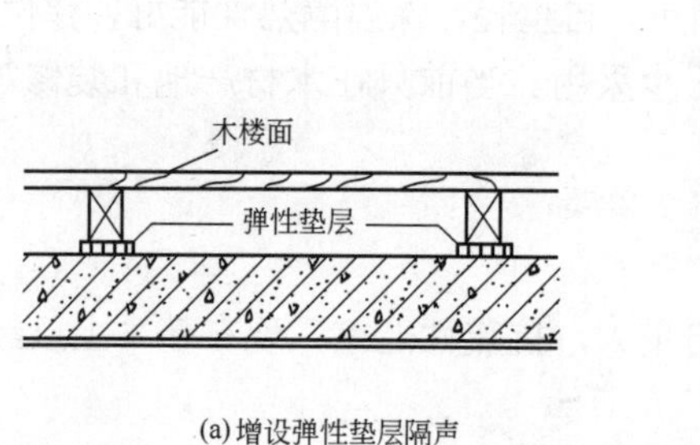

(a) 增设弹性垫层隔声

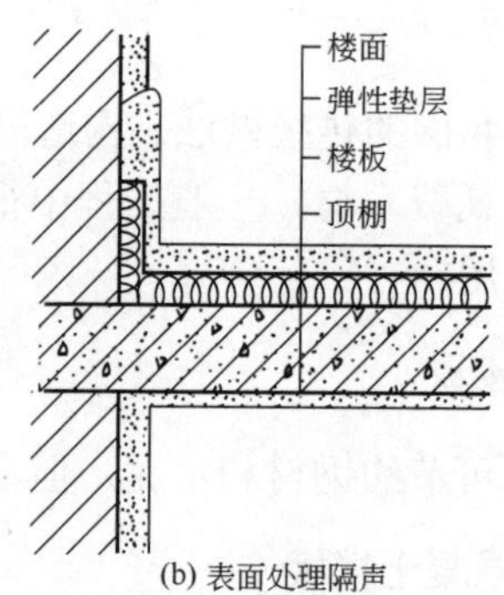

(b) 表面处理隔声

图 4.4 楼板设弹性垫层隔声

(3) 楼板下设吊顶。在楼板下设吊顶，利用隔绝空气声的方法降低撞击声。吊顶面层不留缝隙。吊顶层还可以敷设一些吸声材料加强隔声效果。如果吊顶和楼板之间采用弹性连接，隔声能力可以得到较大提高，如图 4.5 所示。

4. 具有一定的防潮、防水能力

建筑物使用过程中有水侵蚀的房间，如厨房、卫生间、浴室和实验室等，楼板层应进

行防潮、防水处理，防止影响相邻空间的使用和建筑物的耐久性。

5. 满足各种管线的敷设要求

随着科学技术的发展和生活水平的提高，在现代建筑中，电器等设施应用越来越多。楼板层的顶棚层应满足设备管线的敷设要求。

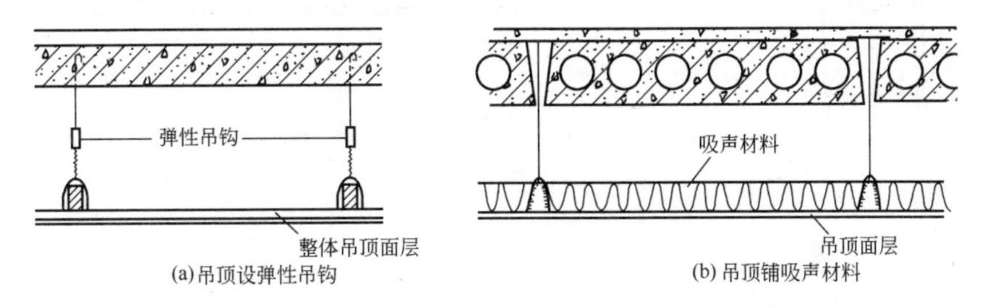

图 4.5 楼板设吊顶隔声

4.2 钢筋混凝土楼板

钢筋混凝土楼板是目前应用得最广泛的一种楼板形式，按照施工方法可以分为现浇整体式、预制装配式和装配整体式三种类型。

4.2.1 现浇整体式钢筋混凝土楼板

现浇整体式钢筋混凝土楼板具有整体性强、抗震能力好、梁板布置灵活等优点，但施工的湿作业量大，模板使用量大，施工的工期较长。适合整体性要求较高的建筑、平面形状不规则的房间、有较多管道需要穿越楼板的房间、使用中有防水要求的房间。随着近年来工具式钢模板的发展和现场浇筑机械化程度的提高，以及高层和大跨度建筑的逐渐增多，现浇钢筋混凝土楼板的应用也越来越广泛。

现浇钢筋混凝土楼板根据楼板的组成，可分为板式楼板、肋梁式楼板、井字式楼板和无梁楼板等几种类型。

1. 板式楼板

板式楼板是直接搁置在墙体上的楼板，由于受到楼板经济跨度的限制，楼板的尺寸不大，因此这种形式的楼板通常用于跨度较小的厨房、卫生间和走廊。楼板根据受力特点和支撑情况，可以分为单向板和双向板。板的长边尺寸 l_2 与短边尺寸 l_1 的比值与板的受力方式有着很大关系，当 $l_2/l_1>2$ 时，在荷载作用下，板基本上只在 l_1 方向挠曲，表明荷载主要是沿 l_1 方向传递，这种板就称为单向板。$l_2/l_1\leqslant 2$ 时，板在两个方向都传递荷载，称为双向板，板的受力与传力方式如图 4.6 所示。

2. 肋梁式楼板

当房间的平面尺度较大时，为使楼板的受力与传力更合理，广泛采用肋梁式楼板，又称为梁板式楼板，有双向板肋梁楼板和单向板肋梁楼板两种。

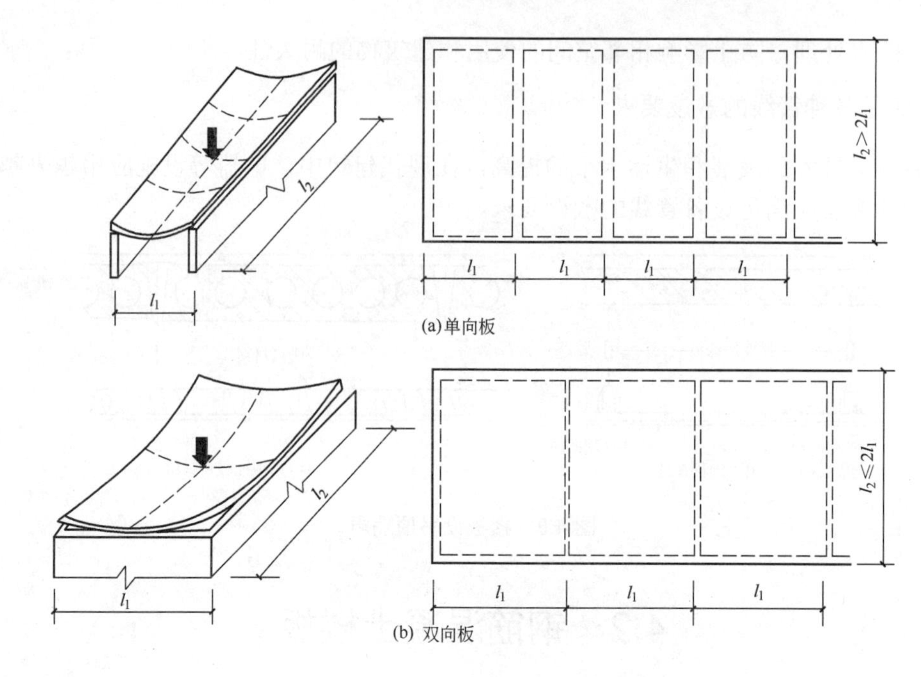

图 4.6　板的受力与传力方式

双向板肋梁楼板的梁无主、次之分。双向板的受力更合理一些，材料利用更充分，顶棚比较美观一些，但容易在板的角部出现裂缝，当板跨比较大时，板厚也较大，不是很经济，因此一般用于跨度小的建筑物，如住宅、旅馆等。

单向板肋梁楼板由板、次梁、主梁组成，如图 4.7 所示，荷载按照板→次梁→主梁→墙体或者柱子的路线向下传递。肋形楼板的主梁通常布置在房屋的短跨方向，次梁垂直于主梁并支承在主梁上，板支承在次梁上。主梁的跨度一般是 5～9 m，最大也可以达到 12 m，次梁比主梁的截面高度小，跨度一般是 4～6 m，板的跨度一般为 1.7～2.5 m。

《混凝土结构设计规范》(GBJ 50010－2002)规定了现浇钢筋混凝土板的最小厚度，见表 4.1。

表 4.1　现浇钢筋混凝土板的最小厚度　　单位：mm

板的类别		最小厚度	一般规定
单向板	屋面板	60	60～80
	民用建筑楼板	60	70～100
	工业建筑楼板	70	80～180
	行车道下的楼板	80	
双向板		80	80～160
密肋板	肋间距≤70	40	70～80
	肋间距>70	50	
悬臂板	板的悬臂长度≤500	60	
	板的悬臂长度>500	80	
无梁楼板		150	160～200

为了充分发挥结构的能力，应该考虑构件的合理尺寸。肋形楼板的经济尺寸见表4.2。

表4.2 肋形楼板的经济尺寸

构件名称	经济尺寸		
	跨度/L	梁高或者板厚/h	宽度/b
主梁	5～8m	(1/14～1/8)L	(1/3～1/2)L
次梁	4～6m	(1/18～1/12)L	(1/3～1/2)L
板	3m以内	简支板L/35，连续板L/40，不小于60～80 mm	

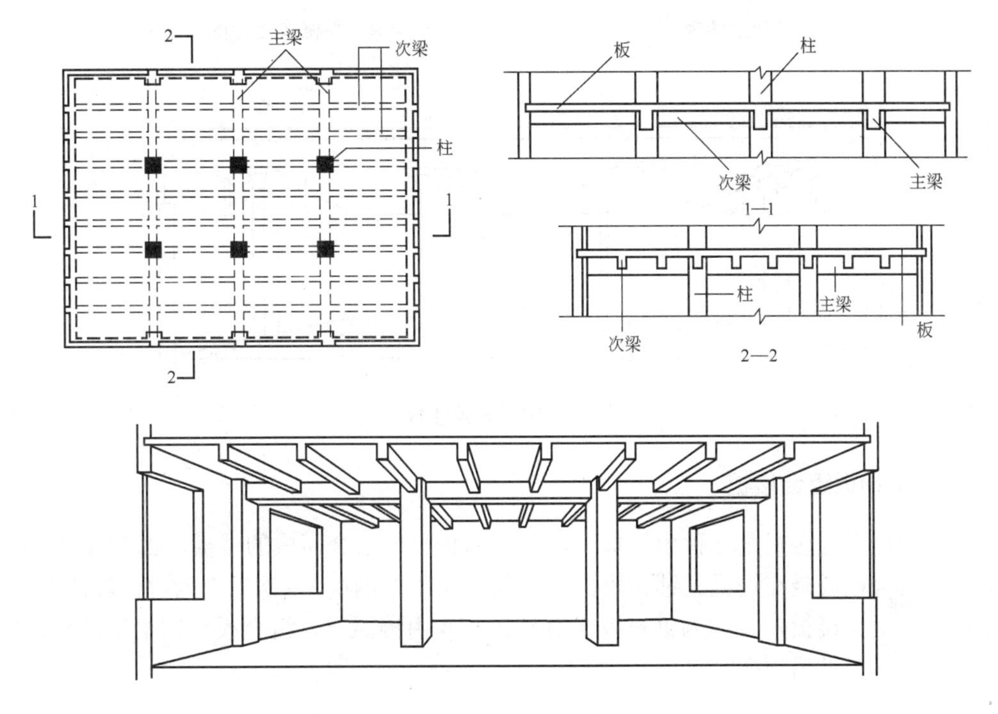

图4.7 单向板肋梁楼板

3．井格式楼板

井格式楼板是肋梁式楼板的一种特殊形式。当房间跨度在 10 m 以上且两个方向的尺寸比较接近时，可以将两个方向的梁等间距布置，梁的截面高度相等，不分主、次，形成井格式的肋梁楼板，如图4.8所示，称为井格式楼板。

井字式楼板的跨度一般为6～10 m，板厚为70～80 mm，井格各边长一般在2.5 m之内。井格可布置成正交正放、正交斜放、斜交斜放，其布置方式如图 4.9 所示。井字式楼板的顶棚很规整，具有很好的装饰性，结合灯具的布置可以获得较美观的效果，在公共建筑的门厅和大厅中经常采用。

4．无梁楼板

无梁楼板是将楼板直接支承在柱子上而不设梁的楼板形式，如图4.10所示。这种楼板净空高度大，通风效果好，施工简单，可用于尺寸较大的房间和门厅，如商店、展览馆、

仓库等建筑。无梁楼板的柱网通常布置成矩形或者方形，跨度一般在 6 m 以内，比较经济，板厚通常不小于 120 mm，一般为 160～200 mm。根据有无柱帽，无梁楼板可以分为有柱帽和无柱帽两种。当楼板的荷载较大时，为了扩大柱子的支承面积，通常采用有柱帽的无梁楼板。

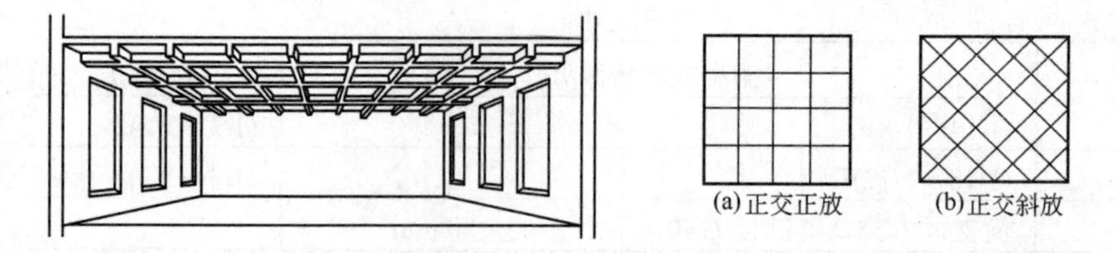

图 4.8　井格式肋梁楼板

图 4.9　井格式楼板的布置方式

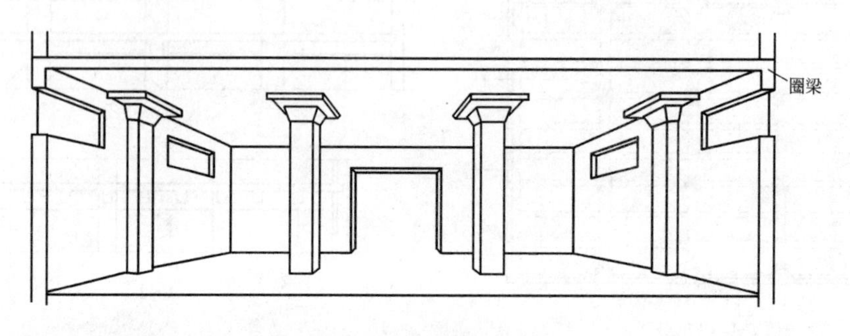

图 4.10　无梁楼板

5. 压型钢板组合楼板

压型钢板组合楼板是一种由钢板与混凝土两种材料组合而成的楼板，如图 4.11 所示。压型钢板组合楼板是在钢梁上铺设表面凹凸相间的压型钢板，以钢板作为衬板现浇混凝土，形成整体的组合楼板，又称为钢衬板组合楼板。其由楼面层、组合板和钢梁三部分构成，也可以根据需要设吊顶棚。

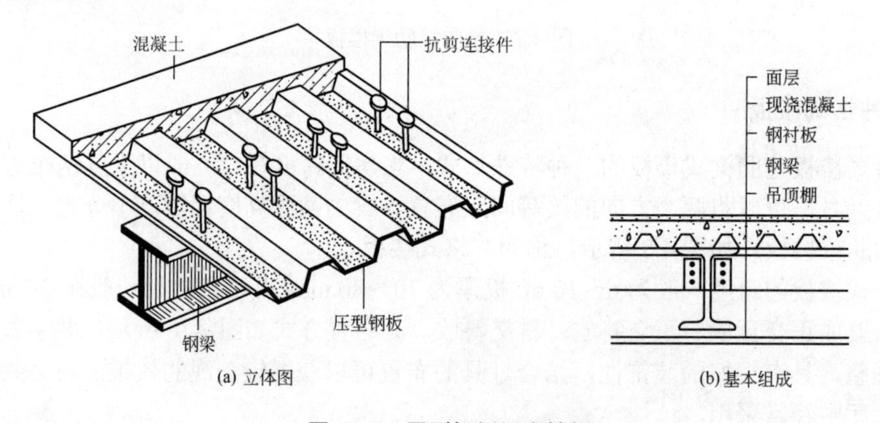

图 4.11　压型钢板组合楼板

压型钢板一方面作为浇筑混凝土的永久性模板来使用，另一方面承受着楼板下部的弯拉应力，起着模板和受拉钢筋的双重作用，省掉了拆模板的程序，加快了施工速度。压型钢板肋间的空隙还可用来敷设管线，钢衬板的底部可以焊接架设悬吊管道、通风管、吊顶棚的支托。这种形式的楼板整体性强，刚度大，承载能力好，施工速度快，自重轻，但防火性和耐腐蚀性不如钢筋混凝土楼板，外露的受力钢板需做防火处理。压型钢板组合模板适用于大空间建筑、高层建筑和大跨度的工业建筑，在国外应用较普遍。

压型钢板组合楼板的钢衬板有单层和双层孔格式两种。钢衬板之间的连接以及钢衬板与钢梁之间的连接，一般是采用焊接、自攻螺栓、膨胀铆钉连接或者压边咬接的方式，如图4.12所示。

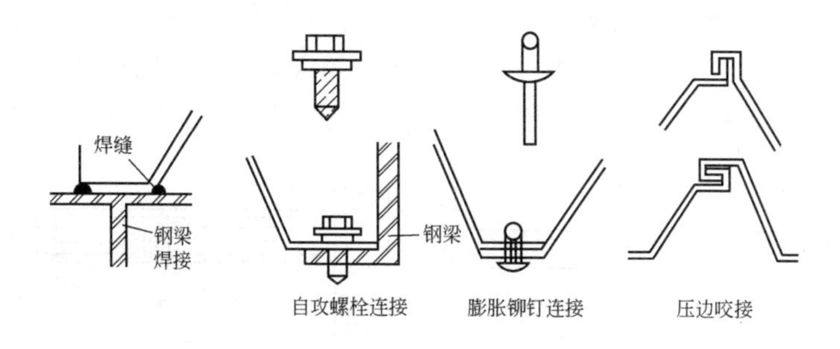

图4.12 钢衬板与钢梁、钢板之间的连接方式

4.2.2 预制装配式钢筋混凝土楼板

预制钢筋混凝土楼板是在预制构件厂或者施工现场外完成构件的制作，然后运到施工现场进行装配而成的楼板。预制装配式楼板可以大大节约模板的用量，提高劳动生产率，提高施工的速度，施工不受季节限制，有利于实现建筑的工业化；缺点是楼板的整体性较差，不宜用于抗震设防要求较高的地区和建筑中。

1. 预制板的类型

预制楼板可分为预应力和非预应力两种。采用预应力构件可以推迟裂缝的出现，从而提高构件的承载力和刚度，减轻构件自重，降低造价。预制钢筋混凝土板按形式分，一般有实心平板、槽形板、空心板三种类型。

1) 实心平板

实心平板制作简单，跨度一般在2.4 m以内，厚度一般为60～80 mm，宽度一般为600～900 mm，隔声效果较差，通常用于走廊、楼梯平台、阳台或者小开间房间的楼板，也可用于隔板和管沟盖板。预制实心平板的两端支承在梁或者墙上，如图4.13所示。

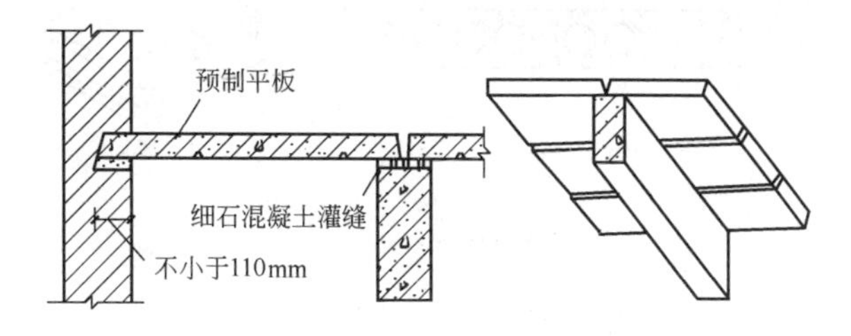

图4.13 预制实心平板

2) 槽形板

槽形板是一种梁板结合的构件，由板和肋组成，在实心板的两侧设置纵肋。为了提高

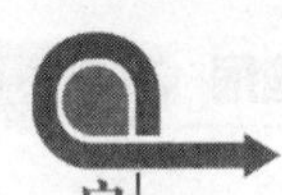

楼板的刚度和方便板的放置，通常在板的端部设端肋封闭。板的跨度大于 6 m 时，每 500～700 mm 设置一道横肋。预应力板的荷载主要由板的纵肋来承担，因此板的厚度较薄，跨度较大，厚度通常为 30～50 mm，宽度为 600～1200 mm，预应力槽形板的跨度可以达到 6m 以上，非预应力板通常在 4 m 以内。槽形板的自重轻，省材料，可以在板上临时开洞，但隔声能力比空心板要差。

槽形板有两种搁置方式：正置和倒置，如图 4.14 所示。正置的槽形板，肋向下，板的受力合理，但板底不平整，通常需要设吊顶棚来解决美观等问题。对于观瞻要求不高的房间，也可直接采用正置的槽形板，不设吊顶。倒置的搁置方式，即板肋向上，可使板底平整，但受力不太合理，板面需另做面层。可以在槽内填充隔声材料以增强隔声效果。

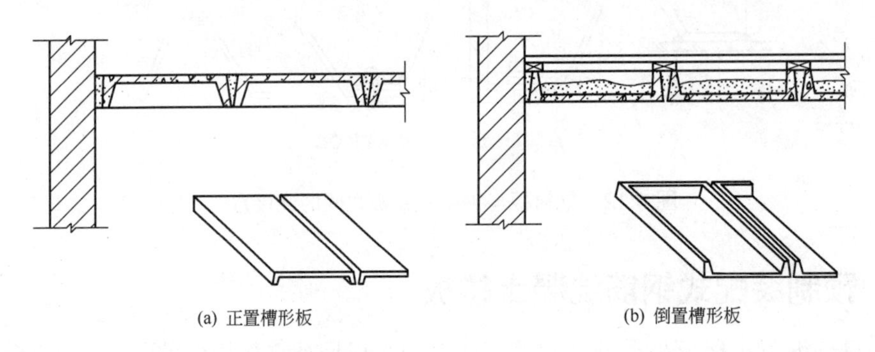

(a) 正置槽形板　　(b) 倒置槽形板

图 4.14　槽形板

3) 空心板

空心板的制作最简单，目前预制空心板基本上采用圆孔板。大型空心板的跨度可以达到 4.5～7.2 m，板宽为 1200～1500 mm，厚度为 180～240 mm。中型空心板常见宽度为 600～1200 mm，厚度为 90～120 mm。空心板在安装时，两端常用砖、砂浆块或者混凝土块填塞，以免浇灌端缝时混凝土进入孔中，空心板如图 4.15 所示。

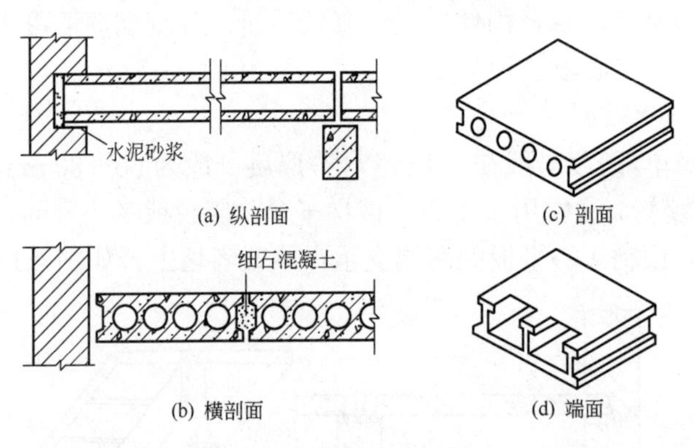

(a) 纵剖面　　(c) 剖面

(b) 横剖面　　(d) 端面

图 4.15　空心板

2．预制板的结构布置与细部构造

1) 板的结构布置与搁置要求

预制板的结构布置方式应根据房间的开间、进深来确定，支承方式有板式布置和梁板式布置两种。当房间开间、进深不大时，板直接支承在墙上，称为板式布置，多用于横墙较密的住宅、宿舍等建筑中。房间开间、进深较大时，可将板支承在梁上，梁支承在墙或者柱上，称为梁板式布置，多用于教学楼等建筑中。

板搁置在砖墙、梁上时，支承长度一般不小于 80 mm、60 mm。在地震地区，板的端部伸入外墙、内墙和梁的长度分别不小于 120 mm、100 mm 和 80 mm。安装时为使墙体与楼板有较好的连接，先在墙上抹厚度 10～20 mm 的水泥砂浆坐浆。空心板靠墙的纵向长边不能搁置在墙体上，与墙体之间的缝隙用细石混凝土灌实。

采用梁板式结构布置，如图 4.16 所示，板的支承长度一般不小于 80 mm。板在梁上的搁置方式一般有两种，如图 4.17 所示。一种是板直接搁置在矩形或者 T 形截面梁上；另一种是板搁置在花篮梁或者十字梁上。在梁高不变的情况下，后者可以获得更大的房间净高。板在梁上搁置时，坐浆厚度在 20 mm 左右。

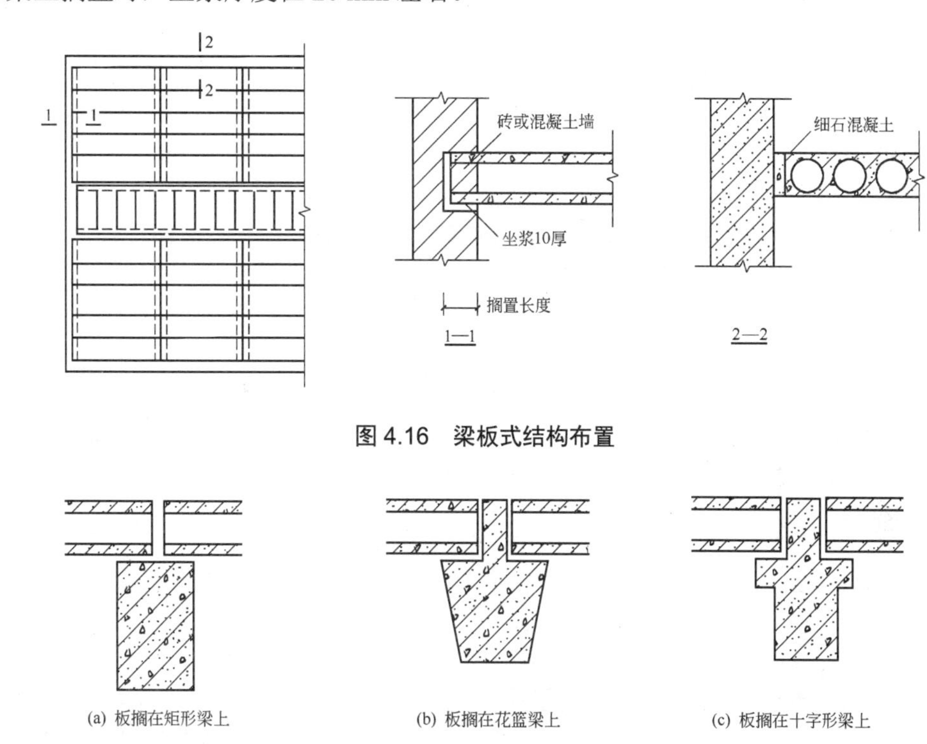

图 4.16 梁板式结构布置

图 4.17 板在梁上的搁置方式

为增强房屋的整体刚度，可以用锚固筋即拉结筋将楼板与墙体之间、楼板与楼板之间拉结起来，具体设置要求按抗震要求及刚度要求设定。图 4.18 所示为锚固筋示意图。

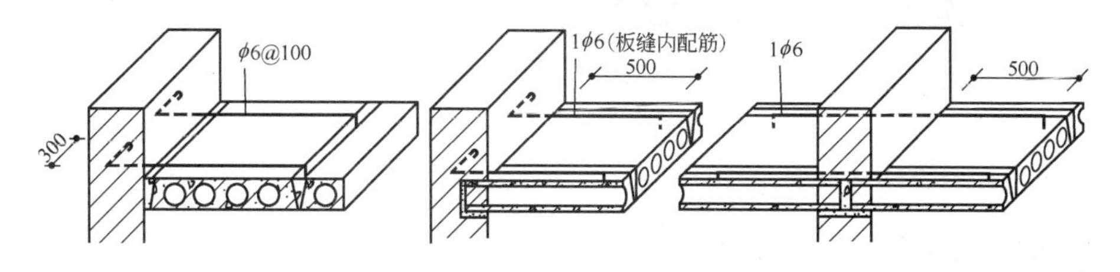

图 4.18 锚固筋示意图

2) 板缝处理

预制板的端缝一般以砂浆或者混凝土灌实，为提高抗震能力，还可以将板端露出的钢筋交错搭接在一起，或者加钢筋网片，再灌细石混凝土。

预制板的侧缝有 V 形缝、U 形缝和凹槽缝三种，如图 4.19 所示。凹槽缝对板的受力最为有利。板的侧缝一般以细石混凝土灌实，要求较高时，可以在板缝内加配钢筋。

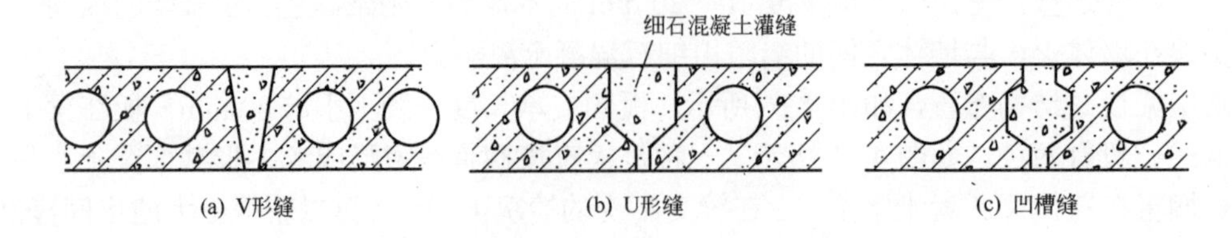

图 4.19　预制的侧板缝形式

预制板在排板的过程中，为了施工方便，要求使用的板规格类型越少越好，所以在板宽方向和房间的平面尺寸之间往往会出现不足一块板的缝隙，称为板缝差。处理方法如下：板缝差在 60 mm 以内时，可调整板的侧缝，调整后板缝宽度应小于 50 mm；板缝差在 60～120 mm 时，可沿墙边挑两皮砖，或者在灌缝混凝土内配钢筋；板缝差在 120～200 mm 时，或者因管道从墙边通过，或者因板缝间有轻质隔墙时，板缝采用局部现浇混凝土板带的做法；当板缝差超过 200 mm 时，重新选择板的规格。

3．楼板与隔墙

楼板上如果有重质隔墙，如砖砌隔墙、砌块隔墙等，为避免将楼板压坏，不宜将隔墙直接搁置在楼板上。可以采用以下方法，如图 4.20 所示：在隔墙下部设置钢筋混凝土梁来支承隔墙；采用槽形板时，将隔墙设在槽形板的纵肋上；采用空心板时，隔墙下部的板缝处设置现浇混凝土板带。

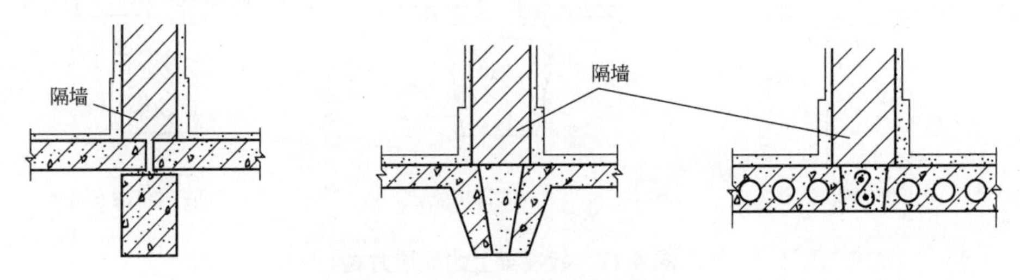

图 4.20　楼板与隔墙的设置

4.2.3　装配整体式钢筋混凝土楼板

装配整体式楼板是将楼板中的部分构件预制后，在现场进行安装，再整体浇筑另一部分连接成一个整体的楼板。它兼有预制板和现浇板的优点。装配整体式钢筋混凝土板有密肋填充块楼板和叠合楼板两种。

1．密肋填充块楼板

密肋填充块楼板的密肋有现浇和预制两种，如图 4.21 所示。现浇的密肋填充块楼板是

在空心砖、加气混凝土块等填充块之间现浇密肋小梁和面板。预制的密肋填充块楼板是在空心砖和预制的倒T形密肋小梁或者带骨架芯板上现浇混凝土面层，有利于节约模板。

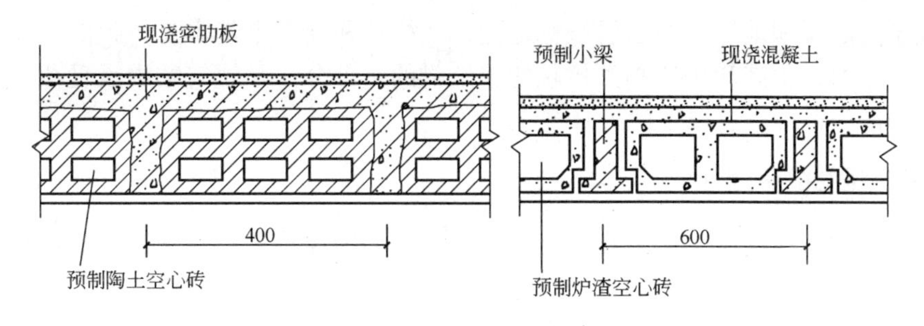

图4.21　密肋填充块楼板

2．叠合楼板

现浇楼板的强度和刚度好，但施工速度慢，耗费模板多；预制楼板施工速度快，但刚度有时不能满足要求。而越来越多的高层建筑和大开间的建筑对于工期和刚度等有一定的要求，预制薄板叠合楼板的出现则解决了这些矛盾。叠合楼板是以预制薄板作为模板，其上现浇钢筋混凝土层形成的装配整体式楼板。预制薄板可以采用预应力混凝土薄板和普通混凝土薄板，具有模板、结构和装修三方面的功能。各种设备管线可敷设在叠合层内，现浇层内只需配置少量的支座负筋。叠合楼板的跨度一般为4～6 m，预应力薄板的跨度可以达到9 m，经济跨度在5.4 m以内。预应力薄板的宽度为1.1～1.8 m，厚度为50～70 mm，叠合后总厚度一般为150～250 mm，具体可视跨度而定，以不小于预制薄板厚度的两倍为宜。为使预制部分与现浇叠合层之间有更好的连接，板的表面处理有两种处理方法，如图4.22所示：①在板的表面进行刻槽处理，刻槽深度20 mm，直径50 mm，间距150 mm；②在板的表面露出三角形状的结合钢筋。

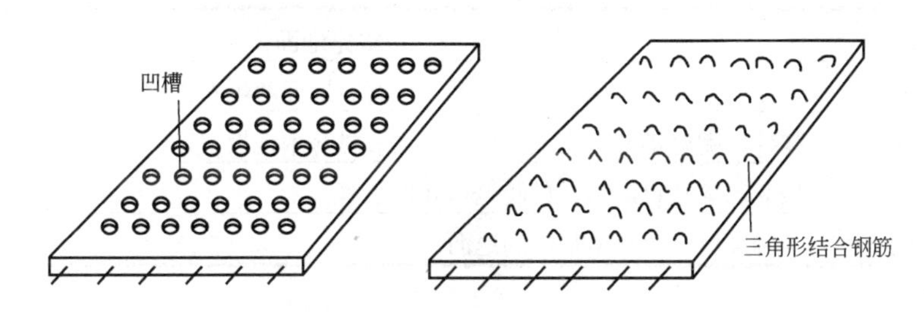

图4.22　预制薄板表面的处理

4.3　楼地面构造

建筑物室内的楼地面是建筑构造中的重要部分。它是人们日常生活、工作、生产、学习时必须接触的部分，也是建筑中直接承受荷载，经常受到摩擦、清洗和冲洗的部分。因此，除了要符合使用上、功能上的要求外，还必须考虑人们在精神上的追求，做到美观、舒适。

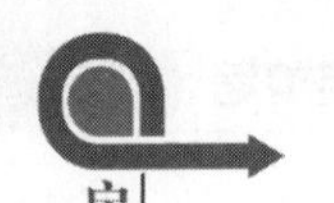

4.3.1 楼地层的设计要求

楼板层的面层和地坪层的面层统称地面，在构造和要求上基本是一致的。地面是人们日常工作、学习、生产和生活必须接触的建筑物的一部分，是建筑物中承受荷载、经受摩擦、擦洗的部分，应具有以下的设计要求。

1. 具有足够的坚固性

要求地面在荷载作用下不易被磨损、破坏，表面能保持平整和光洁，不易起灰，便于清洁。

2. 具有一定的弹性和保温性能

考虑到降低噪声和行走舒适度的要求，要求地面具有一定的弹性和保温性能。地面应选用一些弹性好和导热系数小的材料。

3. 满足某些特殊要求

对不同房间而言，地面还应满足一些不同的特殊要求。例如使用中有水作用的房间，地面应满足防水要求；对有火源的房间，地面应具有一定的防火能力；对有腐蚀性介质的房间，地面应具有一定的防腐蚀能力。

4.3.2 地面的类型

地面的材料和做法应根据房间的使用要求和经济要求而定。根据面层材料和施工方法的不同，地面可以分为整体类地面、板块类地面、卷材类地面和涂料类地面等，见表4.3。

表4.3 地面类型

地面类型	常见地面
整体类地面	水泥砂浆地面、水泥石屑地面、水磨石地面和细石混凝土地面等
板块类地面	缸砖、陶瓷锦砖、人造石材、天然石材和木地板等
卷材类地面	聚氯乙烯塑料地毡、橡胶地毡和地毯等
涂料类地面	各种高分子涂料所形成的地面

4.3.3 常见地面的构造

1. 水泥砂浆地面

水泥砂浆地面构造简单，坚固耐磨，造价低廉，是应用最广泛的一种低档的地面做法；但空气中湿度较大时容易返潮，且有起灰、无弹性、热传导高、不容易清洁等缺点。水泥砂浆地面有单层构造和双层构造两种做法。单层做法是直接抹15～20 mm的1∶2水泥砂浆；双层做法是先用15～20 mm的1∶3水泥砂浆打底，再用5～10 mm的1∶2水泥砂浆抹面。双层做法的抹面质量高，不易开裂。

2．水磨石地面

水磨石地面是目前常用的一种地面，质地光洁美观，耐磨性、耐久性好，容易清洁，且不易起灰，装饰效果好，常用作公共建筑的门厅、大厅、楼梯和主要房间等的地面。水磨石地面采用分层构造，如图4.23所示。结构层上做10～15 mm厚的1∶3水泥砂浆找平，面层采用10～15 mm厚的1∶1.5～1∶2的水泥石渣。水泥和石渣可以用白色的，也可以用彩色的，彩色水磨石可形成美观的图案，装饰效果较好，但造价比普通水磨石高很多。因为面层要进行打磨，石渣要求颜色美观，中等耐磨度，所以常用白云石或者大理石石渣。在做好的找平层上按设计好的方格用1∶1水泥砂浆嵌固10 mm高的分格条(铜条、铝条、玻璃条和塑料条)，铺入拌合好的水泥石屑，压实，浇水养护6～7天后用磨光机磨光，再用草酸溶液清洗，最后打蜡抛光。

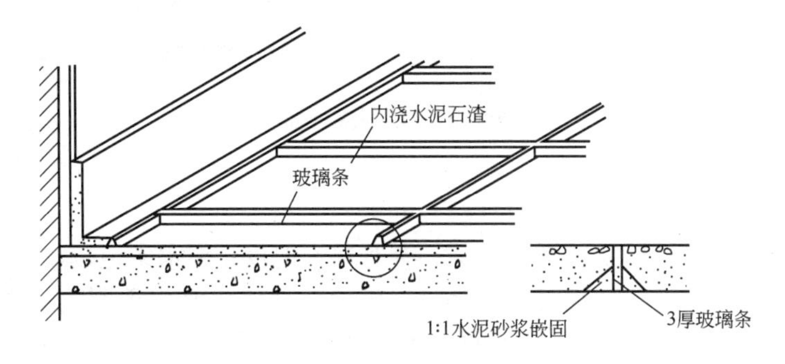

图4.23 水磨石地面

3．缸砖、地砖、陶瓷锦砖地面

缸砖是用陶土烧制而成的一种无釉砖块，颜色以红棕色居多，规格有100 mm×100 mm和150 mm×150 mm两种，厚度为10～15 mm，质地坚硬，耐磨，耐酸碱，易于清洁，多用于厨房、卫生间、实验室等的地面。施工方法是在找平层上用5～10 mm的水泥砂浆粘贴，用素水泥浆擦缝，缸砖地面如图4.24(a)所示。

陶瓷地砖一般厚度为6～10 mm，有200 mm×200 mm、300 mm×300 mm、400 mm×400 mm、500 mm×500 mm等多种规格。一般情况下，规格越大，装饰效果越好，价格也越高。陶瓷彩釉砖和瓷质无釉砖是理想的地面装修材料，规格尺寸一般较大。地砖的性能优越，色彩丰富，多用于高档地面的装修，装修构造与缸砖相同。

陶瓷锦砖即马赛克，质地坚硬，色泽丰富多样，耐磨，耐水，耐腐蚀，容易清洁，用于卫生间、浴室等房间的地面。构造做法为15～20 mm厚1∶3水泥砂浆找平，再用5 mm厚水泥砂浆粘贴拼贴在牛皮纸上的陶瓷锦砖，压平后洗去牛皮纸，再用素水泥浆擦缝，陶瓷锦砖地面如图4.24(b)所示。

4．石板地面

石板地面包括天然石板地面和人造石板地面。

天然石板有大理石和花岗石板。用于地面的花岗石板是磨光的花岗石板，它的色泽美观，耐磨度优于大理石板，但造价较高。大理石的色泽和纹理美观，常用的有600 mm×600 mm～800 mm×800 mm，厚度为20 mm。大理石和花岗石均属高档地面装修材

料，一般用于装修标准较高的建筑的门厅、大厅等部位。人造石板有人造大理石板、预制水磨石板等类型，价格低于天然石板。

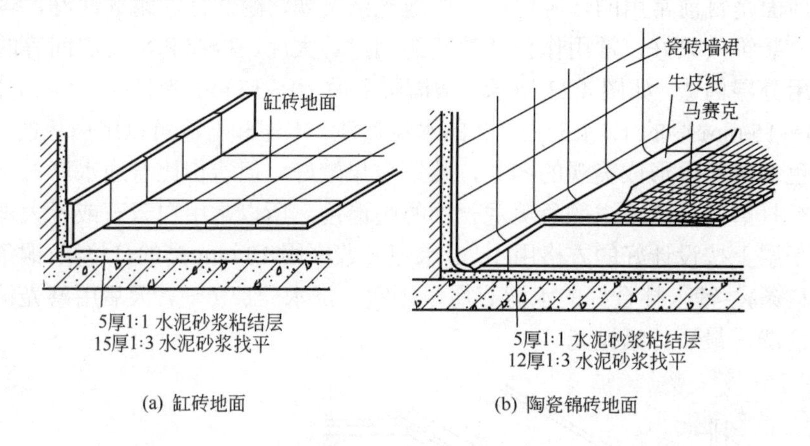

(a) 缸砖地面　　(b) 陶瓷锦砖地面

图 4.24　块材类地面

5. 木地面

木地面一般由木板粘贴或者铺钉而成，有普通木地板、硬木条地板、拼花木地面几种。木地板的特点是保温性好，弹性好，易清洁，不易起灰等，常用于剧院、宾馆、健身房等建筑中，近年来也广泛用于家庭装修中。木地面按照构造方法分，有空铺、实铺和粘贴三种。

空铺木地面构造复杂，耗费木材较多，现已较少采用。实铺木地面有铺钉式和粘贴式两种。铺钉式木地面是将木地板搁置在木搁栅上，木搁栅固定在基层上。固定的方法很多，如在基层上预埋钢筋，通过镀锌铁丝将钢筋与木搁栅连接固定，或者在基层上预埋 U 形铁件嵌固木搁栅。木搁栅的断面一般为 50 mm×50 mm，中距为 400 mm。木板通常采用企口形，以增强整体性。建筑物底层房间铺设木地板时，为了防止木板受潮，可在找平层上涂刷冷底子油、热沥青或者做一毡二油防潮层，另外，在踢脚板上留设通风孔，以加强通风铺钉式木地面，如图 4.25(a)所示。粘贴式木地面是用环氧树脂胶等材料将木地板直接粘贴在找平层上，如图 4.25(b)所示。粘贴式木地面节省材料，施工方便，造价低，应用较多，但木地板受潮时会发生翘曲，施工中应保证粘贴质量。

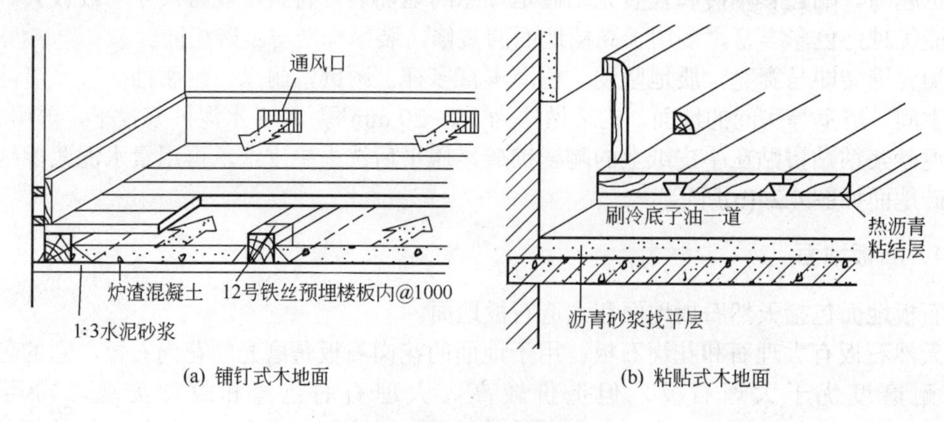

(a) 铺钉式木地面　　(b) 粘贴式木地面

图 4.25　木地面构造

新型实木复合地板是目前建筑中常用的一种新型地面装修材料，它的表层使用硬质木材，如榉木、桦木、柞木、樱桃木和水曲柳等，中间层和底层使用中密度纤维板或高密度纤维板。新型实木复合地板的装饰效果和耐磨程度都很好，而且安装方便，不用粘结剂，不用木搁栅，只需要地面平整，将带有企口的复合木地板相互拼接即可，拆卸也比较方便。

6. 卷材地面

常见地面卷材有聚氯乙烯塑料地毡、橡胶地毡、各种地毯等。卷材地面的弹性好，消声的性能也好，适用于公共建筑和居住建筑。

聚氯乙烯塑料地毡和橡胶地毡铺贴方便，可以干铺，也可以用粘结剂粘贴在其找平层上。塑料地毡具有步感舒适、防滑、防水、耐磨、隔声及美观等特点，且价格低廉，是一种经济的地面材料。

地毯分为化纤地毯和羊毛地毯两种。羊毛地毯的图案典雅大方，美观豪华，一般只在建筑物中局部使用作为装饰用途，地面广泛使用的是化纤地毯。化纤地毯的铺设方法有活动式和固定式两种。固定地毯有两种方法，一种是用粘结剂将地毯四周与房间地面粘贴，一种是将地毯背面固定于安设在地面上的倒刺板上。

4.3.4 楼地面节能构造

在北方的住宅建筑中，楼地面适当增加保温层，既便于保持适宜的室内气温，又有利于建筑节能。保温材料常用高密度聚苯板、轻骨料混凝土、膨胀珍珠岩制品等。保温地面的构造做法通常是在地坪的混凝土垫层上加铺保温层，然后做地面装饰层，如图 4.26 所示。

保温楼面的构造做法有正置式和倒置式两种。正置式是将保温层放置在结构层的上面，然后做地面装饰层，如图 4.27(a)所示；倒置式是将保温层放置在结构层的下方，然后做天花抹灰或做吊顶装饰，如图 4.27(b)所示。

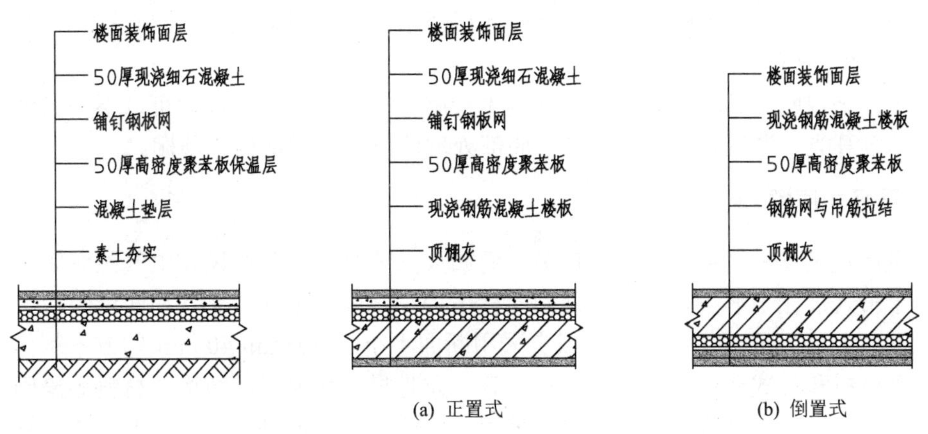

图 4.26 保温地面构造做法

图 4.27 保温楼面构造做法

4.4 顶棚、阳台、雨篷构造

顶棚在室内空间中占据十分显要的位置。顶棚的构造设计与选择应从建筑功能、维护检修、防火安全等多方面综合考虑。阳台和雨篷也是建筑物使用功能上不可缺少的一部分。

4.4.1 顶棚构造

顶棚是楼板层最下面的部分，又称为天花板或者平顶，是室内装修的一部分。顶棚层应能满足管线敷设的需要，能良好地反射光线改善室内照明度，同时应平整光滑、美观大方，与楼板层有可靠连接。特殊要求的房间，还要求顶棚能保温、隔热和隔声等。

顶棚一般采用水平式，根据需要也可以做成弧形、折线形等形式。从构造上来分，一般有直接式顶棚和悬吊式顶棚两种。

1. 直接式顶棚

1) 喷刷类顶棚

对于楼板底面平整又没有特殊要求的房间，直接在楼板底面嵌缝刮腻子后喷、刷大白浆或者 106 装饰涂料。

2) 抹灰类顶棚

对于板底不够平整或者不能满足要求时，可以采用抹灰类顶棚，有水泥砂浆抹灰和纸筋灰抹灰两种。水泥砂浆抹灰的做法为先在板底刷素水泥浆一道，再用 5 mm 厚 1∶3 水泥砂浆打底，5 mm 厚 1∶2.5 水泥砂浆抹面，最后喷刷涂料。纸筋灰抹灰的做法为先在板底用 6 mm 厚混合砂浆打底，再用 3 mm 纸筋灰抹面，最后喷刷涂料。

3) 贴面类顶棚

当顶棚有保温、隔热、隔声等要求或者装修标准较高时，可以使用粘结剂将适用于顶棚装饰的墙纸、装饰吸音板、泡沫塑胶板等材料粘贴于顶棚上。

4) 结构式顶棚

当屋顶采用网架结构等类型时，结构本身就具有一定的艺术性，可以不必另做顶棚，只需要结合灯光、通风、防火等要求做局部处理即可，称为结构式顶棚。

2. 悬吊式顶棚

在现代建筑物中，设备和管线较多，例如灭火喷淋、供暖通风、电气照明等，往往需要借助悬吊式顶棚来解决。悬吊式顶棚简称吊顶，一般由吊筋、龙骨和面层组成。吊筋一般采用不小于ϕ6 mm 的圆钢制作，或者采用断面不小于 40 mm×40 mm 的方木制作，具体采用什么材料和形式要依据吊顶自重及荷载、龙骨材料和形式、结构层材料等来确定。龙骨有主龙骨和次龙骨之分，通常是主龙骨用吊筋或者吊件连接在楼板层上，次龙骨用吊筋或者吊件连接在主龙骨上，面层通过一定的方式连接于次龙骨上。龙骨有木龙骨和轻钢、铝合金等金属龙骨两种类型，其断面大小应根据龙骨材料、顶棚荷载、面层做法等来确定。面层有抹灰、植物板材、矿物板材、金属板材、格栅等类型。常见的顶棚构造有以下几类。

1) 抹灰类顶棚

抹灰类顶棚又称为整体性吊顶，常见的有板条抹灰顶棚、板条钢板网抹灰顶棚和钢板网抹灰顶棚。

板条抹灰顶棚一般采用木龙骨。特点是构造简单、造价低廉，但防火性能差，另外抹灰层容易脱落，故适用于防火要求和装修要求不高的建筑，其构造如图 4.28 所示。

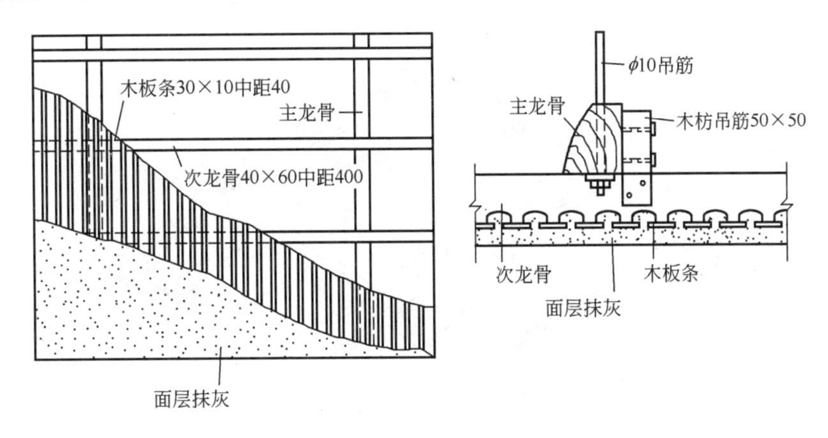

图 4.28 板条抹灰顶棚

为了改善板条抹灰的性能，使它具有更好的防火能力，同时使抹灰层与基层连接更好，在板条上加钉一层钢板网，就形成了板条钢板网抹灰顶棚，可用于更高防火要求和装修标准的建筑中，其构造如图 4.29 所示。

钢板网抹灰顶棚一般采用槽钢作为主龙骨，角钢作为次龙骨。次龙骨下设ϕ6 mm，中距 200 mm 的钢筋网。钢板网抹灰顶棚的耐久性、防火性、抗裂性很好，适用于防火要求和装修标准高的建筑物中。

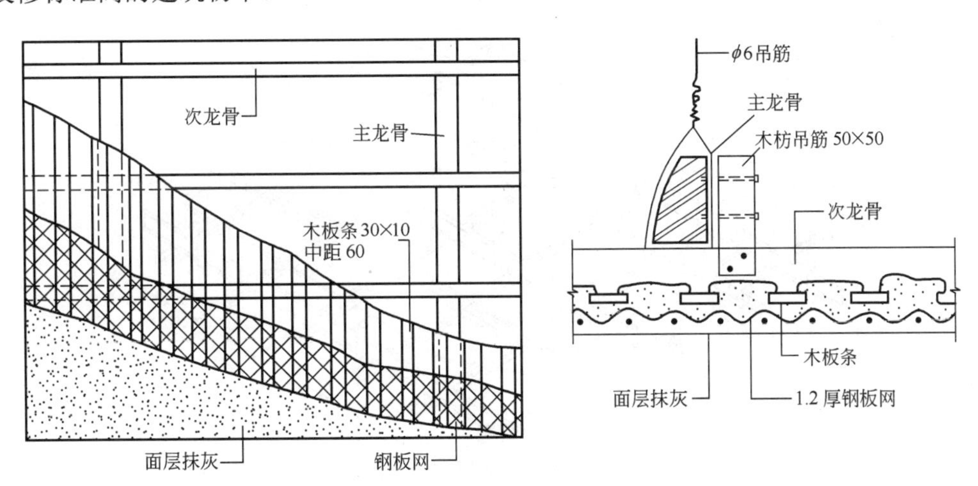

图 4.29 板条钢板网抹灰顶棚

2) 矿物板材顶棚

矿物板材顶棚具有自重轻，防火性能好，不会发生吸湿变形、施工安装方便等特点，又容易与灯具等设施结合，比植物板材应用更广泛。常用的矿物板材有纸面石膏板、无纸面石膏板、矿棉板等。矿物板材顶棚通常的做法是用吊件将龙骨与吊筋连接在一起，板材固定在次龙骨上，固定的方法有三种：挂接方式，板材周边做成企口形，板材挂在倒T形或者工字形次龙骨上；卡接方式，板材直接搁置在次龙骨翼缘上，并用弹簧卡子固定；钉接方式，板材直接钉在次龙骨上。龙骨一般采用轻钢或者铝合金等金属龙骨。龙骨一般有龙骨外露(见图4.30)和不露龙骨(见图4.31)两种布置方式。

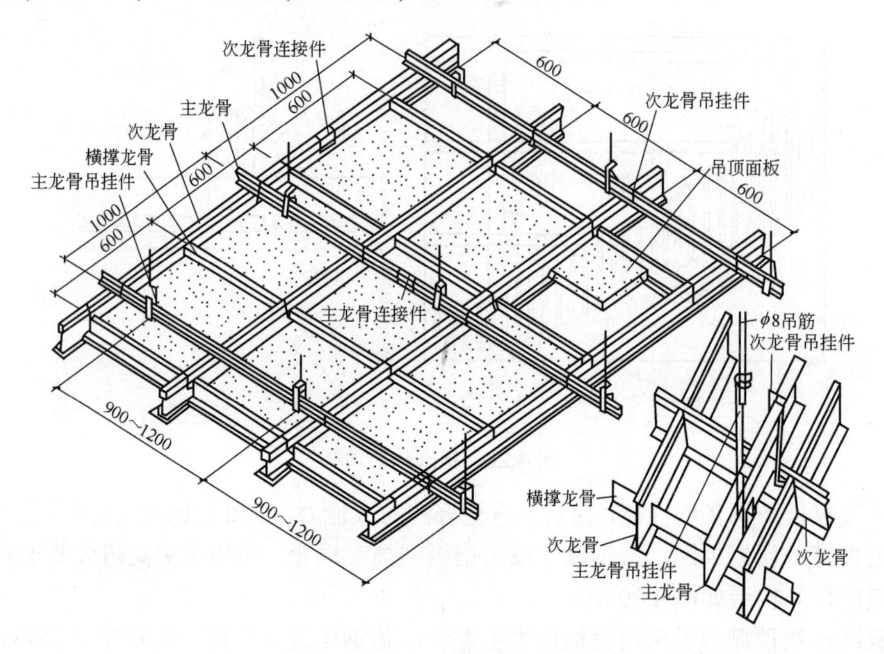

图4.30　龙骨外露的布置方式

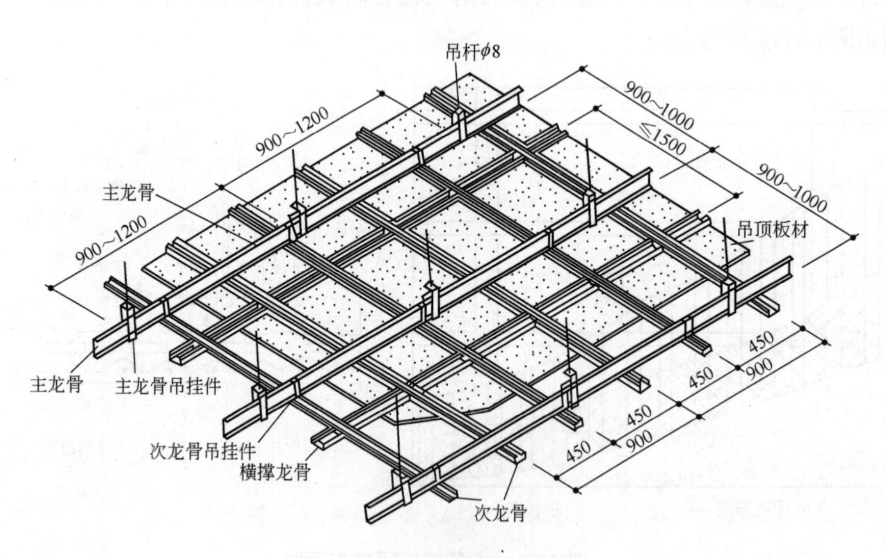

图4.31　不露龙骨的布置方式

3) 金属板材顶棚

金属板材有铝板、铝合金板、彩色涂层薄钢板等种类。板材有条形、方形、长方形等形状，龙骨常用0.5 mm厚的铝板、铝合金板等材料，吊筋采用螺纹钢丝套接，以便调节顶

棚距离楼板底部的高度。吊顶没有吸音要求时，板和板之间不留缝隙，采用密铺方式，如图 4.32 所示。吊顶有吸音要求时，板上加铺一层吸音材料，板和板之间留出缝隙，以便声音能够被吸声材料所吸收。

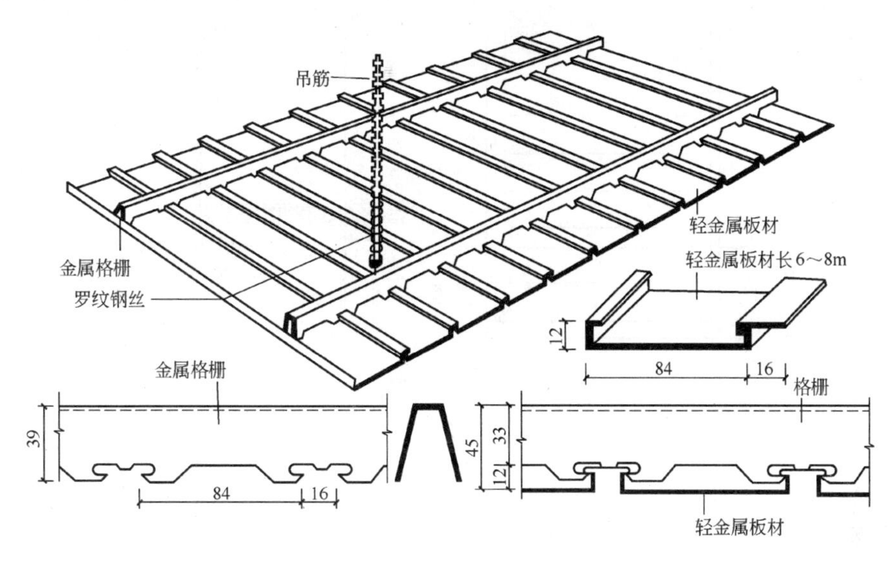

图 4.32　金属板材顶棚

4.4.2　阳台构造

阳台是多层、高层建筑物中联系室内外空间的部分，具有观景、纳凉、养花和晾衣等作用，可以改善居住条件，是多层、高层住宅不可缺少的一部分。按阳台与外墙面的关系不同，可分为挑阳台、凹阳台和半挑半凹阳台；按阳台的使用功能不同，可分为生活阳台(靠近客厅或卧室)和服务阳台(靠近厨房或卫生间)；按施工方法不同，可分为现浇阳台和预制阳台。

1. 结构布置

阳台主要由阳台板和栏杆、扶手组成，属于结构上的悬挑构件，是建筑物立面构图的一个重要元素，因此应该满足安全适用、坚固耐久、排水顺畅等设计要求。

阳台的结构布置方式有以下三种。

1) 挑梁式

挑梁式阳台应用广泛，一般是由横墙伸出挑梁搁置阳台板，如图 4.33(a)所示。在多数建筑中挑梁与阳台板可以一起现浇成整体，悬挑长度可以达到 1.8 m。为了防止阳台发生倾覆破坏，悬挑长度不宜过大，最常见的为 1.2 m，挑梁压入墙内的长度不小于悬挑长度的 1.5 倍。

2) 挑板式

挑板式阳台是将楼板直接悬挑出外墙形成的，板底平整美观，构造简单，阳台板可形成半圆形、弧形等丰富的形状，如图 4.33(b)所示，挑板式阳台悬挑长度一般不超过 1.2 m。

3) 压梁式

压梁式阳台是将阳台板与墙梁现浇在一起，墙梁由它上部的墙体获得压重来防止阳台发生倾覆，如图4.33(c)所示，阳台悬挑长度不宜超过1.2 m。

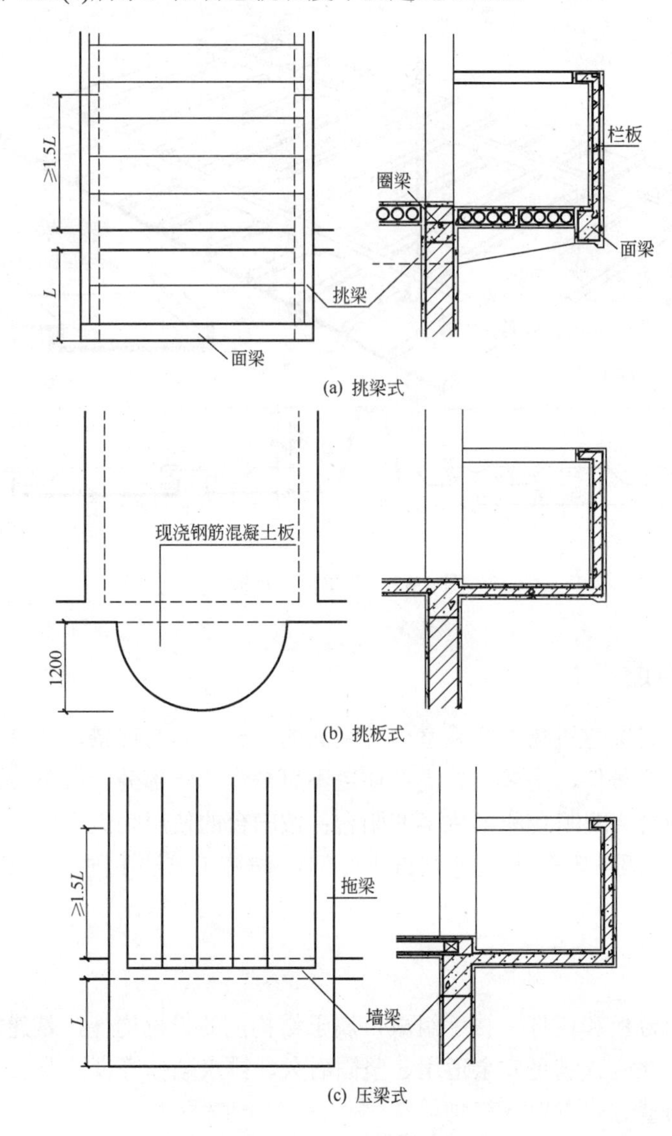

图4.33　阳台结构布置

2. 细部构造

1) 栏杆和扶手形式

阳台栏杆按其组成材料分，有砖砌栏板、金属栏杆和钢筋混凝土栏杆。栏杆按其形式分，有实心栏杆、空花栏杆和混合式栏杆三种。栏杆一方面供人倚扶，另一方面对建筑物起装饰作用。栏杆扶手的高度不低于1.05 m，高层建筑不小于1.1 m，也不大于1.2 m。栏杆竖杆之间的净距不大于110 mm，一般不设置水平杆，防止儿童攀爬。扶手有金属扶手和混凝土扶手两种，金属杆件和扶手表面要进行防锈处理。

2) 连接构造

细部连接构造包括栏杆与扶手的连接、栏杆与阳台板的连接和扶手与墙体的连接。栏杆与扶手的连接方式有现浇和焊接两种。当栏杆和扶手都采用钢筋混凝土时，从栏杆或者栏板伸出钢筋，与扶手内钢筋相连，再支模现浇扶手。焊接方式是在扶手和栏杆上预埋铁件，安装时进行焊接连接。栏杆与阳台板的连接方式有焊接、榫接坐浆、现浇等。

3) 排水构造

阳台在使用过程中应保证雨水不进入室内，设计时要求地面比房间地面低 30～50 mm，地面抹出 1%～2%的排水坡度，坡向排水孔。阳台排水有外排水和内排水两种方式。低层和多层建筑的阳台可以采用外排水；高层建筑和高标准建筑适宜采用内排水。阳台的排水构造如图 4.34 所示。

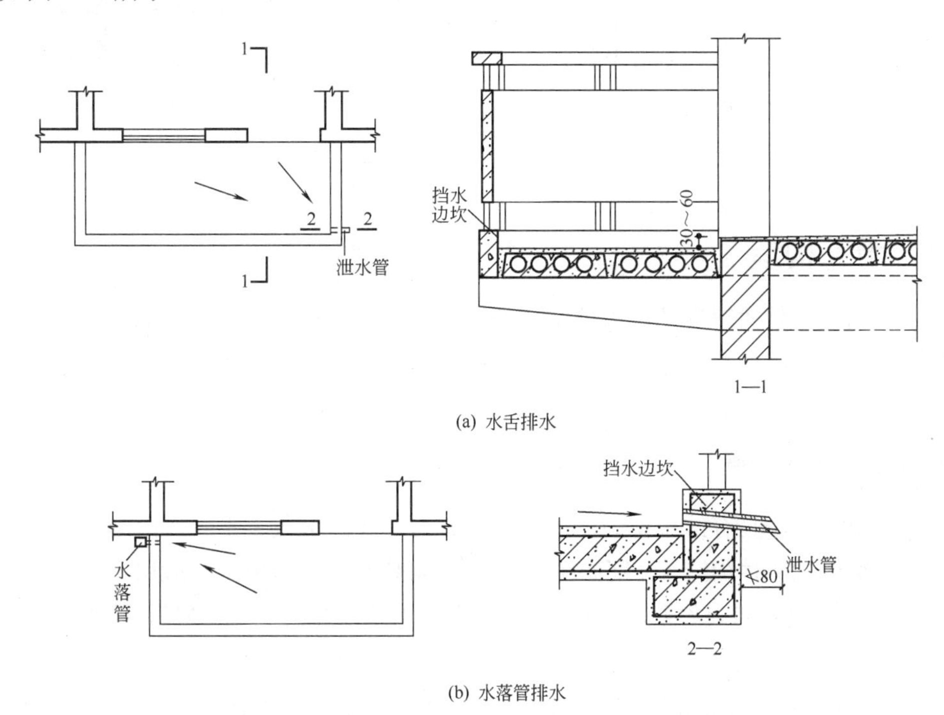

(a) 水舌排水

(b) 水落管排水

图 4.34 阳台排水构造

3. 阳台节能构造

近年来，考虑到建筑节能的需要，北方寒冷地区居住建筑的阳台常进行保温处理，主要方法是对阳台的底板和栏板加设保温层，对玻璃与窗框之间和窗框与固定结构之间加强密封处理，以避免热桥作用，常见的构造做法如图 4.35 所示。

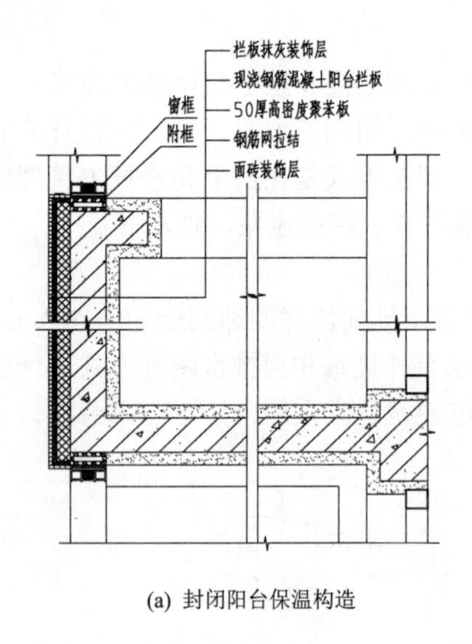

(a) 封闭阳台保温构造

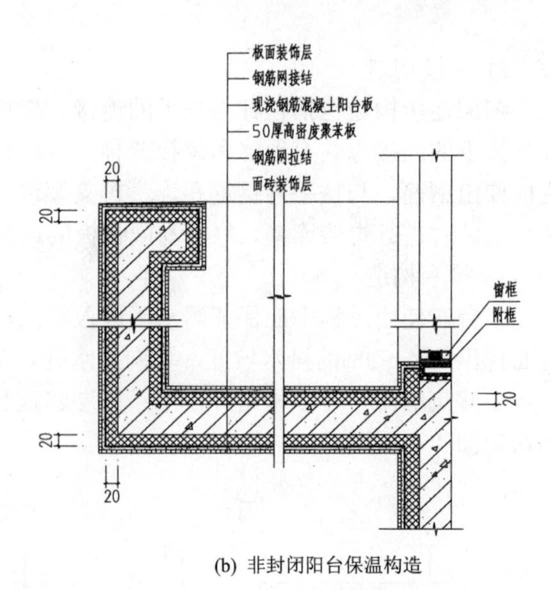

(b) 非封闭阳台保温构造

图 4.35　阳台保温构造

4.4.3　雨篷构造

建筑物的入口处的雨篷是室内外空间的过渡地带，具有遮风挡雨、标识性诱导和装饰建筑物入口处的作用。当代建筑对雨篷形式要求越来越多样，装修要求越来越高。雨篷从构造形式上分为：钢筋混凝土雨篷、玻璃采光雨篷、钢结构悬挑雨篷等。

1. 钢筋混凝土雨篷

钢筋混凝土雨篷具有结构牢固、造型厚重有力、坚固耐久、不受风雨影响等特点。它有悬板式和梁板式两种构造，分别如图 4.36 和图 4.37 所示。悬板式一般用于宽度不大的入口和次要的入口，板可以做成变截面的，表面用防水砂浆抹出 1%的坡度，防水砂浆沿墙上卷至少 250 mm 形成泛水。梁板式雨篷用于宽度比较大的入口和出挑长度比较大的入口，常采用反梁式，从柱上悬挑梁。结合建筑物的造型，设置柱来支承雨篷，形成门廊式雨篷。

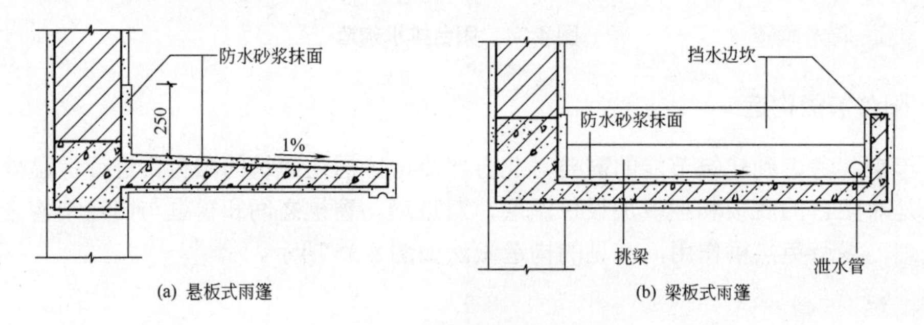

(a) 悬板式雨篷　　(b) 梁板式雨篷

图 4.36　钢筋混凝土雨篷构造

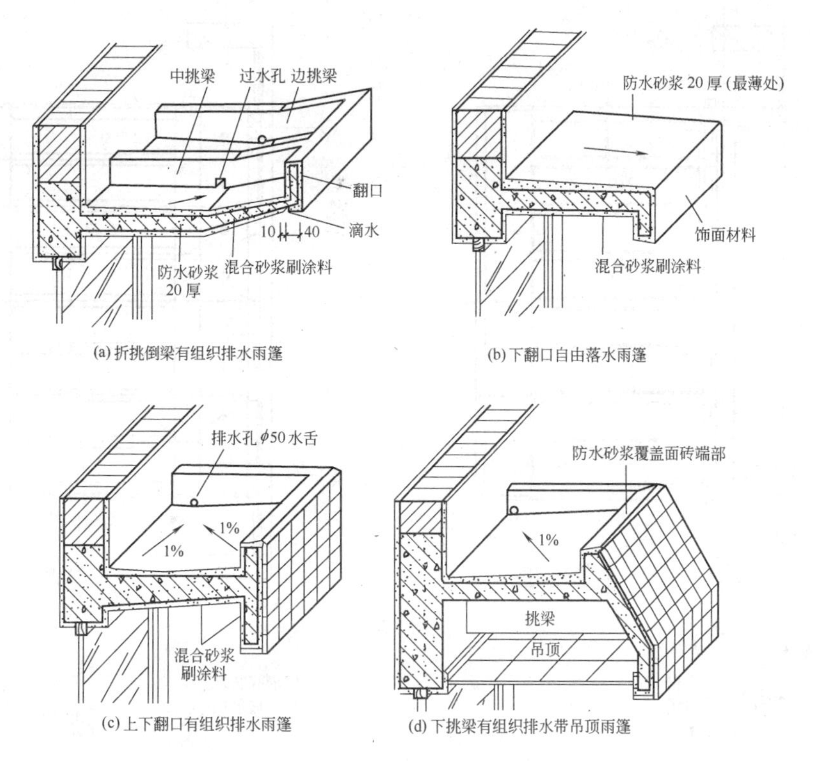

图 4.37 梁板式雨篷构造

2. 钢结构悬挑雨篷

钢结构悬挑雨篷由雨篷支撑系统、雨篷骨架系统和雨篷板面系统三部分组成，它具有结构与造型简练轻巧的特点，并富有现代感，施工便捷、灵活。钢结构的支撑系统，有的作支撑钢柱，有的与原有水泥柱相连接，还有的是悬拉结构，如图 4.38 所示。这种构造在现代雨篷装饰中的使用越来越广泛。支撑的连接件要与稳定的承重结构体相连接。特别在装饰改造工程中除了在墙体上安装不锈钢膨胀螺栓外，还须在墙内加钢筋混凝土小梁，对关键部位做好拉拔试验，以符合结构设计的要求。

3. 玻璃采光雨篷

用阳光板、钢化玻璃作采光雨篷是当前新的透光雨篷做法，透光材料采光雨篷具有结构轻巧、造型美观、透明新颖、富有现代感的装饰效果，也是现代建筑装饰的特点之一。其构造是在土建施工时必须按照设计要求，预埋好固定钢结构用的预埋件。施工人员要熟悉和掌握钢骨架设计与玻璃安装的特点，按设计要求制作钢结构拱架，钢结构的焊缝应符合设计图纸要求，焊接部位应及时刷涂防锈漆。图 4.38 和图 4.39 所示为钢化玻璃雨篷的构造示例。

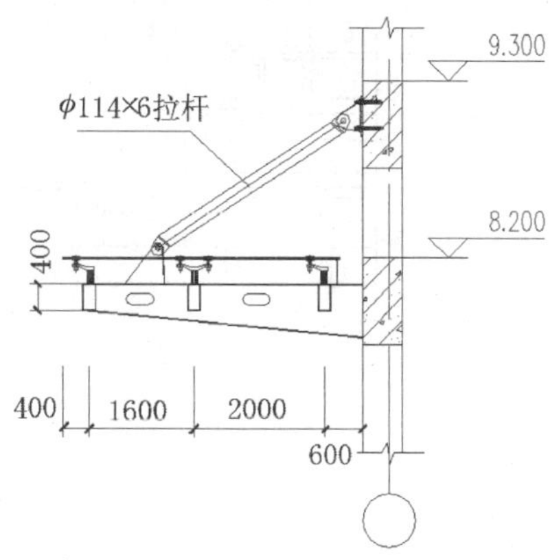

图 4.38 钢结构悬挑雨篷

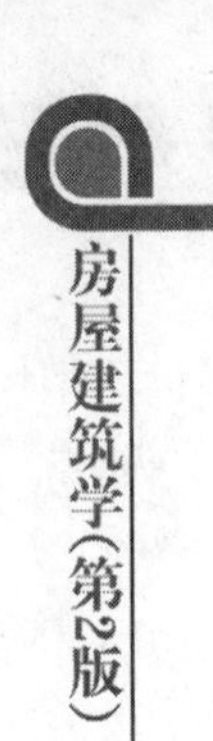

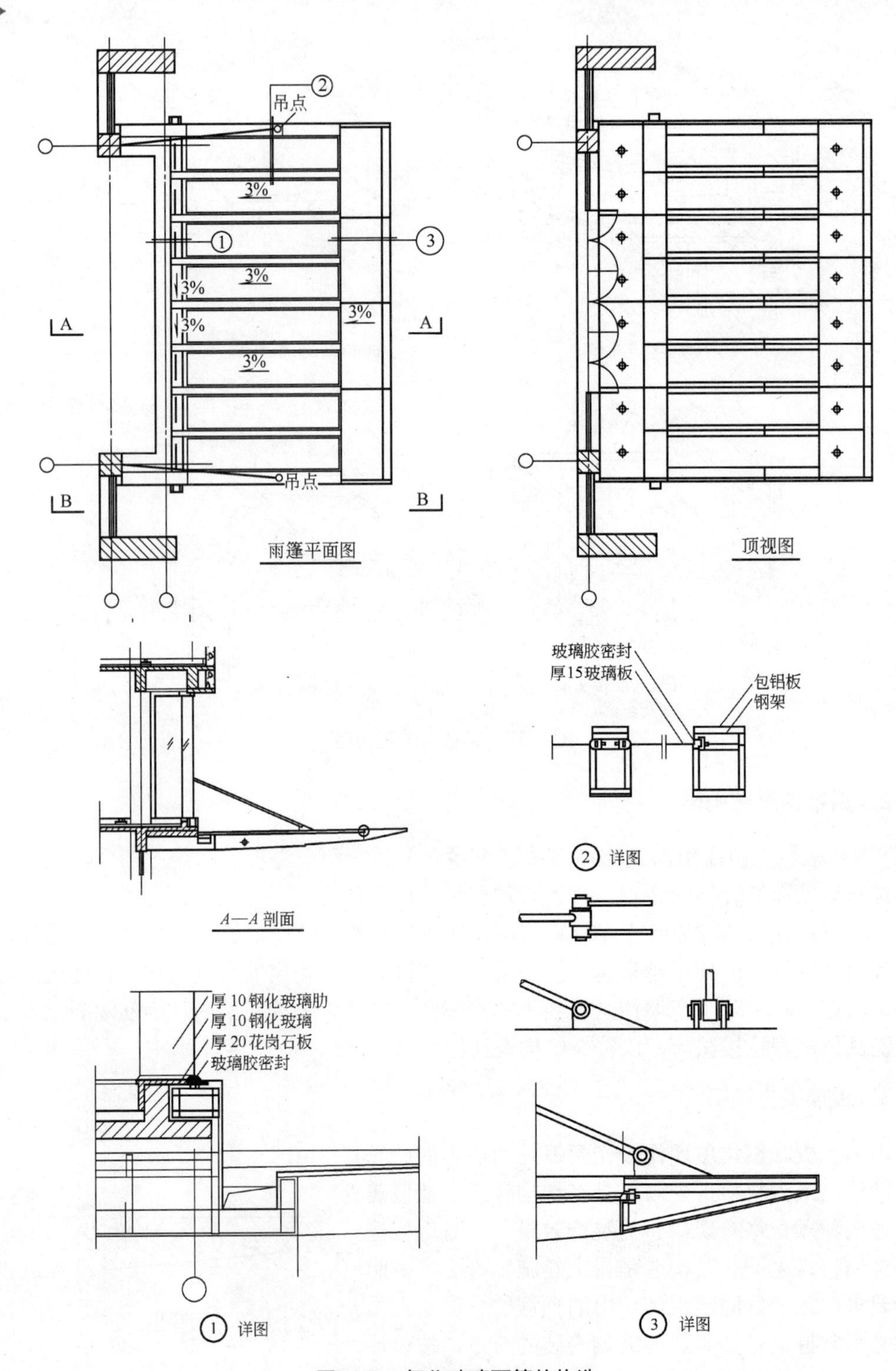

图 4.39　钢化玻璃雨篷的构造

4.5 单元小结

内　容	知识要点	能力要求
楼地层的设计要求与构造组成	楼板层：面层、附加层、结构层和顶棚层等组成 地坪层：面层、附加层、垫层、基层组成 满足强度、刚度、防火、隔声、防潮防水、管线敷设等设计要求	能区分各构造层次 会根据要求简单设计楼地层
钢筋混凝土楼板	现浇式(有板式、肋梁式、井字式、无梁式、压型钢板组合式)、预制装配式(实心平板、槽形板、空心板)、装配整体式(密肋填充块楼板、叠合楼板)	能根据结构类型选择合适的楼板
楼地面构造	楼地面设计要求：满足坚固、弹性和保温、防水防火等要求 地面的类型：整体类、板块类、卷材类、涂料类 常见地面装饰：水泥砂浆、地板砖、木地面等 楼地面保温节能构造：正置式和倒置式保温层	能根据房间的功能、特点选择合适的楼地面装饰构造做法
顶棚、阳台、雨篷	顶棚、阳台、雨篷的作用、构造类型	会设计阳台、雨篷的排水构造

4.6 复习思考题

一、名词解释

1. 无梁楼板　2. 双向板　3. 雨篷　4. 阳台

二、选择题

1. 现浇水磨石地面常嵌固分格条(玻璃条、铜条等)，其目的是____。
   A. 防止面层开裂　B. 便于磨光　C. 面层不起灰　D. 增添美观
2. ____施工方便，但易结露、易起尘、导热系数大。
   A. 现浇水磨石地面　B. 水泥地面
   C. 木地面　D. 预制水磨石地面
3. 预制楼板不包括____板型。
   A. 实心平板　B. 槽形板　C. 空心板　D. 工字形板
4. 商店、仓库及书库等荷载较大的建筑，一般宜布置成____楼板。
   A. 板式　B. 梁板式　C. 井式　D. 无梁
5. 水磨石地面面层材料应为 ____水泥石子浆。
   A. 1∶1.5　B. 1∶2　C. 1∶3　D. A 或 B
6. 吊顶的吊筋是连接____的承重构件。
   A. 搁栅和屋面板或楼板等　B. 主搁栅与次搁栅

C. 搁栅与面层　　D. 面层与面层

7. 下面属整体地面的是____。

A. 釉面地砖地面和抛光砖地面　　B. 抛光砖地面和水磨石地面

C. 水泥砂浆地面和抛光砖地面　　D. 水泥砂浆地面和水磨石地面

8. 下面属块料地面的是____。

A. 黏土砖地面和水磨石地面　　B. 抛光砖地面和水磨石地面

C. 马赛克地面和抛光砖地面　　D. 水泥砂浆地面和耐磨砖地面

三、简答题

1. 楼板层由哪些部分组成？各部分分别有什么作用？
2. 楼板层应具有哪些设计要求？如何满足？
3. 现浇式钢筋混凝土楼板的特点和适用范围是什么？
4. 提高楼板隔声能力的方法有哪些？
5. 现浇式钢筋混凝土楼板的结构如何布置？各种构件的经济尺寸范围是什么？
6. 举例说明常见地面的类型和构造方法。
7. 简述水磨石地面的构造做法。
8. 请画出几例阳台栏杆的形式及连接构造。
9. 雨篷分为哪几种类型？

第 5 章　楼梯与电梯

内容提要：本章介绍楼梯的组成及类型、楼梯的设计、楼梯的构造、台阶、坡道构造及电梯和自动扶梯。重点是楼梯的组成及其功能，常见楼梯形式，楼梯段的宽度、楼梯的坡度以及与楼梯有关的尺度，现浇钢筋混凝土楼梯的特点、结构形式，中、小型预制装配式钢筋混凝土楼梯的构造特点与要求，楼梯细部构造。

教学目标：

了解楼梯的作用和楼梯的平面形式；

掌握楼梯的组成、类型和楼梯设计的尺寸要求；

掌握现浇钢筋混凝土楼梯的结构形式和楼梯的细部构造；

了解中小型预制装配式钢筋混凝土楼梯的结构形式和细部构造；

熟悉台阶、坡道的设计要求及构造要求；

了解电梯与自动扶梯的组成及构造。

建筑物中作为楼层间相互联系的垂直交通设施有楼梯、电梯、自动扶梯、台阶、坡道等。楼梯是楼层间上下的主要交通设施，它是建筑物中的垂直交通设施，也是人流集散的枢纽，因此是房屋建筑构造的一个重要组成部分。楼梯的设置、构造和装饰形式应满足结构、施工、经济和防火等方面的要求，做到坚固安全、经济合理；同时，还要注意美观。

电梯通常在高层和部分多层建筑中使用，自动扶梯一般用于人流较大的公共建筑中，在设有电梯和自动扶梯的建筑物中也必须设楼梯为辅助设施。

台阶和坡道是楼梯的特殊形式。建筑物室内外地面标高不同，为便于室内外之间的联系，通常在建筑物出入口处设置台阶或坡道。

5.1　楼梯的基础知识

楼梯是建筑中的垂直交通设施，是房屋建筑构造的一个重要组成部分。楼梯的设置、构造和装饰形式应满足使用方便和安全疏散的要求，并注重建筑空间环境的艺术效果。

5.1.1　楼梯的组成和分类

1. 楼梯的分类

楼梯的形式一般与其使用功能和建筑环境空间的要求有关。

按楼梯的平面形式分，有单跑楼梯、双跑楼梯、三跑楼梯、曲线楼梯、剪刀楼梯、弧形楼梯和螺旋楼梯等，如图 5.1 所示。双跑楼梯是最常用的一种。楼梯的平面类型与建筑平面有关。当楼梯的平面为矩形时，适合做成双跑式；接近正方形的平面，可做成三跑式或多跑式；圆形的平面可做成螺旋式楼梯。有时，楼梯的形式还要考虑建筑物内部的装饰效果，如建筑物正厅的楼梯常常做成双分式和双合式等。

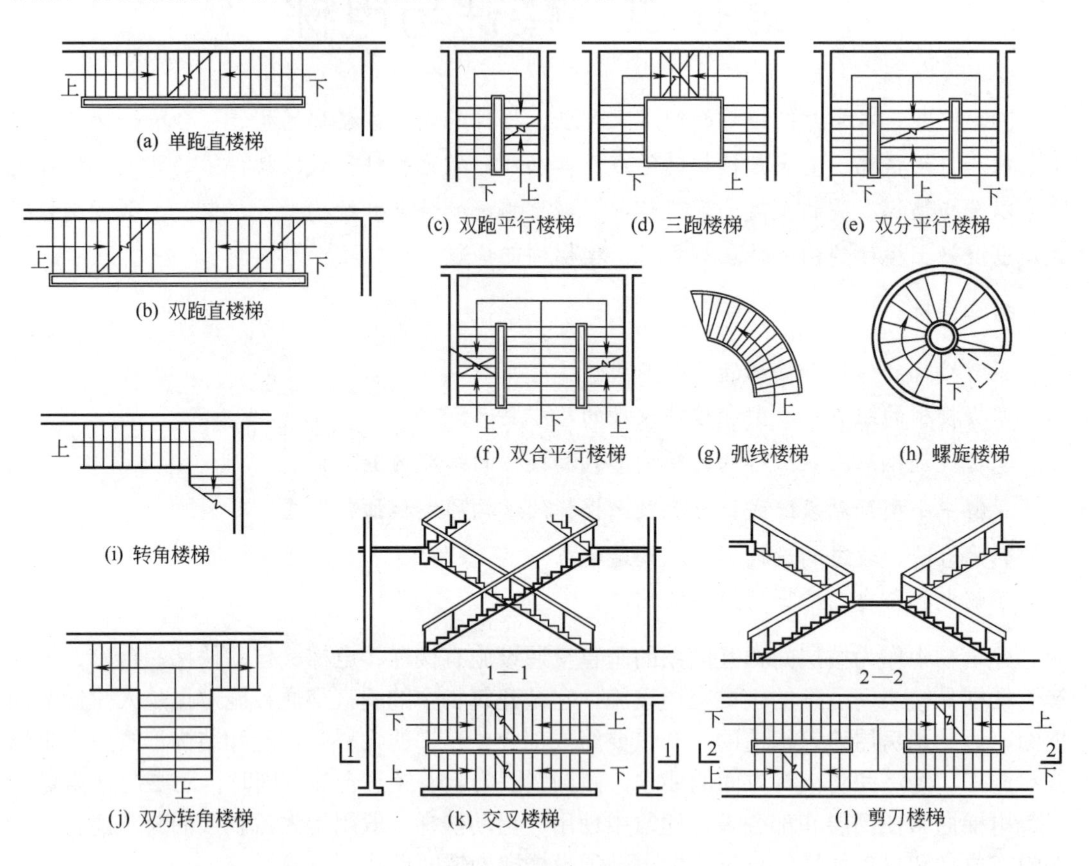

图 5.1　楼梯的平面形式

按楼梯间的平面形式分，有开敞楼梯间、封闭楼梯间、防烟楼梯间，如图 5.2 所示。

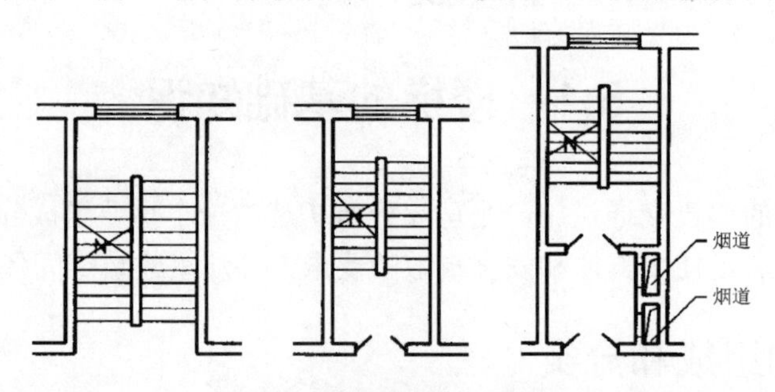

图 5.2　楼梯间的平面形式

(1) 开敞楼梯间仅适用于 11 层及 11 层以下的单元式高层住宅，要求开向楼梯间的户门应为乙级防火门，且楼梯间应靠外墙，并应有直接天然采光和自然通风。

(2) 封闭楼梯间适用于 24 m 及以下的裙房和建筑高度不超过 32 m 的二类高层建筑以及 12 层至 18 层的单元式住宅，11 层及 11 层以下的通廊式住宅。其特点是：楼梯间应靠近外墙，并应有直接天然采光和自然通风；楼梯间应设乙级防火门，并应向疏散方向开启；

底层可以做成扩大的封闭楼梯间。

(3) 防烟楼梯间适用于一类高层建筑，建筑高度超过 32 m 的二类高层建筑以及塔式住宅，19 层及 19 层以上的单元式住宅，超过 11 层的通廊式住宅。

按楼梯的使用性质分，有主要楼梯、辅助楼梯、安全楼梯(与室外空地相通)和消防楼梯。

按楼梯的材料分，有钢筋混凝土楼梯、木楼梯、金属楼梯和混合材料楼梯。钢筋混凝土楼梯因其坚固、耐久、防火，应用得比较普遍。

2．楼梯的组成

通常情况下，楼梯由楼梯段、楼梯平台以及栏杆和扶手组成，如图 5.3 所示。

楼梯段是由若干个踏步构成的。每个踏步一般由两个相互垂直的平面组成，供人们行走时踏脚的水平面称为踏面，与踏面垂直的平面称为踢面。踏面和踢面之间的尺寸关系决定了楼梯的坡度。为了使人们上下楼梯时避免过度疲劳及保证每段楼梯均有明显的高度感，我国规定每段楼梯的踏步数量应在 3～18 步。公共建筑中的装饰性弧形楼梯可略过 18 步。

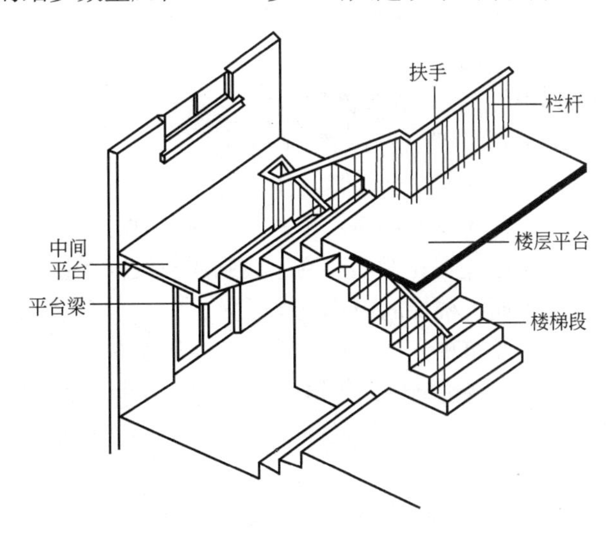

图 5.3 楼梯的组成

楼梯平台是联系两个楼梯段的水平构件，主要是为了解决楼梯段的转折和楼层间的连接，同时也使人们在上下楼时能在此处稍做休息。平台往往分成两种，与楼层标高一致的平台通常称为楼层平台，位于两个楼层之间的平台称为中间平台。

栏杆和扶手是楼梯的安全设施，一般设置在梯段和平台的临空边缘一侧。它的首要要求是安全牢固。栏杆、栏板上部供人们用手扶持的连续斜向配件称为扶手。由于栏杆和扶手具有较强的装饰作用，所以根据不同建筑类型对其材料、形式、色彩等有较高要求。

5.1.2 楼梯的设计

楼梯的设计包括楼梯的布置和数量；楼梯的宽度、坡度、净空高度等各部分尺度的协调；防火、采光和通风等方面。具体设计时要与建筑平面、建筑功能、建筑空间与建筑环境艺术等因素联系起来考虑，同时必须符合有关建筑设计的标准和规范的要求。

1. 楼梯的布置和数量

从建筑物的功能要求出发，楼梯位置、数量、宽度必须根据建筑物内部交通、疏散和安全要求布置。

(1) 功能方面的要求。主要是指楼梯数量、宽度尺寸、平面式样和细部做法等均应满足功能要求。

(2) 结构、构造方面的要求。楼梯应有足够的承载能力(住宅按 1.5 kN/m^2，公共建筑按 3.5 kN/m^2 考虑)、采光能力(采光系数不应小于 1/12)，较小的变形(允许挠度值为 1/400L)等。

(3) 防火、安全方面的要求。楼梯间距、楼梯数量均应符合有关规定：墙体采用耐火材料；楼梯间距，学校一、二级 35 m，三级 30 m，四级 25 m；踏面耐磨、防滑；避免有妨碍疏散的凸出物。此外，楼梯四周至少有一面墙体为耐火墙体，以保证疏散安全。

(4) 施工、经济方面的要求。在选择装配式做法时，应使构件重量适当，不宜过大。

《住宅设计规范》(GB 50096—2011)中疏散用的楼梯间应符合下列规定：

(1) 楼梯间应能天然采光和自然通风，并宜靠外墙设置。

(2) 楼梯间内不应设置烧水间、可燃材料储藏室、垃圾道。

(3) 楼梯间内不应有影响疏散的凸出物或其他障碍物。

(4) 楼梯间内不应敷设甲、乙、丙类液体管道。

(5) 公共建筑的楼梯间内不应敷设可燃气体管道。

(6) 居住建筑的楼梯间内不应敷设可燃气体管道和设置可燃气体计量表。当住宅建筑必须设置时，应采用金属套管和设置切断气源的装置等保护措施。

楼梯位置的确定：楼梯应设置在明显和易于找到的部位；楼梯不宜设置在建筑物的角部和端部，以便于荷载的传递；楼梯间应有直接采光。

楼梯数量的确定：居住建筑单元任一层建筑面积大于 650 m^2，或任一住户的户门至安全出口的距离大于 15 m 时，该建筑单元每层安全出口不应少于 2 个。

公共建筑内的每个防火分区、一个防火分区内的每个楼层，其安全出口的数量应经计算确定，且不应少于 2 个。

除托儿所、幼儿园外，建筑面积小于等于 200 m^2 且人数不超过 50 人的单层公共建筑；除医院、疗养院、老年人建筑及托儿所、幼儿园的儿童用房和儿童游乐厅等儿童活动场所等外，符合表 5.1 规定的 2、3 层公共建筑的条件之一时，可设一个安全出口或疏散楼梯。

表 5.1 公共建筑可设置 1 个安全出口的条件

耐火等级	层 数	每层最大建筑面积/m^2	人 数
一、二级	3 层	500	第 2 层与第 3 层人数之和不超过 100 人
三级	3 层	200	第 2 层与第 3 层人数之和不超过 50 人
四级	2 层	200	第 2 层人数不超过 30 人

对医院、疗养院的病房楼；旅馆；超过 2 层的商店等人员密集的公共建筑；设置有歌舞娱乐放映游艺场所且建筑层数超过 2 层的建筑；超过 5 层的其他公共建筑的室内疏散楼梯应采用封闭楼梯间(包括首层扩大封闭楼梯间)或室外疏散楼梯。自动扶梯和电梯不应作为安全疏散设施。

2．楼梯的坡度和踏步尺寸

1) 楼梯坡度

楼梯坡度是指梯段沿水平方向倾斜的角度，或是指梯段中各级踏步前缘的假定连线与水平面形成的夹角。在实际工程中常用踏面和踢面的投影长度之比表示，如 1∶12、1∶8 等。楼梯坡度不宜过大或过小。坡度过大，行走易疲劳；坡度过小，楼梯占用的面积增加，不经济。

楼梯的常见坡度范围为 23°～45°，其中以 30°左右较为通用。坡度大于 45°为爬梯，一般只是在通往屋顶、电梯机房等非公共区域采用。坡度小于 23°时，只需把其处理成台阶式坡道以解决通行的问题。楼梯、爬梯、坡道的坡度范围如图 5.4 所示。

2) 楼梯踏步尺寸

楼梯踏步由踏面和踢面组成，二者投影长度之比决定了楼梯的坡度。一般认为踏面的宽度应大于成年男子脚的长度，使人们在上下楼梯时脚可以全部落在踏面上，以保证行走时的舒适度。踢面的高度取决于踏面的宽度，二者之和宜与人的自然跨步长度相近，踏步尺寸与步长的关系如图 5.5 所示。踏步尺寸一般是根据建筑的使用功能、使用者的特征及楼梯的通行量综合确定的。

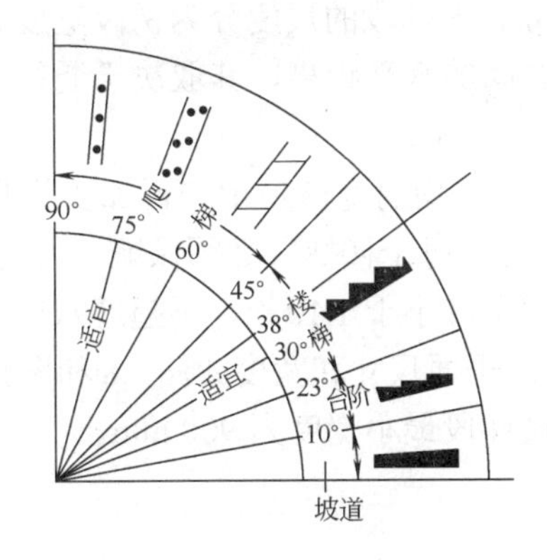

图 5.4　楼梯、爬梯、坡道的坡度

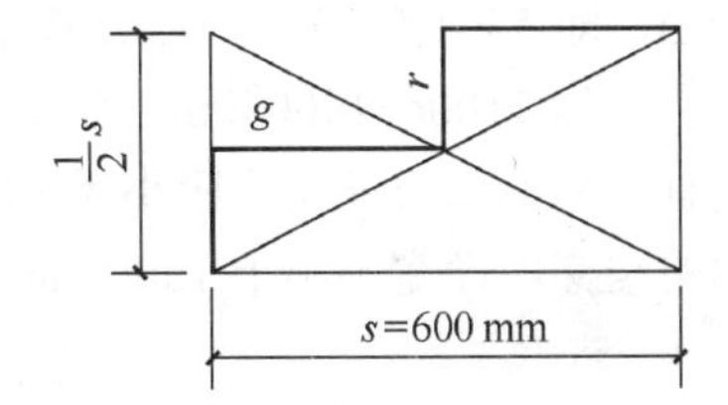

图 5.5　踏步尺寸与步长的关系

计算踏步宽度和高度可以利用经验公式：$2r+g$=600～620 或 $r+g$=450，式中：r 为踏步高度；g 为踏步宽度；600～620 为妇女及儿童的跨步长度。

《建筑楼梯模数协调标准》规定：楼梯踏步高 r 不宜大于 210 mm，并不宜小于 140 mm；踏步宽 g 应采用 220、240、260、280、300、320 mm，必要时可采用 250 mm，常用适宜踏步尺寸见表 5.2。住宅楼梯踏步宽度不应小于 260 mm ，踏步高度不应大于 175 mm。楼梯连续级数不宜超过 18 级，亦不宜小于 3 级，同一梯段的踏步尺寸必须一致。

由于踏步的宽度受楼梯进深的限制，可以通过在踏步的细部进行适当的处理来增加踏面的尺寸，如采取加做踏步檐或是踢面倾斜，如图 5.6 所示为踏步细部尺寸。踏步檐的挑出尺寸一般不大于 20 mm，若挑出檐过大，则踏步易损坏，而且会给行走带来不便。

疏散用楼梯和疏散通道上的阶梯不宜采用螺旋楼梯和扇形踏步。当必须采用时，踏步上下两级所形成的平面角度不应大于 10°，且每级离扶手中心 0.25 m 处的踏步深度不应小于 0.22m。螺旋楼梯的踏步尺寸如图 5.7 所示。

表 5.2 常用适宜踏步尺寸

单位：mm

建筑类别	住 宅	学校、办公楼	剧院、食堂	医院(病人用)	幼 儿 园
踏步高	156～175	140～160	120～150	150	120～150
踏步宽	250～260	280～340	300～350	300	260～300

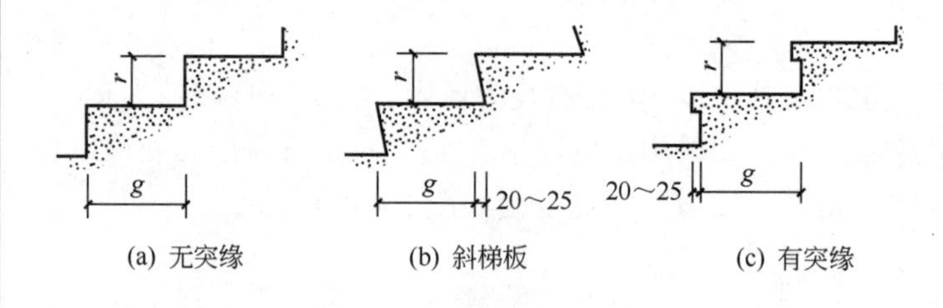

图 5.6 踏步细部尺寸

≤10°
≥220
250

图 5.7 螺旋楼梯的踏步尺寸

3．楼梯的各部分名称与尺寸

1) 楼梯段尺度

楼梯段又叫楼梯跑。它是楼梯的基本组成部分。楼梯段的尺度分为梯段宽度和梯段长度。楼梯段净宽(B1)系指墙面装饰面至扶手中心之间的水平距离，其取决于通行人数和消防要求。

按通行人数考虑时，每股人流所需梯段宽度为平均肩宽(550 mm)再加少许提物尺寸(150 mm)，即 550+(0～150) mm。按消防要求考虑时，每个楼梯段必须保证 2 人同时上下，即最小宽度为 1100～1400 mm。住宅楼梯梯段净宽不应小于 1.10 m，不超过六层的住宅，一边设有栏杆的梯段净宽不应小于 1.00 m。楼梯段的平面尺寸和宽度如图 5.8 和图 5.9 所示。剪刀梯的楼梯段净宽不小于 1300 mm，室外疏散楼梯段最小宽度为 900 mm。

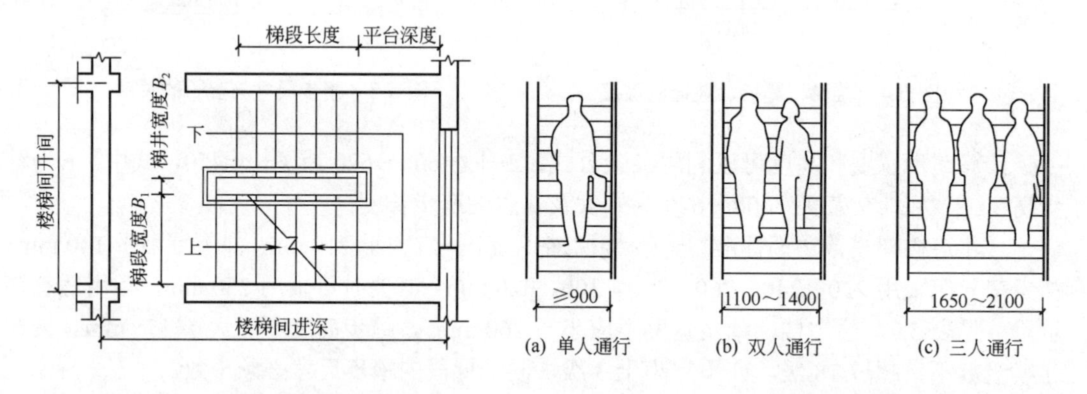

图 5.8 楼梯平面尺寸

图 5.9 楼梯段的宽度

梯段长度(L_1)是每一梯段的水平投影长度，其值为 $L_1=g(n-1)$(即踏步宽度乘以踏步数减 1)，其中 n 为每一梯段踏步数。

2) 梯井

两个楼梯段之间的空隙叫楼梯井。楼梯井一般是为楼梯施工方便而设置的，其宽度(B_2)一般在 60～100 mm。住宅楼梯井净宽大于 110 mm 时，必须采取防止儿童攀滑的措施。但公共建筑楼梯井的净宽不应小于 150 mm。

3) 平台宽度

平台宽度分为平台深度和平台净宽，平台深度(L_2)指踏步边缘至墙面的水平距离，平台的净宽(D)是指扶手处平台的宽度。为了搬运家具设备的方便和通行的顺畅，楼梯平台净宽不应小于楼梯段净宽，并且不小于 1.1 m。如图 5.10 所示是梯段宽度与平台深度的关系示意图。

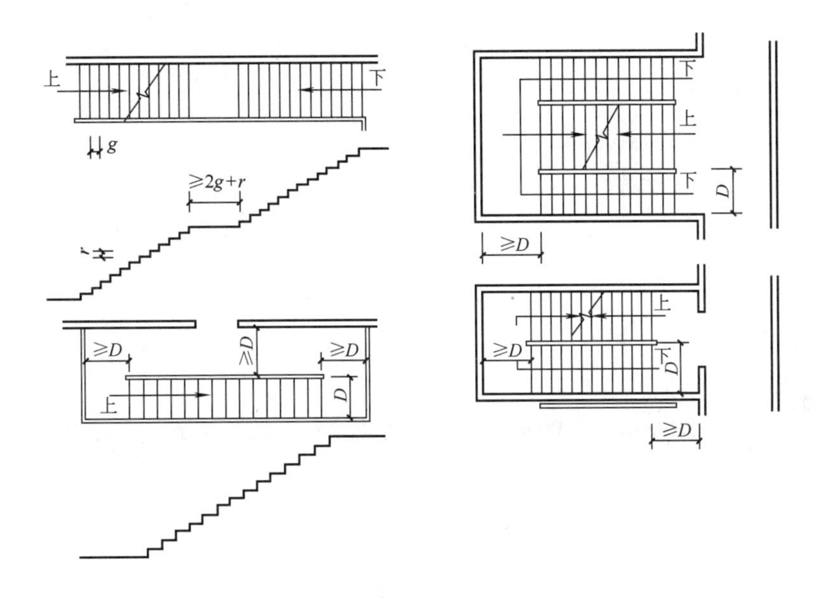

图 5.10 楼梯宽度和平台深度的关系

D—梯段净宽度；g—踏面尺寸；r—踢面尺寸

开敞楼梯间的楼层平台同走廊连在一起，此时平台净宽可以小于上述规定，使楼梯起步点自走廊边线内退一段距离不小于 500 mm 即可，如图 5.11 所示。

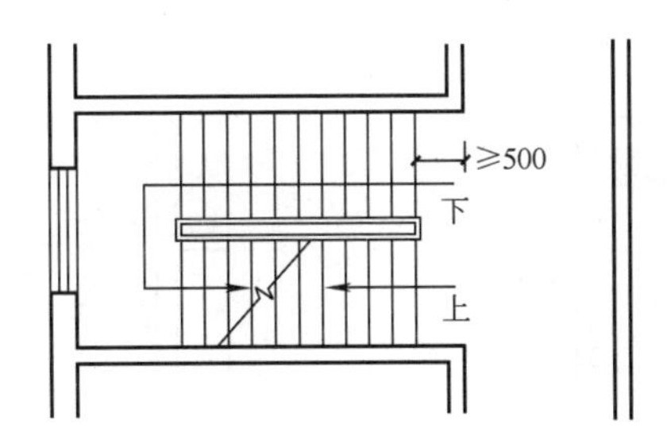

图 5.11 开敞楼梯间楼层平台的宽度

4) 平台净空高度

楼梯的净空高度对楼梯的正常使用影响很大，它包括楼梯段间的净高和平台过道处的平台净高两部分。楼梯段间的净高是指梯段空间的最小高度，即梯段踏步前缘至其正上方梯段下表面的垂直距离。梯段间的净高与人体尺度、楼梯的坡度有关，应大于 2.2 m。平台过道处的净高(H_1)是指平台过道地面至上部结构最低点(通常为平台梁)的垂直距离，一般应大于 2.0 m，平台过道处净高与人体尺度有关。在确定这两个净高时，应充分考虑人们肩扛

物品对空间的实际需要，并且梯段起止踏步边缘与顶部突出物内边缘水平距离不应小于300mm，如图5.12所示。

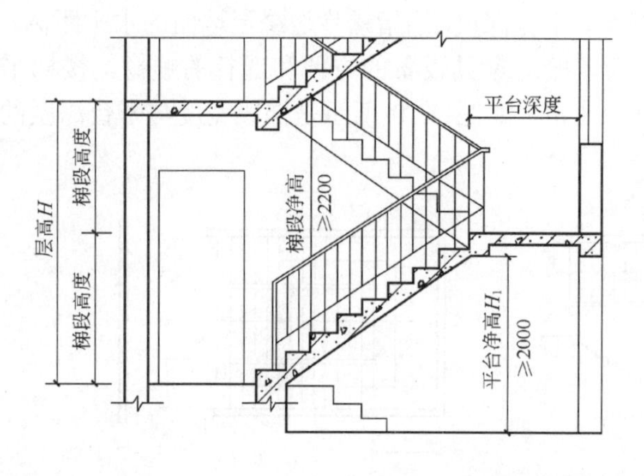

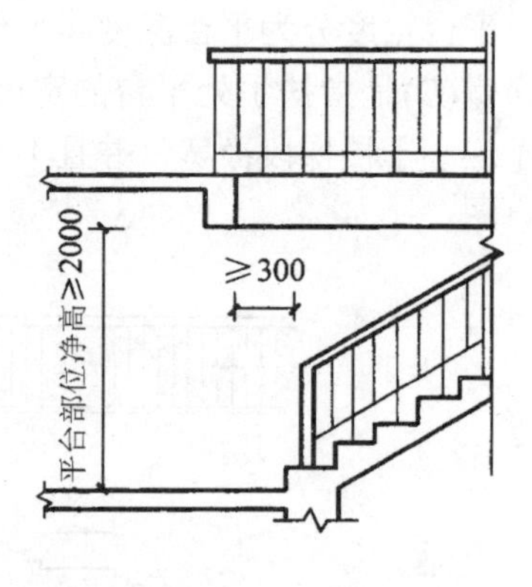

图5.12 楼梯的净空高度

当首层楼梯平台下设置楼梯间入口时，为使楼梯间首层入口处平台过道净高不小于2.0 m，常采用以下几种办法。

(1) 增加第一段楼梯的踏步数(而不是改变楼梯的坡度)，使第一个休息平台位置上移，例如某住宅的首层层高为3.0m，如图5.13(a)所示。为了使平台过道处净高满足不小于2.0 m的要求，首先采用的方法是在第一梯段增加一个踏步，如图5.13(b)所示。或可适当调整第一段楼梯踏步尺寸(适当减小踏面宽)。

(2) 在建筑室内外高差较大的前提下，降低平台下过道处的地面标高，如图5.13(b)所示。

(3) 将上述两种方法结合，如图5.13(c)所示。例如某住宅的室内外高差仅有0.45 m，在室内外高差受限的情况下为了使平台过道处净高满足不小于2.0 m的要求，采用的方法是在第一梯段增加两个踏步，使第一个休息平台位置上移和降低平台下过道处的地面标高，如图5.13(b)和图5.13(c)所示。

(4) 将底层楼梯做成直跑梯段，直接进入二层，如图5.13(d)所示。

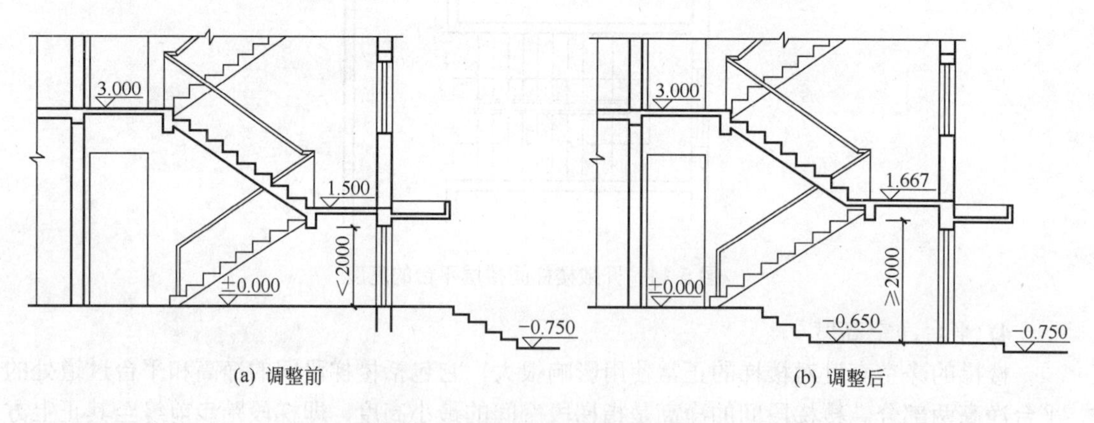

图5.13 楼梯间入口处净空尺寸的调整前后的示意图

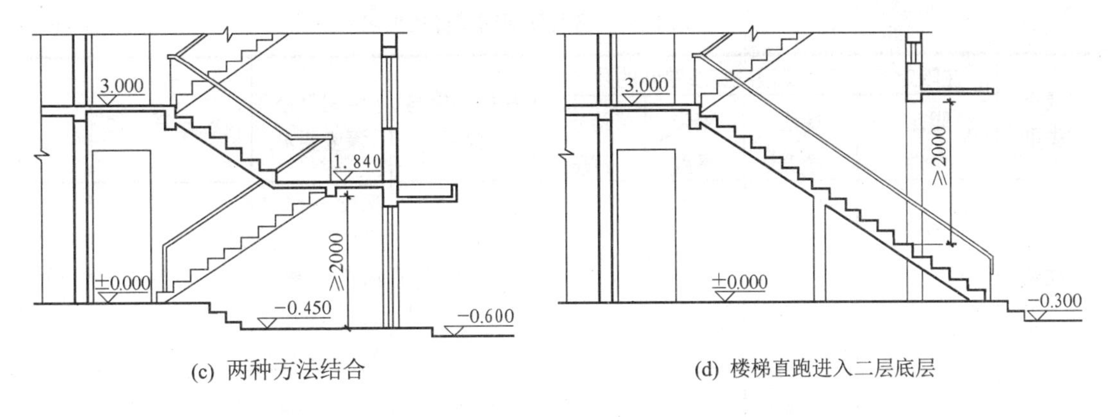

(c) 两种方法结合　　(d) 楼梯直跑进入二层底层

图 5.13 楼梯间入口处净空尺寸的调整前后的示意图(续)

5) 扶手高度

扶手高度是指踏步面宽的中点至扶手面的垂直高度。一般楼梯扶手高度为 900 mm，供儿童使用的扶手高度为 600 mm，如图 5.14 所示。住宅楼梯水平段栏杆长度大于 0.50 m 时，其扶手高度不应小于 1.05m。楼梯宽达三股人流时应两侧设扶手，四股人流时应加设中间扶手。扶手应选用坚固、耐磨、光滑、美观的材料制作。

6) 楼梯的栏杆

楼梯的栏杆是梯段的安全设施，和扶手一样是与人体尺度关系密切的建筑构件，应合理地确定楼梯栏杆高度。当梯段升高的垂直高度大于 1.0 mm 时，就应当在梯段的临空面设置栏杆。栏杆高度是指踏步前缘至上方扶手中心线的垂直距离。一般室内楼梯栏杆高度不应小于 0.9 m；室外楼梯栏杆高度及室内顶层平台的水平栏杆高度不应小于 1.05 m，楼梯栏杆垂直杆件间净空不应大于 0.11 m，如图 5.14(b)所示。

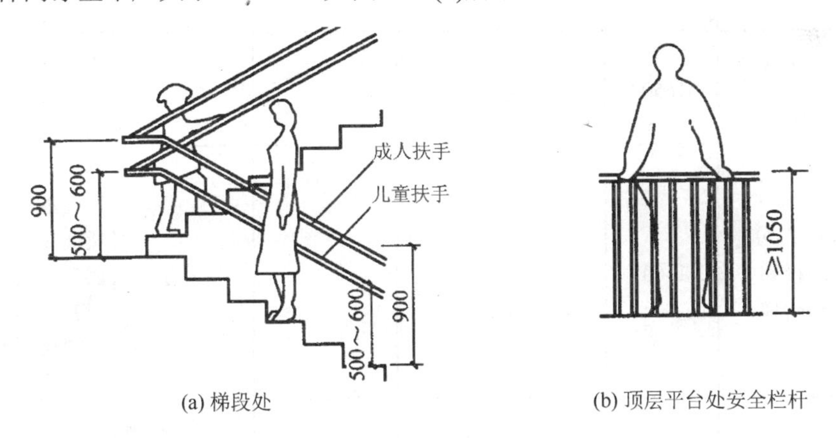

(a) 梯段处　　(b) 顶层平台处安全栏杆

图 5.14 楼梯栏杆扶手高度

楼梯栏杆应选用坚固、耐久的材料制作，并具有一定的强度和抵抗侧向推力的能力。由于楼梯栏杆是建筑物室内空间的重要组成部分，应充分考虑栏杆对建筑物室内空间的装饰效果。各类建筑物对楼梯的具体要求见表 5.3。有关楼梯的设计计算问题详见第 14 章 14.3 节内容。

表 5.3　各类建筑对楼梯的要求　　单位：mm

建筑类别	在限定条件下对梯段净宽及踏步的要求				栏杆高度与要求	中间平台深度要求	其　他
	限定条件	梯段净宽	踏步高度	踏步宽度			
住宅	七层以上 六层及以下	≥1100 ≥1000	≤175	≥260	不宜小于0.9 m，栏杆垂直杆件间净空不应大于110	深度≥梯段净宽，平台结构下缘至走道的垂直高度≥2000	楼梯井宽度≥110时，必须采取防止儿童攀滑的措施
托儿所、幼儿园	幼儿用楼梯		≤150	≥260	幼儿扶手不应高于600，栏杆垂直线饰间净距≤110		梯井宽度≥200时必须采取安全措施，除设成人扶手外并应在靠墙一侧设幼儿扶手；严寒地区室外疏散梯应用防滑措施
中小学	教学楼梯	梯段净宽≥3000时宜设中间扶手	梯段坡度不应大于30°		室内栏杆≥900 室外栏杆≥1100 不应采用易于攀登的花饰		楼梯井宽度>200时，必须采取安全保护措施，楼梯间应有直接天然采光，楼梯不得采用螺旋梯或扇形踏步，每梯段踏步不得多于18级，并不得少于3级，梯段与梯段间不应设置遮挡视线的隔墙
疗养院	人流集中使用的楼梯	≥1650					主体建筑的疏散楼梯不应少于两个，应采用自然通风
商店	营业部分的公用楼梯 室外阶梯	≥1400	≤160 ≤150	≥280 ≥300			商店营业部分楼梯应作疏散计算，大型百货商店、商场的营业层在五层以上时，宜设置直通屋顶平台的疏散楼梯间，且不少于两座
综合医院	门诊、急诊、病房楼	≥1650	≤160	≥280		主楼梯和疏散楼梯的平台深度不宜小于2 m	病人使用的疏散楼梯至少应有一座为天然采光和自然通风的楼梯；病房楼的疏散楼梯间不论层数多少，均应为封闭式楼梯间；高层病房应为防烟楼梯间

续表

建筑类别	在限定条件下对梯段净宽及踏步的要求				栏杆高度与要求	中间平台深度要求	其 他
	限定条件	梯段净宽	踏步高度	踏步宽度			
电影院	疏散楼梯	≥1200	≤160	≥280			有候场需要的门厅，厅内供入场用的主楼梯不应作为疏散楼梯
	室外疏散楼梯	≥1100					
剧场	主要疏散楼梯	≥1100	≤160	≥280	应设置坚固、连续的扶手，高度不应小于 0.85 m	深度≥梯段宽度并不小于 1.1 m	连续踏步不超过 18 步，超过 18 步时每增加一步踏步放宽 10，高度相应降低，但最多不超过 22 步；不得采用螺旋楼梯，采用弧形梯段时，离踏步窄端扶手 0.25 m 处踏步宽不应小于 0.22 m，端扶手处踏步宽不应大于 0.5 m
	梯；梯舞台至天桥、棚顶、光桥、灯光室的金属梯或钢筋混凝土楼梯	≥600	坡度不应大于 60°，不应采用垂直爬梯				

注：表列中有关要求引自规范 GB 50096—2011、JGJ 39—87、 GB50099—2008、JGJ 40—87、JGJ 49—88、JGJ 58—2008、JGJ 57—2007。

3. 高层建筑的楼梯

高层建筑中作为主要通行用的楼梯，其楼梯段宽度指标高于一般建筑。《高层民用建筑设计防火规范》(GBJ　50045—95)规定，高层建筑每层疏散楼梯总宽度应按其通过人数每 100 人不小于 1.00 m 计算。各层人数不相等时，楼梯的总宽度可分段计算，下层疏散楼梯总宽度按其上层人数最多的一层计算。疏散楼梯的最小净宽不应小于表 5.4 的规定。

表 5.4　高层建筑疏散楼梯的最小净宽度　　单位：m

高层建筑	疏散楼梯的最小净宽度
医院病房楼	1.30
居住建筑	1.10
其他建筑	1.20

高层建筑通向屋面的楼梯不宜少于两个，且不应穿越其他房间，通向屋面的门应向屋面方向开启。室外楼梯可作辅助防烟楼梯，可计入疏散总宽度内。高层建筑的室外楼梯净宽度不应小于 900 mm，倾斜度不应大于 45°。楼梯间入口处应设前室、阳台或凹廊；前室的面积：公共建筑不应小于 6.0 m^2，居住建筑不应小于 4.5 m^2；前室和楼梯间的门均应为乙级防火门，并应向疏散方向开启。不作为辅助防烟楼梯的其他多层建筑的室外楼梯净宽可不小于 800 mm，倾斜度可不大于 60°。

栏杆扶手高度均不应小于 1.1 m。室外楼梯和每层出口处平台应采用非燃烧材料制作，平台的耐火极限不应低于 1 h。在楼梯周围 2 m 内的墙面上，除设疏散门外，不应开设其他门窗洞口，疏散门不应正对楼梯段。

5.2 钢筋混凝土楼梯构造

楼梯按照构成材料的不同，可以分成钢筋混凝土楼梯、木楼梯、钢楼梯和用几种材料制成的组合材料楼梯等几种。钢筋混凝土的耐火和耐久性能均好于木材和钢材，因此钢筋混凝土楼梯在民用建筑中大量采用。目前钢筋混凝土楼梯主要有现浇和预制装配两大类。

由于建筑物的层高、楼梯间的开间、进深及建筑物的功能均对楼梯的尺寸有直接的影响，而且楼梯的平面形式多种多样，目前，建筑中较多采用的是现浇钢筋混凝土楼梯。

5.2.1 现浇钢筋混凝土楼梯构造

现浇钢筋混凝土楼梯是在配筋、支模后将楼梯段和平台等浇注在一起，其整体性好、刚度大。它分成板式楼梯和梁式楼梯两种。

1. 板式楼梯

板式楼梯是指由楼梯段承受梯段上全部荷载的楼梯。梯段分别与上下两端的平台梁浇注在一起，并由平台梁支承。梯段相当于是一块斜放的现浇板，平台梁是支座，板式楼梯如图 5.15(b)所示。梯段内的受力钢筋沿梯段的长向布置，搁于平台梁及楼面梁上，平台梁的间距即为梯段板的跨度，板式楼梯的配筋如图 5.15(a)所示。从力学和结构角度要求，梯段板的跨度及梯段上荷载的大小均会对梯段的截面高度产生影响。板式楼梯适用于荷载较小、层高较小的建筑，如住宅、宿舍等建筑物。

有时为了保证平台过道处的净空高度，可以在板式楼梯的局部位置取消平台梁，称之为折板式楼梯，如图 5.15(c)所示。板的跨度应为梯段水平投影长度与平台深度尺寸之和。

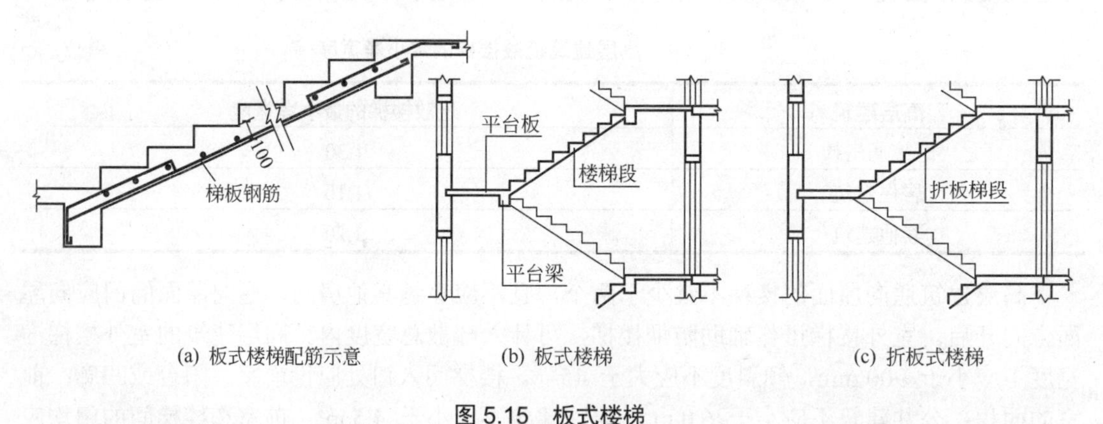

(a) 板式楼梯配筋示意　(b) 板式楼梯　(c) 折板式楼梯

图 5.15　板式楼梯

楼梯从结构抗震角度讲是不规则结构，其受力特点复杂，容易出现应力集中；特别是在水平地震作用下，由于楼梯板的“斜撑”作用，楼梯形成的实际支撑对结构刚度的影响。框架结构现浇混凝土板式楼梯，在楼梯梯段板与平台板或楼板连接处设置滑动支承的构造，使梯段板在水平地震作用下，不产生“斜撑”的受力状态，只发生相对水平滑动，不产生拉压变形，楼梯板将由拉弯、压弯受力状态还原为受弯状态，对结构整体的抗侧刚度影响也相应降低很多。采用滑动支座的力学分析模型，如图5.16(a)所示，楼梯设计简单。

《现浇混凝土板式楼梯》11G101-2图集给出了滑动支承的形式，如图5.16(b)所示，梯段上端与中间平台梁或楼(屋)面梁整体连接，下端则简支于楼(屋)面梁或中间平台梁上,且支承长度不小于踏步宽，这样可消除梯段的地震轴力，在强烈地震下仍可保持楼梯的整体性，施工也相对简单。

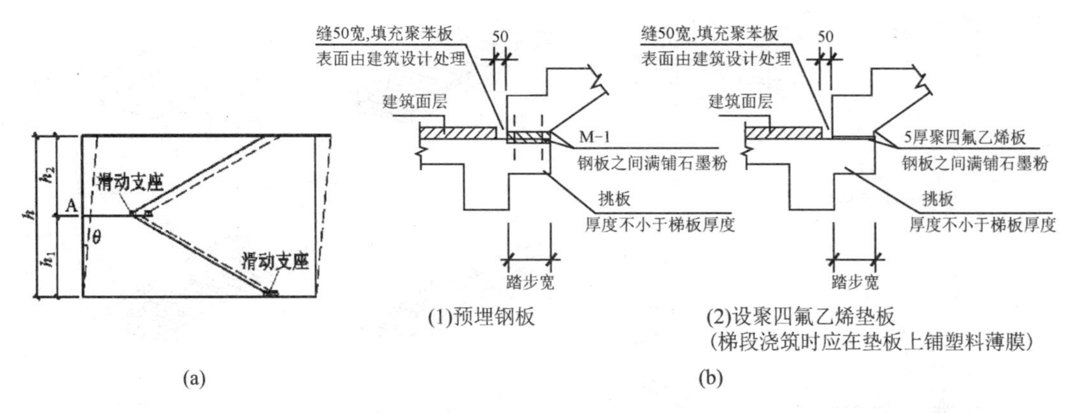

图5.16　板式楼梯滑动支座构造

2. 梁式楼梯

梁式楼梯是指由斜梁承受梯段上全部荷载的楼梯，如图5.15所示。

踏步板支承在斜梁上，斜梁又支承在上下两端平台梁上，梁式楼梯剖面如图5.17(a)所示。梁式楼梯段的宽度相当于踏步板的跨度，平台梁的间距即为斜梁的跨度。其配筋方式是梯段横向配筋，搁在斜梁上，另加分布钢筋。平台主筋均短跨布置，依长跨方向排列，垂直安放分布钢筋，梁式楼梯配筋如图5.17(b)所示。

梁式楼梯梯段的荷载主要由斜梁承担，并传递给平台梁。由于通常梯段的宽度要小于梯段的长度，因此踏步板的跨度就比较小。该楼梯具有跨度大，承受荷载重，刚度大，但施工速度慢的特点。适用于荷载较大、层高较大的如商场、教学楼等公共建筑。

梁式楼梯的斜梁应当设置在梯段的两侧。有时为了节省材料在梯段靠楼梯间横墙一侧不设斜梁，踏步主筋直接入墙，而由墙体支承踏步板。此时踏步板一端搁置在斜梁上，另一端搁置在墙上。个别楼梯的斜梁设置在梯段的中部，形成踏步板向两侧悬挑的受力形式，梁式楼梯梯段形式如图5.17(c)所示。

梁式楼梯的斜梁一般暴露在踏步板的下面，从梯段侧面就能看见踏步，俗称明步楼梯，如图5.18(a)所示。这种做法使梯段下部形成梁的暗角，容易积灰，梯段侧面经常被清洗踏步产生的脏水污染，影响美观。另一种做法是把斜梁反设到踏步板上面，此时梯段下面是平整的斜面，称为暗步楼梯，如图5.18(b)所示。暗步楼梯弥补了明步楼梯的缺陷，但由于斜梁宽度要满足结构的要求，往往宽度较大，从而使梯段的净宽变小。

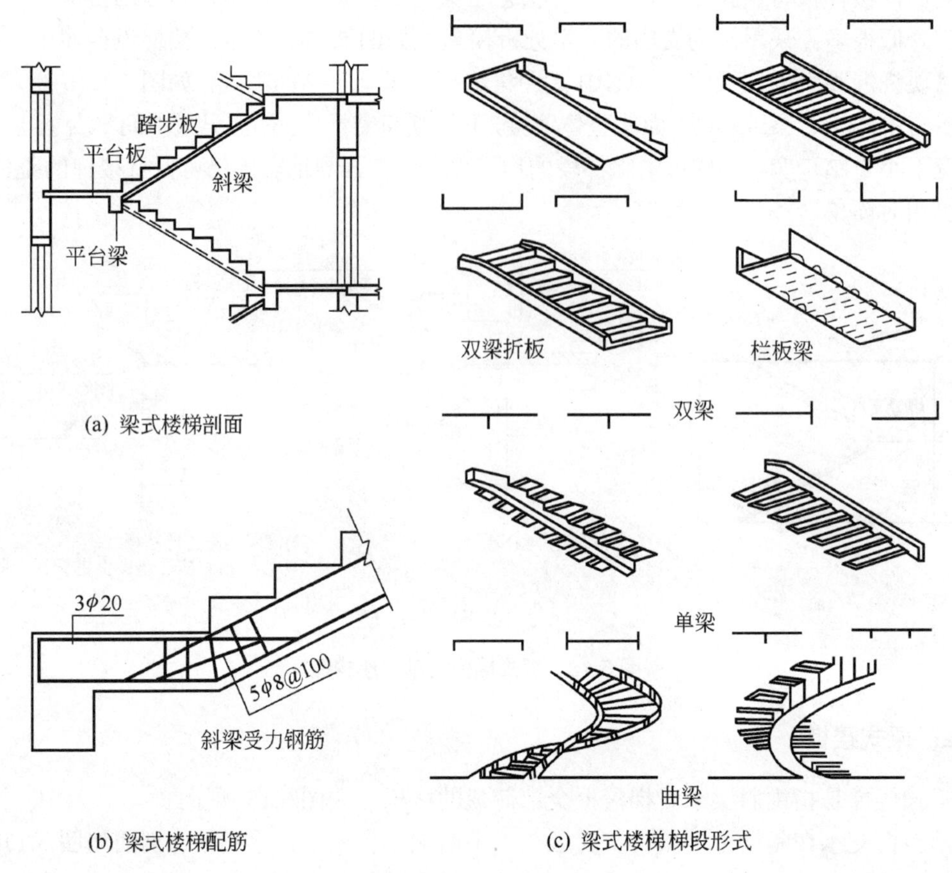

(a) 梁式楼梯剖面

(b) 梁式楼梯配筋

(c) 梁式楼梯梯段形式

图 5.17 梁式楼梯

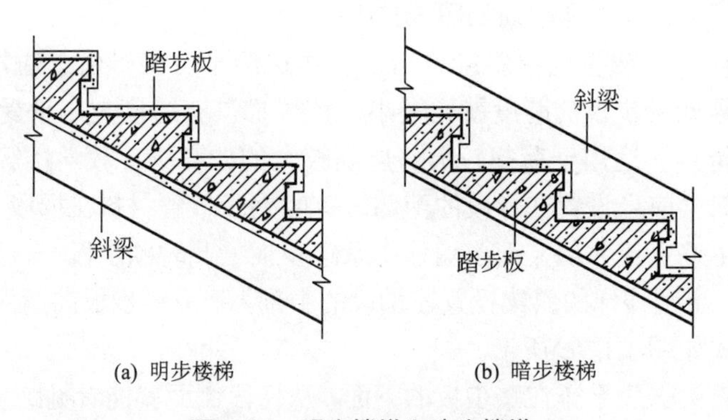

(a) 明步楼梯　　(b) 暗步楼梯

图 5.18 明步楼梯和暗步楼梯

5.2.2 预制装配式钢筋混凝土楼梯

预制装配式钢筋混凝土楼梯按构件大小分为小型构件装配式和中、大型构件装配式两大类。

1．小型构件装配式楼梯

小型构件装配式楼梯的构件尺寸小、质量轻、数量多，一般把踏步板作为基本构件，具有构件生产、运输、安装方便的优点，但施工较复杂、施工进度慢和湿作业等问题，较适用于施工条件较差的地区。

小型构件装配式楼梯主要有墙承式、梁承式和悬臂式三种。

1) 墙承式楼梯

墙承式楼梯是把预制的踏步板按设计好的顺序搁置在两侧的墙上，形成楼梯段。墙承式楼梯适用于两层建筑的单跑楼梯或中间设有电梯井道的三跑楼梯，如图5.19所示。双跑平行楼梯如果采用墙承式，必须在梯井处设墙，作为踏步板的支座。为了解决通视问题，可以在墙体的适当部位开设洞口。为了确保行人的通行安全，应在楼梯间侧墙上设置扶手。

2) 梁承式楼梯

梁承式楼梯是由斜梁、踏步板、平台梁和平台预制板装配而成的。其传力关系是踏步板搁置在斜梁上，斜梁搁置在平台梁上，平台梁搁置在两边侧墙上，而平台板可以搁置在两边侧墙上，也可以一边搁在墙上、另一边搁在平台梁上，如图5.20所示。

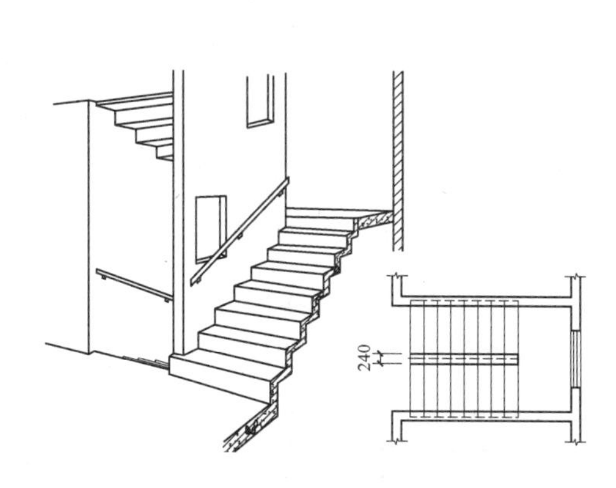

图5.19　墙承式楼梯

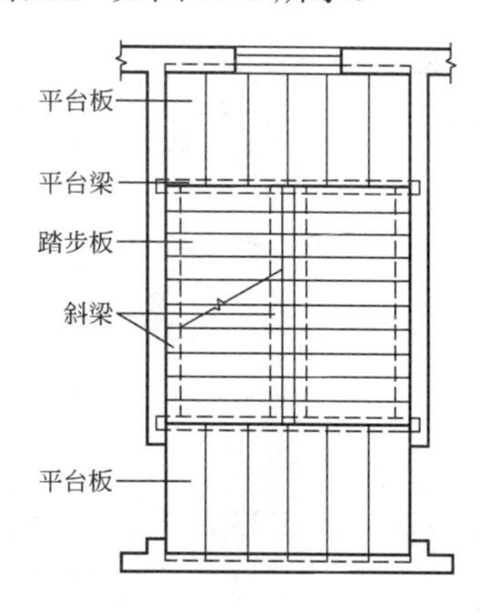

图5.20　梁承式楼梯平面

(1) 踏步板截面形式有三角形(实心、空心)、L形(正、反)、一字形。

① 三角形踏步板拼装后，底面平整，但踏步尺寸较难调整，一般多用于简支楼梯。

② L形踏步板采用锯齿形斜梁，肋向下者，接缝在下面，类似带肋平板，结构合理；肋向上者，作为简支时下面的肋可作上面板的支承，可用于简支和悬挑楼梯。

③ 一字形踏步板采用锯齿形斜梁，踏步的高宽可调节，可用于简支和悬挑楼梯。

(2) 楼梯斜梁与平台梁搁置方式分矩形、L形、锯齿形三种。

三角形踏步板配合矩形斜梁拼装之后形成明步楼梯，如图5.21(a)所示；三角形踏步板配合L形斜梁拼装之后形成暗步楼梯，如图5.21(b)所示。L形和一字形踏步板应与锯齿形斜梁配合使用，当采用一字形踏步板时，一般用侧砌墙作为踏步的踢面，如图5.21(c)所示。如采用L形踏步板时，要求斜梁锯齿的尺寸和踏步板尺寸相互配合、协调，避免出现踏步架空、倾斜的现象，如图5.21(d)所示。

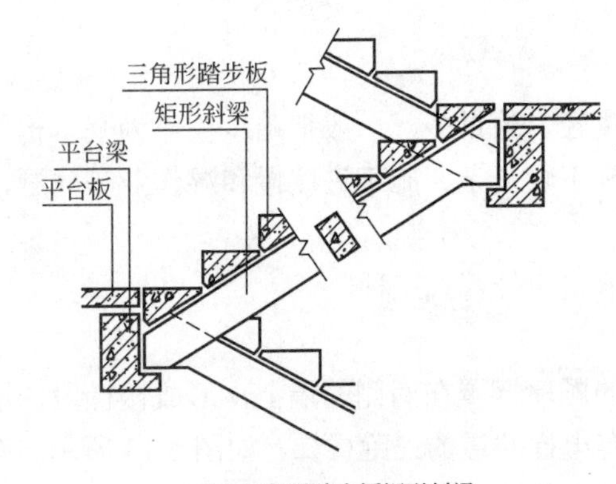

(a) 三角形踏步板矩形斜梁

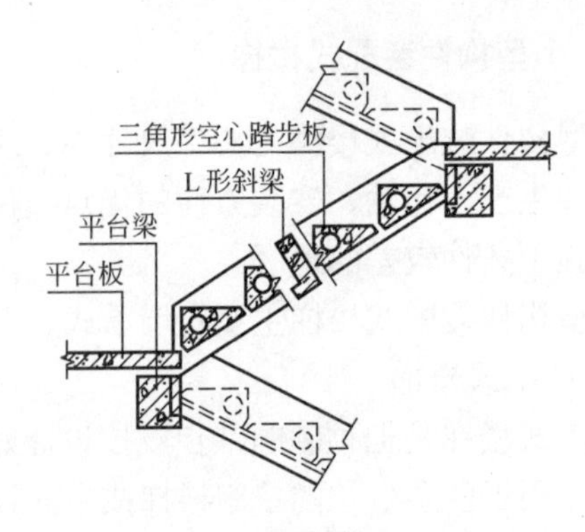

(b) 三角形踏步板 L 形斜梁

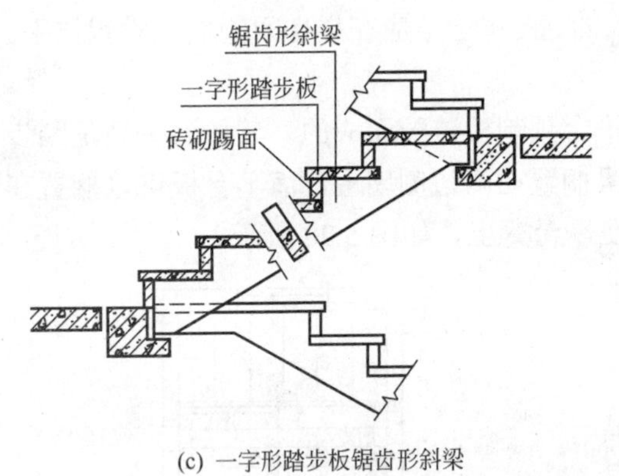

(c) 一字形踏步板锯齿形斜梁

(d) L 形踏步板锯齿形斜梁

图 5.21　梁承式楼梯斜梁与平台梁搁置方式

(3) 构件固定方式：斜梁与平台梁可采用插铁连接或预埋铁件焊接，如图 5.22 所示。

(4) 平台梁位置的选择。为了节省楼梯所占空间，现浇楼梯上下梯段最好在同一位置起步和止步，如图 5.23(a)所示。预制装配式楼梯为了减少构件类型，上下梯段应在同一高度进入平台梁，容易形成上下梯段错开一步或半步起止步，使梯段纵向水平投影长度加大，占用面积增大，如图 5.23(b)所示；若采用平台梁降低的方案对下部净空影响较大，如图 5.23(c)所示；还可将斜梁部分做成折线形，如图 5.23(d)所示。在处理此类构造时，应与结构专业做好配合，根据工程实际选择合适的方案。

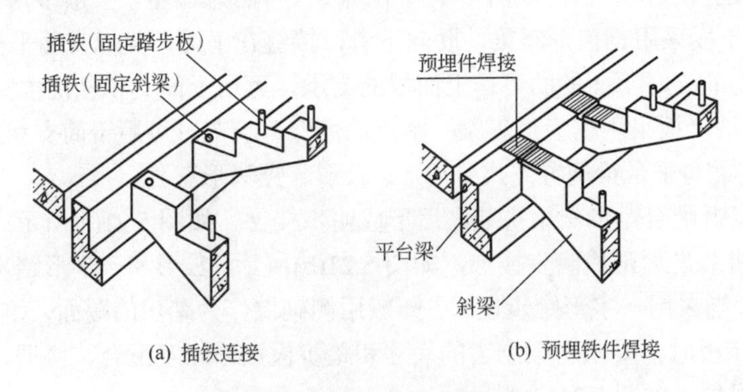

(a) 插铁连接　　(b) 预埋铁件焊接

图 5.22　斜梁与平台梁的连接

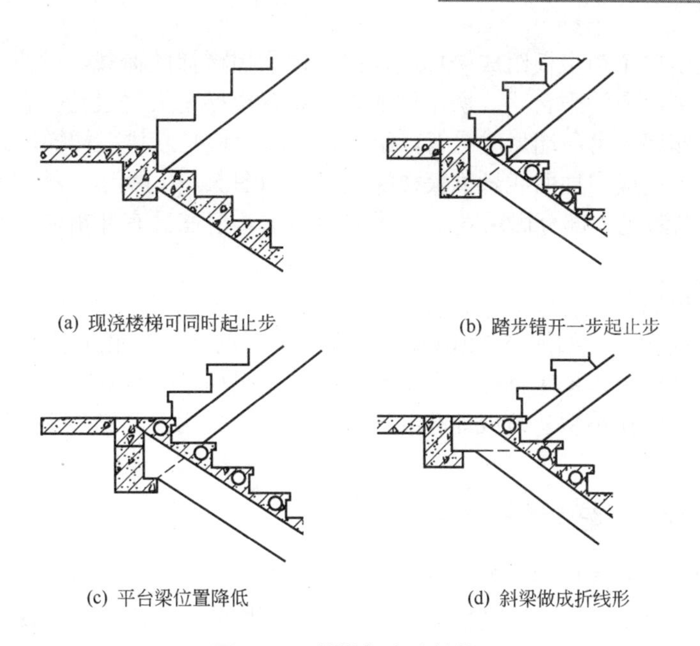

图 5.23　楼梯起止步的处理

3) 悬臂楼梯

悬臂楼梯又称悬臂踏板楼梯，在小型构件楼梯中属于构造最简单的一种，与墙承式楼梯有许多相似之处，如图 5.24 所示。

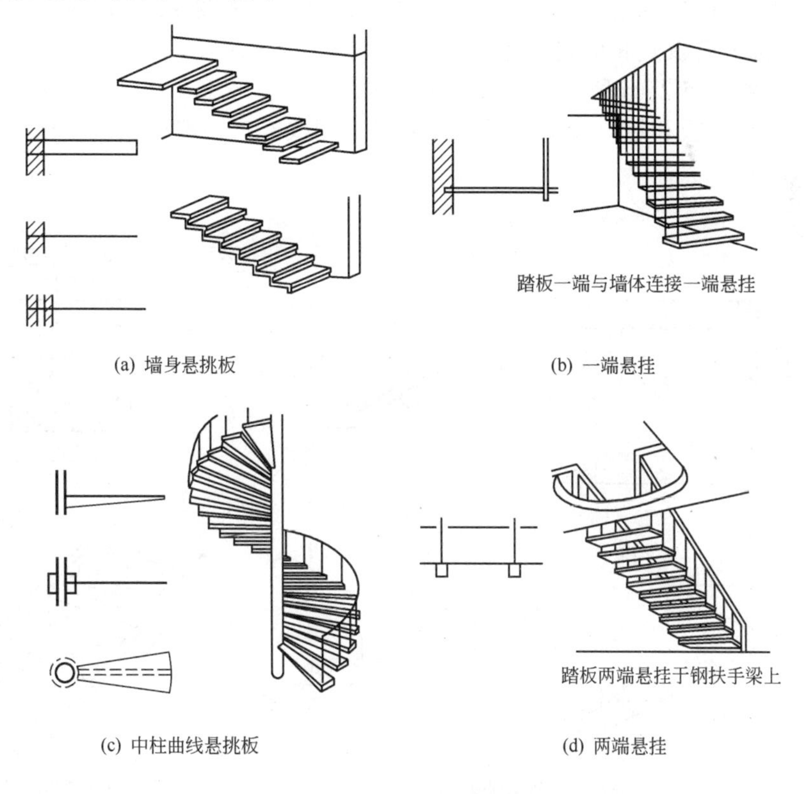

图 5.24　悬臂楼梯

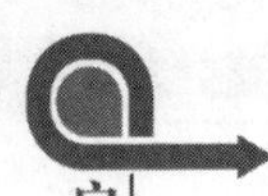

悬臂楼梯是由单个踏步板组成楼梯段，由墙体承担楼梯的荷载，梯段与平台之间没有传力关系，因此可以取消平台梁。所不同的是，悬臂楼梯是根据设计把预制的踏步板一端依次砌入楼梯间侧墙，另一端形成悬臂，组成楼梯段，墙身悬挑板楼梯形式如图 5.24(a)所示；悬臂楼梯也可做成中柱曲线悬挑板楼梯形式，如图 5.24(c)所示。楼梯的悬臂长度一般不超过 1.5 m，以满足大部分民用建筑对楼梯的要求，但在具有冲击荷载时或地震区不宜采用。

悬挂式楼梯也属于悬臂楼梯，它与悬臂楼梯的不同之处在于踏步板的另一端是用金属拉杆悬挂在上部结构上，如图 5.24(b)所示；或踏步两端悬挂在钢扶手梁上，如图 5.24(d)所示。悬挂式楼梯适于在单跑直楼梯和双跑直楼梯中采用，其外观轻巧，安装较复杂，要求的精度较高，一般在小型建筑或非公共区域的楼梯中采用，其踏步板也可以用金属或木材制作。

2. 中、大型构件装配式楼梯

中、大型构件装配式楼梯一般是把楼梯段和平台板作为基本构件，构件的体积大，规格和数量少，装配容易、施工速度快，适于在成片建设的大量性建筑中使用。

1) 中型装配式楼梯一般将梯段和平台各作一个构件

(1) 不带梁平台板。平台梁与平台板分开。当构件预制和吊装能力不高时，可以把平台板和平台梁制作成两个构件，此时平台的构件与梁承式楼梯相同。

(2) 带梁平台板。平台梁与平台板结合制作成一个构件。平台板一般为槽形断面，其中一个边肋截面加大，并留出缺口，以供搁置楼梯段用，如图 5.25(a)所示。

(3) 梯段部分有板式和梁式两种。板式梯段相当于是搁置在平台板上的斜板，有实心和空心之分，如图 5.25(b)所示。板式梯段的底面平整，适于在住宅、宿舍建筑中使用。梁式梯段是把踏步板和边梁合成一个构件，多为槽板式，一般比板式梯段节省材料，如图 5.25(c)所示。

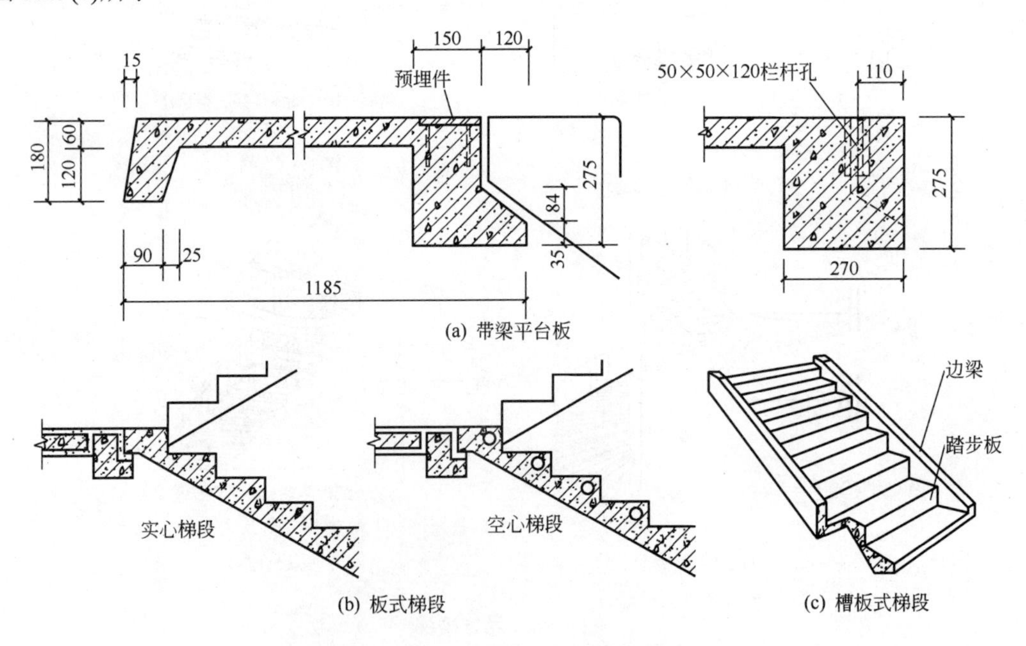

图 5.25 中、大型构件装配式楼梯

(4) 梯段与平台梁、板的连接。梯段与平台梁、板的连接矩形平台梁影响净空高度，L形平台梁节点处理相对较复杂，斜面L形梁会产生局部水平力。梯段与平台梁、板的连接可采用预埋铁件焊接或插铁、预留孔、水泥砂浆填实的方法。如图5.26所示是楼梯段与平台板连接的构造示例。

2) 梯段连平台预制楼梯

梯段连平台预制楼梯多用于大型装配式建筑。把楼梯段和平台板制作成一个构件，形成了梯段带平台预制楼梯。梯段可连一面平台，亦可连两面平台。每层楼梯由两个相同的构件组成，施工速度快，但构件制作和运输较麻烦，施工需要大型吊装设备安装。

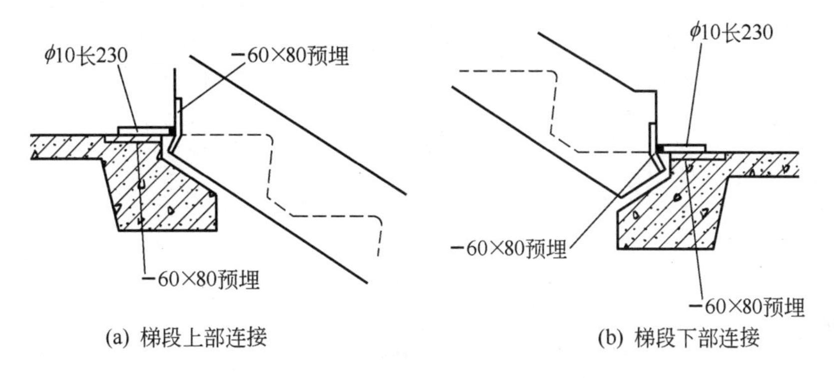

图5.26 楼梯段与平台板的连接

5.3 楼梯细部构造

楼梯细部构造是指楼梯的梯段与踏步构造、踏步面层构造及栏杆、栏板构造等细部的处理。由于楼梯平台的装饰与楼地层面的装饰处理相同，所以这里着重介绍梯段部分的细部构造。楼梯细部构造示意如图5.27所示。

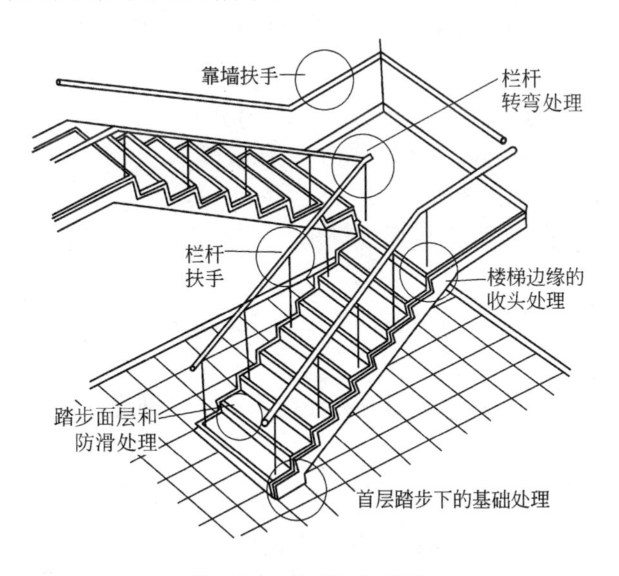

图5.27 楼梯细部构造

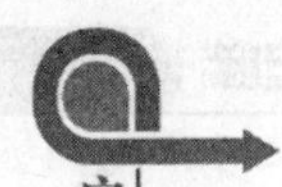

5.3.1 踏步面层及防滑措施

踏步面层应当平整光滑，耐磨性好。一般认为，凡是可以用来做室内地坪面层的材料，均可以用来做踏步面层。常见的踏步面层做法有水泥砂浆、水磨石、地面砖和各种天然石材等。公共建筑楼梯踏步面层经常与走廊地面面层采用相同的材料。面层材料要便于清扫，并且应当具有相当的装饰效果。图 5.28 和图 14.11 是常见的踏步构造举例。

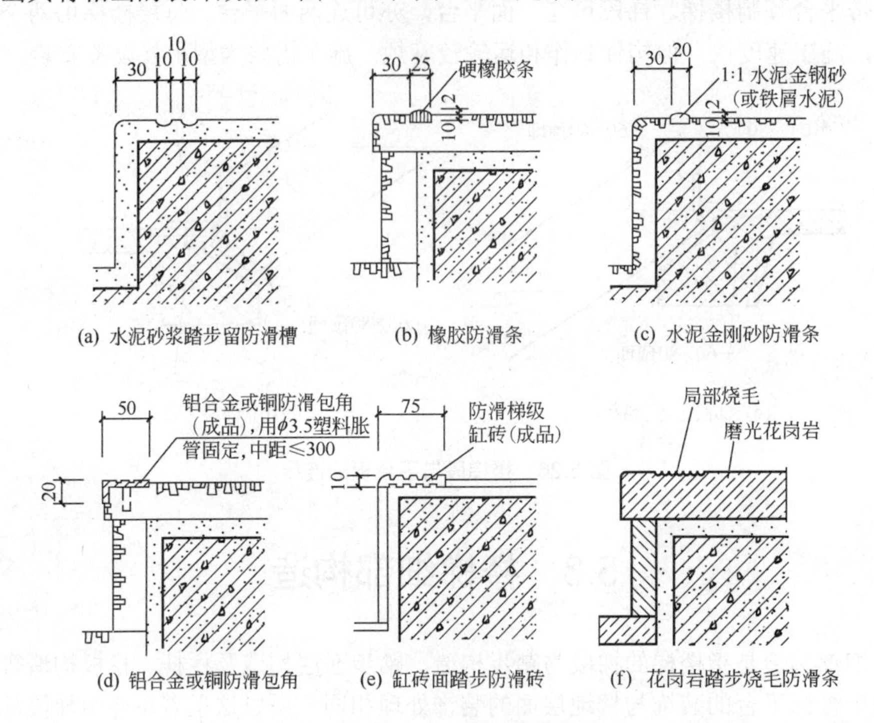

图 5.28 踏步面层和防滑构造

由于踏步面层比较光滑，行人容易滑跌，同时踏步前缘也是踏步磨损最厉害的部位，因此在踏步前缘应设置防滑措施。常见的防滑措施有：

(1) 踏步面层留防滑槽如图 5.28(a)、图 5.28(f)所示。做踏步面层时留 2 至 3 道凹槽，凹槽长度一般按踏步长度每边减去 150 mm，做法最简单，但使用中易积灰和破损，防滑效果不够理想。

(2) 防滑条。金刚砂、铜条、铁屑混凝土、马赛克、橡胶条等如图 5.28(b)、图 5.28(c)所示。

(3) 防滑包口。铸铁包口、缸砖包口等如图 5.28(d)、图 5.28(e)所示，既防滑又起保护作用。

(4) 地毯。常用于标准较高的建筑，行走时具有一定弹性，较舒适。

5.3.2 梯段侧边缘收头

梯段临空侧踏步有踏面与侧面的交接，也是栏杆的安装地方，成为楼梯设计细部的重要点。适当细致的收头处理，既有利于楼梯的保养管理(耐磨、抗撞)，又有装饰效果。一般的做法是将踏面粉刷或贴面材料翻过侧面 30～60 mm 宽。铺钉装饰必须将铺板包住整个梯段侧面，并转过板底 30～40 mm 宽作收头。也可利用预制构件镶贴在踏步侧面收头，如图 5.29 所示。

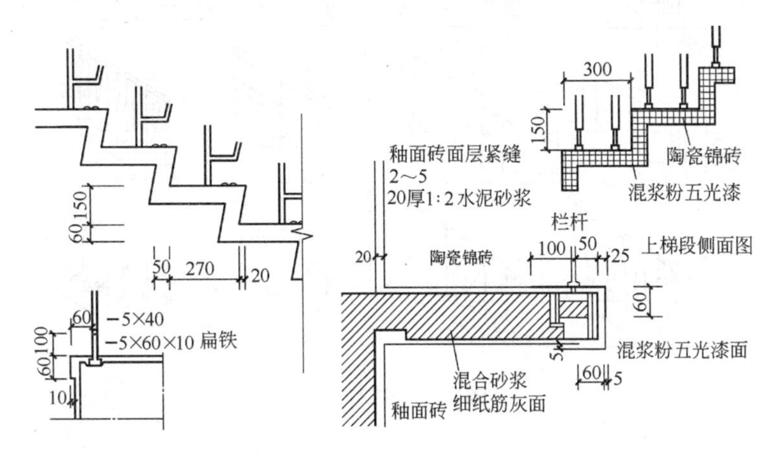

图 5.29 踏步侧面收头处理

5.3.3 栏杆、扶手

1. 栏杆、栏板

楼梯栏杆是建筑物室内空间的重要组成部分，应充分考虑栏杆对建筑物室内空间的装饰效果。为了保证楼梯的使用安全，应在楼梯段的临空一侧设置栏杆或栏板，并在其上部设置扶手。楼梯栏杆应选用坚固、耐性好的材料制作，并具有一定的强度和抵抗侧向推力的能力。

栏杆顶部侧向推力的取值是：住宅、宿舍、办公楼、旅馆、医院、托儿所及幼儿园为 0.5 kN/m；学校、食堂、剧场、电影院、车站、展览馆和体育场为 1.5 kN/m。

栏杆多采用金属材料制作，如扁钢、圆钢、方钢、铸铁花饰、铝材等。用相同或不同规格的金属型材拼接、组合成不同的规格和图案，可使栏杆在确保安全的同时又能起到装饰作用。栏杆垂直构件之间的净间距不应大于 110 mm。

经常有儿童活动的建筑物，栏杆的分格应设计成儿童不易攀登的形式，以确保安全。图 5.30 和图 14.12 是栏杆形式的举例。

栏杆的垂直构件必须要与楼梯段有牢固、可靠的连接，如图 5.31 和图 14.11 所示。在楼梯间的顶层应加设水平栏杆，以保证人身安全。顶层栏杆靠墙处的固定方法是将弯成燕尾形的铁板伸入墙内，然后浇灌混凝土，或将铁板焊于柱身铁件上，如图 5.32 和图 14.12 所示。

栏板常用的材料有钢筋混凝土、钢化玻璃、加设钢筋网的砖砌体、现浇实心栏板、木材和玻璃等。如图 5.33 所示是栏板构造做法举例。现代建筑装饰中经常使用不锈钢扶手玻璃栏板装饰楼梯，这种栏板形式对材料和技术要求较高，造型新颖奇特，符合现代审美需要，如图 5.34 所示。钢筋混凝土栏板采用插筋焊接或预埋铁件焊接，栏杆可埋入预留孔，预埋母螺丝铁件套接或预埋铁件焊接。

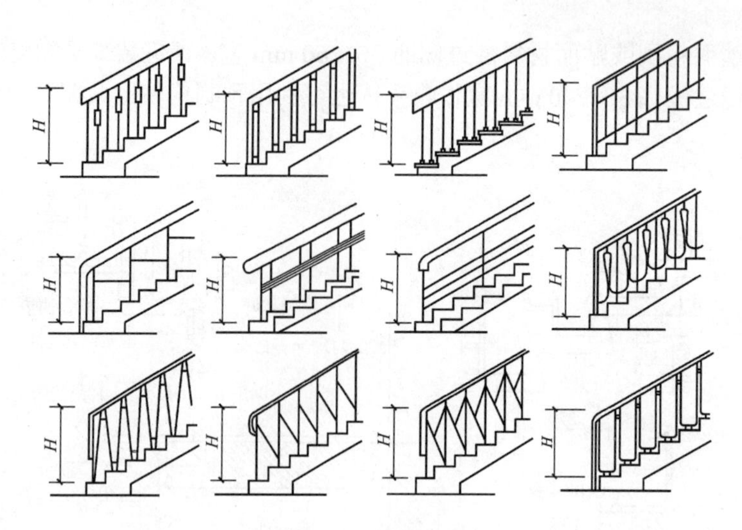

图 5.30　栏杆形式

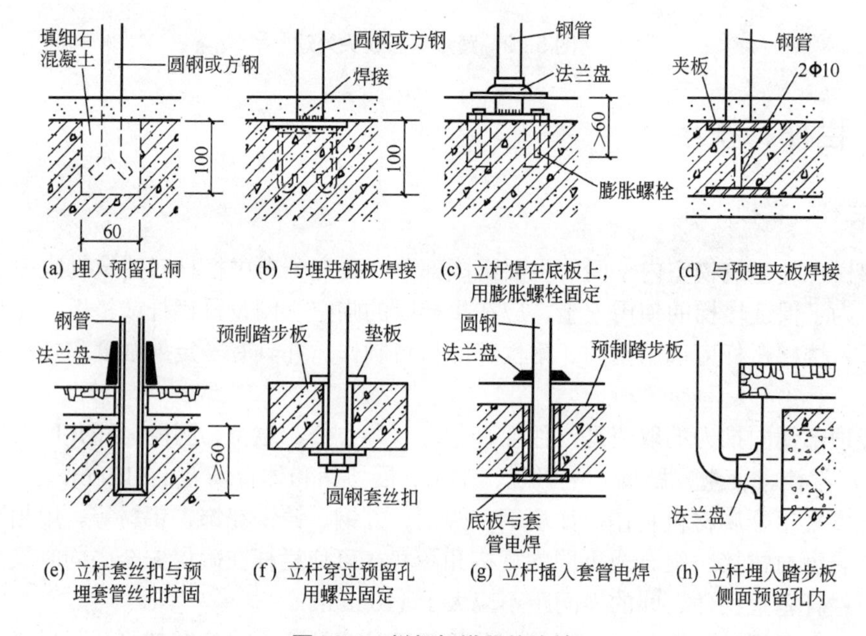

(a) 埋入预留孔洞　(b) 与埋进钢板焊接　(c) 立杆焊在底板上，用膨胀螺栓固定　(d) 与预埋夹板焊接

(e) 立杆套丝扣与预埋套管丝扣拧固　(f) 立杆穿过预留孔用螺母固定　(g) 立杆插入套管电焊　(h) 立杆埋入踏步板侧面预留孔内

图 5.31　栏杆与梯段的连接

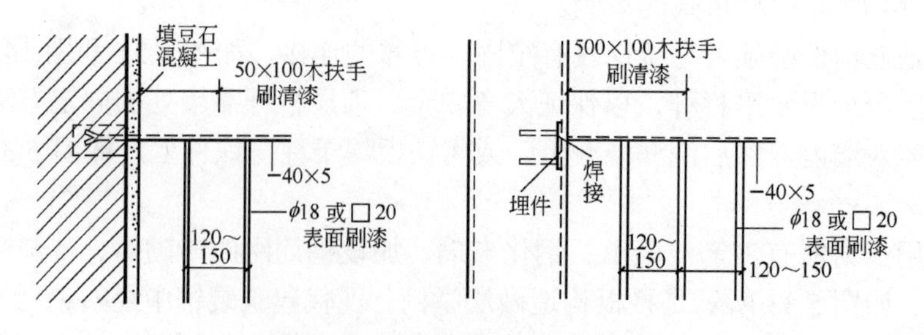

图 5.32　顶层栏杆扶手入墙做法

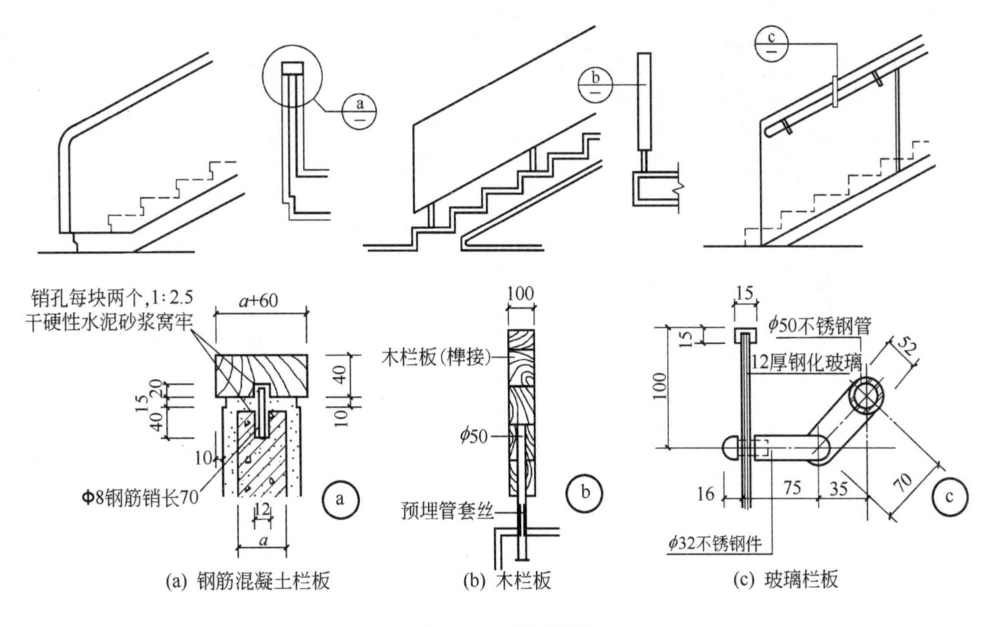

(a) 钢筋混凝土栏板　　(b) 木栏板　　(c) 玻璃栏板

图 5.33　栏板构造

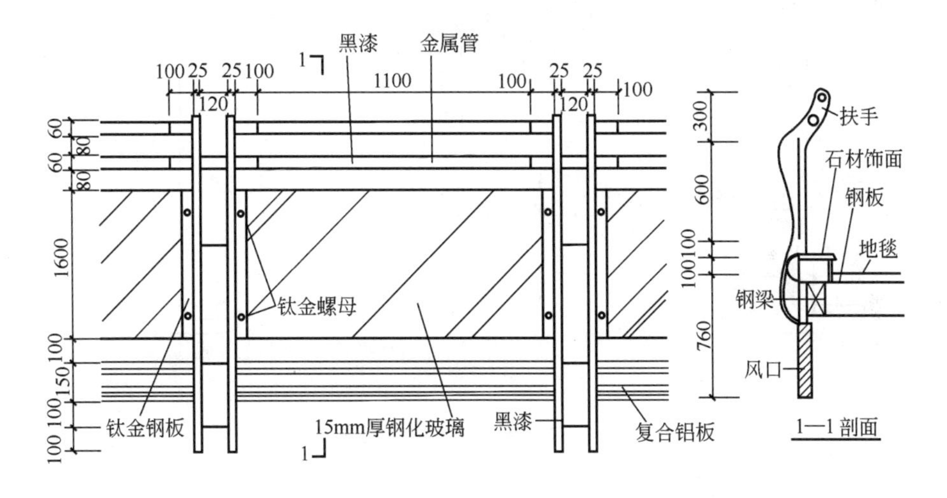

图 5.34　不锈钢玻璃扶手栏板

2．扶手

扶手也是楼梯的重要组成部分，可以用优质硬木、金属型材(铁管、不锈钢、铝合金等)、工程塑料及水泥砂浆抹灰、水磨石、天然石、大理石材等制作。不论何种材料的扶手，其表面必须要光滑、圆顺，以便于扶持。如图 5.35 和图 14.15 所示是常见扶手类型的举例。如图 5.36 和图 5.37 所示分别是靠墙扶手连接方式和常见扶手始末端处理的举例。金属扶手通常与栏杆焊接；抹灰类扶手在栏板上端直接饰面；木扶手及塑料扶手在安装之前应事先在栏杆顶部设置通长的斜倾扁铁，预留安装钉，用螺丝固定在扁铁上。

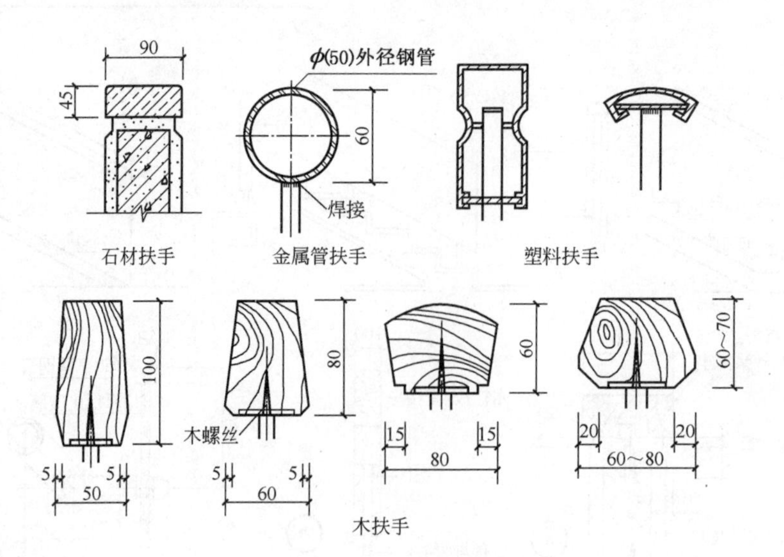

图 5.35 扶手类型

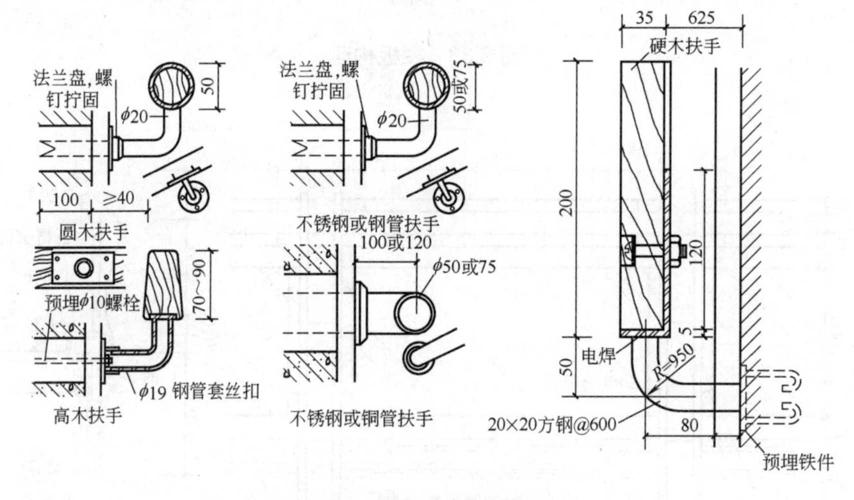

图 5.36 靠墙扶手的连接方式

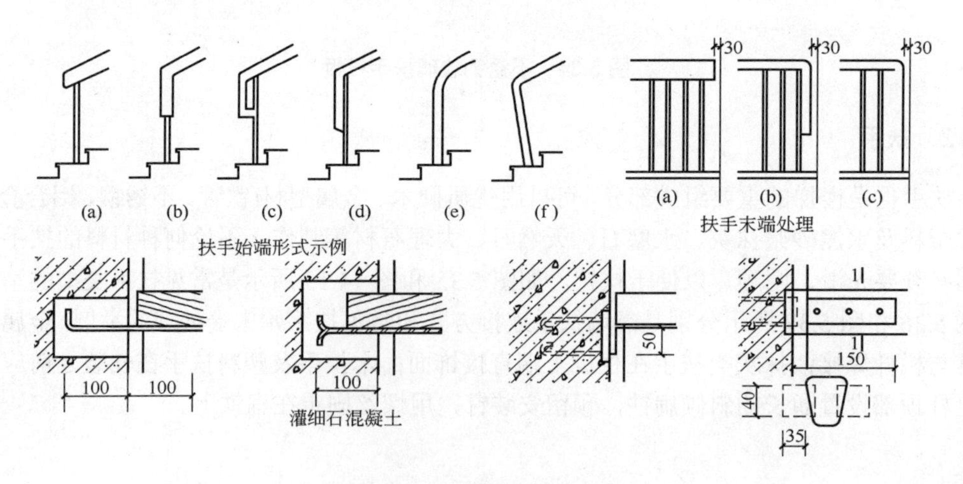

图 5.37 扶手始末端处理

5.3.4 梯转弯处扶手高差的处理

梯段的扶手在平台转弯处往往存在高差，应进行调整和处理。上下梯段在同一位置楼梯井处的横向扶手应作倾斜设置，连接上下两段扶手，如图 5.38(b)、图 5.38(c)所示。如果把平台处栏杆外伸 1/2 踏步，如图 5.38(a)所示，或将上下梯段错开一个踏步，如图 5.38(e)所示，就可以使扶手顺利连接。其他处理方法如图 5.38(d)和图 5.38(f)所示。

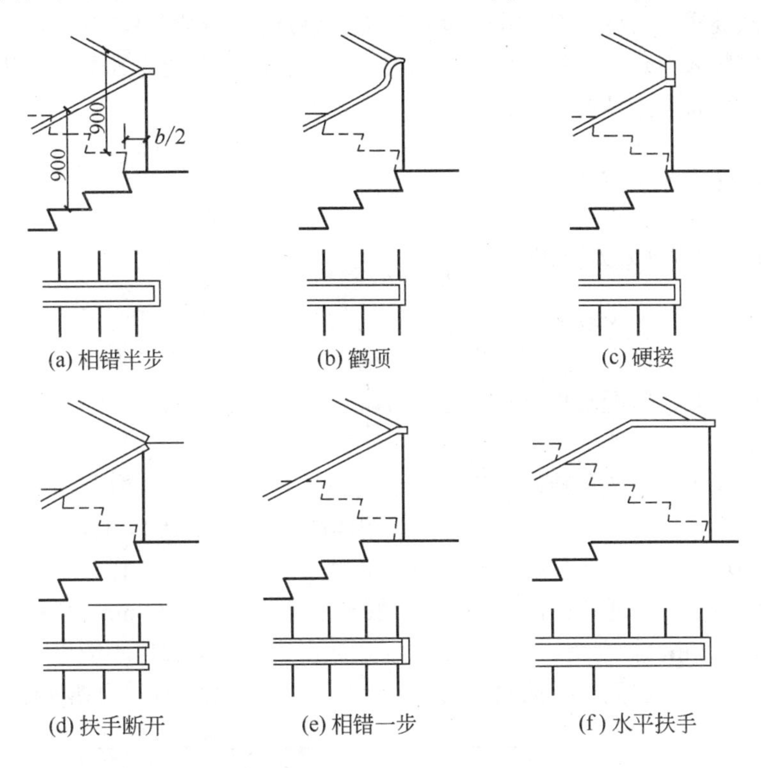

图 5.38 楼梯转弯处扶手高差的处理

5.3.5 首层第一踏步下的基础

首层第一踏步下应有基础支撑。基础与踏步之间应加设地梁，地梁的断面尺寸应不小于 240 mm×240 mm，梁长应等于基础长度，如图 5.39 所示。

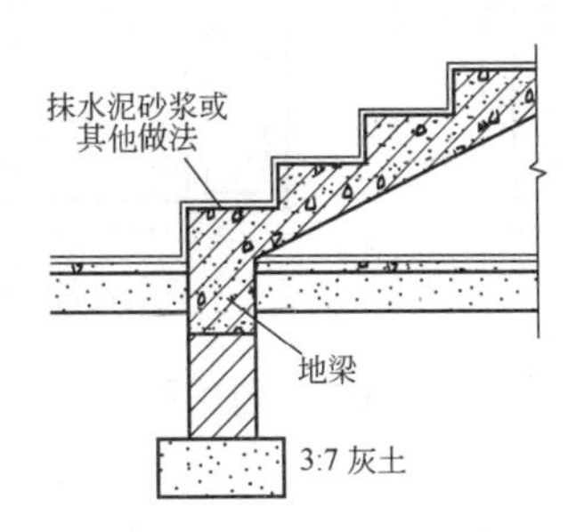

图 5.39 首层踏步下的基础

5.4　台阶与坡道

在建筑物入口处设置台阶和坡道是解决建筑物室内外地坪高差的过渡构造措施，一般多采用台阶；当有车辆、残疾人或是内外地面高差较小时，可设置坡道，有时台阶和坡道合并在一起使用。台阶和坡道在建筑物入口处对建筑物的立面具有装饰作用，设计时要考虑使用和美观要求。有些建筑物由于使用功能或精神功能的需要，有时设有较大的室内外高差或把建筑物入口设在二层，此时就需要大型的台阶和坡道与其配合。从规划要求看，台阶和坡道是建筑物主体的一部分，不允许进入道路红线。

5.4.1　台阶

1. 台阶的形式和基本要求

台阶的平面形式种类较多，应当与建筑物的级别、功能及基地周围的环境相适应。常见的台阶形式有单面踏步、两面踏步、三面踏步、单面踏步带花池(花台)等，如图 5.40 所示。部分大型公共建筑经常把行车坡道与台阶合并成为一个构件，强调了建筑物入口的重要性，提高了建筑物的地位。

为使台阶能满足交通和疏散的需要，台阶的设置应满足：室内台阶踏步数不应少于两步。台阶的坡度宜平缓些，通常台阶每一级踢面高度一般为 100～150 mm，踏步的踏面宽度为 400～300 mm。在人流密集场所台阶的高度超过 1.0 m 时，宜有护栏设施。台阶顶部平台的宽度应大于所连通的门洞口宽度，一般至少每边宽出 500 mm。室外台阶顶部平台的深度不应小于 1.0 m，影剧院、体育馆观众厅疏散出口平台的深度不应小于 1.40 m。台阶和踏步应充分考虑雨、雪天气时的通行安全，台阶宜用防滑性能好的面层材料。

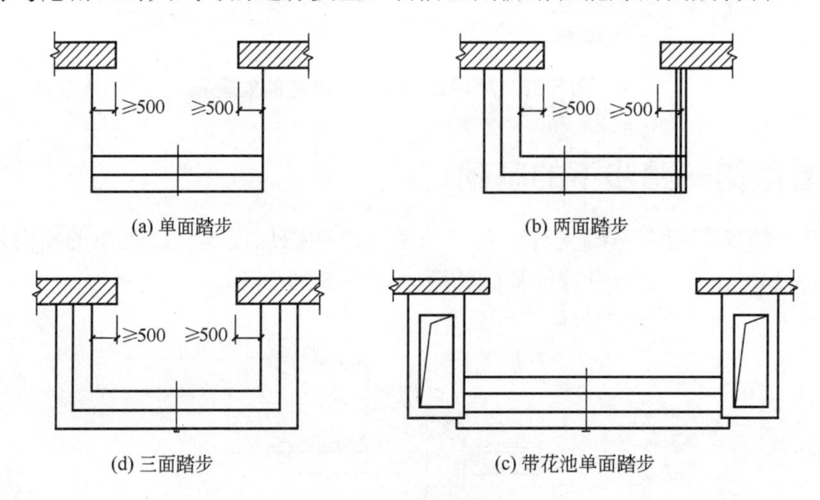

图 5.40　台阶的形式

2. 台阶的构造

台阶的构造分实铺和架空两种，大多数台阶采用实铺，其构造如图 5.41 所示。

实铺台阶的构造与室内地坪的构造差不多，包括基层、垫层和面层。基层是夯实土；垫层多采用混凝土、碎砖混凝土或砌砖，其强度和厚度应当根据台阶的尺寸相应调整；面层有整体和铺贴两大类，如水泥砂浆、水磨石、剁斧石、缸砖、天然石材等。在严寒地区，为保证台阶不受土壤冻胀的影响，应把台阶下部一定深度范围内的土换掉，改设砂石垫层，如图 5.41(e)～(h)所示。

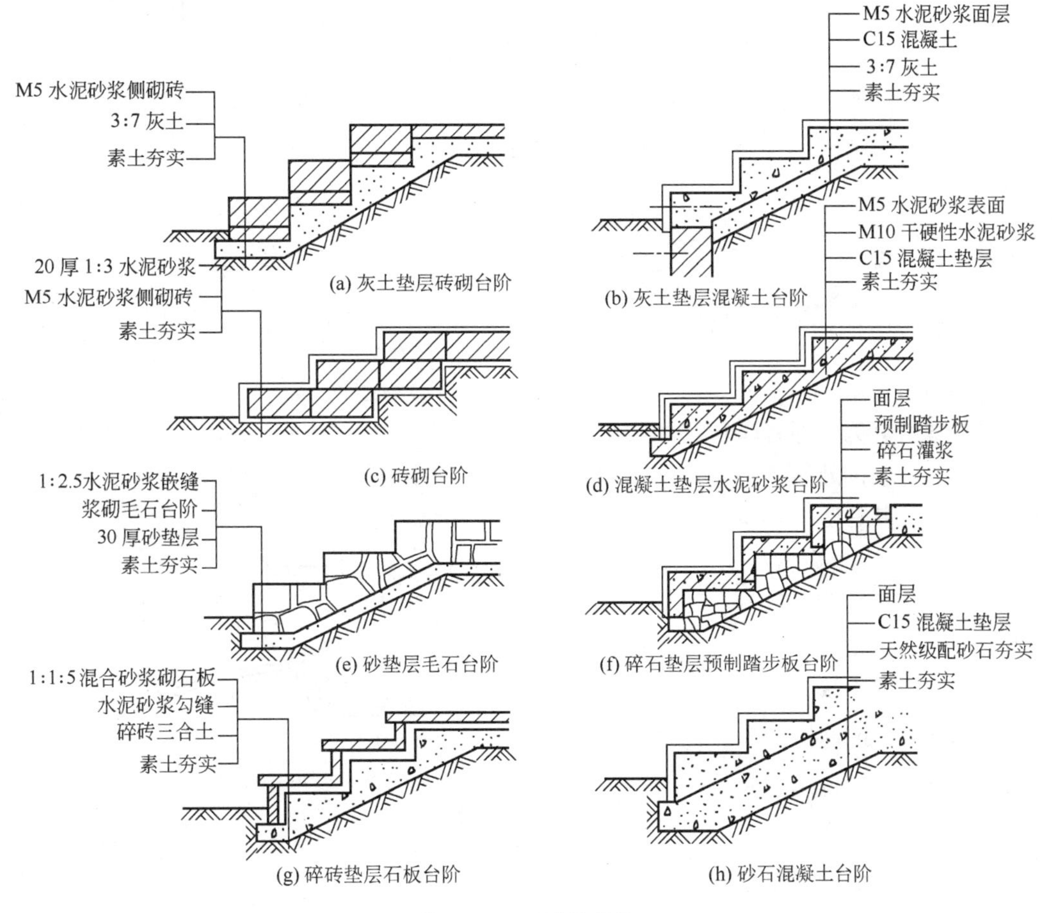

图 5.41　台阶的构造

当台阶尺度较大或土壤冻胀严重时，为保证台阶不开裂和塌陷，往往选用架空台阶。架空台阶的平台板和踏步板均为预制钢筋混凝土板，分别搁置在梁上或砖砌地垄墙上。如图 5.42 所示是设有砖砌地垄墙的架空台阶示例。

由于台阶与建筑主体在承受荷载和沉降方面差异较大，因此大多数台阶在结构上和建筑主体是分开的，一般是在建筑主体工程完成后再进行台阶的施工。台阶与建筑主体之间要注意解决好的问题有：

(1) 处理好台阶与建筑之间的沉降缝，常见的做法是在接缝处挤入一根 10 mm 厚防腐木条。

(2) 为防止台阶上的积水向室内流淌，台阶应向外侧做 0.5%～1%找坡，台阶面层标高应比首层室内地面标高低 10 mm 左右。

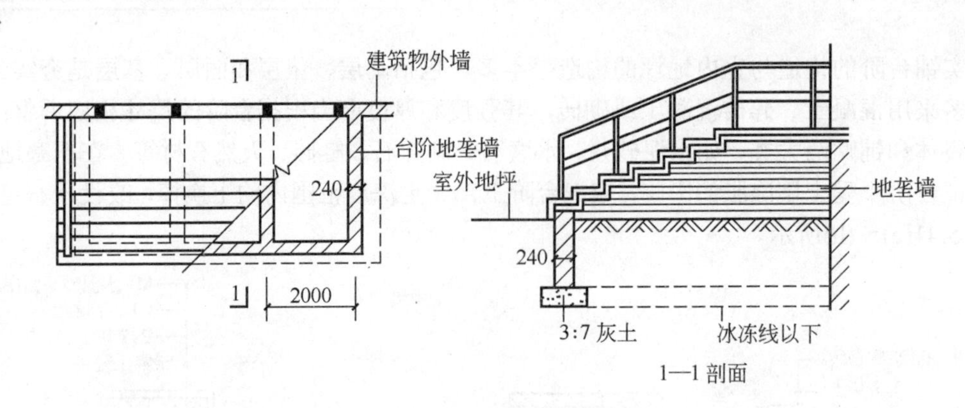

图 5.42　架空台阶

5.4.2　坡道

1. 坡道的分类

坡道按照其用途的不同，可以分成行车坡道和轮椅坡道两类。

行车坡道分为普通行车坡道和回车坡道两种，如图 5.43(a)和(b)所示。普通行车坡道布置在有车辆进出的建筑入口处，如车库、库房等。回车坡道与台阶踏步组合在一起，布置在某些大型公共建筑的入口处，如办公楼、旅馆、医院等。

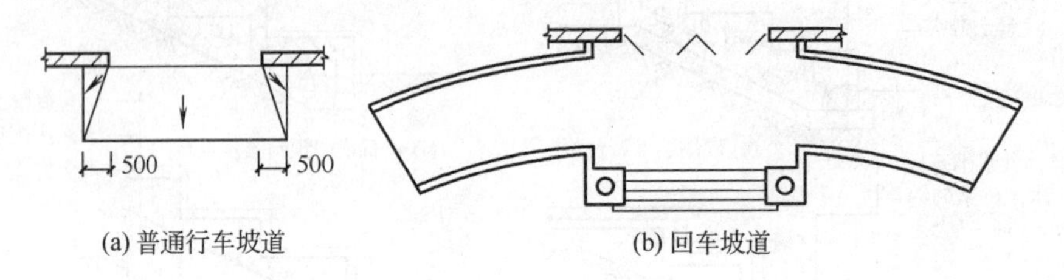

(a) 普通行车坡道　　(b) 回车坡道

图 5.43　行车坡道

2. 坡道的尺寸和坡度

普通行车坡道的宽度应大于所连通的门洞口宽度，一般每边至少≥500 mm。坡道的坡度与建筑物的室内外高差及坡道的面层处理方法有关。光滑材料坡道≤1∶12；粗糙材料坡道(包括设置防滑条的坡道)≤1∶6; 带防滑齿坡道≤1∶4。室内坡道水平投影长度超过 15 m 时宜设休息平台。回车坡道的宽度与坡道半径及车辆规格有关，坡道的坡度应≤1∶10。

3. 坡道的构造

一般采用实铺，构造要求与台阶基本相同。垫层的强度和厚度应根据坡道长度及上部荷载的大小进行选择，严寒地区的坡道同样需要在垫层下部设置砂垫层，坡道构造如图 5.44 所示。

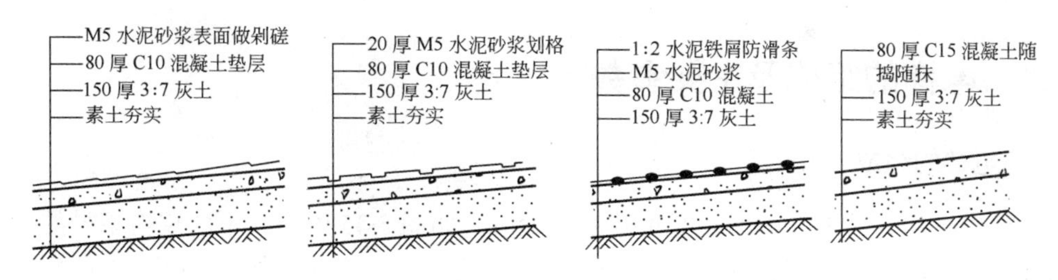

图 5.44　坡道构造

5.4.3　无障碍设计

无障碍设计主要是针对下肢残疾者和视力残疾者。随着我国社会文明程度的提高，为使残疾人能平等地参与社会活动，体现社会对特殊人群的关爱，应在为公众服务的建筑及市政工程中设置方便残疾人使用的设施，轮椅坡道便是其中之一。我国专门制定了 JGJ 50—88《方便残疾人使用的城市道路和建筑物设计规范》，对有关问题作出了明确的规定。

由于轮椅坡道是供残疾人使用的，因此有一些特殊的规定如下。

(1) 坡道的坡度和宽度：坡道的宽度不应小于 900 mm，室外坡道的宽度不应小于 1500 mm；每段坡道的坡度、允许最大高度和水平长度应符合表 5.5 中的规定；当坡道的高度和长度超过表 5.5 中的规定时，应在坡道中部设休息平台，其深度不应小于 1.2 m。

表 5.5　每段坡道坡度、最大高度和水平长度

坡道坡度/高/长	*1/8	*1/10	1/12
每段坡道允许高度/m	0.35	0.6	0.75
每段坡道允许水平长度/m	2.80	6.00	9.0

注：加*者只适用于受场地限制而改造、扩建的建筑物。

(2) 坡道在转弯处应设休息平台，休息平台的深度不应小于 1.5 m；在坡道的起点及终点，应留有深度不小于 1.5 m 的轮椅缓冲地带。

(3) 坡道两侧应在 900 mm 高度处设扶手，供轮椅使用的坡道两侧应设高度为 650 mm 的扶手。坡道起点及终点处的扶手应水平延伸 300 mm 以上；坡道两侧凌空时，在栏杆下端宜设高度不小于 50 mm 的安全挡台。

(4) 楼梯形式及扶手栏杆：楼梯宜采用单跑式，不宜采用弧形梯段。楼梯坡度宜在 35° 以下，踢面高度不宜大于 170 mm。梯段宽度不宜小于 1200 mm。防滑条不得高出踏面 5 mm 以上。在梯段的起始及终结处，扶手应自其前缘向前伸出 300 mm 以上，末端应向下或伸向墙面，两段紧邻梯道的扶手应保持连贯。

5.5　电梯及自动扶梯

电梯和自动扶梯也是建筑物中的垂直交通措施，它们运行速度快、节省人力和时间。在多层、高层和具有某种特殊功能要求的建筑物中，为了上下运行的方便快速常设有电梯。

5.5.1 电梯的组成及主要参数

1. 电梯的组成

电梯由机房、井道、轿厢和配重四部分组成，如图 5.45 所示。不同规格型号的电梯，其部件组成情况也不相同。图 5.46 是一种交流调速乘客电梯的部件组装(整机)示意图。

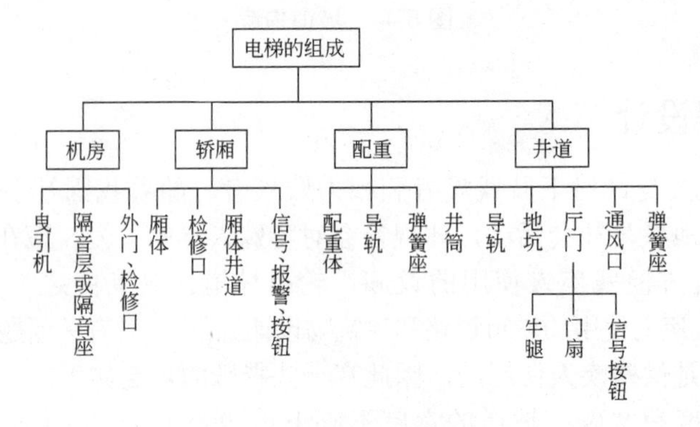

图 5.45 电梯的组成

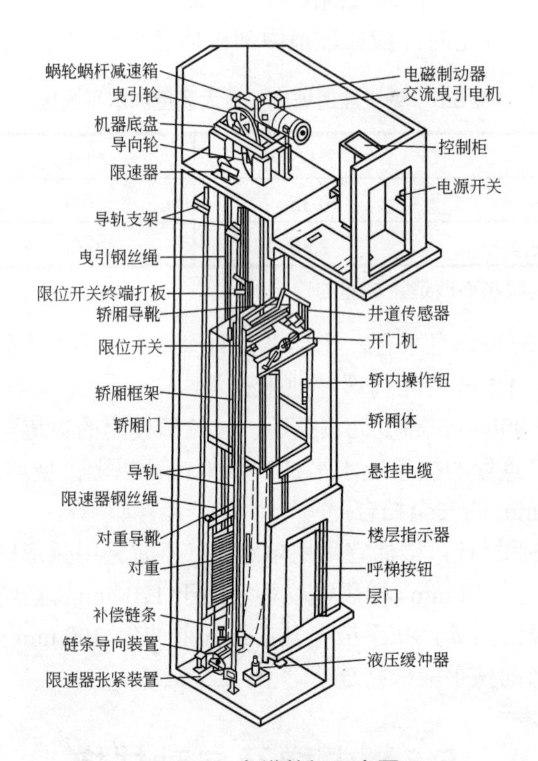

图 5.46 电梯整机示意图

2. 电梯分类

电梯按用途分为乘客电梯(Ⅰ类)、住宅电梯(Ⅰ类)、客货电梯(Ⅱ类)、病床电梯(Ⅲ类)、载货电梯(Ⅳ类)、杂物电梯(Ⅴ类)、消防电梯、船舶电梯和观光电梯等。

电梯按驱动系统分为交流电梯(包括单速、双速、调速及高速)、直流电梯(包括快速、高速)和液压电梯。

3. 电梯的主要参数

(1) 额定载重量(kg)：制造和设计规定的电梯额定载重量。

(2) 轿厢尺寸(mm)：宽×深×高。

(3) 轿厢形式：有单面或双面开门及其他特殊要求等。

(4) 轿门形式：有栅栏门、封闭式中分门、封闭式双折门、封闭式双折中分门等。

(5) 开门宽度(mm)：轿厢门和层门完全开启时的净宽度。

(6) 开门方向：人在轿厢外面对轿厢门向左方向开启的为左开门，门向右方向开启的为右开门，两扇门分别向左右两边开启的为中开门，也称中分门。

(7) 曳引方式。

(8) 额定速度(m/s)：制造和设计所规定的电梯运行速度。

(9) 电气控制系统。

(10) 停层站数(站)：凡在建筑物内各楼层用于出入轿厢的地点均称为站。

(11) 提升高度(mm)：由底层端站楼面至顶层端站楼面之间的垂直距离。

(12) 顶层高度(mm)：由顶层端站楼面至机房楼板或隔音层楼板下最突出构件之间的垂直距离。电梯的运行速度越快，顶层高度一般越高。

(13) 底坑深度(mm)：由底层端站楼面至井道底面之间的垂直距离。电梯的运行速度越快，底坑一般越深。

(14) 井道高度(mm)：由井道底面至机房楼板或隔音层楼板下最突出构件之间的垂直距离，如图5.47所示。

(15) 井道尺寸(mm)：宽×深，如图5.47所示。

电梯的主要参数是电梯制造厂设计和制造电梯的依据。用户选用电梯时，必须根据电梯的安装使用地点、载运对象等，按标准的规定，正确选择电梯的类别和有关参数与尺寸。

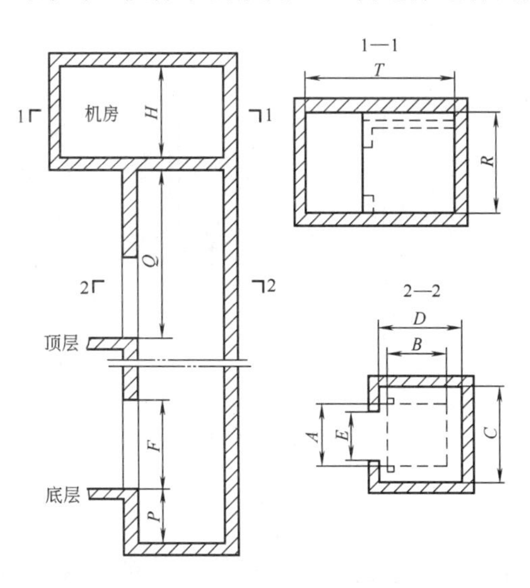

图5.47 乘客电梯井道剖面

5.5.2 电梯土建技术要求

1. 机房

(1) 机房一般设在电梯井道的顶部，也有少数电梯把机房设在井道底层的侧面(如液压电梯)。机房的平面及剖面尺寸均应满足布置电梯机械及电控设备的需要，留有足够的管理、维护空间，要把室内温度控制在设备运行的允许范围之内。机房地板应能承受6865Pa的压力，地面应采用防滑材料，要求平整，门窗应防风雨。由于机房的面积要大于井道的面积，因此允许机房平面位置任意向井道平面相邻两个方向伸出，电梯机房与井道的关系如图5.48所示。通往机房的通道、楼梯和门的宽度不应小于1.20 m，入口楼梯或爬梯应设扶手，通向机房的道路应畅通。电梯机房的平面、剖面尺寸及内部设备布置、孔洞位置和尺寸均由电梯生产厂家给出。图5.49是电梯机房平面的示例。

(2) 当建筑物(如住宅、旅馆、医院、学校和图书馆等)的功能有隔音要求时，机房的墙壁、地板和房顶应能大量吸收电梯运行时产生的噪声；机房必须通风，有时在机房下部需设置隔音层，如图5.50所示。

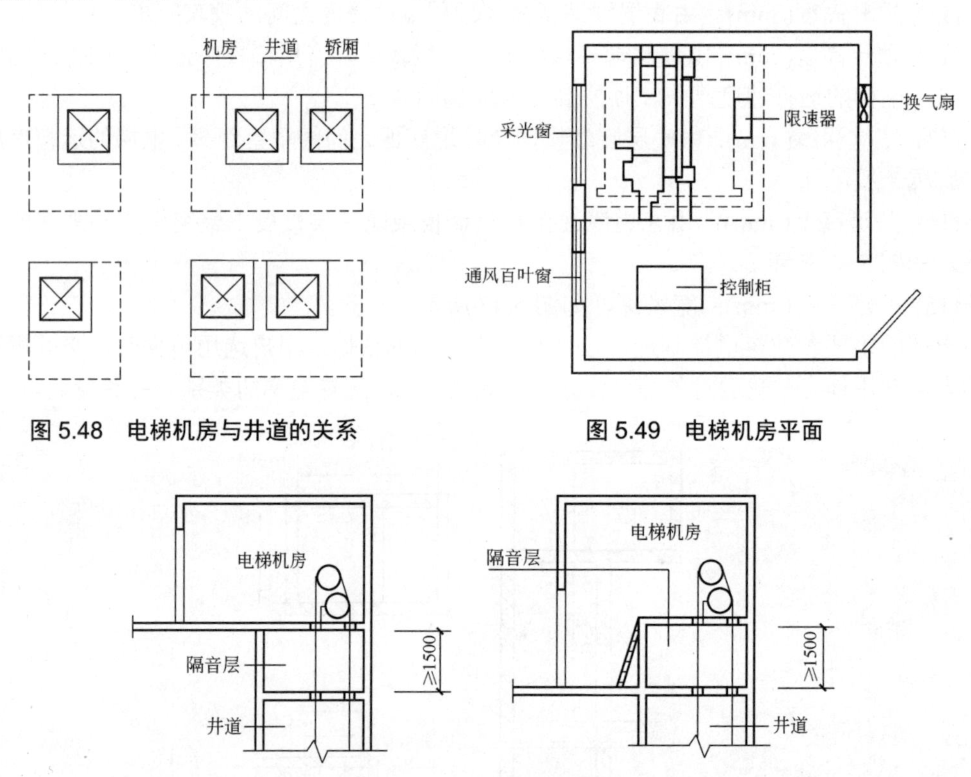

图5.48 电梯机房与井道的关系

图5.49 电梯机房平面

图5.50 机房隔音层

2. 井道

电梯井道是电梯轿厢运行的通道。井道可用于单台电梯或两台电梯共用，如图5.51所示。

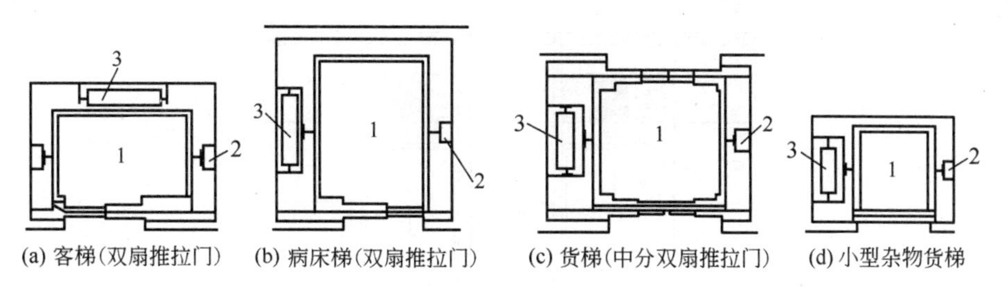

图 5.51　电梯分类及井道平面

1—电梯厢；2—导轨及撑架；3—平衡重

(1) 每一电梯的井道均应由无孔的墙、底板和顶板完全封闭起来。只允许在层门、通风孔、通往井道的检修门、安全门以及检修活板门处开洞。

(2) 井道的墙、底面和顶板应具有足够的机械强度，应用坚固、非易燃材料制造。

(3) 当相邻两层门地坎间的距离超过 11 m 时，其间应设置安全门；安全门的高度不得小于 1.8 m，宽度不得小于 0.35 m，检修门的高度不得小于 1.4 m，宽度不得小于 0.6 m，且它们均不得朝里开启；门与活板门均应装设用钥匙操纵的锁；检修门、安全门以及检修活板门均应是无孔的，并应具有与层门一样的机械强度。

(4) 井道顶部应设置通风孔，其面积不得小于井道水平断面面积的 1%，通风孔可直接通向室外，或经机房通向室外。除为电梯服务的房间外，井道不得用于其他房间的通风。

(5) 规定的电梯井道水平尺寸是用铅垂测定的最小净空尺寸，表 5.6 是其允许偏差值。

表 5.6　电梯井道水平尺寸允许偏差值

井道高度/m	允许偏差值/mm
≤30	0～+25
30＜高度≤60	0～+35
60＜高度＜90	0～+50

(6) 同一井道装有多台电梯时，在井道的下部、不同的电梯运动部件(轿厢或对重装置)之间应设置护栏，高度从轿厢或对重行程最低点延伸到底坑地面以上 2.5 m，如果运动部件间水平距离小于 0.3 m，则护栏应贯穿整个井道，其有效宽度应不小于被防护的运动部件(或其他部分)的宽度每边各加 0.1 m。

(7) 井道应为电梯专用。井道内不得装设与电梯无关的设备、电缆等。

(8) 井道应设置永久性的照明，在井道最高点和最低点 0.5 m 内，各装一盏灯。中间每隔 7 m(最大值)设一盏灯；井道检修门近旁应设有安全警示标牌。

3. 电梯门套

由于厅门设在电梯厅的显著位置，电梯门套是装饰的重点，电梯间门套的装饰及其构造做法应与电梯厅的装饰风格协调统一。要求门套的装饰应简洁、大方、明快、造型优美、耐碰撞、按钮处易擦洗。门套一般采用木装饰面贴仿大理石防火板、岗纹板等饰面材料，要求高些的采用大理石花岗岩或用金属进行装饰，装饰示例如图 5.52 所示。

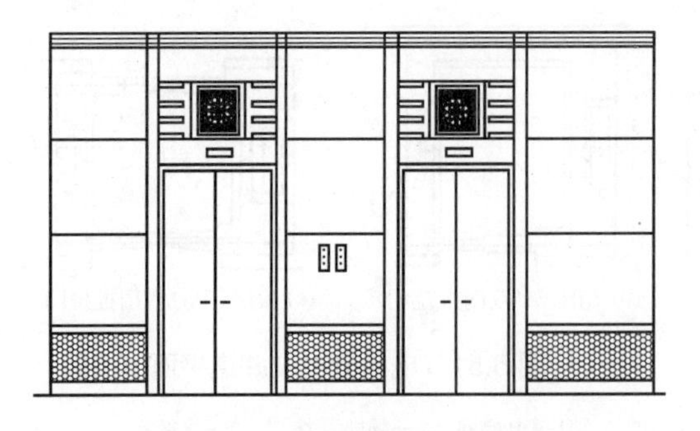

图 5.52　门套装饰形式示例

电梯间一般为双层推拉门，宽 900～1300 mm，有中央分开推向两边和双扇推向同一侧两种。推拉门的滑槽通常安置在门套下楼板边梁牛腿状挑出部分，如图 5.53 所示是几种门套构造做法；电梯出入口地面应设地坎，并向电梯井内挑出牛腿，如图 5.54 所示。

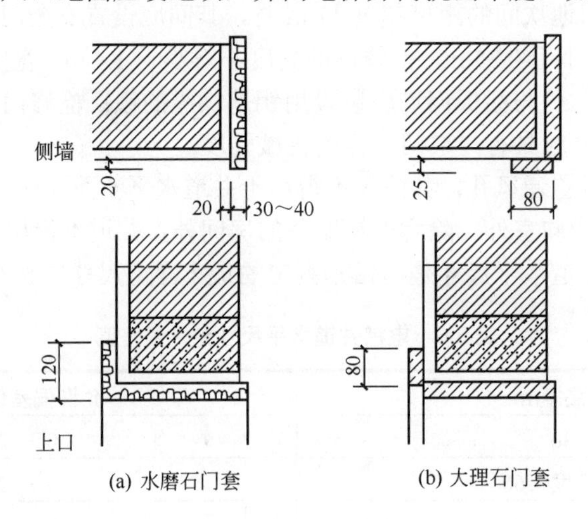

(a) 水磨石门套　　(b) 大理石门套

图 5.53　门套构造

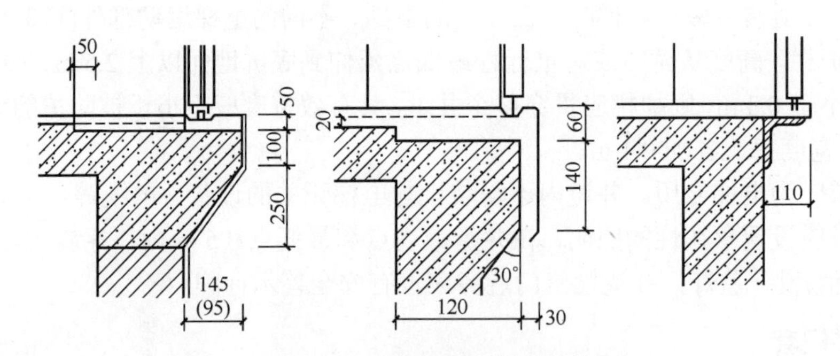

图 5.54　牛腿和地坎的构造

4. 层门

(1) 层站候梯厅深度尺寸，电梯各层站的候梯厅深度，至少应保持在整个井道宽度范围内，符合表 5.7 的规定。

(2) 在层门附近、层站的自然或人工照明，在地面上至少为 50lx。

表 5.7　候梯厅深度尺寸　　单位：mm

电梯种类	布置形式	候梯厅深度
住宅电梯	单台	≥B
	多台并列	≥B(梯群中最大轿厢深度值)
客梯(Ⅰ类电梯) 两用电梯(Ⅱ类电梯)	单台	≥1.5B
	多台并列	≥1.5B，当梯群为四台时该尺寸应≥2400
	多台对列	≥对列电梯 B 之和＜4500
病床电梯(Ⅲ类电梯) 货梯(Ⅳ类电梯)	单台	≥1.5B
	多台并列	≥1.5B
	多台对列	≥对列电梯 B 之和

注：① *B* 为轿厢深度。② 候梯厅深度是指沿轿厢深度方向测得的候梯厅墙与对面墙之间的距离。
③ 候梯厅深度尺寸未考虑不乘电梯的人员在穿越层站时，对交通过道的要求。

5.5.3　自动扶梯

自动扶梯是在人流集中的大型公共建筑中使用的垂直交通设施，具有结构紧凑、重量轻、耗电省、安装维修方便等优点。它由电机驱动，踏步与扶手同步运行，可以正向运行，也可以反向运行，停机时可当作临时楼梯使用。自动扶梯的驱动方式分为链条式和齿条式两种。自动扶梯的角度有 27.3°、30°、35°，其中 30°是优先选用的角度。宽度有 600 mm(单人)、800 mm(单人携物)、1000 mm、1200 mm(双人)。自动扶梯的载客能力很高，可达到每小时 5000～10000 人。自动扶梯的规格尺寸应查阅电梯生产厂家的产品说明书。不同的生产厂家，自动扶梯的规格尺寸也不相同，如表 5.8 所示。

表 5.8　自动扶梯的主要规格尺寸

公司名称	中国迅达电梯公司南方公司		上海三菱电梯有限公司		天津奥的斯电梯有限公司		广州市电梯工业公司	
梯型	600	1000	800	1200	600	1000	800	1200
梯级宽 *w*/mm	600	1000	610	1010	600	1000	604	1004
倾斜角	27.3°、30°、35°				30°、35°			
运转形式	单速上下可逆转							
运行速度	一般为 0.5 m/s、0.65 m/s							
扶手形式	全透明、半透明、不透明							
最大提升高度 *H*/mm	600(800)型一般为 3000～11000；1000(1200)型一般为 3000～7000；提升高度超过标准产品时，可增加驱动级数							
输送能力	5000 人/h(梯级宽 600 mm、速度 0.5 m/s) 8000 人/h(梯级宽 1000 mm、速度 0.5 m/s)							
电源	动力：380 V(50 Hz)、功率一般为 7.5～15 kW；照明：220 V(50 Hz)							

(1) 自动扶梯一般设在室内，也可以设在室外，其布置方式主要有以下几种：

① 并联排列式如图 5.55(a)所示，楼层交通乘客流动可以连续，升降两个方向的交通分离清楚，外观豪华，但安装面积大。

② 平行排列式如图 5.55(b)所示，安装面积小，但楼层交通不连续。

③ 串联排列式如图 5.55(c)所示，楼层交通乘客流动可以连续。

④ 交叉排列式如图 5.55(d)所示，乘客流动升降两方向均为连续，且搭乘场相距较远，升降客流不发生混乱，安装面积小。

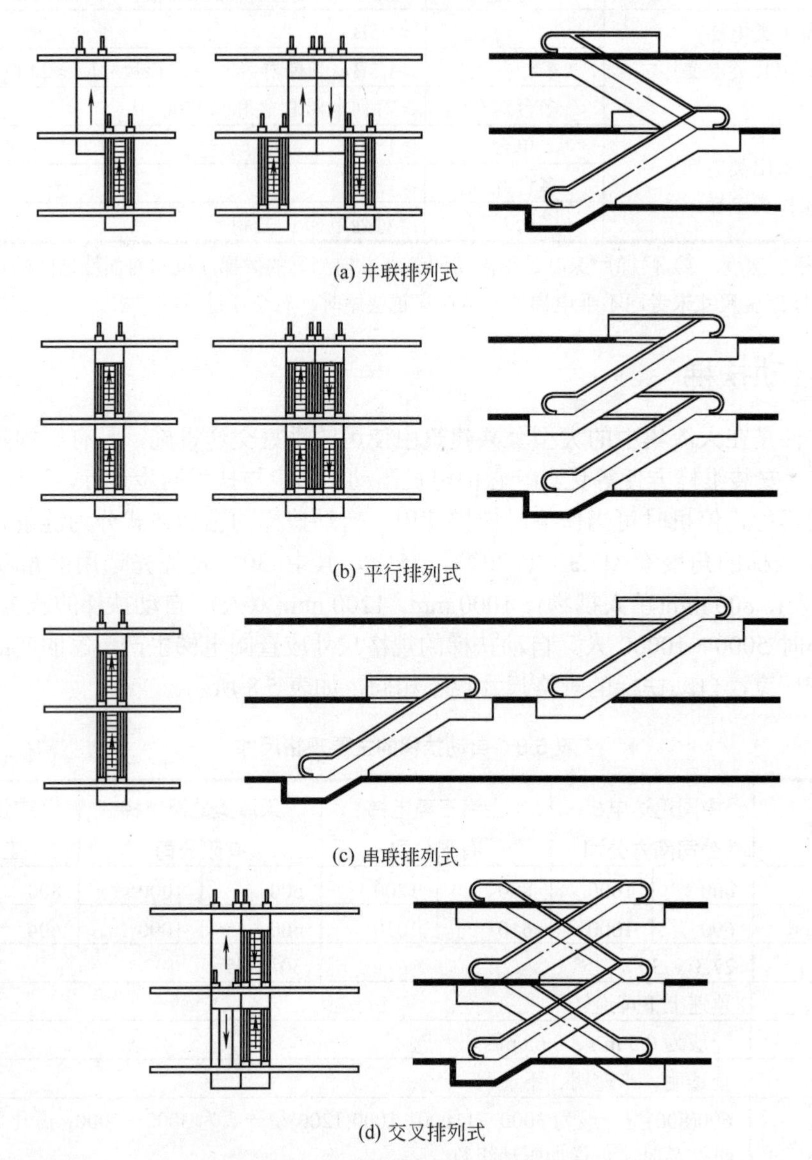

图 5.55 自动扶梯的布置形式

(2) 自动扶梯的布置与基本尺寸。如图 5.56 所示。

① 自动扶梯的平面布置，应注意自动扶梯的进出口至障碍物的最小距离不小于 1.8 m，以保证人流的安全疏散。

② 自动扶梯踏板面至上一层楼盖及楼盖下建筑或装饰附属物的最低高度应不小于 2.2 m。

③ 自动扶梯的进出口标高应与楼地面一致，不应有高差，否则会导致不安全。自动扶梯在楼板上应预留足够的安装洞。

④ 自动扶梯的电动机械装置设置在楼板下面，需要占用较大的空间。底层应设置底坑，供安放机械装置用，并要做防水处理。

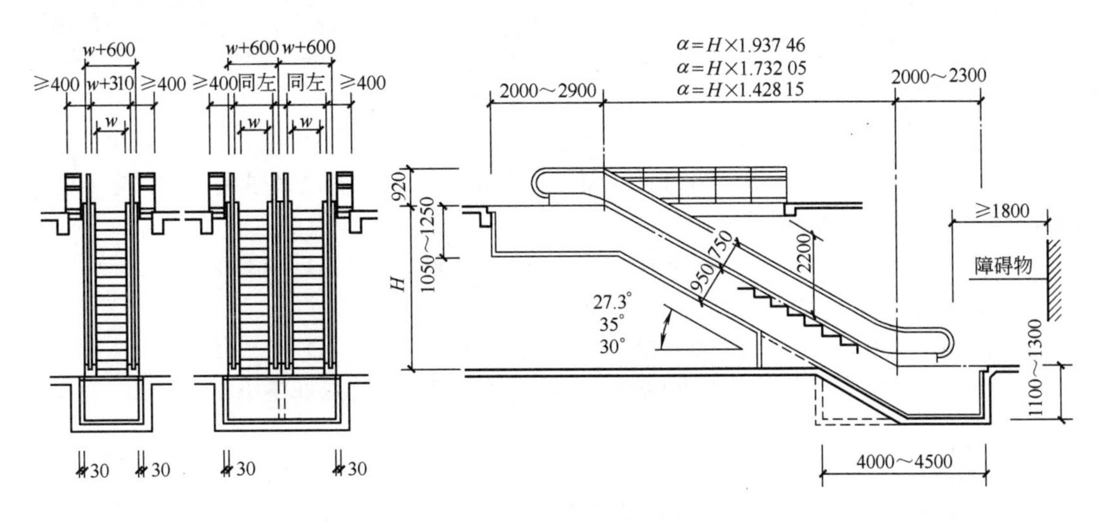

图 5.56　自动扶梯的基本尺寸

5.6 单 元 小 结

内　容	知识要点	能力要求
楼梯的组成、分类	楼梯的作用、类型 楼梯的组成：梯段、平台、平台梁、栏杆、扶手	辨识不同类型的楼梯
楼梯的尺度	楼梯的尺寸：梯段宽度、楼梯坡度、平台深度、踏步尺寸、扶手栏杆高度、净空高度、梯井宽度	明确各组成之间的关系，掌握楼梯的主要尺度
楼梯的设计	楼梯设计要求、设计步骤、建筑制图标准	能识读和绘制一套楼梯的平面图、剖面图和节点详图
钢筋混凝土楼梯	现浇钢筋混凝土板式楼梯和梁式楼梯的构造及传力途径； 梁承式、墙承式和悬挑踏步等小型构件预制装配式楼梯构造特点	能辨识板式楼梯与梁式楼梯，了解预制装配式楼梯的构造特点
楼梯的细部构造	踏步及踏面的做法和防滑措施构造； 栏杆、栏板、扶手的材料及尺寸； 栏杆、栏板与踏步、扶手的连接与做法	能进行踏步的防滑处理，能根据材料的不同处理好各细部之间的连接
台阶与坡道	台阶的材料、做法；坡道的坡度要求、坡道构造	掌握台阶、坡道尺度选择和构造做法

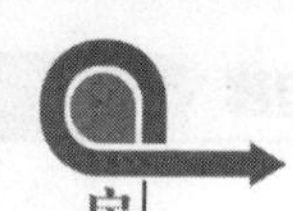

5.7 复习思考题

一、名词解释

1. 楼梯平台宽 2. 楼梯净高 3. 栏杆扶手的高度 4. 明步 5. 暗步

二、选择题

1. 单股人流宽度为 550 ~ 700 mm，建筑规范对楼梯梯段宽度的限定是：住宅______mm，公共建筑≥1300 mm。

A. ≥1200　　B. ≥1100　　C. ≥1500　　D. ≥1300

2. 梯井宽度以____ mm 为宜。

A. 60～150　　B. 100～200　　C. 60～200　　D. 60～150

3. 楼梯栏杆扶手的高度一般为 900mm，供儿童使用的楼梯应在不小于____mm 高度增设扶手。

A. 400　　B. 700　　C. 600　　D. 500

4. 楼梯平台下要通行，一般其净高度不小于____ mm。

A. 2100　　B. 1900　　C. 2000　　D. 2400

5. 下面属于预制装配式钢筋混凝土楼梯的是____。

A. 扭板式、梁承式、墙悬臂式　　B. 梁承式、扭板式、墙悬臂式

C. 墙承式、梁承式、墙悬臂式　　D. 墙悬臂式、扭板式、墙承式

6. 下面属于现浇钢筋混凝土楼梯的是____。

A. 梁承式、墙悬臂式、扭板式　　B. 梁承式、梁悬臂式、扭板式

C. 墙承式、梁悬臂式、扭板式　　D. 墙承式、墙悬臂式、扭板式

7. 防滑条应突出踏步面____mm。

A. 1 ~ 2　　B. 5　　C. 3 ~ 5　　D. 2 ~ 3

8. 考虑安全原因，住宅的空花式栏杆的空花尺寸不宜过大，通常控制其不大于_____mm。

A. 120　　B. 100　　C. 150　　D. 110

9. 当直接在墙上装设扶手时，扶手与墙面保持____mm 左右的距离。

A. 250　　B. 100　　C. 50　　D. 300

10. 室外台阶的踏步高一般在____mm 左右。

A. 150　　B. 180　　C. 120　　D. 100~150

11. 台阶与建筑出入口间的平台一般不应小于____mm 且平台需做 3%的排水坡度。

A. 800　　B. 1500　　C. 2500　　D. 1000

12. 通向机房的通道和楼梯宽度不小于_____m，楼梯坡度不大于 450。

A. 1.5　　B. 1.2　　C. 0.9　　D. 1.8

13. 梁板式梯段由____两部分组成。

A. 平台、栏杆　　B. 栏杆、梯斜梁

C. 梯斜梁、踏步板　　　　　D. 踏步板、栏杆

三、问答题

1. 楼梯的功能和设计要求是什么？

2. 楼梯由哪几部分组成？各组成部分起何作用？

3. 常见楼梯的形式有哪些？观察指出校园内几种主要楼梯的类型，结构类型如何？用卷尺量测楼梯踏步、栏杆、平台深度、梯段尺度等各细部尺寸。并观察踏面的防滑措施和栏杆扶手在楼梯平台转弯处是如何处理的？

4. 楼梯间的种类有几种？各自的特点是什么？

5. 楼梯段的最小净宽有何规定？平台深度和楼梯段宽度的关系如何？楼梯段的宽度如何确定？

6. 楼梯、爬梯和坡道的坡度范围是多少？楼梯的适宜坡度是多少？与楼梯踏步有何关系？确定踏步尺寸的经验公式如何使用？

7. 楼梯平台下作通道时有何要求？当不能满足要求时可采取哪些方法予以解决？

8. 楼梯为什么要设栏杆、扶手？栏杆、扶手的高度一般为多少？

9. 现浇钢筋混凝土楼梯常见的结构形式有哪几种？各有何特点？

10. 小型预制构件装配式楼梯的支承方式有哪几种？预制踏步板的形式有哪几种？各对应何种截面的梁？减轻自重的方法有哪些？

11. 预制钢筋混凝土悬臂踏步楼梯有什么特点？平台构造如何处理？

12. 为了使预制钢筋混凝土楼梯在同一位置起步，应当在构造上采取什么措施？

13. 楼梯踏面的防滑措施有哪些？

14. 栏杆与扶手、梯段如何连接？识读其构造图。

15. 观察栏杆扶手在平行双跑式楼梯平台转弯处是如何处理的？

16. 观察楼梯栏杆与墙的关系是如何处理的？

17. 室外台阶的组成形式、构造要求和做法如何？

18. 轮椅坡道的坡度、长度、宽度有何具体规定？

19. 坡道如何进行防滑？

20. 电梯主要由哪几部分组成？电梯井道的构造要求如何？

21. 自动扶梯的布置方式有哪几种？各自有什么特点？

22. 识读并绘制一套楼梯的平面图、剖面图和节点详图。

第6章　屋　　顶

内容提要： 屋顶是房屋的重要组成部分，保温和防水是屋顶构造设计的核心。本章的主要内容有屋顶的类型，屋顶排水设计，卷材防水屋面构造，刚性防水屋面构造，涂膜防水屋面构造，屋顶的保温与隔热构造做法，坡屋顶构造做法，玻璃采光顶的设计与构造。

教学目标：

熟悉屋顶的类型与设计要求；
掌握有组织排水的方案，熟悉屋顶排水设计的内容；
掌握卷材防水屋面的构造做法、细部构造要点；
掌握刚性防水屋面的构造做法、细部构造要点；
熟悉涂膜防水屋面的构造做法；
掌握坡屋顶的承重方案，熟悉平瓦屋面的构造做法；
掌握平屋顶的保温与隔热构造做法；熟悉坡屋顶的保温与隔热构造做法；
了解玻璃采光顶的设计与构造。

屋顶是建筑物最上层的覆盖部分，是房屋的重要组成部分。它承受屋顶的自重、风雪荷载以及施工和检修屋面的各种荷载，并抵抗风、雨、雪的侵袭和太阳辐射的影响，同时屋顶的形式对建筑物的造型有很大程度的影响。

6.1　屋顶概述

屋顶由于屋面材料和承重结构形式的不同，有多种类型。屋顶的设计必须满足其功能、结构、建筑艺术等方面的要求。

6.1.1　屋顶的组成与形式

屋顶主要由屋面层、承重结构、保温或隔热层和顶棚四部分组成。支承结构可以是平面结构，如屋架、刚架、梁板等；也可以是空间结构，如薄壳、网架、悬索等。由于支承结构形式及建筑平面的不同，屋顶的外形也有不同，常见的有平屋顶、坡屋顶及曲面屋顶等。

1. 平屋顶

平屋顶通常是指屋面坡度小于5%的屋顶，常用坡度为2%～3%。平屋顶易于协调统一建筑与结构的关系，节约材料，屋面可供多种利用，如设露台、屋顶花园、屋顶游泳池等。常见平屋顶的形式如图6.1所示。

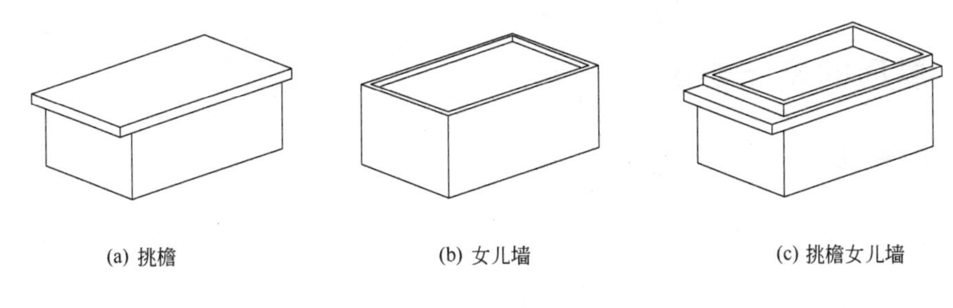

(a) 挑檐　　(b) 女儿墙　　(c) 挑檐女儿墙

图 6.1　平屋顶的形式

2．坡屋顶

坡屋顶是指屋面坡度较陡的屋顶，其坡度一般在 10%以上。坡屋顶是我国传统的建筑屋顶形式，广泛应用于民居建筑中，在现代城市建设中为满足景观或建筑风格的要求也广泛采用坡屋顶形式。

坡屋顶的常见形式有单坡、双坡、四坡屋顶，硬山及悬山屋顶，歇山及庑殿屋顶，圆形或多角形攒尖屋顶等，如图 6.2 所示。

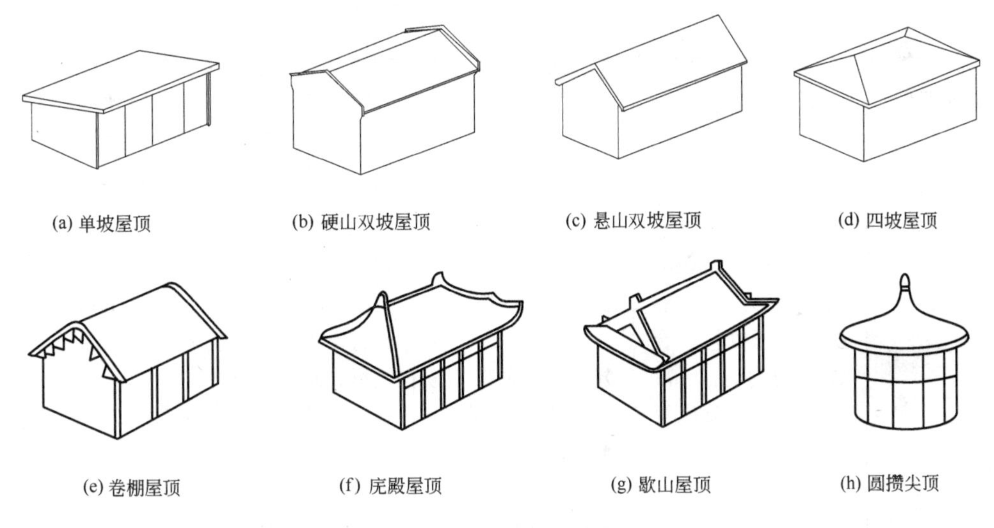

(a) 单坡屋顶　　(b) 硬山双坡屋顶　　(c) 悬山双坡屋顶　　(d) 四坡屋顶

(e) 卷棚屋顶　　(f) 庑殿屋顶　　(g) 歇山屋顶　　(h) 圆攒尖顶

图 6.2　坡屋顶的形式

3．其他形式的屋顶

随着建筑科学技术的发展，在大跨度公共建筑中使用了多种新型结构的屋顶，如薄壳屋顶、网壳屋顶、拱屋顶、折板屋顶、悬索屋顶等，如图 6.3 所示。

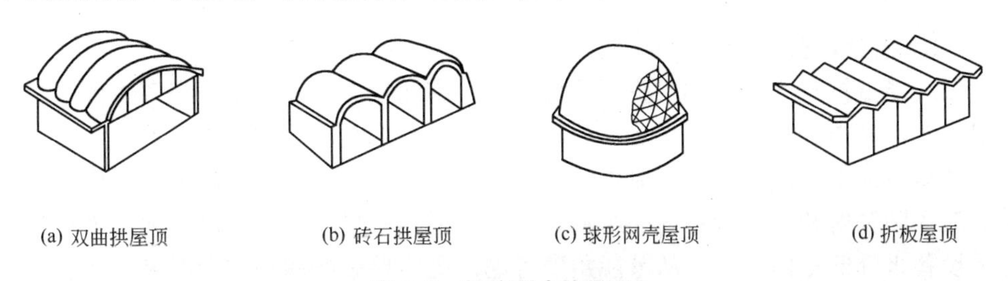

(a) 双曲拱屋顶　　(b) 砖石拱屋顶　　(c) 球形网壳屋顶　　(d) 折板屋顶

图 6.3　其他形式的屋顶

6.1.2　屋顶的设计要求

1. 功能要求

屋顶是建筑物的围护结构，应能抵御自然界各种环境因素对建筑物的不利影响。

1) 防水要求

在屋顶设计中，防止屋面漏水是构造做法必须解决的首要问题，也是保证建筑室内空间正常使用的先决条件。为此，需要做好两方面的工作：首先采用不透水的防水材料以及合理的构造处理来达到防水的目的；另外，组织好屋面的排水组织设计，将雨水迅速排除，不在屋顶产生积水现象。我国现行的《屋面工程技术规程》(GB 50345—2004)根据建筑物的性质、重要程度、使用功能要求及防水耐久年限等，将屋面防水划分为四个等级，见表 6.1。

表 6.1　屋面防水等级和防水要求

项　目	屋面防水等级			
	Ⅰ	Ⅱ	Ⅲ	Ⅳ
建筑物类别	特别重要或对防水有特殊要求的建筑	重要的建筑和高层建筑	一般的建筑	非永久性的建筑
防水层合理使用年限	25 年	15 年	10 年	5 年
防水层选用材料	宜选用合成高分子防水卷材、高聚物改性沥青防水卷材、金属板材、合成高分子防水涂料、细石混凝土等材料	宜选用高聚物改性沥青防水卷材、合成高分子卷材、金属板材、合成高分子防水涂料、高聚物改性沥青防水涂料、细石防水混凝土、平瓦、油毡瓦等材料	宜选用高聚物改性沥青防水卷材、合成高分子卷材、三毡四油沥青防水卷材、金属板材、高聚物改性沥青防水涂料、合成高分子防水涂料、细石防水混凝土、平瓦、油毡瓦等材料	可选用二毡三油沥青防水卷材、高聚物改性沥青防水涂料等材料
设防要求	三道或三道以上防水设防	二道防水设防	一道防水设防	一道防水设防

注：① 表中采用的沥青均指石油沥青，不包括煤沥青和煤焦油等材料。

② 石油沥青纸胎油毡和沥青复合胎柔性防水卷材，系限制使用材料。

③ 在Ⅰ、Ⅱ级屋面防水设防中，如仅作一道金属板材时，应符合有关技术规定。

2) 保温隔热要求

屋顶应能抵抗气温的影响。我国地域辽阔，南北气候相差悬殊。在寒冷地区的冬季，室外温度低，室内一般都需要采暖，为保持室内正常的温度，减少能源消耗，避免产生顶棚表面结露或内部受潮等问题，屋顶应该采取保温措施。而在我国的南方气候炎热，为避免强烈的太阳辐射和高温对室内的影响，通常在屋顶应采取隔热措施。现在大量建筑物使用空调设备来降低室内温度，从节能角度考虑，更需要做好屋顶的保温隔热构造，以节约

空调和冬季采暖对能源的消耗。

2. 结构要求

屋顶既是房屋的围护结构，也是房屋的承重结构，承受风、雨、雪等的荷载及其自身的重量，上人屋顶还要承受人和设备等的荷载，所以屋顶应具有足够的强度和刚度，以保证房屋的结构安全，并防止因变形过大而引起防水层开裂、漏水。

3. 建筑艺术要求

屋顶是建筑物外部体型的重要组成部分，屋顶的形式对建筑物的特征有很大的影响。变化多样的屋顶外形，装修精美的屋顶细部，是中国传统建筑的重要特征之一，现代建筑也应注重屋顶形式及其细部设计，以满足人们对建筑艺术方面的要求。

6.2 屋顶排水设计

屋顶裸露在外面，直接受到雨、雪的侵袭，为了迅速排除屋面雨水，保证水流畅通，必须进行周密的排水设计。屋顶排水设计主要包括排水坡度的选择和采用正确的排水方式。

6.2.1 屋顶坡度选择

1. 屋顶坡度的表示方法

常用的坡度表示方法有角度法、斜率法和百分比法三种，如图 6.4 所示。角度法以屋顶倾斜面与水平面所成夹角的大小来表示；斜率法以倾斜面的垂直投影长度与水平投影长度之比来表示；百分比法以屋顶倾斜面的垂直投影长度与水平投影长度之比的百分比值来表示。坡屋顶多采用斜率法，平屋顶多采用百分比法，角度法在工程中应用较少。

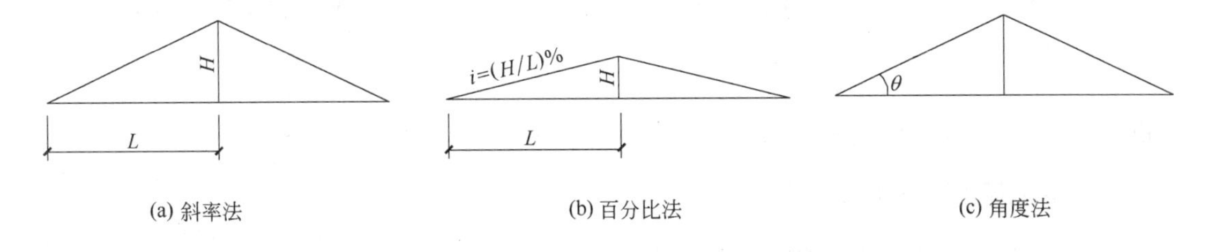

(a) 斜率法　　(b) 百分比法　　(c) 角度法

图 6.4 屋顶坡度表示法

2. 影响屋顶坡度的因素

屋顶坡度的确定与屋面防水材料、地区降雨量大小、屋顶结构形式、建筑造型要求以及经济条件等因素有关。对于一般民用建筑，确定屋顶坡度，主要考虑以下两方面的因素。

1) 屋面防水材料与排水坡度的关系

防水材料如果尺寸小，则接缝必然多，容易产生裂缝渗水，因此屋面应有较大的排水坡度，以便将积水迅速排除，减少漏水的机会。坡屋顶的防水材料多为瓦材(如小青瓦、平瓦、琉璃瓦等)，其每块覆盖面积小，故坡屋顶较陡。如屋面的防水材料覆盖面积大，接缝

少而且严密，则屋顶的排水坡度可小一些。屋面防水材料及最小坡度应符合表6.2的规定，一些常用屋面的适宜坡度如表6.3所示。

表6.2　屋面防水材料及最小坡度

屋面防水材料	最小坡度	屋面防水材料	最小坡度
卷材防水、刚性防水	1∶50	波形石棉瓦	1∶3
水泥瓦、黏土瓦无望板基层	1∶2	波形金属瓦	1∶4
水泥瓦、黏土瓦有望板及油毡基层	1∶2.5	压型钢板	1∶7

表6.3　屋面类型与适宜坡度

屋面类型	屋面名称	适宜坡度/%
坡屋面	黏土瓦屋面	≥40
	小青瓦屋面	≥30
	平瓦屋面、波形瓦屋面	20～50
平屋面	卷材、刚性防水屋面、涂膜平屋面	2～3
	架空板隔热屋面	≤5
	种植屋面	≤3
	蓄水屋面	≤0.5
其他屋面	网架结构、悬索结构金属薄板屋面	≥4
	网架结构卷材屋面	≥3
	金属压型板屋面	5～17

2) 地区降雨量的大小

降雨量大的地区，屋面渗漏的可能性较大，屋顶的排水坡度应适当加大；反之，屋顶排水坡度则宜小一些。

综上所述可以得出如下规律：屋面防水材料尺寸越小，屋面排水坡度越大，反之越小；降雨量大的地区屋面排水坡度较大，反之则较小。

3. 形成屋面排水坡度的方法

形成屋顶坡度的做法一般有结构找坡(见图6.5)和材料找坡(见图6.6)两种。

1) 结构找坡

结构找坡亦称搁置坡度，是指屋顶结构自身带有排水坡度，如将屋面板搁放在根据屋面排水要求设计的倾斜的梁或墙上，平屋顶结构找坡的坡度宜为3%左右。这种做法不需另设找坡层，施工方便、荷载轻、造价低，但顶棚倾斜，室内空间不规整，用于民用建筑时往往需要设吊顶。

2) 材料找坡

材料找坡亦称垫置坡度，是指屋面板呈水平搁置，利用轻质材料垫置成排水坡度的做法。常用于找坡的材料有水泥炉渣、石灰炉渣等，找坡材料最薄处一般不宜小于30 mm。

材料找坡的坡度不宜过大，否则可用保温材料来做成排水坡度。利用材料找坡可获得平整的室内空间，但找坡材料增加了屋面荷载，材料和人工消耗较多。

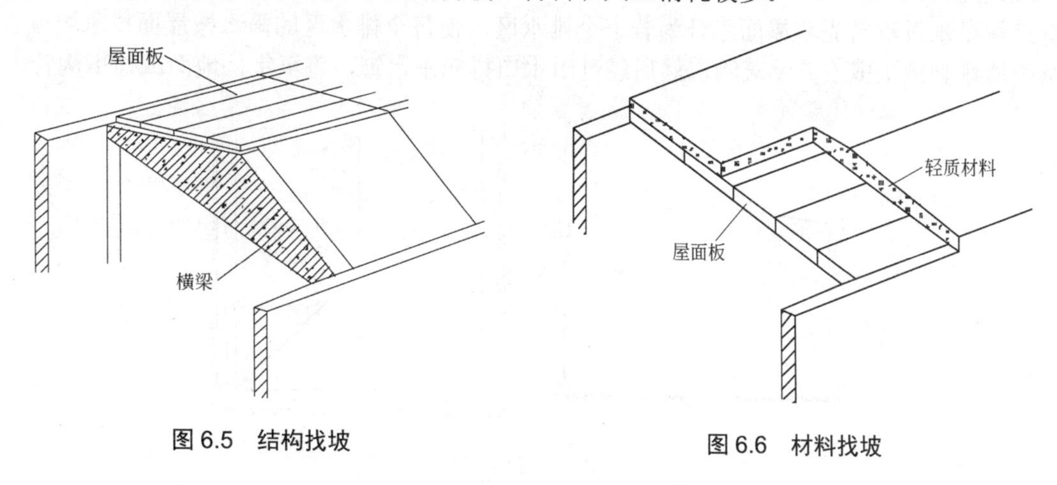

图 6.5 结构找坡

图 6.6 材料找坡

6.2.2 屋顶的排水方式

1. 排水方式

屋顶的排水方式分为两大类，即无组织排水和有组织排水。

1) 无组织排水

无组织排水是指屋面排水不需人工设计，雨水直接从檐口自由落到室外地面的排水方式，又称自由落水，如图 6.7 所示。自由落水的屋面可以是单坡屋顶、双坡屋顶或四坡屋顶，雨水可以从一面、两面或四面落至地面。

无组织排水构造简单，造价低，但屋面雨水自由落下会溅湿墙面，外墙墙角容易被飞溅的雨水侵蚀，降低外墙的坚固耐久性；从檐口滴落的雨水可能影响人行道的交通。因此无组织排水一般适用于低层及雨水较少地区的建筑物，不宜用于临街建筑物和高度较高的建筑物。在工业建筑中，积灰较多的屋面(如铸工车间、炼钢车间等)宜采用无组织排水，因为在加工过程中释放的大量粉尘积于屋面，下雨时被冲进天沟容易堵塞管道；另外，有腐蚀性介质的工业建筑物(如铜冶炼车间、某些化工厂房等)也宜采用无组织排水，因为生产过程中散发的大量腐蚀性介质会侵蚀铸铁雨水装置。

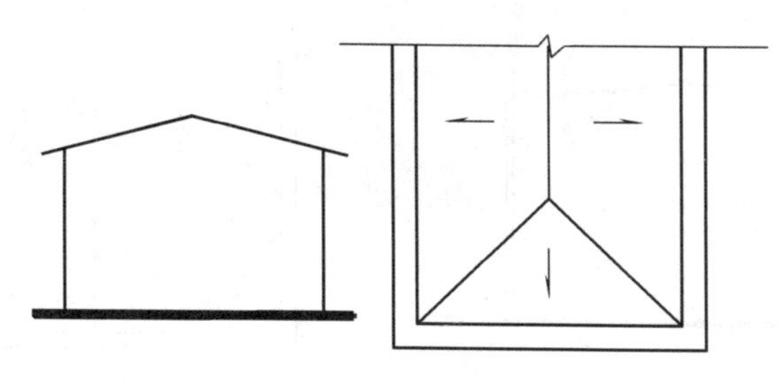

图 6.7 无组织排水

2) 有组织排水

有组织排水是指屋面雨水通过排水系统(天沟、雨水管等)，有组织地排到室外地面或

地下沟管的排水方式，如图 6.8～图 6.12 所示。屋面雨水顺坡汇集于檐沟或天沟，并在檐沟或天沟内填 0.5%～1%纵坡，使雨水集中至雨水口，经雨水管排至地面或地下排水管网。有组织排水过程首先将屋面划分为若干个排水区，使每个排水区的雨水按屋面排水坡度有组织地排到檐沟或女儿墙天沟，然后经过雨水口排到雨水管，直至室外地面或地下沟管。

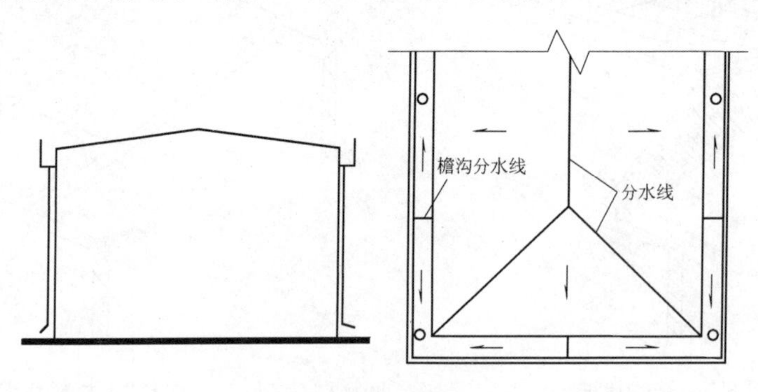

图 6.8　挑檐沟外排水

有组织排水不妨碍人行交通，雨水不易溅湿墙面，因而在建筑工程中应用十分广泛。但相对于无组织排水来说，构造复杂，造价较高。

2．有组织排水的方案

有组织排水方案可分为外排水和内排水两种形式，外排水方式有女儿墙外排水、挑檐沟外排水、女儿墙挑檐沟外排水和暗管外排水。在一般情况下应尽量采用外排水方案，因为内排水构造复杂，容易造成渗漏。

1) 外排水方案

(1) 挑檐沟外排水。屋面雨水汇集到悬挑在墙外的檐沟内，再由水落管排下，如图 6.8 所示。当建筑物出现高低屋面时，可先将高处屋面的雨水排至低处屋面，然后从低处屋面的檐沟引入地下。

采用挑檐沟外排水方案时，水流路线的水平距离不应超过 24 m，以免造成屋面渗漏。

(2) 女儿墙外排水。这种排水方案的做法是：将外墙升起封住屋面形成女儿墙，屋面雨水穿过女儿墙流入室外的雨水管，最后引入地沟，如图 6.9 所示。

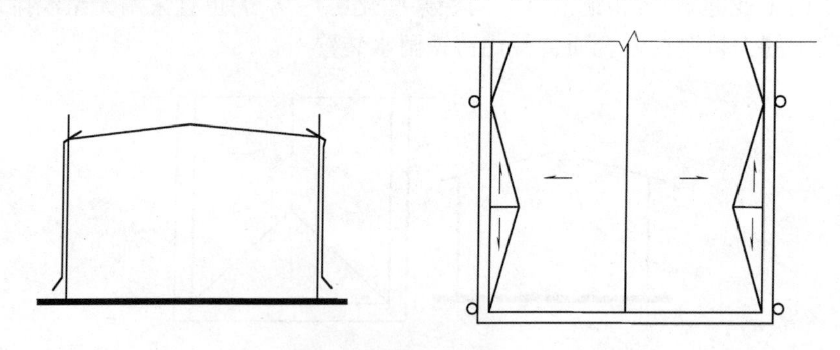

图 6.9　女儿墙外排水

(3) 女儿墙挑檐沟外排水。这种排水方案的特点是：在屋檐部位既有女儿墙，又有挑檐沟。蓄水屋面常采用这种形式，利用女儿墙作为蓄水仓壁，利用挑檐沟汇集从蓄水池中

溢出的多余雨水，如图 6.10 所示。

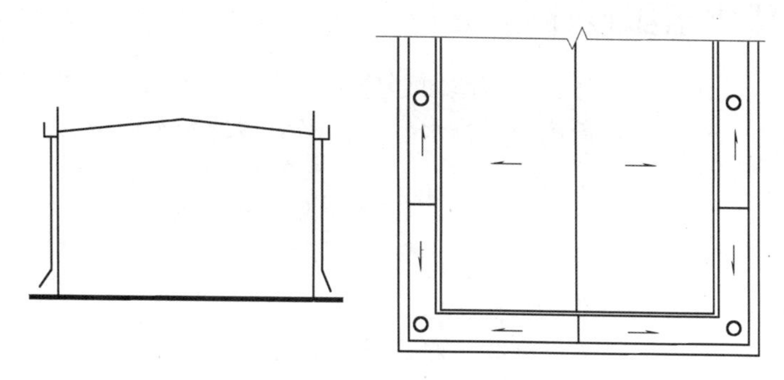

图 6.10　女儿墙挑檐沟外排水

(4) 暗管外排水。明雨水管对建筑立面的美观有影响，在一些重要的公共建筑中，常采用暗装雨水管的方式，将雨水管隐藏在假柱或空心墙中，暗管外排水如图 6.11 所示。

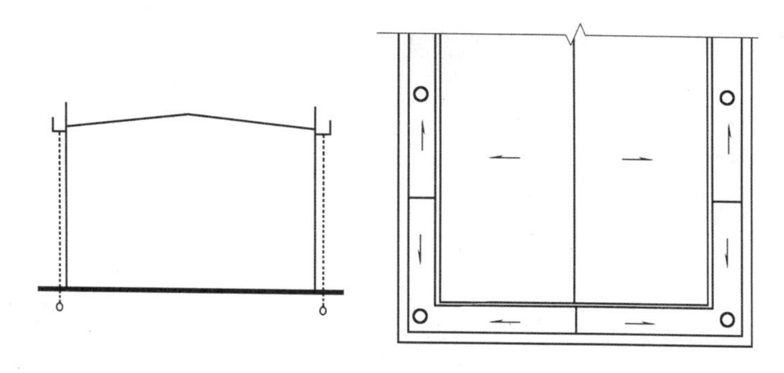

图 6.11　暗管外排水

2) 内排水方案

外排水构造简单，雨水管不进入室内，有利于室内美观和减少渗漏，因此雨水较多的南方地区应优先采用。但是，有些情况采用外排水就不一定合适，如超高层建筑，因为维修室外雨水管既不方便也不安全；又如严寒地区的建筑不宜采用外排水，因为低温会使室外雨水管中的雨水冻结；有些屋面宽度较大的建筑，无法完全依靠外排水排除屋面雨水，也要采用内排水方案，如图 6.12 所示。

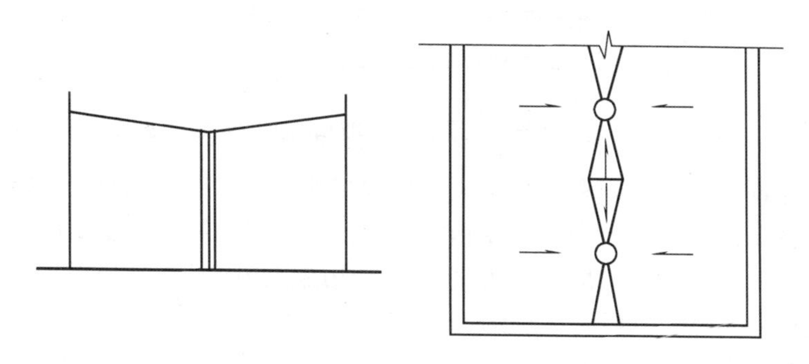

图 6.12　内排水

6.2.3 屋顶排水组织设计

屋顶排水组织设计的主要任务是将屋面划分为若干排水区，分别将雨水引向雨水管，做到排水线路简捷、雨水口负荷均匀、排水顺畅、避免屋顶积水而引起渗漏。屋顶排水组织设计一般按以下步骤进行。

1. 确定排水坡面的数目

进深不超过 12 m 的房屋和临街建筑常采用单坡排水，进深超过 12 m 时宜采用双坡排水。坡屋顶则应结合造型要求选择单坡、双坡或四坡排水。

2. 划分排水分区

划分排水分区的目的在于合理地布置雨水管。排水区的面积是指屋面水平投影的面积，每一个雨水口的汇水面积一般为 150～200 m^2。

3. 确定天沟断面大小和天沟纵坡的坡度

天沟即屋面上的排水沟，位于檐口部位时称为檐沟。天沟的功能是汇集和迅速排除屋面雨水，故应具有合适的断面大小。在沟底沿长度方向应设纵向排水坡度，简称天沟纵坡。天沟纵坡的坡度与面层材料有关：卷材面层纵坡应≥1%；混凝土面层应≥0.3%；砂浆或块料面层应≥0.5%，如图 6.13 所示。

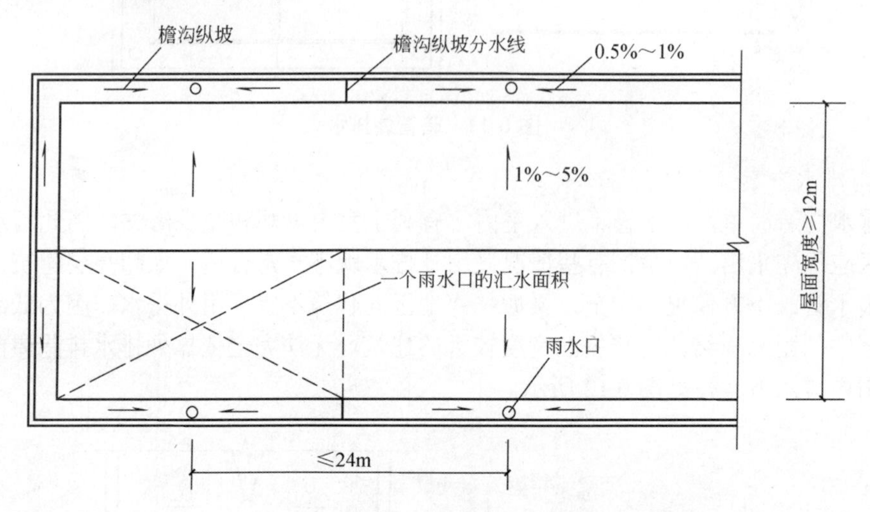

图 6.13 挑檐沟平屋面天沟纵坡和雨水口间距示意图

天沟根据屋顶类型的不同有多种做法。如坡屋顶中可用钢筋混凝土、镀锌铁皮、石棉瓦等材料做成槽形或三角形天沟。平屋顶的天沟一般采用钢筋混凝土制成，当采用女儿墙外排水方案时，可利用倾斜的屋面与垂直的墙面构成三角形天沟。当采用檐沟外排水方案时，通常用钢筋混凝土槽形板做成矩形天沟。

矩形天沟的净宽应不小于 200 mm，沟底沿长度方向设置纵坡坡向雨水口，天沟上口与分水线的距离不小于 120 mm。

4. 雨水管的规格和间距

雨水管按材料分为铸铁、镀锌铁皮、塑料、石棉水泥和陶土等，最常采用的铸铁和塑料雨水管。雨水管的直径有 50 mm、75 mm、100 mm、125 mm、150 mm 和 200 mm 几种规格，一般民用建筑雨水管常采用的直径为 100 mm，面积较小的阳台或露台可采用直径 50 mm 或 75 mm 的雨水管。

雨水口的间距过大可引起沟内垫坡材料过厚，使天沟容积减小，大雨时雨水溢向屋面引起渗漏。挑檐沟平屋面雨水口的最大间距为 24 m，如图 6.13 所示。女儿墙平屋面及内排水暗管排水屋面的雨水口的最大间距为 18 m，瓦屋面雨水口的最大间距为 15 m。

6.3 平屋顶防水构造

平屋顶防水屋面按其防水层做法的不同常分为柔性防水屋面、刚性防水屋面和涂膜防水屋面等多种类型。

6.3.1 柔性防水屋面

柔性防水屋面是将柔性防水卷材相互搭接用胶结材料贴在屋面基层上形成防水能力的，由于卷材具有一定的柔性，能适应部分屋面变形，所以称为柔性防水屋面(也称卷材防水屋面)。

1. 材料

1) 卷材

(1) 沥青类防水卷材。俗称沥青油毡(包括非高聚物改性沥青)，由沥青、胎体、填充料经浸滞或辊压制成，属低档材料。我国过去几十年一直使用沥青及油毡作为屋面防水层。油毡比较经济，也有一定的防水能力，但须热加工，易污染环境，且高温时易流淌，老化周期多为 6—8 年。随着新型屋面防水卷材的出现，沥青油毡将被逐步替代。

(2) 高聚物改性沥青卷材。按改性材料种类又可分为 SBS、APP、PVC、再生橡胶和废胶粉等几种改性沥青卷材，与沥青防水卷材比较，具有高温不流淌、低温不脆裂、拉伸强度高和延伸率较大的优点。

(3) 合成高分子卷材。以合成橡胶、合成树脂或两者共混体为基料，加入适量化学助剂和填充料经塑炼混炼、压延或挤出成型，具有强度高、断裂伸长率大、耐老化及可冷施工等优越性能。我国目前开发的合成高分子卷材主要有橡胶系、树脂系、橡塑共混型等三大系列，属新型高档防水材料。常见的有三元乙丙橡胶卷材、聚氯乙烯卷材、氯丁橡胶卷材等。

2) 卷材粘合剂

用于沥青卷材的粘合剂主要有冷底子油、沥青胶等。冷底子油是将沥青稀释溶解在煤油、轻柴油或汽油中制成。沥青胶是在沥青中加入填充料如滑石粉、云母粉、石棉粉和粉煤灰等加工制成。沥青胶分为石油沥青胶和煤沥青胶，石油沥青胶适于粘结石油沥青类卷材，煤沥青胶适于粘结煤沥青卷材。

高聚物改性沥青卷材和合成高分子卷材使用专门配套的粘合剂，如适用于改性沥青类卷材的RA-86型氯丁胶粘结剂、SBS改性沥青粘结剂，三元乙丙橡胶卷材用聚氨酯底胶基层处理剂等。

2．卷材防水屋面的构造层次和做法

卷材防水屋面由多层材料叠合而成，其基本构造层次按构造要求由结构层、找坡层、找平层、结合层、防水层和保护层组成，如图6.14所示为油毡防水屋面的常用做法。

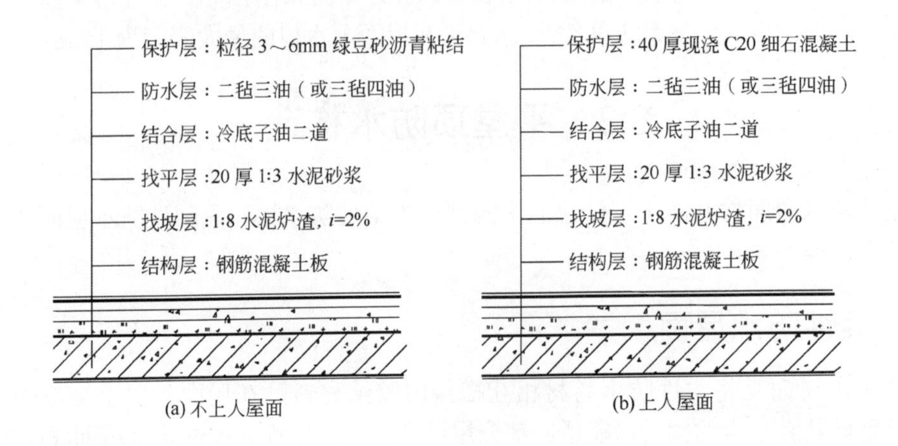

图6.14　油毡防水屋面的做法

1) 结构层

卷材防水屋面的结构层通常为具有一定强度和刚度的预制或现浇钢筋混凝土屋面板。

2) 找坡层

当屋顶采用材料找坡时，应选用轻质材料形成所需的排水坡度，通常是在结构层上铺1∶(6～8)的水泥炉渣或水泥膨胀蛭石或其他轻质混凝土等。当屋顶采用结构找坡时，则不设找坡层。

3) 找平层

卷材防水层要求铺贴在坚固而平整的基层上，以避免卷材凹陷或断裂，因而在松软材料及预制屋面板上铺设卷材以前，必须先做找平层。找平层一般为20～30 mm厚1∶3水泥砂浆。

4) 结合层

结合层的作用是在卷材与基层间形成一层胶质薄膜，使卷材与基层胶结牢固。沥青类卷材通常用冷底子油作结合层，高分子卷材则多用配套基层处理剂。

5) 防水层

(1) 沥青卷材防水层(以油毡为例)。油毡防水层由多层油毡和沥青玛蹄脂交替粘合而成。做法是：先在找平层上涂刷冷底子油一道，然后将调制好的沥青胶均匀涂刷在找平层上，边刷边铺贴油毡。铺好一层后再刷沥青胶再铺油毡，如此交替进行，最后一层油毡面上也需刷一层沥青胶。一般民用建筑应做三毡四油(三层油毡四层玛蹄脂)，非永久性的简易建筑屋面防水层可采用二毡三油。

当屋面坡度小于3%时，油毡宜平行于屋脊，从檐口到屋脊层层向上铺贴，如图6.15(a)

所示。屋面坡度为3%～15%时，油毡可平行或垂直于屋脊铺贴。当屋面坡度大于15%或屋面受震动时，油毡应垂直于屋脊铺贴，如图9.15(b)所示。油毡接头处应相互搭接，沿油毡长边方向搭接宽度为80～120 mm，短边方向搭接100～150 mm。

(2) 高聚物改性沥青卷材。高聚物改性沥青卷材的铺贴方法有冷粘法和热熔法两种。冷粘法是用胶粘剂将卷材粘贴在找平层上，或利用卷材的自粘性进行铺贴。热熔法施工是用火焰加热器将卷材均匀加热至表面光亮发黑，然后立即滚铺卷材使之平展并辊压牢固。

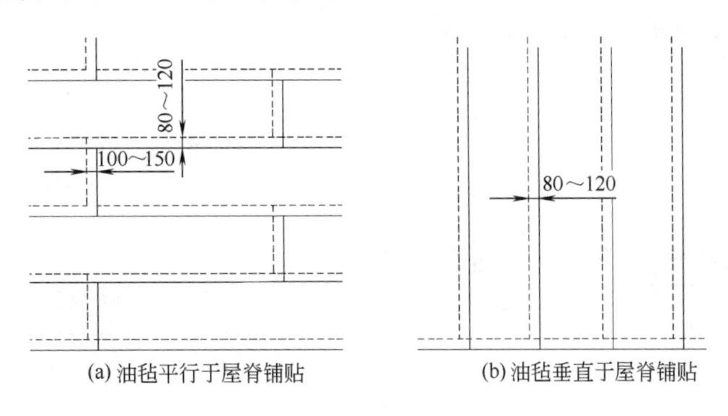

图6.15 油毡铺贴方向与搭接尺寸

(3) 合成高分子卷材。以三元乙丙橡胶卷材为例，其构造做法是：先在找平层上涂刮基层处理剂如CX-404胶等，要求薄而均匀，待处理剂干燥不粘手后即可铺贴卷材。卷材长边应最少搭接50 mm，短边最少搭接70 mm。卷材铺好后立即将其辊压密实，搭接部位用胶粘剂均匀涂刷粘全。

6) 保护层

卷材防水层裸露在屋顶上，受温度、阳光及氧气等作用容易老化。为保护防水层，延缓卷材老化、增加使用年限，卷材表面需设保护层。当为非上人屋面时，可在最后一层沥青胶上趁热满粘一层3～6 mm粒径的无棱石子，俗称绿豆砂保护层。这种做法比较经济方便，有一定效果。当为上人屋面时，可在防水层上面浇筑30～40 mm厚细石混凝土，还可用20 mm厚1∶3水泥砂浆贴地砖或混凝土预制板等，这样既可为上人屋面提供活动面层，也能起到保护防水层的作用。

常用三元乙丙复合卷材、高聚物改性沥青卷材防水屋面做法如图6.16所示。

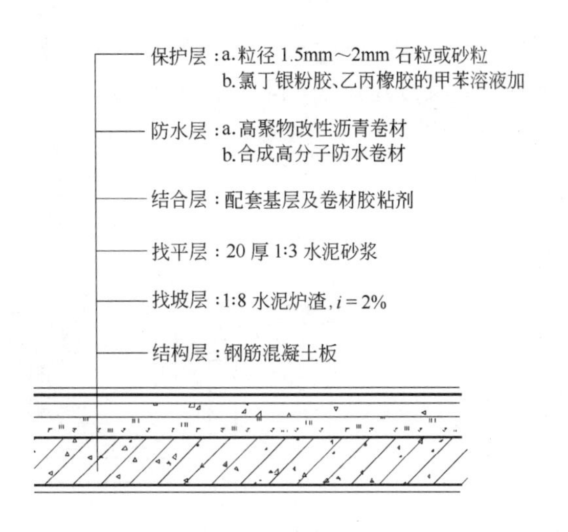

图6.16 高聚物改性沥青卷材防水屋面的做法

3. 细部构造

柔性防水屋面在处理好大面积屋面防水的同时，应注意檐口、泛水、雨水口以及变形缝等部位的细部构造处理。

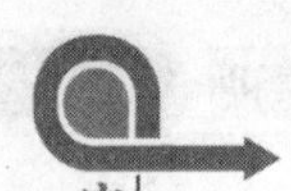

1) 挑檐口构造

挑檐口分为无组织排水和有组织排水两种做法。

(1) 无组织排水挑檐口。无组织排水挑檐口不宜直接采用屋面板外挑，因其温度变形大，易使檐口抹灰砂浆开裂，引起爬水和尿墙现象。最好采用与圈梁整浇的混凝土挑板。挑檐口构造要点是檐口 800 mm 范围内卷材应采取满贴法，在混凝土檐口上用细石混凝土或水泥砂浆先做一凹槽，然后将卷材贴在槽内，将卷材收头用水泥钉钉牢，上面用防水油膏嵌填，无组织排水挑檐口构造如图 6.17 所示。

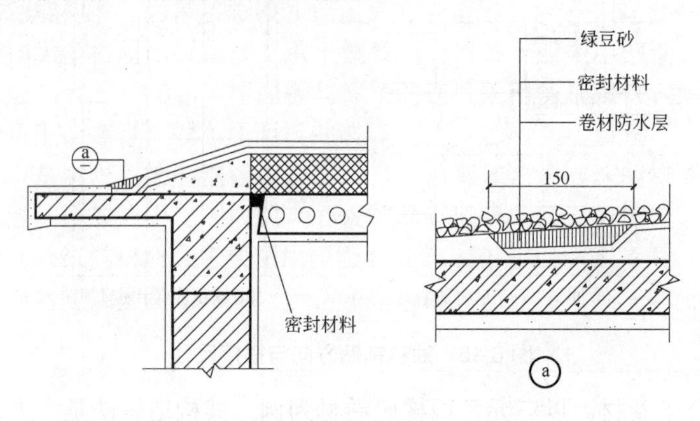

图 6.17　无组织排水挑檐口构造

(2) 有组织排水挑檐口。有组织排水挑檐口常常将檐沟布置在出挑部位，现浇钢筋混凝土檐沟板可与圈梁连成整体，预制檐沟板则需搁置在钢筋混凝土屋架挑牛腿上。

挑檐口构造的要点是：檐沟内加铺 1～2 层附加卷材；沟内转角部位找平层应做成圆弧形或 45° 斜坡；为了防止檐沟壁面上的卷材下滑，通常是在檐沟边缘用水泥钉钉压条，将卷材的收头处压牢固，再用油膏或砂浆盖缝。有组织排水挑檐口的构造做法如图 6.18 所示。

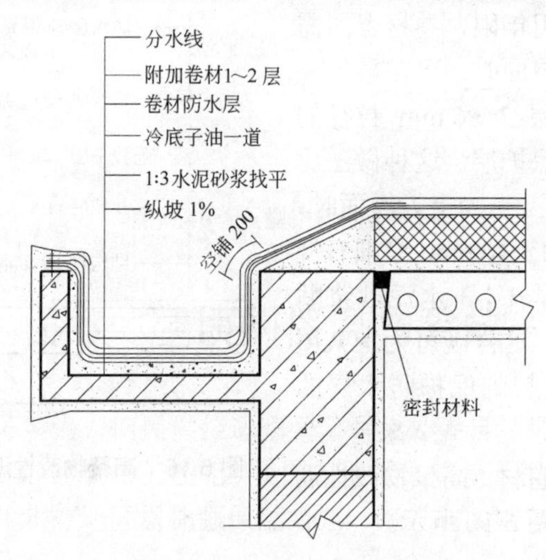

图 6.18　有组织排水挑檐口构造

2) 泛水构造

泛水是指屋顶上沿所有垂直面所设的防水构造。突出屋面的女儿墙、烟囱、楼梯间、

变形缝、检修孔、立管等的壁面与屋顶的交接处是最容易漏水的地方，必须将屋面防水层延伸到这些垂直面上，形成立铺的防水层，称为泛水。泛水构造应注意以下几点：

(1) 铺贴泛水处的卷材应采用满粘法。泛水应有足够的高度，泛水高度一般不小于250mm，并加铺一层附加卷材。

(2) 屋面与立墙相交处应做成弧形或 45° 斜面，使卷材紧贴于找平层上，而不致出现空鼓现象。

(3) 墙体为砖墙时，卷材收头可直接铺至女儿墙压顶下，用压条钉压固定并用密封材料封闭严密，压顶应做防水处理如图 6.19(a)所示；也可以压入砖槽内固定密封，凹槽距屋面找平层的高度不应小于 250mm，凹槽上部的墙体应做防水处理，如图 6.19(b)所示。

(4) 墙体为混凝土时，卷材的收头可采用金属压条钉压，并用密封处理封固，如图 6.19(c)所示。

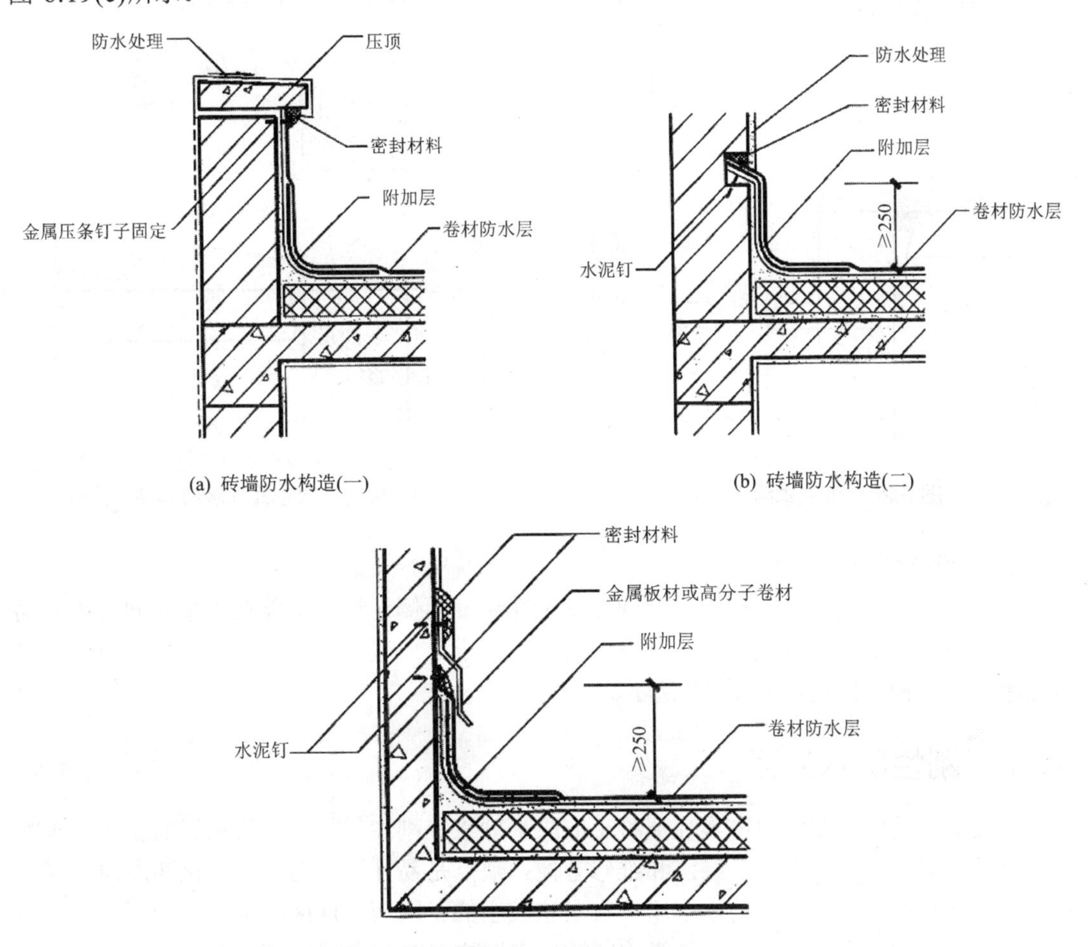

(a) 砖墙防水构造(一)

(b) 砖墙防水构造(二)

(c) 钢筋混凝土墙体泛水

图 6.19 泛水构造

3) 雨水口构造

雨水口是指为了将屋面雨水排至雨水管而在檐口处或檐沟内开设的洞口，要求排水通

畅，不易堵塞和渗漏。雨水口的位置应尽可能比屋面或檐沟面低。有垫坡层或保温层的屋面，可在雨水口直径 500 mm 范围内减薄形成漏斗形，使之排水通畅，避免积水。有组织外排水最常用的有檐沟与女儿墙雨水口两种形式，有组织内排水的雨水口则设在天沟上，构造与外排水檐沟式的构造相同。

雨水口分为直管式和弯管式两类，直管式适用于中间天沟、挑檐沟和女儿墙内排水天沟，弯管式适用于女儿墙外排水。

直管式雨水口的构造要点是：将各层卷材(包括附加卷材)粘贴在套管内壁上，表面涂防水油膏，用环行筒将卷材压紧，嵌入的深度至少为 100 mm。

弯管式雨水口的构造要点是：将屋面防水层及泛水的卷材铺贴到套管内壁四周，铺入深度至少为 100 mm，套管口用铸铁篦遮盖，以防污物堵塞雨水口。

直管式雨水口的构造如图 6.20 所示；弯管式雨水口的构造如图 6.21 所示。

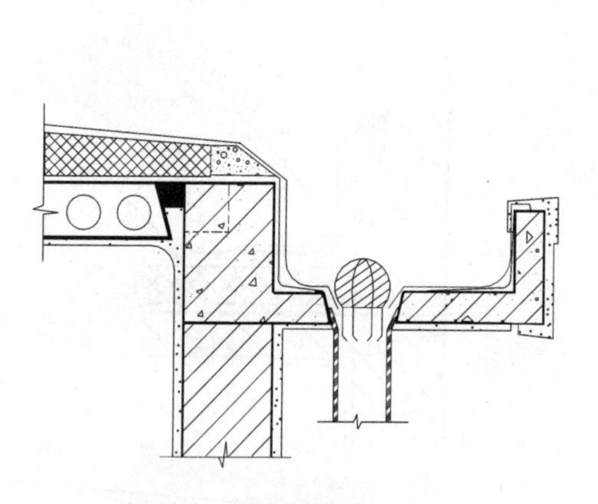

图 6.20　直管式雨水口构造

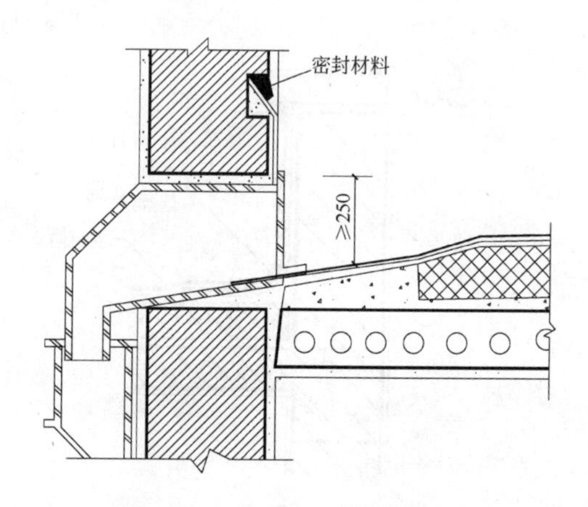

图 6.21　弯管式雨水口构造

4) 变形缝处构造

柔性防水屋面变形缝处构造的处理原则是在保证两侧结构构件能在水平方向自由伸缩的同时又能满足防水、保温、隔热等屋面结构的要求。一般有设在同一标高屋面或高低错落处屋面两种构造处理，如图 8.8 所示。

6.3.2　刚性防水屋面

刚性防水屋面主要指以密实性混凝土或防水砂浆等刚性材料作为防水层的屋面。刚性防水屋面的优点是施工简单、经济和维修方便；缺点是易开裂，对气温变化和屋面基层变形的适应性较差。所以刚性防水多用于日温差较小的我国南方地区防水等级为Ⅲ级的屋面防水，也可用作防水等级为Ⅰ、Ⅱ级的屋面多道设防中的一道防水层。

刚性防水屋面要求基层变形小，一般不适用于保温的屋面，因为保温层多采用轻质多孔材料，其上不宜进行浇筑混凝土的湿作业。此外，混凝土防水层铺设在这种松软的基层上也很容易产生裂缝。刚性防水屋面也不宜用于高温、有振动、基础有较大不均匀沉降的建筑物。

1. 刚性防水屋面的构造层次与做法

刚性防水屋面的构造层次有结构层、找平层、隔离层和防水层等，刚性防水屋面应尽量采用结构找坡。图 6.22 所示为非保温刚性防水屋面的构造层次。

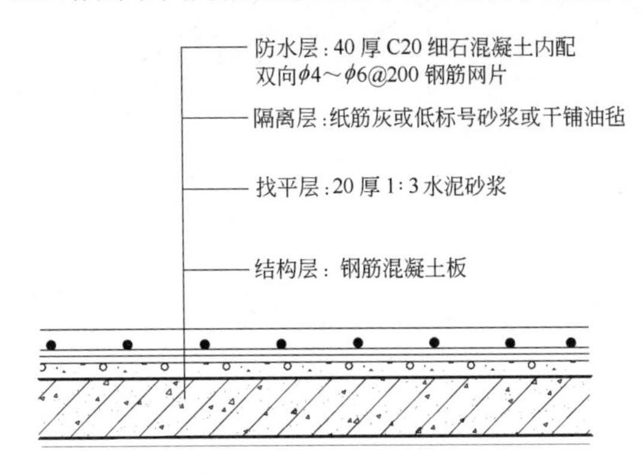

图 6.22　刚性防水屋面的构造层次

1) 结构层

刚性防水屋面的结构层要求具有足够的强度和刚度，一般采用现浇或预制装配的钢筋混凝土屋面板，以免结构变形过大而引起防水层开裂。

2) 找平层

为保证防水层厚薄均匀，通常应在结构层上用 20 mm 厚 1:3 水泥砂浆找平。若采用现浇钢筋混凝土屋面板或设有纸筋灰等材料时，也可不设找平层。

3) 隔离层

为减少结构层变形以及温度变化对防水层的不利影响，宜在防水层下设置隔离层。隔离层可采用纸筋灰、低强度等级砂浆或薄砂层上干铺一层油毡等。

4) 防水层

防水层采用不低于 C20 的细石混凝土整体现浇而成，其厚度不小于 40 mm，并双向配置ϕ4～ϕ6@200 钢筋网片。为提高防水层的抗裂和抗渗性能，可掺入适量外加剂，如膨胀剂、减水剂和防水剂等。

2. 刚性防水屋面的细部构造

刚性防水屋面的细部构造包括屋面分格缝、泛水、檐口和雨水口等部位的构造处理。

1) 屋面分格缝构造

分格缝是一种设置在刚性防水层中的变形缝。其主要目的是防止温度变化引起防水层开裂，防止结构变形将防水层拉坏。因此，分格缝应设置在温度变形允许的范围内和结构变形敏感的部位。根据以上分析，分格缝应设置在装配式结构屋面板的支承端、屋面转折处、刚性防水层与立墙交接处，并应与板缝对齐。分格缝的纵横间距不宜大于 6 m。采用横墙承重的民用建筑，屋面分格缝的位置如图 6.23 所示。屋脊是屋面转折的界线，故设有一纵向分格缝；横向分格缝每开间设一道，并与装配式屋面板的板缝对齐；为了使混凝土在收缩和温度变形时不受女儿墙的影响，沿女儿墙四周的刚性防水层与女儿墙之间也应设分格缝。

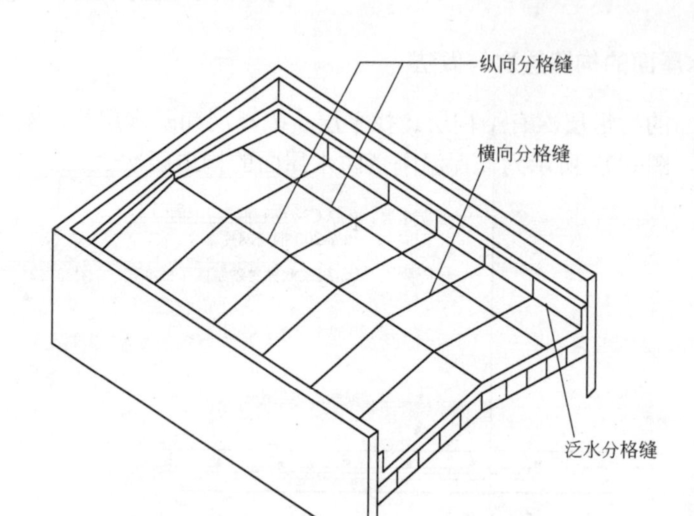

图 6.23 屋面分格缝的位置

屋面分格缝常见做法如图 6.24 所示。其构造处理还应注意以下几点：①防水层内钢筋网片在分格缝处应断开；②屋面板缝用浸过沥青的麻丝等密封材料嵌填，缝口用油膏嵌缝；③缝口表面用防水卷材铺贴盖缝，卷材宽度为 200～300 mm。

2) 泛水构造

凡屋面防水层与垂直墙面的交接处都须做泛水处理。刚性防水屋面的泛水构造与卷材屋面相同的是：泛水应有足够的高度，一般不小于 250 mm；泛水应嵌入立墙上的凹槽内并用压条及水泥钉固定。不同的是：刚性防水层与屋面突出物(女儿墙、烟囱等)间须留分格缝，并另铺贴附加卷材盖缝形成泛水。

女儿墙与刚性防水层间留分格缝，使混凝土防水层在收缩和温度变形时不受女儿墙的影响，可有效地防止其开裂。分格缝内用油膏嵌缝，缝外用附加卷材铺贴至泛水所需高度并做好压缝收头处理，以免雨水渗进缝内，刚性防水层屋面泛水如图 6.25 所示。

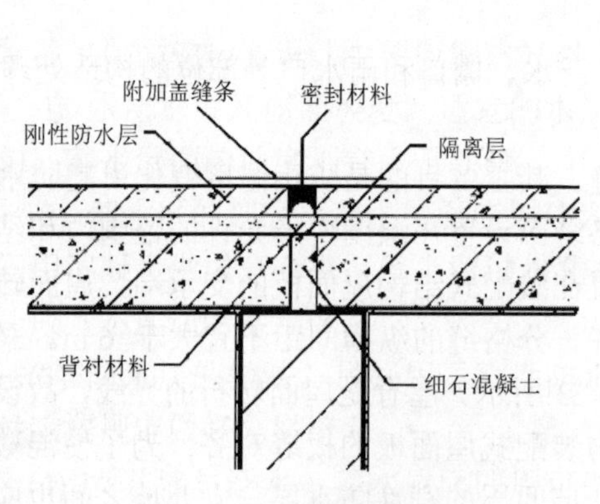

图 6.24 屋面分格缝构造

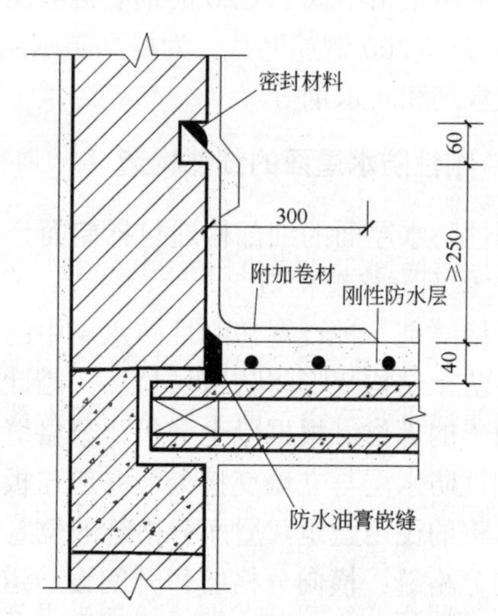

图 6.25 刚性防水层屋面泛水

3) 檐口构造

刚性泛水屋面常用的檐口形式有自由落水檐口、挑檐沟外排水檐口、女儿墙外排水檐口等。

(1) 自由落水檐口。当挑檐较短时，可将混凝土防水层直接悬挑出去形成挑檐口，圈梁带挑檐板如图 6.26(a)所示。当挑檐长度较长时，为了保证悬挑结构的强度，应采用与屋顶圈梁连为一体的悬臂板形成挑檐，如图 6.26(b)所示。在挑檐板与屋面板上做找平层和隔离层后浇筑混凝土防水层，并注意在檐口做好滴水。

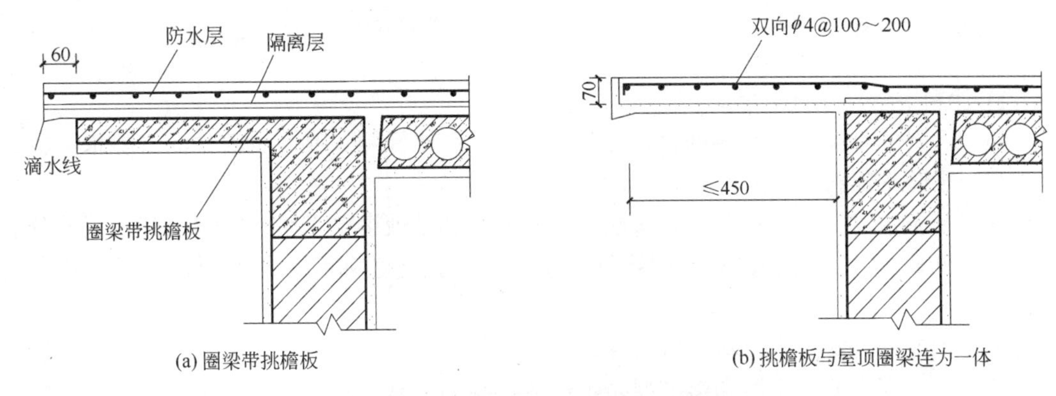

图 6.26　刚性防水屋面檐口构造

(2) 挑檐沟外排水檐口。挑檐沟一般采用现浇或预制钢筋混凝土槽形天沟板，在沟底用低强度等级的混凝土或水泥炉渣等材料垫置成纵向排水坡度，铺好隔离层后再浇筑防水层，防水层应挑出屋面并做好滴水，挑檐沟外排水檐口如图 6.27 所示。

(3) 女儿墙外排水檐口。在跨度不大的平屋顶中，当采用女儿墙外排水时，常利用倾斜的屋面板与女儿墙间的夹角做成三角形断面天沟，其构造处理与女儿墙泛水基本相同，天沟内需设有纵向排水坡度，女儿墙外排水檐口如图 6.28 所示。

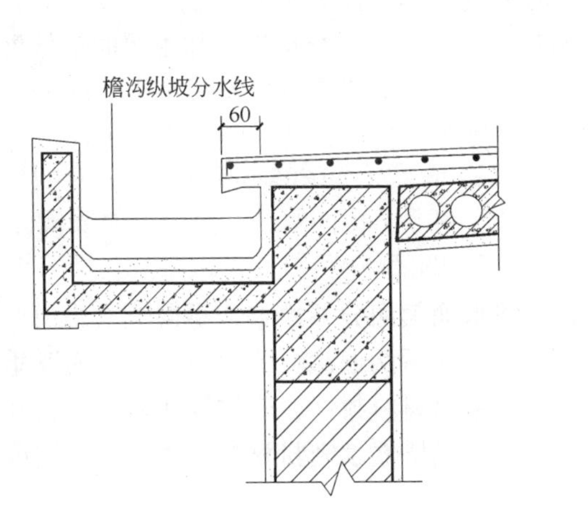

图 6.27　挑檐沟外排水檐口

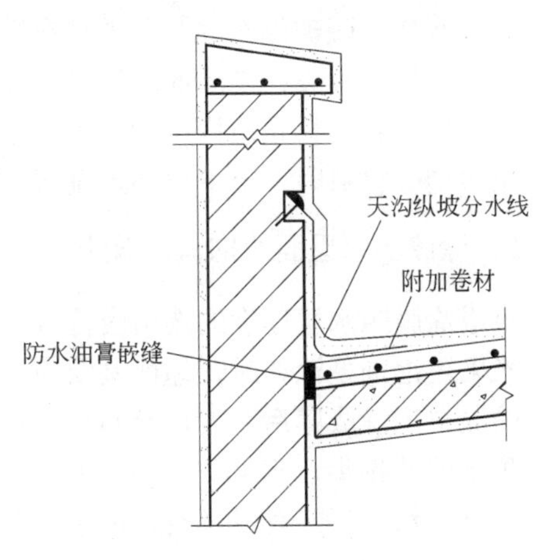

图 6.28　女儿墙外排水檐口

6.3.3 涂膜防水屋面

涂膜防水是用防水涂料直接涂刷在屋面基层上，利用涂料干燥或固化以后的不透水性来达到防水的目的。涂膜防水屋面具有防水、抗渗、粘结力强、耐腐蚀、耐老化、延伸率大、弹性好、无毒和施工方便等诸多优点，已广泛应用于建筑各部位的防水工程中。

涂膜防水主要适用于防水等级为Ⅲ、Ⅳ级的屋面防水，也可作为Ⅰ、Ⅱ级屋面多道防水设防中的一道防水。

1．材料

1) 涂料

防水涂料的种类很多，根据材料可分为沥青基防水涂料、高聚物改性沥青防水涂料、合成高分子防水涂料。

沥青基防水涂料是以沥青为基料配置而成的水乳型或溶剂型防水涂料，其常用的分散剂为石棉和膨润土。这种涂料在耐水性、耐候性、稳定性和耐久性方面，优于一般乳化沥青。

高聚物改性沥青防水涂料是以石油沥青为基料，用合成高分子聚合物对其改性，加入适量助剂配置而成的水乳型和溶剂型防水涂料。与沥青基涂料相比，其柔韧性、抗裂性、强度、耐高温性能和使用寿命等方面都有很大改善。

合成高分子防水涂料是以合成橡胶或合成树脂为原料，加入适量的活性剂、改性剂、增塑剂、防霉剂及填充料等制成的单组分或双组分防水涂料，具有高弹性、防水性好、耐久性好及耐高低温的优良性能，其中更以聚氨酯防水涂料性能最好。

2) 胎体增强材料

某些防水涂料(如氯丁胶乳沥青涂料)需要与胎体增强材料配合，以增强涂层的贴附覆盖能力和抗变形能力。目前，使用较多的胎体增强材料为 0.1×6×4 或 0.1×7×7 的中性玻璃纤维网格布或中碱玻璃布、聚酯无纺布等。需铺设胎体增强材料时，当屋面坡度小于 15%时，可平行屋脊铺设；当屋面坡度大于 15%时，应垂直于屋脊铺设，并由屋面最低处向上操作。胎体增强材料长边搭接宽度不得小于 50 mm，短边搭接宽度不得小于 70 mm。采用二层胎体增强材料时，上下层不得垂直铺设，搭接缝应错开，其间距不应小于幅宽的 1/3。

2．涂膜防水屋面的构造及做法

每道涂膜防水层厚度的选用应符合表 6.4 的要求。

当采用溶剂型涂料时，屋面基层应干燥。防水涂膜应分遍涂布，不得一次涂成。待先涂布的涂料干燥成膜后，方可涂布后一遍涂料，且前后两遍涂料的涂布方向应相互垂直。涂膜防水层的收头，应用防水涂料多遍涂刷或用密封材料封严。应按屋面防水等级和设防要求选择防水涂料。对易开裂、渗水的部位，应留凹槽嵌填密封材料，并增设一层或多层带有胎体增强材料的附加层。

涂膜防水层应沿找平层分格缝增设带有胎体增强材料的空铺附加层，空铺宽度宜为 100 mm。

表 6.4 涂膜厚度选用表

屋面防水等级	设防道数	高聚物改性沥青防水涂料	合成高分子防水涂料和聚合物水泥防水涂料
Ⅰ级	三道或三道以上设防	—	不应小于 1.5 mm
Ⅱ级	二道设防	不应小于 3 mm	不应小于 1.5 mm
Ⅲ级	一道设防	不应小于 3 mm	不应小于 2 mm
Ⅳ级	一道设防	不应小于 2 mm	—

涂膜防水屋面应设置保护层，保护层材料可采用细砂、云母、蛭石、浅色涂料、水泥砂浆或块体材料等。采用水泥砂浆或块材时，应在涂膜与保护层之间设置隔离层。水泥砂浆保护层厚度不宜小于 20 mm。

3. 涂膜防水屋面的细部构造

涂膜防水屋面的细部构造要求及做法与卷材防水屋面基本相同，如图 6.29 和图 6.30 所示。

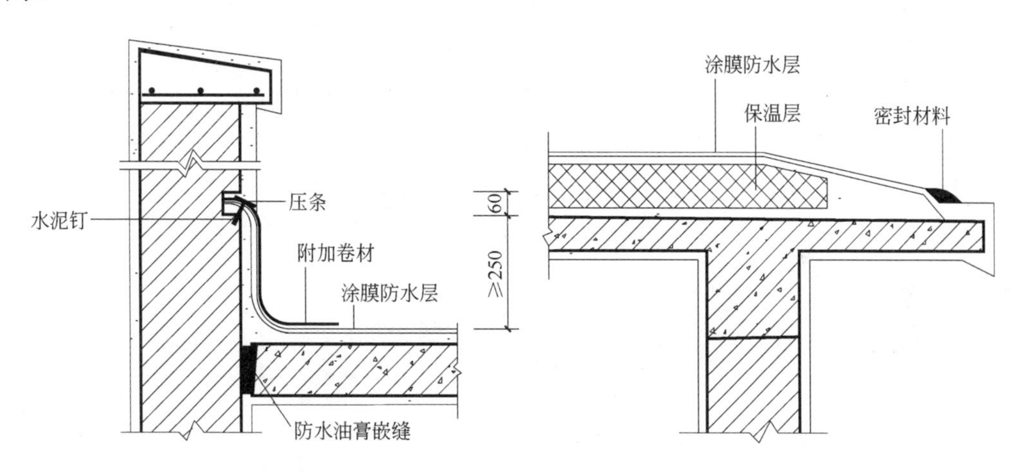

图 6.29 涂膜防水屋面女儿墙泛水构造

图 6.30 涂膜防水屋面檐口构造

6.4 坡屋顶构造

坡屋顶是我国传统的建筑屋顶形式，广泛应用于民居建筑中，在现代城市建设中为满足景观或建筑风格的要求也广泛采用坡屋顶形式。坡屋顶多采用瓦材防水，具有坡度大、排水快、防水功能好的特点。

6.4.1 坡屋顶的组成和特点

坡屋顶的形式多种多样，形成丰富多彩的建筑造型，图 6.2 所示为常见的坡屋顶形式。

由于坡屋顶坡度较大，雨水容易排除、屋面材料可以就地取材、施工简单及易于维修，在普通中小型民用和工业建筑中使用的比较多。

6.4.2 坡屋顶的承重结构

坡屋顶的承重结构主要有山墙承重、屋架承重和梁架承重等方案。

1. 山墙承重

山墙承重即在山墙上搁檩条、檩条上设椽子后再铺屋面，也可在山墙上直接搁置挂瓦板、预制板等形成山墙承重体系，如图 6.31 所示。

布置檩条时，山墙端部檩条可出挑形成悬山屋顶。常用檩条有木檩条、混凝土檩条、钢檩条等。木檩条有矩形和圆形(即原木)两种；钢筋混凝土檩条有矩形、L 形、T 形等；钢檩条有型钢或轻型钢檩条，如图 6.32 所示。

当采用木檩条时，跨度以不超过 4 m 为宜；钢筋混凝土檩条的跨度可以达到 6 m。檩条的间距根据屋面防水材料及基层构造处理而定，一般在 700～1500 mm 之间。由于檩条及挂瓦板等跨度一般在 4 m 左右，故山墙承重体系适用于小空间建筑物中，如宿舍、住宅等。这种承重方案简单、施工方便，在小空间建筑物中是一种合理和经济的承重方案。

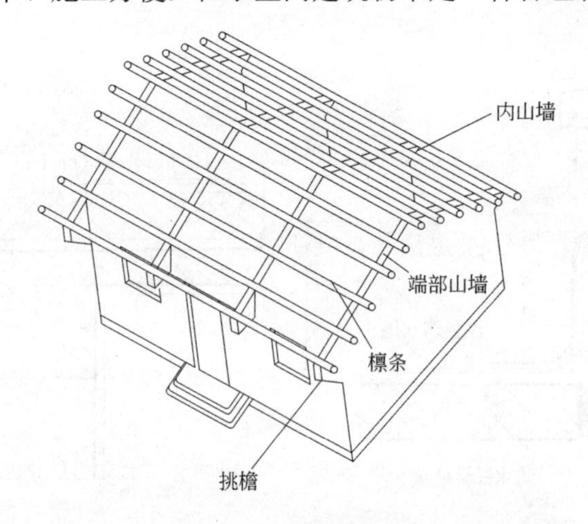

图 6.31 山墙承重体系

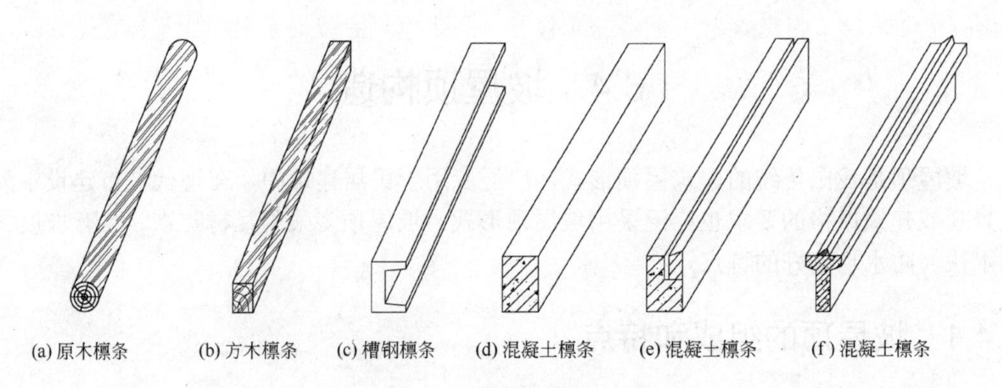

图 6.32 檩条断面形式

2. 屋架承重

屋架承重是将屋架设置于墙或柱上，再在屋架上放置檩条及椽子而形成的屋顶结构形式。屋架由上弦杆、下弦杆、腹杆组成。由于屋顶坡度较大，故一般采用三角形屋架。屋架有木屋架、钢屋架、混凝土屋架等类型，屋架形式如图 6.33 所示。木屋架一般用于跨度不大于 12 m 的建筑；钢木屋架是将木屋架中受拉力的下弦及直腹杆用钢筋或型钢代替，它一般用于跨度不超过 18 m 的建筑；当跨度更大时需采用钢筋混凝土屋架或钢屋架。

屋架应根据屋面坡度进行布置，在四坡顶屋面及屋面相交处需增设斜梁或半屋架等构件，屋架布置如图 6.34 所示。为保证屋架承重结构坡屋顶的空间刚度和整体稳定性，屋架间需设支撑。屋架承重结构适用于有较大空间的建筑物。

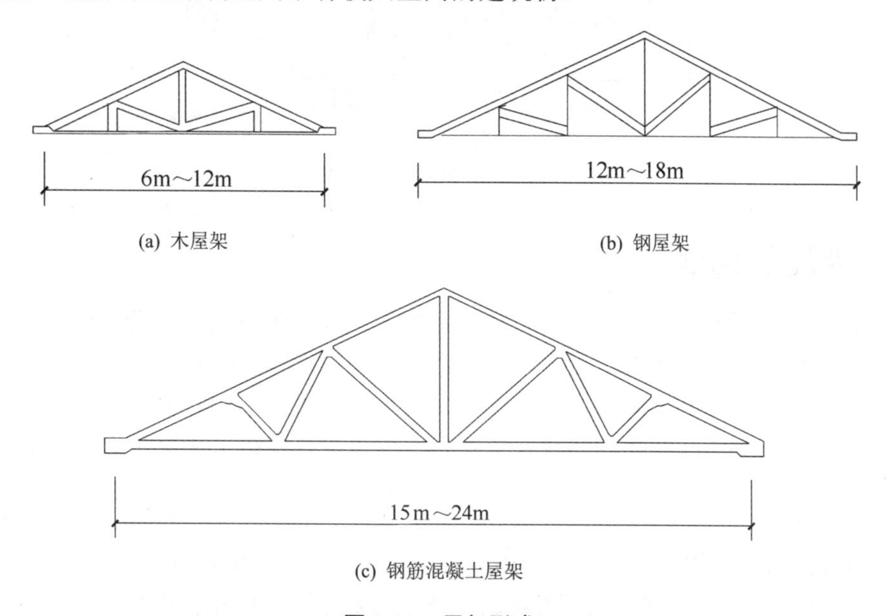

(a) 木屋架　　(b) 钢屋架

(c) 钢筋混凝土屋架

图 6.33　屋架形式

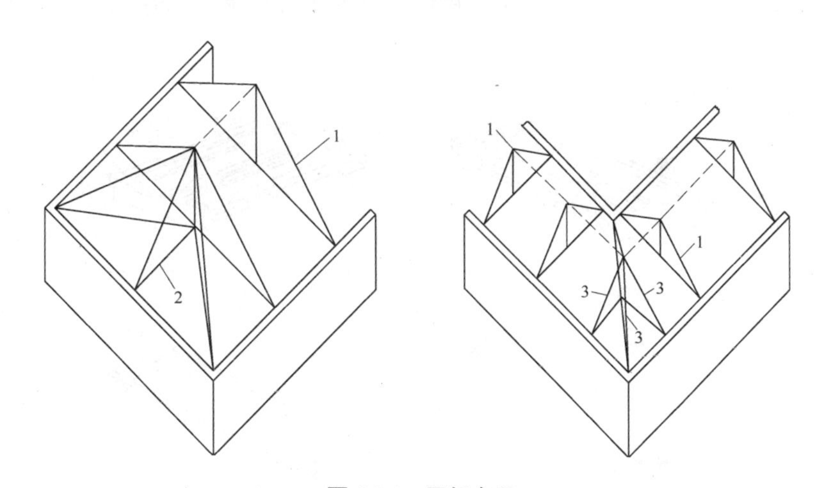

图 6.34　屋架布置

1—屋架；2—半屋架；3—斜屋架

3．梁架承重

梁架承重是我国的传统结构形式，用木材做主要材料的柱与梁形成的梁架承重体系是一个整体承重骨架，墙体只起围护和分隔的作用，如图 6.35 所示。

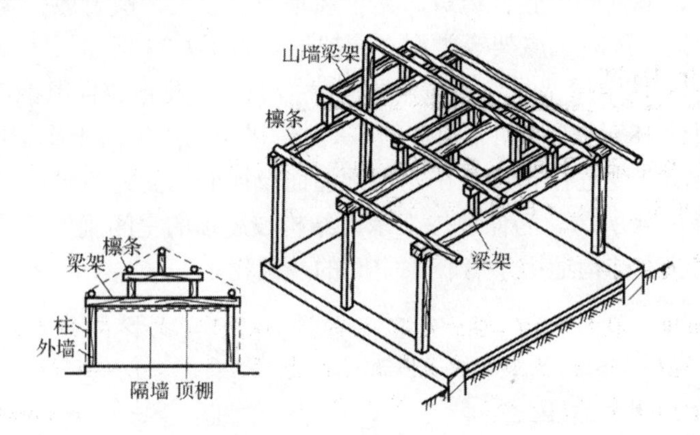

图 6.35　梁架承重结构

6.4.3　坡屋顶构造

坡屋顶常用瓦材作为防水层。在有檩体系中，瓦通常铺设在由檩条、屋面板、挂瓦条等组成的基层上；无檩体系的瓦屋面基层则由各类钢筋混凝土板构成。

坡屋顶的名称可随瓦的种类而定，如平瓦屋面、小青瓦屋面、石棉水泥瓦屋面等。基层的做法则随瓦的种类和房屋的质量要求而定。这里主要介绍平瓦屋面的构造。

1．平瓦屋面

平瓦用黏土烧制而成，又称机制平瓦，瓦宽 230 mm，长 380～420 mm，瓦的四边有榫和沟槽，如图 6.36 所示。铺瓦时顺着瓦的上下左右利用榫、槽相互搭扣密合，避免雨水从搭接处渗入。屋脊部位用脊瓦铺盖。平瓦屋面的坡度不宜小于 1∶2(约 26°)，多雨地区还应酌情加大。

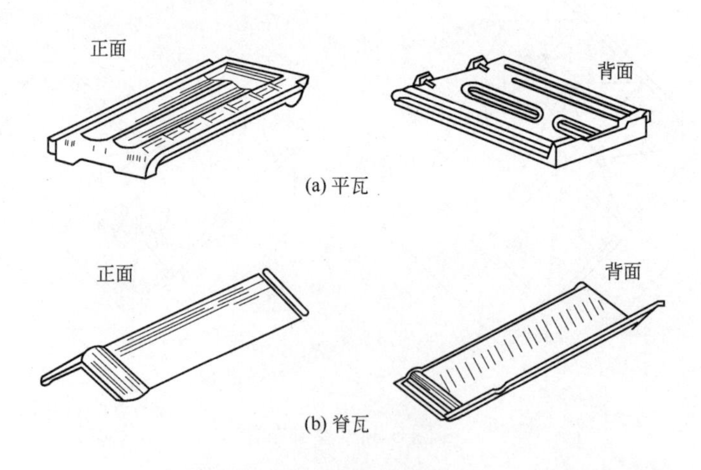

图 6.36　机制平瓦

1) 平瓦屋面的做法

根据基层的不同，平瓦屋面有三种常见做法：冷摊瓦平瓦屋面、木(或混凝土)望板平瓦屋面和钢筋混凝土挂瓦板平瓦屋面。

(1) 冷摊瓦平瓦屋面。冷摊瓦平瓦屋面的做法是：先在与檩条垂直方向(即顺水流方向)钉木椽条，椽条一般采用方木条，也可用圆木，方木断面一般为 40 mm×60 mm 或 50 mm×50 mm，中距 400 mm 左右；然后在垂直于椽条方向(即垂直于水流方向)钉挂瓦条，最后在挂瓦条上盖瓦，如图 6.37 所示。挂瓦条的断面尺寸一般为 30 mm×30 mm，中距 330 mm。

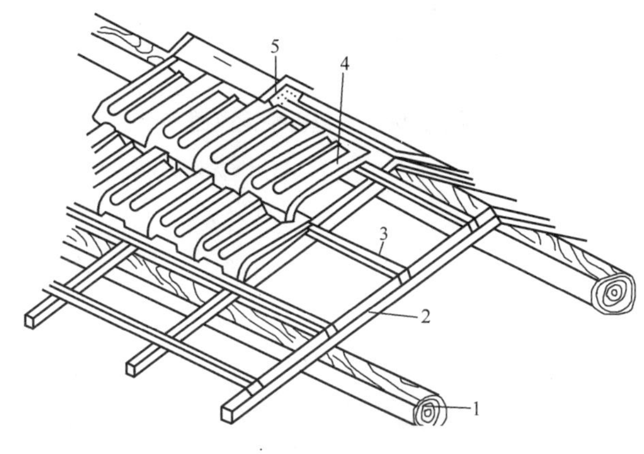

图 6.37 冷摊平瓦屋面

1—檩条；2—椽条；3—挂瓦条；4—平瓦；5—脊瓦

冷摊瓦屋面的基层只有木椽条和木挂瓦条两种构件，构造较简单、经济，但保温性能差，雨雪容易从瓦缝中飘入室内，因此通常用于标准不高的建筑物。

(2) 木望板平瓦屋面。木望板平瓦屋面的做法是(见图6.38)：先在檩条上铺钉15～20 mm厚木望板，木望板铺钉时可采用密铺法(不留缝)，也可采用稀铺法(留 25 mm 宽缝)。然后在木望板上干铺一层油毡，油毡必须平行于屋脊铺设，从檐口铺到屋脊，油毡搭接长度不小于 80 mm。再在垂直于檐口方向(即顺水流方向)钉木板条(称为压毡条或顺水条)，在顺水条上钉挂瓦条，最后盖瓦。压毡条的断面尺寸为 30 mm×15 mm，中距 500 mm。挂瓦条的断面尺寸和中距与冷摊瓦屋面相同。

由于木望板平瓦屋面在平瓦下增设了一层油毡作为防水的第二道防线，因此其防水性能更好。

(3) 钢筋混凝土挂瓦板平瓦屋面。挂瓦板为预应力或非预应力混凝土构件，板肋根部预留有泄水孔，可以排出瓦缝渗下的雨水。要求保温时可在底板上用热沥青粘结沥青矿棉毡。挂瓦板的断面形式有Π形、T 形、F 形等，如图 6.39 所示，板肋用来挂瓦，中距 330 mm。板缝用 1:3 水泥砂浆嵌填。挂瓦板平瓦屋面实际上是一种无檩体系屋面。挂瓦板兼有檩条、望板、挂瓦条三者的作用，可以节约木材，值得推广应用，但应严格控制构件的几何尺寸，使之与瓦材尺寸配合，否则容易出现瓦材搭挂不密合而引起漏水的现象。图 6.40 所示为钢筋混凝土挂瓦板平瓦屋面的构造做法。

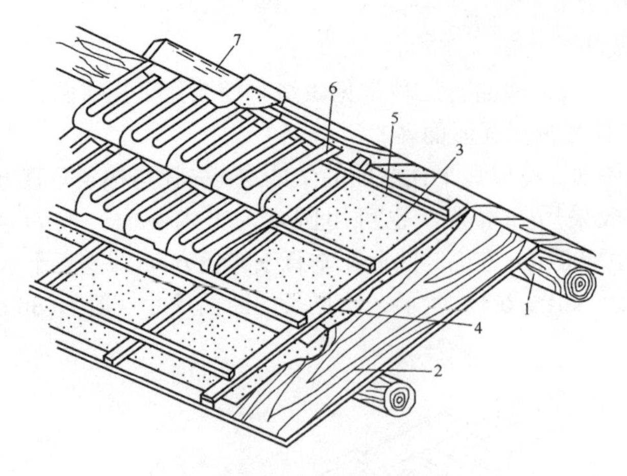

图 6.38　木望板平瓦屋面

1—檩条；2—木望板；3—油毡；4—顺水条；5—挂瓦条；6—平瓦；7—脊瓦

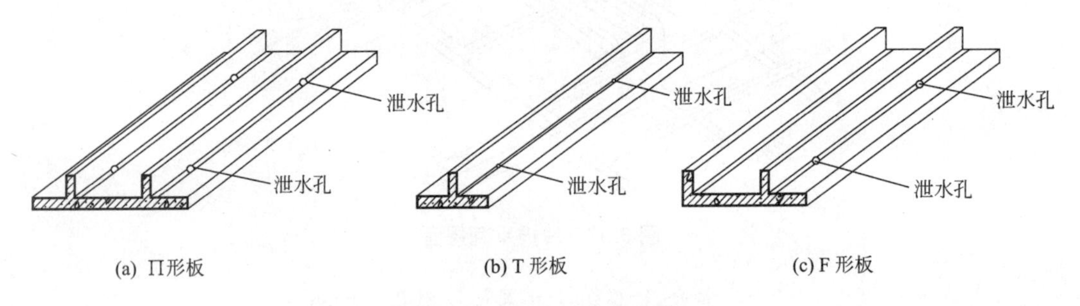

图 6.39　挂瓦板的断面形式

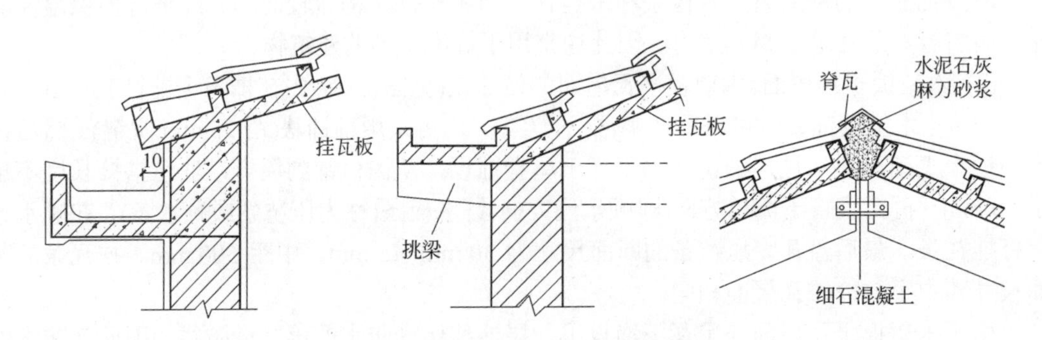

图 6.40　钢筋混凝土挂瓦板平瓦屋面

(4) 钢筋混凝土板平瓦屋面。这种平瓦屋面的做法是将预制钢筋混凝土空心板或现浇平板作为平瓦屋面的基层，其上盖瓦。盖瓦的方式有两种：一种是在找平层上一层铺油毡，用压毡条钉在嵌在板缝内的木楔上，再钉挂瓦条挂瓦；还有一种是在屋面板上直接粉刷防水水泥砂浆并贴瓦或陶瓷面砖或平瓦。图 6.41 所示为钢筋混凝土板平瓦屋面的构造。

2) 平瓦屋面的细部构造

平瓦屋面应做好檐口、天沟、屋脊等部位的构造处理。

(1) 檐口构造：檐口分为纵墙檐口和山墙檐口。

① 纵墙檐口。纵墙檐口根据造型要求可做成挑檐或封檐。

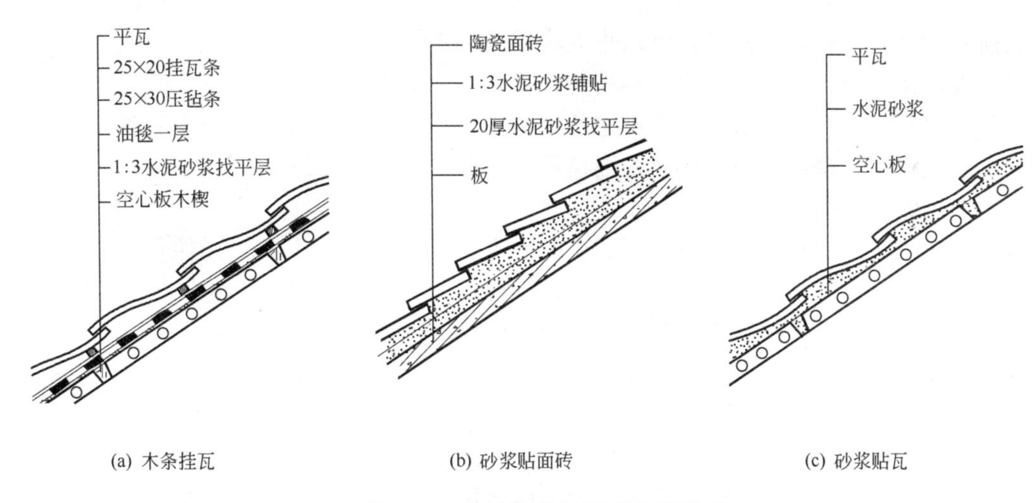

图 6.41　钢筋混凝土板平瓦屋面

挑檐是屋面挑出外墙的部分，它可以保护外墙不受雨水淋湿。形成平瓦屋面纵墙挑檐的常见做法如图 6.42 所示。其中图 6.42(a)所示为利用砖挑檐，即在檐口处将砖每层向外挑出 1/4 砖长(60 mm)，直到挑出总长度不大于墙厚的一半为止。图 6.42(b)所示是利用椽条直接外挑形成挑檐，挑出长度不宜过大，一般不大于 300 mm。

当挑出长度需要增加时，应采用挑檐木挑檐。挑檐木可置于横墙中，如图 6.42(c)所示；也可将挑檐木置于屋架下，如图 6.42(d)所示。

如挑出长度更大，可将挑檐木下移，离开屋架一段距离，为了平衡挑檐的重量，需在挑檐木与屋架下弦间加一块撑木，如图 6.42(e)所示。

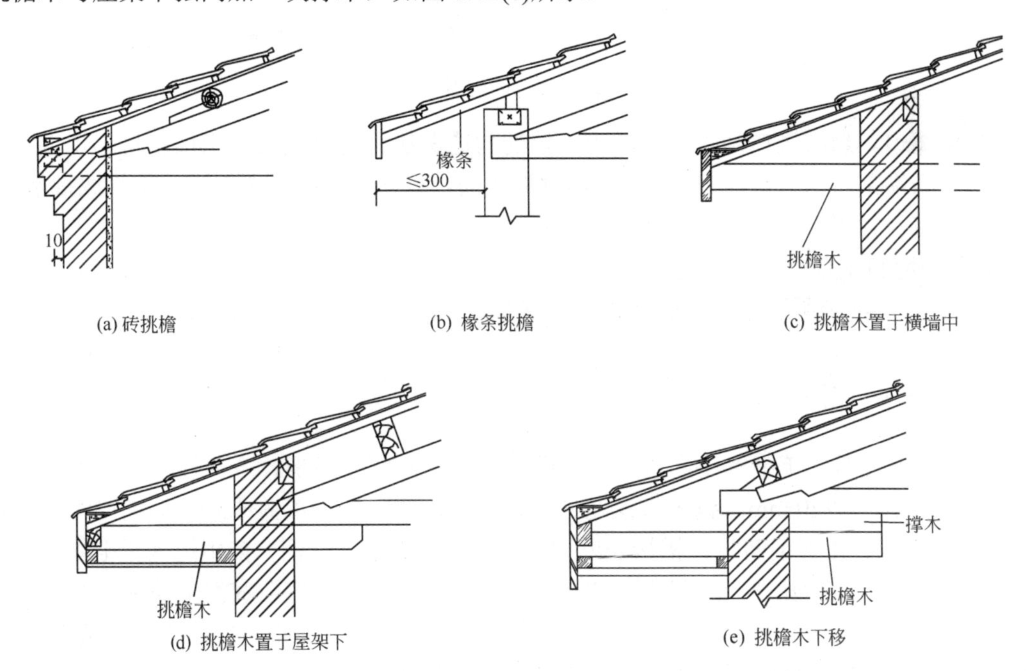

图 6.42　平瓦屋面纵墙挑檐

封檐是檐口外墙高出屋面将檐口包住的构造做法，纵墙封檐构造如图 6.43 所示。为了

解决排水问题，一般需作檐部内侧水平天沟。天沟可采用混凝土槽形天沟板，沟内铺卷材防水层，并将油毡一直铺到女儿墙上形成泛水；也可用镀锌铁皮放在木底板上，铁皮天沟一边伸入油毡层下，并在靠墙一层做成泛水。

③ 山墙檐口。山墙檐口按屋顶形式分为硬山与悬山两种做法。

硬山檐口。硬山檐口的做法是将山墙向上砌成女儿墙，女儿墙高出屋面 500 mm 以上做封火墙，在女儿墙与屋面的交接处做泛水处理，常见的做法有砂浆抹灰泛水、小青瓦坐浆泛水、镀锌铁皮泛水，硬山檐口构造如图 6.44 所示。

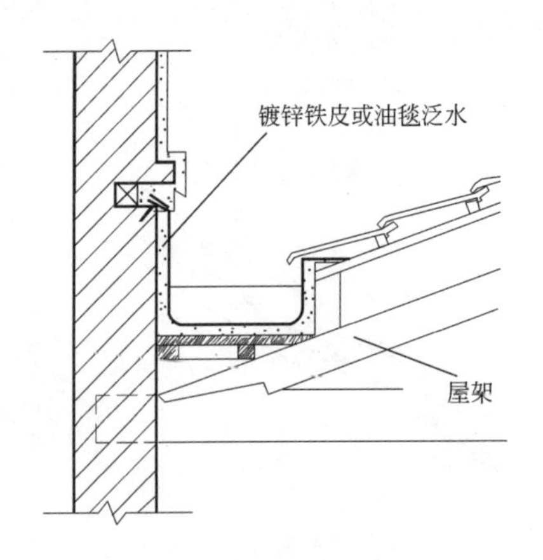

图 6.43 纵墙封檐

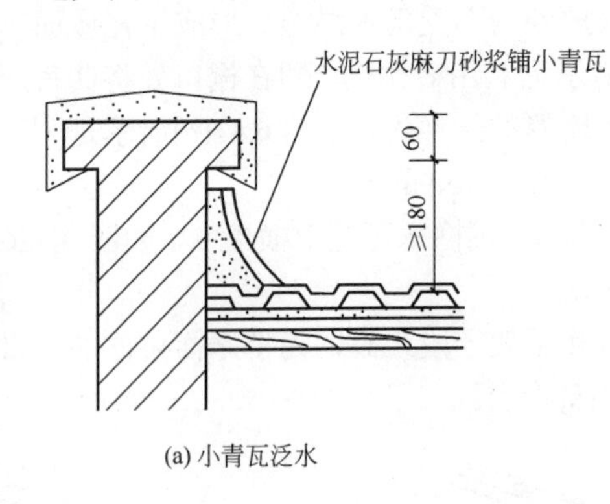

(a) 小青瓦泛水

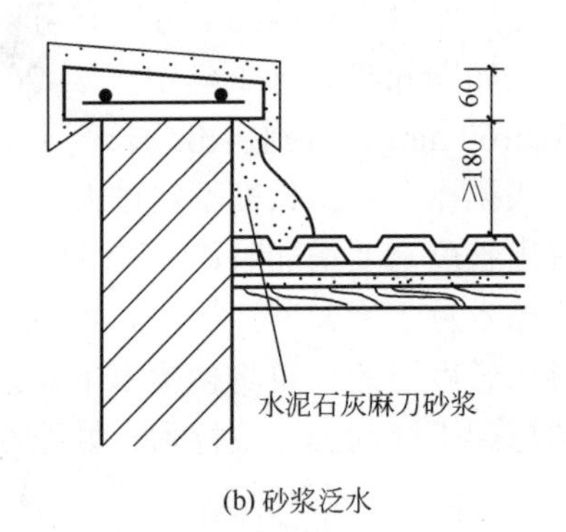

(b) 砂浆泛水

图 6.44 硬山檐口

悬山檐口。悬山檐口是指屋面挑出山墙的构造做法。构造做法是用檩条挑出山墙，檩条端部用木封檐板封住，沿山墙挑檐边的一行瓦，用 1∶2.5 水泥砂浆做成批水线，将瓦封固。悬山封檐构造如图 6.45 所示。

(2) 天沟和屋脊。在等高跨或高低跨屋面相交处以及包檐口处都需要设置天沟。天沟的构造如图 6.46(a)所示。坡崖面的高处相交形成崖背，屋脊处用背瓦盖缝，如图 4.46(b)所示。

2. 小青瓦

在我国旧民居建筑中常用小青瓦作屋面。小青瓦断面呈弓形，一头较窄，尺寸规格不一，宽度为 165～220 mm。铺盖方法是分别将瓦覆、仰铺排，覆盖成陇，仰铺成沟。盖瓦搭设底瓦约 1/3，上、下两皮瓦搭接长度为：少雨地区为搭六露四；多雨地区搭七露三。露出长度不宜大于 1/2 瓦长。一般在木望板或芦席、苇箔上铺灰泥，灰泥上盖瓦。在檐口盖瓦尽头处常设花边瓦，底瓦则铺滴水瓦。小青瓦块小，容易漏雨，须经常维修，除旧房维修及少数地区民居外已很少使用。小青瓦屋面的常见构造如图 6.47 所示。图 6.47(a)所示为单层瓦，适用于少雨地区；如图 6.47(b)和图 6.47(d)所示为阴阳瓦，适用于多雨地区；如图 6.47(c)所示为筒板瓦，适用于多雨地区；如图 6.47(e)所示为冷摊瓦，适用于炎热地区；

图 6.47(f)所示为通风屋面，适用于炎热地区。

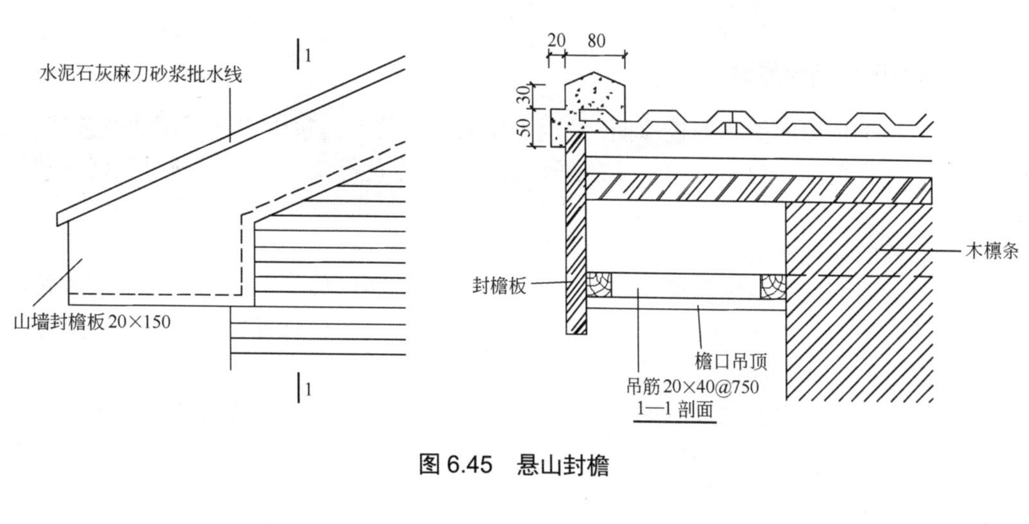

图 6.45 悬山封檐

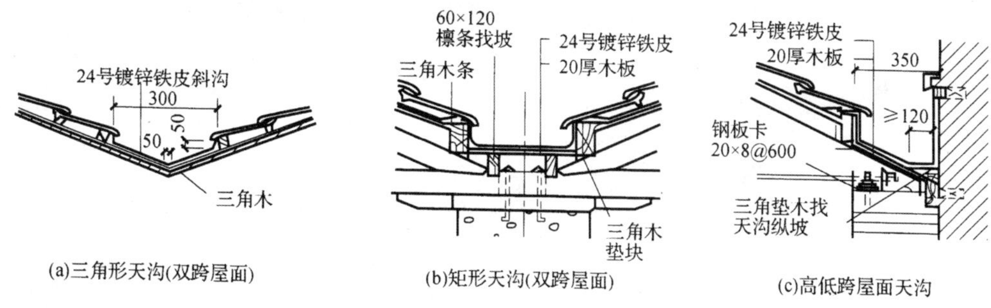

图 6.46 屋脊、天沟和斜天沟

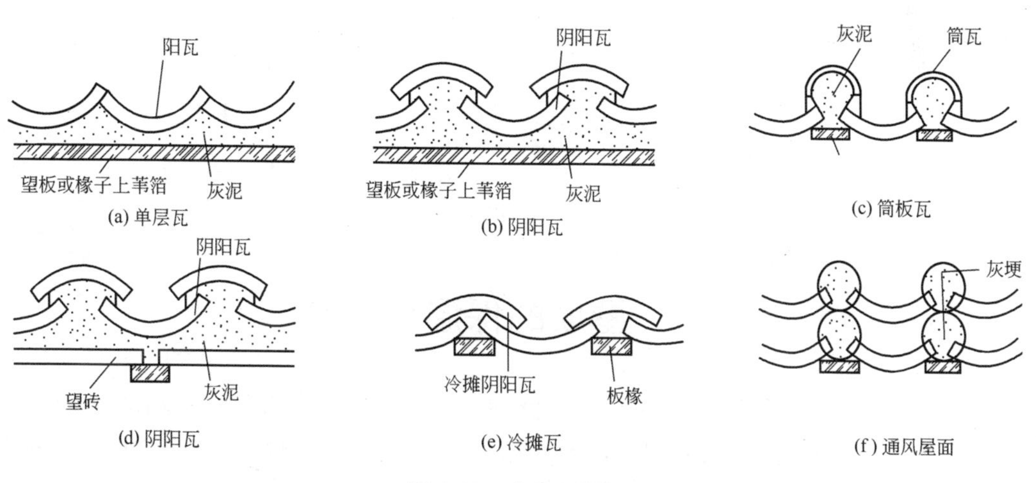

图 6.47 小青瓦屋面

3. 琉璃瓦

古代宫殿庙宇建筑中常用各种颜色的琉璃瓦作屋面。琉璃瓦是上釉的陶土瓦，分为盖瓦和底瓦，盖瓦为圆筒形，称为筒瓦；底瓦呈弓形。铺法一般是将底瓦仰铺，两底瓦之间

铺设盖瓦。目前琉璃瓦只用在大型公共建筑物中作屋面或墙檐装饰，富有民族风格，如纪念堂、大会堂等。

4．彩色压型钢板屋面

彩色压型钢板屋面简称彩板屋面，是近十年来在大跨度建筑中广泛采用的高效能屋面，具有自重轻、强度高、色彩绚丽、质感好且施工安装方便等优点，可以获得较好的建筑艺术效果。

根据彩板的功能构造分为单层彩板和保温夹心彩板。

单层彩板屋面大多将屋面板直接支承于檩条上，檩条一般采用槽钢、工字钢或轻钢檩条。檩条间距一般为 1.5～3.0 m。屋面板与檩条的连接采用各种螺钉、螺栓等紧固件，将屋面板固定于檩条上，螺钉一般在屋面板的波峰上。

保温夹心彩板是由彩色涂层钢板作表层，自熄性聚苯乙烯泡沫塑料或硬质聚氨酯泡沫塑料作芯材，通过加压加热固化制成的夹心板，具有风寒、保温、体轻、防水、装饰等多种功能，是一种高效结构材料，主要适用于公共建筑、工业厂房的屋面。

压型钢板的横向连接如图 6.48(a)所示，压型板的纵向连接如图 6.48(b)所示。

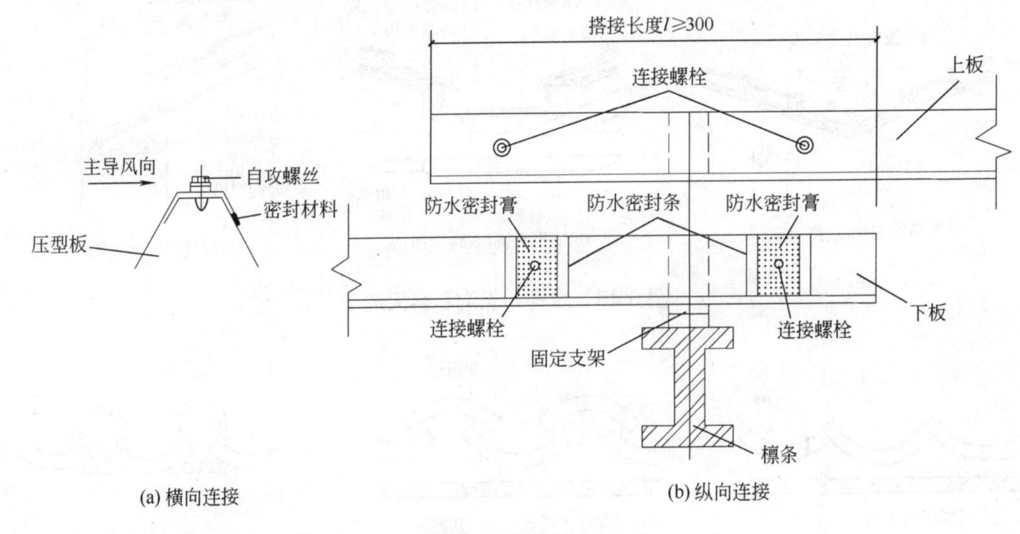

图 6.48　压型钢板的连接

6.5　屋顶的保温与隔热

为保证建筑物室内环境为人们提供舒适空间，避免外界自然环境的不利影响，建筑物外围护构件必须具有良好的建筑热工性能。我国各地区气候差异很大，北方地区冬天寒冷，南方地区夏天炎热，因此北方地区需加强保温措施，南方地区则需加强隔热措施。

6.5.1　屋顶的保温

在寒冷地区或有空调要求的建筑物中，屋顶应做保温处理，以减少室内热量的损失，降低能源消耗。保温构造处理的方法通常是在屋顶中增设保温层。

1. 保温材料

保温材料要求密度小、孔隙多、导热系数小。目前常用的主要有以下三类。

(1) 各种散状的保温材料，如炉渣、矿渣等工业废料以及蛭石、膨胀珍珠岩等。如果上面做卷材防水层时，必须在散状材料上先抹水泥砂浆找平层，再铺卷材。而这层找平层制作较为困难，为了解决这个问题，一般先做一层过渡层，具体做法是先用石灰、水泥等胶结成轻混凝土面层，再在上面做找平层。这类保温材料质量轻、效果好，但整体性差，施工操作较困难。

(2) 现浇轻骨料混凝土，用轻骨料(矿渣、陶粒、蛭石、珍珠岩等)与石灰或水泥拌合，浇筑而成。这种保温层可浇筑成不同厚度，可与找坡层结合处理。

(3) 块状保温材料，如膨胀珍珠岩混凝土预制块、加气混凝土块、泡沫塑料板、挤塑聚苯板等。上面做找平层再铺防水层，屋面排水一般采用结构找坡，或用轻混凝土在保温层下先做找坡层。

2. 平屋顶的保温构造

1) 保温层构造

保温层的厚度需由热工计算确定。保温层的位置主要有两种情况，最常见的是将保温层设在结构层与防水层之间，如图 6.49 所示。这种做法施工方便，还可利用其进行屋面找坡。第二类是倒铺式保温屋面，如图 6.50 所示，即将保温层设在防水层的上面。其优点是防水层被掩盖在保温层下面而不受阳光及气候变化的影响，温差较小，同时防水层不易受到来自外界的机械损伤。屋面保温材料宜采用吸湿性小的憎水材料，如聚苯乙烯泡沫塑料板或聚氨酯泡沫塑料板，而加气混凝土或泡沫混凝土吸湿性强，不宜选用。在保温层上应设置保护层，以防表面破损及延缓保温材料的老化过程。保护层应选用有一定荷载并足以压住保温层的材料，使保温层在下雨时不致漂浮，可选择大粒径的石子或混凝土作保护层，而不能采用绿豆砂作保护层。

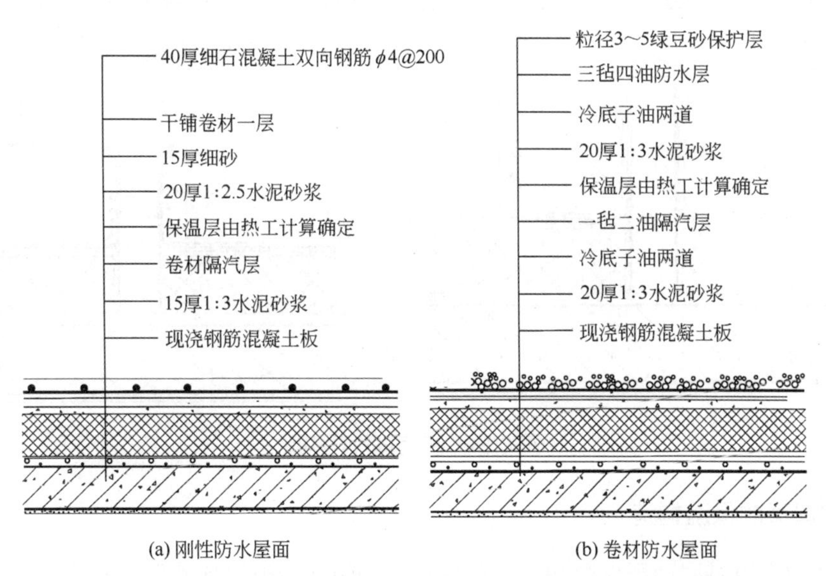

图 6.49 平屋顶的保温构造

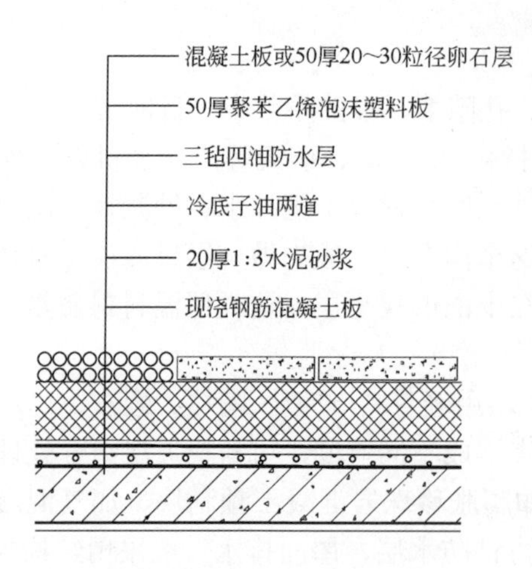

图 6.50　倒铺式保温屋面构造

2) 隔汽层

根据规范的要求，在我国纬度 40°以北地区且室内湿度大于 75%，或其他地区室内空气湿度常年大于 80%时，保温层下面应设置隔汽层。当在防水层下设置保温层时，为了防止室内湿气进入屋面保温层，需要在保温层下设置隔汽层。其原因是：冬季室内温度高于室外温度，热气流从室内向室外渗透，空气中的水蒸气随着热气流上升，从屋面板的孔隙渗透进保温层，大大降低保温层的效果。同时，窝存于保温层中的水遇热后转化为水蒸气，体积膨胀，造成油毡起鼓甚至开裂。因此，在保温层下宜铺设隔汽层，目前常用的做法有：热沥青两道、一毡二油、二毡三油、玛蹄脂两道以及改性涂料等。

由于保温层下设隔汽层，上面设置防水层，即保温层的上下两面均被油毡封闭住。而在施工中往往出现保温材料或找平层未干透，其中残存一定的水汽无法散发的问题。为了解决这个问题，可以在保温层上部或中部设置排汽道，排汽道间距宜为 6 m，纵横设置，屋面面积每 36 m^2 宜设置一个排气孔，排气孔应按防水处理，如图 6.51 所示。

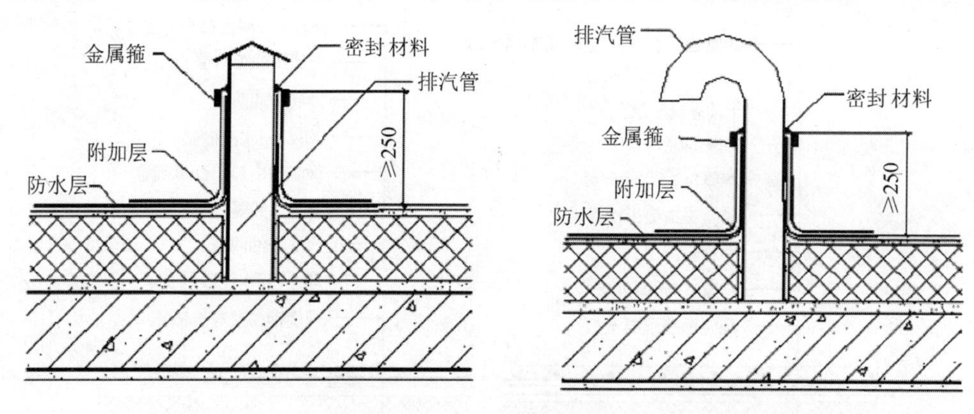

图 6.51　屋面排气孔构造

3．坡屋顶的保温构造

坡屋顶的保温有屋面层保温和顶棚层保温两种做法。坡屋顶的保温构造如图 6.52 所示。

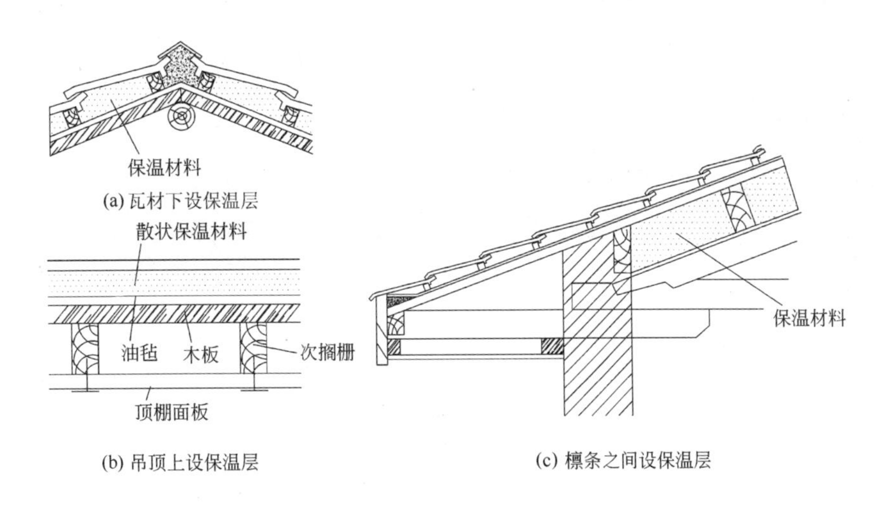

(a) 瓦材下设保温层

(b) 吊顶上设保温层

(c) 檩条之间设保温层

图 6.52 坡屋顶保温构造

当采用屋面层保温时，保温层可设置在瓦材下面或檩条之间。当屋顶为顶棚层保温时，通常在吊顶龙骨上铺板，板上设保温层，取到保温与隔热的双重效果。

6.5.2 屋顶的隔热

我国南方地区夏季太阳辐射强烈，气候炎热，屋顶温度较高，为了改善居住条件，需对屋顶进行隔热处理，以降低屋顶热量对室内的影响。常用的隔热措施如下。

1. 平屋顶隔热

1) 屋顶通风隔热

通风隔热就是在屋顶设置架空通风间层，使其上层表面遮挡阳光辐射，同时利用风压和热压作用使间层中的热空气被不断带走。通风间层的设置通常有两种方式：一种是在屋面上做架空通风隔热间层，另一种是利用吊顶棚内的空间做通风间层。

(1) 架空通风隔热。架空通风隔热间层设于屋面防水层上，架空通风层通常用砖、瓦、混凝土等材料及其制品制作，架空通风隔热构造如图 6.53 所示。架空通风隔热层应满足以下要求：架空层的净空高度一般以 180～240 mm 为宜，屋面宽度大于 10 m 时，应在屋脊处设置通风桥以改善通风效果；为保证架空层内的空气流通顺畅，其周边应留设一定数量的通风孔，当女儿墙不宜开设通风孔时，应距女儿墙 500 mm 范围内不铺设架空板，架空隔热板的支承物可以做成砖垄墙式，也可做成砖墩式。

(2) 顶棚通风隔热。这种做法是利用顶棚与屋顶之间的空间作隔热层。顶棚通风隔热层设计应注意满足下列要求：必须设置一定数量的通风孔，使顶棚内的空气能迅速对流；顶棚通风层应有足够的净空高度，仅作通风隔热用的空间净高一般为 500 mm 左右；通风孔须考虑防止雨水飘进；应注意解决好屋面防水层的保护问题。

2) 蓄水隔热

蓄水隔热屋顶利用屋顶的蓄水层来达到隔热的目的。蓄水屋面构造与刚性防水屋面构造基本相同，主要区别是增加了蓄水分仓壁、溢水孔、泄水孔和过水孔。蓄水屋面的构造如图 6.54 所示。

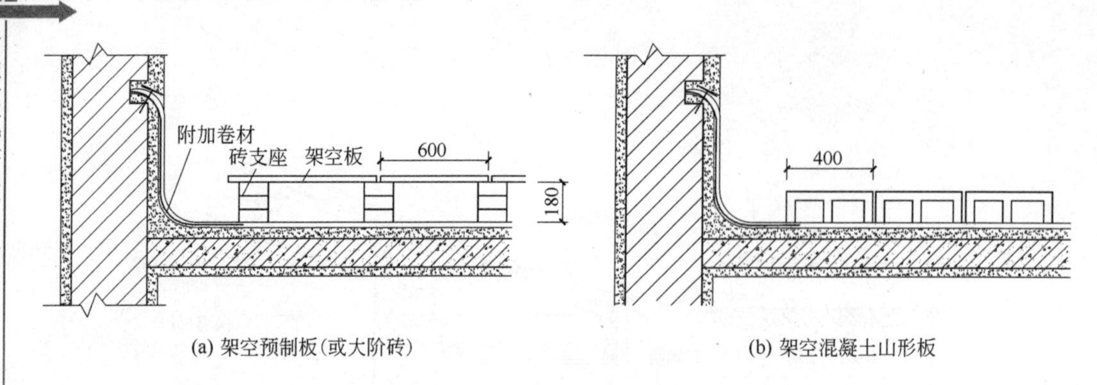

(a) 架空预制板(或大阶砖)　　(b) 架空混凝土山形板

图 6.53　架空通风隔热构造

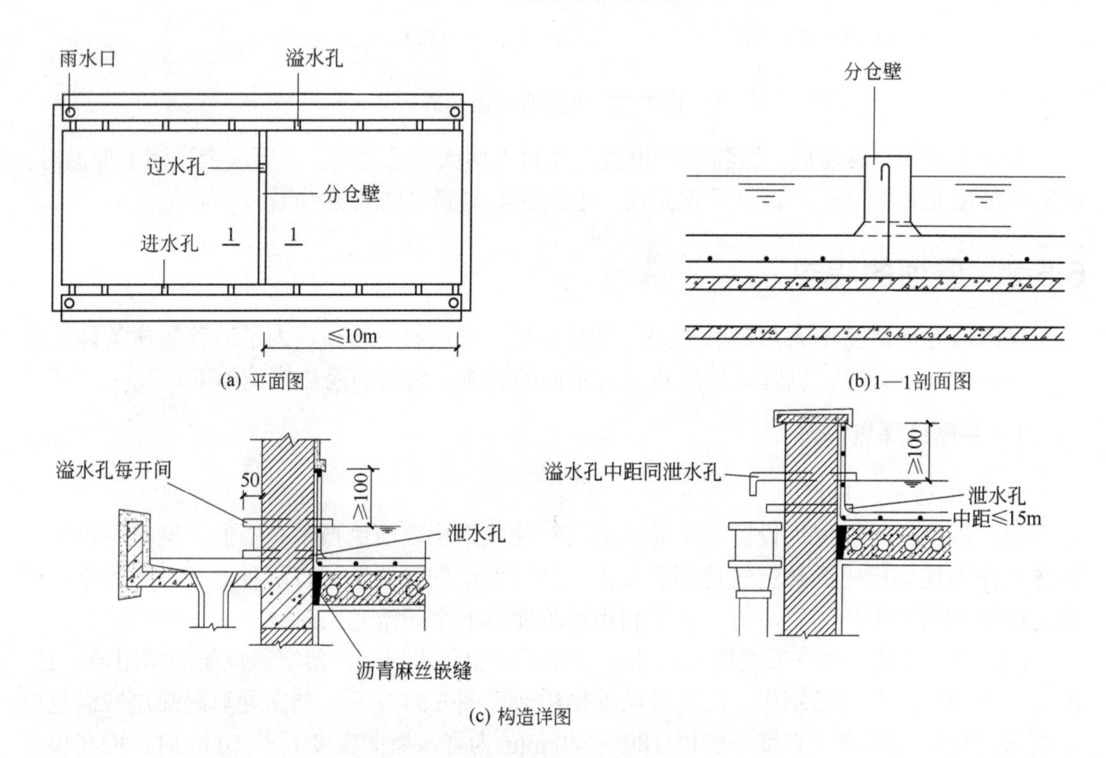

图 6.54　蓄水屋面构造

蓄水屋面的构造设计主要应解决好以下几方面的问题。

(1) 水层深度及屋面坡度。适宜的水层深度为 150～200 mm。为保证屋面蓄水深度的均匀，蓄水屋面的坡度不宜大于 0.5%。

(2) 蓄水区的划分。蓄水屋面应划分为若干蓄水区，每区的边长不宜超过 10 m。蓄水区间用混凝土做成分仓壁，壁上留过水孔，使各蓄水区的水层连通，但在变形缝的两侧应设计成互不连通的蓄水区。

(3) 防水层的做法。最好用于刚性防水屋面，也可用于卷材防水屋面。采用刚性防水层时应按规定做好分格缝。

(4) 女儿墙与泛水。蓄水屋面四周可做女儿墙并兼作蓄水池的仓壁。在女儿墙上应将屋面防水层延伸到墙面形成泛水，泛水的高度应高出溢水孔 100 mm。

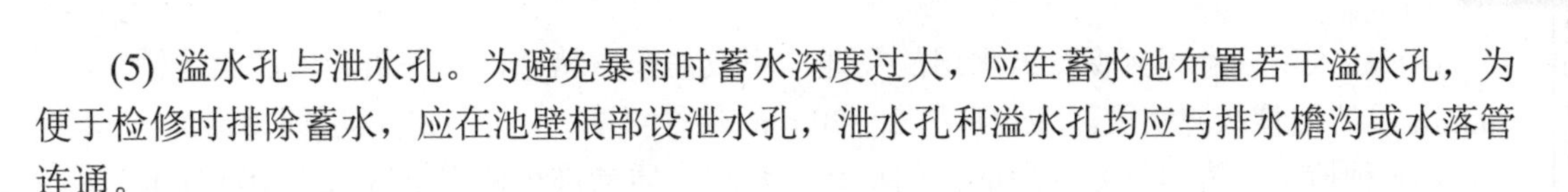

(5) 溢水孔与泄水孔。为避免暴雨时蓄水深度过大，应在蓄水池布置若干溢水孔，为便于检修时排除蓄水，应在池壁根部设泄水孔，泄水孔和溢水孔均应与排水檐沟或水落管连通。

3) 种植隔热

种植隔热的原理是：在平屋顶上种植植物，借助栽培介质隔热及植物吸收阳光进行光合作用和遮挡阳光的双重功效来达到降温隔热的目的。种植隔热屋面构造与刚性防水屋面构造基本相同，不同的是需增设挡墙和种植介质。

一般种植隔热屋面是在屋面防水层上直接铺填种植介质，栽培植物。其构造要点如图6.55所示。

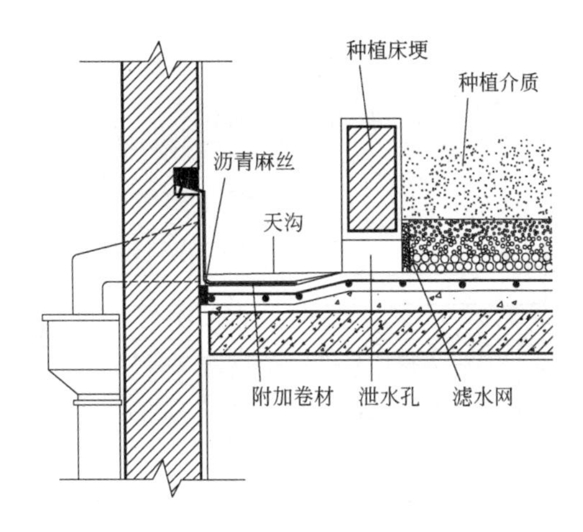

图6.55 种植隔热屋面构造要点

(1) 种植屋面的防水层。种植屋面可以采用一道或多道(复合)防水设防，但最上面一道应为刚性防水层。

(2) 选择适宜的种植介质。宜尽量选用轻质材料作栽培介质，常用的有谷壳、蛭石、陶粒和泥碳等，即所谓的无土栽培介质。栽培介质的厚度应满足屋顶所载种的植物正常生长的需要，一般不宜超过300 mm。

(3) 种植床的做法。种植床又称苗床，可用砖或加气混凝土来砌筑床埂。

(4) 种植屋面的排水和给水。一般种植屋面应有一定的排水坡度(1%～3%)。通常在靠屋面低侧的种植床与女儿墙间留出300～400 mm的距离，利用所形成的天沟有组织排水，并在出水口处设挡水坎，以沉积泥沙。

(5) 注意安全防护问题。种植屋面是一种上人层面，屋顶四周须设栏杆或女儿墙作为安全防护措施。

4) 蓄水种植隔热

蓄水种植隔热屋面是将一般种植屋面与蓄水屋面结合起来，其基本构造如图6.56所示。

(1) 防水层。防水层应采用设置涂膜防水层和配筋细石混凝土防水层的复合防水设施做法。应先做涂膜防水层，再做刚性防水层。

(2) 蓄水层。种植床内的水层靠轻质多孔粗骨料蓄积，粗骨料的粒径不应小于25 mm，蓄水层(包括水和粗骨料)的深度不超过60 mm。

(3) 滤水层。考虑到保持蓄水层的畅通，不致被杂质堵塞，应在粗骨料的上面铺 60～80 mm 厚的细骨料滤水层。细骨料按 5～20 mm 粒径级配，下粗上细逐层铺填。

(4) 种植层。为尽量减轻屋面板的荷载，栽培介质的堆积密度不宜大于 10 kN/ m^3。

(5) 种植床埂。蓄水种植屋面应根据屋顶绿化设计用床埂进行分区，每区面积不宜>100 m^2。床埂宜高于种植层 60 mm 左右，床埂底部每隔 1200～1500 mm 设一个溢水孔，溢水孔处应铺设粗骨料或安设滤网以防止细骨料流失。

(6) 人行架空通道板。架空板设在蓄水层上、种植床之间，通常可支承在两边的床埂上。

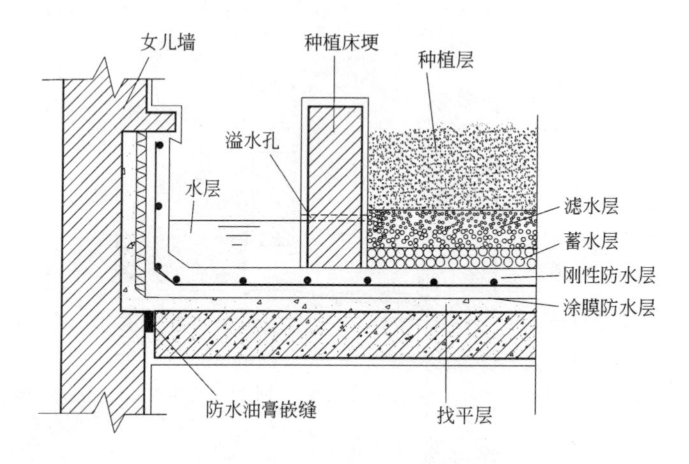

图 6.56　蓄水种植隔热屋面构造

5) 反射降温

反射屋面是一种特殊的隔热屋面，它对屋面面层进行浅色处理，减少太阳热辐射对屋面的作用，降低屋面表面温度，达到改善屋面隔热效果的目的。通常浅色处理的做法是在屋面层喷涂一层白色或浅色的涂料，或采用屋面层铺设白色或浅色的地面砖等。反射屋面的隔热降温作用主要取决于屋面表面反射材料的性质，如材料表面的光洁度、反射率。材料表面颜色越浅，反射太阳辐射热的能力越大。

在反射屋面的设计和施工中，应选择对太阳辐射的反射率大，同时材料本身的反射率也大的材料，作为反射屋面的面层材料。因此，反射屋面的面层材料中的反射体的粒径、粒度分布、粒子间隔要和太阳辐射的频谱、波长相匹配，尽可能选择折射率大的反射体；尽可能消除反射屋面的面层材料中的吸热物质，如对太阳辐射的红外区域有强烈吸收性的材料。还可以在反射屋面的面层材料中扩大反射面层材料与空气的接触界面，添加特殊的骨料，形成高密度的细微凹凸结构，使其产生良好的折射和漫反射效果。

2．坡屋顶隔热

炎热地区在坡屋顶中设进气口和排气口，利用屋顶内外的热压差和迎风面的压力差，组织空气对流，形成屋顶内的自然通风，以减少由屋顶传入室内的辐射热，从而达到隔热降温的目的。进气口一般设在檐墙上、屋檐部位或室内顶棚上；出气口最后设在屋脊处，以增大高差，有利于加速空气流通。

图 6.57 所示为几种通风屋顶的示意图，其中图(a)在平顶上设进气口，屋面上通风窗作

排气口，造成空气对流，通风窗可做成多种形式；图(b)在檐墙自平顶以上做成开敞式作为进气口，通风屋脊为排气口，形成空气对流；图(c)中进气口设在挑檐平顶上，排气口设在屋脊上，增大高差以获得热压，加强通风。

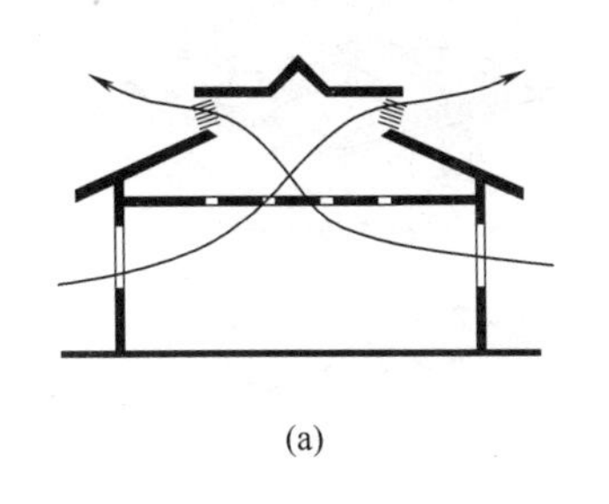

(a)

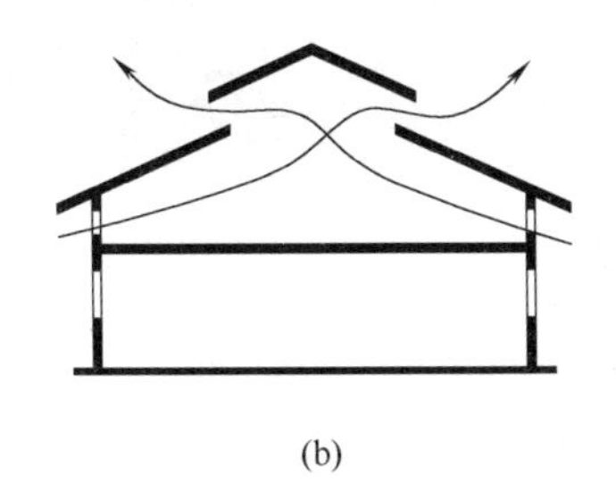

(b)

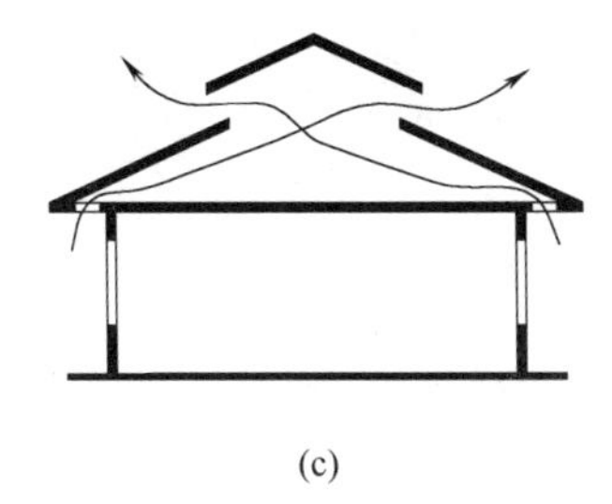

(c)

图 6.57 屋顶通风示意图

6.6 玻璃采光顶

玻璃采光顶即玻璃屋顶，它是指建筑物的屋顶、雨棚等的全部或部分材料被玻璃、塑料、玻璃钢和阳光板等透光材料所代替，所形成的具有装饰和采光功能的建筑顶部的结构构件，是建筑中不可缺少的、采光和装饰并重的一种屋盖。它的出现最初以满足室内采光为目的，大多是垂直的高侧窗如“锯齿”形天窗或“M”形天窗。随着建筑形式的多样化，建筑材料和建筑技术的不断发展，玻璃采光顶在满足采光的同时，营造出了丰富多彩的室内气氛。近年来由于室内共享空间、人行天桥、室外自动扶梯和入口雨棚等新颖建筑的广泛使用，其顶部采用通透轻巧的玻璃顶面已成为装饰的必要手段。

1．玻璃采光顶的特点

采光顶具有以下特点。

(1) 使用玻璃采光顶后，将室外的光影变化引入室内，使人有置身室外开放空间的感觉，借景手法满足了人们追求自然情趣的愿望，同时延伸了室内空间。

(2) 提供了自然采光，减少了照明开支，又可以通过温室效应降低采暖费用。

(3) 丰富多样的采光顶造型，增加了建筑的艺术感。

2．玻璃采光顶的形式

玻璃采光顶根据大小和平面形状不同可分成单元式和复合式两种。其中单元式有双层圆泡式和尖锥式；复合式有多边形、四边锥体、复合圆形、长条弧拱等形式，如图 6.58 所示。

3．玻璃采光顶的构造设计要求

玻璃采光顶由于所处位置特殊，比幕墙结构有更高的技术要求。构造设计时应使采光顶满足下列技术要求。

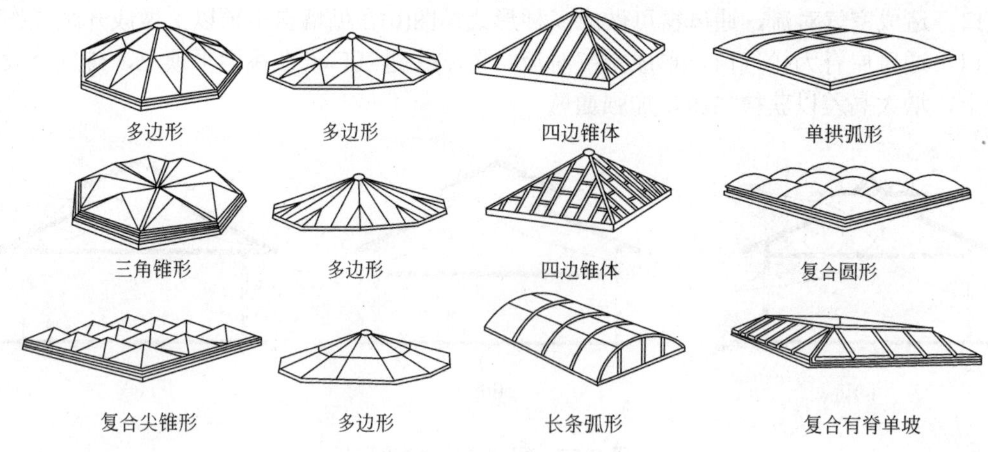

图 6.58　玻璃采光顶的形式

1) 满足强度安全要求

玻璃采光顶需要抵抗风荷载、雪荷载、自重、地震荷载等。因此，玻璃采光顶的骨架、连接件、饰面板均必须具有较高的承载力，以满足安全要求。分析有关玻璃采光顶的质量事故，主要存在的问题有以下几个方面。

(1) 结构刚度偏低，导致饰面玻璃破裂。

(2) 骨架之间的连接承接力不足，引起采光顶塌落。

(3) 结构构造不合理，在地震作用下饰面板错动脱落。

(4) 饰面板强度不足而破坏。

因此，构造设计时，应选用合理的结构形式进行必要的分析计算，并采取一定的防护措施。

2) 满足防结霜的要求

玻璃采光顶的最大问题是保温隔热性能差，如果室内外温差大，随之出现的问题是容易产生冷凝水的滴落，影响室内的使用。解决这个问题常用的办法有以下三种。

(1) 可以考虑选择合适的采光顶饰面板品种，如采用中空玻璃等一些板材或采用双层玻璃，改善保温隔热的性能。

(2) 做好玻璃采光顶的坡度和弧度设计，并组织好完善的排水系统，如图 6.59 所示。

(3) 在玻璃下面的墙体上留通风缝或孔，让外面的冷空气渗入室内，以减小室内外温差，这样在玻璃下面就难以形成凝结水，而且可以改善室内的空气质量，但要损失一些能源。

3) 满足水密性要求

水密性指的是玻璃采光顶在风雨同时作用下，或积雪局部溶化，屋面有积水的情况下，阻止雨水渗漏进内侧的能力。

玻璃采光顶的排水，对具有整体结构的单体采光件而言(如有机玻璃采光件)，是不存在问题的，但是对采用单块材料拼装而成的各类采光顶来说，排水防渗漏是一个关键问题。解决这一问题的措施如下：

(1) 使采光面材料保持一定坡度，雨水顺坡而下，由集水槽及时排走，防止积水。

(2) 接缝处采用可靠的防水构造接口，并采用性能优越的封缝材料。

(3) 室内金属型材加上排水槽，以便将漏进内侧的少量雨水排走。

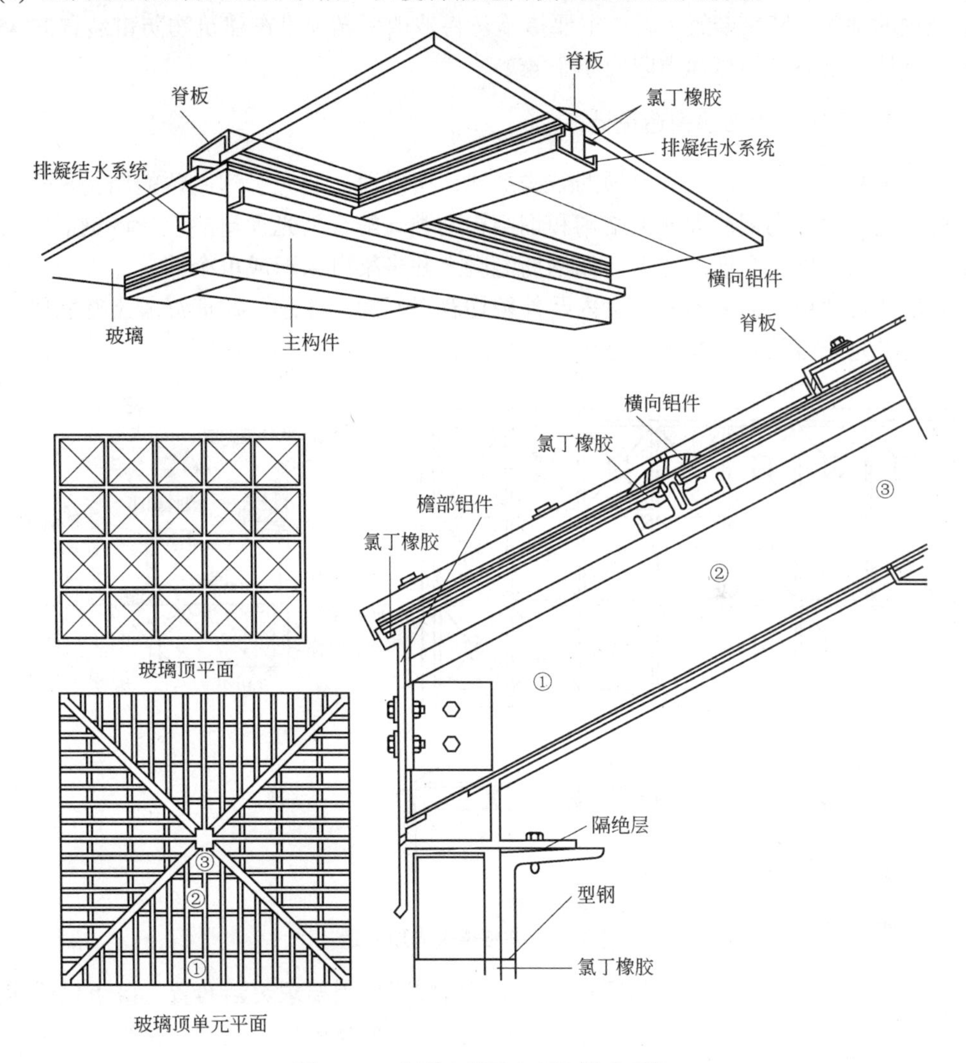

图 6.59 大型玻璃采光顶及排水系统

4) 满足防眩光的要求

由于玻璃采光顶都是位于建筑物顶部，极易因阳光直射而在室内形成眩光，从而影响室内空间的使用。一般通过以下步骤完成。

(1) 使用磨砂玻璃之类饰面板，使光线漫反射。

(2) 在采光顶下加吊折光片(塑料、有机玻璃片、铝片)顶棚等办法解决这一问题。

5) 满足防火要求

这里主要指的是玻璃采光顶所封闭空间的防火问题。在一些大型公共建筑中，由于玻璃采光顶所形成的共享空间是贯穿全楼或多个楼层，从而使得防火分区面积大大超过规定，而且火灾极易通过这一空间蔓延，烟热不易排出。为此，可参照《高层民用建筑设计防火规范》(GB 50045—1993)来执行。

6) 满足防雷要求

采光顶的骨架及附件大都由金属制成，其防雷要求特别严格。而一般情况下无法在玻璃采光顶的顶部设防雷装置，因而主要措施是将玻璃采光顶设在建筑物防雷装置的45° 线之内，且该防雷系统的接地电阻应小于4Ω。

4．玻璃采光顶的细部构造设计

玻璃采光顶的形式决定着屋顶的结构形式，所以我们要先了解屋顶的结构形式。屋顶的结构形式一般分为钢筋混凝土结构和钢结构两类。配合采光天窗的设计，钢筋混凝土采光顶具有结构简单、合理等特点。如钢筋混凝土井格梁可以形成单个的采光天窗，在井格上设置形状尺寸相同的采光罩，室内及外貌均有很好的韵律感。钢筋混凝土密肋梁可以形成带状的采光天窗，如图6.60所示。

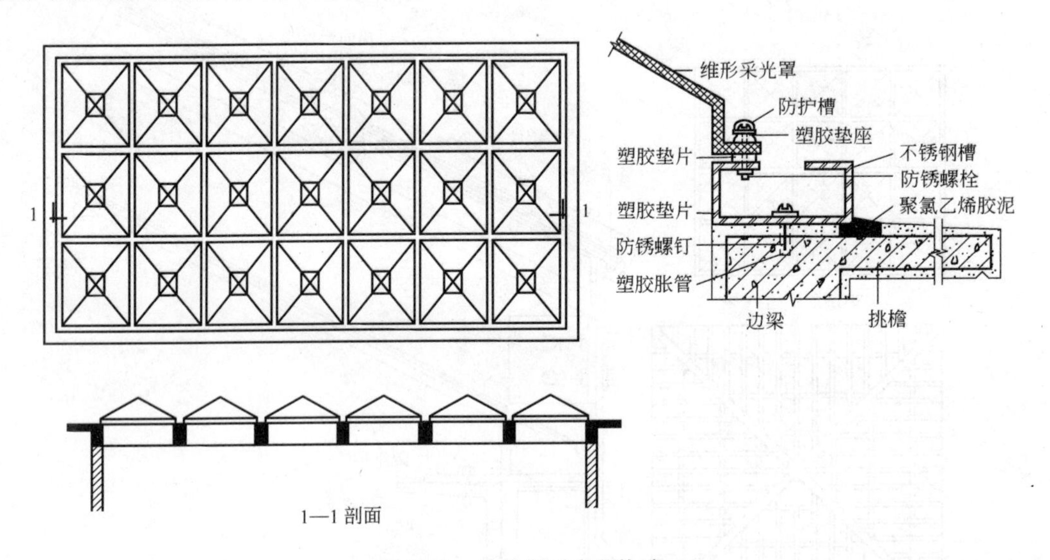

图6.60　井格梁采光顶构造

屋顶采用钢结构形式，采光天窗的形式可以按照使用要求灵活布置，既可以适应做单个采光天窗，也能设计成各种造型和面积较大的玻璃采光屋顶，以满足建筑的使用功能。当屋顶采用空间网架结构时，整个屋顶可以做成玻璃采光顶，但同时要在构造设计上解决好屋面的排水和网架的防腐和防火问题。图6.61所示分别为采光窗与混凝土结构、轻钢网架结构、球形网架结构的安装节点构造，以及采光窗安装节点构造。

由于整体式采光顶已在工厂加工成型，无骨架布置与骨架间连接问题，只有对于由单块饰面板拼装而成的采光顶，才必须考虑连接问题。对于骨架的布置，一般需根据采光顶造型、平面尺寸、顶高及饰面板尺寸等因素来共同确定。常见采光顶造型的骨架有井字梁采光顶、钢网架采光顶、装配式骨架采光顶、拱形采光顶、球体采光顶。图6.62所示为拱形采光屋顶构造示例，它是铝合金型材或型钢，经机械加工成弧形，组成拱形骨架，并安装可以弯曲或特制的弧形采光板。

5．玻璃采光顶的常见材料的特性与选用

玻璃采光顶要求有良好的抗冲击力、保温隔热和防水密封性能。规范对玻璃采光顶材

料的选用有限制。玻璃采光顶主要由骨架材料、连接件、粘结嵌缝材料、透光材料等组成。

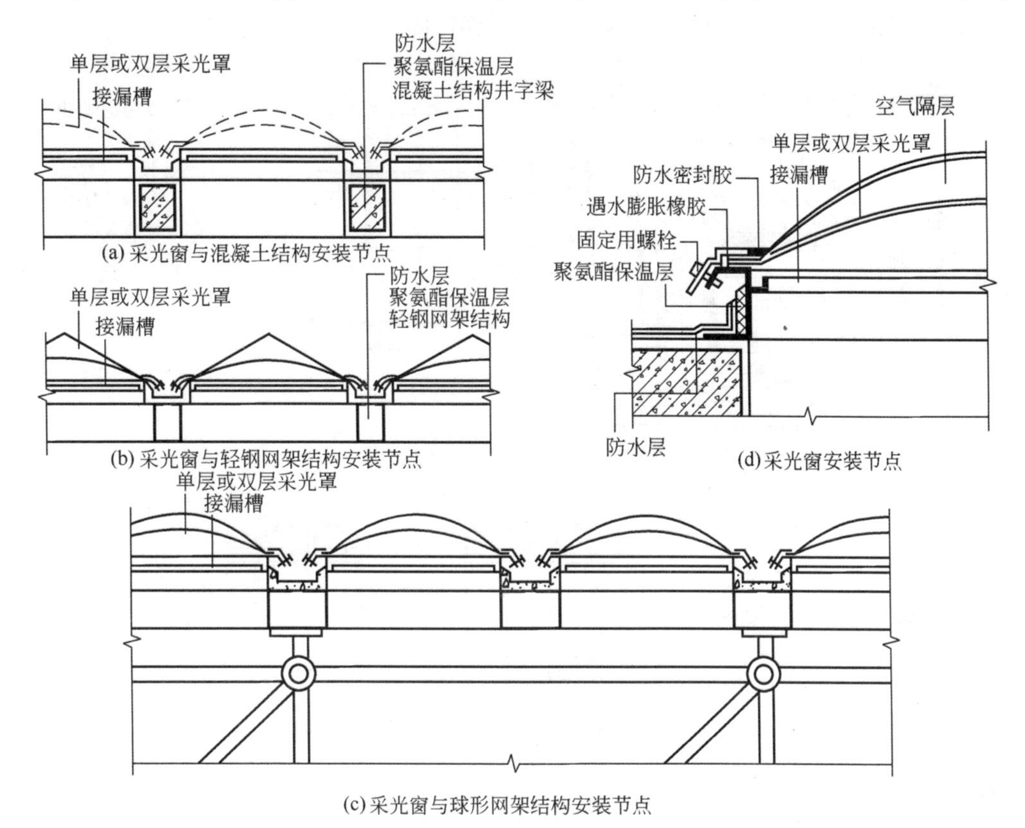

(a) 采光窗与混凝土结构安装节点

(b) 采光窗与轻钢网架结构安装节点

(d) 采光窗安装节点

(c) 采光窗与球形网架结构安装节点

图 6.61 采光顶安装节点

(1) 玻璃采光顶的骨架多数用挤压铝型材做成不同形式的标准单元，预制装配。骨架材料主要有铝合金型材、型钢等。材料特性与幕墙骨架材料接近，不同的是具体截面形式不一样。比较大的复合式玻璃采光顶需要有完整的骨架体系，由主骨架和横向型材组成，型材的下部有排水沟，玻璃上的凝结水先流到横向型材的沟里，横向型材的水再流入主骨架的排水沟中，最后导入边框的总槽沟内，由泄水孔排出。铝型材和玻璃之间使用氯丁橡胶作衬垫密封材料。

(2) 粘结嵌缝材料与幕墙所用的嵌缝材料基本相同，连接件一般有钢质和铝质两种。

(3) 透光材料主要有以下几种。

① 夹层安全玻璃。由于采光顶往往位于室内或入口和主要空间顶部，因此安全问题是首要的。夹层安全玻璃中，夹胶玻璃或夹丝玻璃往往是首选材料，有净白和茶色等品种，透光系数为 28%～55%，有良好的吸热性能、抗冲击性能和抗穿透性能。为了保证室内的热工性能要求，通常还将安全玻璃加工成双层中空形式。

② 聚碳酸酯有机玻璃。聚碳酸酯有机玻璃又称透明塑料片，它和玻璃有相似的透光性能，透光率通常在 82%～89%，主要特点是耐冲击(耐冲击性能是玻璃的 250 倍左右)，保温性能优于玻璃，且能冷弯成型，是理想的采光顶材料，广泛地用于走廊上部和人行天桥上部。它的缺点是随时间的推移会老化变黄，从而影响它的各项功能，表面耐磨性比玻璃差。

③ 丙烯酸酯有机玻璃。丙烯酸酯有机玻璃片的特性与聚碳酸酯片接近，透光率较高，可达91%以上。

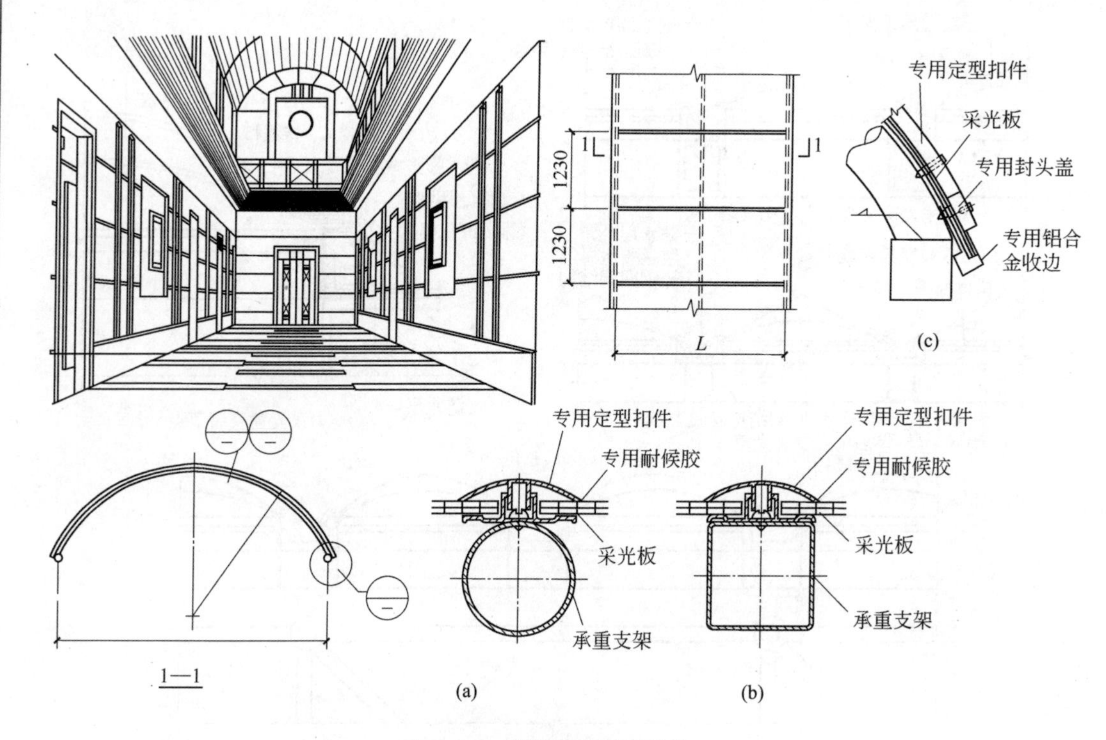

图 6.62 拱形采光屋顶构造

目前在玻璃采光顶中应用较多的是有机采光罩，它是以有机玻璃板材为主要材料制成的双层结构装置。这种采光罩除了具有较高的透光率和抗冲击性能外，水密性很好，安装维修方便，外形变化多种多样，且外观华丽。

④ 玻璃钢(加筋纤维玻璃)。玻璃钢的特点是强度大、明亮和耐磨损。有半透明的平板和弧形板。

⑤ 其他。如反射玻璃、吸热玻璃等双层玻璃顶。我国北部地区常用双层玻璃顶，以减少热传导，双层玻璃顶可由上述任意两种材料组成，第二层玻璃装在天窗架的下方。这种做法的缺点是密封性不够好，两层之间可能会形成冷凝水，双层玻璃也可采用复合板构造。

6.7 单元小结

内　容	知识要点	能力要求
屋顶概述	平屋顶、坡屋顶，屋顶的设计要求	熟悉屋顶的类型与设计要求
屋顶排水设计	屋顶坡度的表示方法、形成排水坡度的方法、屋顶的排水方式、排水组织设计	掌握有组织排水的方案，熟悉屋顶排水设计的内容
平屋顶防水构造	柔性防水屋面构造做法、刚性防水屋面构造做法、涂膜防水屋面构造做法	掌握平屋顶卷材防水屋面、刚性防水屋面、涂膜防水屋面的构造做法、细部构造

续表

内　容	知识要点	能力要求
坡屋顶构造	坡屋顶的承重方案，平瓦屋面构造做法	掌握坡屋顶的承重方案，熟悉平瓦屋面的构造做法；了解坡屋顶的保温与隔热构造
屋顶的保温与隔热	保温材料、屋顶保温层构造做法，屋顶隔热构造做法	掌握平屋顶的保温与隔热构造做法
玻璃采光顶	玻璃采光顶的构造设计要求、细部构造设计	了解玻璃采光顶的构造设计要求、细部构造设计

6.8 复习思考题

一. 名词解释

1. 构造找坡　2. 结构找坡　3. 有组织排水　4. 无组织排水

二. 选择题

1. 平屋顶屋面排水坡度通常用______。

A. 2%～5%　　B. 20%　　C. 1 ∶ 5

2. 刚性防水屋面，为了防止出现裂缝可采用一些构造措施，下列不正确的做法是______。

A. 设置隔离层　　B. 增加防水层厚度

C. 设置分仓缝　　D. 设置屋面板滑动支座

3. 下列不宜用于屋顶保温层的材料是______。

A. 混凝土　　B. 水泥蛭石　　C. 聚苯乙烯泡沫塑料　　D. 水泥珍珠岩

4. 对于保温层面，通常在保温层下设置______，以防止室内水蒸气进入保温层内。

A. 找平层　　B. 保护层　　C. 隔汽层　　D. 隔离层

三. 简答题

1. 屋顶设计应满足哪些要求？

2. 影响屋顶坡度的因素有哪些？屋顶坡度的形成方法有哪些？比较各方法的优缺点。

3. 什么是无组织排水和有组织排水？常见的有组织排水方案有哪几种？各适用于什么条件？

4. 屋顶排水组织设计的内容和要求是什么？

5. 卷材屋面的构造层有哪些？各层做法如何？

6. 卷材防水屋面的泛水、天沟、檐口等细部构造的要点是什么？注意识记典型构造图。

7. 刚性防水屋面的基本构造层次有哪些？各层做法如何？为何要设置隔离层？

8. 刚性防水屋面设置分格缝的目的是什么？通常在哪些部位设置分格缝？注意分格缝的构造要点和记住典型的构造图。

9. 何谓涂膜防水屋面？其基本构造层次有哪些？
10. 坡屋顶的承重结构有哪几种？分别在什么情况下采用？
11. 平瓦屋面有哪几种做法？各种做法的构造如何？绘图表示。
12. 屋顶的保温材料有哪几类？其保温构造有哪几种做法？用构造图表示。
13. 平屋顶的隔热有哪几种做法？用构造图表示。
14. 坡屋顶的隔热有哪些构造做法？
15. 玻璃采光顶的作用是什么？
16. 如何处理玻璃采光顶的凝结水？
17. 玻璃采光顶的材料有哪些？

第7章　门　　窗

内容提要： 本章主要介绍建筑门窗的作用、类型和构造要求；平开木门窗的构造和安装；塑钢、铝合金等金属门窗的基本特点和连接构造；建筑中遮阳的作用与形式等内容。重点是门窗的选型和连接构造。

教学目标：

熟悉门窗的作用、类型和组成；
掌握平开木门窗的构造和安装内容；
熟悉塑钢、铝合金、铝塑门窗的选型和连接构造；
了解门窗保温节能措施和建筑中遮阳的作用与形式。

门和窗是建筑物的重要组成部分，也是建筑物的主要围护构件之一。在不同情况下，门和窗应分别满足其对建筑物的分隔、保温、隔声、采光、通风等功能要求。

7.1　概　　述

建筑物的门窗是建造在墙体上连通室内和室外或室内和室内的开口部位。门的主要功能是交通出入、分隔联系建筑空间，以及采光、通风的作用；窗的主要功能是采光、通风及观望，同时，门窗还起到调节控制阳光、气流、声音及防火等方面的功能。

门窗对建筑物的外观及室内装修造型影响也很大。对建筑物外立面来说，如何选择门窗的位置、大小、线型分格和造型是非常重要的。另外，门窗的材料以及五金的造型和式样还对室内装饰起着非常重要的作用。人们在室内，还可以通过透明的玻璃直接观赏室外的自然景色，调节情绪。

1. 门窗的要求

1) 交通安全方面的要求

由于门主要供出入、联系室内外，具有紧急疏散的功能，因此在设计中门的数量、位置、大小及开启的方向要根据设计规范和人流数量来考虑，以便能通行流畅、符合安全的要求。大型民用建筑或者使用人数特别多时，外门必须向外开。

2) 采光、通风方面的要求

在设计中，从舒适性及合理利用能源的角度来说，首先要考虑天然采光的因素，选择合适的窗户形式和面积。例如，长方形的窗户构造简单，在采光数值和采光均匀性方面最佳。虽然横放和竖放的采光面积相同，但由于光照深度不一样，效果相差很大。竖放的窗户适合于进深大的房间，横放则适合于进深浅的房间或者是高窗，窗户形式对室内采光的影响如图 7.1(a)所示。如果采用顶光，亮度将会增加 6～8 倍之多，但同时也伴随着出现眩光问题。所以在确定窗户的形式及位置的时候，要综合考虑各方面的因素。

房间的通风和换气，主要靠外窗。在房间内要形成合理的通风及气流，内门窗和外窗的相对位置很重要，要尽量形成对空气对流有利的位置，如图 7.1(b)所示为门窗对室内通风的影响。对于有些不利于自然通风的特殊建筑，可以采用机械通风的手段来解决换气的问题。

窗与窗之间由于墙垛(窗间墙)产生阴影的关系，因此在理论上最好采用一樘宽窗来满足采光要求。民用建筑采光面积，除要求较高的陈列馆外，可根据窗地面积之比值来决定。一般居住建筑物的窗户面积为地板面积的 1/8～1/10。公共建筑方面，学校的窗地面积比为 1/5，医院手术室的窗地面积比为 1/2～1/3，辅助房间的窗地面积比为 1/12。

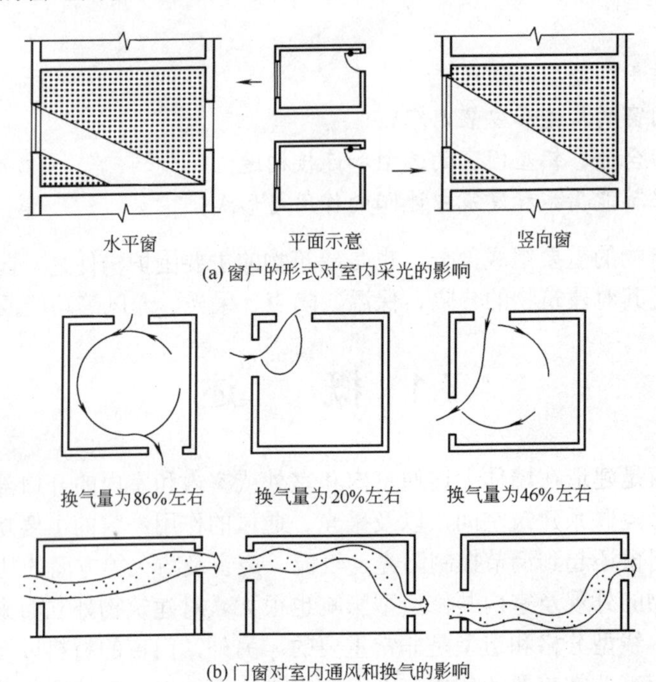

图 7.1　门窗对室内采光和通风的影响

3) 维护作用的要求

建筑物的外门窗作为外围护墙的开口部分，必须要考虑防风沙、防水、防盗、保温、隔热和隔声等要求，以保证室内舒适的环境。如在门窗的设计中设置空腔防风缝、披水板和滴水槽，采用双层玻璃、百叶窗和纱窗等。窗框和窗扇的接缝，既不宜过宽，也不宜过窄，过窄时即使风压不大，也会产生毛细管作用，从而使雨水吸入室内。

4) 建筑设计方面的要求

门窗是建筑物立面造型中的主要部分，应在满足交通、采光、通风等主要功能的前提下，适当考虑美观要求和经济问题。木门窗质轻、构造简单、容易加工，但不及钢门窗坚固、防火性能好。窗户容易积尘，减弱光线，影响亮度，所以要求线条简单、不易积尘。应注意对于高层或大面积窗户的擦窗安全问题。

5) 材料的要求

随着国民经济的发展和人民生活水平的改善提高，人们对门窗材料的要求也越来越高，门窗的材料从最初以木门窗和钢门窗为主，发展到现在大量使用铝合金、PVC 塑料、塑包

铝和不锈钢门窗，这对建筑设计和装修提出了更高的要求。

6) 门窗模数的要求

在建筑设计中门窗和门洞的大小涉及模数问题，采用模数制有助于实现建筑工业化。但在实践过程中，也发现我国的门窗模数与墙体材料存在着矛盾。我国的门窗是按照300 mm模数为基本模，而标准机制砖加砖缝则是按125 mm、250 mm、500 mm进位的，这就给门窗开洞带来了麻烦。目前，由于门窗在制作生产上已基本标准化、规格化和商品化，各地均有一般建筑门窗标准图和通用图集，设计时可供选用。

2. 门窗的基本代号

门的基本代号：木门为M、钢木门为GM、钢框门为G。

窗的基本代号：木窗为C、钢窗为GC、内开窗为NC、阳台钢连窗为GY、铝合金窗为LC、塑料窗为SC。

7.2 门

门因其开启形式、所用材料、安装方式的不同，其类型很多，由此要求在不同的环境选用不同的门。

7.2.1 门的分类与尺度

1. 门的分类

门按其开启方式、材料及使用要求等，可进行如下分类。

按开启方式可分为平开门、弹簧门、推拉门、折叠门、转门，其他还有上翻门、升降门、卷帘门等，如图7.2所示。

按使用材料可分为木门、钢木门、钢门、铝合金门、玻璃门及混凝土门等。

按构造可分为镶板门、拼板门、夹板门、百叶门等。

按功能可分为保温门、隔声门、防火门、防护门等。

一个房间应该开几个门，每个建筑物门的总宽度应该是多少，一般是由交通疏散的要求和防火规范来确定的。一般规定：公共建筑物安全出入口的数目应不少于两个；但房间面积在60m^{2}以下，人数不超过50人时，可只设一个出入口；对于低层建筑，每层面积不大，人数也较少的，可以设一个通向户外的出口。

2. 门的尺度

门的尺度通常是指门洞的高宽尺寸。门的尺度应根据建筑中人员和家具设备等的日常通行要求、安全疏散要求以及建筑造型艺术和立面设计要求等决定。门作为交通疏散通道，其尺度取决于人的通行要求、家具器械的搬运及与建筑物的比例关系等，并要符合现行《建筑模数协调统一标准》的规定。

门的高度：不宜小于2100mm。如门设有门头窗(也称亮子)时，门头窗高度一般为300～600mm，则门洞高度为2400～3000mm，如图7.3所示(摇头窗是门头窗的一种)。公共建筑

大门的高度可视需要适当提高。

门的宽度：为避免门扇面积过大导致门扇及五金连接件等变形而影响门的使用，门的宽度也要符合防火规范的要求。单扇门为700～1000 mm，双扇门为1200～1800 mm。宽度在2100 mm以上时，则做成三扇、四扇门或双扇带固定扇的门。辅助房间(如浴厕、厨房、储藏室等)门的宽度可窄些，一般为700～800 mm。住宅门洞的最小尺寸如表7.1所示。

表7.1　住宅门洞的最小尺寸

类　别	洞口宽度/m	洞口高度/m
公用外门	1.20	2.00
户(套)门、起居室(厅)门、卧室门	1.00	2.00
厨房门	0.80	2.00
卫生间门、阳台门(单扇)	0.70	2.00

注：① 表中门洞高度不包括门上门头窗高度。②洞口两侧地面有高低差时，以高地面为起算高度。

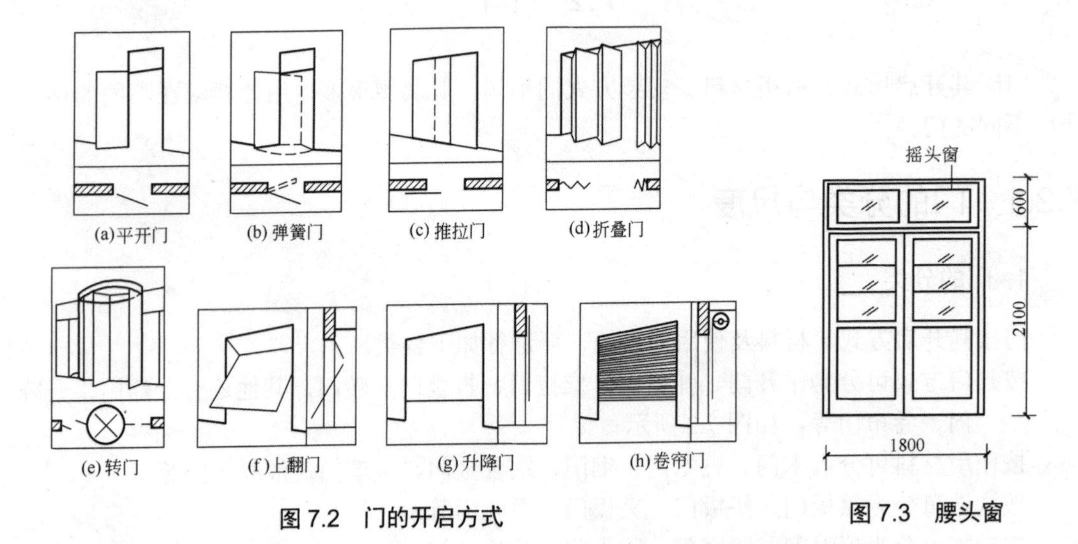

图7.2　门的开启方式

图7.3　腰头窗

对于人员密集的剧院、电影院、礼堂、体育馆等公共场所中观众厅的疏散门，一般按每百人取0.6～1.0 m(宽度)，出入口应分散布置。公共建筑的门宽一般单扇门1m，双扇门为1.2～1.8 m，双扇门或多扇门的门扇宽以0.6～1.0 m为宜。

对于学校、商店和办公楼等的门宽，可以按照表7.2所示确定。表中所列数值均为最低要求，在实际确定门的数量和宽度时，还要考虑通风、采光、交通及搬运家具、设备等要求。

表7.2　民用建筑的门宽(百人指标)

单位：mm

层　别	耐火等级一、二级	耐火等级三级	耐火等级四级
1、2层	650	750	1000
3层	750	1000	—
≥4层	1000	1250	—

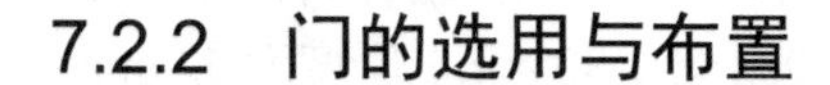

7.2.2 门的选用与布置

1. 门的选用

(1) 一般公共建筑经常出入的向西或向北的门应设置双道门或门斗。外面一道门应向外开，里面的一道门宜用双面弹簧门或电动推拉门。

(2) 湿度大的地方的门不宜选用纤维板门或胶合板门。

(3) 大型餐厅至备餐间的门宜做成双扇、分上下行的单面弹簧门，要镶嵌玻璃。

(4) 体育馆内运动员经常出入的门，门扇净高不得低于 2.2 m。

(5) 托幼建筑的儿童用门，不得选用弹簧门，以免挤手或碰伤。

(6) 所有的门若无隔音要求，不得设门槛。

2. 门的布置

(1) 两个相邻并经常开启的门，应避免开启时相互碰撞。

(2) 向外开启的平开外门，应有防止风吹碰撞的措施。如将门退进墙洞，或设门挡风钩等固定措施，并应避免与墙垛腰线等突出物碰撞。

(3) 门的开向不宜朝西或朝北。

(4) 凡无间接采光通风要求的套间内门，不需设门头窗，也不需设纱扇。

(5) 经常出入的外门宜设雨篷，楼梯间外门雨篷下如设吸顶灯时应防止被门扉碰碎。

(6) 变形缝处不得利用门框盖缝，门扇开启时不得跨缝。

(7) 住宅内门的位置和开启方向，应结合家具布置考虑。

7.2.3 木门的组成与构造

木门主要由门樘、门扇、腰窗、贴脸板(门头线)、筒子板(垛头板)和五金零件等部件组成，平开木门如图 7.4 所示。

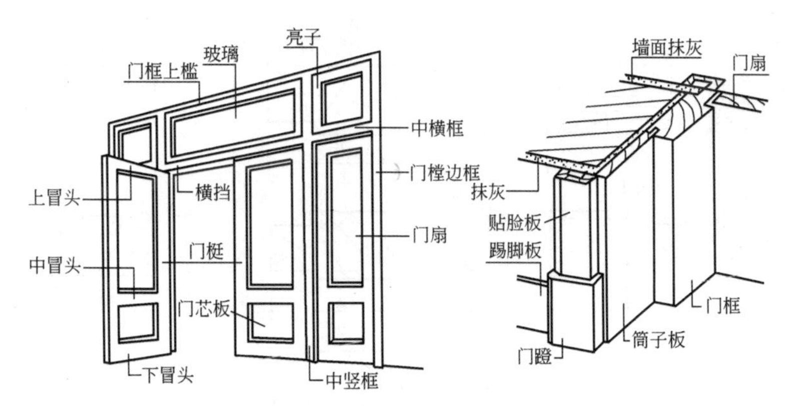

图 7.4 平开木门的组成

1. 门框

门框又称门樘，其主要作用是固定门扇和腰窗并与门洞间相联系，一般由两根边框和

上槛组成，有腰窗的门还有中横档；多扇门还有中竖梃，外门及特种需要的门有些还有下槛。门框用料一般分为四级，净料宽为 135 mm、115 mm、95 mm、80 mm，厚度为 52 mm、67 mm 两种。框料厚薄与木材优劣有关，一般采用松木和杉木。木门框的构造和断面形式与尺寸分别如图 7.5 和图 7.6 所示。为了掩盖门框与墙面抹灰之间的裂缝，提高室内装饰的质量，门框四周加钉带有装饰框之间的镶合均用榫接，如图 7.5 所示。

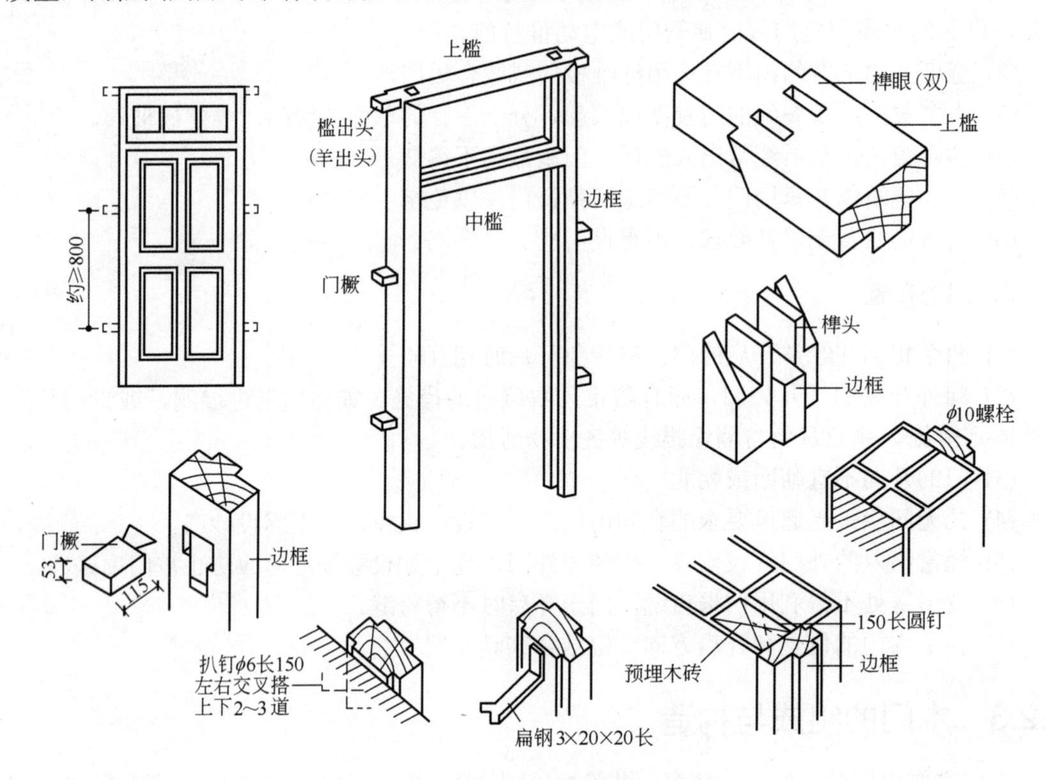

图 7.5　木门框的构造

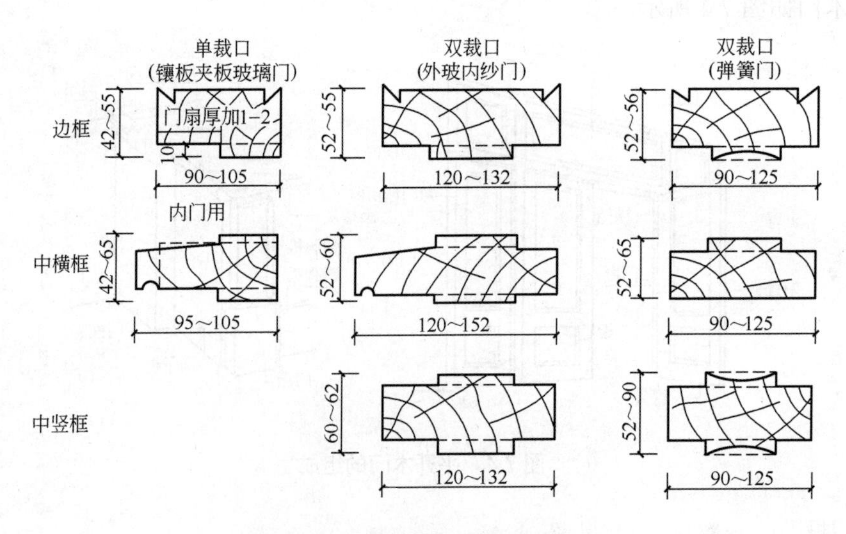

图 7.6　木门框的断面形式与尺寸

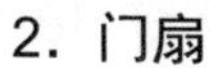

2. 门扇

木门扇主要由上冒头、中冒头、下冒头、门框及门芯板等组成。按门板的材料，木门又有全玻璃门、半玻璃门、镶板门、夹板门、纱门和百叶门等类型。

1) 镶板门

主要骨架由上下冒头和两根边梃组成框子，有时中间还有一条或几条横冒头或一条竖向中梃，在其中镶装门芯板。门芯板可用 10～15 mm 厚木板拼装成整块，镶入边框。有的地区门芯板用多层胶合板，硬质纤维板或其他塑料板等代替。门扇边框的厚度即上下冒头和门梃厚度，一般为 40～45 mm，纱门的厚度为 30～35 mm，上冒头和两旁边梃的宽度为 75～120 mm，下冒头因踢脚等原因一般宽度较大，常用 150～300 mm。镶板门的构造如图 7.7 所示。

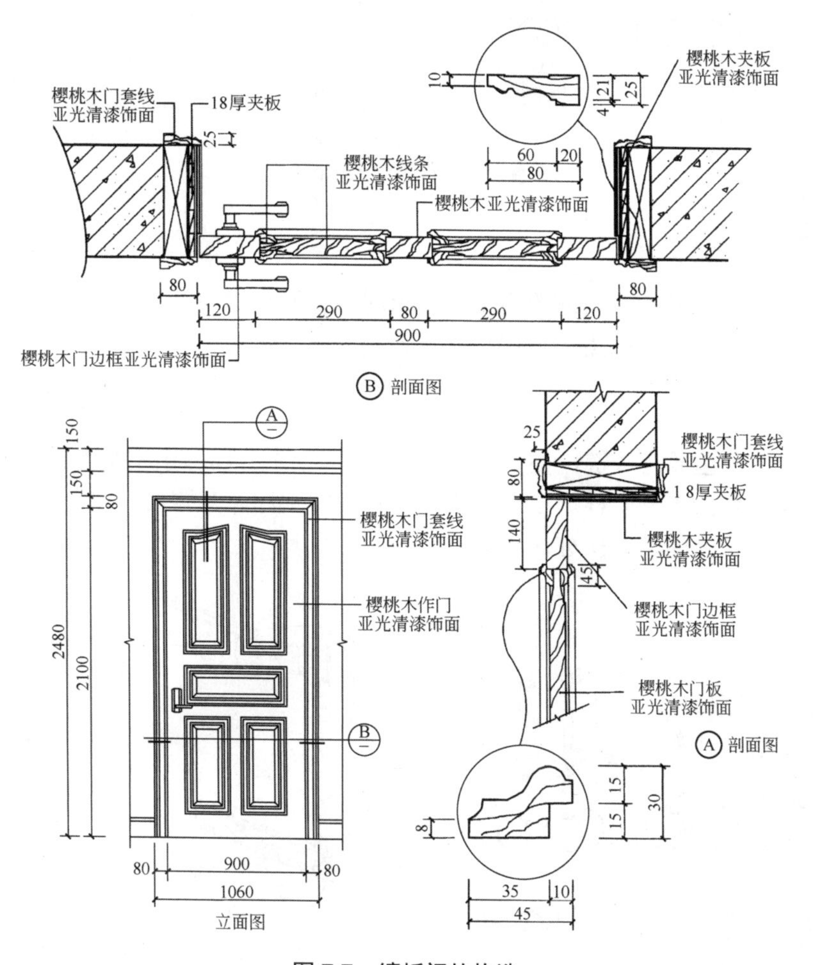

图 7.7　镶板门的构造

2) 夹板门和百叶门

先用木料做成木框格，再在两面用钉或胶粘的方法加上面板，框料的做法不一，夹板门和百叶门如图 7.8 所示。外框用 35 mm×(50～70) mm 的木料，内框用 33mm×(25～35) mm 的木料，中距为 100～300 mm。夹板门构造须注意：面板不能胶粘到外框边，否则经常碰撞容易损坏。为了装门锁和铰链，边框料须加宽，也可局部另钉木条。为了保持门扇内部干燥，最好在上下框格上贯通透气孔，孔径为 9 mm。面板一般为胶合板、硬质纤维板或塑料板，用胶结材料双面胶结。有换气要求的房间，选用百叶门，如卫生间、厨房等。

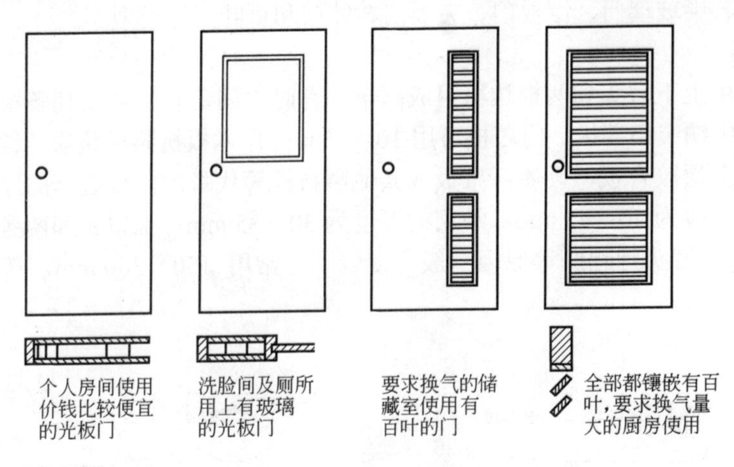

图 7.8 夹板门和百叶门

3. 亮窗

亮窗也称腰窗，其构造与窗的构造基本相同，一般采用中悬开启方法，也可以采用上悬、平开及固定窗形式，如图 7.3～图 7.5 所示。

4. 门的五金零件

门的五金零件主要有铰链、插销、门锁和拉手(见图 7.9)、闭门器(见图 7.10)等，均为工业定型产品，形式多种多样。在选型时，铰链需特别注意其强度，以防止其变形影响门的使用，拉手需结合建筑装修进行选型。

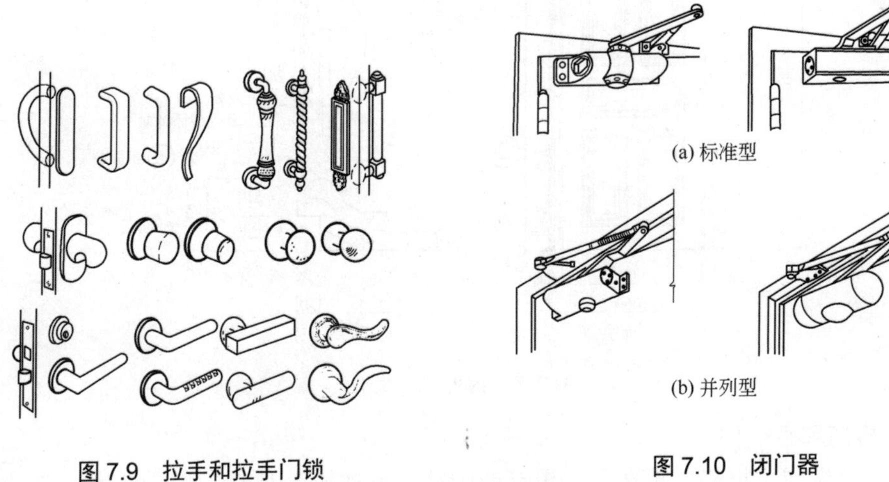

图 7.9 拉手和拉手门锁

图 7.10 闭门器

7.2.4　门的安装

1. 门的安装

门的安装有先立口和后塞口两类，但均需在地面找平层和面层施工前进行，以便门边框伸入地面 20 mm 以上。先立口安装目前使用较少。后塞口安装是在门洞口侧墙上每隔 500～800 mm 高预埋木砖，用长钉、木螺钉等固定门框。门框外侧与墙面(柱面)的接触面、预埋木砖均需进行防腐处理，门框的安装方式如图 7.11 所示。

2. 门框在墙中的位置

门框在墙中的位置，可在墙的中间或与墙的一侧平齐。一般多与开启方向一侧平齐，尽可能使门扇开启时贴近墙面。门框位置、门贴脸板及筒子板如图 7.12 所示。

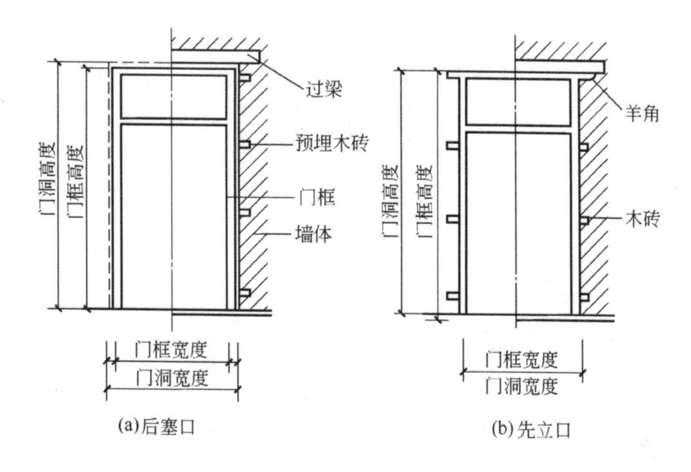

图 7.11　门框的安装方式

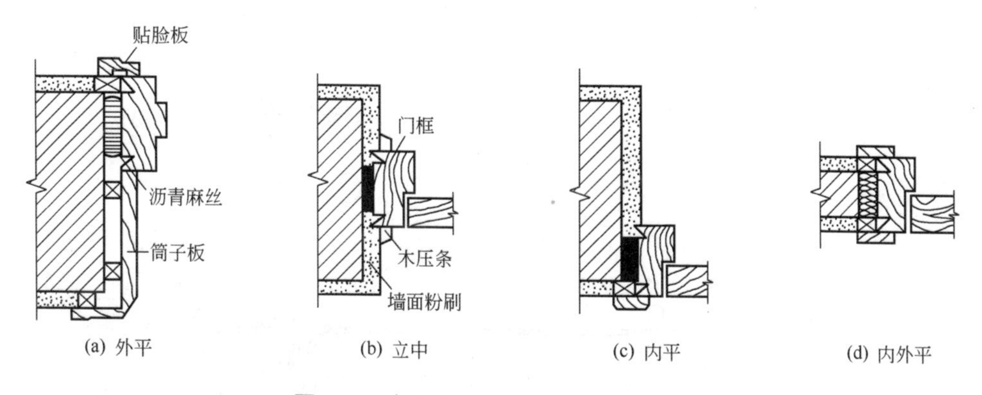

图 7.12　门框位置、门贴脸板及筒子板

7.2.5　弹簧门、推拉门、玻璃门和转门等

1. 弹簧门

弹簧门的形式同平开门，但采用了弹簧铰链，可单向或内外弹动且开启后可自动关闭，

所以兼具有内外平开门的特点，可进行多扇组合，一般适用于人流较多的公共场所。单面弹簧门多为单扇，常用于需有温度调节及气味要遮挡的房间，如厨房、厕所等；双面弹簧门适用于公共建筑的过厅、走廊及人流较多的房间。应在门扇上安装玻璃或者采用玻璃门扇，以免相互碰撞。弹簧门使用方便，但存在关闭不严密、空间密闭性不好的缺点。

2. 推拉门

推拉门是沿设置在门上部或下部的轨道左右滑移的门，可为单扇或双扇，有普通推拉门，也有电动及感应推拉门等。推拉门不占室内空间，门洞尺寸也可以较大，但有关闭不严密、空间密闭性不好的缺点。

3. 玻璃门

玻璃门必须在采光与通透的出入口使用。除透明玻璃外，还有平板玻璃、毛玻璃及防冻玻璃等。

玻璃门的门扇构造与镶板门基本相同，只是镶板门的门芯板用玻璃代替，也可在门扇的上部装玻璃，下部装门芯板。对于小格子玻璃门，最好安装车边玻璃，这样的门显得十分精致而高贵。玻璃门也可采用无框全玻璃门，它用 10 mm 厚的钢化玻璃做门扇，在上部装转轴铰链，下部装地弹簧，门的把手一定要醒目，以免伤人，玻璃门的构造如图 7.13 所示。

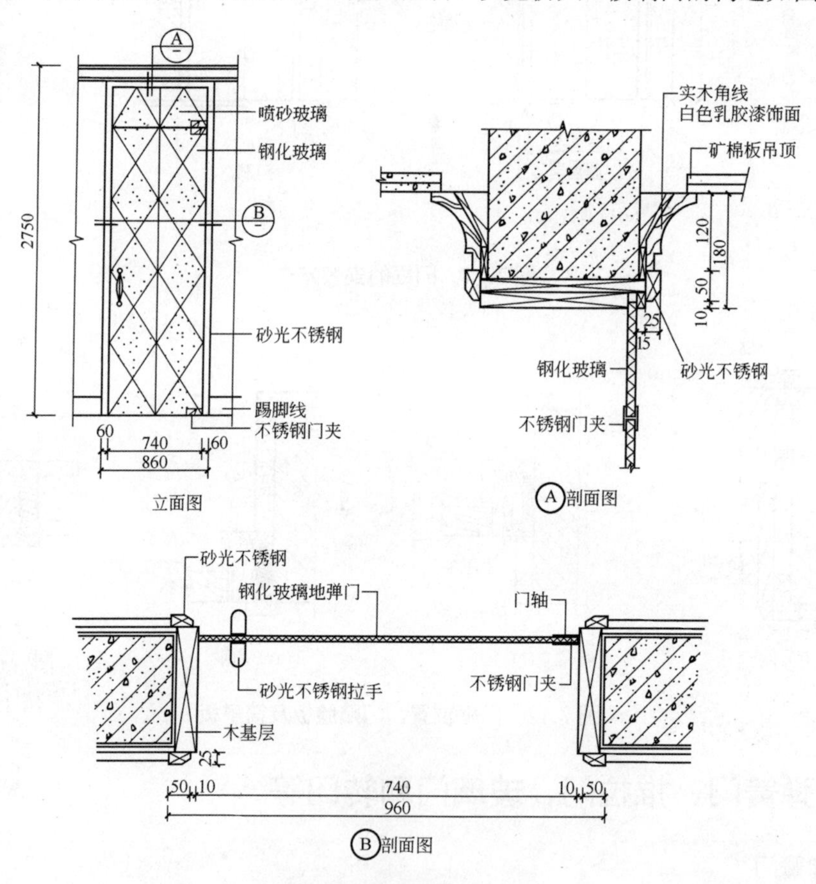

图 7.13　玻璃门的构造

4．旋转门

旋转门(也称转门)是利用门的旋转给人带来一种动的美感，丰富了入口的内涵，同时又由于旋转门构造合理，开启方便，密封性能良好，赋予建筑现代感，广泛用于宾馆、商厦、办公大楼和银行等高级场所。转门的优点是室内外始终处于隔绝状态，能够有效防止室内外空气对流；缺点是交通能力小，不能作为安全疏散门，需要和平开门、弹簧门等组合使用。

旋转门为旋转结构，是由三或四扇门连成风车形，在两个固定弧形门套内旋转的门，旋转方向通常为逆时针，门扇的惯性转速可通过阻尼调节装置按需要进行调整，旋转门的构造如图7.14所示，旋转门的标准尺寸如表7.3所示。转门按材质分为铝合金、钢质和钢木结合三种类型。铝合金旋转门采用转门专用挤压型材，由外框、圆顶、固定扇和活动扇四部分组成。氧化色常用仿金、银白、古铜等色。旋转门的轴承应根据门的重量选用。

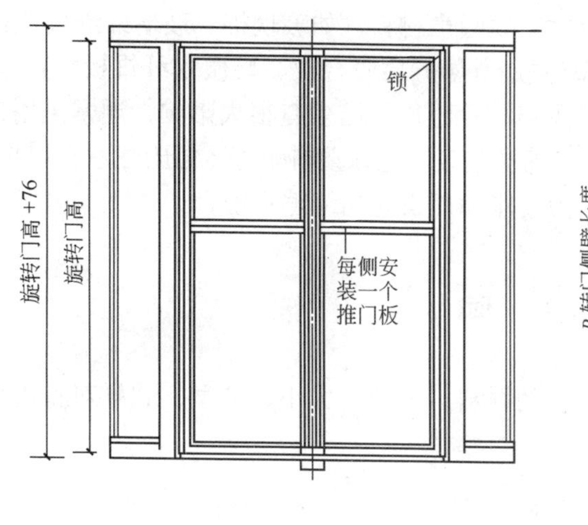

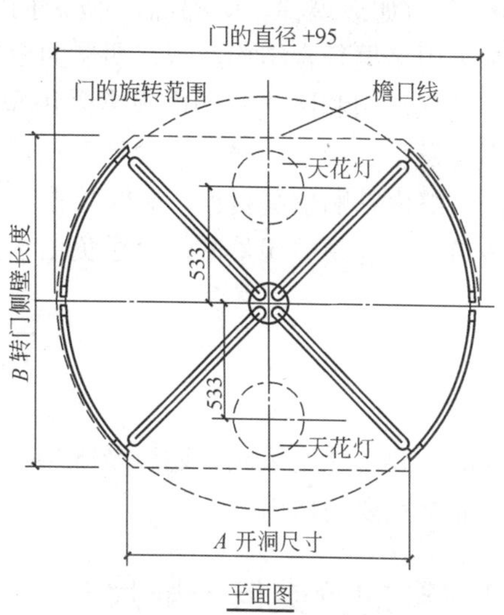

图7.14　旋转门的构造

表7.3　旋转门的标准尺寸

单位：mm

直　径	A	B
1980	1350	1520
2030	1370	1549
2080	1420	1587
2130	1440	1600
2180	1500	1651
2240	1520	1695
2290	1580	1730

旋转门的构造复杂、结构严密，起到控制人流通行量、防风保温的作用。旋转门不适用于人流较大且集中的场所，更不可作为疏散门使用。设置旋转门需有一定的空间，通常

在旋转门的两侧加设玻璃门，以增加疏通量。

5. 防火门

特殊环境的建筑物设计，尤其是工业建筑中，对门窗的选用有特殊的要求。防火门用于加工易燃品的车间、仓库或民用建筑公共走道。根据防火门耐火等级的要求，门扇可以采用钢板、木板外贴石棉板再包以镀锌铁皮或木板外直接包镀锌铁皮等构造措施。考虑到木材受高温会炭化而放出大量气体，应在门扇上设泄气孔。防火门常采用自重下滑关闭门，它是将门上导轨做成 5%～8%的坡度，火灾发生时，易熔合金片熔断后，重锤落地，门扇依靠自重下滑关闭。当洞口尺寸较大时，可做成两个门扇相对下滑。

6. 保温门、隔声门

保温门要求门扇具有一定热阻值和门缝密闭处理，故常在门扇两层面板间填以轻质、疏松的材料(如玻璃棉、矿棉等)。隔声门的隔声效果与门扇的材料及门缝的密闭有关，隔声门常采用多层复合结构，即在两层面板之间填吸声材料，如玻璃棉、玻璃纤维板等。

一般保温门和隔声门的面板常采用整体板材(如五层胶合板、硬质木纤维板等)，整体板材不易发生变形。门缝密闭处理对门的隔声、保温以及防尘有很大影响，通常采用的措施是在门缝内粘贴填缝材料，如橡胶管、海绵橡胶条、泡沫塑料条等。还应注意裁口形式，斜面裁口比较容易关闭紧密，可避免由于门扇胀缩而引起的缝隙不密合。

7.3 窗

窗的主要功能是采光、通风及瞭望。窗的材料、位置、大小、造型、式样对室内外装饰起着非常重要的作用。

7.3.1 窗的分类与一般尺寸

窗按使用材料可分为木窗、钢窗、铝合金窗、塑料窗、玻璃钢窗和塑钢窗等。

窗按开启方式可分为固定窗、平开窗、悬窗、立式转窗、推拉窗及百叶窗等，如图 7.15 所示。

(1) 固定窗。固定窗是无窗扇、不能开启的窗。固定窗的玻璃直接嵌固在窗框上，可供采光和眺望之用。

(2) 平开窗。铰链安装在窗扇一侧与窗框相连，向外或向内水平开启。有单扇、双扇、多扇，有向内开与向外开之分。其构造简单、开启灵活、制作维修方便，是民用建筑中采用最广泛的窗。

(3) 悬窗。因铰链和转轴的位置不同，可分为上悬窗、中悬窗和下悬窗。

(4) 立式转窗。引导风进入室内效果较好，防雨及密封性较差，多用于单层厂房的低侧窗。因密闭性较差，不宜用于寒冷和多风沙的地区。

(5) 推拉窗。分垂直推拉窗和水平推拉窗两种。它们开启时不占据室内外空间，窗扇受力状态较好，适宜安装较大玻璃，但通风面积受到限制。

(6) 百叶窗。主要用于遮阳、防雨及通风，但采光差。百叶窗可用金属、木材、玻璃

和钢筋混凝土等制作，有固定式和活动式两种形式。

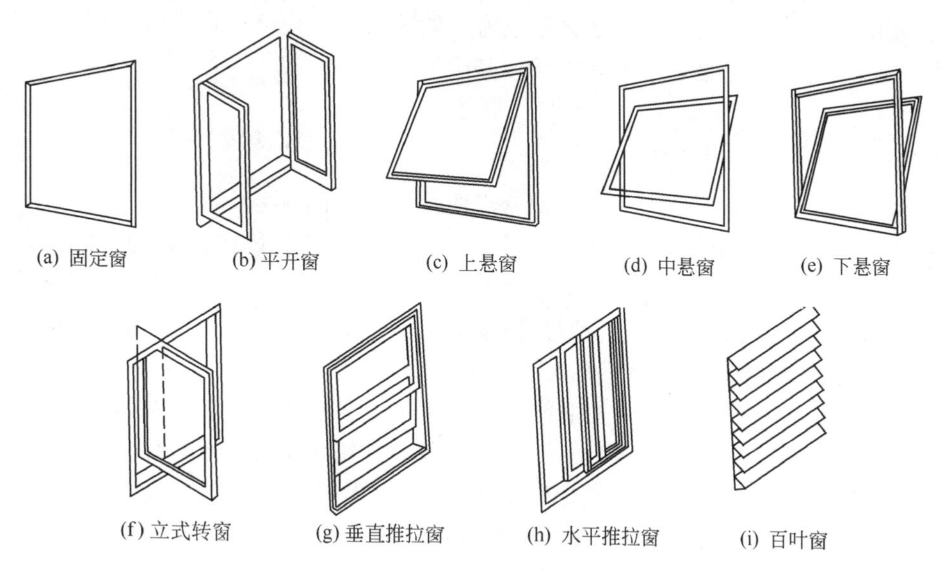

图 7.15 窗的开启方式

窗的尺度主要取决于房间的采光、通风、构造做法和建筑造型等要求，并要符合现行《建筑模数协调统一标准》的规定。为使窗坚固耐久，一般平开木窗的窗扇高度为 800～1200 mm，宽度不宜大于 500 mm；上下悬窗的窗扇高度为 300～600 mm；中悬窗窗扇高度不宜大于 1200 mm，宽度不宜大于 1000 mm；推拉窗高宽均不宜大于 1500 mm。对一般民用建筑用窗，各地均有通用图，各类窗的高度与宽度尺寸通常采用扩大模数 3M 数列作为洞口的标志尺寸，需要时只要按所需类型及尺度大小直接选用即可。

7.3.2 窗的选用与布置

1. 窗的选用要求

(1) 面向外廊的居室、厨厕窗应向内开，或在人的高度以上外开，并应考虑防护安全及密闭性要求。

(2) 无论低层、多层、高层的所有民用建筑，除高级空调房间(确保昼夜运转)外均应设纱扇，并应注意走道、楼梯间、次要房间如漏装纱扇会常进蚊蝇。

(3) 高温、高湿及防火要求高时，不宜用木窗。

(4) 用于锅炉房、烧火间、车库等处的外窗，可不装纱扇。

2. 窗的布置

(1) 楼梯间外窗应考虑各层圈梁走向，避免冲突。

(2) 楼梯间外窗作内开扇时，开启后不得在人的高度内突出墙面。

(3) 窗台高度由工作面需要而定，一般不宜低于工作面(900 mm)，如窗台过高或上部开启时，应考虑开启方便，必要时加设开闭设施。

(4) 需作暖气片时，窗台板下净高净宽需满足暖气片及阀门操作的空间需要。

(5) 窗台高度低于 800 mm 时，需有防护措施。窗前有阳台或大平台时可以除外。

(6) 错层住宅屋顶不上人处，尽量不设窗，如因采光或检修需设窗时，应有可锁启的铁栅栏，以免儿童上屋顶发生事故，并可以减少屋面损坏。

7.3.3 窗的组成与构造

窗主要由窗框、窗扇和五金零件三部分组成，如图 7.16 所示。

(1) 窗框又称窗樘，其主要作用是与墙连接并通过五金零件固定窗扇，其截面如图 14.2 所示。窗框由上槛、中槛、下槛，边框用合角全榫拼接成框。单层窗窗樘的厚度常为 40～50 mm，宽度为 70～95 mm，中竖梃双面窗扇需加厚一个铲口的深度 10 mm，中横档除加厚 10 mm 外，若要加披水，一般还要加宽 20 mm 左右。

(2) 窗扇。平开玻璃窗一般由上下冒头和左右边梃榫接而成，有的中间还设窗棂。窗扇厚度约为 35～42 mm，一般为 40 mm。上下冒头及边梃的宽度视木料材质和窗扇大小而定，一般为 50～60 mm，下冒头可较上冒头适当加宽 10～25 mm，窗棂宽度 27～40 mm。

玻璃常用厚度为 3 mm，较大面积可采用 5 mm 或 6 mm。为了隔声保温等需要可采用双层中空玻璃；需遮挡或模糊视线可选用磨砂玻璃或压花玻璃；为了安全可采用夹丝玻璃、钢化玻璃以及有机玻璃等；为了防晒可采用有色、吸热和涂层、变色等种类的玻璃。

纱窗窗扇用料较小，一般为 30 mm×50 mm～35 mm×65 mm。

百叶窗中固定百叶窗(硬百叶窗)用(10～15) mm×(50～75) mm 的百叶板，两端开半榫装于窗梃内侧，成 30°～45°的斜度，间距约为 30 mm。固定百叶窗的规格一般宽为 400 mm、600 mm、1000 mm、1200 mm，高为 600 mm、800 mm、1000 mm 几种。

(3) 五金零件一般有铰链、插销、窗钩、拉手和铁三角等。铰链又称合页、折页，是连接窗扇和窗框的连接件，窗扇可绕铰链转动；插销和窗钩是固定窗扇的零件；拉手为开关窗扇用。

7.3.4 窗的安装

1. 安装方法

窗的安装也是分先立口和后塞口两类。

(1) 立口又称立樘子，施工时先将窗框放好后砌窗间墙。上下档各伸出约半砖长的木段(羊角或走头)，在边框外侧每 500～700 mm 设一木拉砖(木鞠)或铁脚砌入墙身，如图 7.17 所示。窗框与墙的连接紧密，但施工不便，窗框及其临时支撑易被碰撞，较少采用。

(2) 塞口又称塞框子或嵌框子，在砌墙时先留出窗洞，再安装窗框。窗洞两侧每隔 500～700 mm 砌入一块半砖大小的防腐木砖(窗洞每侧应不少于两块)，安装窗框时用长钉或螺钉将窗框钉在木砖上，也可在框子上钉铁脚，再用膨胀螺丝钉在墙上或用膨胀螺丝直接把框子钉于墙上。塞框子的窗框每边应比窗洞小 10～20 mm。

框架结构中一般采用湿法和干法安装。湿法是墙面装饰工程前安装，干法是墙面装饰工程完成后安装。

一般窗扇都用铰链、转轴或滑轨固定在窗樘上。通常在窗樘上做铲口，深 10～12 mm，

也有钉小木条形成铲口。为提高防风雨能力，可适当提高铲口深度(约 15 mm)或钉密封条，或在窗樘留槽，形成空腔的回风槽。

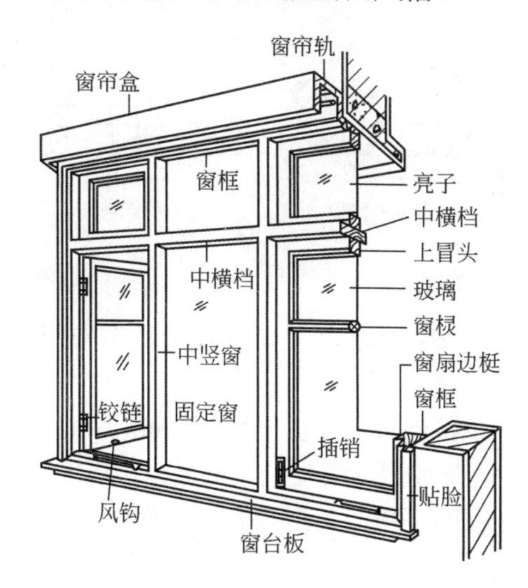

图 7.16　窗的组成

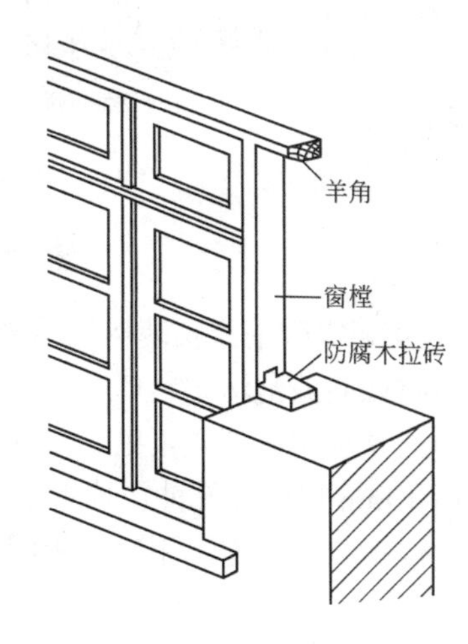

图 7.17　窗的先立口安装

外开窗的上口和内开窗的下口，一般须做披水板及滴水槽以防止雨水内渗，同时在窗樘内槽及窗盘处做积水槽及排水孔将渗入的雨水排除。

2. 窗框在墙中的位置

窗框在墙中的位置，一般是与墙内表面平，安装时窗框突出砖面 20 mm，以便墙面粉刷后与抹灰面平。框与抹灰面交接处，应用贴脸板搭盖，以阻止由于抹灰干缩形成缝隙后风透入室内，同时可增加美观。贴脸板的形状及尺寸与门的贴脸板相同。

当窗框立于墙中时，应内设窗台板，外设窗台。窗框外平时，靠室内一面设窗台板。

7.4　金属和塑钢门窗

随着经济的发展和人民生活水平的提高，新型的金属及塑料门窗在建筑中得到了越来越广泛的应用。

7.4.1　钢门窗

钢门窗是用型钢或薄壁空腹型钢在工厂制作而成，符合工业化、定型化与标准化的要求。在强度、刚度、防火、密闭等性能方面，均优于木门窗，但在潮湿环境下易锈蚀，耐久性差，目前在民用建筑中使用较少。钢门窗分为实腹式和空腹式钢门窗。

实腹钢门窗是采用热轧门窗框钢和小量冷轧或热轧型钢制成，易于油漆，耐腐蚀性能较好，结构合理，使用寿命长，但用钢量和自重较大，气密性和水密性较差。门窗用型钢有 25 mm、32 mm、40 mm 三种规格，钢门窗框与墙、梁、柱的连接一般采用铆、焊两种方式(如图 7.18 所示)。

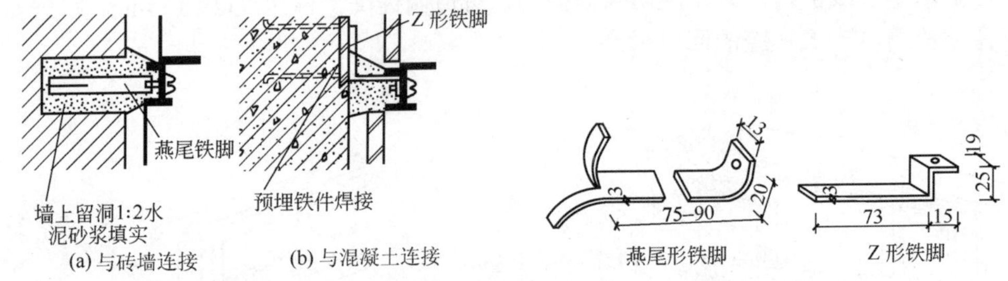

图 7.18 钢门窗樘与墙的连接

图 7.19 为实腹钢窗安装构造示意图，钢门窗的主要技术措施是解决在开启扇与门窗框接触处黏附橡胶或泡沫塑料成品密封条的缝隙严密问题。

空腹式是采用普通碳素钢、门窗框扇采用高频焊接钢管，钢窗采用 1.2 mm 厚的带钢，门板采用 1 mm 厚的冷轧冲压槽形钢板，高频焊接轧制成型。刚度大，重量轻，节约钢材，外形美观但耐腐蚀性差，不宜用于湿度大、腐蚀性强的环境，其型材表面不便油漆。

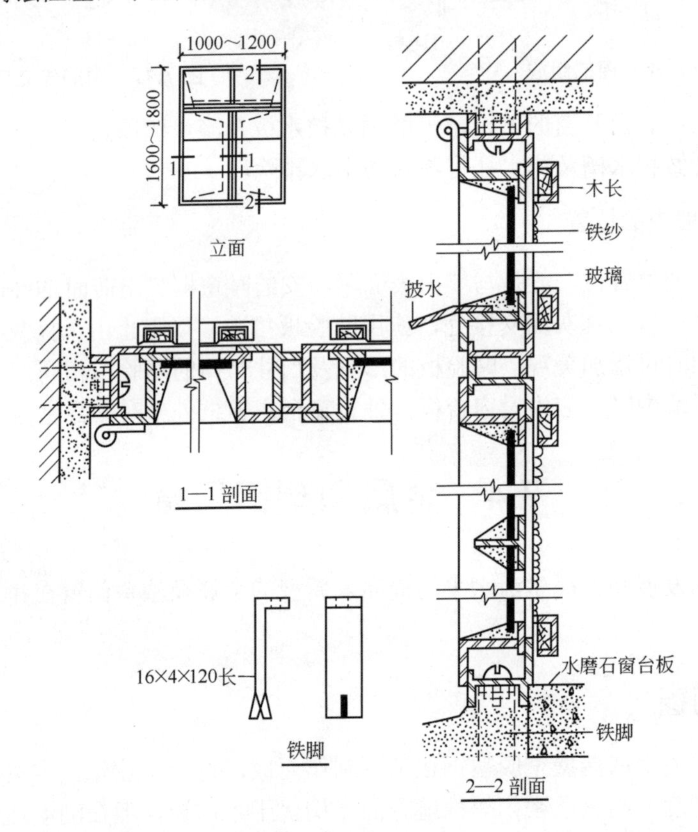

图 7.19 实腹钢窗的构造

7.4.2 铝合金门窗

铝合金是以铝为主，加入适量钢、镁等多种元素的合金。具有轻质、高强、耐腐蚀、无磁性、易加工、质感好，密闭性能好，广泛应用于各种建筑中，但造价较高；从建筑立

面效果看，铝合金门窗面积较大，结构坚挺明快，使建筑物显得简洁明亮，更有现代感。

1. 铝合金门

铝合金门的形式很多，其构造方法与木门、钢门相似。由铝合金门框、门扇、腰窗及五金零件组成。按其门芯板的镶嵌材料有铝合金条板门、半玻璃门、全玻璃门等形式，主要有平开、弹簧、推拉三种开启方法，其中铝合金的弹簧门、铝合金推拉门是目前最常用的，如图7.20所示为铝合金弹簧门的构造示意图。

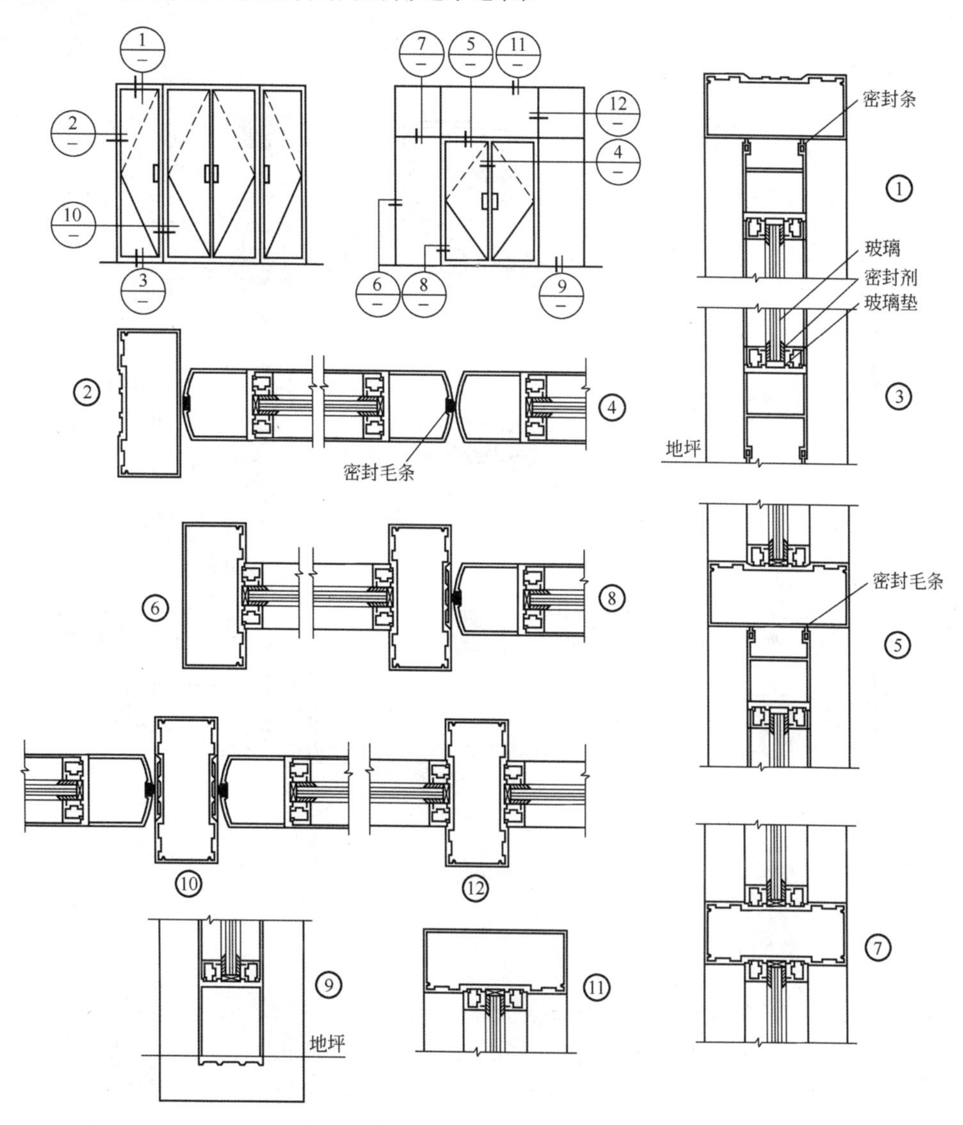

图7.20 铝合金弹簧门的构造

铝合金门为避免门扇变形，其单扇门宽度受型材影响有如下限制，平开门最大尺寸：55系列为900 mm×2100 mm，70系列型材为900 mm×2400 mm；推拉门最大尺寸：70系列型材为900 mm×2100 mm，90系列型材为1050 mm×2400 mm；地弹簧门最大尺寸：90系列型材为900 mm×2400 mm，100系列型材为1050 mm×2400 mm。铝合金门构造有国

家标准图集，各地区也有相应的通用图供选用。

2. 铝合金窗

铝合金窗质量轻、气密性和水密性能好，其隔音、隔热、耐腐蚀等性能也比普通木窗、钢窗有显著提高，并且不需要日常维护；其框料还可通过表面着色、涂膜处理等获得多种色彩和花纹，具有良好的装饰效果，是目前建筑中使用较为广泛的基本窗型。不足的是强度较钢窗、塑钢窗低，其平面开窗尺寸较大时易变形。铝合金平开窗的构造如图 7.21 所示。

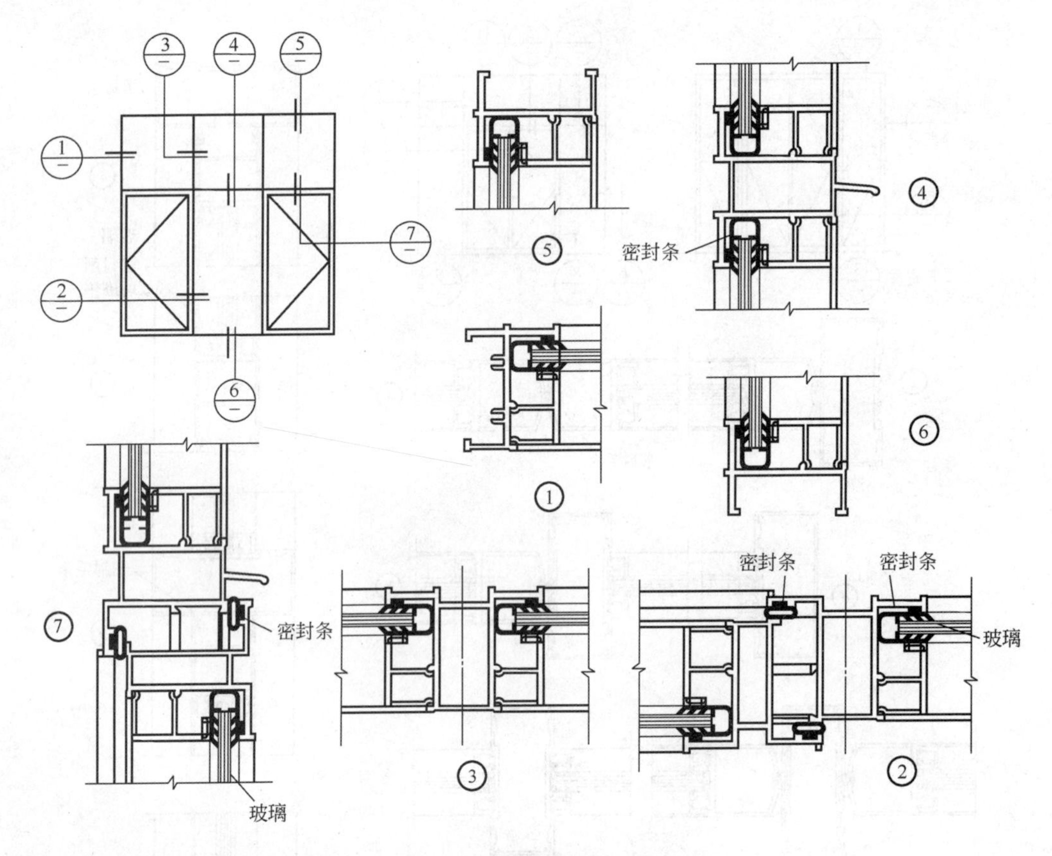

图 7.21　铝合金平开窗构造

3. 铝合金门窗的安装

铝合金门窗是高档门窗产品，对安装要求较高，因此，安装应按一定标准进行。铝合金门窗的安装主要依靠金属锚固件定位，安装时应保证定位正确、牢固，然后在门窗框与墙体之间分层填以矿棉毡、玻璃棉毡或沥青麻刀等保温隔声材料，并于门窗框内外四周各留 5～8 mm 深的槽口后填建筑密封膏。铝合金门窗不宜用水泥砂浆作门框与墙体间的填塞材料。门窗框固定铁件，除四周离边角 180 mm 设一点外，一般间距 400～500 mm，铁件可采用射钉、膨胀螺栓或钢件焊于墙上的预埋件等形式，锚固铁卡两端均须伸出铝框外，然后用射钉固定于墙上，固定铁卡用厚度不小于 1.5 mm 厚的镀锌铁片，图 7.22 所示为铝合金窗安装构造举例。

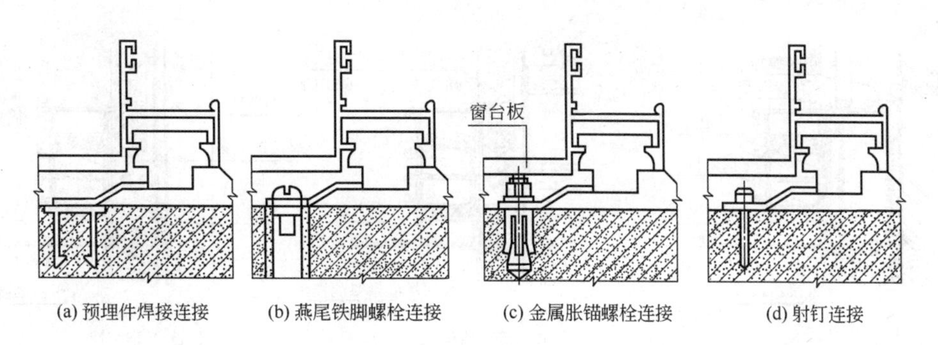

图 7.22　铝合金窗安装构造

铝合金门窗框料及组合梃料除不锈钢外，均不能与其他金属直接接触，以免产生电腐蚀现象，所有铝合金门窗的加强件及紧固件均须做防腐蚀处理，一般可采用沥青防腐漆满涂或镀锌处理，应避免将灰浆直接粘到铝合金型材上，铝合金门门框边框应深入地面面层 20 mm 以上，如图 7.23 所示为铝合金窗安装构造示意图。门窗通用节点安装构造如图 7.24 所示。

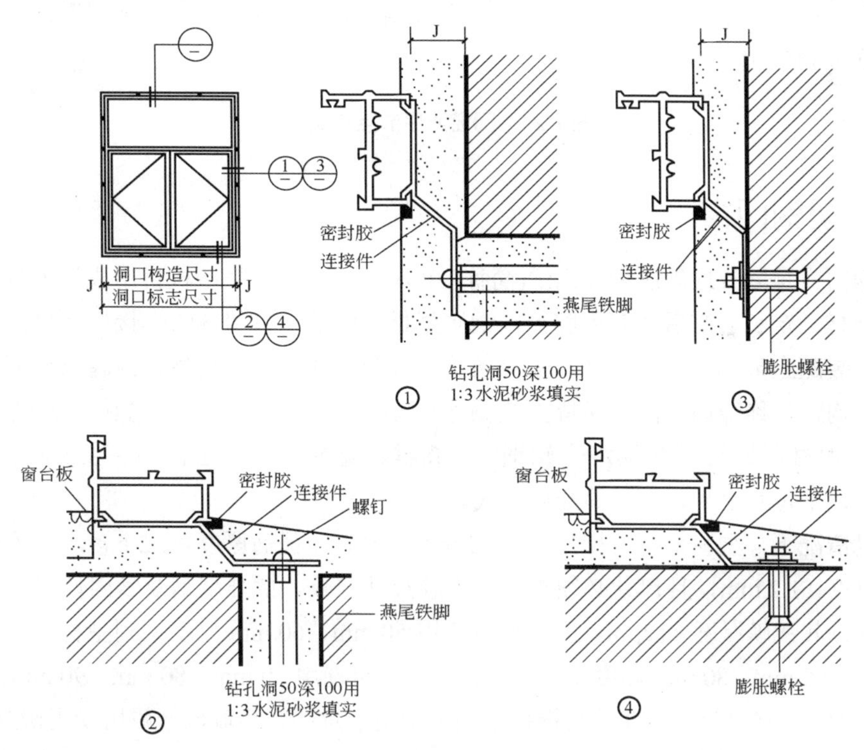

图 7.23　铝合金窗安装构造

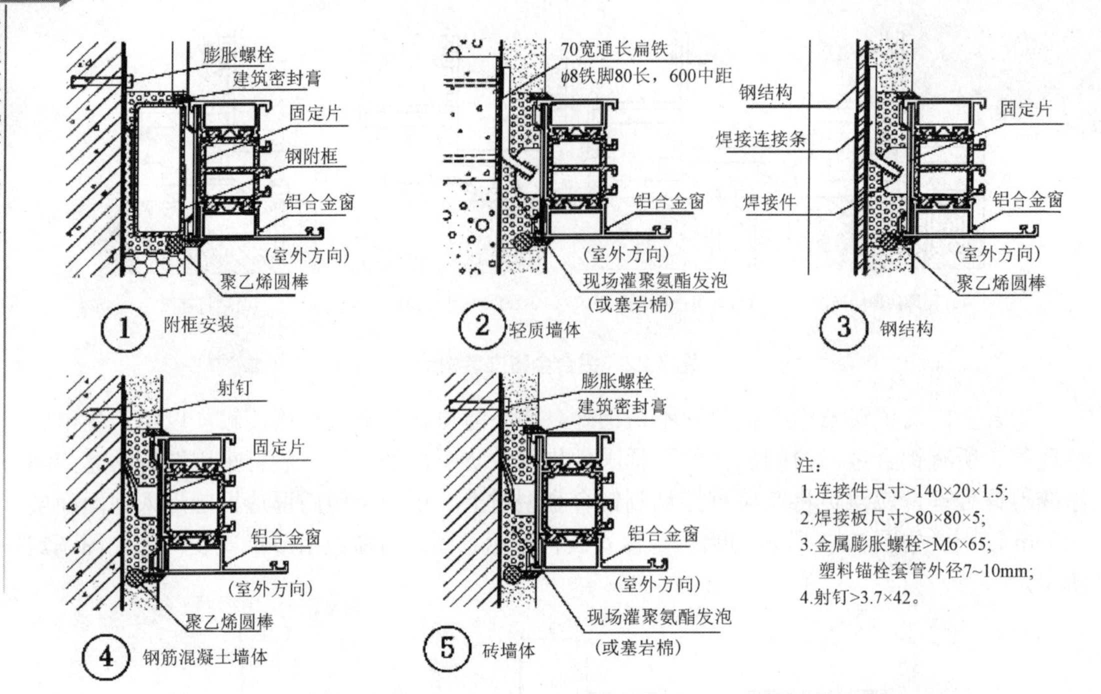

图 7.24 门窗通用节点安装构造

7.4.3 塑钢门窗

塑钢门窗是以改性硬质聚氯乙烯(简称 UPVC)为原料，经挤塑机挤出成型为各种断面的中空异型材，定长切割后在其内腔衬入钢质型材加强筋，再用热熔焊接机焊接组装成门窗框、扇，装配上玻璃、五金配件、密封条等构成门窗成品。塑料型材内膛以型钢增强，形成塑钢结构，故称塑钢门窗。其特点是耐水、耐腐蚀、抗冲击、耐老化、阻燃，不需涂装，节约木材，比铝门窗经济。塑钢窗由窗框、窗扇、窗的五金零件等三部分组成，主要有平开、推拉和上悬、中悬等开启方式。

一般情况下，型材框扇外壁厚度≥2.3 mm，内腔加强筋厚度≥1.2 mm，内腔加衬的增强型钢厚度≥1.2 mm，且尺寸必须与型材内腔尺寸一致。增强型钢及紧固件应采用热镀锌的低碳钢，其镀膜厚度≥12μm。固定窗可选用 50 mm、60 mm 厚度系列型材，平开窗可选用 50 mm、60 mm、80 mm 厚度系列型材，推拉窗可选用 60 mm、80 mm、90 mm、100 mm 厚度系列型材。图 7.25 为 60 系列推拉塑钢窗构造示意图，其玻璃一般用专用密封条嵌固。平开窗扇的尺寸不宜超过 600 mm × 1500 mm，推拉窗的窗扇尺寸不宜超过 900 mm×1800 mm。图 7.26 为部分 60、90 系列专用型材示意图。

塑钢窗一般采用后立口安装，在墙和窗框间缝隙用泡沫塑料等发泡剂填实，并用玻璃胶密封。安装时可用射钉或塑料、金属膨胀螺钉固定，或用预埋件固定，如图 7.27 所示。

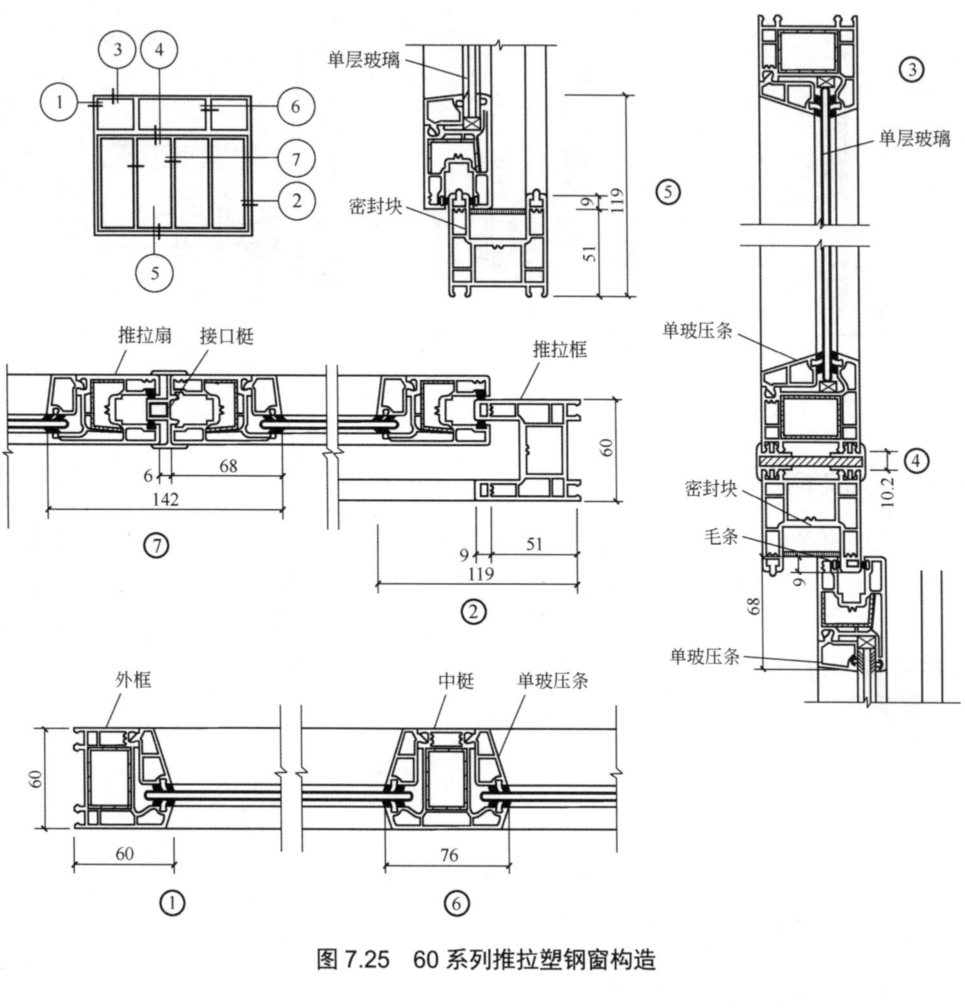

图 7.25　60 系列推拉塑钢窗构造

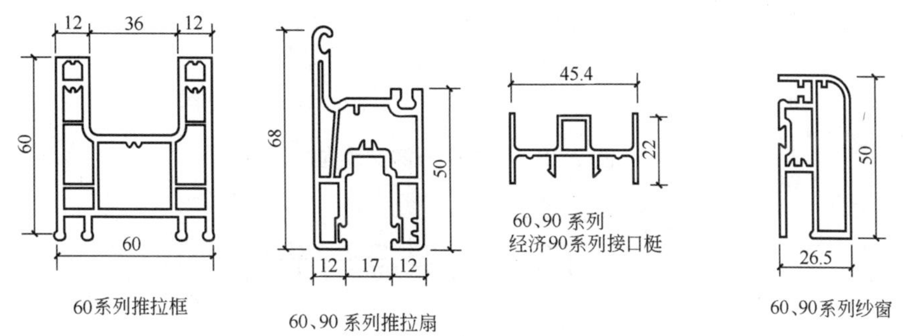

图 7.26　塑钢窗专用型材

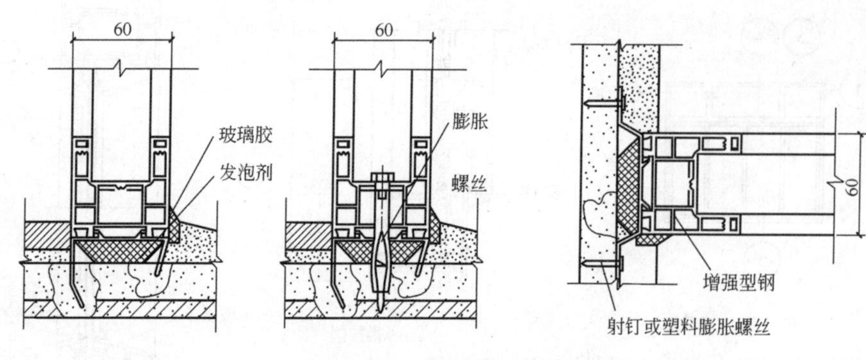

图 7.27　塑钢窗的安装

7.4.4　彩板钢门窗

彩板钢门窗是以彩色镀锌钢板经机械加工而成的门窗。它具有自重轻、硬度高、采光面积大、防尘、隔声、保温密封性好、造型美观、色彩绚丽及耐腐蚀等特点。

彩板平开窗的安装构造目前有两种类型，即带副框和不带副框两种。当外墙装修为普通粉刷时，常用不带副框的做法，如图 7.28(a)所示。当外墙面为花岗石、大理石等贴面材料时，常采用带副框的门窗，如图 7.28(b)所示。

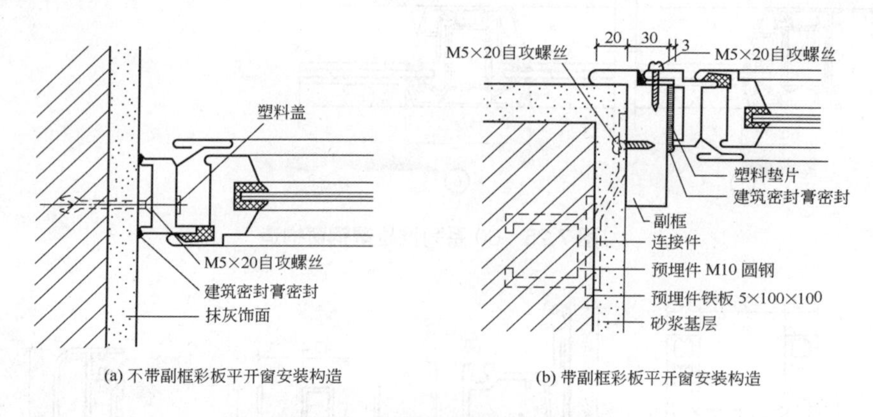

(a) 不带副框彩板平开窗安装构造　　(b) 带副框彩板平开窗安装构造

图 7.28　彩板平开窗安装构造

7.5　门窗的保温与节能

7.5.1　门窗保温节能

建筑门窗对建筑物节能起着重要作用。建筑门窗是薄壁的轻质构体，由玻璃、型材组成，是整个建筑围护结构中保温隔热最薄弱的一个环节，相对墙体而言，门、窗的保温隔热性能很差，大量的热量通过窗户是双向流动的。普通单层玻璃窗的能量损失约占建筑物夏季降温及冬季保温能耗的 50%以上，所以改善其隔热性能是节能的重点。衡量门窗节能效果主要是门窗的保温性能和隔热性能。提高门窗的保温性能就是要增大门窗的总热阻或减少窗户的总传热；提高门窗的隔热性能就是要隔离或减少太阳的热辐射。门窗节能主要是通过对门窗框型材、玻璃这两部分结构性能的改造和提高门窗气密性及设置遮阳措施等降低能耗的。

窗框材料对中空玻璃的性能影响较大，近年来，单框双玻彩板钢窗、聚氯乙烯塑料门窗和铝合金窗，以其良好的保温性和气密性，得到了较为广泛的应用。另外，窗户上加贴透明聚酯膜，也是节能措施之一。

门窗缝隙是冷风渗透的主要通道，为了减少能耗，可选用气密窗、中空玻璃、塑钢门窗、密闭保温性能好的防盗门、新型外墙保温材料或采取密闭和密封措施来达到节能效果。

保温窗常采用双层窗及双层玻璃的单层窗两种。双层窗可内外开或内开、外开。双层玻璃单层窗又分为：①双层中空玻璃窗，双层玻璃之间的距离为 5～8mm，窗扇的上下冒头应设透气孔；②双层密闭玻璃窗，两层玻璃之间为封闭式空气间层，其厚度一般为 4～12mm，充以干燥空气或惰性气体，玻璃四周密封。这样可增大热阻、减少空气渗透，避免空气间层内产生凝结水，如图 7.29 所示。

若采用双层窗隔声，应采用不同厚度的玻璃，以减少吻合效应的影响。厚玻璃应位于声源一侧，玻璃间的距离一般为 80～100mm。

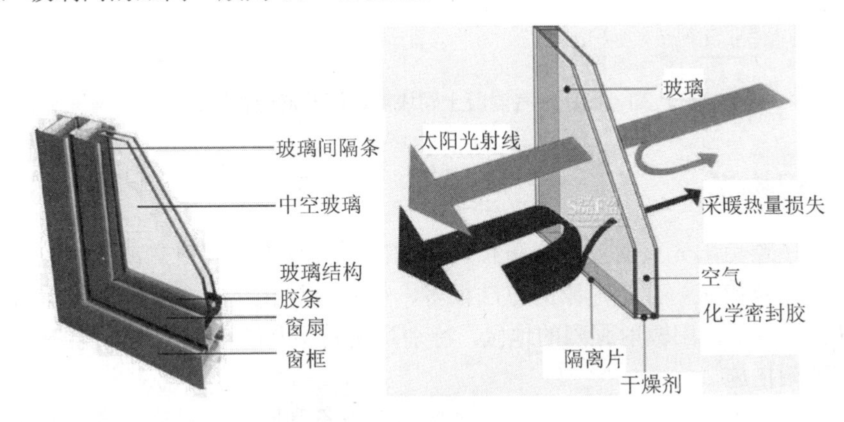

图 7.29　中空玻璃窗

在选用玻璃品种时，应根据采暖费用、空调设备的价格和制冷的比较来选择合适的玻璃品种，并从各种玻璃的太阳能阻隔特性和导热性等方面去比较其节能效果，选择热反射玻璃、吸热玻璃、中空玻璃和低辐射玻璃等，以提高玻璃的气密水平。

鉴于提高门、窗的热工性能成本高，在围护结构的节能设计中不能单纯依靠提高门、窗的热工性能指标，还必须区别不同朝向，尽量避免东西向开大窗，以提高窗户的遮阳性能。控制窗、墙的比例，更好地满足保温、隔热、透光、通风等各种需求，协调好外观美化和节能之间的关系，改善自然采光等优化围护结构设计，使得冷风渗透减小，将能量散失减少到最小，达到最佳节能效果。图 7.30 所示为蒸压加气混凝土砌块窗墙缝及窗台构造举例。

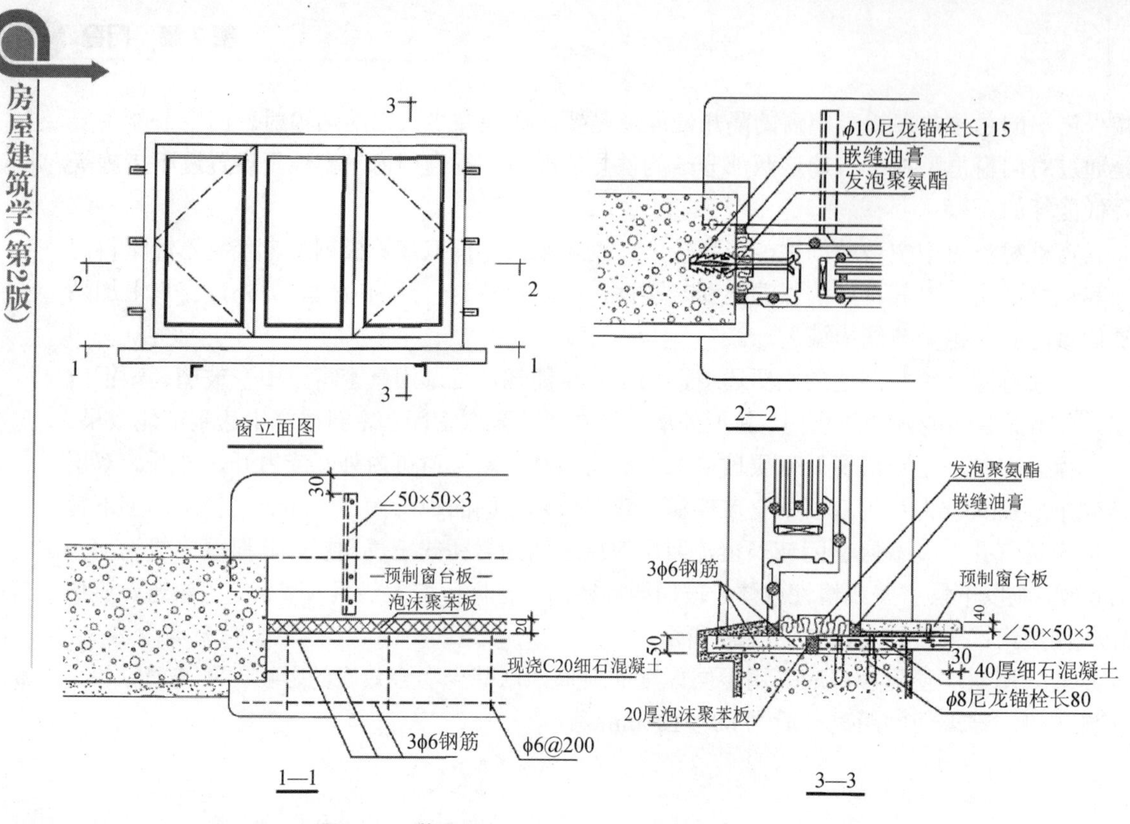

图 7.30　蒸压加气混凝土砌块窗墙缝及窗台构造详图

7.5.2　遮阳构造

遮阳是为了避免阳光直射室内，防止局部过热，减少太阳辐射热或产生眩光以及保护物品而采取的建筑措施。建筑遮阳的方法很多，如室外绿化、室内窗帘、设置百叶窗等均是有效方法，但对于太阳辐射强烈的地区，特别是朝向不利的墙面上、建筑的门窗等洞口，应设置专用遮阳措施。

在窗外设置遮阳设施对室内通风和采光均会产生不利影响，对建筑造型和立面设计也会产生影响。因此，遮阳构造设计时应根据采光、通风、遮阳、美观等统一考虑。

建筑遮阳设施有简易活动遮阳、建筑构造(固定式)遮阳和绿化遮阳几种。简易活动遮阳是利用苇席、布篷竹帘等措施进行遮阳，简易遮阳简单、经济、灵活，但耐久性差，如图 7.31 所示。

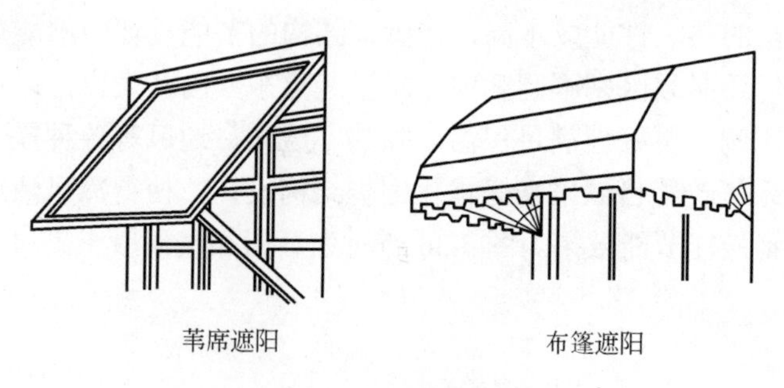

图 7.31　简易遮阳设施

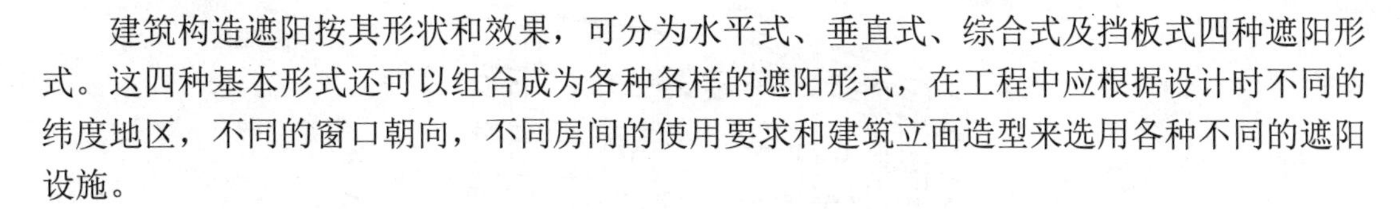

建筑构造遮阳按其形状和效果，可分为水平式、垂直式、综合式及挡板式四种遮阳形式。这四种基本形式还可以组合成为各种各样的遮阳形式，在工程中应根据设计时不同的纬度地区，不同的窗口朝向，不同房间的使用要求和建筑立面造型来选用各种不同的遮阳设施。

1. 水平遮阳

水平遮阳板能够遮挡高度角较大的、从窗口上方照射下来的阳光，它适用于南向及附近的窗口或北回归线以南低纬度地区之北向及其附近的窗口，如图7.32(a)所示。

2. 垂直遮阳

垂直遮阳板能够遮挡高度角小的，从窗户侧边斜射过来的阳光，对高度角较大的，从窗口上方照射下来的阳光或接近日出日落时向窗口正射的阳光，它不起遮挡作用。主要适用于偏东偏西的南或北向及其附近的窗口，如图7.32(b)所示。

3. 综合式遮阳

综合式遮阳是水平遮阳和垂直遮阳的综合，能够遮挡从窗左右侧及前上方斜射阳光，遮挡效果比较均匀，主要适用于南、东南、西南及其附近的窗口，如图7.32(c)所示。

4. 挡板遮阳

挡板遮阳能够遮挡高度角小的、正射窗口的阳光，主要适用于东、西向及其附近的窗口，如图7.32(d)所示。

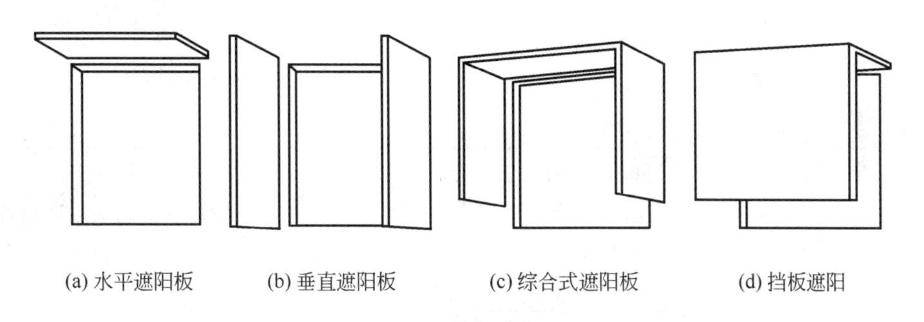

(a) 水平遮阳板　(b) 垂直遮阳板　(c) 综合式遮阳板　(d) 挡板遮阳

图7.32 固定遮阳板的形式

遮阳板的构造及建筑处理方法一般采用混凝土板，也可以采用钢构架石棉瓦、压型金属板等构造。选择和设置遮阳板时，应尽量减少对房间的采光和通风的影响，为兼顾建筑造型和立面设计要求，遮阳板布置宜整齐有规律。建筑通常将水平遮阳板或垂直遮阳板连续设置，形成较好的立面效果，如图7.33所示。

绿化遮阳对于低层建筑来说，是一种既有效又经济美观的遮阳措施。绿化遮阳可以通过在窗外一定距离种树，也可以通过在窗外或阳台上种植攀援植物实现对墙面的遮阳，还有屋顶花园等形式。落叶树木可以在夏季提供遮阳，常青树可以整年提供遮阳，植物还能通过蒸发周围的空气降低地面的反射，常青的灌木和草坪也能很好地降低地面反射和建筑反射。

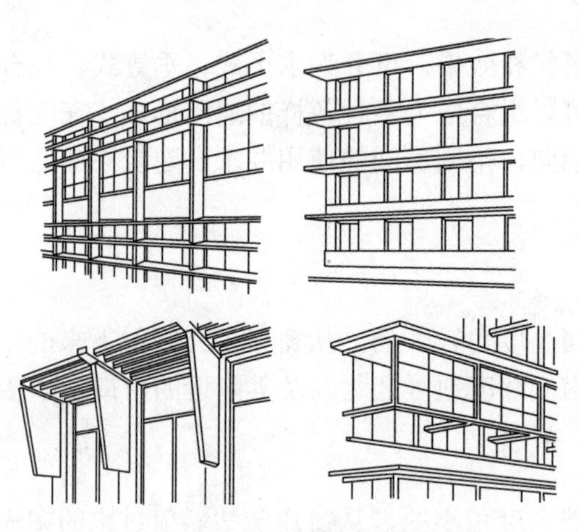

图 7.33 遮阳板的建筑立面效果

7.6 单 元 小 结

内 容	知识要点	能力要求
门窗设计要求	坚固耐用、美观大方、开启灵活、关闭紧密、功能合理、便于维修和清洁，规格尽量统一，符合《建筑模数协调统一标准》要求	能熟练选取门窗尺度
门窗分类	门按开启方式、使用材料、构造和功能不同分为不同类型的门。 窗按使用材料和开启方式不同分类。如按开启方式分为固定窗、平开窗、悬窗、立式转窗、推拉窗及百叶窗等	能区分门窗分类，根据不同要求能熟练选择合适的门窗
门窗的组成、安装	门：门框、门扇、亮窗、五金配件等 窗：窗框、窗扇、五金零件等 砌体结构门窗的安装方法：立口、塞口 框架结构门窗的安装方法：干法、湿法	能识读门窗的组成、明确各部分的作用；掌握门窗的安装方法
门窗保温节能措施	常采用双层窗及双层玻璃的单层窗，增加玻璃层数、减少门窗缝隙的长度、减少洞口面积、采取密封和密闭措施	熟悉门窗保温节能构造设计
遮阳构造	绿化遮阳、简易设施遮阳、建筑构造遮阳(水平式、垂直式、综合式及挡板式)	能基本掌握各种遮阳的使用范围与特点

7.7 复习思考题

一、名词解释

1. 立口　　2. 塞口

二、选择题

1. 住宅入户门、防烟楼梯间门、寒冷地区公共建筑外门应分别采用____开启方式。

A. 平开门、平开门、转门　　B. 推拉门、弹簧门、折叠门

C. 平开门、弹簧门、转门　　D. 平开门、转门、转门

2. 一般住宅的主门、阳台门、厨房门及卫生间门的最小宽度分别是____ mm。

A. 1000、800、800、700　　B. 1000、800、900、700

C. 1000、900、800、700　　D. 1000、900、800、800

3. 钢门窗、铝合金门窗和塑钢门窗的安装均应采用____。

A. 立口　　B. 塞口　　C. 立口和塞口均可

4. ____开启时不占室内空间，但擦窗及维修不便；____擦窗安全方便，但影响家具布置和使用。

A. 内开窗、固定窗　　B. 内开窗、外开窗

C. 立转窗、外开窗　　D. 外开窗、内开窗

5. 下列描述中，_____是错误的。

A. 塑料门窗有良好的隔热性和密封性

B. 塑料门窗变形大，刚度差，在大风地区应慎用

C. 塑料门窗耐腐蚀，不用涂涂料

D. 以上都不对

6. 下列有关门的设计规定中，不恰当的是_____。

A. 旋转门可以作为消防疏散出入口

B. 托幼建筑儿童用门，不得选用弹簧门

C. 会场、观众厅的疏散门只准向外开户，开足时净宽不应小于1.2m

D. 供残疾人通行的门不得采用旋转门，不宜采用弹簧门

7. 建筑遮阳板可分为水平遮阳板、垂直遮阳板、_____、挡板式遮阳板四种。

A. 花格遮阳板　　B. 混合遮阳板　　C. 雨篷遮阳板　　D. 阳台遮阳板

三、简答题

1. 门和窗的作用分别是什么？举例说明本校有哪些类型的门窗？在构造方面如何考虑节能？

2. 平开木门窗的构造如何？绘图说明平开木窗、木门的构造组成。

3. 门和窗各有哪几种开启方式？它们各有何特点？门和窗的组成部分分别有哪些？

4. 安装窗框的方法有哪些？各有什么特点？如何安装？

5. 门窗框与砖墙的连接方法有哪些？窗框与墙体之间的缝隙如何处理？画图说明。

6. 铝合金门窗和塑料门窗有哪些特点？构造如何？安装要点是什么？

7. 门窗节能的构造做法是什么？遮阳板布置有哪些类型？遮阳措施有哪些？

8. 测量宿舍门窗的尺度？并说明宿舍门窗的开启方式和材料。

第8章　变　形　缝

内容提要：本章主要介绍建筑变形缝的概念，变形缝的类型、作用、设置原则以及各类变形缝的设置宽度，介绍各种变形缝的特点、相互之间的区别和缝两侧的结构布置方案。重点是变形缝在墙体、楼地面、屋面各位置的盖缝构造处理方法。

教学目标：

了解建筑变形缝的概念；
掌握变形缝的类型、作用、设置原则及相互之间的区别以及缝两侧的结构布置方案；
熟练掌握变形缝在墙体、楼地面、屋面各位置的构造处理方法。

当建筑物的长度超过规定、体型复杂、平立面特别不规则、平面图形曲折变化比较多或同一建筑物不同部分的高度或荷载差异较大时，建筑构件内部会因气温变化、地基的不均匀沉降或地震等原因产生附加应力。当这种应力较大而又处理不妥当时，会引起建筑构件产生变形，导致建筑物出现裂缝甚至破坏，影响正常使用与安全。为了预防和避免这种情况的发生，一般可以采取两种措施：加强建筑物的整体性，使之具有足够的强度和刚度来克服这些附加应力和变形；或在设计和施工中预先在这些变形敏感部位将建筑构件垂直断开，留出一定的缝隙，将建筑物分成若干独立的部分，形成多个较规则的抗侧力结构单元。这种将建筑物垂直分开的预留缝隙称为变形缝。

8.1　变形缝的作用和分类

变形缝按其作用的不同分为伸缩缝、沉降缝和防震缝三种。伸缩缝又称温度缝，是为防止由于建筑物超长而产生的伸缩变形。沉降缝是解决由于建筑物高度不同、重量不同、平面转折部位等而产生的不均匀沉降变形。防震缝是解决由于地震时产生的相互撞击变形而设置的。虽然各种变形缝的功能不同，但它们的构造要求基本相同，应依据工程实际情况设置，符合设计规范规定要求。采用的构造处理方法和材料应根据设缝部位和需要分别达到盖缝、防水、防火、防虫和保温等方面的要求，要确保缝两侧的建筑物各独立部分能自由变形、互不影响、不被破坏。

8.2　伸　缩　缝

建筑物因受到温度变化的影响而产生热胀冷缩，使结构构件内部产生附加应力而变形。当建筑物较长时为避免建筑物因热胀冷缩较大而使结构构件产生裂缝，建筑中需设置伸缩缝。

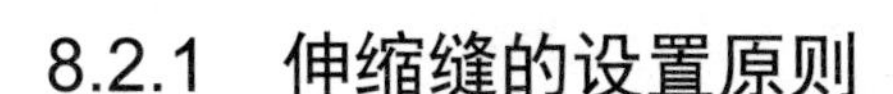

8.2.1　伸缩缝的设置原则

当建筑物长度超过一定长度；建筑平面复杂，变化较多；建筑中结构类型变化较大时，建筑中需设置伸缩缝。

设置伸缩缝时，通常是沿建筑物长度方向每隔一定距离或结构变化较大处在垂直方向预留缝隙。伸缩缝的最大间距应根据不同结构类型、材料和当地温度变化情况而定。砌体结构、钢筋混凝土结构房屋伸缩缝的最大间距分别如表 8.1 和表 8.2 所示。

表 8.1　砌体结构房屋伸缩缝的最大间距

砌体类别	屋盖或楼盖的类别		间距/m
各类砌体	整体式或装配整体式钢筋混凝土结构	有保温层或隔热层的顶、楼层	50
		无保温层或隔热层的屋盖	40
	装配式无檩体系钢筋混凝土结构	有保温层或隔热层的顶、楼层	60
		无保温层或隔热层的屋盖	50
	装配式有檩条体系钢筋混凝土结构	有保温层或隔热层的屋顶	75
		无保温层或隔热层的屋顶	60
普通黏土砖或空心砖砌体	黏土瓦或石棉水泥瓦屋顶 木屋顶或楼层 砖石屋顶或楼层		100
石和硅酸盐砌块			80
混凝土砌块砌体			75

注：① 当有实践经验和可靠依据时，可不遵守本表的规定。

② 层高大于 5 m 的混合结构单层房屋，其伸缩缝间距可按本表中数值乘以 1.3 采用，但当墙体采用硅酸盐砌块和混凝土砌块砌筑时，不得大于 75 m。

③ 温差较大且变化频繁地区和严寒地区不采暖的房屋及构筑物墙伸缩缝的最大间距，应按表中数值适当减小后采用。

表 8.2　钢筋混凝土结构房屋伸缩缝的最大间距　　单位：m

结　构	类　型	室内或土中	露　天
排架结构	装配式	100	70
框架结构 框架-剪力墙结构	装配式	75	50
	现浇式	55	35
剪力墙结构	装配式	65	40
	现浇式	45	30
挡土墙及地下室墙壁等结构	装配式	40	30
	现浇式	30	20

注：① 当采用适当留出施工后浇带、顶层加强保温隔热等构造或施工措施时，可适当增大伸缩缝的间距。

② 当屋面无保温或隔热措施时，或位于干燥地区、夏季炎热且暴雨频繁地区时，或施工条件不利(如材料的收缩较大)时，宜适当减小伸缩缝间距。

③ 有充分依据或经验时，表中数值可以适当增减。

8.2.2 伸缩缝的构造

建筑物的伸缩缝是在建筑物的同一位置将基础以上的墙体、楼板层、屋顶等部分全部断开，分为各自独立的能在水平方向自由伸缩的部分，而基础部分因受温度变化影响较小，不需断开。伸缩缝宽一般为20～40 mm，通常采用30 mm。

在结构处理上，砖混结构的墙和楼板及屋顶结构布置可采用单墙或双墙承重方案，如图8.1和图8.2所示。

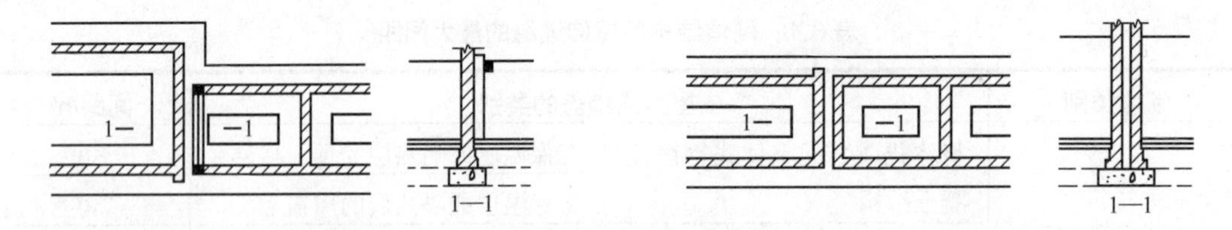

图8.1　单墙承重方案　　　　图8.2　双墙承重方案

在框架结构中，最简单的方法是将楼层的中部断开，也可采用双柱、简支梁和悬挑的办法，如图8.3所示。

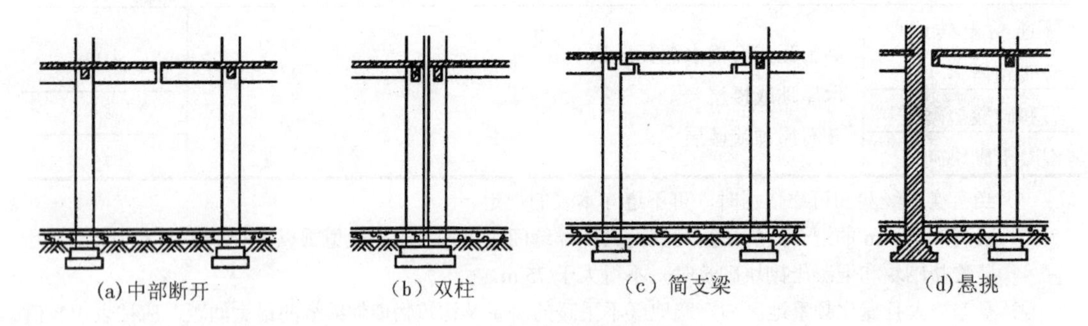

图8.3　框架结构变形缝的设置

1. 墙体伸缩缝构造

砖墙伸缩缝一般做成平缝或错口缝，240 mm 以上外墙应做成错口缝或企口缝，如图8.4所示。外墙外侧常用浸沥青的麻丝或木丝板及泡沫塑料条、油膏弹性防水材料塞缝，缝隙较宽时，可用镀锌铁皮、铝皮做盖缝处理。内墙一般结合室内装修用木板、各类金属板等盖缝处理，内墙伸缩缝的构造如图8.5所示，外墙伸缩缝的构造如图8.6所示。

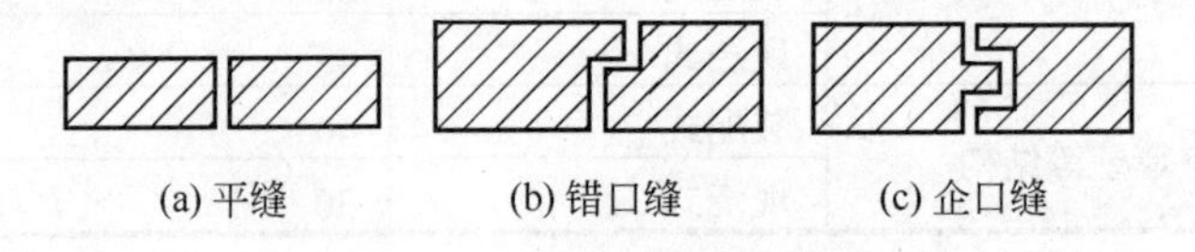

图8.4　砖墙伸缩缝的截面形式

2. 楼地层伸缩缝构造

楼地层伸缩缝的缝内常用油膏、沥青麻丝、金属或塑料调节片等材料做封缝处理。上

铺金属、混凝土或橡塑等活动盖板，如图 8.7 所示。其构造处理需满足地面平整、光洁、防水和卫生等使用要求。

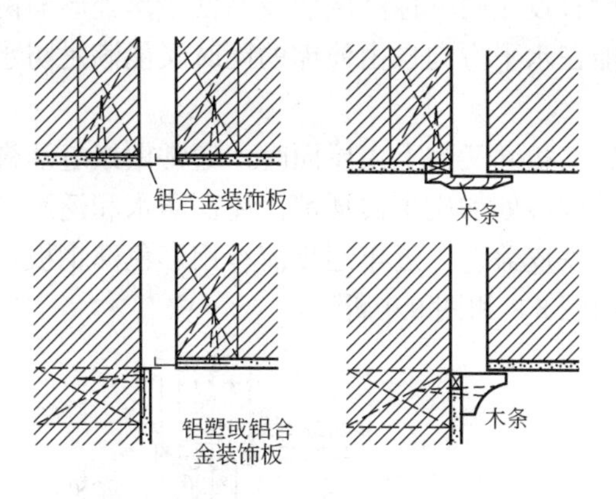

图 8.5 内墙伸缩缝的构造

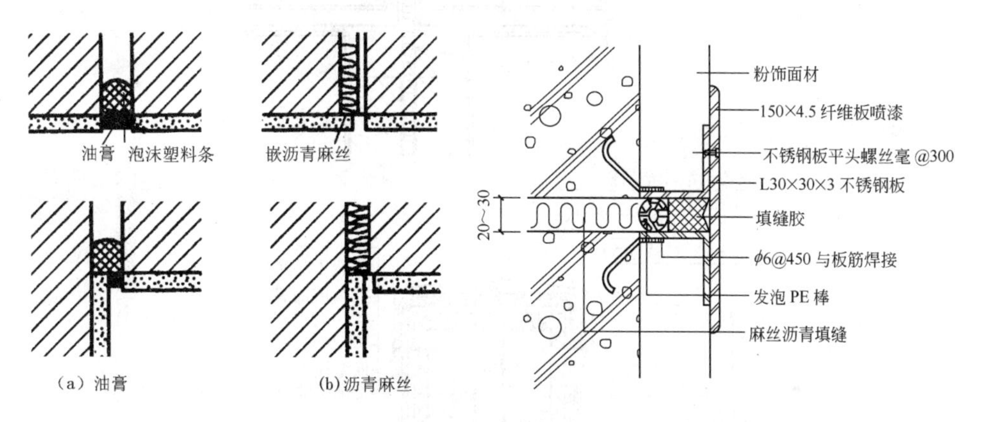

图 8.6 外墙伸缩缝的构造

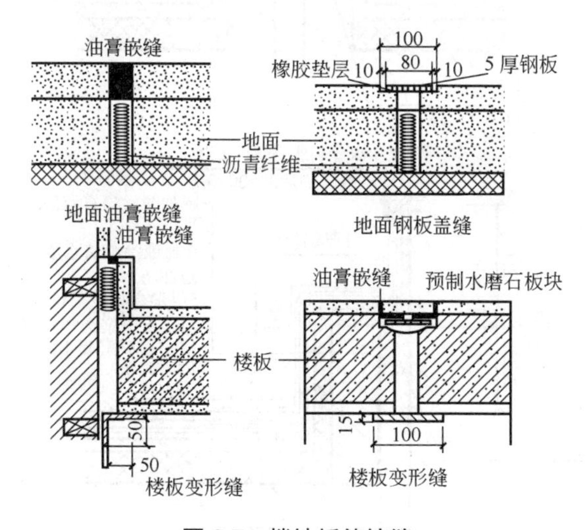

图 8.7 楼地板伸缩缝

顶棚伸缩缝需结合室内装修进行，一般采用金属板、木板、橡塑板等盖缝，盖缝板只能固定于一侧，以保证缝的两侧构件能在水平方向自由伸缩变形。

3. 屋面伸缩缝构造

屋面伸缩缝位置一般有设在同一标高屋面或高低错落处屋面两种。缝的构造处理原则是在保证两侧结构构件能在水平方向自由伸缩的同时又能满足防水、保温、隔热等屋面结构的要求。

当伸缩缝两侧屋面标高相同又为上人屋面时，通常做嵌缝油膏嵌缝并注意防水处理；为非上人屋面时一般在伸缩缝处加砌半砖矮墙，屋面防水和泛水基本上同常规做法，在矮墙顶上，传统做法用镀锌铁皮盖缝，近年逐步流行用彩色薄钢板、铝板甚至不锈钢皮等盖缝，屋面伸缩缝的构造如图 8.8 和图 8.9 所示。

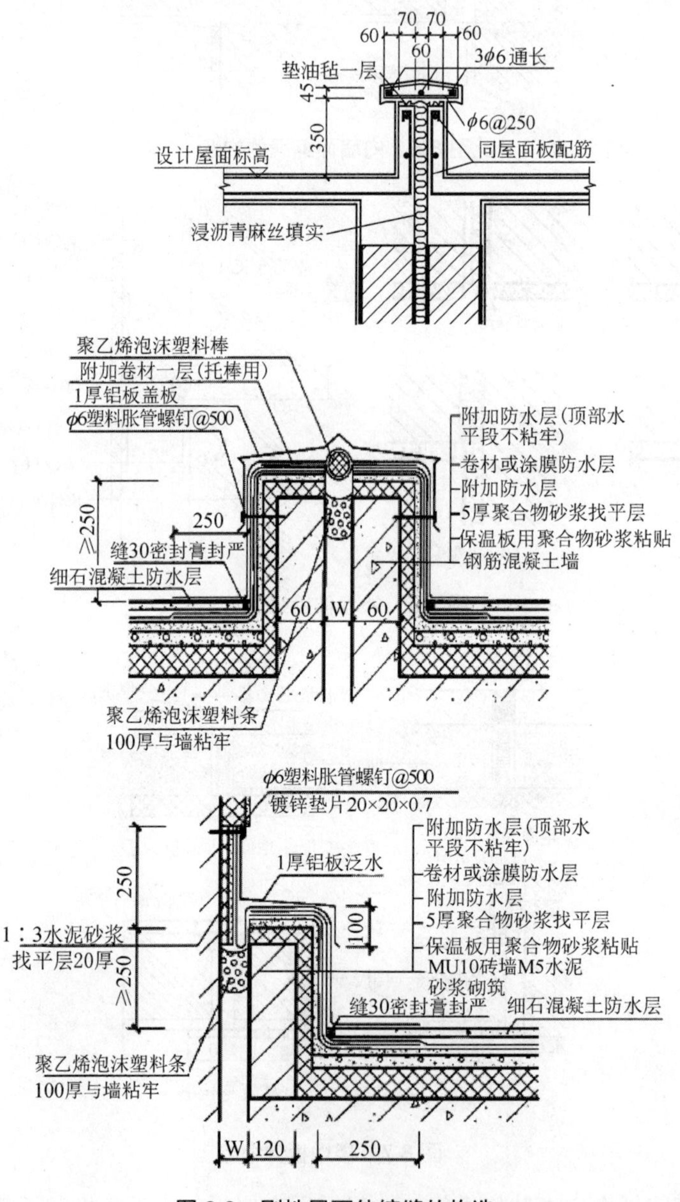

图 8.8 刚性屋面伸缩缝的构造

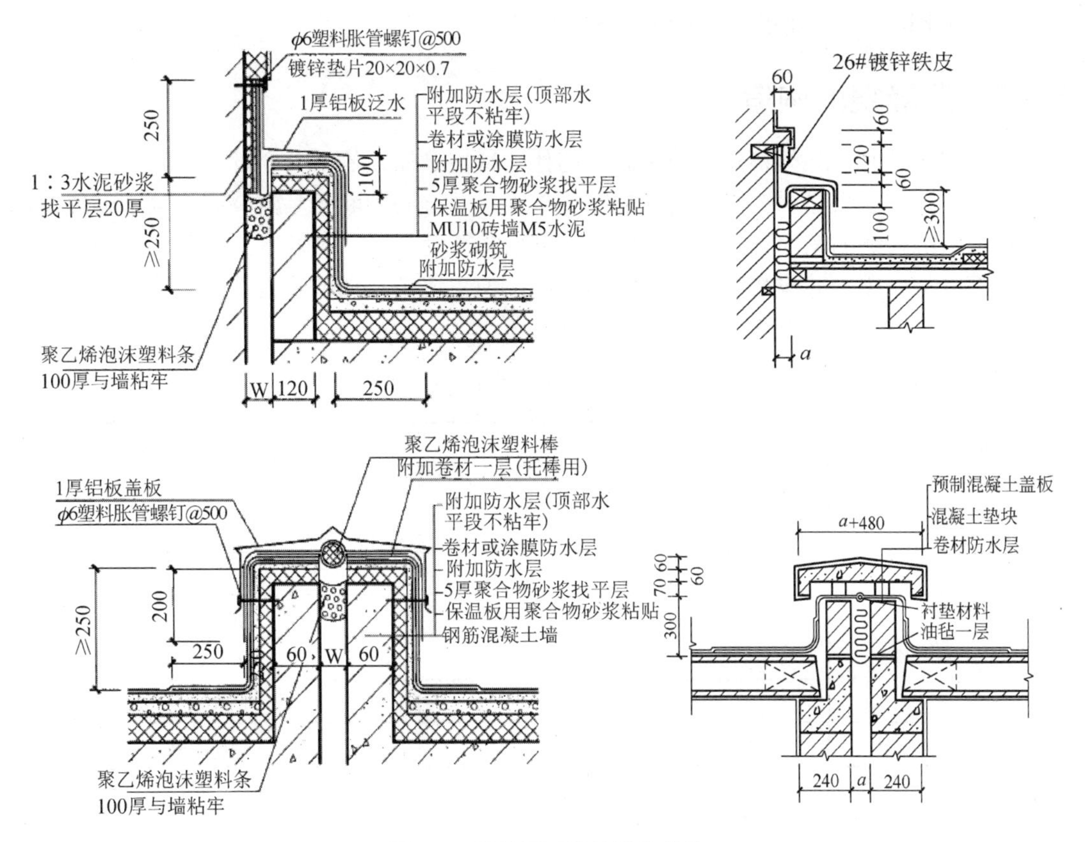

图 8.9　卷材屋面伸缩缝的构造

8.3 沉　降　缝

沉降缝是为了预防建筑物各部分由于地基承载力不同或各部分荷载差异较大等原因引起不均匀沉降，造成对建筑物的破坏而设置的变形缝。

8.3.1 沉降缝的设置原则

沉降缝的设置符合下列情况之一时应设置沉降缝。

(1) 当建筑物建造在不同的地基上时。

(2) 当同一建筑物相邻部分高度相差在两层以上或部分高度差超过 10 m 以上时。

(3) 当同一建筑相邻基础的结构体系、宽度和埋置深度相差悬殊时。

(4) 原有建筑物和新建建筑物紧密毗连时。

(5) 建筑平面形状复杂，高度变化较多时，应将建筑物划分为几个简单的体型，在各部分之间设置沉降缝，如图 8.10 所示。

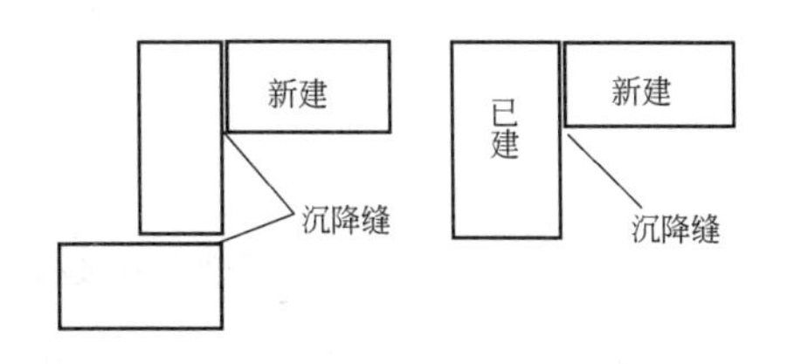

图 8.10　沉降缝设置示意图

(6) 当建筑物的基础底部压力值有很大差别时。

8.3.2 沉降缝的构造

设置沉降缝时，必须将建筑的基础、墙体、楼层及屋顶等部分全部在垂直方向断开，使各部分能形成各自自由沉降的独立的刚度单元。基础必须断开是沉降缝不同于伸缩缝的主要特征。沉降缝的宽度与地基的性质和建筑物的高度有关，如表 8.3 所示。沉降缝一般兼起伸缩缝的作用，其构造与伸缩缝基本相同，但盖缝条及调节片构造必须注意能保证在水平方向和垂直方向自由变形。

表 8.3 沉降缝的宽度

地基性质	建筑物高度/m	沉降缝宽度/mm
一般地基	H<5	30
	H=5～10	50
	H=10～15	70
软弱地基	2～3 层	50～80
	4～5 层	80～120
	5 层以上	>120
湿陷性黄土地基		≥30～70

1. 基础沉降缝的结构处理

沉降缝的基础应断开，并应避免因不均匀沉降造成的相互影响。砖混结构墙下条形基础通常有双墙偏心基础、挑梁基础和交叉式基础三种处理形式，基础沉降缝处理如图 8.11 所示。框架结构通常也有双柱下偏心基础、挑梁基础和柱交叉布置三种处理形式。

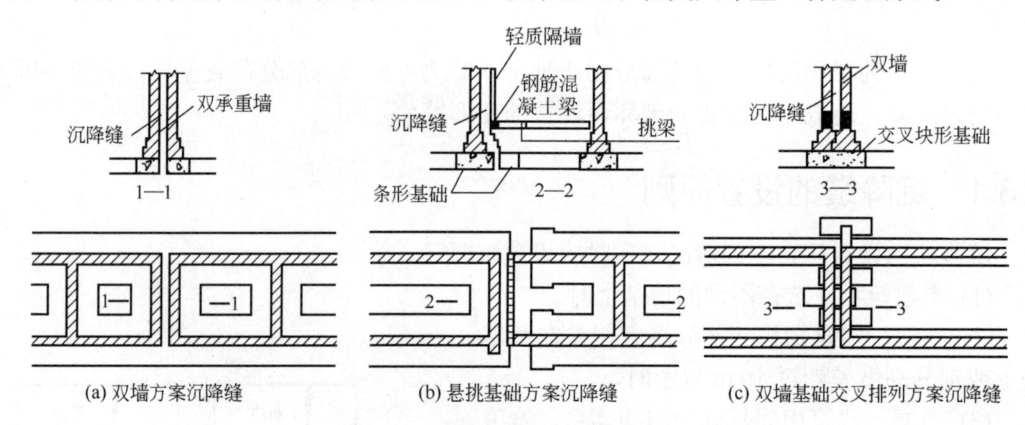

(a) 双墙方案沉降缝　(b) 悬挑基础方案沉降缝　(c) 双墙基础交叉排列方案沉降缝

图 8.11 基础沉降缝处理示意图

2. 墙体、楼地面、屋顶沉降缝的构造

墙体沉降缝常用镀锌铁皮、铝合金板和彩色薄钢板等盖缝，其构造如图 8.12 所示。墙体沉降缝的构造既要能适应垂直沉降变形的要求，又要能满足水平伸缩变形的要求。

地面、楼板层、屋面沉降缝的盖缝处理基本同伸缩缝构造。顶棚盖缝处理应充分考虑变形方向，以尽量减少不均匀沉降后所产生的影响。

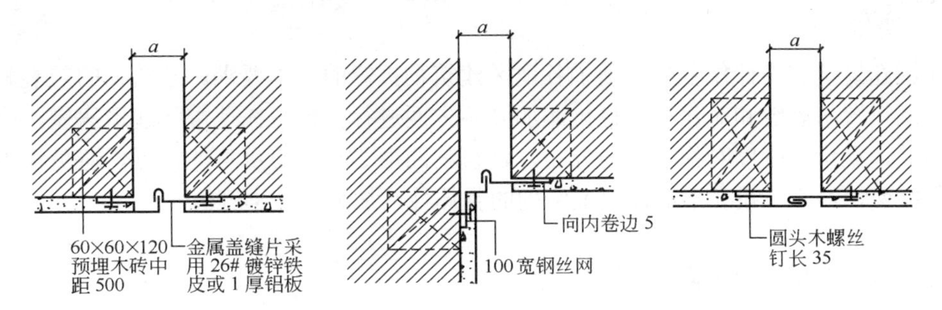

图8.12　墙体沉降缝的构造

3. 地下室沉降缝的构造

地下室沉降缝的处理重点是做好地下室墙身及底板的防水。一般是在沉降缝处预埋止水带，止水带有塑料止水带、金属止水带和橡胶止水带等，如图8.13(a)～(e)所示。

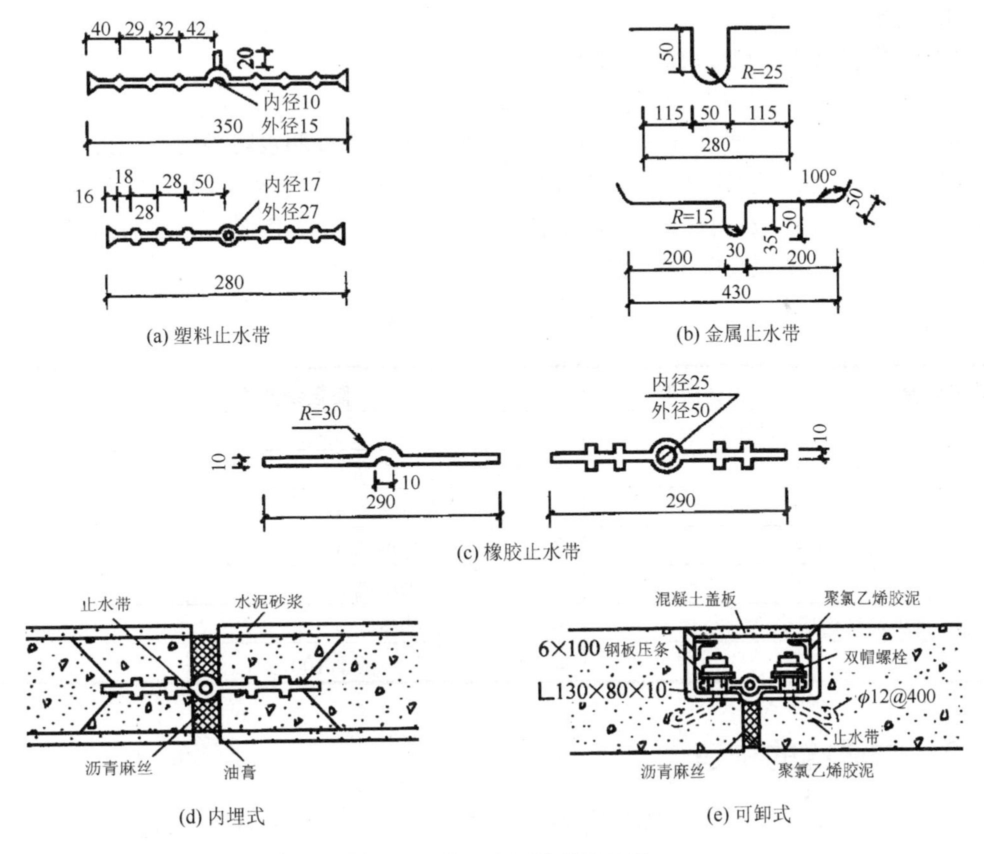

(a) 塑料止水带　(b) 金属止水带

(c) 橡胶止水带

(d) 内埋式　(e) 可卸式

图8.13　地下室沉降缝的构造

8.4 防 震 缝

我国建筑抗震设计规范中明确了各地区建筑物抗震的基本要求。建筑物的防震和抗震通常可从设置防震缝和对建筑进行抗震加固两方面进行考虑。在地震区建造房屋，应力求体形简单，重量、刚度对称并均匀分布，建筑物的形心和重心尽可能接近，避免在平面和立面上突变，最好不设变形缝以保证结构的整体性，加强整体刚度。

8.4.1 防震缝的设置

对体型复杂、平立面特别不规则的建筑结构，可按实际需要在适当部位设置防震缝，形成多个较规则的抗侧力结构单元。其两侧的上部结构应完全分开，基础可不设防震缝，但对具有沉降缝要求的防震缝应将基础分开。

对多层砌体房屋，有下列情况之一时宜设置防震缝，缝两侧均应设置墙体，缝宽应根据烈度和房屋高度确定，可采用 70～100 mm。

(1) 房屋立面高差大于 6 m。

(2) 房屋有错层，且楼板高差大于层高的 1/4。

(3) 房屋毗邻部分结构的刚度、质量截然不同。

钢筋混凝土房屋需要设置防震缝时，其宽度与房屋高度和设防烈度及结构类型有关，按照建筑抗震设计规范 GB50011—2010 规定，防震缝的宽度如表 8.4 所示。当设置伸缩缝和沉降缝时，其宽度应符合防震缝的要求。当两侧结构类型不同时，宜按需要较宽防震缝的结构类型和较低房屋高度确定缝宽。

表 8.4　防震缝的宽度

<table>
<tr><th>建筑物高度/m</th><th>设计烈度</th><th colspan="3">防震缝宽度/mm</th></tr>
<tr><td>≤15</td><td>按设计烈度</td><td rowspan="5">框架结构①</td><td colspan="2">100</td></tr>
<tr><td rowspan="4">>15</td><td>6</td><td>高度每增高 5</td><td rowspan="4">在 70 基础上增加 20</td></tr>
<tr><td>7</td><td>高度每增高 4</td></tr>
<tr><td>8</td><td>高度每增高 3</td></tr>
<tr><td>9</td><td>高度每增高 2</td></tr>
<tr><td colspan="2">框架—抗震墙结构房屋</td><td colspan="3">取①款的 70%且不低于 100</td></tr>
<tr><td colspan="2">抗震墙结构房屋</td><td colspan="3">取①款的 50%且不低于 100</td></tr>
</table>

8.4.2 防震缝的构造

防震缝的构造与伸缩缝相似，但墙体防震缝不能做成错口缝或企口缝，防震缝一般较宽，通常采取覆盖的做法，盖缝应满足牢固、防风和防水等要求，同时还应具有一定的适应变形的能力。墙体防震缝的构造如图 8.14 和图 8.15 所示。

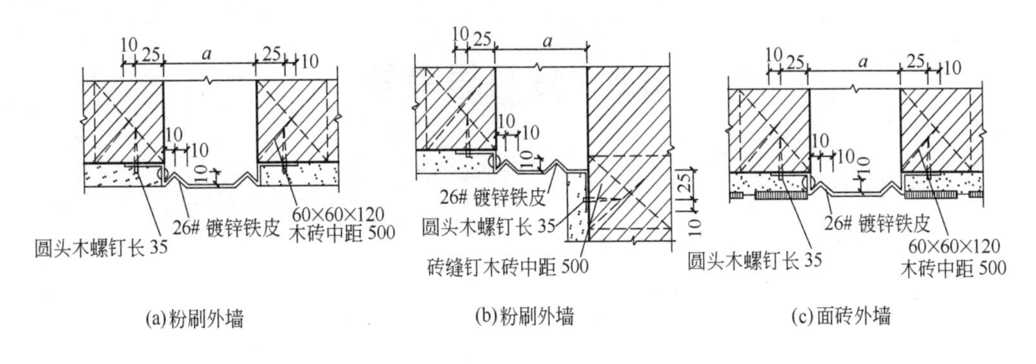

图 8.14　墙体防震缝的构造

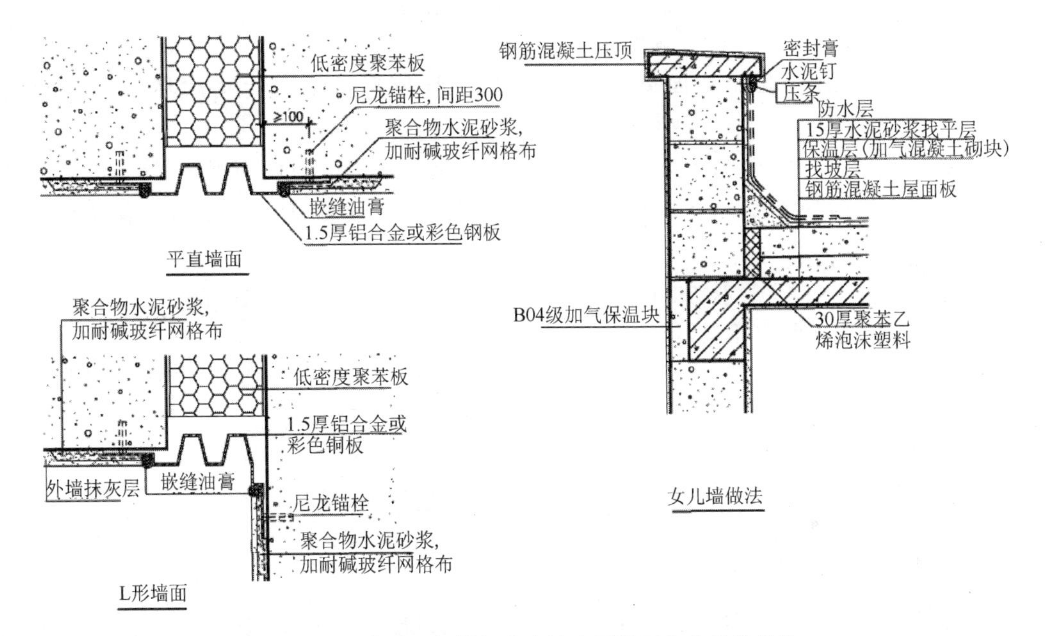

图 8.15　蒸压加气混凝土砌块变形缝及女儿墙的构造

8.5　单元小结

内　容	知识要点	能力要求
伸缩缝	伸缩缝即温度变形缝；伸缩缝的设置间距与结构类型、材料、施工方法以及建筑所处环境等因素有关；构造要求是必须保证建筑构件能在水平方向自由变形	能辨识伸缩缝，能按照伸缩缝的设置原理处理建筑各部位伸缩缝的构造
沉降缝	沉降缝是为防止因建筑物各部分不均匀沉降引起的破坏而设置的变形缝，构造要求是必须保证建筑构件能在竖向自由变形	能辨识沉降缝，能处理建筑各部位沉降缝的构造
防震缝	防震缝是为防止地震作用引起建筑物的破坏而设置的变形缝，防震缝的构造一般只考虑水平	能辨识缝，能处理建筑各部位防震缝的构造

8.6 复习思考题

一、名词解释

1. 建筑变形缝 2. 伸缩缝 3. 沉降缝 4. 防震缝

二、选择题

1. 建筑变形缝包括_____。

A. 伸缩缝　B. 沉降缝　C. 分仓缝

D. 防震缝　E. 施工缝

2. 为防止建筑物在外界因素影响下产生变形和开裂导致结构破坏而设计的缝叫_____。

A. 分仓缝　B. 构造缝　C. 变形缝　D. 通缝

3. 在八度设防区多层钢筋砼框架建筑中，建筑物高度在 18 m 时，抗震缝的缝宽为_____。

A. 50 mm　B. 70 mm　C. 90 mm　D. 110 mm

4. 在地震区地下室用于沉降的变形缝宽度，下列_____为宜。

A. 20～30 mm　B. 40～50 mm　C. 70 mm　D. 等于上部结构防震缝的宽度

5. 地下工程无论何种防水等级，变形缝均应选用_____防水措施。

A. 外贴式止水带　B. 遇水膨胀止水条

C. 外涂防水涂料　D. 中埋式止水带

6. 为了防止和减少建筑物在荷载作用下由于变形而破坏，可以考虑设置的变形缝有_____。

A. 伸缩缝　B. 沉降缝　C. 施工缝　D. 冷缝　E. 防震缝

三、简答题

1. 在学校里寻找有没有建筑变形缝？辨识属于哪一种？并说明该变形缝的构造、材料。
2. 建筑物中哪些情况应设置伸缩缝、沉降缝、防震缝？如何确定变形缝的宽度？
3. 伸缩缝、沉降缝、防震缝在外墙、地面、楼面、屋面等位置时如何进行盖缝处理？
4. 伸缩缝、沉降缝、防震缝各自存在什么特点？哪些变形缝能相互替代使用？

第 9 章　工业建筑构造概述与结构构件

内容提要：本章主要介绍工业建筑的分类与特点；单层工业厂房的结构组成和类型；厂房内部的起重运输设备；单层厂房的定位轴线；单层工业厂房的主要结构构件：包括屋盖结构、排架柱、抗风柱、基础及基础梁、吊车梁、联系梁与圈梁、支撑等。

教学目标：

了解工业厂房建筑的特点、分类；
了解单层厂房结构的类型，掌握单层厂房的构造组成；
了解厂房内的单轨悬挂吊车、梁式吊车、桥式吊车；
掌握单层厂房荷载的传递途径；
掌握单层厂房的柱网尺寸、定位轴线的划分；
掌握单层工业厂房建筑的主要结构构件，了解各主要构件的连接方式，构造特征。

工业建筑是各类工厂为工业生产需要而建造的各种不同用途的建筑物和构筑物的总称。通常把用于工业生产的建筑物称为工业厂房。由于各类工厂的生产工艺条件的不同，厂房有单层厂房和多层厂房之分。在工业厂房内按生产工艺过程进行各类工业产品的加工和制造，通常把按生产工艺进行生产的单位称为生产车间。一个工厂除了有若干个生产车间外，还有生产辅助用房，如辅助生产车间、锅炉房、水泵房、仓库、办公及生活用房等；还有构筑物，如烟囱、水塔、各种管道支架、冷却塔和水池等。

9.1　工业建筑的特点与分类

工业建筑和民用建筑具有建筑的共性，但由于工业建筑是直接为工业生产服务的，所以具体的生产工艺将直接影响到工业建筑物的平面及空间布局、建筑结构、建筑构造、建筑施工工艺等，这与民用建筑又有很大差别。

9.1.1　工业建筑的特点

工业厂房是为工业生产服务的。一般来说，厂房与民用建筑相比，基建投资多，占地面积大，而且受生产工艺条件的制约。工业厂房建筑具有如下特点。

(1) 厂房要满足生产工艺流程的要求。由于每一种工业产品的生产都有一定的生产程序，这种程序称为生产工艺流程。而生产工艺流程的要求决定了厂房平、剖面的布置和形式。在此基础上，还应为工人创造良好的劳动卫生条件，以便提高产品质量和劳动生产率。

(2) 厂房要求有较大的内部空间。许多工业产品的体积、质量都很大，在产品的生产过程中，往往需要配备大、中型的生产机器设备和起重运输设备(吊车)等。因此工业建筑应有较大的内部空间。

(3) 厂房要有良好的采光和通风。有的厂房在生产过程中会散发出大量的余热、烟尘、有害气体、有侵蚀性的液体以及生产噪音等。这就要求厂房内应有良好的通风设施和采光要求。

(4) 厂房设计时应满足特殊方面的要求。有的厂房为保证正常生产，要求保持一定的温、湿度或要求防尘、防振、防爆、防菌、防放射线等，需要采取相应的特殊技术措施来满足。

(5) 厂房设计时应考虑各种管道的荷载和敷设要求。生产过程往往需要各种工程技术管网，如上下水、热力、压缩空气、煤气、氧气和电力供应管道等，在建筑构造上应考虑这些因素。

(6) 厂房内常有各种运输车辆通行的要求。生产过程中有大量的原料、加工零件、半成品，成品、废料等需要用电瓶车、汽车或火车进行运输，所以应解决好运输工具的通行问题。

9.1.2 工业建筑的分类

由于生产工艺的多样化和复杂化，工业建筑的类型很多，通常归纳为以下几种类型。

1. 按厂房的用途分

(1) 主要生产厂房。用于完成主要产品从原料到成品的整个加工、装配过程的各类厂房，例如机械制造厂的铸造车间、热处理车间、机械加工车间和机械装配车间等。

(2) 辅助生产厂房。为主要生产车间服务的各类厂房。如机械制造厂的机械修理车间、电机修理车间、工具车间等。

(3) 动力用厂房。为全厂提供能源的各类厂房。如发电站、变电所、锅炉房、煤气站、乙炔站、氧气站和压缩空气站等。

(4) 储藏用建筑。储藏各种原材料、半成品、成品的仓库，如机械厂的金属料库、炉料库、砂料库、木材库、燃料库、油料库、易燃易爆材料库、辅助材料库、半成品库及成品库等。

(5) 运输用建筑。用于停放、检修各种交通运输工具用的房屋，如机车库、汽车库、电瓶车库、起重车库、消防车库和站场用房等。

(6) 其他。不属于上述五类用途的建筑，如给排水泵站、污水处理建筑等。

中、小型工厂或以协作为主的工厂，则仅有上述各类型房屋中的一部分。此外，也有一幢厂房中包括多种类型用途的车间或部门的情况。

2. 按层数分

(1) 单层厂房。是指层数仅为一层的工业厂房。多用于机械制造工业、冶金工业和其他重工业等，可分为单跨厂房和多跨厂房，如图 9.1 所示。

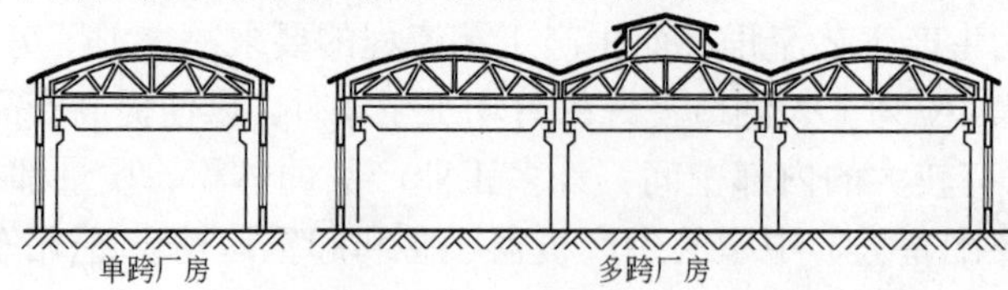

图 9.1 单层厂房

(2) 多层厂房。指层数在二层以上的厂房，一般为二至五层。多用于精密仪器仪表、电子、食品、服装加工工业等，如图 9.2 所示。

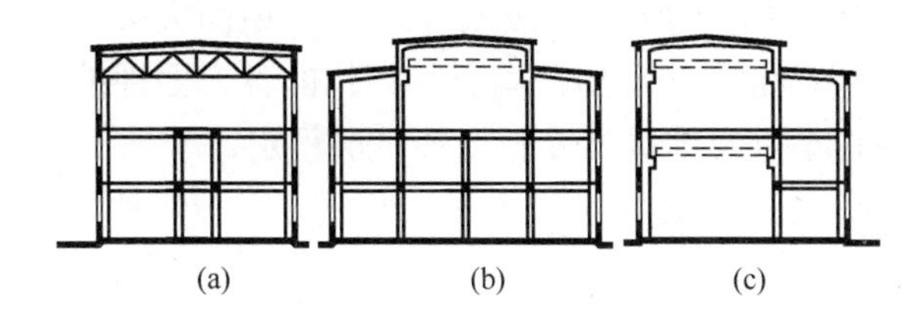

图 9.2　多层厂房

(3) 层次混合的厂房。同一厂房内既有单层又有多层的厂房称为混合层数厂房。如某些化学工业、热电站的主厂房等。图 9.3(a)所示为热电厂的主厂房，汽轮发电机设在单层跨内，其他为多层。图 9.3(b)所示为一化工车间，高大的生产设备位于中间的单层跨内，两个边跨则为多层。

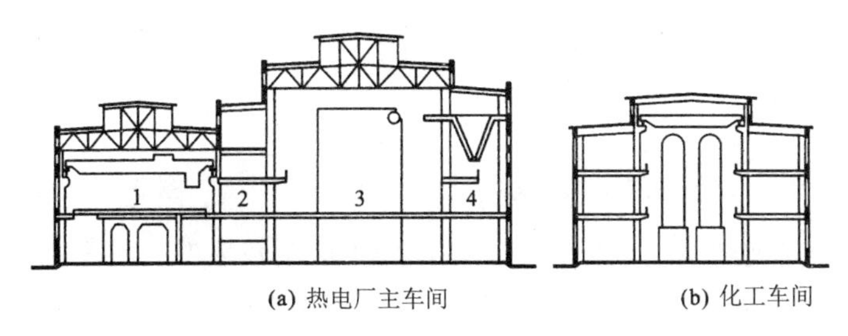

图 9.3　层次混合的厂房

1—汽机间；2—除氧间；3—锅炉房；4—煤斗间

3．按生产状况分

(1) 热加工车间。指在高温状态下进行生产的车间，生产中有时伴随产生烟雾、灰尘和有害气体，如铸造、炼钢、轧钢和锅炉房等，应考虑通风及散热问题。

(2) 冷加工车间。指在正常温、湿度条件下进行生产的车间，如机械加工、机械装配、工具与机修等车间。

(3) 恒温恒湿车间。指在恒定的温、湿度条件下进行生产的车间，如纺织车间、精密仪器车间、酿造车间等。

(4) 洁净车间。指在无尘、无菌、无污染的高度洁净状况下进行生产的车间，如精密仪器加工及装配车间、集成电路车间、医药工业中的粉针剂车间等。

(5) 其他特种状况的车间。指有特殊条件要求的车间，如有爆炸可能性、有大量腐蚀性物质、有放射性物质、高度隔声、防电磁波干扰的车间等。

生产状况是确定厂房平、剖、立面以及围护结构形式的主要因素之一，设计时应予以考虑。

4．按工业厂房的结构类型分

在厂房建筑中，支承各种荷载作用的构件所组成的承重骨架，通常称为结构。厂房结

构按其承重结构的材料来分，有混合结构、钢筋混凝土结构和钢结构等类型。厂房结构按其主要承重结构的形式分为砖混结构、框架结构、排架结构、刚架结构及其他结构形式。

(1) 砖混结构。砖混结构主要指由砖墙(或者砖柱)、屋面大梁或屋架等构件组成的结构形式，图 9.4 所示为单层砖混结构厂房。由于其结构的各方面性能都较差，只能适用于跨度、高度、吊车荷载等较小以及地震烈度较低的单层厂房。

(2) 框架结构。钢筋混凝土框架结构单多层厂房类似于民用建筑中的框架结构，如图 9.5 所示。一般采用现浇施工，当跨度较大时，可采用预应力技术。

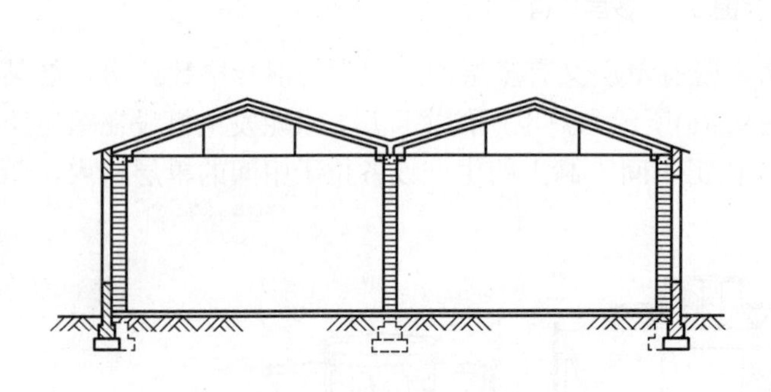

图 9.4　单层砖混结构厂房

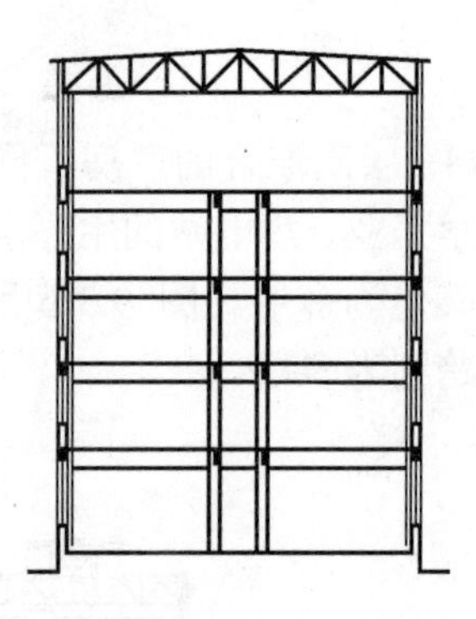

图 9.5　框架结构多层厂房

(3) 排架结构。排架结构是我国目前单层厂房中应用较多的一种基本结构形式，依其所用材料不同分为钢筋混凝土排架结构、钢筋混凝土柱和钢屋架组成的排架结构、砖排架结构和钢排架结构等类型。其中装配式钢筋混凝土排架结构是目前单层厂房中最基本的、应用比较普遍的结构型式。排架结构施工安装较方便，适用范围较广，除用于一般单层厂房外，还能用于跨度和高度均大，且设有较大吨位的吊车或有较大振动荷载及地震烈度较高的大型厂房，装配式钢筋混凝土排架结构如图 9.6 所示。

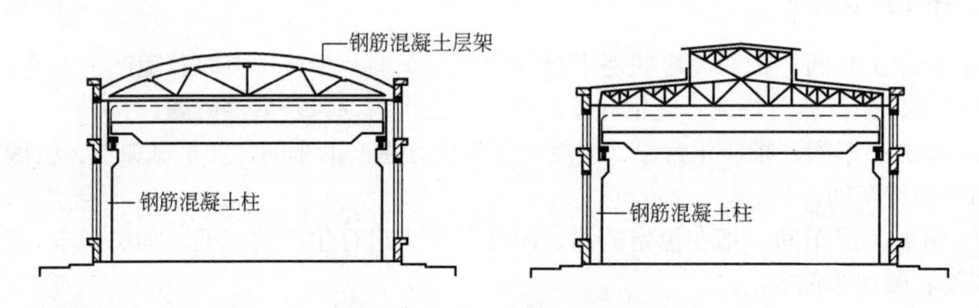

图 9.6　装配式钢筋混凝土排架结构

(4) 刚架结构。刚架结构的主要特点是屋架与柱子合并为同一构件，其连接处为整体刚接。单层厂房中的刚架结构主要是门式刚架，门式刚架依其顶部节点的连接情况有两铰刚架和三铰刚架两种形式，钢筋混凝土门式刚架结构如图 9.7 所示。门式刚架构件类型少、制作简便，比较经济，室内空间宽敞、整洁。在高度不超过 10 m、跨度不超过 18 mm 的纺织、印染等厂房中应用较普遍。

(5) 其他结构厂房形式。我国随着型材的推广使用，单层厂房中采用钢结构或轻钢屋盖等结构越来越多。在实际工程中，钢筋混凝土结构、钢结构等可以组合应用，也可以采用网架、折板、马鞍板和壳体等屋盖结构，其他结构形式如图 9.8 所示。

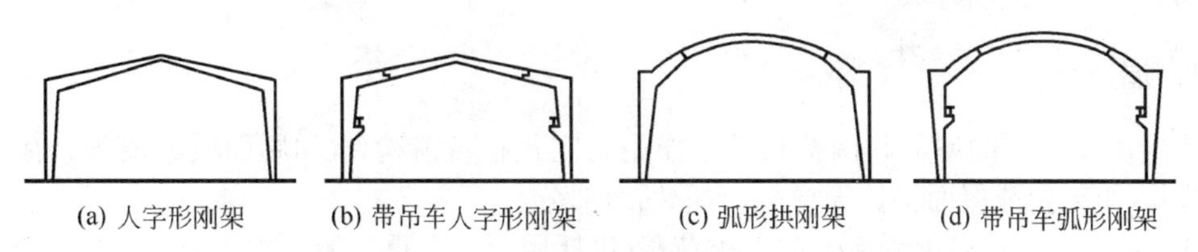

(a) 人字形刚架　(b) 带吊车人字形刚架　(c) 弧形拱刚架　(d) 带吊车弧形刚架

图 9.7　钢筋混凝土门式刚架结构

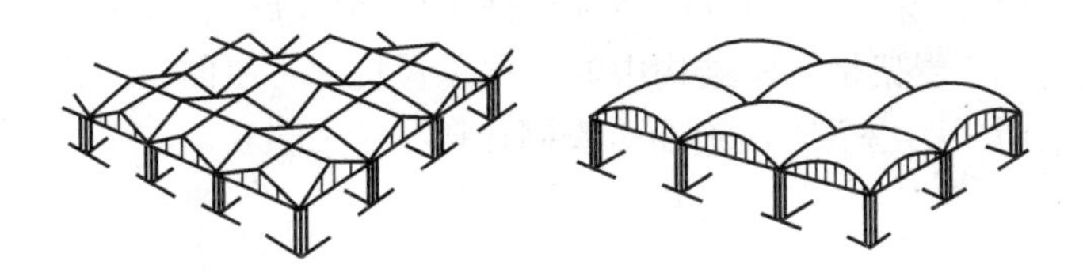

图 9.8　其他结构形式

9.2　排架结构单层厂房的结构组成

装配式钢筋混凝土排架结构单层厂房，由厂房骨架和围护结构两大部分组成。以常见的装配式钢筋混凝土横向排架结构为例，单层厂房的结构组成如图 9.9 所示。厂房承重结构是由横向排架和纵向连系构件以及支撑所组成。横向排架包括屋架(或屋面梁)、柱子和柱基础。它承受屋盖、天窗、外墙及吊车等荷载。纵向连系构件包括吊车架、基础梁、连系梁(或圈梁)、大型屋面板等，这些构件连系横向排架，保证了横向排架的稳定性，形成了厂房的整体骨架结构系统，并将作用在山墙上的风力和吊车纵向制动力传给柱子。此外，为了保证厂房的整体性和稳定性，还须设置支撑系统(包括屋盖支撑和柱间支撑)。

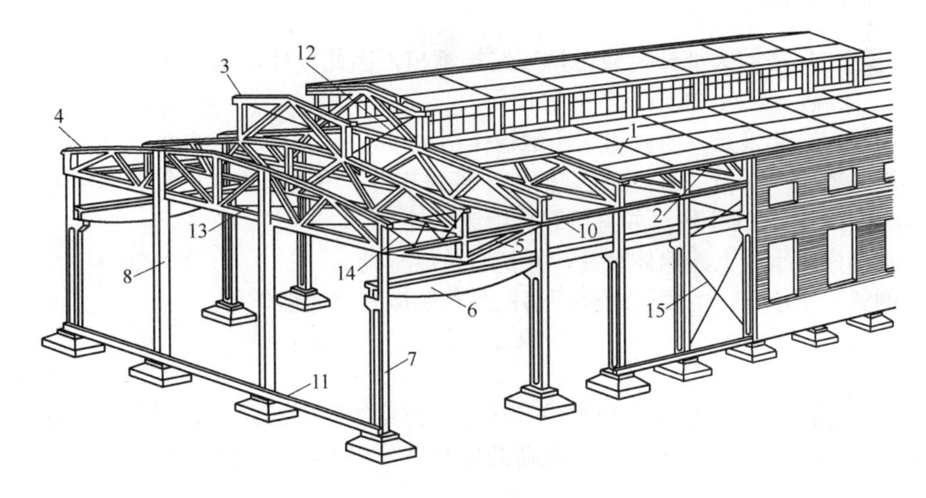

图 9.9　单层厂房结构组成

1—屋面板；2—天沟板；3—天窗架；4—屋架；5—托架；6—吊车梁；7—排架柱；8—抗风柱；9—基础；10—连系梁；11—基础梁；12—天窗架垂直支撑；13—屋架下弦横向水平支撑；14—屋架端部垂直支撑；15—柱间支撑

1. 屋盖结构

单层工业厂房的屋盖起围护与承重作用。它包括覆盖构件(如屋面板或檩条、瓦等)和承重构件(如屋架或屋面梁、天窗架、托架)两部分。

(1) 屋面板。直接承受板上的各类荷载(包括屋面板自重、屋面覆盖材料、雪、积灰及施工检修等荷载)，并将荷载传给屋架。

(2) 天窗架。承受天窗上的所有荷载并把它传给屋架或屋面梁。

(3) 屋架(屋面梁)。屋架是屋盖结构中的主要承重构件。屋面板上方的荷载、天窗荷载等都由屋架(屋面梁)承担。屋架(屋面梁)一般搁置在柱子上。

2. 柱

(1) 排架柱。厂房中的主要竖向承重构件，它承受屋盖、吊车梁、支撑、连系梁和外墙传来的荷载，并把这些荷载传给基础。同时，柱子也要承担由山墙传来的风荷载。

(2) 抗风柱。同山墙一起承受风荷载，并把荷载中的一部分传到厂房纵向柱列上去，另一部分直接传给基础。

3. 吊车梁

吊车梁通常放置在柱子的牛腿上，牛腿从柱子伸出。吊车梁的作用是承受吊车自重、吊车的起重量以及吊车启动、制动时产生的冲击力，并将这些荷载传给柱子。

4. 基础

基础的作用，主要是承担柱子上的荷载，以及部分墙体荷载，并把这些荷载传给地基。单层厂房的基础，多采用独立式基础。

5. 外墙围护系统

(1) 外墙。厂房的大部分荷载由排架结构承担，因此，外墙是自承重构件，主要起防风、防雨、保温、隔热、遮阳、防火等作用。

(2) 窗与门。起采光、通风和交通运输作用。

(3) 连系梁(墙梁)。厂房纵向柱列的水平连系构件，用以增加厂房的纵向刚度，当设在墙内时承受上部墙体的荷载，并将荷载传给纵向柱列。

(4) 基础梁。承受上部墙体重量，并把它传给基础。

(5) 圈梁。不承重，主要起增强厂房的整体刚度和整体性作用。

6. 支撑系统

支撑系统构件。包括柱间支撑系统和屋盖支撑系统两大部分，其作用是加强厂房的空间刚度和稳定性。主要用于传递水平风荷载以及吊车产生的水平刹车力。

9.3 厂房内部的起重运输设备

在生产过程中，为装卸、搬运各种原材料和产品以及进行生产、设备检修等，厂房内需安装和运行各种类型的起重运输设备。在地面上可采用电瓶车、汽车及火车等运输工具；

在自动生产线上可采用悬挂式运输吊索或输送带等；在厂房上部空间可安装各种类型的起重吊车。

起重吊车是目前厂房中应用最为广泛的一种起重运输设备。厂房剖面高度的确定和结构计算等，都和使用吊车的规格、起重量等有密切关系。常见的吊车有单轨悬挂式吊车、梁式吊车和桥式吊车等。

1．单轨悬挂式吊车

单轨悬挂式吊车由电动葫芦和工字钢轨两部分组成。通常是在屋架(屋面梁)下弦悬挂工字钢轨，轨上设有可水平移动的滑轮组(即电动葫芦)，利用滑轮组升降起重的一种吊车，电动单轨悬挂吊车如图 9.10 所示。起重量一般为 1～2 t，有手动和电动两种类型。由于轨架悬挂在屋架下弦，因此对屋盖结构的刚度要求比较高。

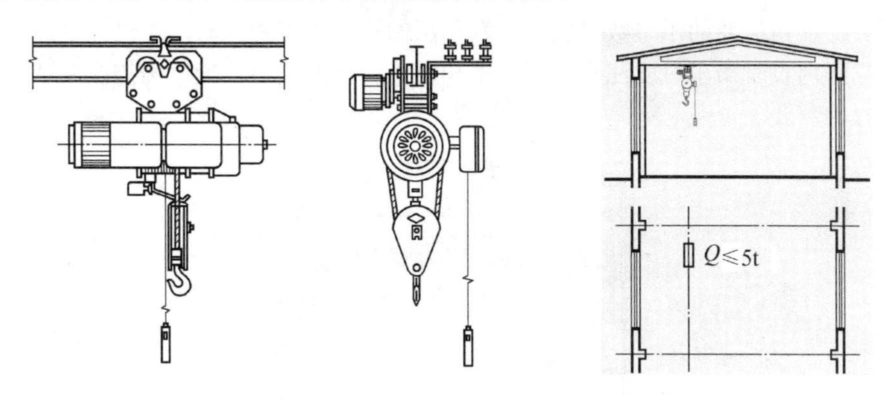

图 9.10　电动单轨悬挂吊车

2．梁式吊车

梁式吊车有悬挂式和支承式两种类型。悬挂式，如图 9.11(a)所示，是在屋架(或屋面梁)下弦悬挂梁式钢轨，钢轨布置成两行直线，在两行轨梁上设有滑行的单梁，在单梁上设有可横向移动的滑轮组(即电动葫芦)。支承式，如图 9.11(b)所示，是在排架柱上设置牛腿，牛腿上设置吊车梁，吊车梁上安装钢轨，钢轨上设有可滑行的单梁。在滑行的单梁上设置可滑行的滑轮组，在单梁与滑轮组行走范围内均可起重。梁式吊车的起重量一般不超过 5t。确定厂房高度时，应考虑该吊车净空高度的影响。

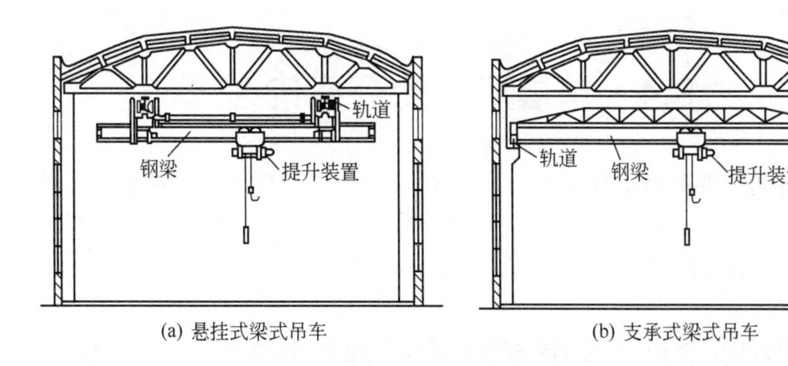

(a) 悬挂式梁式吊车　　(b) 支承式梁式吊车

图 9.11　梁式吊车

3. 桥式吊车

桥式吊车(起重机)由桥架和起重小车组成，通常是在厂房排架柱上设置牛腿，牛腿上搁置吊车梁，吊车梁上安装钢轨，钢轨上设置能沿着厂房纵向滑移的双榀钢桥架(或板梁)，桥架上设置起重小车，小车能沿桥架横向移动，并有供起重的滑轮组，桥式吊车如图 9.12 所示。在桥架与小车行走范围内均可起重，起重量为 5～400 t。在桥架一端设有吊车司机室。

根据吊车工作班时间内的工作时间，桥式吊车的工作制分轻级、中级、重级三种。

轻级工作制：工作时间为 15%～25%；中级工作制：工作时间为 25%～40%；重级工作制：工作时间>40%。

使用吊车的频繁程度对支承它的构件(吊车梁、柱)有很大影响，所以在进行吊车梁、柱子设计时必须考虑其所承受的吊车属于哪一级工作制。

当同一跨度内需要的吊车数量较多，且起吊的重量相差悬殊时，可沿高度方向设置双层吊车。厂房内设有吊车时应注意厂房跨度和吊车跨度的关系，使厂房的宽度和高度能满足吊车运行的需要。

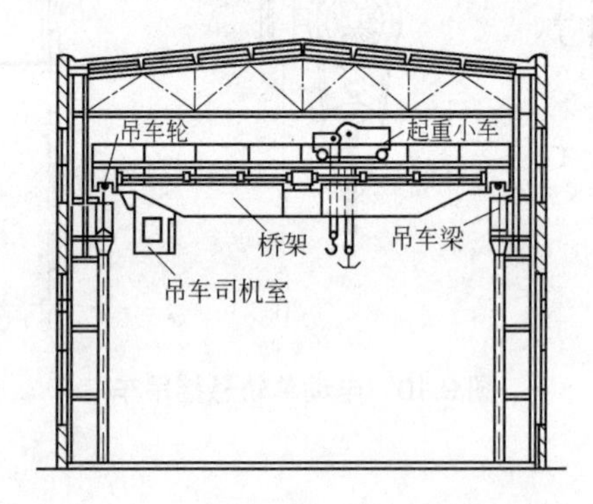

图 9.12　桥式吊车

4. 其他起重运输设备

除上述几种吊车形式外，厂房内部根据生产特点的不同，还有各式各样的起重运输设备，地面运输设备有电动平板车、电瓶车、载重汽车、火车等，如机械制造厂装配车间的吊链，冶金轧钢车间采用的辊道，铸工车间所用的传送带，此外，还有气垫等较新的运输工具。

9.4　单层厂房的荷载传递

单层厂房结构的主要荷载如图 9.13 所示。通常单层工业厂房中的荷载，可以分为动荷载和静荷载两大类。动荷载主要由吊车运行时的启动和制动力构成，此外还有地震作用、风荷载等。静荷载一般包括建筑物的自重，如图 9.13 中的墙自重、梁自重等，吊车的自重、雪荷载、积尘荷载等。

按荷载的作用方向，上述荷载的传递路线可以分为竖向荷载和水平荷载(包括横向水平荷载、纵向水平荷载)两部分，其传递路线如图 9.14 和图 9.15 所示。

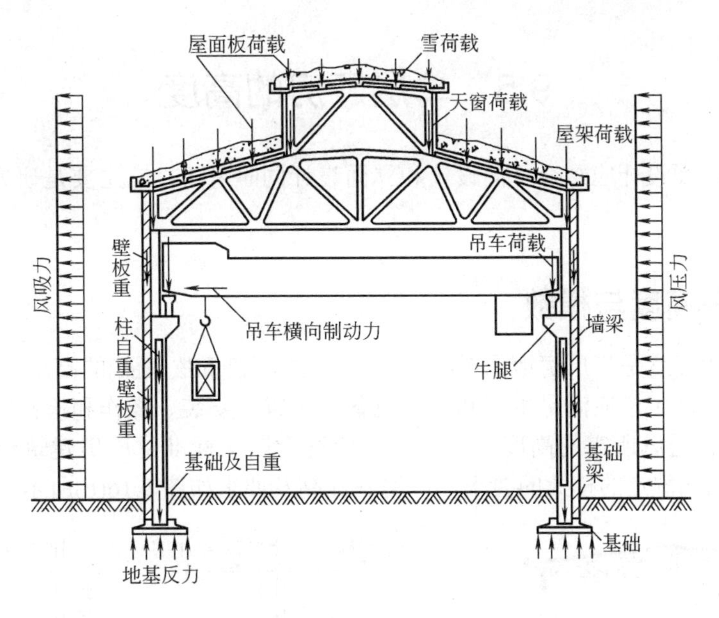

图 9.13 单层厂房结构的主要荷载示意图

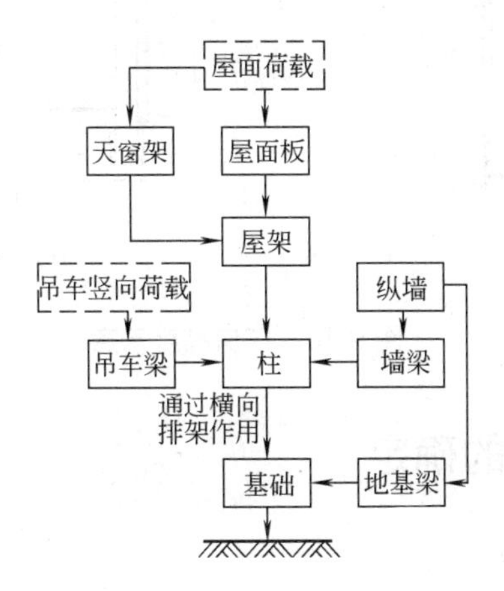

图 9.14 竖向荷载

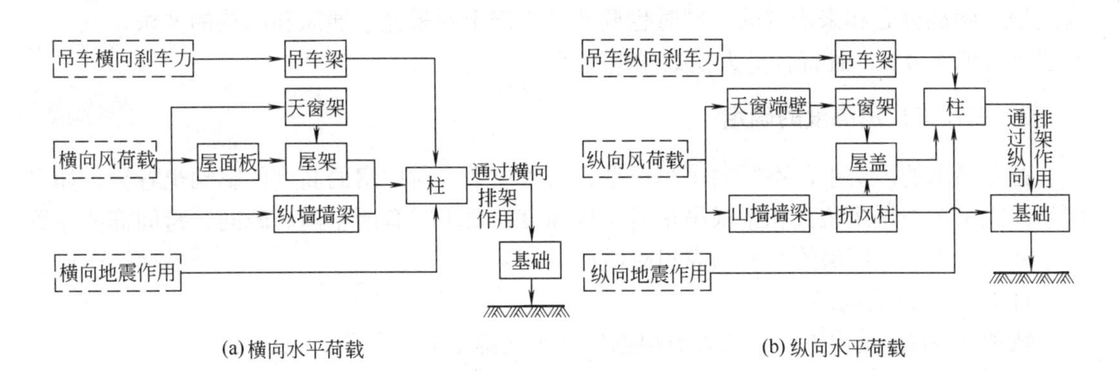

(a) 横向水平荷载 (b) 纵向水平荷载

图 9.15 水平荷载

9.5 单层厂房的高度

单层厂房剖面设计应结合平面设计和立面设计同时考虑，它主要是研究和确定厂房的高度问题。

9.5.1 厂房高度与模数

单层厂房的高度是指厂房地面至柱顶(或下撑式屋架下弦底面)的高度，如图 9.16(a)所示。厂房高度的确定，应满足生产和运输设备的布置、安装、操作和检修所需要的净高，以及满足采光和通风所需的高度。此外，还应符合国家标准《厂房建筑模数协调标准》(GB 50006—2010)规定的模数的要求，厂房各标高及要求如图 9.16(b)所示。

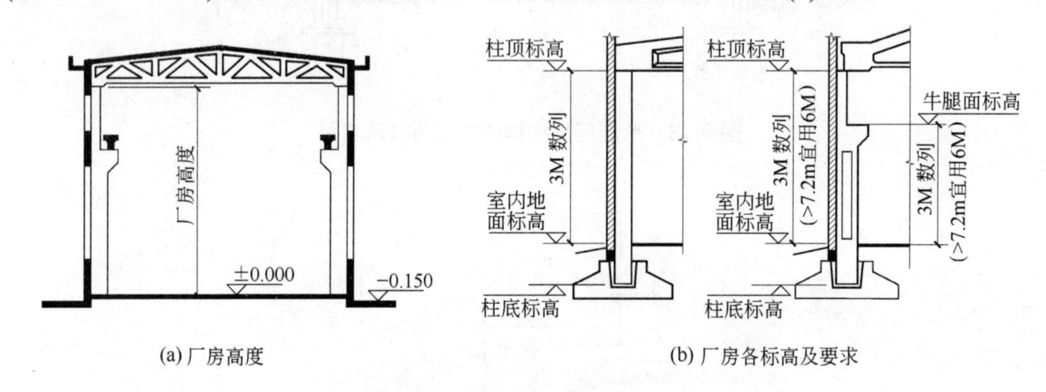

(a) 厂房高度　　(b) 厂房各标高及要求

图 9.16 厂房高度示意

9.5.2 厂房柱顶标高的确定

1. 无吊车厂房高度的确定

在无吊车设备的厂房中，柱顶标高通常是按厂房内最高的生产设备及其安装、检修所需的净高两部分之和来确定的，同时也要考虑生产上对采光、通风和隔热的要求，柱顶高一般不宜低于 4 m，且符合扩大模数 3M 的要求。

2. 有吊车厂房高度的确定

在有吊车的厂房中，不同的吊车类型、布置层数，对厂房的高度的影响也各异。如采用悬挂式吊车与采用桥式和梁式吊车对厂房高度的要求就有所不同。若同一跨间需要布置上下两层吊车时，厂房的高度也应相应增加。

1) 轨顶标高的确定

轨顶标高(H_1)是由生产工艺人员根据生产工艺提出的，用公式表示为

$$H_1 = h_1 + h_2 + h_3 + h_4 + h_5$$

式中：h_1——生产设备、室内分隔墙或检修时所需的最大高度；

h_2——吊车与越过设备(或分隔墙)之间的安全距离(一般为 400～500 mm)；

h_3——被吊物件的最大高度；

h_4——吊索最小高度；

h_5——吊钩至轨顶面的最小距离(可根据产品目录查出)。

2) 柱顶标高的确定

对于一般常用的桥式和梁式吊车来说，柱顶标高(±0.000 至柱顶或下撑式屋架下弦的高度)由轨顶标高(±0.000 至轨顶的高度 H_1)、轨顶到柱顶的距离(H_2)两部分组成，单层厂房高度的确定如图 9.17 所示。用公式表示为

$$H = H_1 + H_2 = H_1 + h_6 + h_7$$

式中：H_1——轨顶标高；

H_2——轨顶至架下弦底部高度；

h_6——轨上尺寸，即轨顶至吊车小车顶部的高度；

h_7——吊车小车顶部至屋架下弦底部的安全距离。

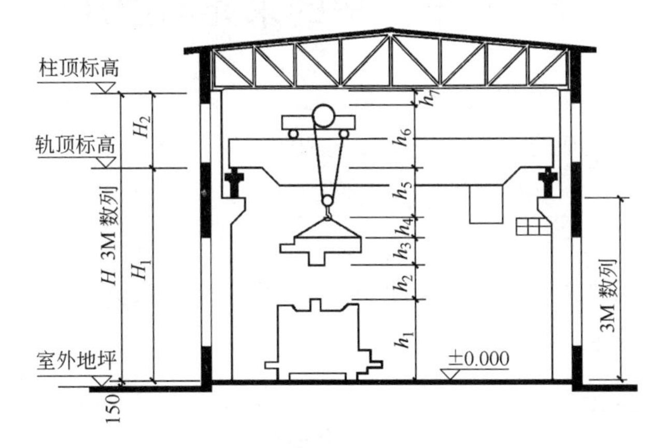

图 9.17　单层厂房高度

吊车小车顶部至屋架下弦底部的安全距离 h_7 依不同吊车起重量和跨度而定，按国家标准《通用桥式起重机限界尺寸》分别规定为 300 mm、400 mm、500 mm；轨上尺寸 h_6 亦与吊车起重量和跨度有关，应按该标准规定的尺寸及产品样本确定。

3) 牛腿顶面标高的确定

牛腿顶面的高度按 3M 数列考虑，当牛腿顶面的高度大于 7.2 m 时，按 6M 数列考虑。

根据上述各部分尺寸得出的厂房高度，还必须符合《厂房建筑模数协调标准》的有关规定，即厂房地面至柱顶的高度应为扩大模数 3M 系列。

3．室内外地坪标高差确定

为方便室内外运输，厂方室内外高差不宜过大，一般取 150 mm。

9.5.3　厂房内部空间的利用

厂房高度对工程造价有直接的影响，充分利用厂房内部空间，降低厂房高度，可以有效地降低造价。对个别高大设备或个别要求空间高度较大的设备，可利用两屋架之间的空间布置设备，如图 9.18(a)所示；或降低室内局部地面形成有效高度，如图 9.18(b)所示。

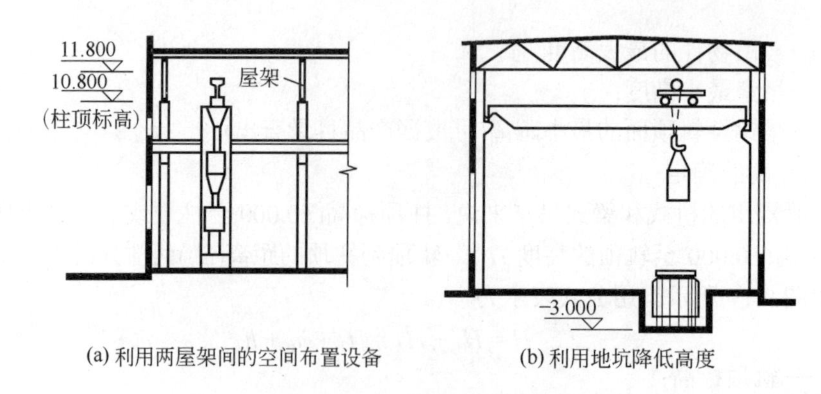

图 9.18　厂房内部空间的应用

9.6　单层厂房的采光与通风

厂房在生产过程中会散发出大量的余热、烟尘、有害气体、有侵蚀性的液体以及生产噪音等，这就要求厂房内应有良好的通风设施和解决采光要求。

9.6.1　天然采光

天然采光是利用自然光线进行室内照明，单层厂房的天然采光有侧面采光、上部采光、混合采光等形式，如图 9.19 所示。

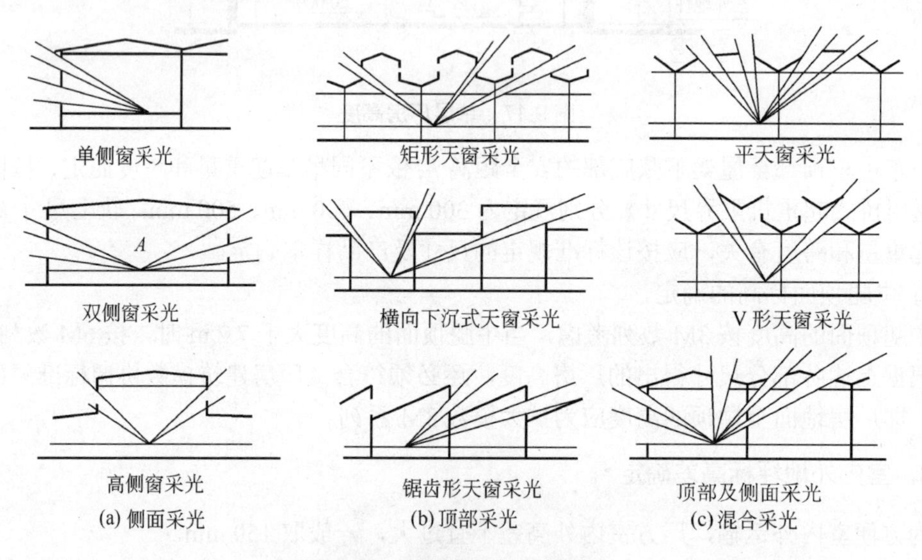

图 9.19　单层厂房的天然采光

1. 侧面采光

侧面采光分为单侧采光和双侧采光两种。单侧采光光线不均匀，适用于进深较小的厂房；双侧采光可以提高厂房采光的均匀程度，满足较大进深厂房的采光要求。

2．顶部采光

顶部采光是通过天窗实现的，它照度均匀、采光率高，但构造复杂、造价高。

3．混合采光

混合采光同时利用侧面采光和顶部采光，一般适用于仅用单一的侧面采光或顶部采光不能满足照度要求的厂房。

9.6.2　自然通风

单层厂房自然通风是利用室内外温差造成的热压和风吹向建筑物而在不同表面上形成的压力差来实现通风换气的。

1．热压通风

在生产过程中，厂房内的工业炉、热加工件等热源排出大量热量，使厂房内部的温度升高，室内的空气体积膨胀，密度减小而上升。当厂房上部和下部门窗敞开时，室内的空气会形成良好的通风循环，将室内空气从上部窗口排出，这种通风方式为热压通风，如图 9.20 所示。

2．风压通风

当室外风吹向建筑物时，遇到建筑物受阻，空气压力发生变化。建筑物迎风面的空气压力超过大气压力，形成正压区(+)；建筑物背风面的空气压力小于大气压力，形成负压区(−)，如图 9.21 所示。如在正压区设进风口，在负压区设排风口，风从进风口进入室内，将室内的热空风或有害气体从排风口排至室外，达到通风换气的目的，这种通风方式为风压通风。

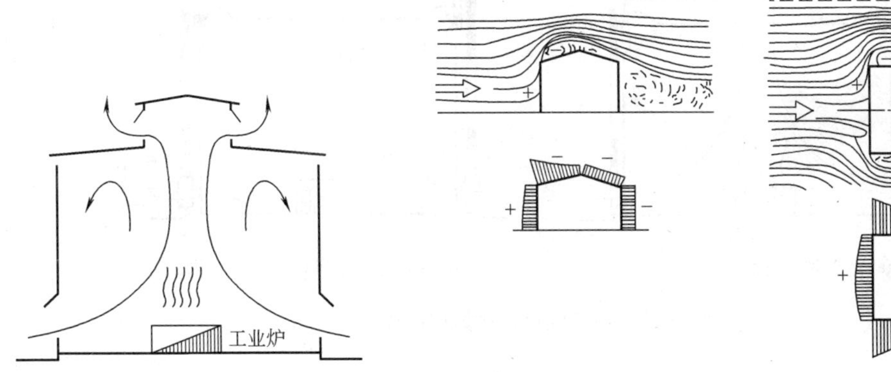

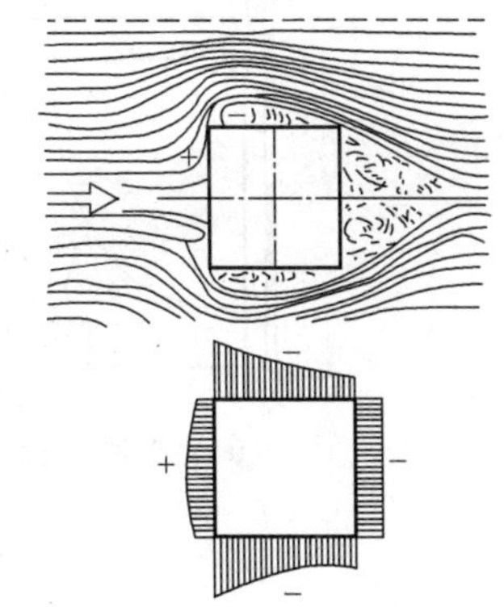

图 9.20　热压通风示意图　　　　图 9.21　风绕建筑物流动状况及风压分布

3．冷加工车间的自然通风

夏季冷加工车间的热源主要是来自人体的散热、设备散热和围护结构向室内的散热。由于冷加工车间室内外温差较小，在剖面设计中，主要是合理布置侧向进出风口位置，选

择让风有效地进入排风口的形式与构造，合理组织气流路径，形成穿堂风。

穿堂风一般只适用于厂房不宽的情况。当厂房较宽时，可辅助设置排风扇或在未设天窗的厂房屋面设置通风屋脊。

4．热车间的通风

对热车间，可利用热压通风和风压通风的共同工作，选择好进风口和排风口，组织厂房通风。一般情况下，进风口与出风口的高差越大，排风效果越好，进、排风口位置与高度的关系如图 9.22 所示。

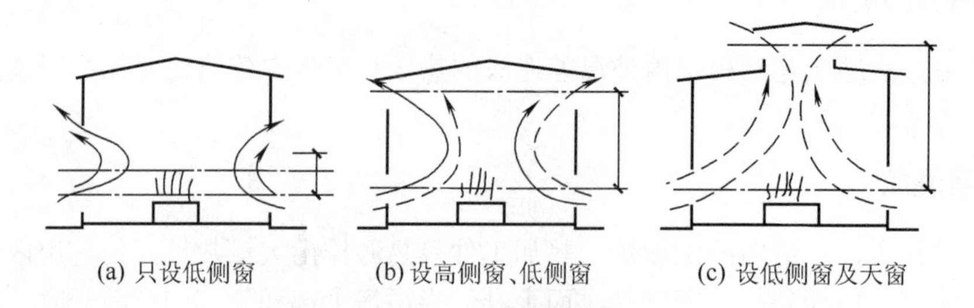

图 9.22　进、排风口位置与高度的关系

热车间主要利用低侧窗进风，利用高侧窗或天窗排风，进风口高度的确定，要结合厂房所在地的气候特点。在炎热地区的厂房，可尽量减小低侧窗的窗台高度，提高排风效果，如图 9.23(a)所示。在冬季寒冷地区，可设上下两排低侧窗，冬季关闭下排窗，开启上排窗，避免冷风直吹室内人体；夏季开启下排窗，关闭上排窗，增大进风口与出风口的高差，如图 9.23(b)所示。

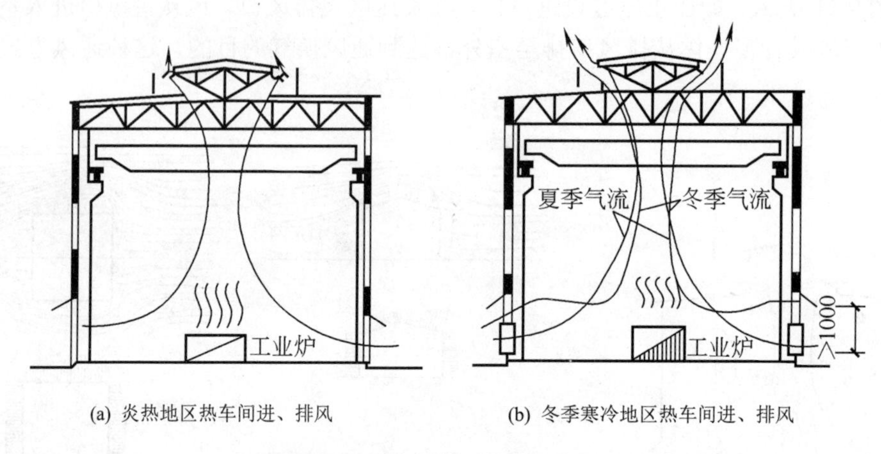

图 9.23　热车间进、排风口的设置

9.7　单层厂房的定位轴线

厂房的定位轴线是确定厂房主要构件的位置及其标志尺寸的基线，同时也是设备定位、安装及厂房施工放线的依据。厂房设计只有采用合理的定位轴线划分，才可能采用较少的标准构件来建造。如果定位轴线划分得不合适，必然导致构、配件搭接凌乱，甚至无法安装。定位轴线的划分是在柱网布置的基础上进行的，并与柱网布置一致。

9.7.1　单层厂房柱网尺寸的划定

在单层工业厂房中，为支承屋盖和吊车需设置柱子，为了确定柱位，在平面图上要布置纵、横向定位轴线。一般在纵横向定位轴线相交处设柱子，如图 9.24 所示为单层工业厂房平面柱网布置及定位轴线的划分。厂房柱子纵、横向定位轴线在平面上形成有规律的网格称为柱网。柱网尺寸的确定，实际上就是确定厂房的跨度和柱距。

确定柱网尺寸时，首先要满足生产工艺要求，尤其是工艺设备的布置；其次是根据建筑材料、结构形式、施工技术水平、经济效果以及提高建筑工业化程度和建筑处理、扩大生产、技术改造等方面因素来确定。

国家标准《厂房建筑模数协调标准》(GB 50006—2010)对单层厂房柱网尺寸作了有关规定。

1．跨度

厂房的两纵向定位轴线间的距离称为跨度，单层厂房的跨度在 18 m 以下时，应采用扩大模数 30M 数列，即 9 m、12 m、15 m、18 m；在 18 m 以上时，应采用扩大模数 60M 数列，即 24 m、30 m、36 m…，如图 9.24 所示。

2．柱距

厂房的两横向定位轴线间距称为柱距。单层厂房的柱距应采用扩大模数 60M 数列。根据我国情况，采用钢筋混凝土或钢结构时，常采用 6 m 柱距，有时因工艺要求，采用 12 m 柱距。单层厂房山墙处的抗风柱柱距宜采用扩大模数 15M 数列，即 4.5 m、6 m，如图 9.24 所示。

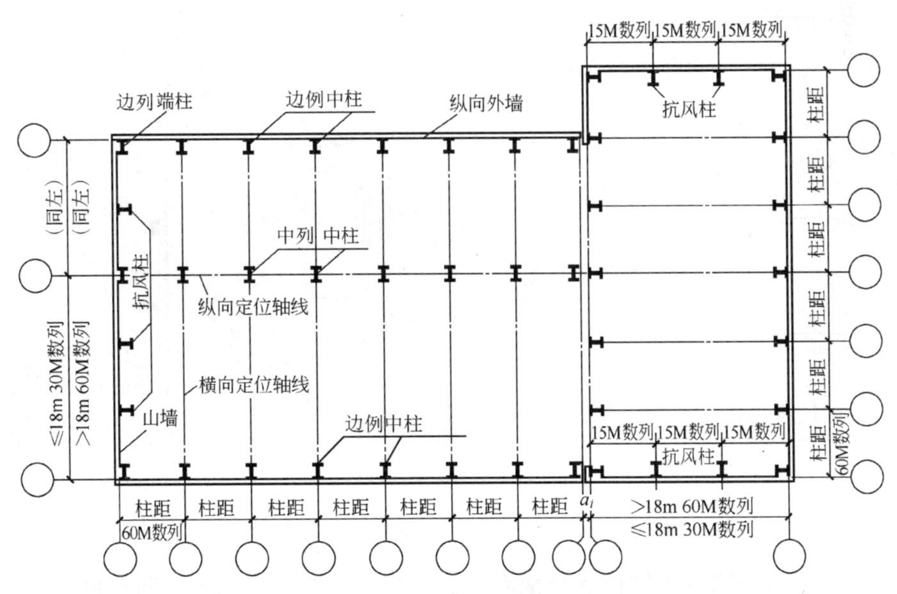

图 9.24　单层厂房平面柱网布置及定位轴线划分

9.7.2 厂房定位轴线的确定

厂房定位轴线的确定，应满足生产工艺的要求并注意减少厂房构件类型和规格，同时使不同厂房结构形式所采用的构件能最大限度地互换和通用，有利于提高厂房工业化水平。

厂房的定位轴线分为横向和纵向两种。与横向排架平面平行的称为横向定位轴线；与横向排架平面垂直的称为纵向定位轴线。定位轴线应予编号。

1. 横向定位轴线

与横向定位轴线有关的承重构件，主要有屋面板和吊车梁。此外，横向定位轴线还与连系梁、基础梁、墙板及支撑等其他纵向构件有关。因此，横向定位轴线应与柱距方向的屋面板、吊车梁等构件长度的标志尺寸相一致，并与屋架及柱的中心线相重合(某些位置不能重合)。

1) 中间柱与横向定位轴线的关系

除了靠山墙的端部柱和横向变形缝两侧柱以外，厂房纵向柱列(包括中柱列和边柱列)中的中间柱的中心线应与横向定位轴线相重合，且横向定位轴线通过屋架中心线和屋面板、吊车梁等构件的横向接缝，中间柱与横向定位轴线的关系如图 9.25 所示。

2) 山墙处柱子与横向定位轴线的关系

当山墙为非承重墙时，墙内缘应与横向定位轴线相重合，且端部柱及端部屋架的中心线应自横向定位轴线向内移 600 mm，非承重山墙处柱子与横向定位轴线的关系如图 9.26 所示。这是由于山墙内侧的抗风柱需通至屋架上弦或屋面梁上翼并与之连接，同时定位轴线定在山墙内缘，可与屋面板的标志尺寸端部重合，因此不留空隙，形成“封闭结合”，使构造简单。

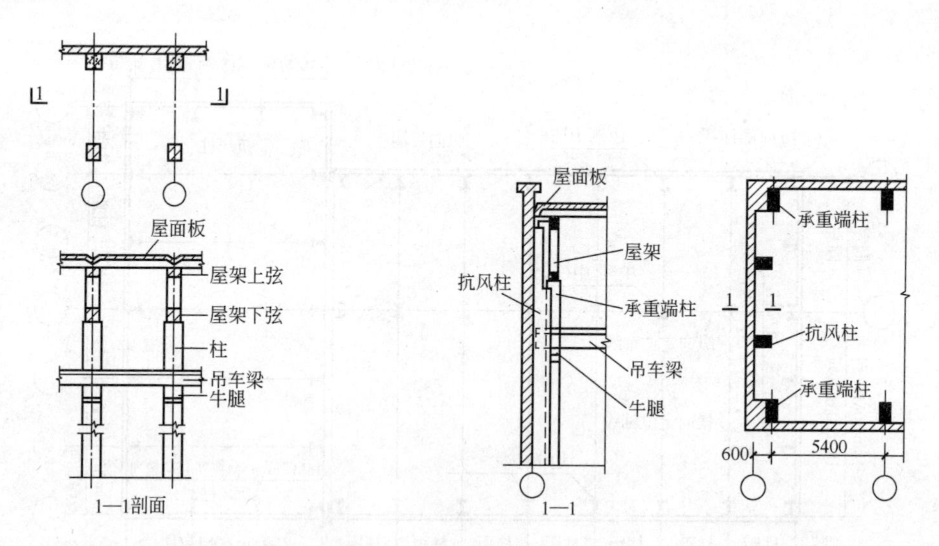

图 9.25 中间柱与横向定位轴线的关系　　图 9.26 非承重山墙处柱子(端柱)与横向定位轴线的关系

当山墙为承重山墙时，墙内缘与横向定位轴线间的距离应按砌体的块材类别分别为半块或半块的倍数或墙厚的一半，图 9.27 所示为承重山墙与横向定位轴线的关系，此时屋面板直接伸入墙内，并与墙上的钢筋混凝土垫梁连接。

3) 横向变形缝处柱子与横向定位轴线的关系

在横向伸缩缝或防震缝处，应采用双柱及两条定位轴线。柱的中心线均应自定位轴线向两侧各移 600 mm，横向变形缝处柱子与横向定位轴线的关系如图 9.28 所示，两条横向定位轴线分别通过两侧屋面板、吊车梁等纵向构件的标志尺寸端部，两轴线间的插入距 a_i 为所需变形缝的宽度 b_c 应符合现行国家标准的规定(即对伸缩缝、防震缝宽度的规定)。

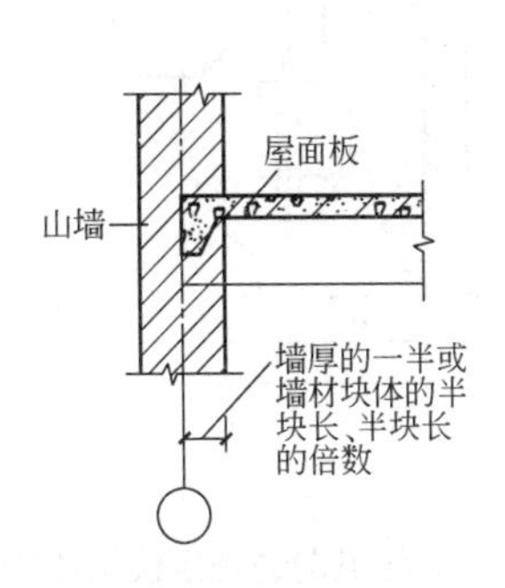

图 9.27 承重山墙与横向定位轴线的关系

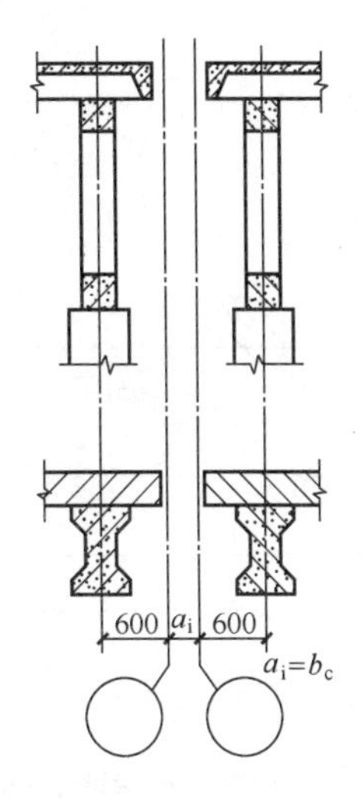

图 9.28 横向变形缝处柱子与横向定位轴线的关系

a_i —插入距；b_c —变形缝宽度

2. 纵向定位轴线

与纵向定位轴线有关的构件主要是屋架(或屋面梁)，此外纵向定位轴线还与屋面板宽、吊车等有关。因为屋架(或屋面梁)的标志跨度是以 3 m 或 6 m 为倍数的扩大模数，并与大型屋面板(一般为 1.5 m 宽)相配合的，因此，无论是钢筋混凝土排架结构或砌体结构、多跨或单跨、等高或高低跨的厂房，其纵向定位轴线都是按照屋架跨度的标志尺寸从其两端垂直引下来的。

1) 边柱与纵向定位轴线的关系

在有梁式或桥式吊车的厂房中，为了使厂房结构和吊车规格相协调，保证吊车和厂房尺寸的标准化，并保证吊车的安全运行，将厂房跨度与吊车跨度两者的关系规定为

$$L_k = L - 2e$$

式中：L——厂房跨度，即纵向定位轴线间的距离；

L_k——吊车跨度，即吊车轨道中心线间的距离；

e——吊车轨道中心线至厂房纵向定位轴线间的距离(一般为 750 mm，当吊车为终极工作制而需设安全走道板，或者吊车起重量大于 50 t 时，采用 1000 mm)。

图 9.29 所示为吊车跨度与厂房跨度的关系。图 9.30 所示为吊车与纵向边柱定位轴线的关系。

吊车轨道中心线至厂房纵向定位轴线间的距离 e 是根据厂房上柱的截面高度 h、吊车侧方宽度尺寸 B(吊车端部至轨道中心线的距离)、吊车侧方间隙 K(吊车运行时，吊车端部

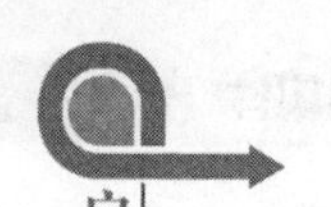

与上柱内缘间的安全间隙尺寸，如图 9.30 所示)等因素决定的，即 $e = B + K + h$。上柱截面高度 h 由结构设计确定，常用尺寸为 400 mm 或 500 mm (见表 9.1)。吊车侧方间隙 K 与吊车起重量大小有关。当吊车起重量<5t 时，K 为 80 mm，吊车起重量>75 t 时，$K \geqslant 100$ mm；吊车侧方宽度尺寸 B 随吊车跨度和起重量的增大而增大，国家标准《通用桥式起重机界限尺寸》(GB 7592—1987)中对各种吊车的界限尺寸、安全尺寸作了规定。

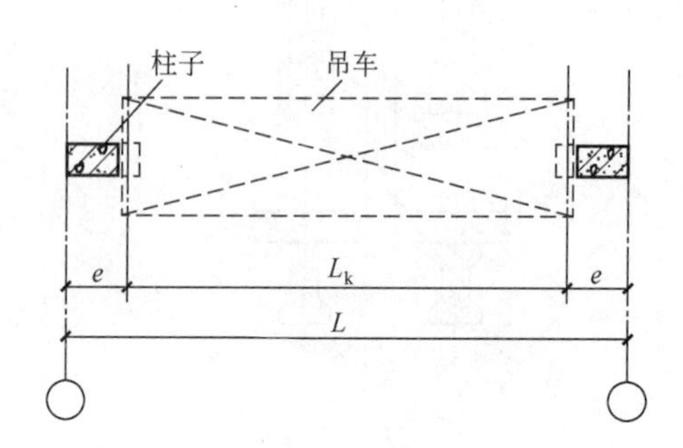

图 9.29　吊车跨度与厂房跨度的关系

L—厂房跨度；L_k—吊车跨度；

e—吊车轨道中心线至厂房纵向定位轴线的距离

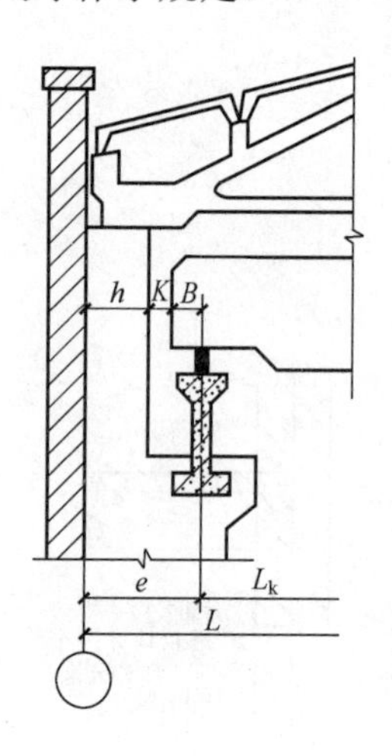

图 9.30　吊车与纵向边柱定位轴线的关系

表 9.1　厂房柱截面尺寸参考表(中级工作制吊车)

吊车起重量/t	轨顶高度/m	6 m 柱距边柱/mm		6 m 柱距中柱/mm	
		上柱(b×h)	下柱(b×h×h1)	上柱(b×h)	下柱(b×h×h1)
≤5	6～8	400×400	400×600×100	400×400	400×600×100
10	8	400×400	400×700×100	400×600	400×800×150
	10	400×400	400×800×150	400×600	400×800×150
15～20	8	400×400	400×800×150	400×600	400×800×150
	10	400×400	400×900×150	400×600	400×1000×150
	12	500×400	500×1000×200	500×600	500×1200×200
30	8	400×400	400×1000×150	400×600	400×1000×150
	10	400×500	400×1000×150	500×600	500×1200×200
	12	500×500	500×1000×200	500×600	500×1200×200
	14	600×500	600×1200×200	600×600	600×1200×200

实际工程中，由于吊车形式、起重量、厂房跨度、高度和柱距不同，以及是否设置安全走道板等条件不同，外墙、边柱与纵向定位轴线有下述两种关系。

(1) 封闭结合。

当结构所需的上柱截面高度 h、吊车侧方宽度 B 及安全运行所需的侧方间隙 K 三者之和 $(h + B + K)<e$ 时，可采用纵向定位轴线、边柱外缘和外墙内缘三者相重合的定位方式。使上部屋面板与外墙之间形成“封闭结合”的构造。这种纵向定位轴线称为“封闭轴线”，封闭结合构造如图 9.31(a)所示，它适用于无吊车或只有悬挂吊车及柱距为 6 m、吊车起重量不大且不需增设联系尺寸的厂房。采用这种“封闭轴线”时，用标准的屋面板便可铺满整个屋面，不需另设补充构件，因此构造简单，施工方便，吊车荷载对柱的偏心距较小，比较经济。

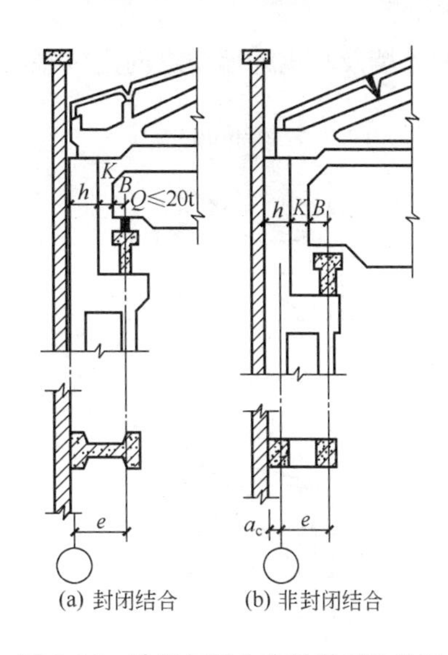

图 9.31 边柱与纵向定位轴线的关系

h—上柱截面高度；a_c—联系尺寸

(2) 非封闭结合。

当柱距>6 m，吊车起重量及厂房跨度较大时，由于 B、K、h 均可能增大，因而可能导致$(h + B + K) >e$，此时若继续采用上述“封闭结合”构造便不能满足吊车安全运行所需净空的要求，造成厂房结构的不安全，因此，需将边柱的外缘从纵向定位轴线向外移出一定尺寸 a_c，使$(e + a_c)>(h+B+K)$，从而保证结构的安全，a_c 称为“联系尺寸”，如图 9.31(b)所示。为了与墙板模数协调，a_c 应为 300 mm 或其整数倍，但维护结构为砌体时，a_c 可采用 M/2(即 50 mm)或其整数倍数。

当纵向定位轴线与柱子外缘间有“联系尺寸”时，由于屋架标志尺寸端部(即定位轴线)与柱子外缘、外墙内线不能相重合，上部屋面板与外墙之间便出现空隙，这种情况称为“非封闭结合”，这种纵向定位轴线则称为“非封闭轴线”。此时，屋顶上部空隙处需作构造处理，通常应加设补充构件，“非封闭结合”屋面板与墙空隙的处理如图 9.32 所示。

确定是否需要设置“联系尺寸”及确定“联系尺寸”的数值时，应按选用的吊车规格及国家标准《通用桥式起重机界限尺寸》(GB 7592—1987)的相应规定详细核定。注意校核安全净空尺寸，应使其在任何可能发生的情况下，均有安全保证。

厂房是否需要设置“联系尺寸”，除了与吊车起重量等有关以外，还与柱距以及是否设置吊车梁走道板等因素有关。

在柱距为 12 m、设有托架的厂房中，因结构构造的需要，无论有无吊车或吊车吨位大小，均应设置“联系尺寸”，设有托架的厂房边柱与纵向定位轴线的关系如图 9.33 所示。

一般重级工作制的吊车均须设置吊车梁走道板，以便经常检修吊车。为了确保检修工人经过上柱内侧时不被运行的吊车挤伤，上柱内缘至吊车端部之间的距离除应留足侧方间隙 K 之外、还应增加一个安全通行宽度(不小于 400 mm)。因此，在决定“联系尺寸”和 e 值的大小时，还应考虑走道板的构造要求，其边柱纵向定位轴线如图 9.34 所示。

无吊车或有小吨位吊车的厂房，采用承重墙结构时，若为带壁柱的承重墙，其内缘宜与纵向定位轴线相重合，或与纵向定位轴线间相距半块砌体或半块砌体的倍数；若为无壁柱的承重墙，其内缘与纵向定位轴线的距离宜为半块砌体的倍数或墙厚的一半。带承重壁

柱的外墙及承重外墙与纵向定位轴线的关系如图 9.35 所示。

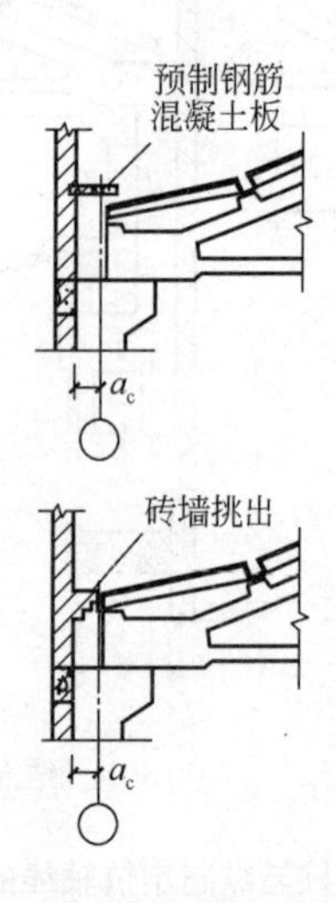

图 9.32 “非封闭结合”屋面板与墙空隙的处理

a_c—联系尺寸

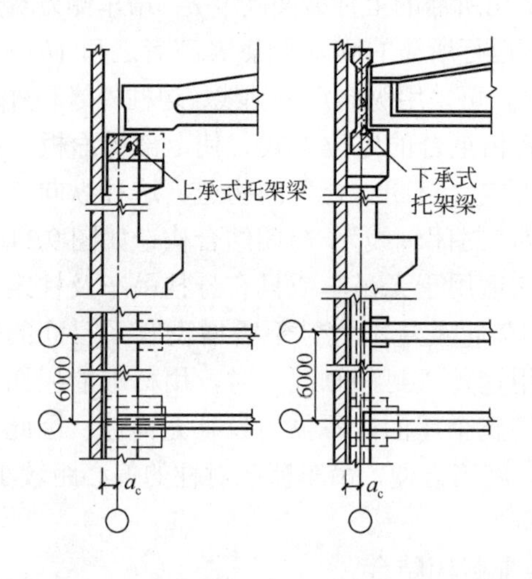

图 9.33 设有托架的厂房边柱与纵向定位轴线的关系

a_c—联系尺寸

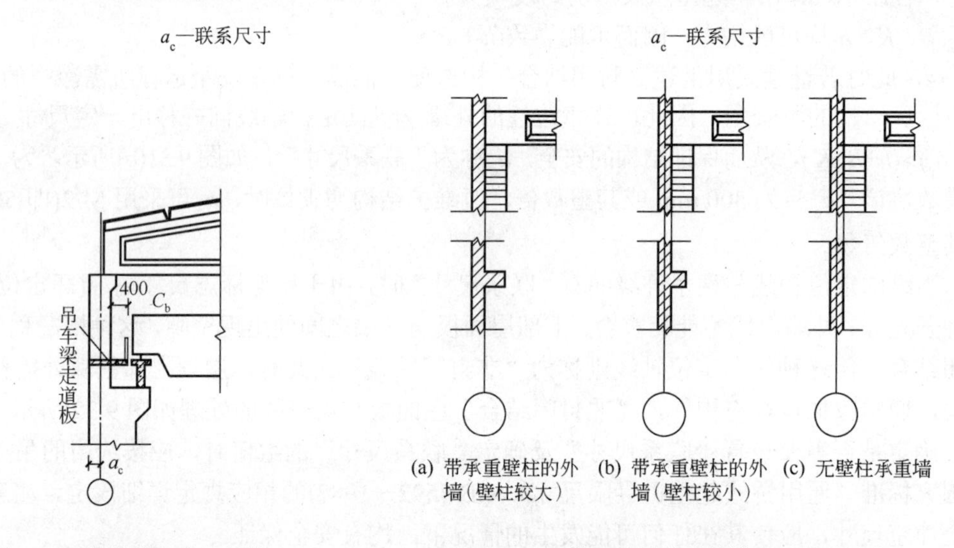

图 9.34 边柱纵向定位轴线

C_b—吊车侧方间隙

图 9.35 带承重壁柱的外墙及承重外墙与纵向定位轴线的关系

2) 中柱与纵向定位轴线的关系

(1) 等高跨中柱与纵向定位轴线的关系。

设置单柱时的纵向定位轴线：等高厂房的中柱，当没有纵向变形缝时，宜设置单柱和一条纵向定位轴线，上柱的中心线宜与纵向定位轴线相重合，如图 9.36(a)所示。当相邻跨为桥式吊车且起重量较大，或厂房柱距及构造要求设置插入距时中柱可采用单柱及两条纵向定位轴线，如图 9.36(b)所示，其插入距 a_i 应符合 3M 数列(即 300 mm 或其整数倍数)，但围护结构为砌体时，a_i 可采用 M/2(即 50 mm)或其整数倍数，柱中心线宜与插入距中心线相重合。当等高跨设有纵向伸缩缝时，中柱可采用单柱并设两条纵向定位轴线，伸缩缝一侧的屋架(或屋面梁)应搁置在活动支座上，两条定位轴线间插入距 a_i 为伸缩缝的宽度 b_c，如

图 9.37 所示。

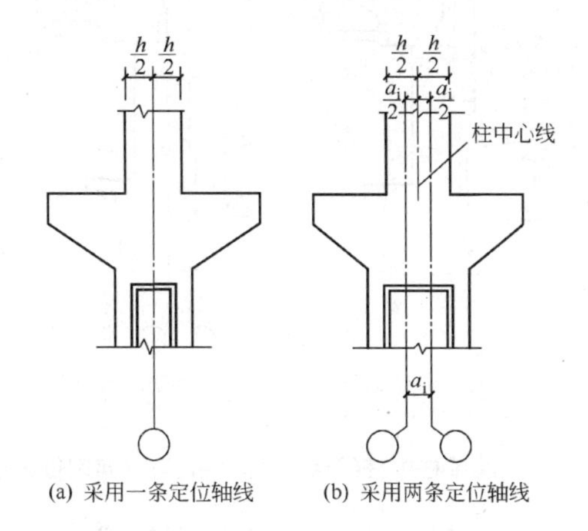

(a) 采用一条定位轴线　　(b) 采用两条定位轴线

图 9.36　等高跨中柱单柱(无纵向伸缩缝)与纵向定位轴线的关系

a_i—插入距

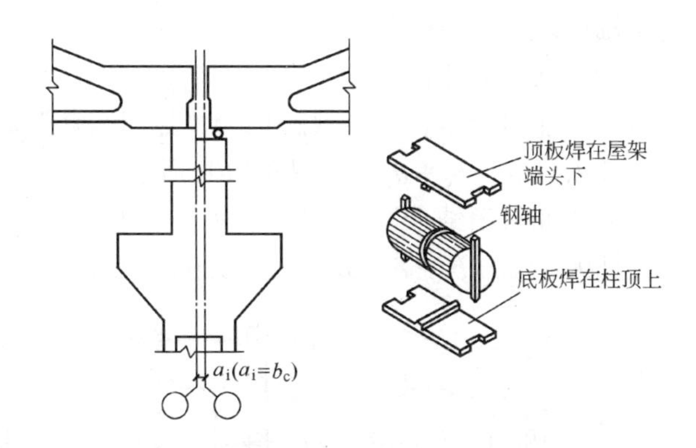

图 9.37　等高跨中柱单柱(有纵向伸缩缝)与纵向定位轴线的关系

a_i—插入距；b_c—伸缩缝宽度

(2) 不等高跨中柱与纵向定位轴线的关系。

① 设单柱时的纵向定位轴线。

不等高跨处采用单柱且高跨为“封闭结合”时，宜采用一条纵向定位轴线，即纵向定位轴线与高跨上柱外缘、封墙内缘及低跨屋架标志尺寸端部相重合。此时，封墙底面应高于低跨屋面，如图 9.38(a)所示；若封墙底面低于屋面时，应采用两条纵向定位轴线，且插入距 a_i 等于封墙厚度(δ)，即 $a_i=\delta$，如图 9.38(c)所示。

当高跨需采用“非封闭结合”时，应采用两条纵向定位轴线。其插入距 a_i 视封墙位置分别等于“联系尺寸”或联系尺寸加封墙厚度，即 $a_i=a_c$ 或 $a_i=a_c+\delta$ ，如图 9.38(b)、(d)所示。

不等高跨处采用单柱设纵向伸缩缝时，低跨的屋架或屋面梁搁置在活动支座上，不等高跨处应采用两条纵向定位轴线，并设插入距。其插入距(a_i)可根据封墙的高低位置及高跨是否“封闭结合”分别规定如下：

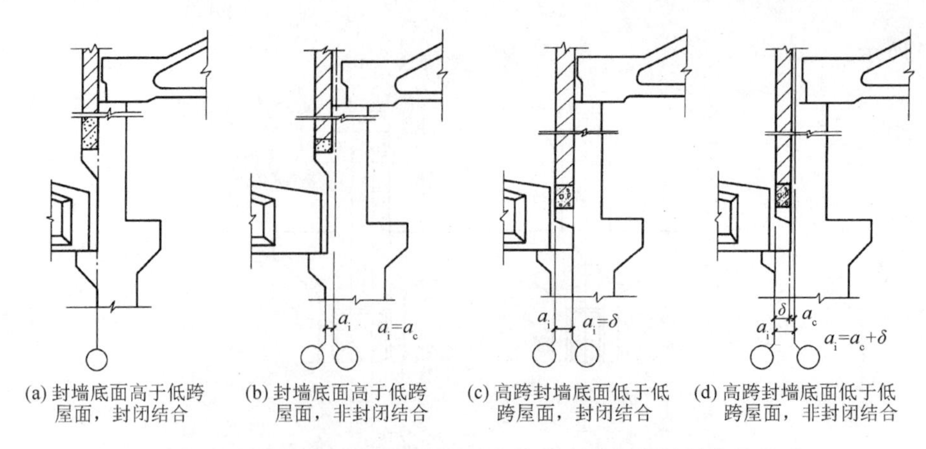

图 9.38　不等高跨单柱中柱(无纵向伸缩缝)与纵向定位轴线的关系

a_i—插入距；δ—封墙厚度；a_c—联系尺寸

当高低两跨纵向定位轴线均采取“封闭结合”，高跨封墙底面高于低跨屋面时，其插入距 $a_i = b_c$，如图 9.39(a)所示。

当高低两跨纵向定位轴线均采取“封闭结合”，高跨封墙底面低于低跨屋面时，其插入距 $a_i = b_c + \delta$，如图 9.39(c)所示。

当高跨纵向定位轴线为“非封闭结合”，低跨仍为“封闭结合”，高跨封墙底面高于低跨屋面时，其插入距 $a_i = b_c + a_c$，如图 9.39(b)所示。

当高跨纵向定位轴线为“非封闭结合”，低跨仍为“封闭结合”，高跨封墙底面低于低跨屋面时，其插入距 $a_i = b_c + \delta + a_c$，如图 9.39(d)所示。

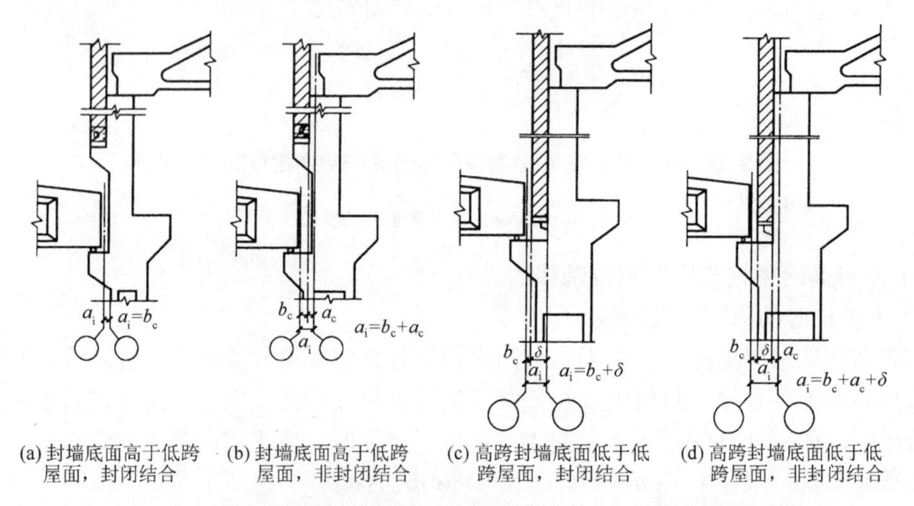

图 9.39　不等高跨单柱中柱(有纵向伸缩缝)与纵向定位的轴线的关系

a_i—插入距；b_c—伸缩缝宽度；δ—封墙厚度；a_c—联系尺寸

② 设双柱时的纵向定位轴线。

高低跨处设单柱，柱子数量少，结构简单，吊装工程量少，使用面积也因此而增加，比较经济。但通常柱的外形较复杂，制作困难，特别是当两侧高低悬殊或吊车起重量差异较大时，往往不适合这样做，故可结合伸缩缝、抗震缝采用双柱结构。当高低跨处设纵向

伸缩缝或防震缝并采用双柱结构时，缝两侧的结构实际上各自独立，此时应采用两条纵向定位轴线，且轴线与柱的关系可分别按各自的边柱处理，两条轴线间的插入距尺寸与单柱结构相同。不等高厂房纵向变形缝处双柱与双轴线的关系如图 9.40 所示。

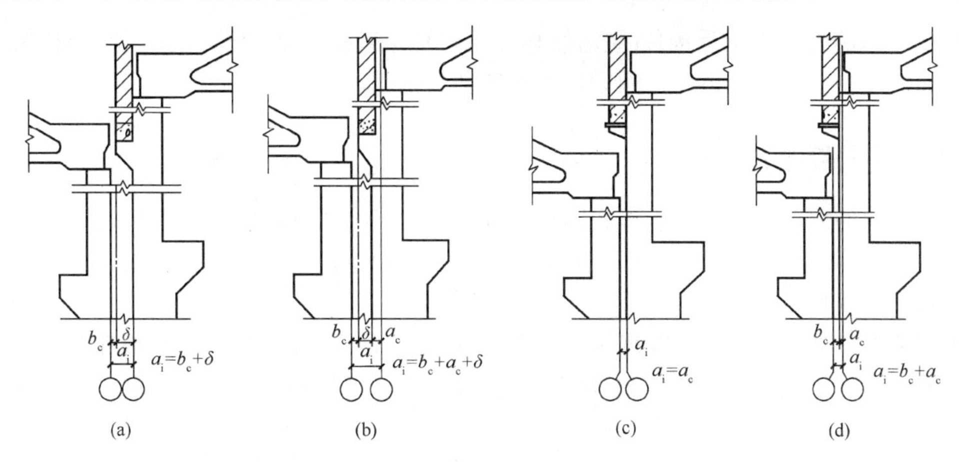

图 9.40　不等高厂房纵向变形缝处双柱与双轴线的关系

3) 纵横跨相交处柱与定位轴线的定位

在有纵横跨的厂房中，应在相交处设置伸缩缝或防震缝，将两者断开，使纵横两跨在结构上各自独立。因此，须设置双柱并采用各自的定位轴线，如图 9.41 所示。两轴线与柱的定位分别按山墙处柱横向定位轴线和边柱纵向定位轴线的定位方法。其插入距应视封墙单墙或双墙及封墙材料(墙板或砌体)和横跨是否“封闭结合”及变形缝的宽度而定。当山墙比侧墙低时，宜采用单墙，此时，外墙若为砌体时，$a_i=b_c+\delta$ 或 $a_i=b_c+\delta+a_c$；外墙为墙板时，$a_i=a_{op}+\delta$ 或 $a_i=a_{op}+\delta+a_c$ (式中 a_{op} 为吊装墙板所需的净空尺寸)，如图 9.41(a)、(b)所示。当山墙比侧墙高而短时，应采用双柱双墙(至少在低跨柱顶以上用双墙)，此时外墙为砌体(或墙板)时 $a_i=\delta+b_c(a_{op})+\delta$ 或 $a_i=\delta+b_c(a_{op})+\delta+a_c$，如图 9.41(c)、(d)所示。

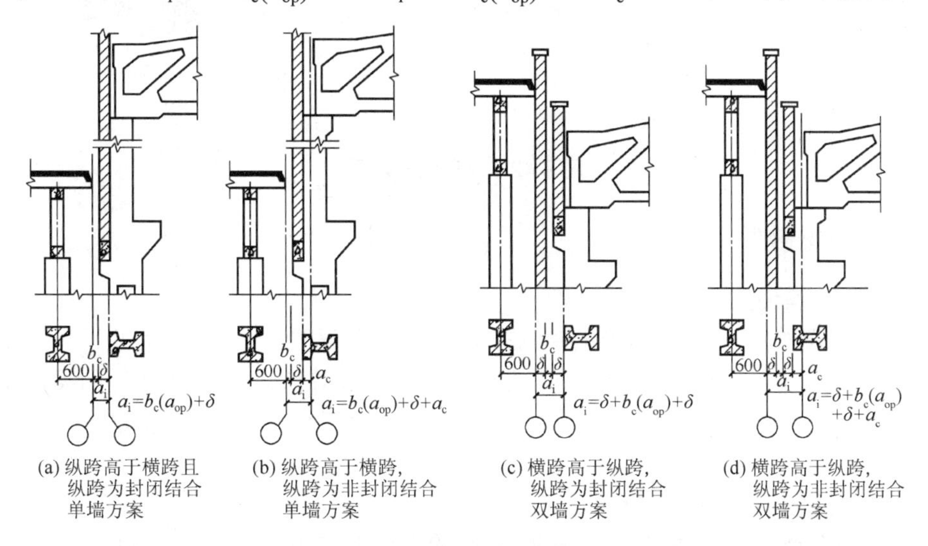

图 9.41　纵横跨相交处的定位轴线

9.8 单层厂房的结构构件

单层厂房的骨架由承重构件(屋盖结构体系、柱、基础、基础梁、吊车梁等)和保证厂房的整体性和稳定性的连系梁、圈梁、支撑等部分构成。

9.8.1 屋盖结构体系

单层厂房的屋盖体系起着承重和围护的双重作用。因此屋盖构件分为承重构件(屋架、屋面梁、托架)和覆盖构件(屋面板、瓦)两部分。目前单层厂房屋盖结构形式可分为无檩体系和有檩体系两种。

无檩体系：是将大型屋面板直接放在屋架(或屋面梁)上，屋架(屋面梁)放在柱子上。其优点是整体性好，刚度大，构件数量少，施工速度快，但屋面自重一般较重，大、中型厂房多采用这种屋盖结构形式，无檩体系屋盖如图 9.42(a)所示。

有檩体系：是将各种小型屋面板(或瓦)直接放在檩条上，檩条支承在屋架(或屋面梁)上，屋架(屋面梁)放在柱子上，其优点是屋盖重量轻，构件小，吊装容易，但整体刚度较差，构件数量多，适用于小型厂房和吊车吨位小的中型工业厂房，有檩体系屋盖如图 9.42(b)所示。

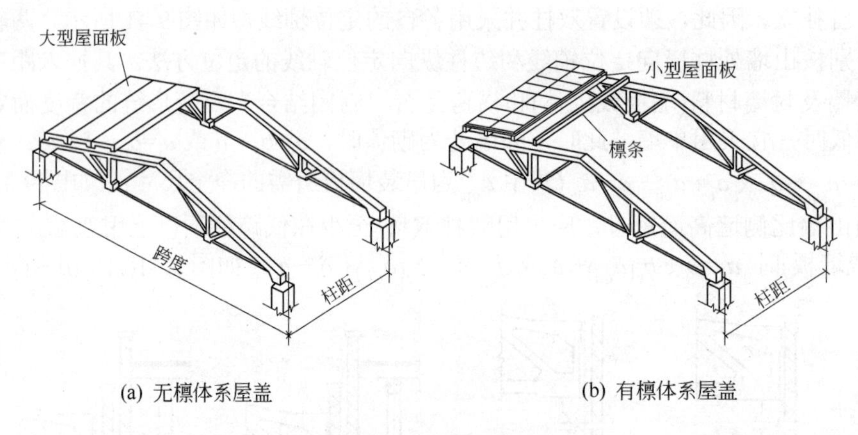

(a) 无檩体系屋盖　　(b) 有檩体系屋盖

图 9.42　屋盖结构体系

1. 屋盖承重构件

1)　屋架及屋面梁

屋架(或屋面梁)是屋盖结构的主要承重构件，它直接承受屋面荷载。有些厂房的屋架(或屋面梁)还承受悬挂吊车、管道或其他工艺设备及天窗架等荷载。屋架(或屋面梁)和柱、屋面构件连接起来，使厂房组成一个整体的空间结构，对于保证厂房的空间刚度起着重要的作用。除了跨度很大的重型车间和高温车间需采用钢屋架之外，一般多采用钢筋混凝土屋面梁和各种形式的钢筋混凝土屋架。

(1) 屋面梁。断面呈 T 形和工字形薄腹梁，有单坡和双坡之分。单坡屋面梁适用于 6 m、9 m、12 m 的跨度，双坡屋面梁适用于 9 m、12 m、15 m、18 m 的跨度。

双坡屋面梁的坡度比较平缓，一般统一定为 1/8～1/12，适用于卷材屋面和非卷材屋面。屋面梁下可以悬挂 5t 以下的电动葫芦和梁式吊车。其特点是形状简单，制作安装方便，稳定性好，可以不加支撑，适用于震动及有腐蚀性介质的厂房，但它的自重较大。常用屋面梁类型如图 9.43 所示。

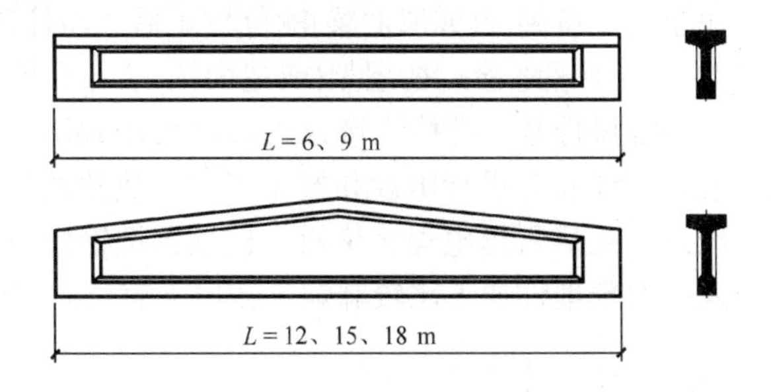

图 9.43　常用屋面梁类型

(2) 屋架。当厂房跨度较大时就采用屋架，屋架可以采用钢结构、混凝土结构、木结构等。形状有折线形、梯形、三角形等。跨度可以是 12m、15m、18m、24m、30m、36m 等。屋面坡度视围护材料的类型确定。卷材防水屋面可以用 1/10～1/15 的坡度，块材屋面可以是 1/2～1/6 的坡度，压型钢板屋面可以采用 1/2～1/20 的坡度。目前常用的钢筋混凝土屋架如图 9.44 所示。

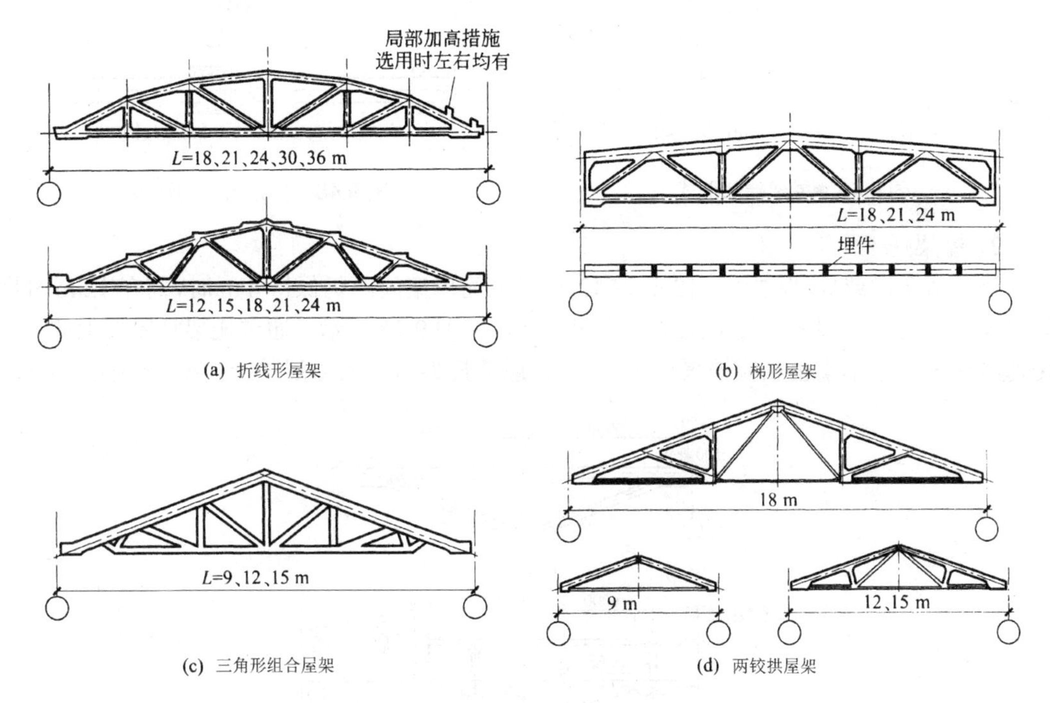

图 9.44　屋架常用类型

(3) 屋架的端部形式、屋架与柱的连接。

① 屋架端部形式。按檐口及排水方式的不同，屋架上弦端部可分别设计成自由落水、外天沟及内天沟等三种端部节点形式，以便采用不同的排水方式，并配合使用各种檐口板

或天沟板，简化房屋檐口和中间天沟的构造，做到统一定型，提高工业化程度，屋架端部形式如图 9.45 所示。

② 屋架与柱的连接。屋架与柱的连接方法有焊接连接和螺栓连接两种。目前采用较多的为焊接连接，焊接连接方式如图 9.46(a)所示。焊接连接是在屋架(或屋面梁)端部支承部位的预埋件底部焊上一块垫板，待屋架(或屋面梁)就位校正后，与柱顶预埋钢板焊接牢固。螺栓连接方式，是在柱顶伸出预埋螺栓，在屋架(或屋面梁)端部支承部位焊上带有缺口的支承钢板，就位校正后，用螺母拧紧，螺栓连接方式如图 9.46(b)所示。这种屋架与柱的连接方式，主要考虑到安装后不能及时进行电焊和校正工作，故柱顶的预埋螺栓可作为屋架就位的临时固定措施，经过校正后再用电焊将垫板与柱顶预埋钢板焊牢，同时也可将螺母焊牢以防螺母松动。但螺栓的预埋件加工比较麻烦，在屋架就位时应防止把螺栓撞坏。

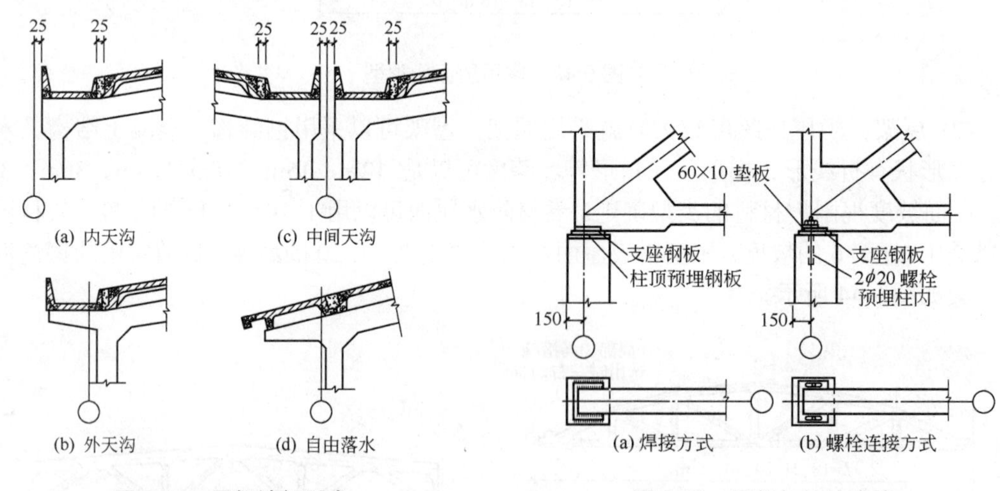

图 9.45 屋架端部形式

图 9.46 屋架与柱的连接

2) 屋架托架

当厂房全部或局部柱距为 12 m 或 12 m 以上而屋架间距仍保持 6 m 时，需在 12 m 柱距间设置预应力钢筋混凝土托架来支承中间屋架，如图 9.47 所示。通过托架将屋架上的荷载传递给柱子，吊车梁也相应地采用 12 m 长。屋架托架有预应力混凝土托架和钢托架两种。

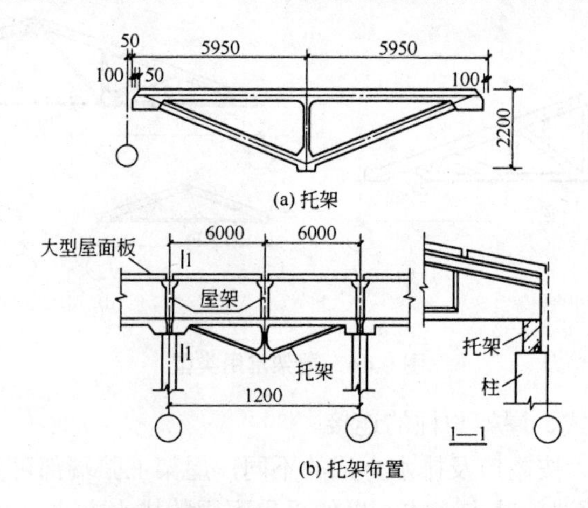

图 9.47 预应力钢筋混凝土托架

2. 天窗架

天窗架直接支承在屋架的上弦，是天窗的承重构件。天窗架有钢筋混凝土组合式和钢天窗架两类，其结构形式较多。钢天窗架重量轻，制作吊装方便，多用于钢屋架上，也可用于钢筋混凝土屋架上。钢筋混凝土天窗架则要与钢筋混凝土屋架配合使用。

1) 天窗架的类型

钢筋混凝土天窗架的形式一般有Π形和 W 形，也可做成 Y 形；钢天窗架有多压杆式和桁架式，天窗架的形式如图 9.48 所示。天窗架的跨度采用扩大模数 30M 系列，目前有 6 m、9 m、12 m 三种；天窗架的高度是根据采光通风要求选用的天窗扇的高度配套确定的。

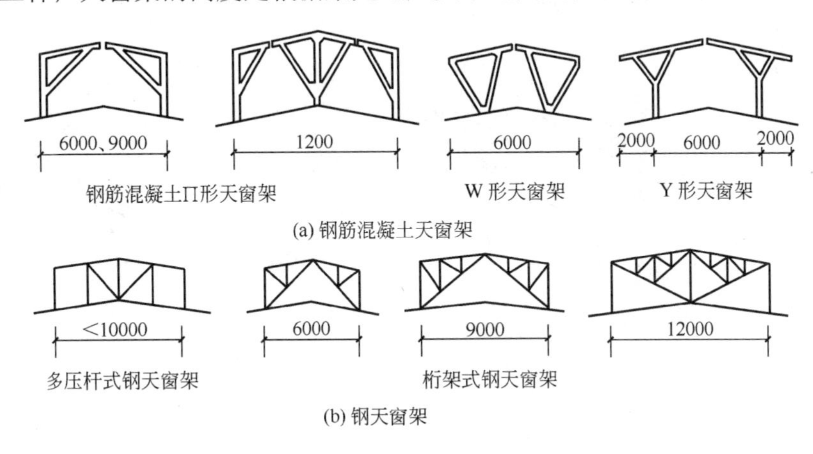

图 9.48 天窗架的形式

2) 天窗架与屋架的连接

钢筋混凝土天窗架一般由两榀或三榀预制构件拼接而成，各榀之间采用螺栓连接，其支脚与屋架采用焊接，钢筋混凝土天窗架与屋架的连接如图 9.49 所示。

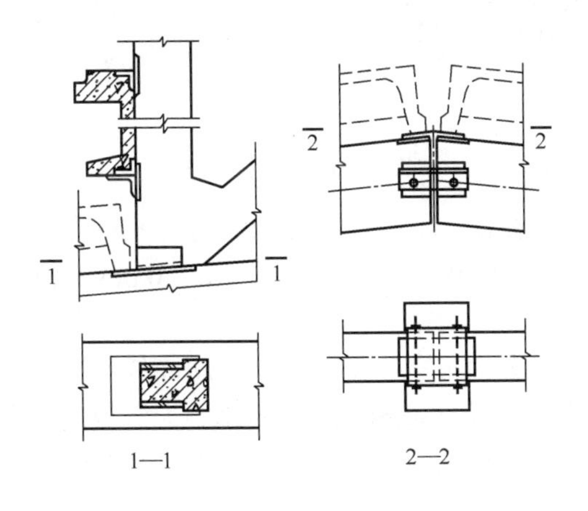

图 9.49 钢筋混凝土天窗架与屋架的连接

3. 屋盖的覆盖构件

1) 屋面板

目前，厂房中应用较多的是预应力混凝土屋面板(又称预应力混凝土大型屋面板)，其

外形尺寸常用的是 1.5 m×6.0 m。常用大型屋面板的类型如图 9.50 所示。有檩体系小型屋面板如图 9.51 所示。

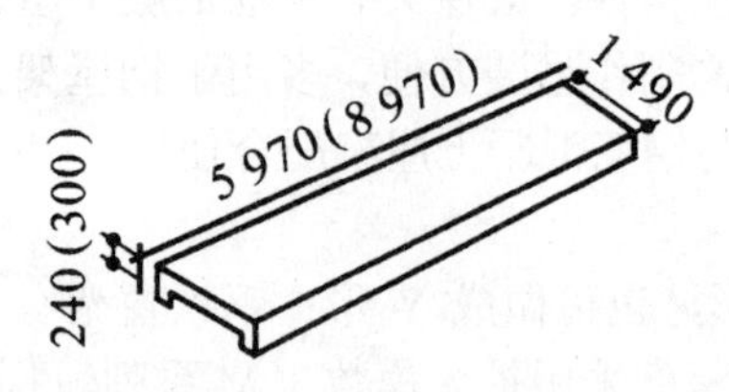

(a) 预应力混凝土双肋屋面板

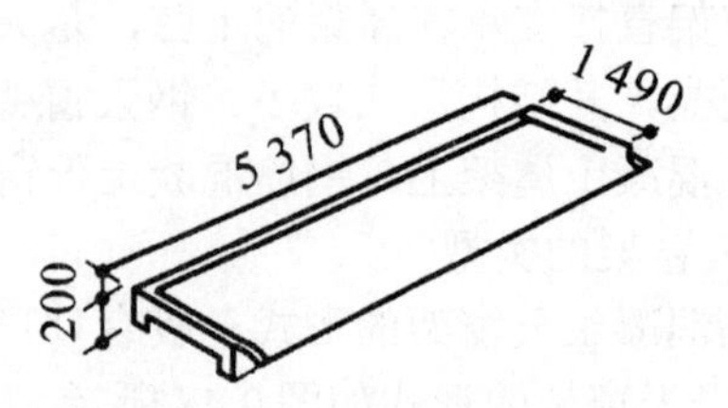

(b) 预应力混凝土 F 型屋面板

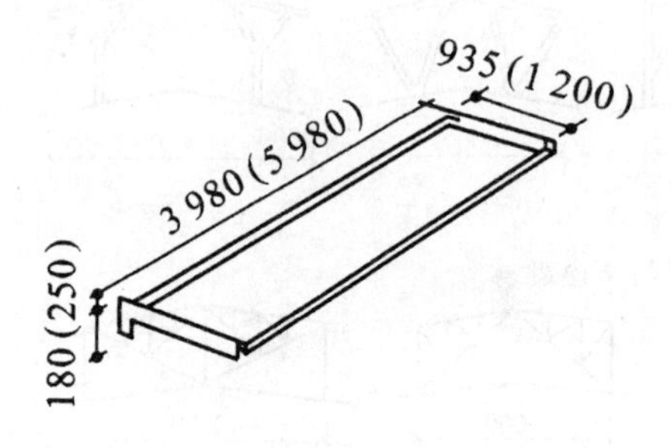

(c) 预应力混凝土单肋屋面板

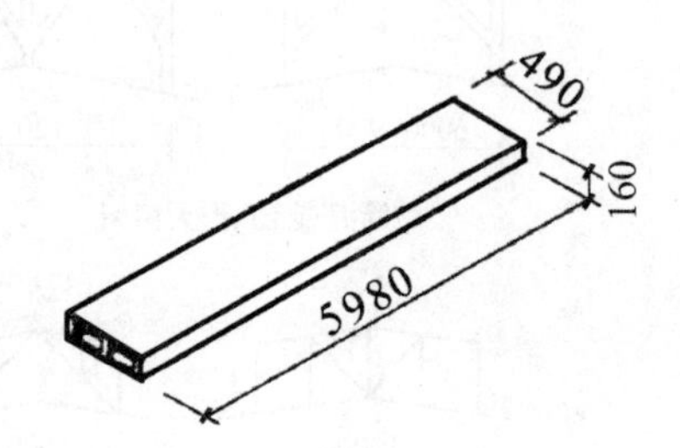

(b) 预应力混凝土空心屋面板

图 9.50　钢筋混凝土大型屋面板

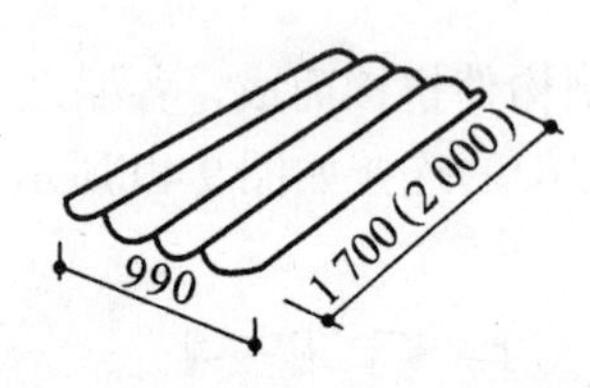

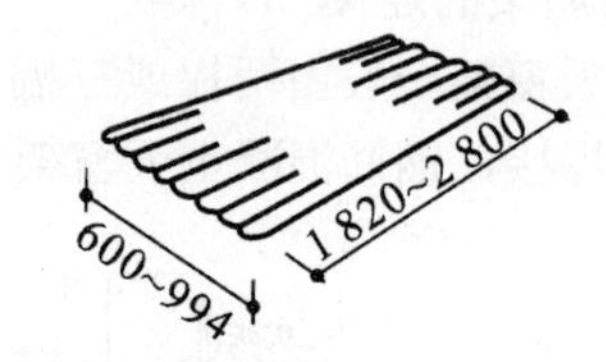

图 9.51　小型屋面板

为配合屋架尺寸和檐口做法，还有 0.9 m×6 m 的嵌板和檐口板，如图 9.52(a)、(b)所示。有时也采用 3 m×6 m、1.5 m×9.0 m、3.0 m×9.0 m、3.0 m×12.0 m 的屋面板。

2) 天沟板

预应力混凝土天沟板的截面形状为槽形，两边肋高低不同，低肋依附在屋面板边，高肋在外侧，安装时应注意其位置，如图 9.52(c)所示。天沟板宽度是随屋架跨度和排水方式确定的，其宽度共有 5 种，具体尺寸在屋架标准图集中可查得。

3) 檩条

(1) 檩条类型。

檩条起着支承槽瓦或小型屋面板等的作用，并将屋面荷载传给屋架。檩条应与屋架上弦连接牢固，以加强厂房的纵向刚度。檩条有钢筋混凝土、型钢和冷弯钢板檩条。常用的钢筋混凝土檩条类型有倒 L 形、T 形。

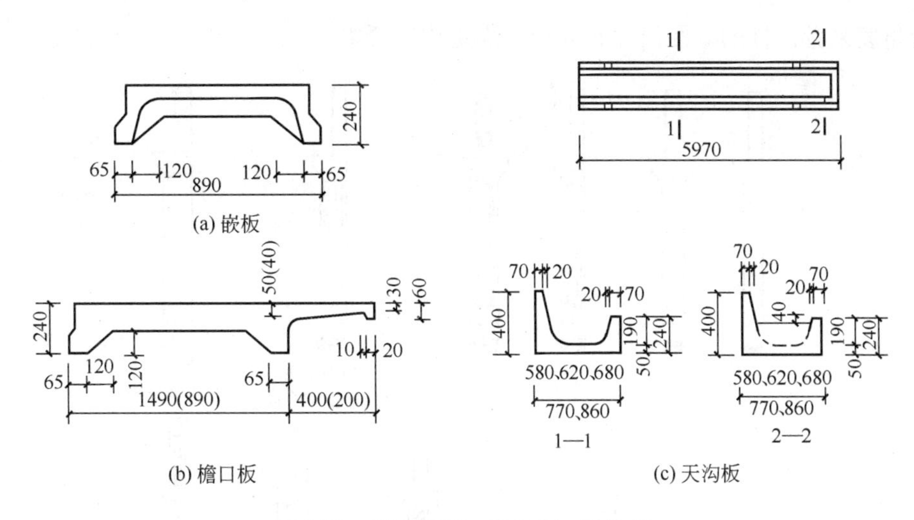

图 9.52　屋面嵌板、檐口板、天沟板

(2) 檩条与屋架上弦的连接。

檩条与屋架上弦的连接一般采用焊接，如图 9.53 所示。两根檩条在屋架上弦的对头空隙应以水泥砂浆填实。檩条搁置在屋架上可以立放也可以斜放，后者比较常用。

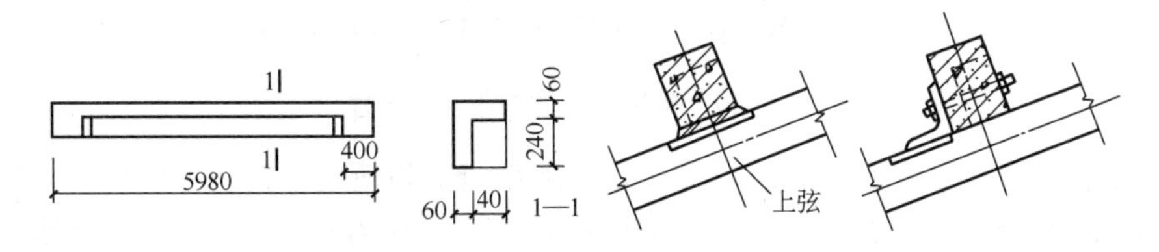

图 9.53　檩条与屋架上弦的连接

9.8.2　柱

在单层工业厂房中，柱按其作用不同分为排架柱和抗风柱两种。

1．排架柱

排架柱是厂房结构中的主要承重构件之一。它不仅承受屋盖和吊车等竖向荷载，还承受吊车刹车时产生的纵向和横向的水平荷载、风荷载、墙体和管道设备等荷载。所以，柱应具有足够的抗压和抗弯能力，并通过结构计算来合理确定截面尺寸和形式。

1) 柱的类型

柱按选用的材料不同可分为砖柱、钢筋混凝土柱和钢柱等。目前钢筋混凝土柱应用最为广泛；跨度、高度和吊车起重量都比较大的大型厂房可以采用钢柱。单层工业厂房的钢筋混凝土柱，基本上可分为单肢柱和双肢柱两大类。单肢柱的截面形式有矩形、工字形及空心管柱。双肢柱截面形式是由两肢矩形柱或两肢空心管柱，用腹杆(平腹杆或斜腹杆)连接而成。单层工业厂房常用的几种钢筋混凝土柱如图 9.54 所示。

2) 柱的构造

柱的截面尺寸应根据厂房跨度、高度、柱距及吊车起重量等通过结构计算合理确定。

从构造角度来看，柱的截面尺寸和外形应满足构造要求。

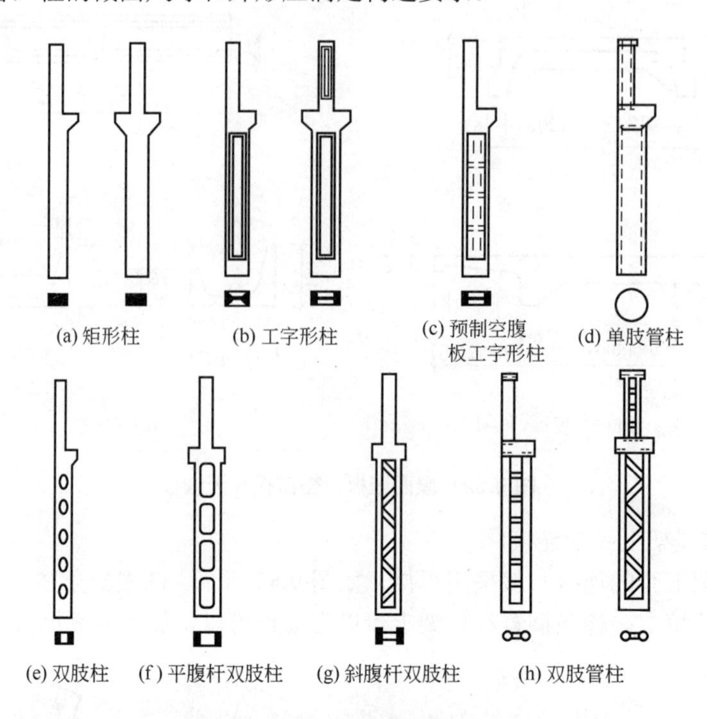

图 9.54　常用的几种钢筋混凝土柱

(1) 工字形柱。工字形柱的截面尺寸必须满足施工和使用上的构造要求。一般翼缘厚度不宜少于 80 mm，腹板厚度不宜少于 60 mm，工字形柱的构造尺寸和外形要求如图 9.55 所示。为了加强吊装和使用时的整体刚度，在柱与吊车梁、柱间支撑连接处、柱顶部、柱脚处均做成矩形截面。

(2) 双肢柱。双肢柱的截面构造尺寸及外形要求如图 9.56 所示。

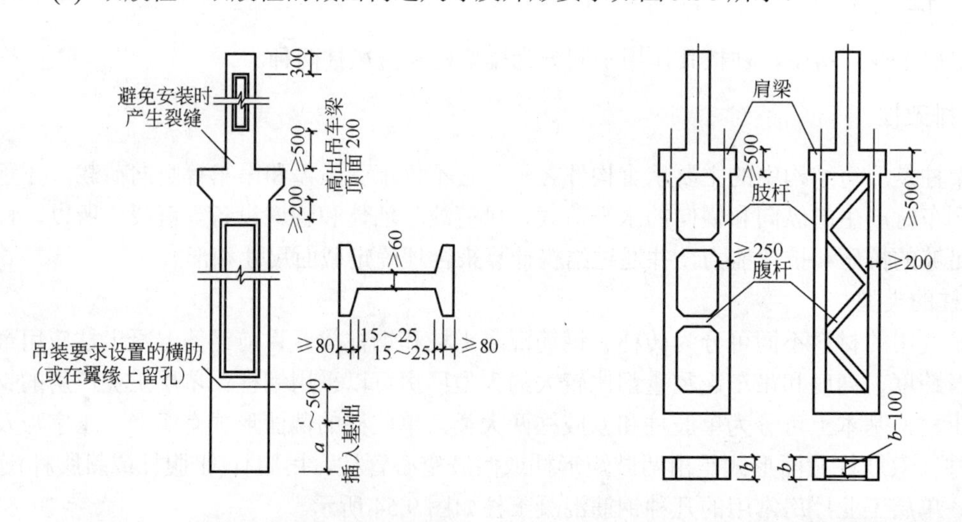

图 9.55　工字形柱的构造尺寸和外形要求　　**图 9.56　双肢柱的构造尺寸和外形要求**

(3) 牛腿。厂房结构中的屋架、托架、吊车梁和连系梁等构件，常由设置在柱上的牛

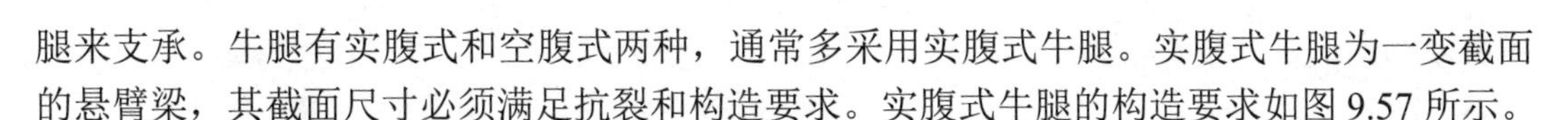

腿来支承。牛腿有实腹式和空腹式两种，通常多采用实腹式牛腿。实腹式牛腿为一变截面的悬臂梁，其截面尺寸必须满足抗裂和构造要求。实腹式牛腿的构造要求如图 9.57 所示。

① 牛腿外缘高度 h_k 应大于或等于 $h/3$，且不少于 200 mm。

② 支承吊车梁的牛腿，其支承板边与吊车梁外缘的距离不宜小于 70 mm(其中包括 20 mm 的施工误差)。

③ 牛腿挑出距离 c 大于 100 mm 时，牛腿底面的倾斜角 β 宜小于或等于 45°，当 c 小于等于 100 mm 时，β 可等于 0°。

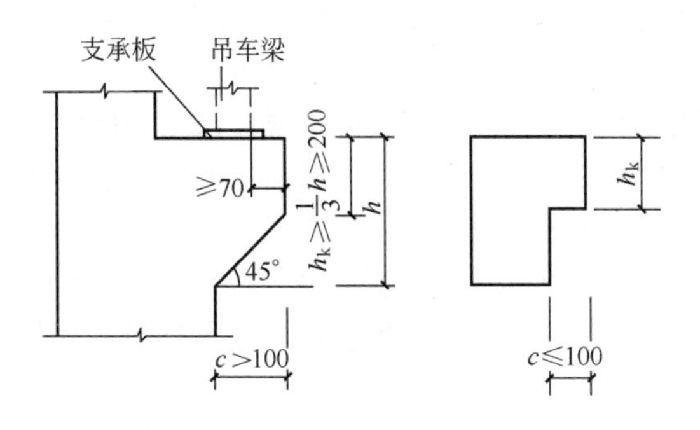

图 9.57　实腹式牛腿的构造要求

(4) 柱的预埋件。钢筋混凝土柱除了按结构计算需要配置一定数量的钢筋外，还要根据柱的位置以及柱与其他构件连接的需要，在柱上预先准确无误地埋设铁件，不能遗漏。如柱与屋架、柱与吊车梁、柱与连系梁或圈梁、柱与砖墙或大型墙板及柱间支撑等相互连接处，均须在柱上埋设铁件(如钢板、螺栓及锚拉钢筋等)，如图 9.58 所示。

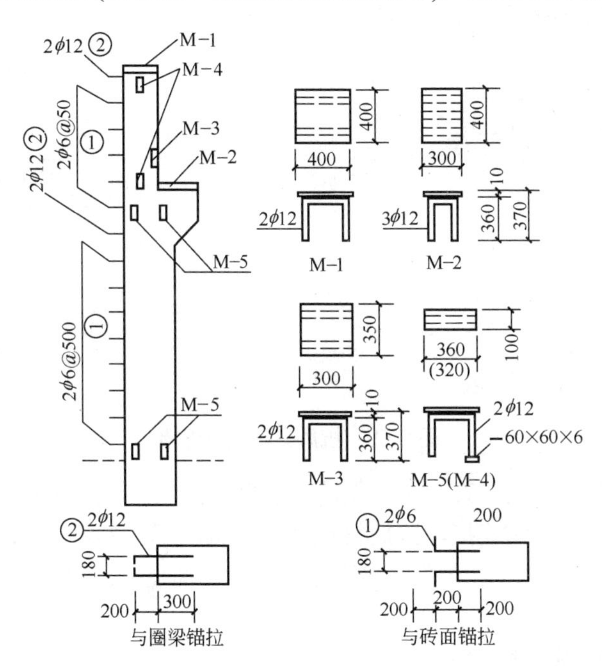

图 9.58　柱上预埋铁件

2．抗风柱

由于单层工业厂房的山墙面积大，受到的风荷载影响也大。为保证山墙的稳定性，应在山墙内侧设置抗风柱来承受墙面上的风荷载，使山墙的风荷载一部分由抗风柱传至基础，另一部分由抗风柱的上端(与屋架上弦连接)传至屋盖系统，再传至纵向柱列。抗风柱的截面形式常为矩形，尺寸常为 400 mm×600 mm 或 400 mm×800 mm。

抗风柱与屋架的连接多为铰接。在构造处理上必须满足：

(1) 水平方向应有可靠的连接，以保证有效地传递风荷载。

(2) 在竖向应使屋架与抗风柱之间有一定的相对竖向位移的可能性，以防止抗风柱与厂房沉降不均匀时屋盖的竖向荷载传给抗风柱，对屋盖结构产生不利影响。

因此屋架与抗风柱之间一般采用竖向可以移动、水平方向又具有一定刚度的“⌐⌙”型弹簧板连接方式，如图 9.59(a)所示。同时屋架与抗风柱间应留有不少于 150 mm 的间隙。当厂房沉降较大时，则宜采用图 9.59(b)所示的螺栓连接方式。一般情况下是抗风柱须与屋架上弦连接；当屋架设有下弦横向水平支撑时，则抗风柱可与屋架下弦相连接，作为抗风柱的另一支点。

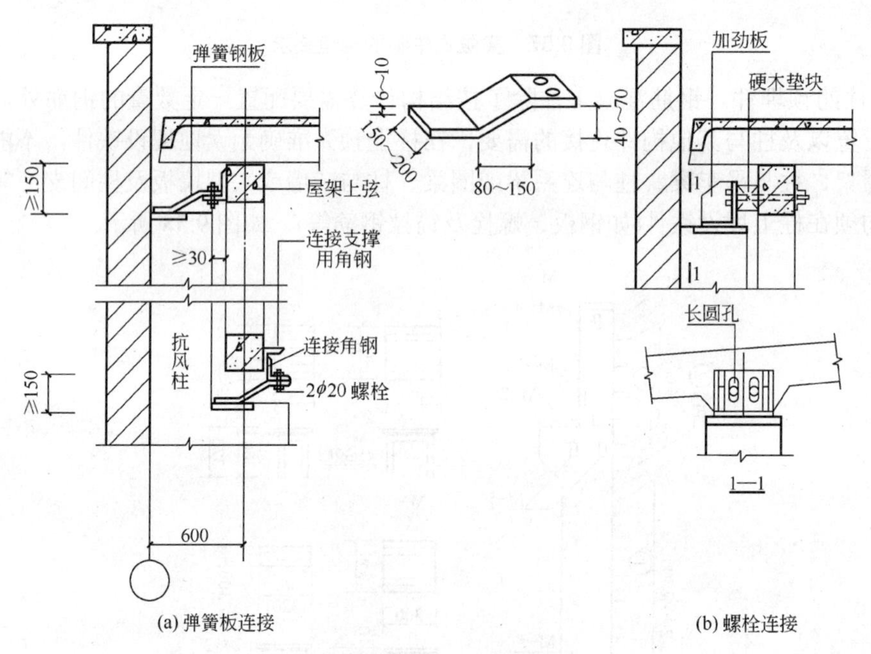

图 9.59　抗风柱与屋架连接

采用钢筋混凝土抗风柱，其间距根据厂房跨度的不同，可取 6 m 或 4.5 m 等间距。由于抗风柱上端要与屋架上弦连接，因此抗风柱的位置应尽量对准屋架上下弦的节点。抗风柱的上柱截面比下柱截面小(通常在屋架下弦附近变截面)，其下端插入杯形基础。

9.8.3　基础及基础梁

基础支承厂房上部结构的全部荷载，然后连同自重传递到地基中去，因此基础起着承上传下的作用，是厂房结构中的重要构件之一。

1. 基础的类型

基础的类型主要取决于上部荷载的大小、性质及工程地质条件等。单层工业厂房的基础一般做成独立式基础，其形式有锥台形基础、薄壳基础、板肋基础等，如图 9.60 所示。根据厂房荷载及地基情况，还可以采用条形基础和桩基础。

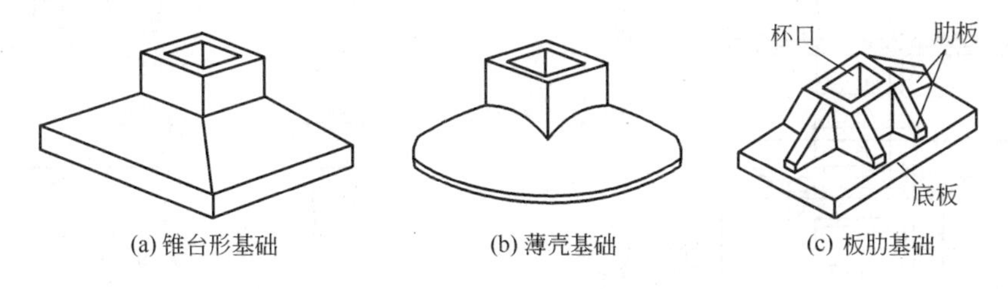

(a) 锥台形基础　(b) 薄壳基础　(c) 板肋基础

图 9.60　基础的类型

2. 独立式基础构造

在单层工业厂房中独立式基础应用最为广泛，所以下面以独立式基础为例研究其构造。由于柱有现浇和预制两种施工方法，因此基础与柱的连接方法也有两种构造形式。

(1) 现浇柱下基础。现浇基础与柱由于不同时施工，应在基础顶面相应位置预留钢筋，其数量与柱中的纵向受力钢筋相同。预留钢筋的伸出长度应根据柱的受力情况、钢筋规格及接头方式(如焊接还是绑扎接头)来确定。

(2) 预制柱下基础。钢筋混凝土预制柱下基础顶部应做成杯口，柱安装在杯口内，预制柱下杯形基础如图 9.61 所示，这种基础称为杯形基础，是目前应用最广泛的一种形式。有时为了使安装在埋置深度不同的杯形基础中的柱子规格统一，以利于施工，可以把基础做成高杯基础。在伸缩缝处，双柱的基础可以做成双杯口形式。

3. 基础梁

单层厂房采用钢筋混凝土排架结构时，外墙和内墙仅起围护或隔离作用。如果外墙或内墙自设基础，则由于它所承重的荷载比柱基础小得多，当地基土层构造复杂、压缩性不均匀时，容易与柱产生不均匀沉降，而导致墙面开裂。因此一般厂房将外墙或内墙砌筑在基础梁上，基础梁两端架设在相邻独立基础的顶面，成为自承重墙。

基础梁的截面形状常用梯形，有预应力与非预应力钢筋混凝土两种。其外形与尺寸如图 9.62(a)所示。梯形基础梁预制较为方便，它可利用自己制成的梁作模板，其制作如图 9.62(b)所示。

基础梁搁置的构造要求如下。

(1) 为了避免影响开门及满足防潮要求，基础梁顶面标高应至少低于室内地坪 50 mm，高于室外地坪 100 mm。

(2) 基础产生沉降时，基础梁底的坚实土也对梁产生反拱作用；寒冷地区土壤冻胀也将对基础梁产生反拱作用，因此在基础梁底部应留有 50～100 mm 的空隙，寒冷地区基础梁底铺设厚度≥300 mm 的松散材料，如矿渣、干砂等，基础梁的下部构造如图 9.63 所示。

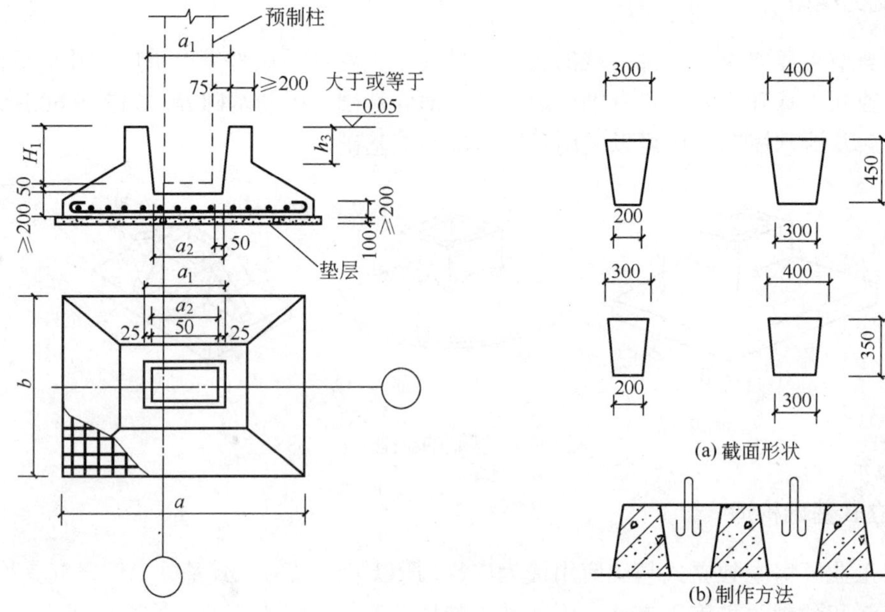

图 9.61　预制柱下杯形基础　　　图 9.62　基础梁的截面形状

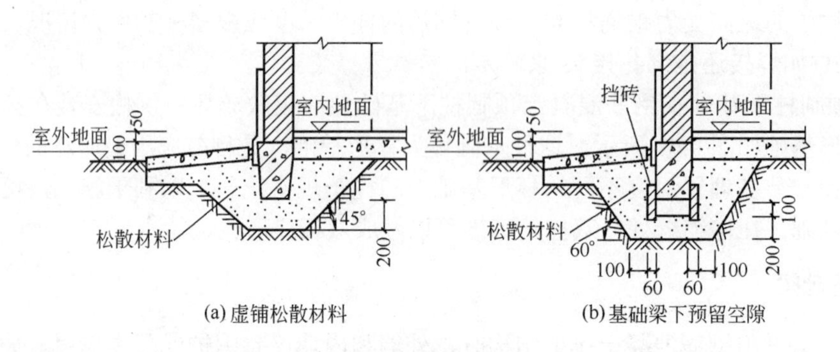

图 9.63　基础梁下部构造

(3) 基础梁搁置在杯形基础顶的方式，视基础埋置深度而异，搁置方式如图 9.64 所示。当基础杯口顶面距室内地坪为 500 mm 时，则基础梁可直接搁置在杯口上；当基础杯口顶面距室内地坪大于 500 mm 时，可设置 C15 混凝土垫块搁置在杯口顶面，垫块的宽度当墙厚为 370 mm 时为 400 mm，当墙厚为 240 mm 时为 300 mm；当基础很深时，也可设置高杯口基础或在柱上设牛腿来搁置基础梁。

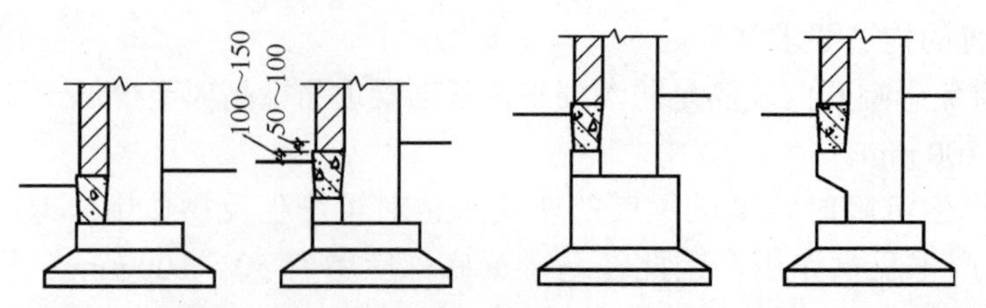

图 9.64　基础梁的位置与搁置方式

9.8.4　吊车梁

当厂房设有桥式吊车(或梁式吊车)时，需在柱牛腿上设置吊车梁，并在吊车梁上铺设轨道供吊车运行。因此，吊车梁直接承受吊车起重、运行、制动时产生的各种往复移动荷载。为此，吊车梁除了要满足一般梁的承载力、抗裂度、刚度等要求外，还要满足疲劳强度的要求。同时，吊车梁还有传递厂房纵向荷载(如山墙上的风荷载)、保证厂房纵向刚度和稳定性的作用，所以吊车梁是厂房结构中的重要承重构件之一。

1. 吊车梁的类型

吊车梁的形式很多，按材料不同有钢筋混凝土吊车梁和钢吊车梁两种。钢筋混凝土吊车梁常被采用；钢筋混凝土吊车梁按截面形式不同有等截面的 T 形、工字形吊车梁和变截面的鱼腹式等吊车梁；吊车梁可用非预应力与预应力钢筋混凝土(有先张法和后张法两种生产工艺)制作。

(1) T 形吊车梁。T 形吊车梁的上部翼缘较宽，扩大了梁的受压面积，安装轨道也方便。这种吊车梁适用于 6 m 柱距及 5～75 t 的重级工作制、3～30 t 的中级工作制、2～20 t 的轻级工作制。T 形吊车梁的自重轻，省材料，施工方便。吊车梁的梁端上下表面均留有预埋件，以便安装焊接，如图 9.65 所示。梁身上的圆孔为电线预留孔。

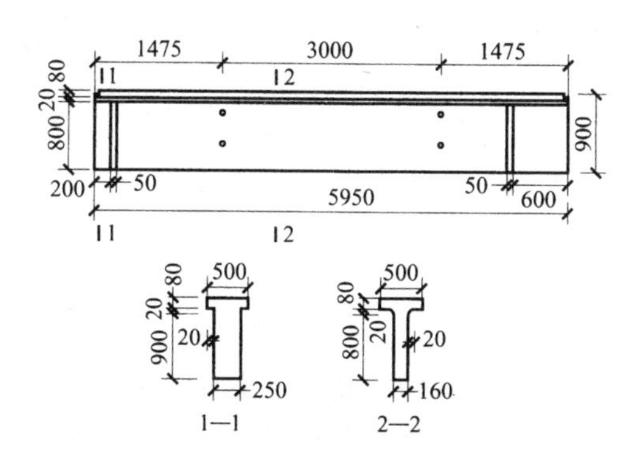

图 9.65　T 形吊车梁

(2) 工字形吊车梁。工字形吊车梁由预应力钢筋混凝土制成，它适用于 6 m 柱距、12～30 m 跨度的厂房及起重量为 5～75 t 的重级、中级、轻级工作制，如图 9.66 所示。

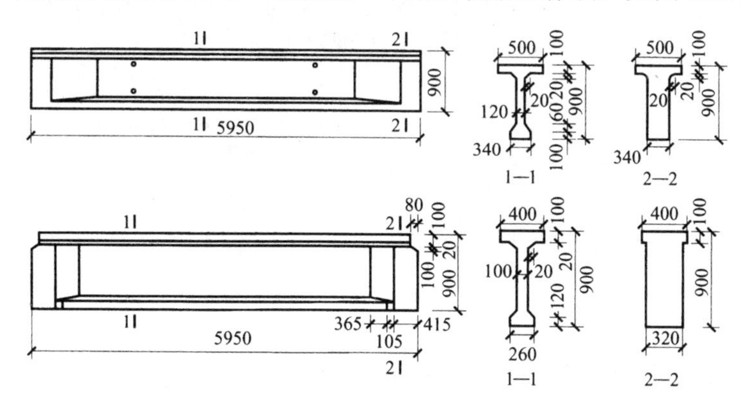

图 9.66　工字形吊车梁

(3) 鱼腹式吊车梁。鱼腹式吊车梁受力合理，腹板较薄，节省材料，能较好地发挥材料的强度。鱼腹式吊车梁适用于柱距为 6 m、跨度为 12～30 m 的厂房，起重量可达 100 t，如图 9.67 所示。

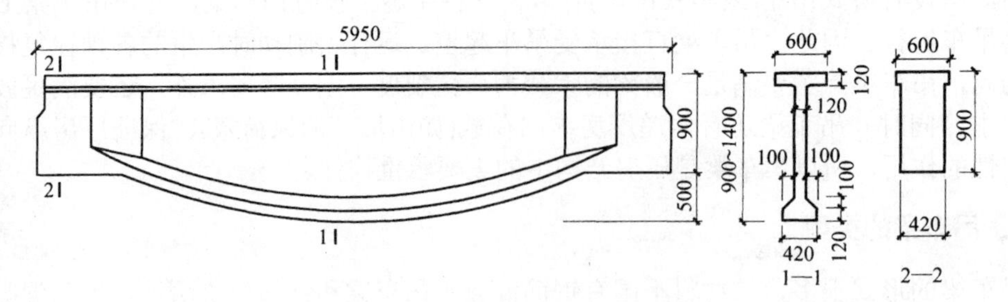

图 9.67　工字形吊车梁

(4) 钢吊车梁。钢吊车梁以 Q235～Q345 钢板焊接制成，它适用于 6 m 柱距、7.5～31.5 m 跨度的厂房及起重量为 3～20 t 的中级、轻级工作制，如图 9.68 所示。

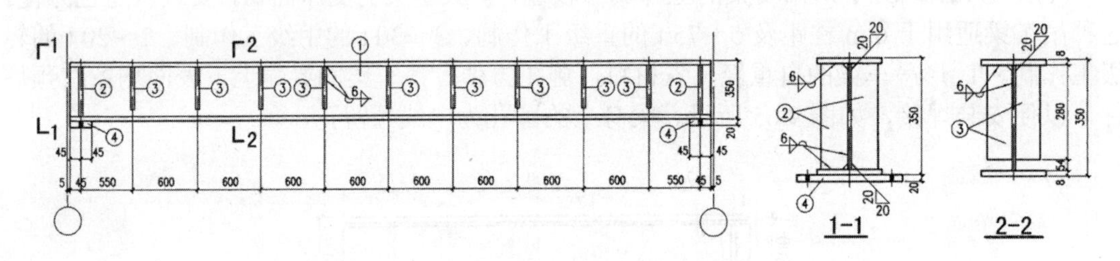

图 9.68　钢吊车梁

2．混凝土吊车梁的预埋件及与柱的连接

吊车梁两端上下边缘各预埋有铁件，作为与柱子连接用，如图 9.69 所示。由于端柱处、伸缩缝处的柱距不同，因此，在预制和安装吊车梁时应注意预埋件位置。在吊车梁的上翼缘处留有固定轨道用的预留孔，腹部预留滑触线安装孔。有车挡的吊车梁应预留与车挡连接用的钢管或预埋件。

混凝土吊车梁与柱的连接多采用焊接。为承受吊车横向水平刹车力，吊车梁上翼缘与柱间用钢板或角钢焊接；为承受吊车梁的竖向压力，吊车梁底部安装前应焊接上一块垫板(或称支承钢板)与柱牛腿顶面预埋钢板焊牢，吊车梁与柱的连接如图 9.70 所示。吊车梁的对头空隙、吊车梁与柱之间的空隙均须用 C20 混凝土填实。

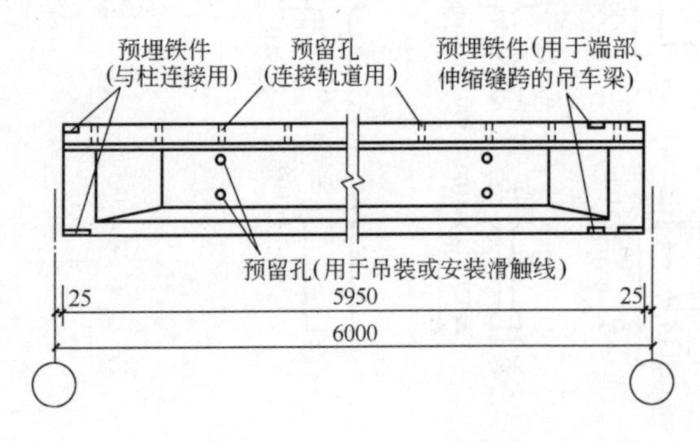

图 9.69　吊车梁的预埋件

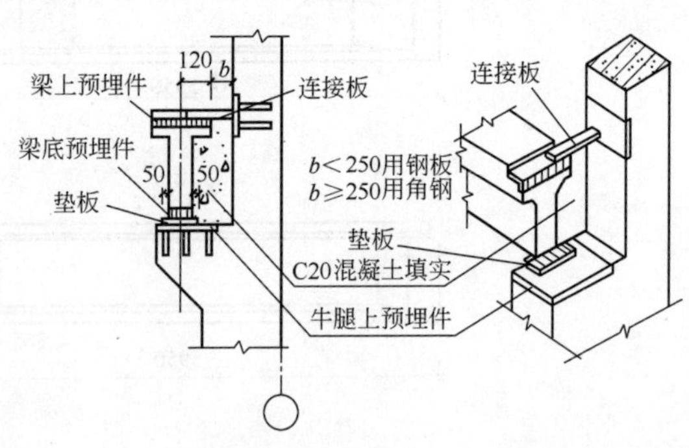

图 9.70　吊车梁与柱的连接

3．吊车轨道的固定

吊车梁上的钢轨可采用 TG43 型铁路钢轨和 QU80 型吊车专用钢轨。吊车梁的翼缘上留有安装孔，安装前先用 C20 混凝土垫层找平，然后铺设钢垫板或压板，用螺栓固定，吊车轨道与吊车梁的连接如图 9.71 所示。

4．车挡的固定

为防止吊车在行驶至山墙附近轨道端头处来不及刹车而冲撞到山墙上，应在吊车梁的尽端设有车挡装置，如图 9.72 所示。车挡的大小与吊车起重量有关，设计时可查阅相应标准图集。

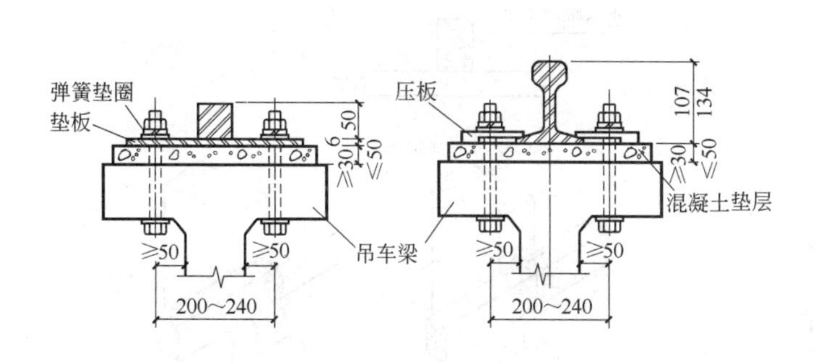

图 9.71　吊车轨道与吊车梁的连接

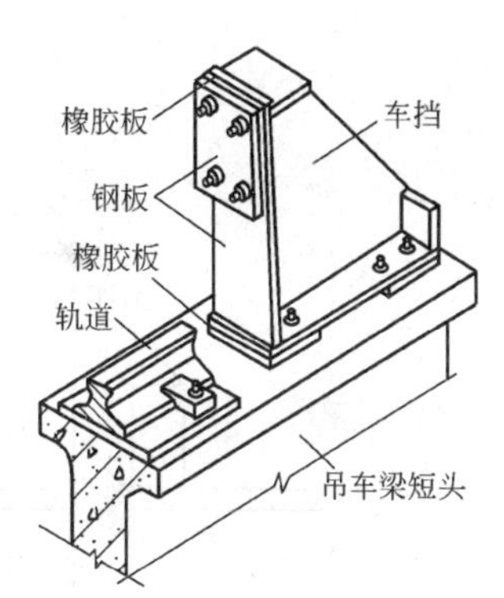

图 9.72　车挡

9.8.5　连系梁与圈梁

1．连系梁

连系梁(也称墙梁)是柱与柱之间在纵向的水平连系构件，通常是预制的，有设在墙内和不设在墙内两种；其截面形式有矩形和 L 形两种，如图 9.73(a)所示；按其传递竖直荷载的方式分为非承重和承重两种。

(1) 非承重墙梁的主要作用是增强厂房的纵向刚度，传递山墙传来的风荷载到纵向列柱中去，减少砖墙或砌块墙的计算高度以满足其允许高厚比，同时承受墙上的水平风荷载，但它不起将墙体重量传给柱子的作用。因此，它与柱的连接应做成只能传送水平力而不传递竖向力的形式，一般用螺栓或钢筋与柱拉结即可，而不将墙梁搁置在柱的牛腿上。非承重梁分为现浇与预制两种，如图 9.73(b)和图 9.73(c)所示。

(2) 承重墙梁除起非承重墙梁的作用外，还承受墙体重量并传给柱子，因此，它应搁置在柱的牛腿上并用焊接或螺栓连接，如图 9.73(d)所示。一般用于厂房高度大、刚度要求高、地基较差的厂房中。

2．圈梁

圈梁是连续、封闭，在同一标高上设置的梁，其作用是将砌体同厂房的排架柱、抗风柱连在一起，加强厂房的整体刚度及墙的稳定性。根据厂房高度、荷载和地基等情况以及

抗震设防要求，可将一道或几道墙梁沿厂房四周连通做成圈梁，以增加厂房结构的整体性，抵抗由于地基不均匀沉降或较大振动荷载所引起的内力。圈梁可预制或现浇，应设在墙内。位置通常设在柱顶、吊车梁、窗过梁等处。其断面高度应不小于 180 mm，配筋数量：主筋为 4ϕ12，箍筋为ϕ6@200 mm，圈梁应与柱子中伸出的预埋筋进行连接。它与柱子的连接构造如图 9.74 所示。

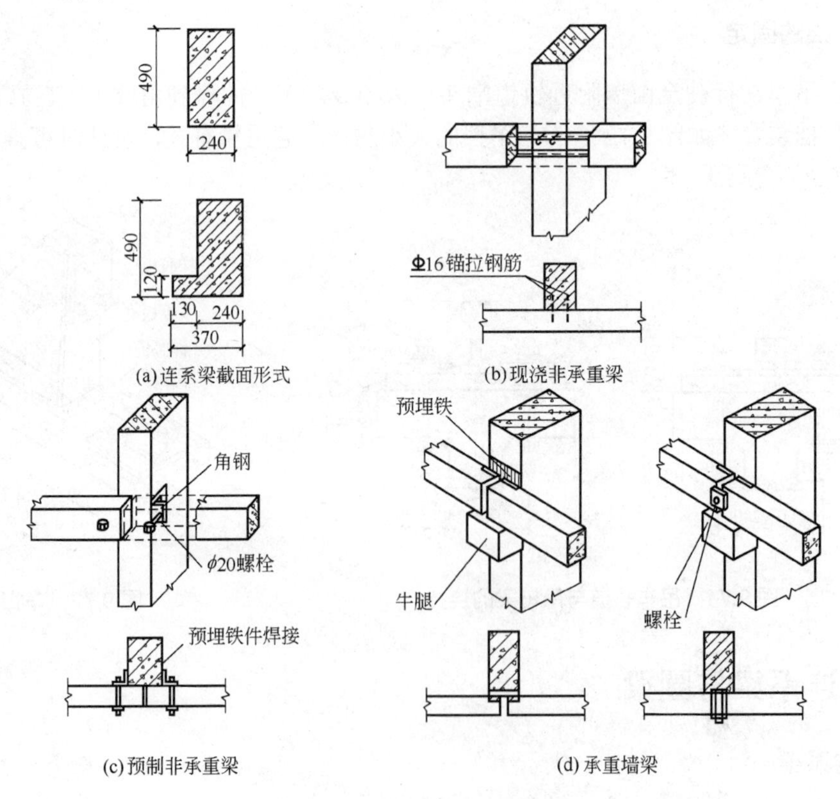

图 9.73 连系梁与柱的连接

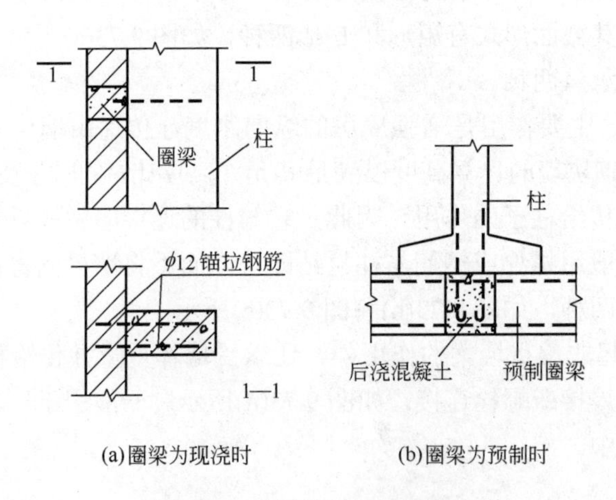

图 9.74 圈梁与柱子的连接

布置墙梁时，还应与厂房立面结合起来，尽可能兼作窗过梁用。不在墙内的连系梁主要起联系柱子、增加厂房纵向刚度的作用，一般布置于多跨厂房的中列柱的顶端。

9.8.6　支撑

在装配式单层厂房结构中，支撑虽然不是主要的承重构件，但它能够保证厂房结构和构件的承载力、稳定和刚度，并有传递部分水平荷载的作用，它是联系各主要承重构件以构成厂房结构空间骨架的重要组成部分。在装配式单层厂房中大多数构件节点为铰接，因此整体刚度较差，为保证厂房的整体刚度和稳定性，必须按结构要求，合理地布置必要的支撑。支撑有屋盖支撑和柱间支撑两大部分。

(1) 屋盖支撑。保证屋架上下弦杆件受力后的稳定，它包括横向水平支撑(上弦或下弦横向水平支撑)、纵向水平支撑(上弦或下弦纵向水平支撑)、垂直支撑和纵向水平系杆(加劲杆)等。横向水平支撑和垂直支撑一般布置在厂房端部和伸缩缝两侧的第二(或第一)柱间内，屋盖支撑的种类如图 9.75 所示。

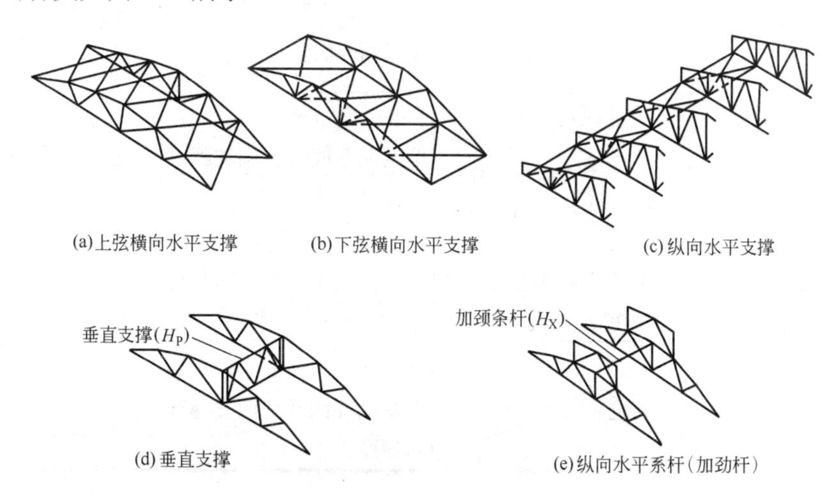

(a)上弦横向水平支撑　(b)下弦横向水平支撑　(c)纵向水平支撑

(d)垂直支撑　(e)纵向水平系杆(加劲杆)

图 9.75　屋盖支撑的种类

我国《建筑抗震设计规范》(GB 50011—2010)明确规定了各种支撑的布置原则，表 9.2 和表 9.3 所示分别为无檩屋盖和有檩屋盖的支撑布置要求。

表 9.2　无檩屋盖的支撑布置

支撑名称		地震烈度		
		6、7	8	9
屋架支撑	上弦横向支撑	屋架跨度小于 18 m 时同非抗震设计，跨度小于 18 m 时在厂房单元端开间各设一道	单元端开间及柱间支撑开间各设一道，天窗开洞范围的两端各增设局部的支撑一道	

续表

<table>
<tr><th colspan="3" rowspan="2">支撑名称</th><th colspan="3">地震烈度</th></tr>
<tr><th>6、7</th><th>8</th><th>9</th></tr>
<tr><td rowspan="6">屋架支撑</td><td colspan="2">上弦通长
水平系杆</td><td rowspan="4">同非抗震设计</td><td>沿屋架跨度不大于 15 m 设一道，但装配整体式屋面可仅在天窗开洞范围内设置；
围护墙在屋架上弦高度有现浇圈梁时，其端部处可不另设</td><td>沿屋架跨度不大于 12 m 设一道，但装配整体式屋面可仅在天窗开洞范围内设置；
围护墙在屋架上弦高度有现浇圈梁时，其端部处可不另设</td></tr>
<tr><td colspan="2">下弦横向支撑</td><td rowspan="2">同非抗震设计</td><td rowspan="2">同上弦横向支撑</td></tr>
<tr><td colspan="2">跨中竖向支撑</td></tr>
<tr><td rowspan="2">两端竖向支撑</td><td>屋架端部高度≤900 mm</td><td>单元端开间各设一道</td><td>单元端开间及每隔 48 m 各设一道</td></tr>
<tr><td>屋架端部高度>900 mm</td><td>单元端开间各设一道</td><td>单元端开间及柱间支撑开间各设一道</td><td>单元端开间、柱间支撑开间及每隔 30 m 各设一道</td></tr>
<tr><td colspan="5"></td></tr>
<tr><td rowspan="2">天窗架支撑</td><td colspan="2">天窗两侧
竖向支撑</td><td>厂房单元天窗端开间及每隔 30 m 各设一道</td><td>厂房单元天窗端开间及每隔 24 m 各设一道</td><td>厂房单元天窗端开间及每隔 18 m 各设一道</td></tr>
<tr><td colspan="2">上弦横向支撑</td><td>同非抗震设计</td><td>天窗跨度≥9 m 时，单元天窗端开间及柱间支撑开间各设一道</td><td>单元端开间及柱间支撑开间各设一道</td></tr>
</table>

表 9.3 有檩屋盖的支撑布置

<table>
<tr><th colspan="2" rowspan="2">支撑名称</th><th colspan="3">地震烈度</th></tr>
<tr><th>6、7</th><th>8</th><th>9</th></tr>
<tr><td>屋架支撑</td><td>上弦横向支撑</td><td>厂房单元端开间各设一道</td><td>厂房单元端开间及厂房单元长度大于 66 m 的柱间支撑开间各设一道；天窗开洞范围的两端各增设局部的支撑一道</td><td>厂房单元端开间及厂房单元长度大于 42 m 的柱间支撑开间各设一道；天窗开洞范围的两端各增设局部的上弦横向支撑一道</td></tr>
<tr><td rowspan="3">屋架支撑</td><td>下弦横向支撑</td><td colspan="2" rowspan="2">同非抗震设计</td><td rowspan="2"></td></tr>
<tr><td>跨中竖向支撑</td></tr>
<tr><td>端部竖向支撑</td><td colspan="3">屋架端部高度大于 900 mm 时，厂房单元端开间及柱间支撑开间各设一道</td></tr>
</table>

续表

支撑名称		地震烈度		
		6、7	8	9
天窗架支撑	上弦横向支撑	厂房单元天窗端开间各设一道	厂房单元天窗端开间及每隔 30 m 各设一道	厂房单元天窗端开间及每隔 18 m 各设一道
	两侧竖向支撑	厂房单元天窗端开间及每隔 36 m 各设一道		

(2) 柱间支撑。用以提高厂房纵向刚度和稳定性。柱间支撑将吊车纵向制动力和山墙抗风柱经屋盖系统传来的风力及纵向地震力传至基础。按吊车梁位置，柱间支撑分为上部和下部两种。柱间支撑一般采用型钢制作，支撑形式宜采用交叉式，其交叉倾角通常为 35°～55° 之间，支撑杆件的长细比不宜超过表 9.4 所给的规定值。当柱间需要通行、需放置设备或柱距较大等，采用交叉式支撑有困难时，可采用门架式支撑，如图 9.76 所示。

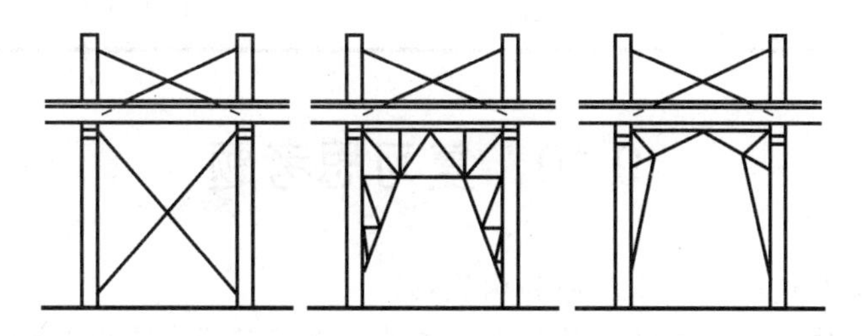

图 9.76　柱间支撑形式(交叉式与门架式)

表 9.4　交叉支撑杆件的最大长细比

位　置	地震烈度			
	6 度和 7 度 Ⅰ、Ⅱ类场地	7 度Ⅲ、Ⅳ类场地和 8 度Ⅰ、Ⅱ类场地	8 度Ⅲ、Ⅳ类场地和 9 度Ⅰ、Ⅱ类场地	9 度Ⅲ、Ⅳ类场地
上柱支撑	250	250	200	150
下柱支撑	200	200	150	150

9.9　单 元 小 结

内　容	知识要点	能力要求
工业建筑的特点与分类	工业建筑的特点；工业建筑的分类	了解工业建筑的特点及其分类
排架结构单层厂房的结构组成	排架结构；单层厂房的结构组成——屋盖结构；柱；吊车梁；基础；外墙围护系统；支撑系统	掌握单层厂房排架结构的组成及其作用

续表

内　容	知识要点	能力要求
厂房内部的起重运输设备	悬挂式单轨吊车；梁式吊车；桥式吊车；其他运输设备	了解厂房内部的起重运输设备
单层厂房的荷载传递	单层厂房结构的主要荷载；竖向荷载；水平荷载	掌握单层厂房结构的主要荷载及其荷载的传递
单层厂房的高度	厂房高度与模数；厂房柱顶标高的确定；厂房内部空间的利用	掌握厂房柱顶标高的确定；了解厂房内部空间的利用
单层厂房的采光与通风	天然采光；自然通风	了解厂房的采光与通风
单层厂房的定位轴线	单层厂房柱网尺寸的划定；厂房定位轴线的确定	掌握单层厂房柱网尺寸的划定；理解厂房定位轴线的确定
单层厂房的结构构件	屋盖结构体系；柱；基础及基础梁；吊车梁；连系梁与圈梁；支撑	掌握单层厂房的主要结构构件

9.10　复习思考题

1. 什么是工业建筑、工业厂房和构筑物？

2. 工业厂房建筑的主要特点是什么？工业厂房建筑通常有哪几种分类的方法？

3. 单层厂房的结构类型有哪几种？

4. 常见的装配式钢筋混凝土横向排架结构单层厂房由哪几部分组成？各部分由哪些构件组成？它们的主要作用是什么？

5. 厂房内部常见的起重吊车设备有哪些形式？其适用范围如何？它们在平、剖面图上应如何表达？

6. 厂房起重吊车按生产状况分为轻、中、重三级工作制，它是根据什么来划分的？吊车工作制对厂房设计有何影响？

7. 什么叫柱网？确定柱网尺寸时对跨度和柱距方面有什么规定？

8. 厂房定位轴线的作用是什么？什么是横向和纵向定位轴线？两种定位轴线与哪些主要构件有关？

9. 厂房的中间柱、端部柱以及横向变形缝处柱与横向定位轴线如何确定？

10. 什么是纵向定位轴线的封闭结合与非封闭结合？在构造处理上各有什么特点？它们在边柱的定位轴线关系如何？中柱与纵向定位轴线的关系如何(包括有、无纵向伸缩缝、防震缝时的等高跨中柱、不等高跨中柱，分单双柱分别考虑)？

11. 纵横跨相交处的柱与定位轴线是怎么确定的？

12. 怎样确定单层厂房的高度？

13. 单层厂房屋盖的主要作用是什么？它包括哪两大部分？一般有哪两大体系？

14. 单层厂房屋面板通常有哪几种类型？其适用条件如何？

15. 钢筋混凝土柱的分类如何？一般柱子上要预埋哪些铁件？

16. 为什么单层厂房要在山墙处设抗风柱？它与屋架的连接应满足怎样的构造要求？

17. 钢筋混凝土独立基础——杯形基础的构造要求有哪些(画图表示)？

18. 基础梁的尺寸如何？基础梁搁置的构造要求如何？有哪几种搁置方式(画图表示)？

19. 一般厂房的外墙为承自重墙和框架墙，墙和柱的相对位置有几种方案？它们的优缺点各是什么？常用的是哪一种？

20. 吊车梁的类型有哪些？各部分的连接构造如何？车挡的作用是什么？

21. 连系梁的设置要求怎样？其作用如何？

22. 圈梁的作用如何？与柱子怎样连接？

23. 单层厂房的支撑包括哪两大部分？各部分又由哪些部分组成？

第 10 章　单层厂房围护构件与其他构造

内容提要： 本章介绍单层工业厂房的主要围护结构，包括屋面、天窗、外墙、侧窗和大门以及地面和其他设施等。

教学目标：

掌握单层工业厂房建筑的围护结构构件，了解各主要构件的构造方式及特征；
掌握单层工业厂房建筑的地面构造，了解其他设施及构造。

10.1　单层工业厂房屋面

单层工业厂房主要由骨架和围护结构两大部分组成。围护结构主要包括屋面、天窗、外墙、侧窗和大门以及地面和其他设施等。

单层工业厂房屋面的基本功能与民用建筑的屋面功能基本相同，但也存在一定的差异。一是屋面面积大，接缝多，而且多跨厂房各跨间还会有高差，这就使得厂房屋面在排除雨水方面比较不利；二是屋面上常设有各种天窗、天沟、檐沟、雨水斗及雨水管等，构造复杂；三是直接受厂房内部的振动、高温、腐蚀性气体、积灰等因素的影响。因此解决好屋面的排水和防水是厂房屋面构造的主要问题。有些地区还要处理好屋面的保温、隔热问题；对于有爆炸危险的厂房，还须考虑屋面的防爆、泄压问题；对于有腐蚀气体的厂房，还要考虑防腐蚀的问题等。

通常情况下，屋面的排水和防水是相互补充的。排水组织得好，会减少渗漏的可能性，从而有助于防水；而高质量的屋面防水也会有益于屋面排水。因此，要防排结合，统筹考虑，综合处理。

10.1.1　屋面排水

1. 屋面排水方式与排水坡度

1) 屋面排水方式

厂房屋面排水方式可分为有组织排水和无组织排水两种，选择排水方式，应结合所在地区的降雨量、气温、车间生产特征、厂房高度和天窗宽度等因素综合考虑。一般可参考表 10.1 提供的依据进行选择。

(1) 无组织排水。

无组织排水也称自由落水，是雨水直接由屋面经檐口自由排落到散水或明沟内。无组织排水构造简单，施工方便，造价便宜，适用于高度较低或屋面积灰较多的厂房，屋面防水要求很高的厂房及某些对屋面有特殊要求的厂房。

表 10.1 屋面排水方式

	地区年降雨量/mm	檐口高度 H/m	天窗宽度 l/m	相邻屋面高差 h/m	排水方式
	≤4900	＞10	≥12	≥4	有组织排水
		＜10		＜4	无组织排水
	＞900	＞8	≤9	＞3	有组织排水
		＜8			无组织排水

无组织排水的挑檐应有一定的长度，当檐口高度不大于 6 m 时，一般宜不小于 300 mm；檐口高度大于 6 m 时，一般宜不小于 500 mm，如图 10.1 所示。在多风雨的地区，挑檐尺寸要适当加大，以减少屋面落水浇淋墙面和窗口的机会。勒脚外地面须做散水，其宽度一般宜超出挑檐 200 mm，也可以做成明沟，其明沟的中心线应对准挑檐端部。

高低跨厂房的高跨为无组织排水时，在低跨屋面的滴水范围内要加铺一层滴水板作保护层。滴水板的材料有混凝土板、机平瓦、石棉瓦和镀锌铁皮等，如图 10.2 所示。

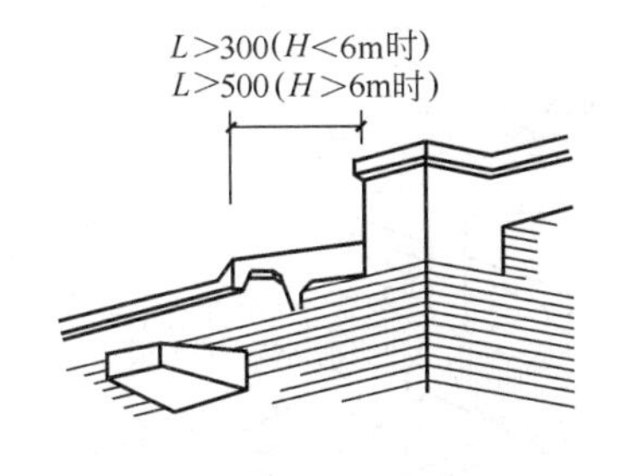

图 10.1 无组织排水挑檐

L—挑檐长度；H—离地高度

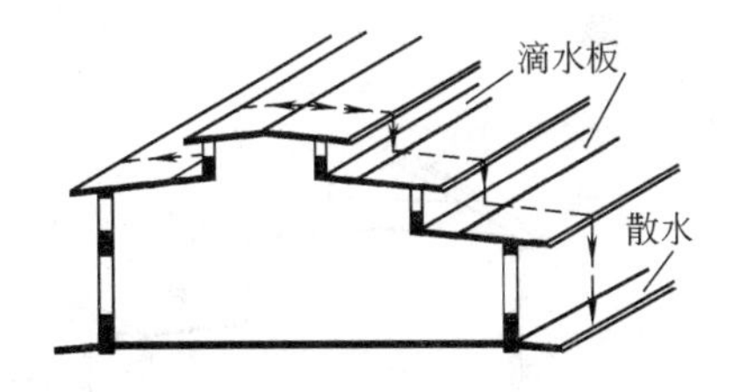

图 10.2 高低屋面处设滴水板

(2) 有组织排水。

有组织排水是通过屋面的坡度对雨水有组织地疏导，汇集到天沟或檐沟内，再经雨水斗、落水管排到室外或下水道。根据排水组织和位置的不同，有组织排水通常可分为外排水、内排水和内落外排式等几种形式。

① 长天沟外排水。当多跨厂房内天沟长度小于 96 m 时，可采用长天沟外排水方式。它是将天沟板延伸至两端上墙外，雨水由靠山墙的雨水竖管排走，如图 10.3 所示为长天沟端部外排水。这种方式构造简单，施工方便，造价较低，但受地区降雨量、汇水面积、屋面材料、天沟断面和纵向坡度等因素的制约。即使在防水性能较好的卷材防水屋面中，其天沟每边的流水长度也不宜超过 48 m，天沟端部应设溢水口，防止暴雨时或排水口堵塞时造成的漫水现象。

② 檐沟外排水。单跨、多跨的双坡屋面以及多跨厂房的边跨外侧，可采用檐沟外排水。它是将屋面的雨、雪水组织在檐沟内，经雨水口和立管排下，如图 10.4 所示。这种方式构造简单，施工方便，管材省，造价低，且不妨碍车间内部工艺设备布置，尤其是在南方地区应用较广。

③ 内排水。内排水不受厂房高度限制，屋面排水组织灵活，适用于多跨厂房，如

图 10.5 所示。在严寒多雪地区采暖厂房和有生产余热的厂房，采用内排水可防止冬季雨、雪水流至檐口结成冰柱拉坏檐口及下落伤人，以及外部雨水管冻结破坏。但内排水构造复杂，造价及维修费用高，且与地下管道、设备基础、工艺管道等易发生矛盾。

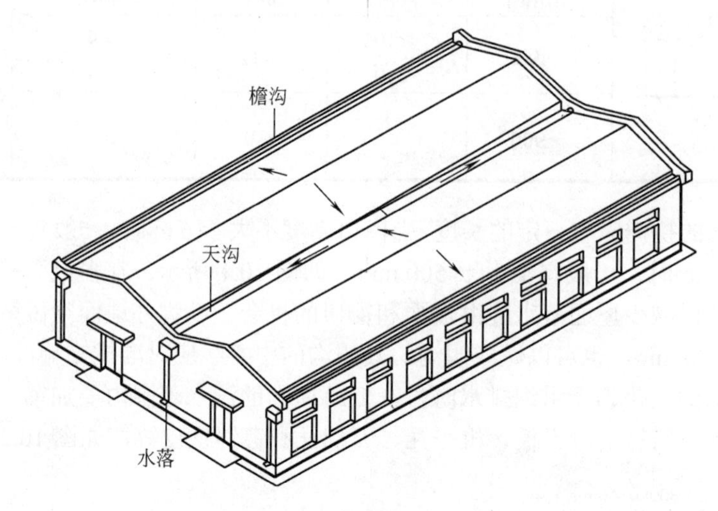

图 10.3 长天沟端外排水

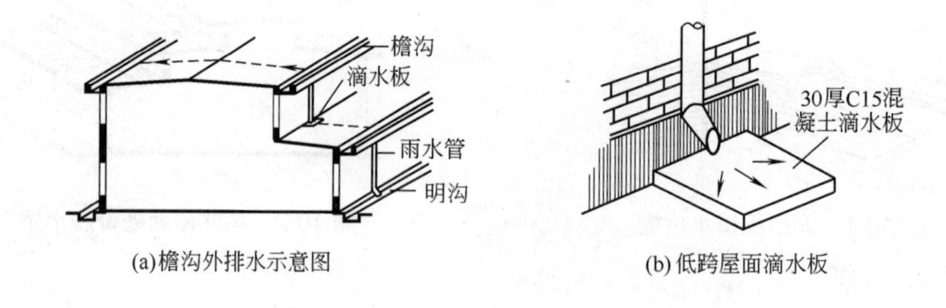

图 10.4 檐沟外排水

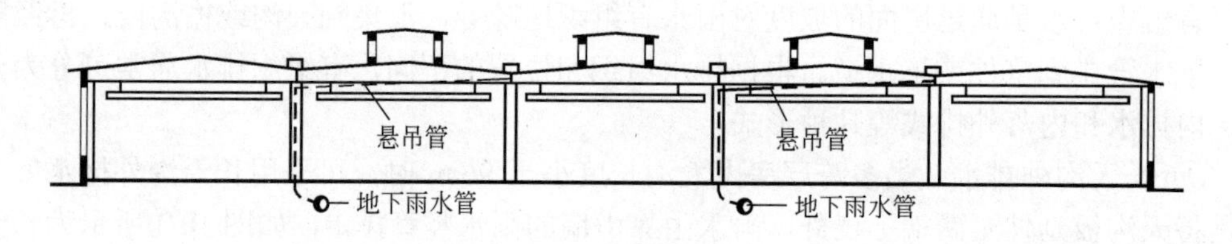

图 10.5 内排水

④ 内落外排水。这种排水方式是将厂房中部的雨水管改为具有 0.5%～1%坡度的水平悬吊管，与靠墙的排水立管连通，下部导入明沟或排出墙外，内落外排水如图 10.6 所示。这种方式可避免内排水与地下干管布置的矛盾。

2) 屋面排水坡度

屋面排水坡度的选择，主要取决于屋面基层的类型、防水构造方式、材料性能、屋架形式以及当地气候条件等因素。一般说来，坡度越陡对排水越有利，但某些卷材(如油毡)在屋面坡度过大时则夏季会产生沥青流淌，使卷材下滑。搭盖式构件自防水屋面坡度过陡时，也会引起盖瓦下滑等问题。通常情况下，各种屋面的坡度可参考表 10.2 进行选择。

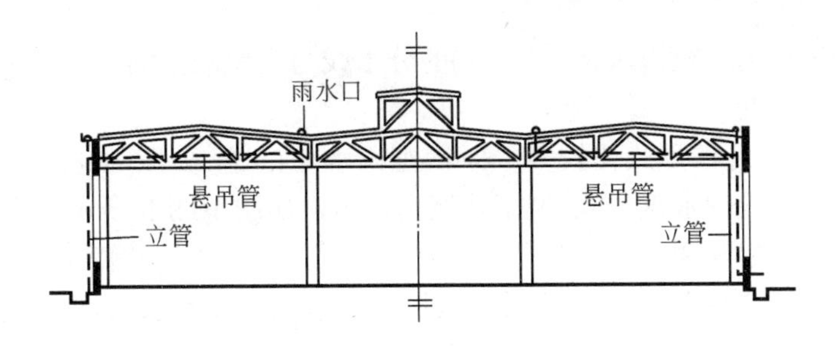

图 10.6　内落外排水

表 10.2　屋面坡度

防水类型	卷材类型	非卷材防水		
		嵌缝式	F 板	石棉瓦等
选择范围	1∶4～1∶50	1∶4～1∶10	1∶3～1∶8	1∶2～1∶5
常用坡度	1∶5～1∶10	1∶5～1∶8	1∶5～1∶8	1∶2.5～1∶4

2．排水组织及排水装置的布置

1) 排水组织

屋面排水应进行排水组织设计。如多跨多坡屋面采用内排水时，首先要按屋面的高低变形缝位置、跨度大小及坡面，将整个厂房屋面划分为若干个排水区段，并定出排水方向；然后根据当地降雨量和屋面汇水面积，选定合适的雨水管管径、雨水斗型号。通常在变形缝处不宜设雨水斗，以免因意外情况溢水而造成渗漏。

2) 排水装置

(1) 天沟(或檐沟)。天沟(或檐沟)的形式与屋面构造有关，天沟有钢筋混凝土槽形天沟和直接在钢筋混凝土屋面板上做成的“自然天沟”两种，如图 10.7 所示。当厂房屋面为卷材防水时，由于屋面板接缝严密，钢筋混凝土槽形天沟或“自然天沟”排水的形式均可采用。当屋面为构件自防水时，因接缝不够严密，故应采用钢筋混凝土槽形天沟。

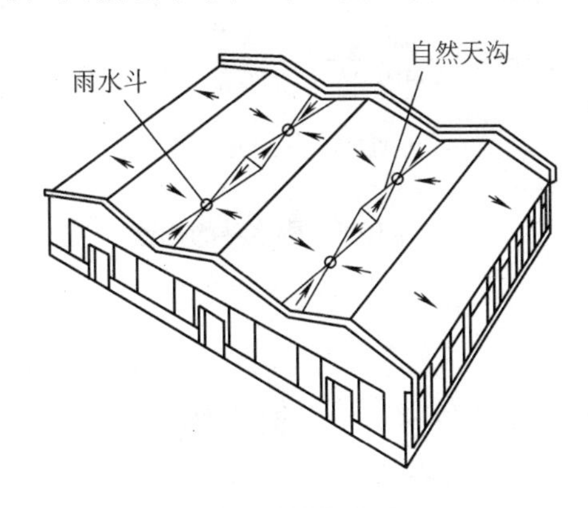

图 10.7　自然天沟

为使天沟(或檐沟)内的雨、雪水顺利流向低处的雨水斗，沟底应分段设置坡度，一般为 0.5%～1%，最大不宜超过 2%，长天沟排水不宜小于 0.3%。垫坡一般用焦渣混凝土找坡，

然后再用水泥砂浆抹面。槽形天沟(或檐沟)的分水线与沟壁顶面的高差应大于 50 mm，以防雨水出槽而导致渗漏。

(2) 雨水斗。雨水斗的形式比较多，以 65 型雨水斗较好，如图 10.8(a)所示；当采用“自然天沟”时，最好加设铁水盘与 65 型水斗配套使用，如图 10.8(b)所示。有女儿墙的檐沟，也可采用铸铁弯头水漏斗和铸铁篦装在檐沟女儿墙上，再经立管将雨水排下。

雨水斗的间距要考虑每个雨水斗所能负担的汇水面积，除长天沟以外，一般为 18～24 m。少雨地区可增至 30～36 m，当采用悬吊管外排水时，最大间距为 24 m。

(3) 雨水管。在工业厂房中一般采用铸铁雨水管，当对金属有腐蚀时可采用塑料雨水管，铸铁雨水管管径常选用 ϕ100、ϕ150、ϕ200 三种。一般可根据雨水管最大集水面积确定。雨水管用管卡固定在墙或柱上，做法同民用建筑。

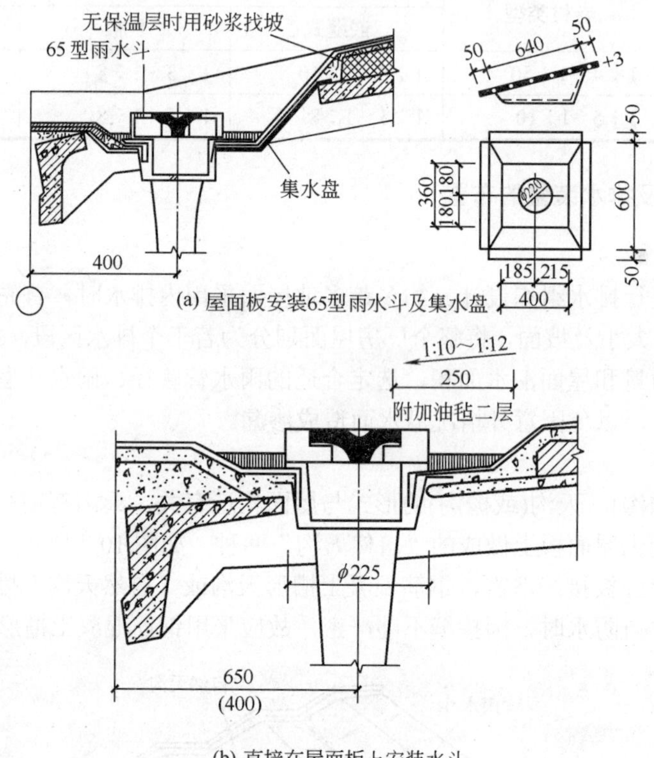

(a) 屋面板安装65型雨水斗及集水盘

(b) 直接在屋面板上安装水斗

图 10.8　雨水斗的构造

10.1.2　屋面防水

单层厂房的屋面防水主要有卷材防水、钢筋混凝土构件自防水和各种波形瓦(板)屋面防水等类型。应根据厂房的使用要求和防水、排水的有机关系，结合屋盖形式、屋面坡度、材料供应、地区气候条件及当地施工经验等因素来选择合适的防水形式。

1. 卷材防水屋面

卷材防水屋面在单层工业厂房中应用较为广泛(尤其是北方地区需采暖的厂房和振动

较大的厂房)。它可分为保温和非保温的两种，两者构造层次有很大不同。保温防水屋面的构造一般为基层(结构层)、找平层、隔蒸汽层、保温层、找平层、防水层和保护层；非保温防水屋面的构造一般为基层、找平层、防水层和保护层。卷材防水屋面构造的原则和做法与民用建筑基本相同，它的防水质量关键在于基层和防水层。由于厂房屋面荷载大、振动大，因此变形可能性大，一旦基层变形过大时，易引起卷材拉裂。施工质量不高也会引起渗漏。

为了防止屋面卷材开裂，应选择刚度大的屋面构件，并采取改进构造做法等措施增强屋面基层的刚度和整体性，减少屋面基层的变形。

下面着重介绍单层厂房卷材防水屋面的几个节点构造。

1) 接缝

大型屋面板相接处的缝隙，必须用 C20 细石混凝土灌缝填实。在无隔热(保温)层的屋面上，屋面板短边端肋的交接缝(即横缝)处的卷材被拉裂的可能性较大，应加以处理。实践证明，采用在横缝上加铺一层干铺卷材延伸层的做法，效果较好，屋面板横缝处卷材防水层处理如图 10.9 所示。板的长边主肋的交缝(即纵缝)由于变形较小，一般不需特别处理。

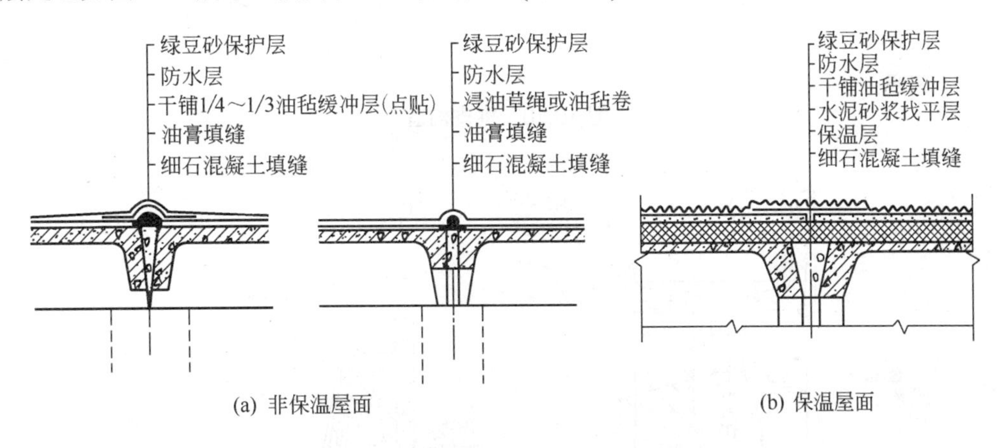

图 10.9　屋面板横缝处卷材防水层处理

2) 挑檐

如屋面为无组织排水时，可用外伸的檐口板形成挑檐，有时也可利用顶部圈梁挑出挑檐板。挑檐处应处理好卷材的收头，以防止卷材起翘、翻裂。通常可采用卷材自然收头，如图 10.10(a)所示，和附加镀锌铁皮收头，如图 10.10(b)所示。

3) 纵墙外天(檐)沟

南方地区较多采用檐沟外排水的形式，其槽形天沟板一般支承在钢筋混凝土屋架端部挑出的水平挑梁上或钢屋架、钢筋混凝土屋面大梁端部的钢牛腿上。檐沟的卷材防水层除与屋面相同以外，在防水层底应加铺一层卷材。雨水口周围应附加玻璃布两层。檐沟的卷材防水也应注意收头的处理。因檐沟的檐壁较矮，为保证屋面检修、清灰的安全，可在沟外壁设铁栏杆，纵墙外檐沟的构造如图 10.11 所示。

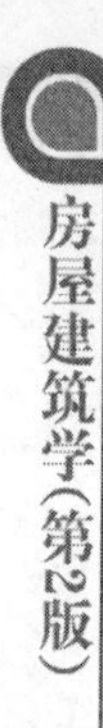

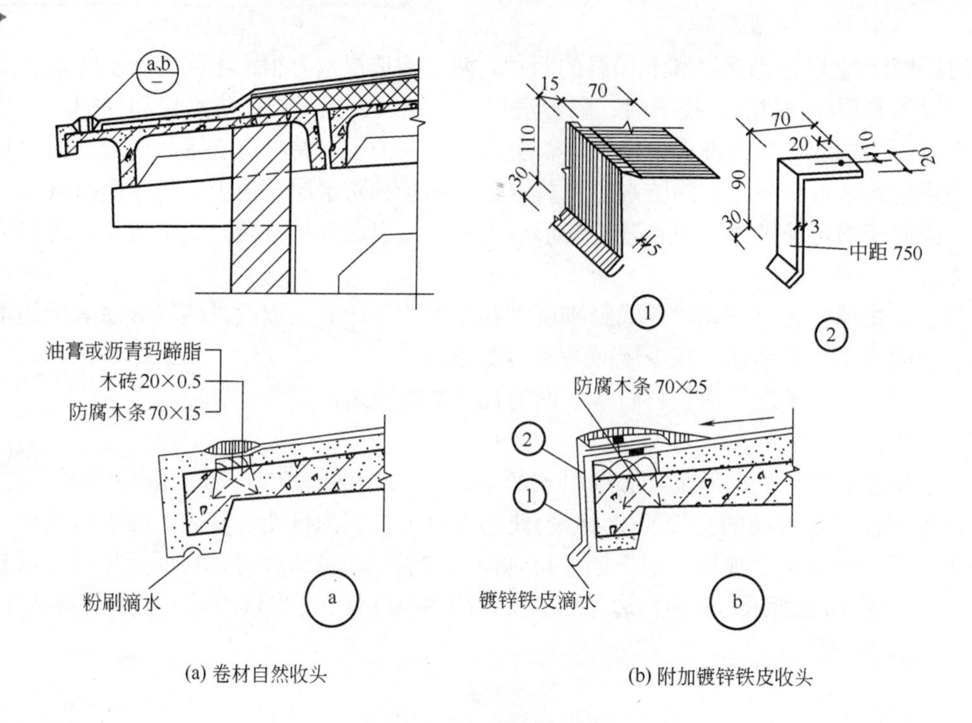

(a) 卷材自然收头　　(b) 附加镀锌铁皮收头

图 10.10　挑檐构造

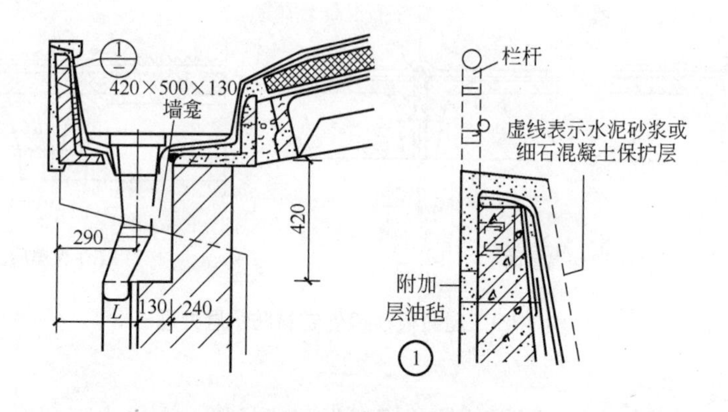

图 10.11　纵墙外檐沟的构造

4) 天沟

厂房屋面的天沟按其所在位置有边天沟和内天沟两种。

(1) 边天沟。边天沟也称内檐沟，可用槽形天沟板构成，也可在大型屋面板上直接做天沟。如边天沟做女儿墙而采用有组织外排水时，女儿墙根部应设出水口，构造做法与民用建筑相同，女儿墙边天沟的构造如图 10.12 所示。

(2) 内天沟。内天沟的天沟板搁置在相邻两屋架的端头上，天沟板的形成有宽单槽形天沟板和双槽形天沟板，如图 10.13(a)和(b)所示。双槽形天沟板施工方便，但两个天沟板接缝处的防水较复杂。内天沟也可在大型屋面板上直接形成，如图 10.13 (c)所示。

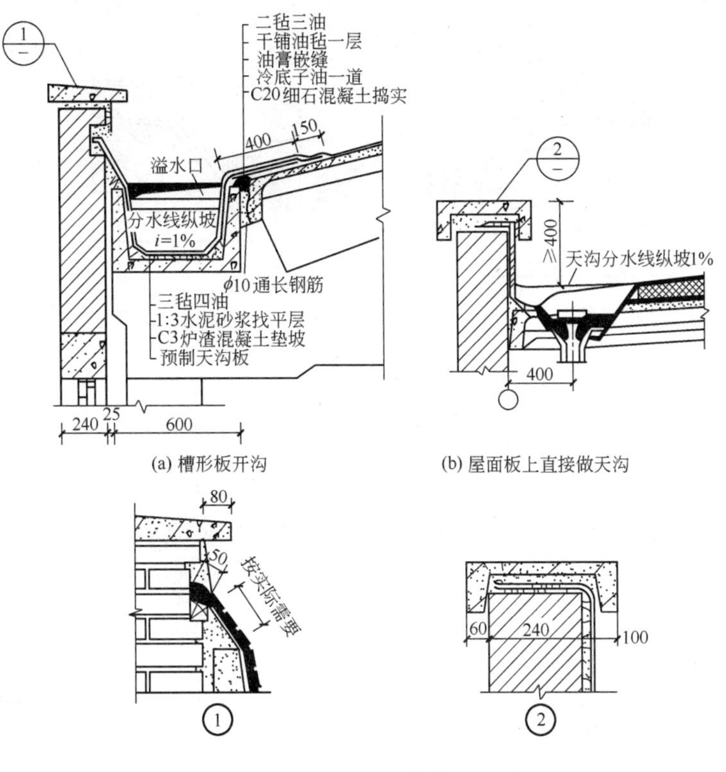

(a) 槽形板开沟　　(b) 屋面板上直接做天沟

①　②

图 10.12　女儿墙边天沟

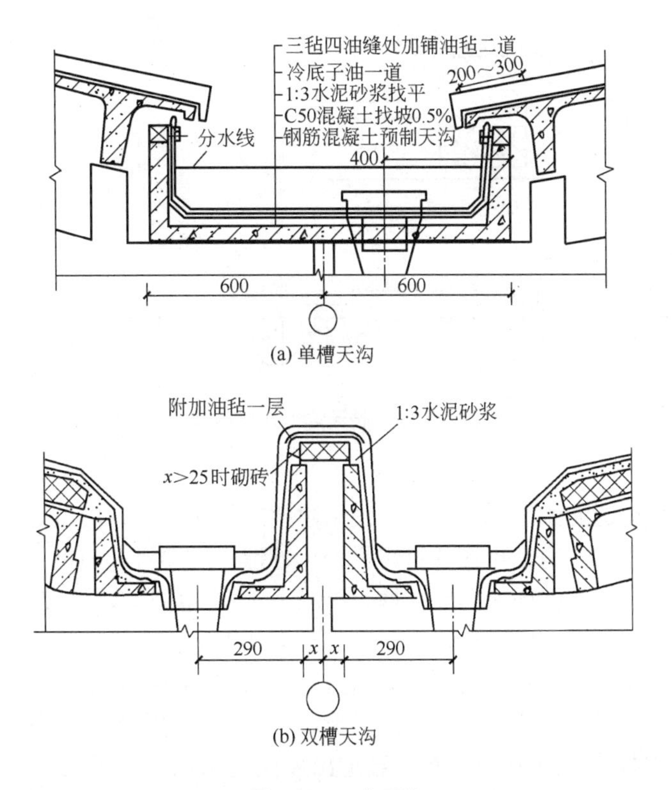

(a) 单槽天沟

(b) 双槽天沟

图 10.13　内天沟

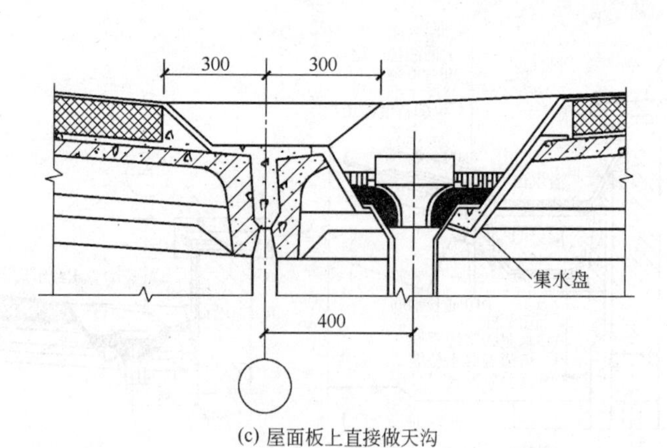

(c) 屋面板上直接做天沟

图 10.13　内天沟(续)

(3) 长天沟。当采用长天沟外端部排水时，必须在山墙上留出洞口，将天沟板加长伸出山墙，该洞口可兼作溢水口用，洞口的上方应设置预制钢筋混凝土过梁。在天沟板端部设雨水斗，下接雨水管，如图 10.14 所示。长天沟及洞口处应注意卷材的收头处理。

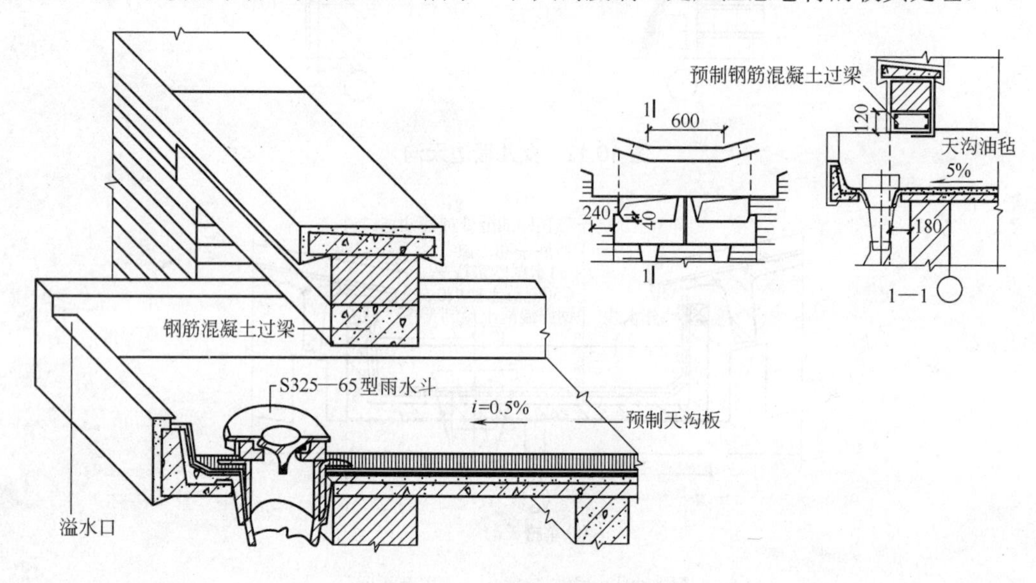

图 10.14　长天沟外排水构造

5) 屋面泛水

厂房屋面泛水构造的做法，基本上与民用建筑的屋面类似，应做好卷材的收头处理和转折处理。振动较大的厂房，可在卷材转折处再加铺一层卷材，山墙一般应采用钢筋混凝土压顶，以利于防水和加强山墙的整体性。纵墙采用女儿墙形式时，应注意天沟与女儿墙交接处的防水处理。天沟内的卷材防水层应升至女儿墙上一定的高度，并做好收头处理。厂房平行高低跨处如无变形缝，而由墙梁承受侧墙墙体时，墙梁下需设牛腿。因牛腿有一定高度，因此高跨墙梁与低跨屋面之间必然形成一个较大的空隙，这段空隙应采用较薄的墙封嵌，并作泛水处理。女儿墙泛水、管道出屋面泛水以及高低跨处的泛水构造示例如图 10.15～图 10.18 所示。

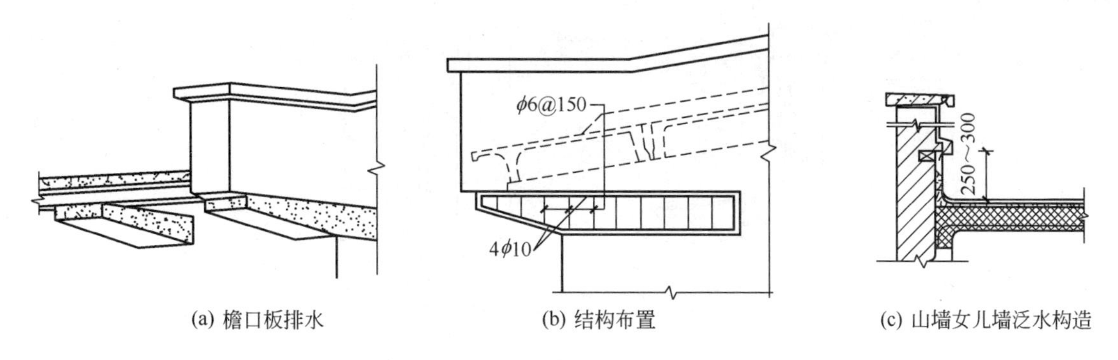

(a) 檐口板排水　　(b) 结构布置　　(c) 山墙女儿墙泛水构造

图 10.15 女儿墙泛水及其端部处理

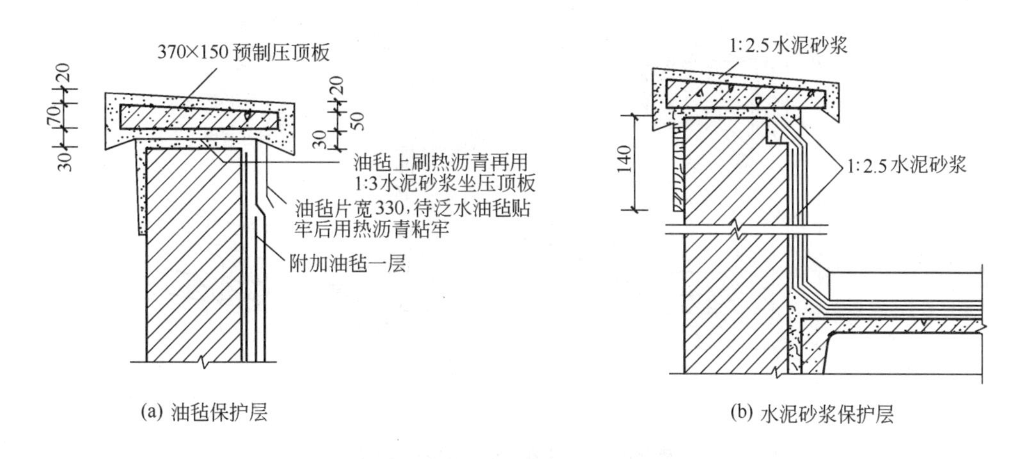

(a) 油毡保护层　　(b) 水泥砂浆保护层

图 10.16 女儿墙泛水的构造

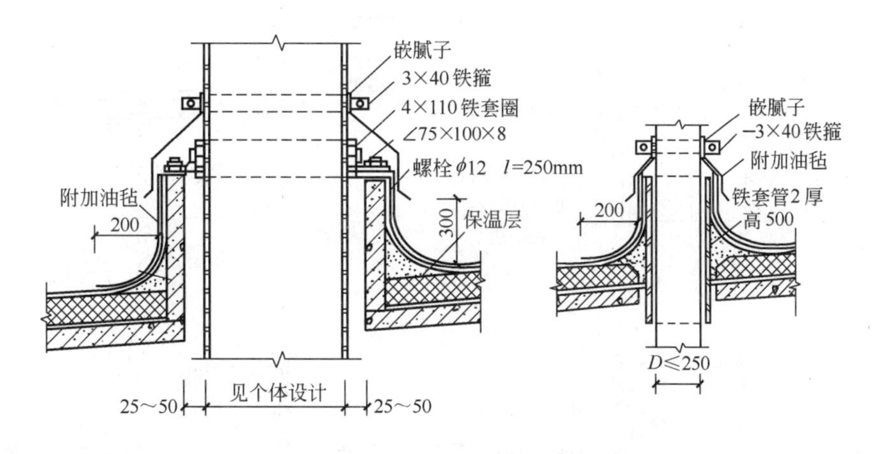

图 10.17 管道出屋面泛水的构造

6) 屋面变形缝

厂房屋面变形缝有等高跨变形缝和高低跨变形缝。横向高跨变形缝处最好设置矮墙泛水，以免水溢入缝内，缝的上部应设置能适应变形的镀锌铁皮盖缝或预制钢筋混凝土压顶板，缝内用沥青麻丝填实。镀锌铁皮盖缝较轻，但易锈蚀，故有时可用铝皮代替；预制钢筋混凝土压顶板盖缝耐久性好，但构件较重。屋面变形缝的构造如图 10.19 和图 10.20 所示。

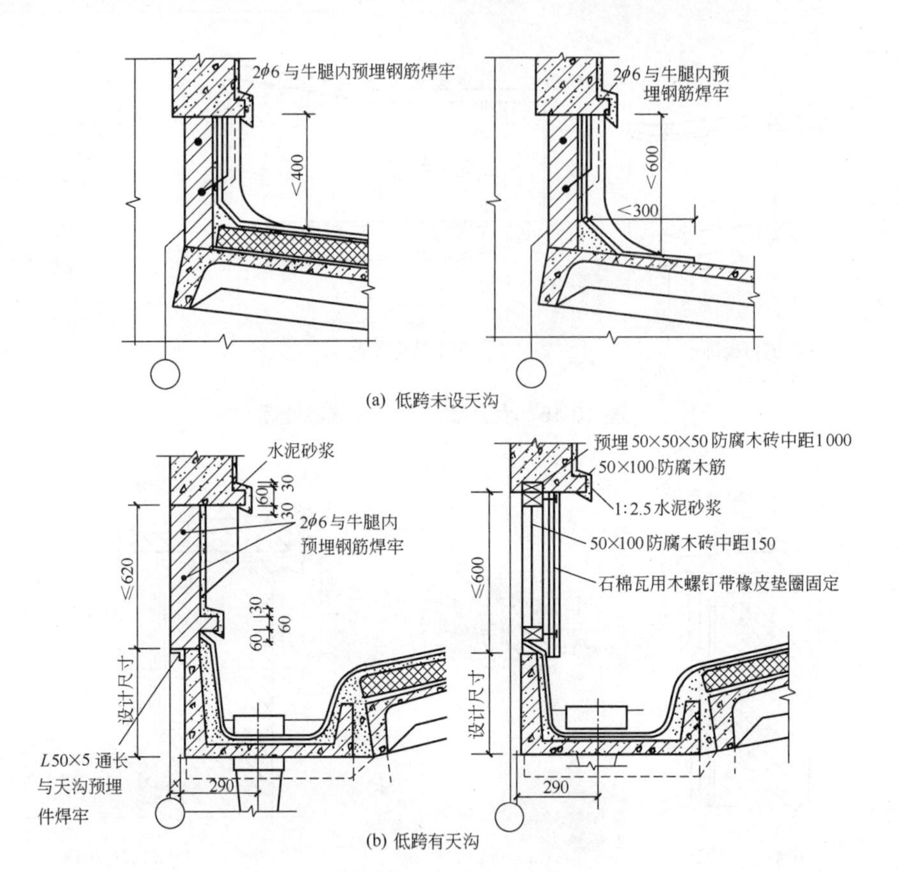

图 10.18　高低跨处泛水的构造

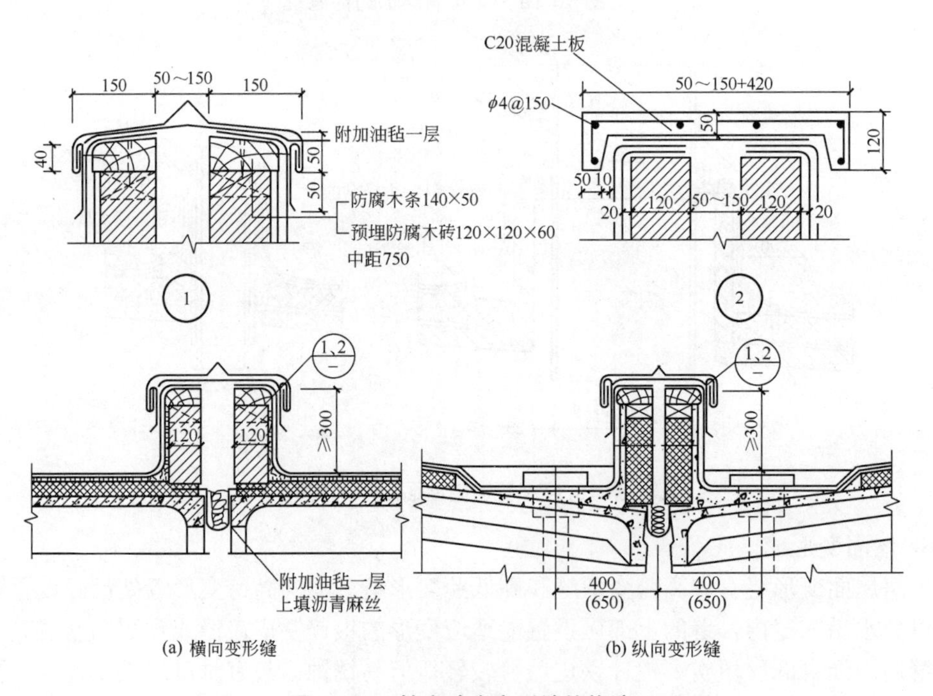

图 10.19　等高跨度变形缝的构造

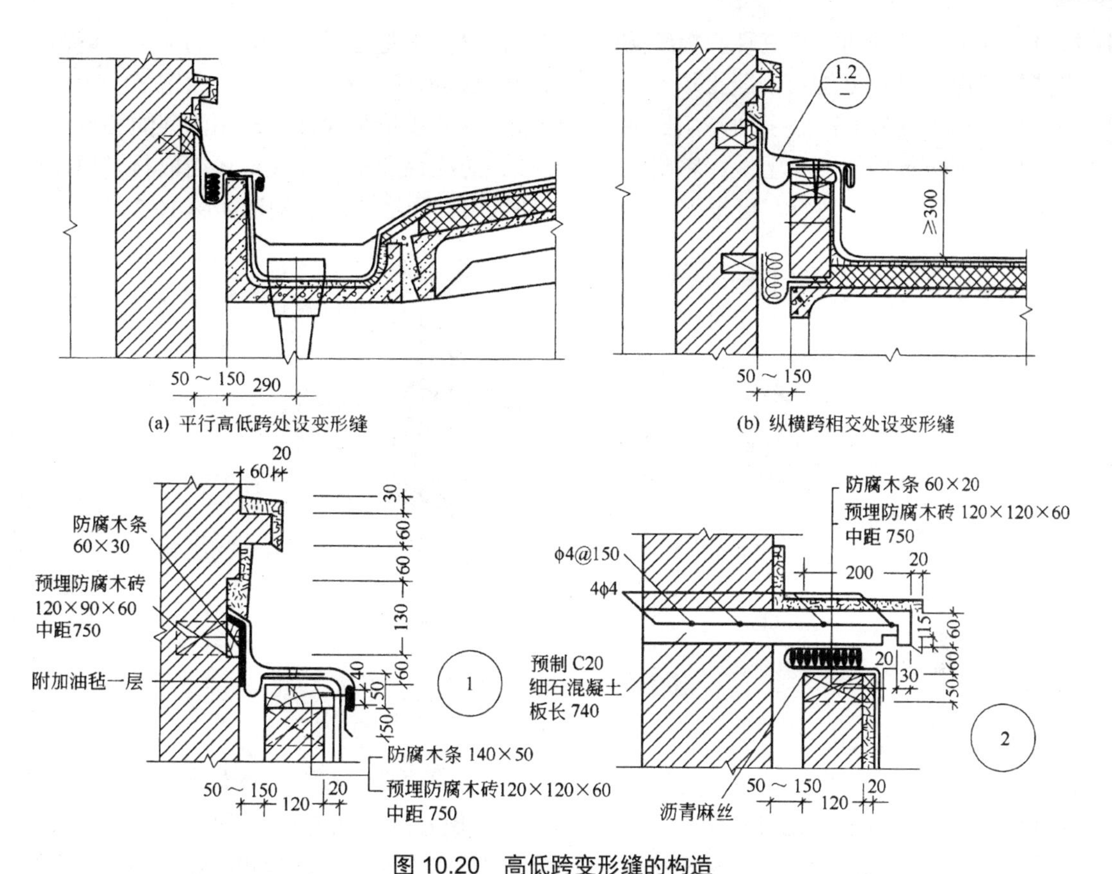

图 10.20　高低跨变形缝的构造

2. 钢筋混凝土构件自防水屋面

钢筋混凝土构件自防水屋面，是利用钢筋混凝土板自身的密实性，对板缝进行局部防水处理而形成防水的屋面。构件自防水屋面具有省工、省料、造价低和维修方便等优点。但存在如混凝土易碳化、风化，板面后期易出现裂缝和渗漏，油膏和涂料易老化，接缝的搭盖处易产生飘雨等缺点。钢筋混凝土构件自防水屋面目前在我国南方和中部地区应用较广泛。

钢筋混凝土构件自防水屋面板有钢筋混凝土屋面板、钢筋混凝土 F 形板。根据板的类型不同，其板缝的防水处理方法也不同。

1) 板面防水

钢筋混凝土构件自防水屋面板要求有较好的抗裂性和抗渗性，应采用较高强度等级的混凝土(C30～C40)，确保骨料的质量和级配，保证振捣密实、平滑、无裂缝，控制混凝土的水灰比，增强混凝土的密实度，增加混凝土的抗裂性和抗渗性。

2) 板缝防水

根据板缝的防水方式不同，钢筋混凝土构件自防水屋面分为嵌缝式、贴缝式和搭盖式三种。

(1) 嵌缝式防水构造。

嵌缝式防水构造是利用大型屋面板做防水构件，板缝用油膏等弹性防水材料嵌实，板缝分为横缝、纵缝和脊缝三种。板缝防水尤其是横缝防水是这类屋面防水的关键。缝内应先清扫干净后用C20细石混凝土填实，缝的下部在浇捣前应吊木条，浇捣时预留20～30 mm的凹槽，待干燥后刷冷底子油，填嵌油膏。嵌缝油膏的质量是保证板缝不渗漏的关键，要求有良好的防水性能、弹塑性、粘附性、耐热性、防冻性和抗老化性，还应取材方便、便于制作和施工、造价适宜，可根据当地具体条件选用，嵌缝式防水构造如图10.21所示。

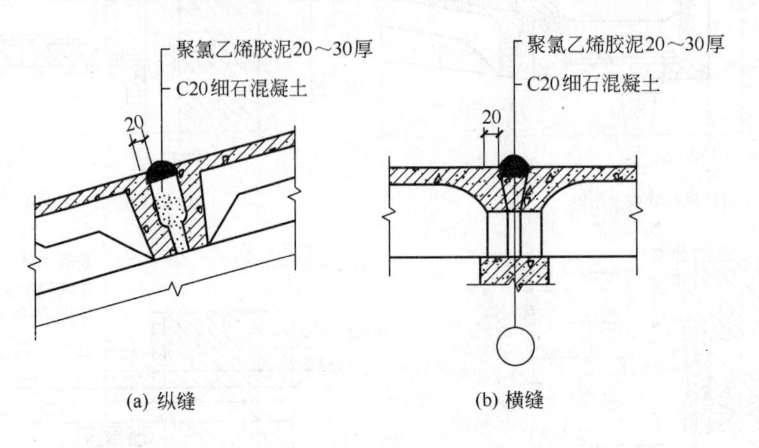

(a) 纵缝　　(b) 横缝

图10.21　嵌缝式防水构造

(2) 贴缝式防水构造。

当采用的油膏的韧性及抗老化性能较差时，为保护油膏，减慢油膏老化速度，可在油膏嵌缝的基础上，板缝处再粘贴上卷材条(油毡或玻璃布或其他卷材)，便构成了贴缝式防水构造，如图10.22所示。这种构造自防水屋面的防水性能优于嵌缝式，贴缝的卷材在纵缝处只要采用一层卷材即可；横缝和脊缝处，由于变形较大，宜采用两层卷材。每种缝在卷材粘贴之前，先要干铺(单边点贴)一层卷材，以适应变形需要。

嵌缝式和贴缝式构件自防水屋面的天沟(或檐沟)及泛水、变形缝等局部位置，也均应采用卷材防水做法。

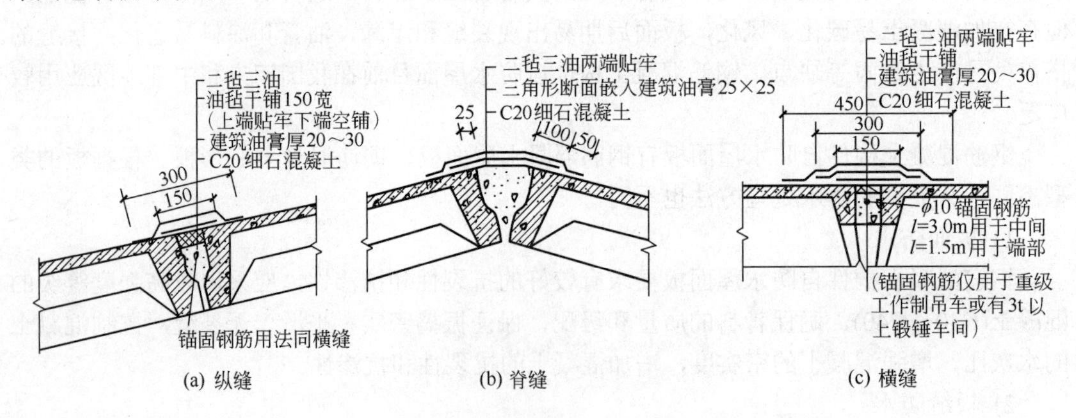

(a) 纵缝　　(b) 脊缝　　(c) 横缝

图10.22　贴缝式防水构造

(3) 搭盖式防水构造。

搭盖式构件自防水屋面利用钢筋混凝土F形屋面板做防水构件，上下搭盖住纵缝，用盖瓦、脊瓦覆盖横缝和脊缝的方式来达到屋面防水的目的。常用的有F形屋面板，如图10.23

所示。这种屋面安装简便、施工速度快，但板型较复杂、易受振动影响，盖瓦易脱落，产生渗水现象。

3) 波形瓦(板)防水屋面

波形瓦(板)防水屋面常用的有石棉水泥波形瓦、压型钢板瓦、镀锌铁皮波形瓦和钢丝网水泥波形瓦等。它们都采用有檩体系，属轻型瓦材屋面，具有厚度薄、重量轻、施工方便和防火性能好等优点。

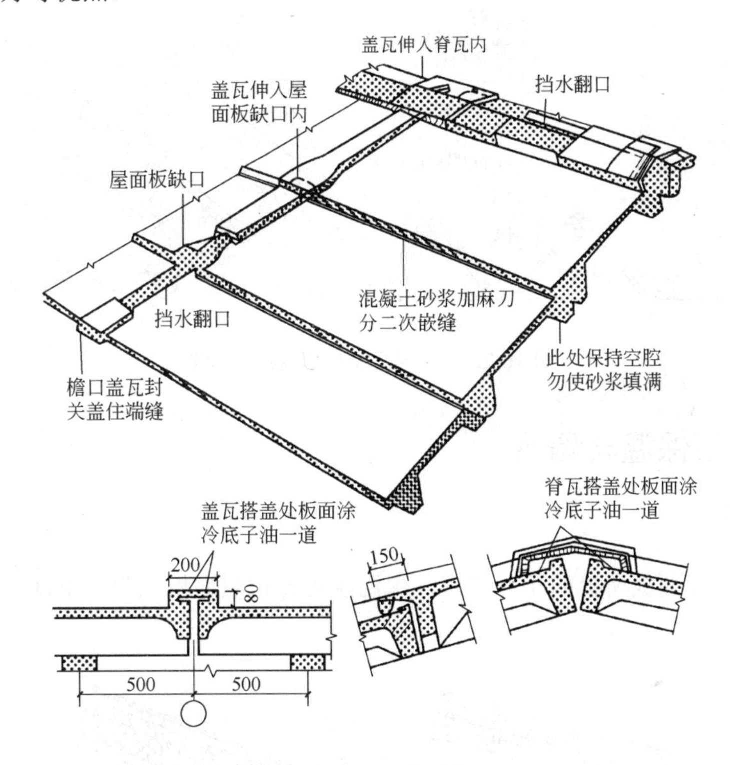

图 10.23 F 形屋面板

(1) 石棉水泥波形瓦屋面。

石棉水泥波形瓦的优点是厚度薄，重量轻，施工简便；缺点是易脆裂，耐久性及保温隔热性差，所以主要用于一些仓库及对室内温度状况要求不高的厂房中。

(2) 镀锌铁皮波形瓦屋面。

镀锌铁皮波形瓦是较好的轻型屋面材料，有良好的抗震性和防水性，在高烈度地震区应用比大型屋面板优越，适合一般高温工业厂房和仓库。但由于造价高，维修费用大，目前使用很少。

(3) 压型钢板及彩色压型钢板屋面。

压型钢板分为单层钢板、多层复合板、金属夹芯板等。这类屋面板的特点是质量轻、耐锈蚀、美观、施工速度快。彩色压型钢板具有承重、防锈、耐腐、防水和装饰性好等特点，但造价较高。根据需要也可设置保温、隔热及防结露层。金属夹芯板则直接具有保温、隔热的作用。

压型钢板瓦按断面形式有 W 形板、V 形板、保温夹芯板等，如图 10.24 所示。

单层 W 形压型钢板瓦屋面构造如图 10.25 所示。

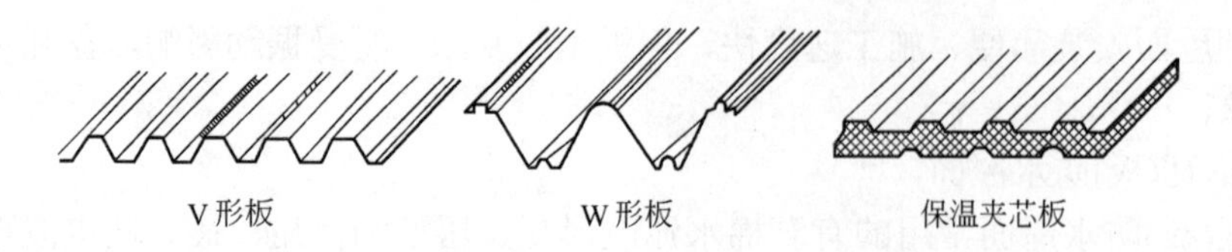

图 10.24 压型钢板瓦

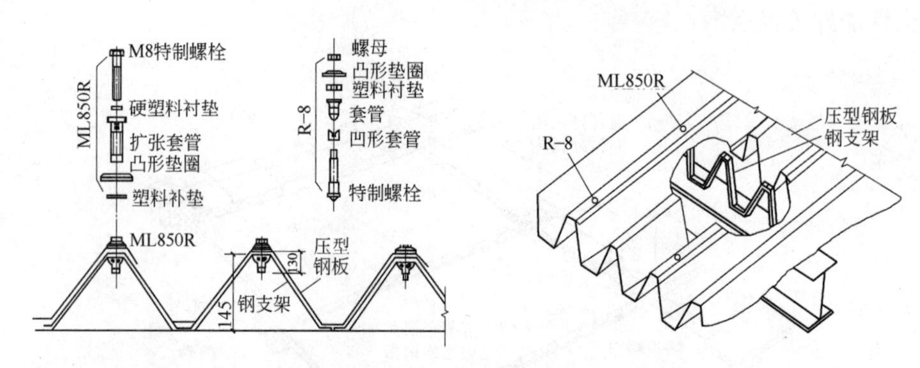

图 10.25 W 形压型钢板瓦屋面构造

10.1.3 屋面保温与隔热

1. 屋面保温

按保温层与屋面板所处的相对位置，保温层可设在屋面板上部、下部或屋面板中部，如图 10.26 所示。

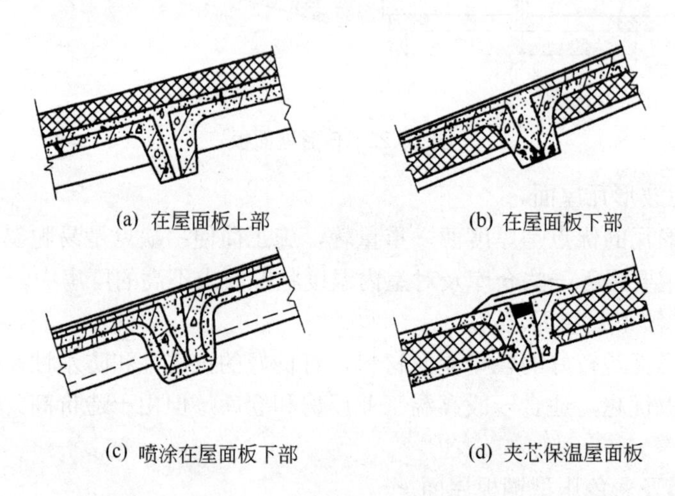

图 10.26 保温层设置的不同位置

保温层设在屋面板上部，常用于卷材防水屋面，其做法与民用建筑屋面做法相同。

保温层设在屋面板下部，主要用于构件自防水屋面。按施工方法有直接喷涂和吊挂两种形式。前者是将由水泥拌和的散状保温材料直接涂敷在屋面板下面，后者是将预制的块状保温材料固定在屋面板下方。

保温层设在屋面板中部，一般采用夹芯保温屋面板。它具有保温、承重、防火的综合性功能。夹芯保温屋面板施工方便、现场湿作业少，但易产生裂缝，并存在“热桥”现象。

2．屋面隔热

当钢筋混凝土屋面厂房的柱顶高度低于 8 m 时，工作区会受到屋面的辐射热影响，需考虑屋面隔热措施。单层厂房屋面的隔热，可采用民用建筑的屋面隔热措施。

10.2　天　　窗

在大跨度和多跨的单层工业厂房中，为了满足天然采光和自然通风的要求，常在厂房的屋顶设置各种类型的天窗。

10.2.1　天窗的类型

单层厂房采用的天窗类型较多，按其在屋面的位置不同分为上凸式天窗、下沉式天窗、平天窗等；按其主要作用分为采光天窗和通风天窗。

1．采光天窗

天窗采光属屋顶采光，常用于侧墙不能开窗或连续多跨的厂房。天窗的采光率较高，照度均匀。常用的采光天窗的形式有矩形天窗、锯齿形天窗、横向下沉式天窗、平天窗等，如图 10.27 所示。

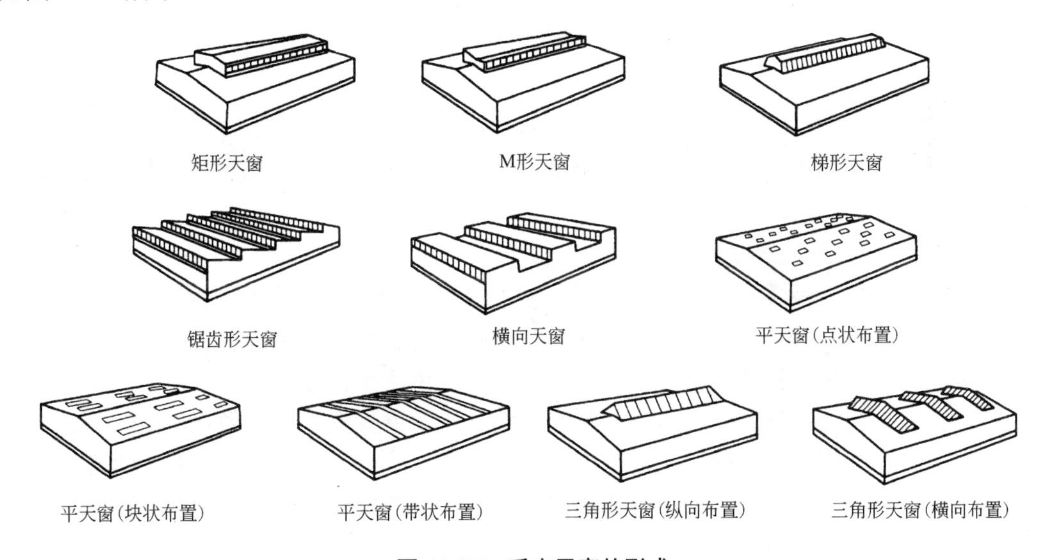

图 10.27　采光天窗的形式

2．通风天窗

通风天窗与低侧窗结合，可以有效地运用热压通风原理和风压通风原理，产生良好的通风效果。常用的通风天窗有矩形天窗、纵向或横向下沉式天窗、井式天窗等。

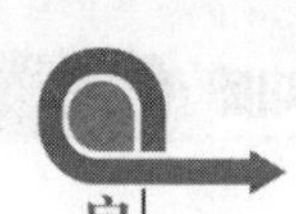

在实际工程应用中，天窗一般不会只起采光或通风的一种作用，采光天窗可同时具有通风功能、通风天窗也可兼有采光作用。采光天窗兼作通风天窗时，因排气不稳定，会影响到通风效果，一般用于对通风要求不高的冷加工车间。

10.2.2 矩形采光天窗的构造

矩形天窗是我国单层工业厂房中采用得最多的一种，南北方均适用。矩形采光天窗沿厂房的纵向布置，天窗宽度一般取 1/3～1/2 的厂房跨度。矩形采光天窗主要由天窗架、天窗扇、天窗屋面板、天窗侧板和天窗端壁等构件组成。为了简化构造并留出屋面检修和消防通道，在厂房的两端和横向变形缝的第一个柱间通常不设天窗，在每段天窗的端壁应设置上天窗屋面的消防梯(检修梯)，矩形采光天窗的组成如图 10.28 所示。

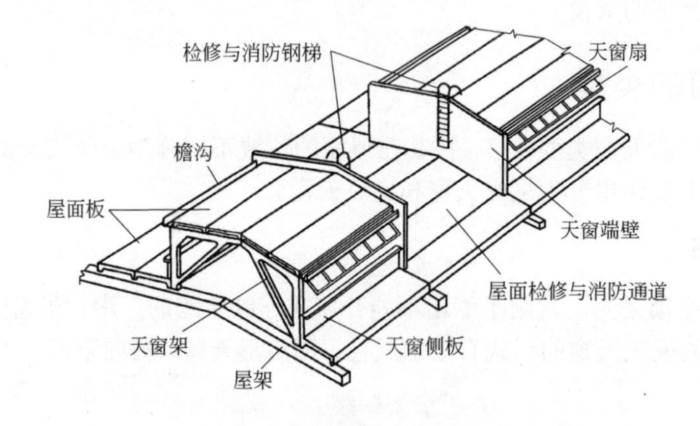

图 10.28 矩形采光天窗的组成

1. 天窗端壁

天窗两端的山墙称为天窗端壁，天窗端壁主要起支承和围护作用，常用的有预制钢筋混凝土端壁板和石棉水泥瓦端壁板。

1) 石棉水泥波形瓦端壁板

钢筋混凝土端壁板重量较大，为了减少构件类型及减轻屋盖荷重，也可改用石棉水泥波形瓦或其他波形瓦作天窗端壁。这种做法仍采用天窗架承重，而端壁的围护结构由轻型波形瓦做成，这种端壁构件琐碎，施工复杂，故主要用于钢天窗架上。

石棉瓦挂在由天窗架(钢或钢筋混凝土)外挑出的角钢骨架上。需做保温处理时，一般在天窗架内侧挂贴刨花板、聚苯乙烯板等板状保温层；高寒地区还需注意檐口及壁板边缘部位保温层的严密性，避免热桥。石棉水泥波形瓦天窗端壁板构造如图 10.29 所示。

2) 预制钢筋混凝土端壁板

预制钢筋混凝土端壁板多为肋形板。根据天窗宽度的不同，天窗端壁由 2～3 块端壁板组成。端壁板可代替端部的天窗架支承天窗屋面板。钢筋混凝土端壁板焊接固定在屋架上弦的一侧，屋架上弦的另一侧用于铺放与天窗相邻的屋面板，预制钢筋混凝土端壁板的构造如图 10.30 所示。端壁板下部与屋面板相交处须做好泛水，需要时可在端壁板内侧设置保温层。

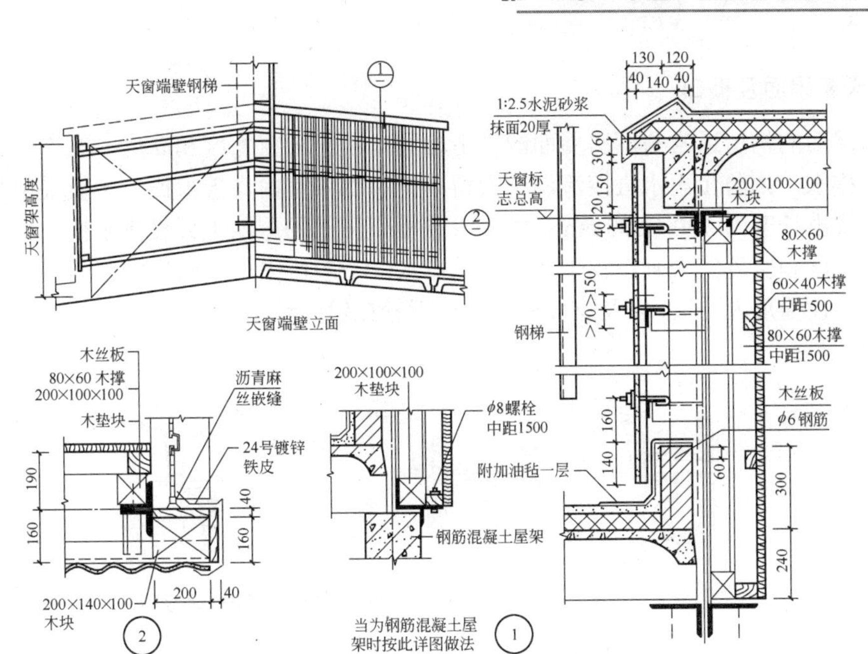

图 10.29 石棉水泥波形瓦天窗端壁的构造(有保温)

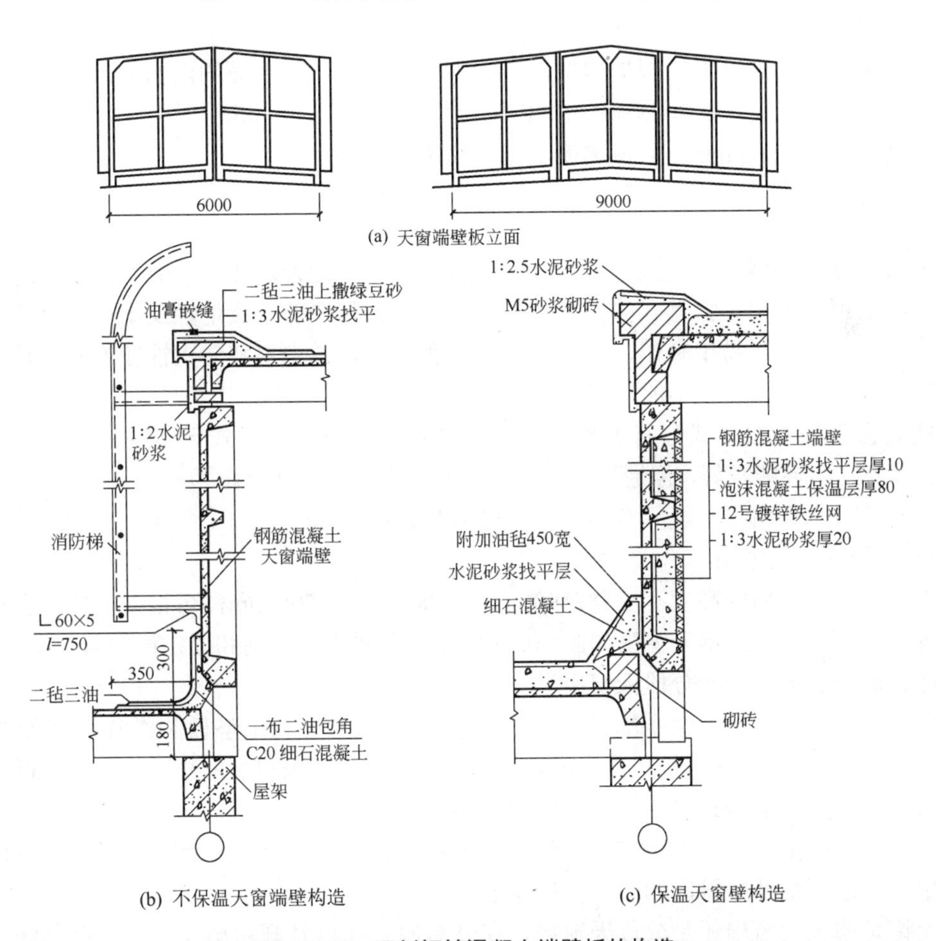

图 10.30 预制钢筋混凝土端壁板的构造

2．天窗屋面及檐口

天窗屋面的构造通常与厂房屋面的构造相同。由于天窗宽度和高度一般均较小，多采用无组织排水。为防止雨水直接流淌到天窗扇上和飘入室内，天窗檐口一般采用带挑檐的屋面板，挑出长度为 300～500 mm，并在天窗檐口下部的屋面上铺设滴水板；雨量多的地区或天窗高度和宽度较大时，宜采用有组织排水。一般可采用带檐沟的屋面板或天窗架的钢牛腿上铺设槽形天沟板，以及屋面板的挑檐下悬挂镀锌铁皮或石棉水泥檐沟等三种做法，如图 10.31 所示。

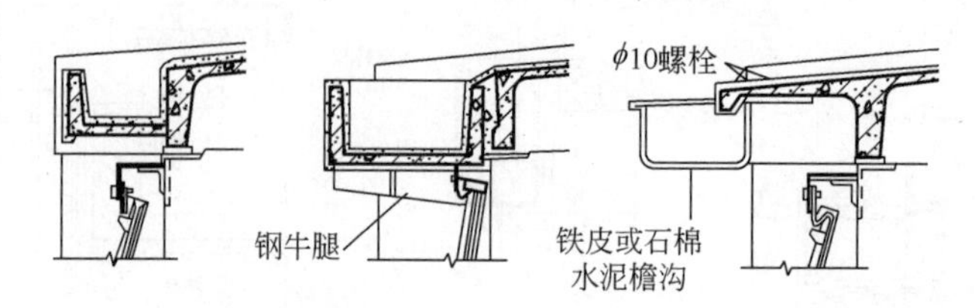

(a) 带檐沟的屋面板　(b) 钢牛腿上铺天沟板　(c) 挑檐板挂铁皮檐沟

图 10.31　有组织排水的天窗檐口

3．天窗侧板

天窗侧板是天窗下部的围护构件，它的主要作用是防止屋面的雨水溅入车间以及不被积雪挡住天窗扇开启。屋面至侧板顶面的高度一般应小于 300 mm，常有大风雨或多雪的地区应增高至 400～600 mm，天窗侧板及檐口如图 10.32 所示。

4．天窗扇

天窗扇可采用钢、木、塑料和铝合金等材料制作。无论南北方一般均为单层。目前应用较多的是钢天窗扇，它具有挡光少、不易变形、关闭严密、质量轻及耐久性强等优点。木天窗扇造价较低、易于制作，但耐久性、抗变形性、透光率和防火性较差，只适用于火灾危险不大，相对湿度较小的厂房。

钢天窗扇按开启方式分有上悬式天窗和中悬式天窗。上悬式天窗扇最大开启角仅为 45°，因此防雨性能较好，但通风性能较差；中悬式天窗扇开启角为 60°～80°，通风好，但防雨较差。木天窗扇一般只有中悬式，最大开启角为 60°。

1) 上悬式钢天窗扇

上悬式钢天窗扇的高度有三种：900 m、1200 m 和 1500 mm，可根据需要组合形成不同的窗口高度。上悬式钢天窗扇如图 10.33 所示，主要由开启扇和固定扇等若干单元组成，可以布置成通长天窗扇和分段天窗扇。

(1) 通长天窗扇。由两个端部窗扇和若干个中间窗扇利用垫板和螺栓连接而成，如图 10.33(a)所示，开启扇可长达数十米，其长度应根据厂房长度、采光通风的需要以及天窗开关器的启动能力等因素决定。开关器如图 10.35 所示。

(2) 分段天窗扇。在每个柱距内设单独开启的窗扇，每段可开启窗扇的端部应设置固定窗扇，一般不用开关器，如图 10.33(b)所示。

无论是通长天窗扇还是分段天窗扇，在开启扇之间以及开启扇与天窗端壁之间，均须设置固定窗扇，起竖框作用。防雨要求较高的厂房可在上述固定扇的后侧附加 600 mm 宽的固定挡雨板，如图 10.33(c)所示，以防止雨水从窗扇两端开口处飘入车间。

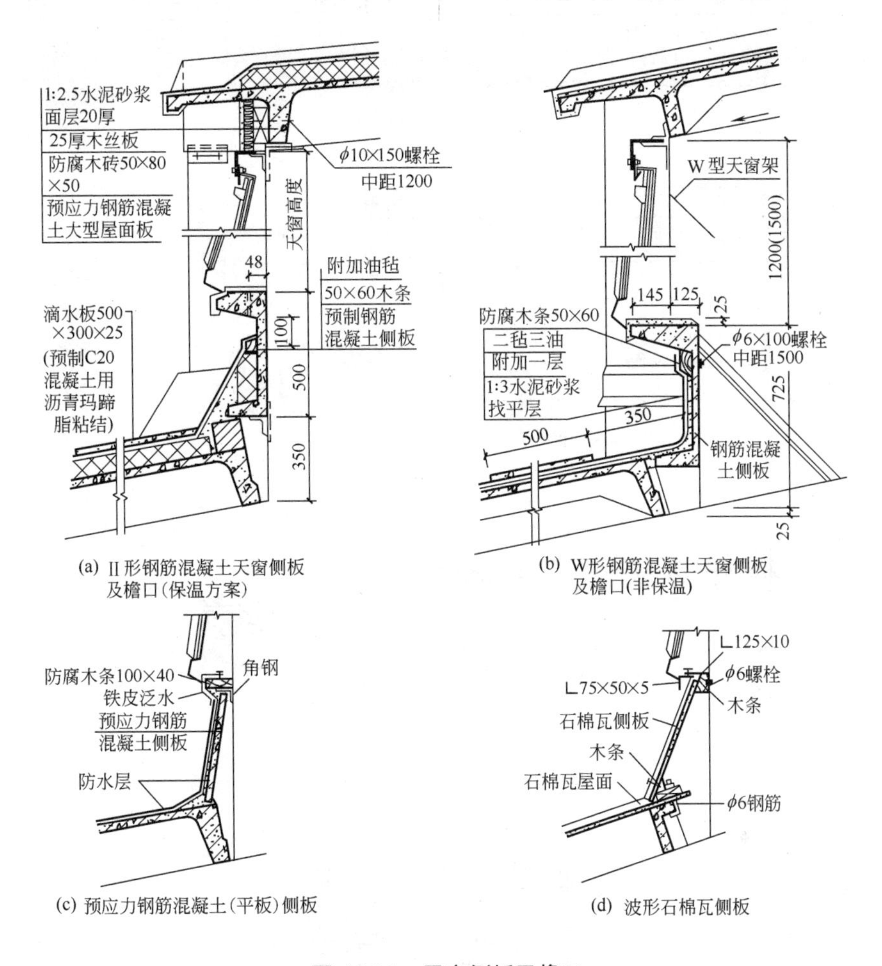

图 10.32　天窗侧板及檐口

2) 中悬式钢天窗扇

中悬式钢天窗扇的高度有三种(与上悬式钢天窗相同)，也可组合形成不同的窗口高度。中悬式钢天窗因受天窗架的阻挡和转轴位置的限制，只能分段设置，每个柱距内设一樘窗扇。中悬式钢天窗扇如图 10.34 所示。

中悬式钢天窗扇的上下冒头及边梃均为角钢，窗棂为 T 型钢。每个窗扇之间设槽钢作竖框、窗扇转轴固定在竖框上。中悬式钢天窗在变形缝处(如不断开时)应设置固定小扇。

5. 天窗开关器

由于天窗位置较高，需要经常开关的天窗应设置开关器。天窗开关器可分为电动、手动、气动等多种。用于上悬式钢天窗的电动撑臂式开关器，如图 10.35 所示。

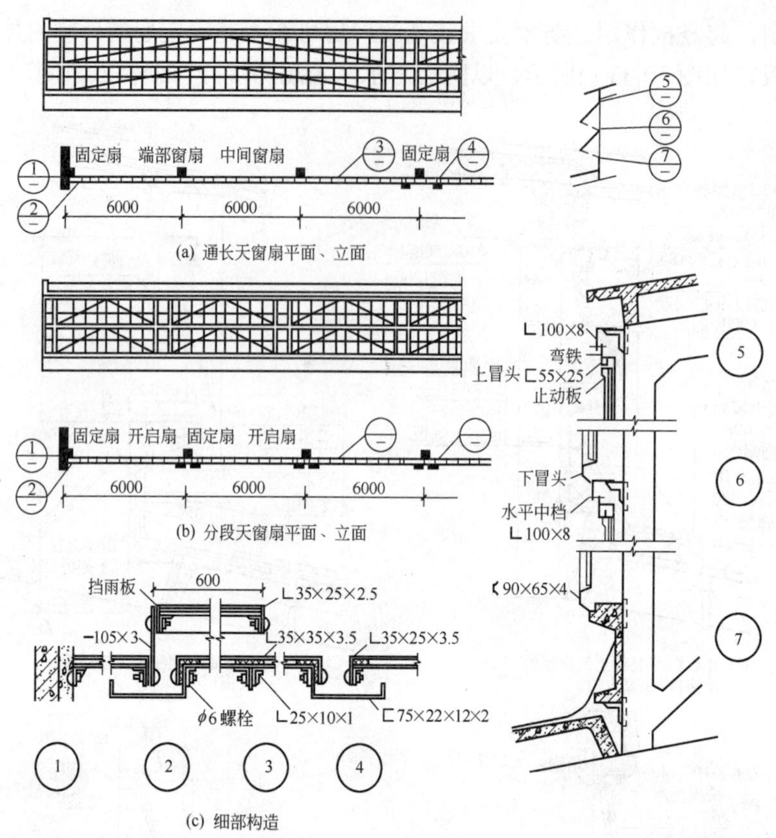

图 10.33　上悬式钢天窗扇

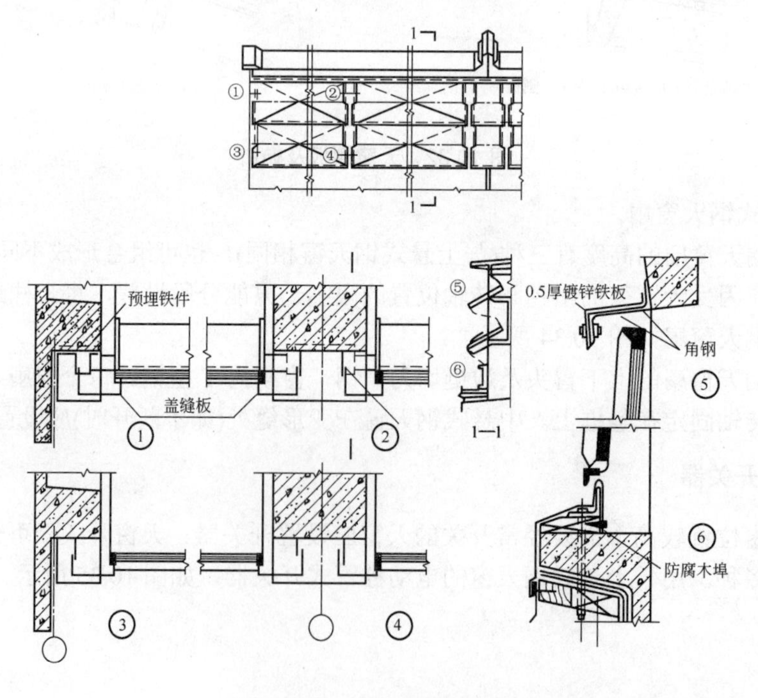

图 10.34　中悬式钢天窗扇

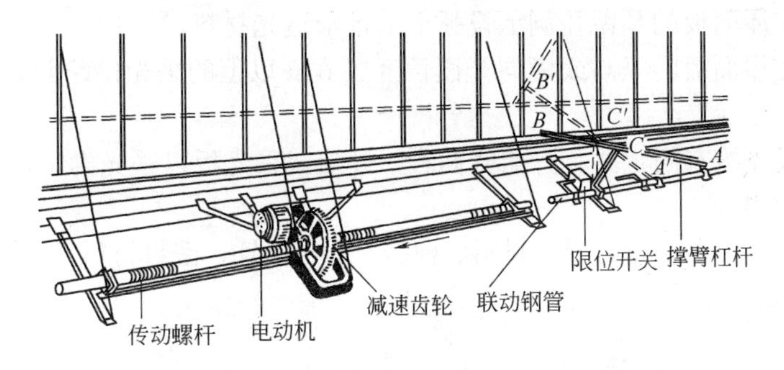

图 10.35　电动撑臂式开关器示意图(适用于上悬式天窗)

10.2.3　平天窗的构造

1. 平天窗的类型与组成

1) 平天窗的类型

平天窗是在厂房屋面上直接开设采光孔洞，采光孔洞上安装平板玻璃或玻璃钢罩等透光材料形成的天窗。平天窗的结构和构造简单、布置灵活、造价较低。在采光面积相同的情况下，平天窗的照度比矩形天窗高 2～3 倍。但平天窗不利于通风，易受积尘污染，一般适用于冷加工车间。

平天窗主要有采光板、采光罩和采光带三种形式，如图 10.36 所示。

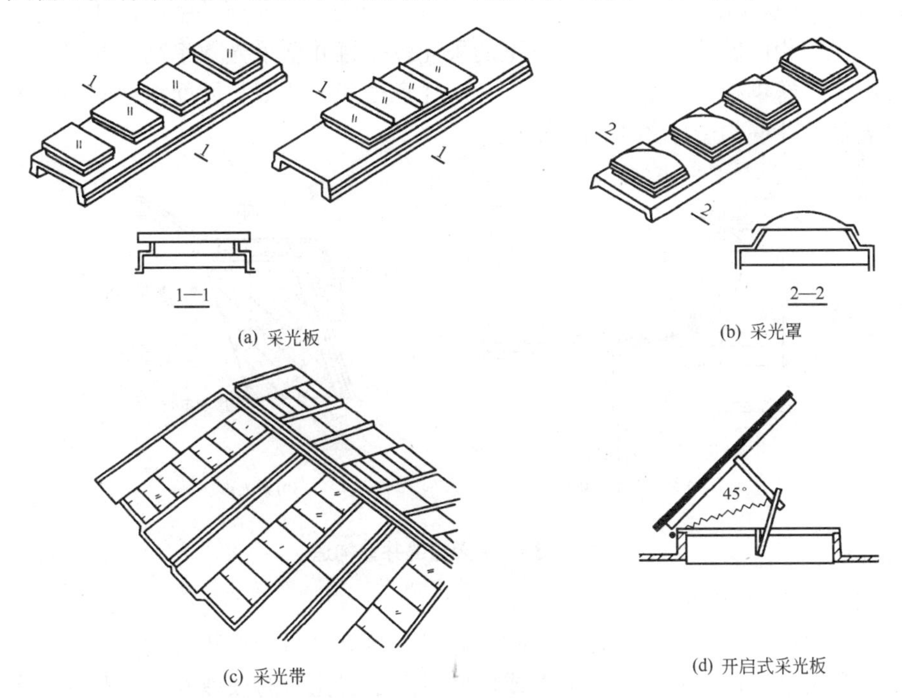

图 10.36　平天窗的形式

采光板：在屋面板的预留孔洞上安装平板式透光材料。

采光罩：在屋面板的预留孔洞上设弧形或锥形透光材料。

采光带：在屋面板的纵向或横向开设长度在 6 m 以上的采光口，并安装平板透光材料。

采光板与采光罩有固定式和开启式两种，开启式采光板以采光为主，兼作通风。

2) 平天窗的组成

采光板式平天窗由井壁、透光材料、横挡、固定卡钩、密封材料及钢丝保护网等组成，如图 10.37 所示。

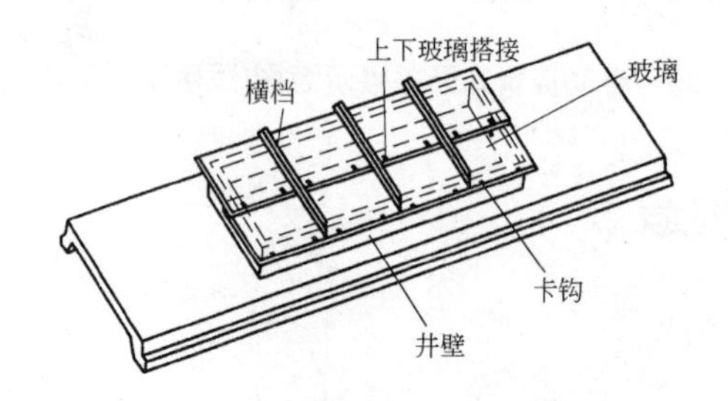

图 10.37　采光板式平天窗的组成

2．平天窗的构造

1) 井壁形式及泛水

井壁是平天窗采光口的边框。为了防水和消除积雪对窗的影响，井壁一般高出屋面 150 mm 左右，有暴风雨的地区则可提高至 250 mm 以上。平天窗井壁的形式有垂直和倾斜两种，在采光口相同的情况下，倾斜井壁的采光较垂直井壁采光效率高。井壁的常用材料有钢筋混凝土、薄钢板、玻璃纤维塑料等，应注意处理好井壁与屋面板之间的缝隙，以防渗水，平天窗的井壁构造如图 10.38 所示。

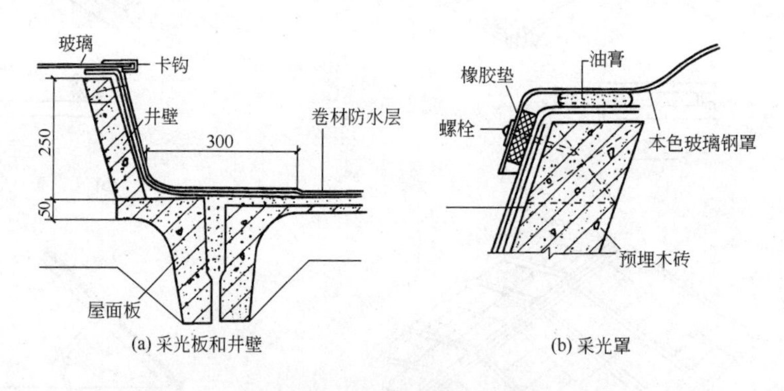

图 10.38　平天窗的井壁构造

2) 玻璃固定及防水处理

安装固定玻璃时，要特别注意做好防水处理，避免渗漏。小孔采光板及采光罩为整块透光材料，利用钢卡钩及木螺丝将玻璃或玻璃罩固定在孔壁的预埋木砖上即可，构造较为简单。

(1) 平天窗井壁防水。

由于平天窗透光材料的坡度小，玻璃与井壁间的缝隙是防水的薄弱环节。玻璃与井壁

间的缝隙，宜用建筑油膏或聚氯乙烯胶泥等弹性好、耐老化的材料垫缝；采光玻璃板用带长钩的铁件固定在井壁上；在井壁顶部可设排水沟，接住玻璃内表面产生的冷凝水并顺坡排至屋面，平天窗井壁防水的构造如图 10.39 所示。

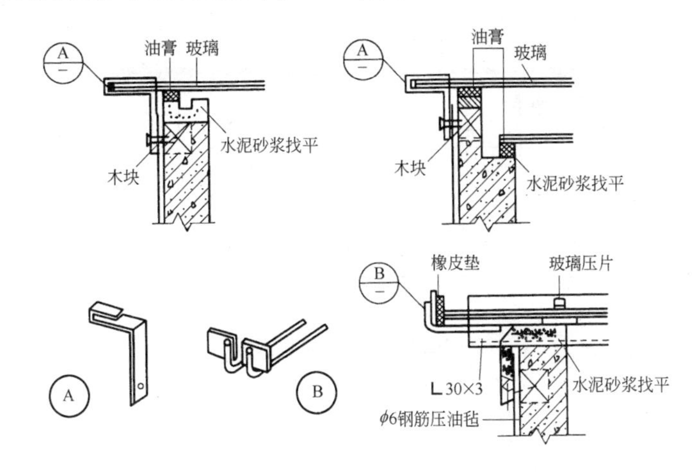

图 10.39　平天窗井壁防水的构造

(2) 玻璃拼接构造。

大孔采光板和采光带须由多块玻璃拼接而成，故须设置骨架作为安装固定玻璃之用。横档的用料有木材、型钢、铝材和预制钢筋混凝土条等；应注意玻璃与横档搭接处的防水，一般用油膏防止渗水。平天窗常用横档构造如图 10.40 所示。

玻璃块顺屋面坡上下搭接一般应≥100 mm，用 S 形镀锌铁皮卡子固定，搭接形式如图 10.41 所示。为防止雨雪及灰尘随风从搭缝处渗入，上下搭缝宜用油膏条、胶管或浸油线绳等柔性材料封缝。

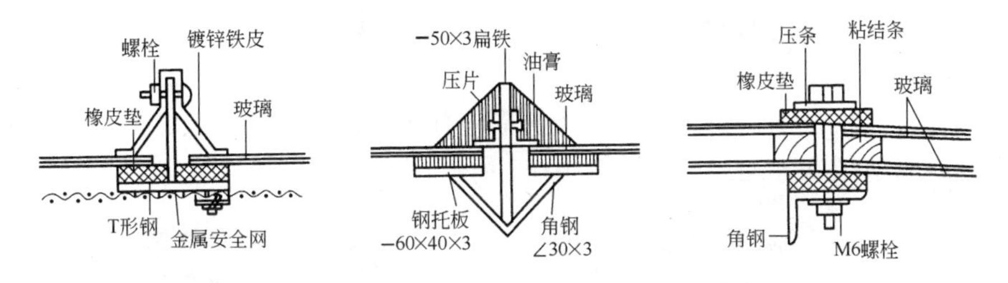

图 10.40　平天窗横档构造

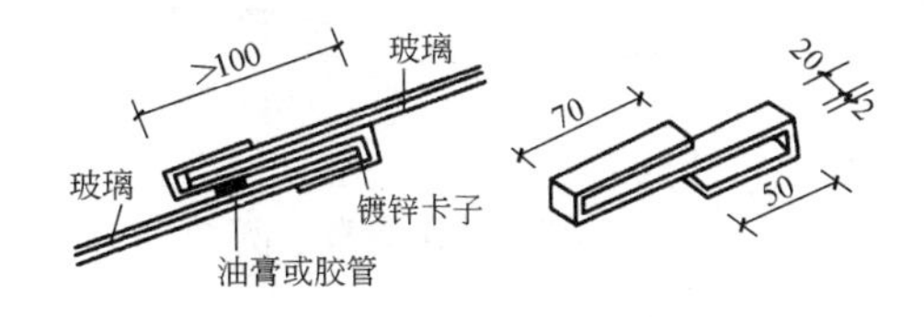

图 10.41　玻璃块上下搭接

3) 玻璃的安全防护

为防止冰雹撞击等原因损坏采光玻璃，造成对室内人员的伤害，平天窗宜采用安全玻璃(如钢化玻璃、夹丝玻璃和玻璃钢罩等)，这种玻璃在遭到破坏时不会形成伤害人体的碎

片，但价格较高。当采用平板玻璃、磨砂玻璃、压花玻璃等非安全玻璃时，须加设安全网。安全网一般设在玻璃下面，常采用镀锌铁丝网制作，挂在孔壁的挂钩上或横档上，安全网的构造如图 10.42 所示。安全网易积灰，清扫困难，构造处理时应考虑便于更换。

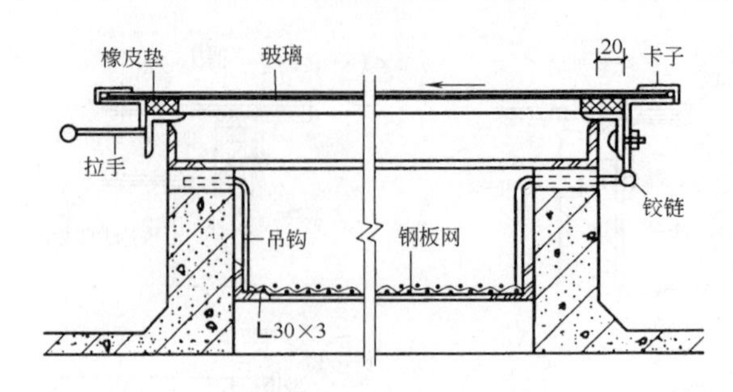

图 10.42　安全网的构造

3. 其他构造

1) 防太阳辐射和弦光的措施

为避免采用普通平板玻璃或钢化玻璃会造成车间过热，并产生眩光，影响操作安全和产品质量。通常可采用以下措施来防止太阳辐射热和眩光。

(1) 采用扩散性能好、透热系数小的透光材料，如中空镀膜玻璃、吸热玻璃、热反射平板玻璃、夹丝压花玻璃、钢化磨砂玻璃、玻璃钢、变色玻璃、乳白玻璃和磨砂玻璃等。

(2) 在采用的平板玻璃下表面涂刷聚乙烯酸缩丁醛(简称 P.V.B)或将环氧树脂(或聚酯树脂、聚醋酸乙烯乳液)内加 5%滑石粉涂，便可产生照度均匀、消除眩光的效果，也可以在玻璃下加设浅色格片，起扩散光线的作用。

(3) 采用双层玻璃，中间留一定的空气间层，能起到一定的隔热作用，对于严寒地区，还可减少或避免玻璃内表面的凝结水。

2) 通风措施

设置有平天窗的厂房，组织自然通风的措施有两种：一种是平天窗只用于采光，通风由专用的通风屋脊解决，通风屋脊如图 10.43 所示。

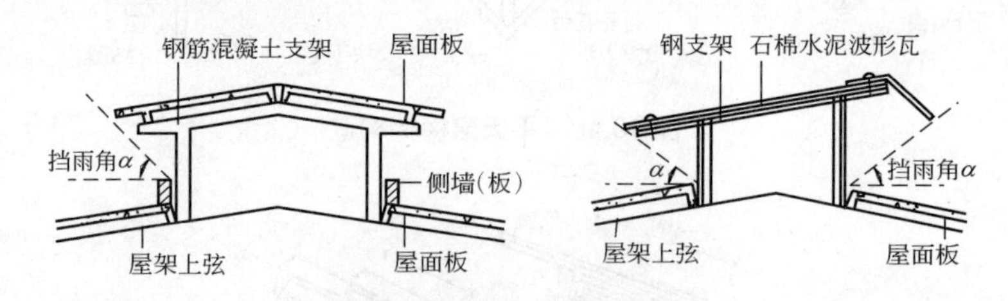

图 10.43　通风屋脊示例

另一种是将两个采光罩的相对侧面做成百叶，百叶两侧加装挡风板，构成一个通风井，其构造如图 10.44 所示。可开启的采光板或采光罩也能用于通风，但使用不够方便、灵活。

对采光带可用增加泛水侧壁高度的办法，构成开敞式通风型采光带，如图 10.45 所示。

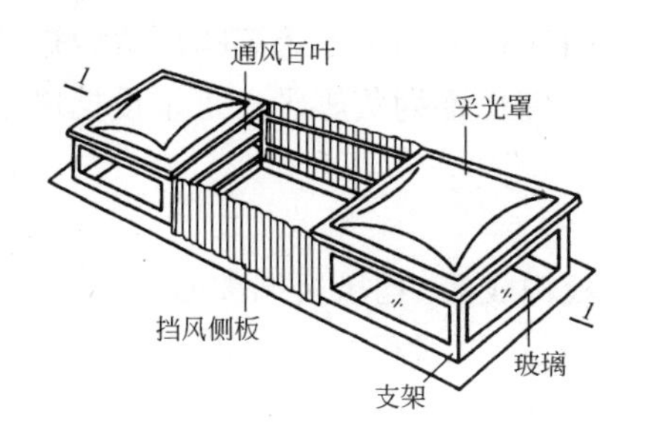

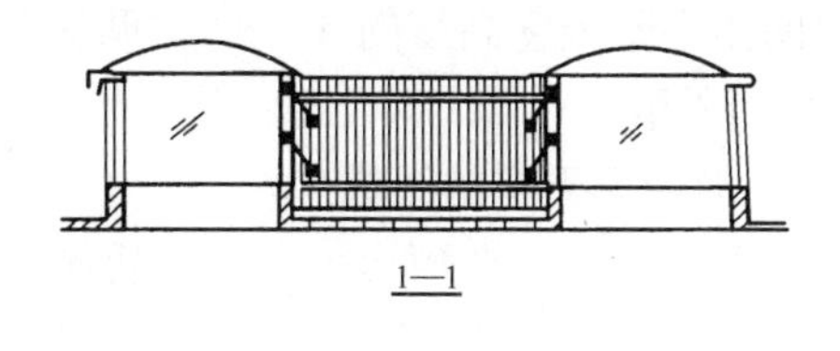

图 10.44　采光罩加挡风板

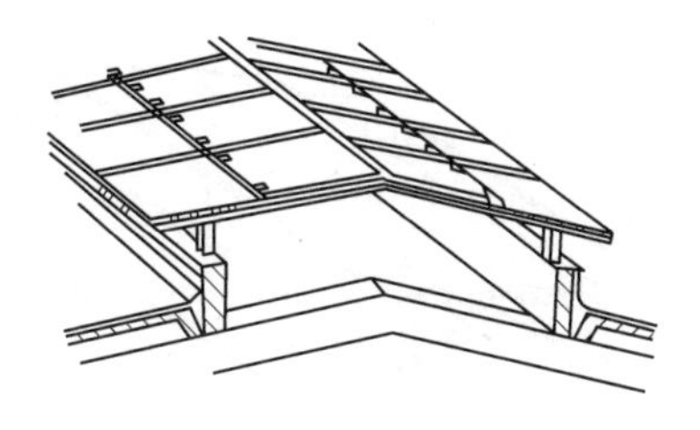

图 10.45　开敞式通风型采光带

10.2.4　矩形避风天窗构造

1．工作原理与组成

1) 工作原理

矩形采光天窗一般可用作通风，但当室外风速较大时，室外气流会从天窗迎风面进入室内，甚至与天窗背风面形成封闭气流，阻碍天窗排气，如图 10.46(a)所示。若在矩形采光天窗两侧加设挡风板，当室外风吹到挡风板上时，由于挡风板的作用使气流的流向发生变化，在挡风板内侧与天窗口间形成负压区，天窗就能不受室外风向的影响，稳定排气，如图 10.46(b)所示。

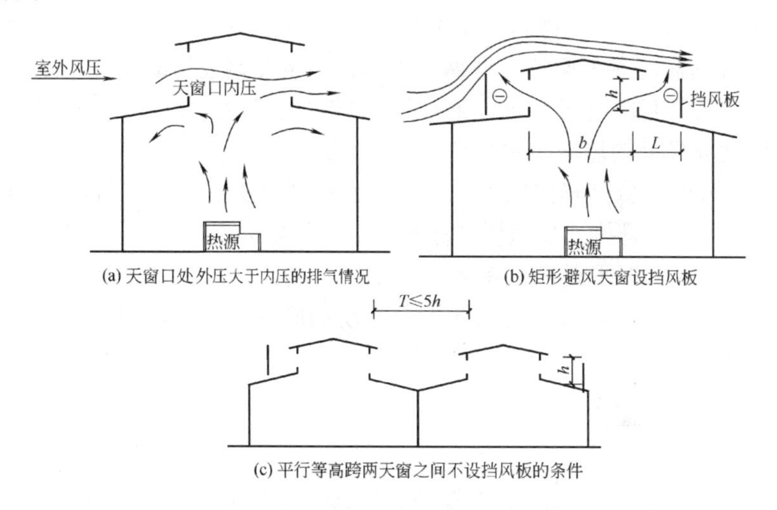

图 10.46　矩形避风天窗的工作原理

挡风板距天窗的距离一般为排风口高度的1.1～1.5倍。当平行等高跨厂房两矩形通风天窗的间距小于天窗高度的5倍时，两天窗之间一般能保证为负压区，可不设挡风板，如图10.46(c)所示。

2) 矩形避风天窗的组成

矩形避风天窗是在矩形采光天窗两侧加设挡风板构成的。挡风板端部要用端部板封闭，保证室外风向变化时仍可正常排气。挡风板或端部板上要设供检修或除尘用的小门，如图10.47所示。矩形避风天窗多用于热加工车间。除有保温要求的厂房外，矩形避风天窗一般不设天窗扇，仅在进风口处设置挡风板，以提高避风效率。

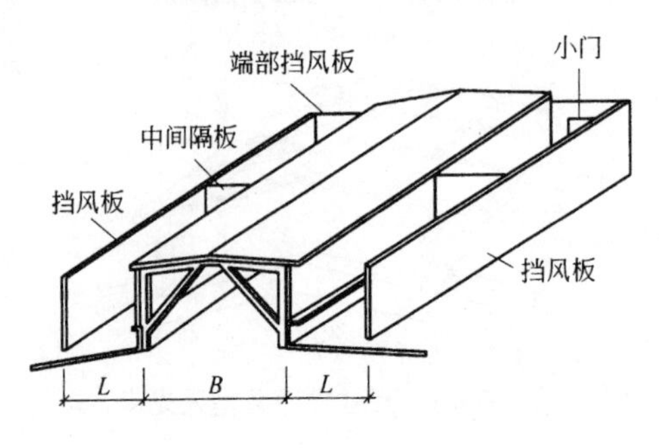

图10.47　挡风板的类型

2. 矩形避风天窗的构造

1) 挡风板

矩形避风天窗的挡风板高度不宜超过天窗檐口的高度。挡风板下部与厂房屋面间须留有100～200 mm的间隙，用以排水和除尘。挡风板端部要用端部板封闭，以保证风向变化时仍可排气。挡风板上要设置供除尘和检修时通行的小门。常用的挡风板有石棉水泥波形瓦、钢丝网水泥波形瓦和玻璃钢瓦等。

挡风板按固定形式有立柱式挡风板和悬挑式挡风板两种，如图10.48(a)所示。

(1) 立柱式挡风板。立柱式挡风板是将钢立柱或预制钢筋混凝土立柱支承在屋架上弦的柱墩上，立柱式挡风板的构造如图 10.48(b)所示。立柱下部与柱墩上的预埋铁件焊接牢固，立柱上部焊接钢筋混凝土檩条或型钢。挡风板固定在钢筋混凝土檩条或型钢上。立柱式挡风板的结构合理，但为保证柱墩能通过屋面板的板缝与屋架结合，挡风板与天窗的距离会受影响，因此立柱处的屋面防水构造比较复杂。

(2) 悬挑式挡风板。悬挑式挡风板的支架固定在天窗架上，挡风板与屋架完全分离，其构造如图10.49所示。悬挑式挡风板的布置灵活，但增大了天窗架的荷载，不利于抗震。

(3) 活动的挡风板。矩形避风天窗还可以采用活动的挡风板，根据室内的排气量要求和室外的气候条件来调整挡风板的开启角度，活动挡风板的形式如图10.50所示。

2) 挡雨设施构造

矩形天窗常用的挡雨设施有大挑檐挡雨、水平口挡雨片挡雨和竖直口挡雨片挡雨，如图10.51所示。

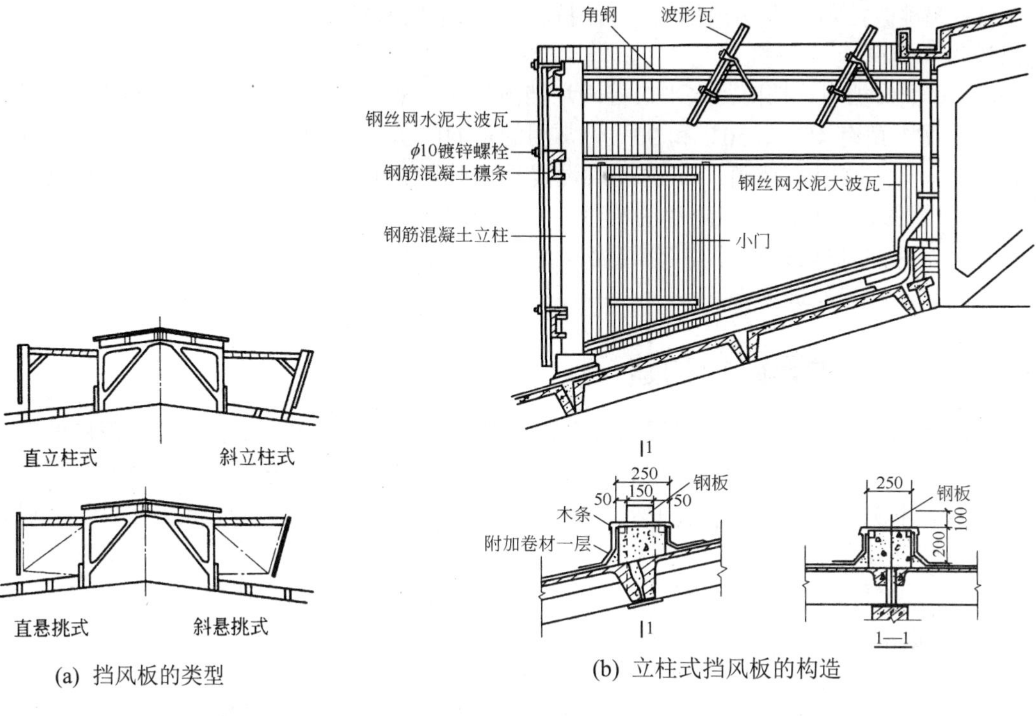

(a) 挡风板的类型　　(b) 立柱式挡风板的构造

图 10.48　挡风板的构造

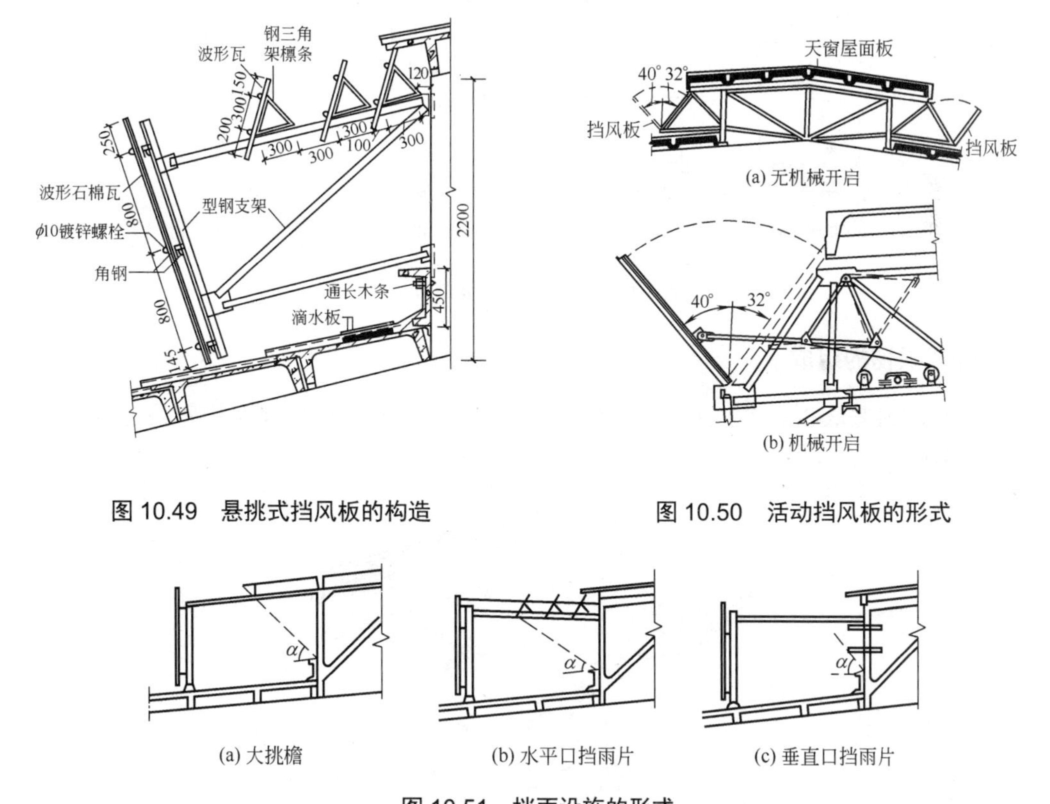

图 10.49　悬挑式挡风板的构造　　图 10.50　活动挡风板的形式

(a) 大挑檐　　(b) 水平口挡雨片　　(c) 垂直口挡雨片

图 10.51　挡雨设施的形式

(1) 大挑檐挡雨。大挑檐挡雨会占用较多的水平口通风面积，多用于挡风板与天窗扇距离较大的天窗。

(2) 水平口挡雨片挡雨。水平口挡雨片挡雨是在水平口设置挡雨片，通风阻力小，挡雨片与水平面夹角有45°、60°和90°，常用的是60°角，挡雨片的高度为200～300 mm。

(3) 垂直口挡雨片挡雨。在垂直口设置挡雨片时，挡雨片与水平面的夹角不宜小于15°。大挑檐的挑出长度、挡雨片的数量、与水平面的夹角，应结合当地的挡雨角α确定。

按挡雨片的制作材料不同，有石棉水泥波形瓦、钢丝网水泥板、钢筋混凝土板、薄钢板、钢化玻璃和铅丝玻璃等。

10.2.5 下沉式天窗的构造

下沉式天窗是将厂房的局部屋面板布置在屋架下弦上，利用上下弦屋面板形成的高差做采光和通风口，不再另设天窗架和挡风板。下沉式天窗具有布置灵活、通风好、采光均匀等优点。下沉式天窗的形式有井式天窗、横向下沉式天窗和纵向下沉式天窗。下面以井式天窗为例进行介绍。

按井式天窗在屋面上的位置，有单侧布置、两侧对称布置或错开布置、跨中布置等方案，如图10.52所示。

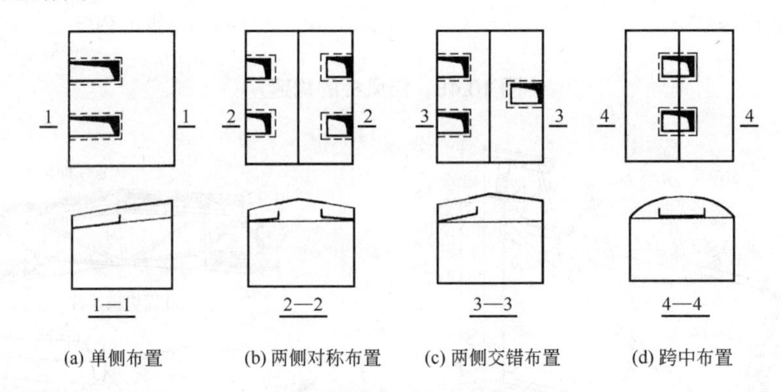

图10.52 井式天窗布置方案

1. 井式天窗的组成

井式天窗由井底板、井底檩条、井口空格板、挡雨板、挡风墙及排水设施组成，如图10.53所示。

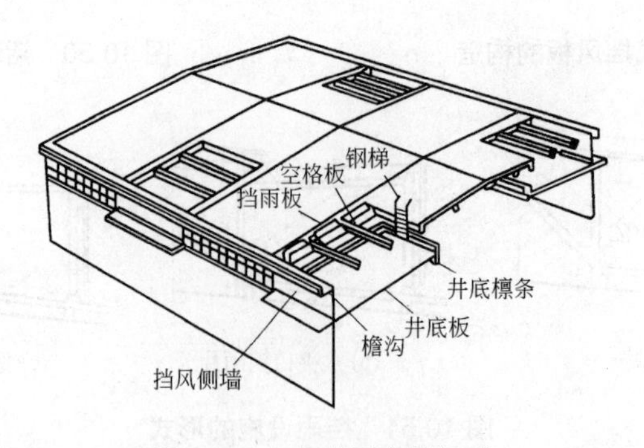

图10.53 井式天窗的组成

井式天窗的通风效果与该天窗水平井口面积和垂直通风口的面积比有关。随着水平井口面积的扩大，通风效果会得到提高；井口长度不宜过大，否则会影响通风效果。采用梯形屋架，能有效保证井式天窗通风口的高度。

2．井式天窗的构造

1) 井底板

井底板位于屋架下弦处，有纵向铺板和横向铺板两种形式。

(1) 纵向铺板。

纵向铺板是指井底板与屋架垂直。它是将井底板直接搁置在屋架的下弦上，其构造如图 10.54 所示。与横向铺板相比，纵向铺板既可省去檩条，又可增加垂直口的有效高度。

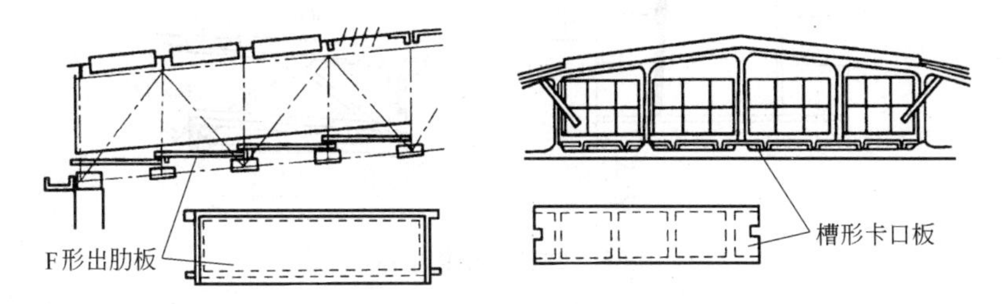

图 10.54　纵向铺板的构造

天窗水平口长度可根据需要确定。为防止井底板端部与屋架腹杆相互碰撞，可采用 F 形出肋板、槽形卡口板等异形井底板，躲开腹杆。

(2) 横向铺板。

横向铺板是指井底板与屋架平行。它是先在屋架下弦上搁置檩条，井底板搁置在檩条上，横向铺板的构造如图 10.55 所示。井底板边缘应做高 300 mm 左右的泛水，防止落在井底板上的雨水溅入车间内，如图 10.55 所示。

用来搁置井底板的檩条形式有下卧式、槽形和 L 形等。采用这几种形式的檩条能保证垂直通风口的有效高度，槽形和 L 形檩条的高出部分还兼起泛水作用。

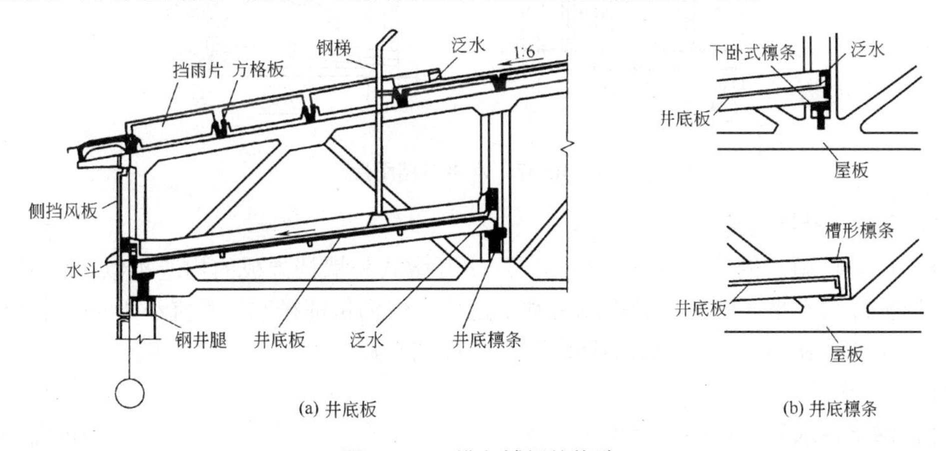

图 10.55　横向铺板的构造

2) 挡雨设施

井式天窗通风口一般不设窗扇而做成开敞式，但需在井口处设挡雨设施。常用的做法

有井口上出挑檐、井上口设挡雨片、垂直口设挡雨片三种挡雨方式。

(1) 井口上出挑檐。井口上出挑檐的一种方法，是沿厂房纵向由相邻屋面板加长挑出悬臂板，横向增设屋面板，形成井口的挑檐，如图 10.56 所示；另一种方法是在井口设置檩条，在檩条上固定挑檐板。

挑檐板挑出的长度应满足挡雨角的要求。由于挑檐板占用天窗水平面积较多，会影响采光通风，挑檐板挡雨多用于柱距在 9 m 以上的天窗。

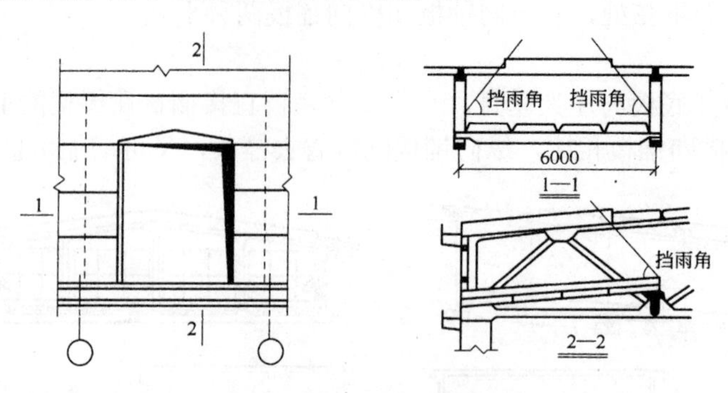

图 10.56　井口上出挑檐的构造

(2) 水平口设挡雨片。水平口设置挡雨片挡雨是在井口上铺设空格板后，将挡雨片固定在空格板上，井口上设置挡雨片的构造如图 10.57 所示，挡雨片的数量、位置和角度应满足挡雨角的要求。挡雨片一般与平面成 60° 角，挡雨片的高度为 200～300 mm。常用的挡雨片有石棉水泥波形瓦挡雨片、钢板挡雨片和玻璃挡雨片等。

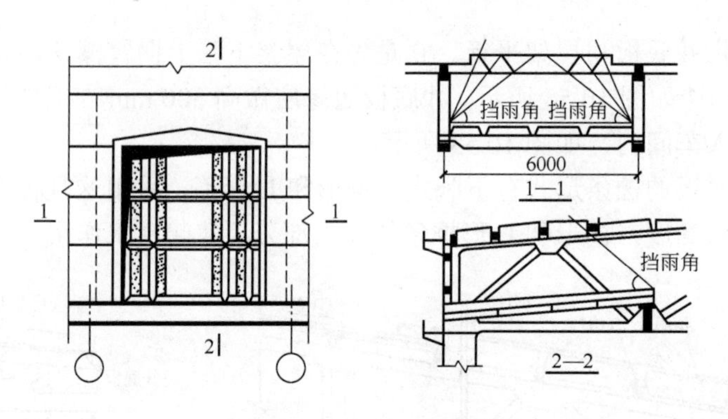

图 10.57　水平口挡雨片

(3) 垂直口设挡雨片。

垂直口设挡雨片的构造做法，与单层厂房开敞式外墙挡雨板的构造相似，如图 10.58 所示。挡雨片与水平面的夹角越小越有利于通风，但为保证排水，不宜小于 15°。常用的有石棉水泥波形瓦挡雨片和预制钢筋混凝土小板挡雨片。

3) 窗扇设置

对有保温要求的厂房应设置窗扇，窗扇一般设置在垂直口位置。窗扇多为钢窗扇。在沿厂房长度的纵向垂直口上，可设置中悬或上悬窗扇；与厂房长度方向垂直的横向垂直口，由于受屋架腹杆的影响，只能设置上悬窗扇。

受屋架坡度影响，井式天窗横向垂直口是倾斜的，窗扇有两种做法。一种是矩形窗扇，可用标准窗组合，制作简单但受力不合理，耐久性较差，如图 10.59(a)所示；另一种是平行四边形窗扇，它受力合理，但制作复杂，如图 10.59(b)所示。

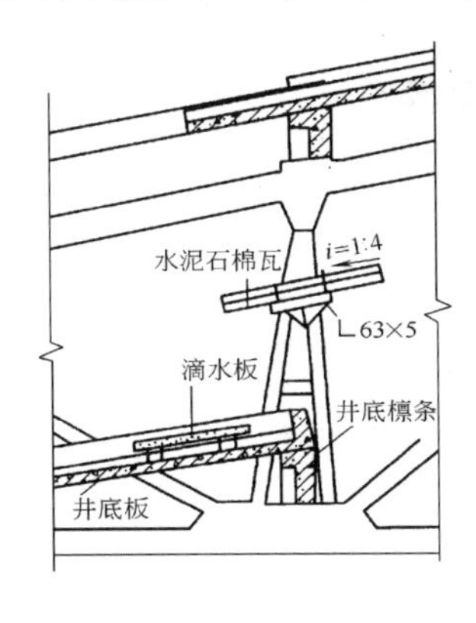

图 10.58　垂直口设挡雨片

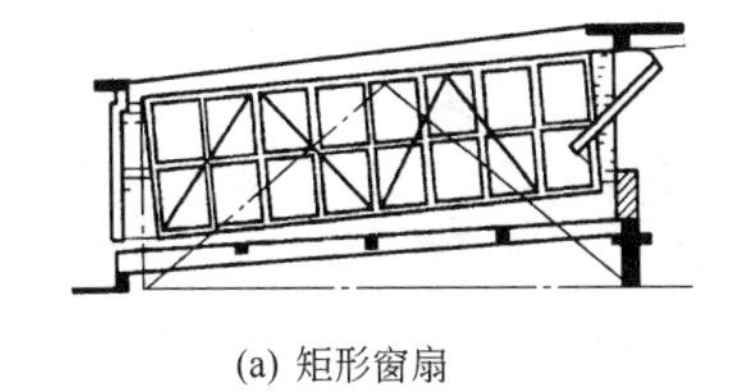

(a) 矩形窗扇

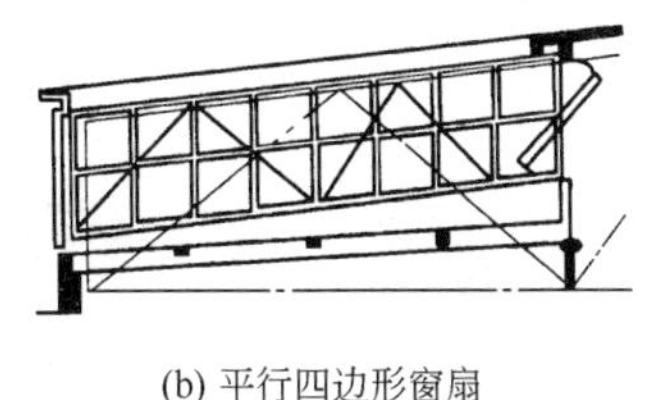

(b) 平行四边形窗扇

图 10.59　横向垂直口窗扇的设置

4) 排水构造

井式天窗排水包括井口处的上层屋面板排水和下层井底板排水，构造较复杂。井式天窗有无组织排水、单层天沟排水、双层天沟排水等多种排水方式。可根据当地降雨量、车间灰尘量、天窗大小等情况进行选择。

(1) 边井外排水。

边井外排水可采用无组织排水、单层天沟排水和双层天沟排水方式，如图 10.60 所示。

① 无组织排水。上层屋面板排水和下层井底板排水均为无组织排水，雨水由井底板的雨水口排至室外，如图 10.60(a)所示，这种排水方式构造简单，适用于降雨量不大的地区。

② 单层天沟排水。单层天沟排水有两种处理方法，一种是上层屋面檐沟为通长天沟，下层井底板为自由落水，如图 10.60(b)所示，它适用于降雨量较大地区灰尘量小的车间。另一种是上层屋面为自由落水，下层井底板外缘设置用于清尘和排水的通长天沟，如图 10.60(c)所示，它适用于降雨量较大地区灰尘多的车间。

③ 双层天沟排水。在上层屋面和下层井底板设置两层通长天沟的排水方式，如图 10.60(d)所示，这种方法构造简单，适用于降雨量大的地区灰尘多的车间。

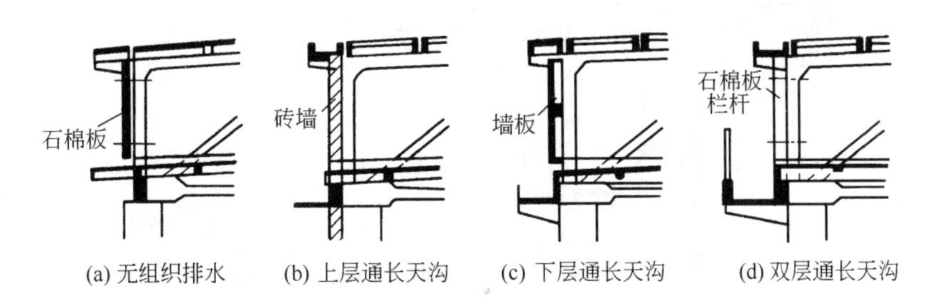

(a) 无组织排水　(b) 上层通长天沟　(c) 下层通长天沟　(d) 双层通长天沟

图 10.60　边井外排水的形式

(2) 连跨内排水。

① 对多跨厂房相连屋面形成的中井式天窗，当车间产生的灰尘量不大时，可采用上下层屋面间断天沟，如图 10.61(a)所示。

② 对降雨量大的地区或灰尘多的车间可用上下两层通长天沟，如图 10.61(b)所示，或

在上层设间断天沟、下层设通长天沟。

③ 井底板的雨水也可以接内落水管外排，如图 10.61(c)所示。

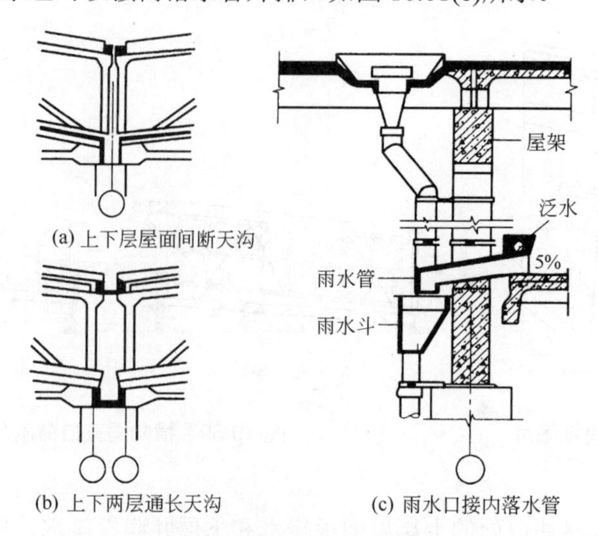

图 10.61　连跨内排水的形式

5) 泛水

井式天窗的泛水有井口泛水和井底板泛水两种。为防止屋面雨水流入天窗井内，需在井口周围做 150～200 mm 的井口泛水；为防止落在井底板上的雨水溅湿井内，井底板周边应做高度不小于 300 mm 的井底板泛水。

常用的有砖砌泛水或钢筋混凝土挡水条泛水，井式天窗泛水的构造如图 10.62 所示。

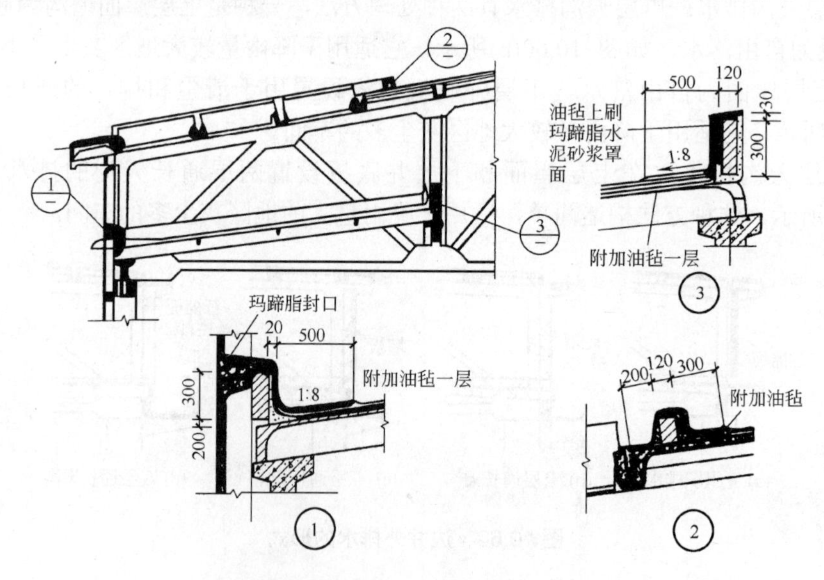

图 10.62　井式天窗泛水的构造

10.3　单层厂房的外墙

单层厂房的外墙主要是根据生产工艺、结构条件和气候条件等要求设计的。一般冷加工车间外墙除考虑结构承重外，常常考虑热工方面的要求；热加工车间由于散发大量的余热，外墙一般不要求保温，只起围护作用；精密生产、纺织工业的厂房为了保证生产工艺条件，需要考虑空间恒温、恒湿要求，外墙在设计和构造上比一般做法要复杂得多；有腐蚀性介质的厂房外墙需要考虑防酸、碱等有害物质侵蚀的特殊要求。

单层厂房的外墙由于高度与长度都比较大，要承受较大的风荷载，同时还要受到机器设备与运输工具振动的影响，因此墙身的刚度与稳定性应有可靠的保证。

单层厂房的外墙根据材料不同可分为砖墙、砌块墙、板材墙、轻质板材墙和开敞式外墙。按承重方式不同又可分为承重墙、承自重墙和填充墙(框架墙)等，如图 10.63 所示。承重墙一般用于厂房跨度和高度不大，且没有设置或仅设置有较小的起重运输设备的中、小型厂房，如图 10.63 中 A 轴的墙直接承受屋盖与小型起重运输设备等荷载，其构造与民用建筑构造相似，因此不再重复叙述。当厂房跨度和高度较大，或厂房内起重运输设备吨位较大时，通常由钢筋混凝土排架柱来承受屋盖和起重运输设备的荷载，外墙只承受自重、仅起围护作用，这种墙称为承自重墙，如图 10.63 中 D 轴下部的墙。某些高大厂房的上部墙体及厂房高低跨交接处的墙体，往往采用架空支承在与排架柱连接的墙梁(连系梁)上，这种墙称为填充墙，如图 10.63 中 B 轴上部和 D 轴的墙。承自重墙与填充墙是厂房外墙的主要形式。

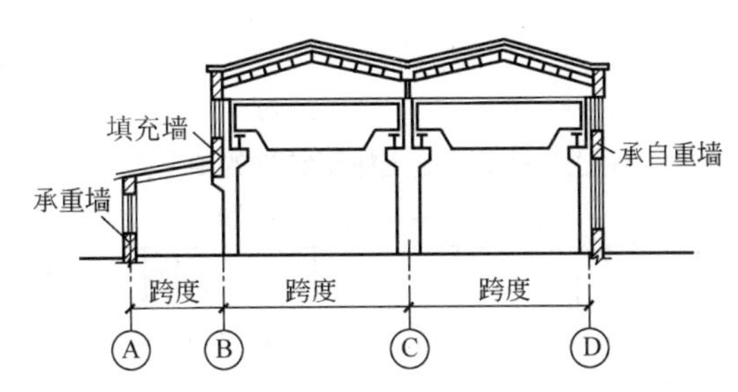

图 10.63　单层厂房外墙类型

本节主要介绍砖墙及砌块墙。

砖墙及砌块墙指用烧结普通砖、烧结多孔砖、蒸压灰砂砖、混凝土砌块和轻骨料混凝土砌块砌筑的墙。单层厂房通常为装配式钢筋混凝土排架结构。因此，它的外墙一般在连系梁以下为承自重墙，在连系梁上部为填充墙。填充墙即利用厂房的承重排架柱和厂房的连系梁之间砌筑的墙体。装配式钢筋混凝土排架结构的单层厂房纵墙构造剖面如图 10.64 所示。单层厂房的砖墙和砌块墙的外墙构造如下。

1. 墙与柱的相对位置

单层工业厂房围护墙与厂房柱的相对位置一般有三种布置方案，如图 10.65 所示。

2. 墙与柱子的连接

为使墙体与柱子间有可靠的连接，根据墙体传力的特点，主要考虑在水平方向与柱子

拉结。通常的做法是在柱子高度方向每隔 500～600 mm 甩出两根$\phi 6$ 钢筋，砌筑时把钢筋砌在墙的水平缝里，墙柱的连接如图 10.66 所示。

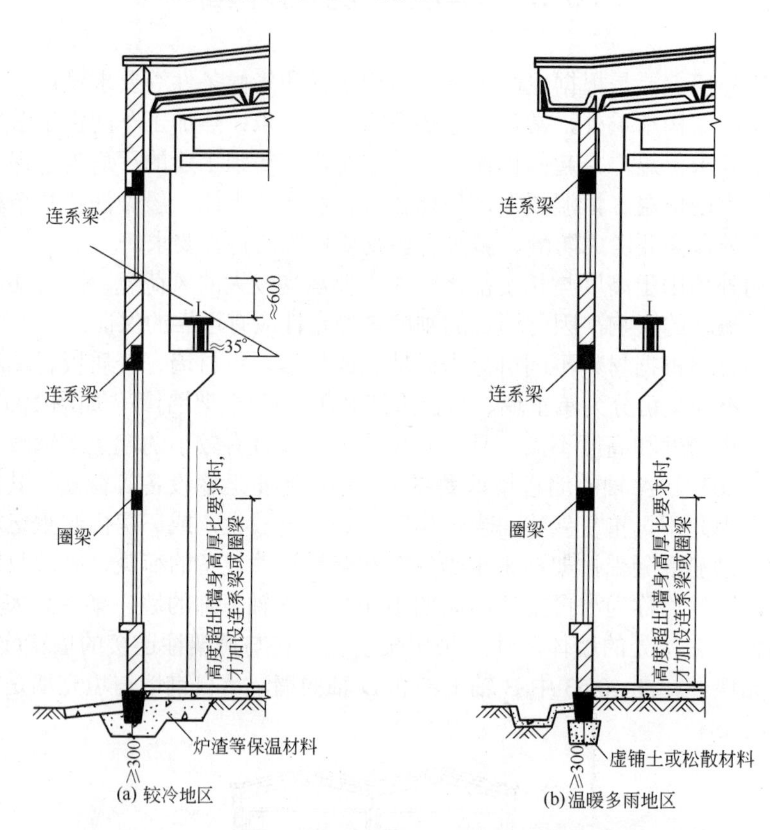

图 10.64　装配式钢筋混凝土排架结构的单层厂房纵墙剖面

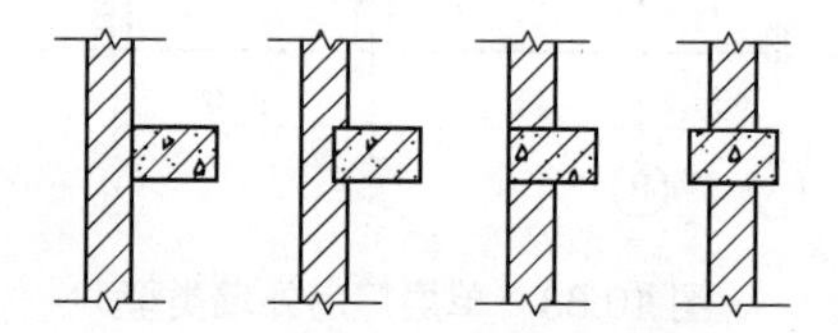

图 10.65　墙与柱的相对位置

3．墙与屋架(或屋面梁)的连接

屋架的上弦、下弦或屋面梁可采用预埋钢筋拉接墙体；若在屋架的腹杆上预埋钢筋不方便时，可在腹杆预埋钢板上焊接钢筋与墙体拉接，墙与柱和屋架的连接构造要求如图 10.67 和图 10.68 所示。

4．纵向女儿墙的构造与屋面板的连接

纵向女儿墙是指纵向外墙高出屋面的部分，如图 10.69(a)所示，女儿墙高度不仅要满足构造的要求，还要考虑保护在屋面上从事检修、清扫积灰和积雪、擦洗天窗等人员的安全。因此非地震区当厂房较高或屋面坡度较陡时，一般需设置 1 m 左右高的女儿墙，或在厂房

的檐口上设置相应高度的护栏。受设备振动影响较大或地震区的厂房，其女儿墙高度则不应超过 500 mm，并须用整浇的钢筋混凝土压顶板加固。

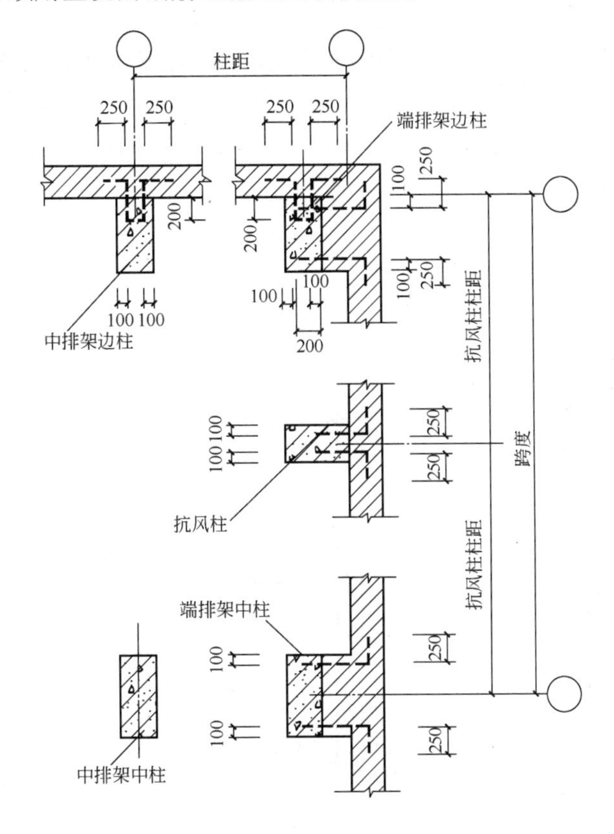

图 10.66 墙与柱的关系及连接

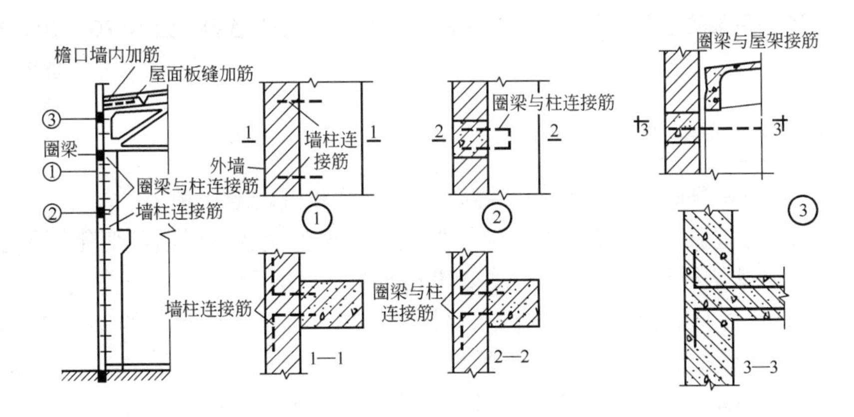

图 10.67 墙与柱和屋架的连接

为保证纵向女儿墙的稳定性，女儿墙厚一般不少于 240 m，砂浆强度等级不低于 M5，并应设置构造柱，构造柱间距不宜大于 4 m，在墙与屋面板之间常采用钢筋拉结等措施，即在屋面板横向缝内放置一根ϕ 10 钢筋(长度为板宽度加上纵墙厚度的一半，并且两头弯钩)，在屋面板纵缝内及纵向外墙中各放置一根ϕ12(长度为 1000 mm)钢筋，并且相连接，形成工字形的钢筋，然后在缝内用 C20 细石混凝土捣实。女儿墙的顶部都需做压顶处理，压顶宜用钢筋混凝土现场浇筑而成，其截面常为梯形，如图 10.69(b)所示。

5．山墙与屋面板的连接

单层厂房的山墙面积比较高大，为保证其稳定性和抗风要求，山墙与抗风柱及端柱除用钢筋拉结外，在非地震区，一般尚应在山墙上部沿屋面设置 2 根 $\phi 8$ 钢筋于墙中，并在屋面板的板缝中嵌入一根 $\phi 12$(长为 1000 mm)的钢筋与山墙中的钢筋拉结，如图 10.70 所示。

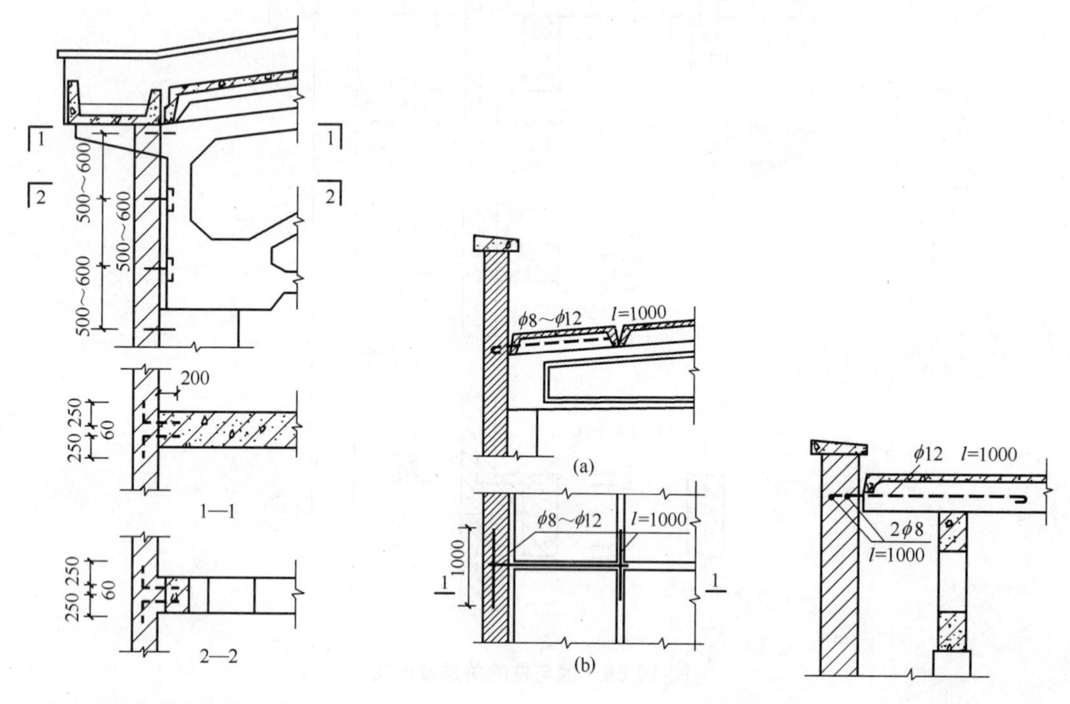

图 10.68　墙与屋架的连接　　图 10.69　纵向女儿墙与屋面板的连接　　图 10.70　山墙与屋面板的连接

6．单层厂房墙身的变形缝

单层工业厂房墙身的变形缝包括伸缩缝、防震缝和沉降缝三种。

(1) 伸缩缝。厂房的温度变形受到结构形式、厂房长度和气候温度变化等因素的影响。在一定条件下(如排架结构厂房长度超过 100 m 时)，厂房需设置伸缩缝，把厂房划分成几个温度区段，减小厂房温度变形对结构及墙体的影响。伸缩缝的缝宽约 20～30 mm。一般情况下，一砖墙可做成平缝；当墙身厚度较大、厂房内对保温要求较高时，可做成企口缝或错缝的形式。伸缩缝内用沥青麻丝等材料填实，墙体伸缩缝的构造如图 10.71 所示。

(2) 防震缝。防震缝一般设置在纵向高低跨厂房交接处，纵横厂房交接处，与厂房毗邻而建的生活间、变电所等附属房屋的连接处等抗震薄弱的位置。防震缝的缝宽 50～150 mm，砖砌外墙防震缝的构造如图 10.72 所示。

(3) 沉降缝。单层工业厂房沉降缝可参照民用建筑沉降缝的设置要求和构造做法。

当伸缩缝、防震缝和沉降缝需要同时设置时，应统一考虑。伸缩缝或沉降缝须满足防震缝的要求，设置原则同民用建筑。

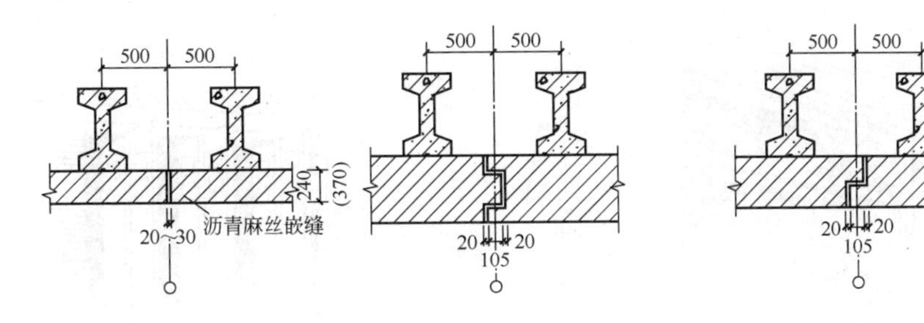

图 10.71　墙体伸缩缝的构造

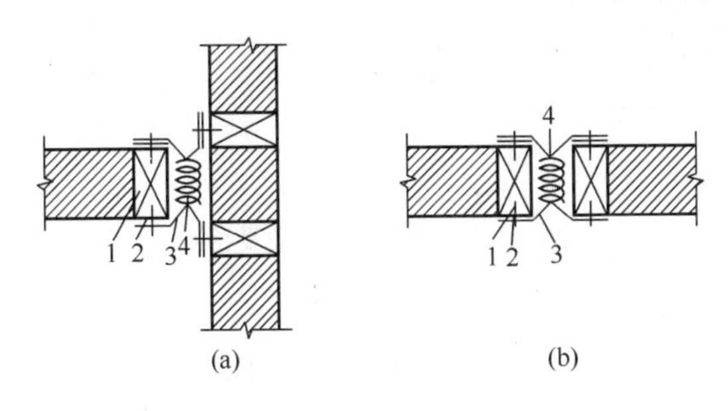

图 10.72　砖砌外墙防震缝的构造

1—防腐木砖；2—油毡；3—镀锌铁皮；4—沥青麻刀

10.4　侧窗和大门

单层工业厂房的侧窗与大门是供采光、通风、日照和交通运输使用的，由于厂房生产和工艺要求的不同，增加了使用的特殊性。在进行侧窗和大门设计时，应在坚固耐久、开关方便的前提下，节省材料，降低造价。

10.4.1　侧窗

1．侧窗的层数和常见的开启方式

单层厂房的侧窗一般情况下都采用单层窗。严寒地区的采暖车间，室内外计算温差大于 35℃时，距地 4 m 以内应设双层窗。若生产上有特殊要求(如恒温恒湿、洁净车间等)，则应全部采用双层窗或双层玻璃窗。双层窗冬季保温、夏季隔热，而且防尘密闭性能均较好，但造价高，施工复杂。

侧窗按开启的方式有上悬窗、平开窗、中悬窗、立旋窗和固定窗。一般情况下，可用中悬窗、平开窗、固定窗等组合成单层厂房的侧窗，侧窗的类型及组合如图 10.73 所示。

1) 中悬窗

中悬窗，窗扇沿水平中轴转动，开启角度可达 80°，并可利用自重保持平衡。这种窗便于采用侧窗开关器进行启闭，因此常用于车间外墙的上部。中悬窗的缺点是构造较复杂，由于开启扇之间有缝隙，易产生飘雨现象。中悬窗还可作为泄压窗，调整其转轴位置，使转轴位于窗扇重心之上，当室内达到一定的压力时，便能自动开启泄压。

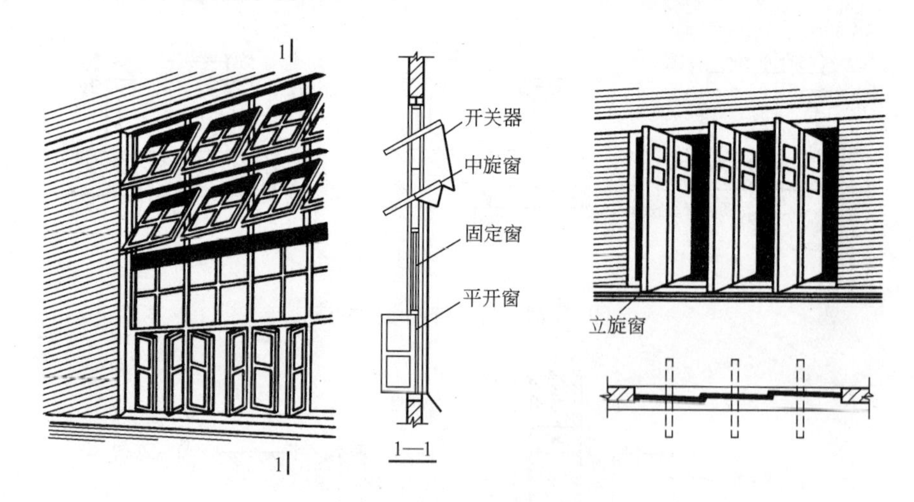

图 10.73　侧窗的类型及组合

2) 平开窗

平开窗，窗口阻力系数小，通风效果好，构造简单，开关方便，便于做成双层窗。但防雨性能较差，风雨大时易从窗口飘进雨水。此外，这种窗由于不便于设置联动开关器，只能用手逐个开关，因此不宜布置在较高部位，通常布置在外墙的下部。

3) 固定窗

固定窗，构造简单，节省材料，常用在较高外墙的中部，既可采光，又可使热压通风的进、排气口分隔明确，便于更好地组织自然通风。有防尘密闭要求车间的侧窗，亦多做成固定窗以避免缝隙渗透。

4) 立旋窗

立旋窗的窗扇绕垂直轴转动，可以根据不同的风向调节开启角度，通风效果好。适用于要求通风良好，密闭要求不高的车间，常用于热加工车间的外墙下部，作进风口。

5) 上悬窗

上悬窗铰链安装在上部。向外开启时防雨性能好。受开启角度限制，通风效果较差，高处的上悬窗开启时不如中悬窗方便，一般需开关窗器协助开关，且要设支撑机构。

根据车间通风的需要常将平开窗、中悬窗或固定窗组合在一起，形成组合窗。组合窗应考虑窗扇便于开关和使用，一般平开窗位于下部，中悬窗位于上部，固定窗位于中部。在同一横向高度内，应采用相同的开关方式。

2. 侧窗的布置形式及窗洞尺寸

单层厂房外墙侧窗的布置形式一般有两种。一种是被窗间墙隔开的单独的窗口形式；另一种是厂房整个墙面或墙面的大部分做成大片玻璃墙面或带状玻璃窗。

侧窗有单面侧窗和双面侧窗两种。当厂房进深不大时，可用单面侧窗采光；单跨厂房多为双侧采光，可以提高厂房采光照明的均匀程度。在设置有吊车的厂房中，可将侧窗分上、下两段布置，形成高侧窗和低侧窗，如图 10.74(a)所示。低侧窗下沿略高于工作面，投光近，对近窗采光点有利；高侧窗投光远，光线均匀，可提高远离侧窗位置的采光效果。

侧窗较天窗构造简单、施工方便。当侧窗采光良好时，可不必再设采光天窗。这样能避免设置天窗给厂房屋面结构带来的集中荷载影响，还能降低造价。在工艺要求允许的情

况下，可尽量采用高、低侧窗解决多跨厂房的采光问题，高低侧窗结合布置的采光效果如图 10.74(b)所示。

由于厂房采光和通风的需要，侧窗面积较大，而各类侧窗为便于制作和运输，其基本窗尺寸均有一定的限制。如钢侧窗一般不超过 1800 mm×2400 mm；木侧窗一般不超过 3600 mm×3600 mm 等。因此，如所需的窗洞尺寸大于上述尺寸时，就必须选择若干个基本窗进行拼装组合，以得到所需尺寸和窗型，这种窗称为拼框组合窗。

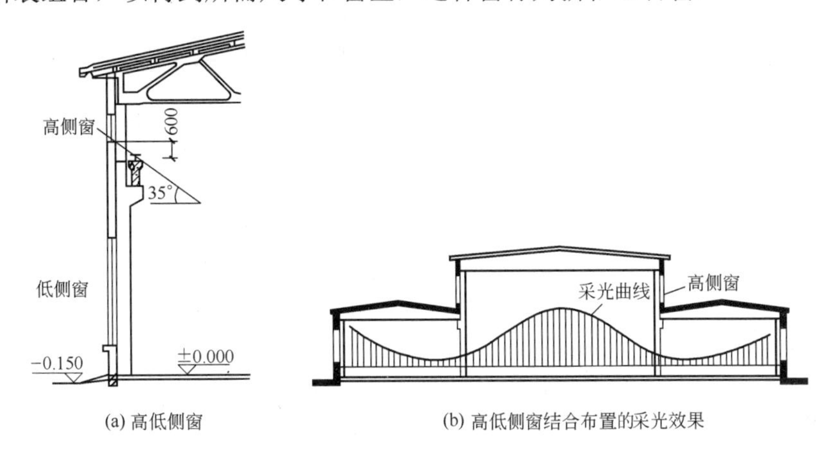

(a) 高低侧窗　　(b) 高低侧窗结合布置的采光效果

图 10.74　侧窗的布置形式

3．侧窗的构造

单层工业厂房的侧窗，按材料分有木侧窗、钢侧窗和钢筋混凝土侧窗等。

1) 木侧窗

木侧窗施工方便，造价较低，但耗木量大，容易变形，防火及耐久性差。常用于中、小型车间及辅助车间，或对金属有腐蚀的车间(如电镀车间)，但不宜用于高温高湿或易腐蚀木材的车间(如发酵车间)。

工业建筑木侧窗的组成及构造与民用建筑基本相同。由于工业厂房的侧窗窗洞面积较大，窗料截面也随之增大。此外，往往还由于生产上采光和通风的需要，将侧窗做成多种开启方式组成的组合窗。

我国制定的木侧窗标准图集中，洞口尺寸大于 3600 mm×3600 mm 的侧窗，均由两个基本木窗拼框组成。两个基本窗左右拼接，称为横向拼框；两个基本窗上下拼接，则称为竖向拼框。木侧窗的拼接采用窗框直接、拼接固定的方法，通常是用ϕ10 螺栓或ϕ6 木螺栓(中距小于 1000 mm)将两个窗框连接在一起。采用螺栓连接时，应在两框之间加入垫木，窗框间的缝隙，应用沥青麻丝嵌缝，缝隙的内外两侧还应用木压条盖缝，木窗拼框节点如图 10.75 所示。

2) 钢侧窗

(1) 钢窗料型。

钢窗窗料用的是热轧型钢。单层厂房钢窗料常用 32 mm 和 40 mm 两个系列。钢窗窗料的断面形式如图 10.76 所示。

(2) 基本钢窗。

为使用灵活及运输方便，一般在工厂制成标准化的基本钢窗，它是组成单层厂房窗的基本单元。在实际工程中，可直接选用标准化的基本钢窗或由其组合出所需大小和形状的组合钢窗。实腹式基本钢窗举例如表 10.3 所示。

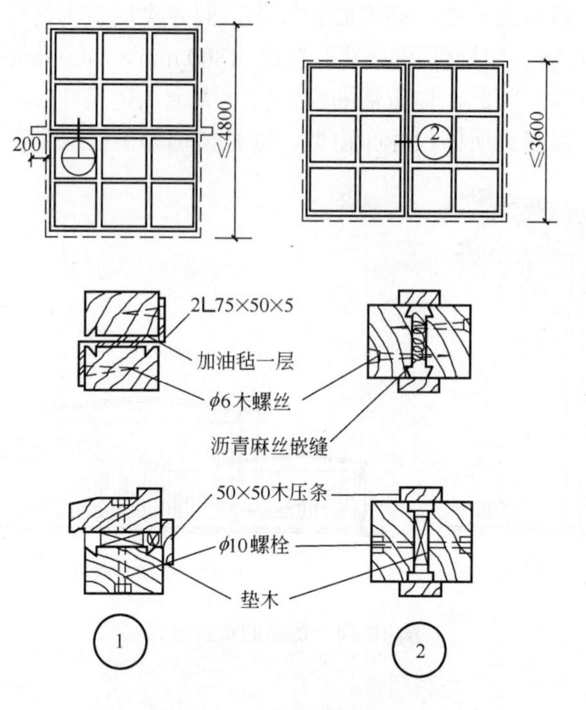

图 10.75 木窗拼框节点

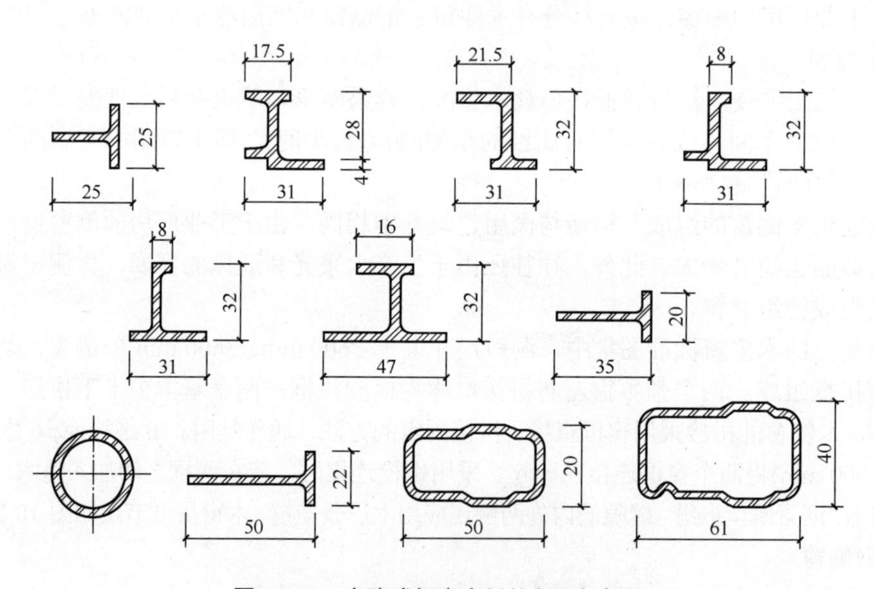

图 10.76 实腹式钢窗窗料的断面与规格

(3) 钢窗的组合与钢窗构造。

单层厂房侧窗面积大，要用数个基本钢窗拼接而成，称为组合钢窗。组合钢窗由竖梃和横挡保证整体性和稳定性，基本钢窗连接固定在窗竖梃和横挡上。图 10.77 所示为实腹钢侧窗组合示例。图 10.78 所示为中悬式钢侧窗构造举例。

表 10.3 实腹式基本钢门窗举例 单位：mm

高＼宽		600	900 1200	1500 1800
平开窗	600	—		—
	1200 1500 1800			
	1500 1800 2100			
中悬窗	600 900 1500	—		
	1500 1800	—		

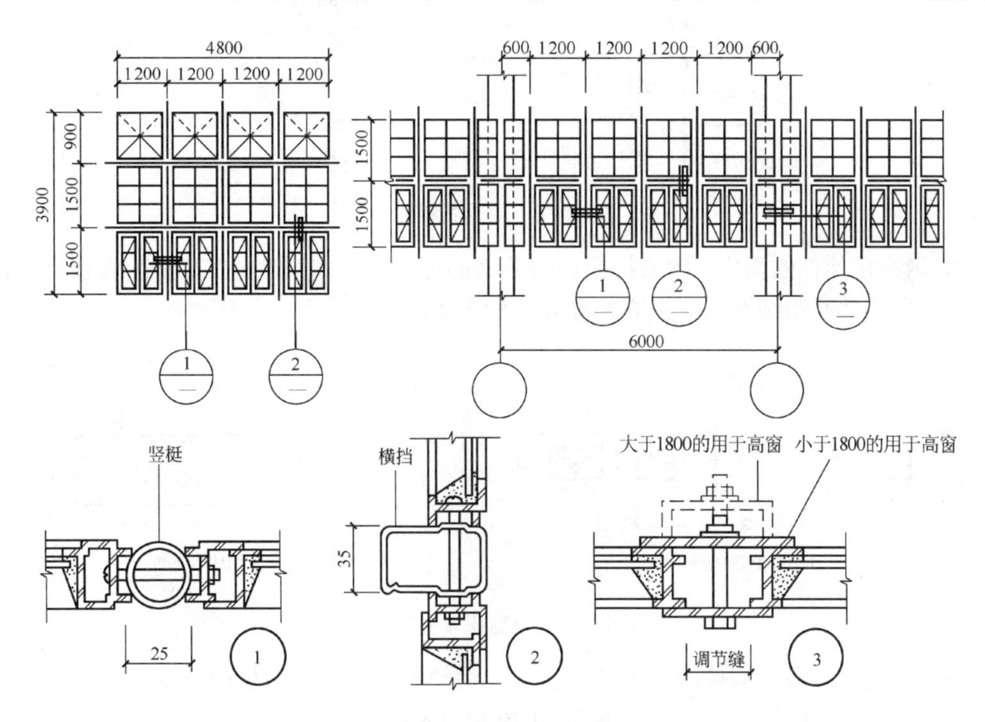

图 10.77 实腹钢侧窗组合

(4) 钢窗与窗洞的连接。

① 基本钢窗与窗洞的连接。钢窗框与窗洞四周砖墙体的连接，一般是在砖墙上预留 50 mm×50 mm×100 mm 的孔洞，将燕尾铁脚一端插入孔洞内，再用 1∶2 水泥砂浆或细石混凝土灌实固定，另一端与窗框用螺栓固定；钢窗框安装在混凝土墙体或柱子上，可采用

预埋铁件的方式连接，如图 10.78 所示。窗框固定后，四周缝隙用 1∶2 水泥砂浆填实，以防渗漏雨水。

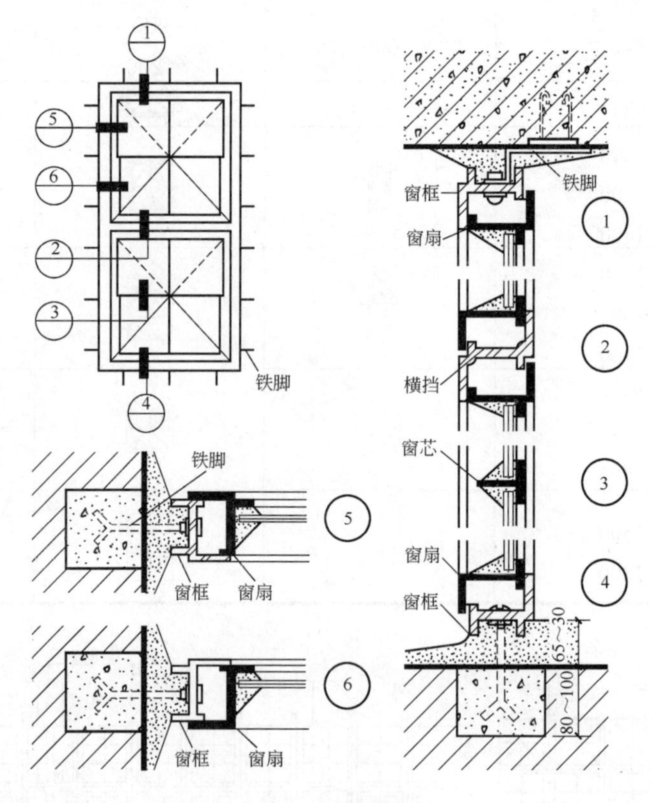

图 10.78　中悬式钢侧窗

② 钢窗拼接件的固定。钢窗拼接件与砖墙的连接固定，一般先在墙体上预留孔洞，插入钢窗的拼接件并用细石混凝土灌实嵌固，如图 10.79(a)所示。

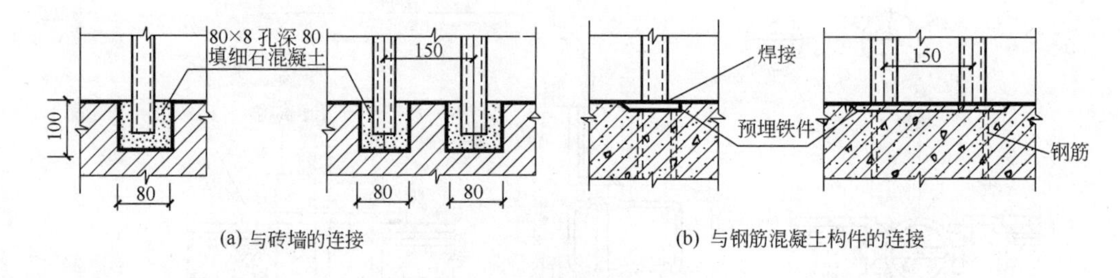

(a) 与砖墙的连接　　(b) 与钢筋混凝土构件的连接

图 10.79　钢窗拼接件的固定

钢窗与钢筋混凝土构件的连接，一般是在钢筋混凝土构件中相应位置预埋铁件，用拼接件将钢窗与预埋铁件焊接固定，如图 10.79(b)所示。

(5) 钢侧窗开关器。

由于单层厂房的高度、宽度大，窗的开关需借助专用开关器完成。窗的开关器有手动和电动两种。中悬窗的两种开关器如图 10.80 所示。

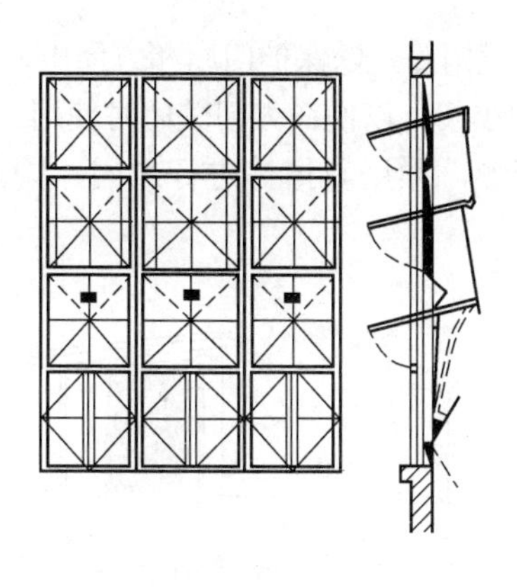

(a) 撑壁式简易开关器

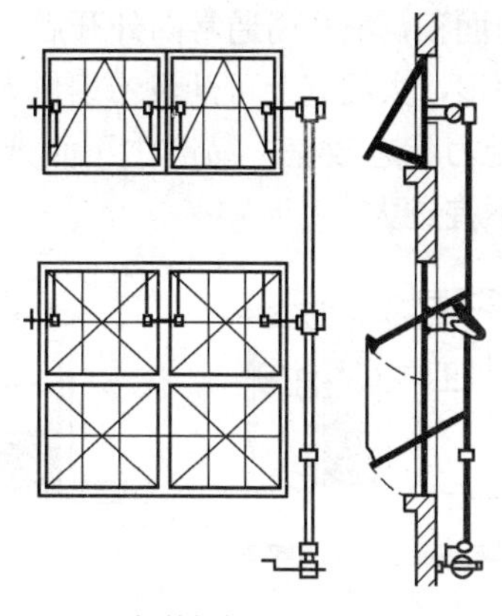

(b) 蜗轮蜗杆手摇开关器

图 10.80　中悬窗开关器

10.4.2　大门

1. 洞口尺寸与大门类型

1) 大门的洞口尺寸

厂房大门主要用于生产工具、物料的运输及人流的通行。大门的尺寸应根据运输工具的类型，运输货物的外形尺寸及通行方便等因素确定。一般门洞的尺寸应比装满货物时的车辆宽出 600～1000 mm，高出 400～600 mm。常用厂房大门洞口的参考尺寸如图 10.81 所示。

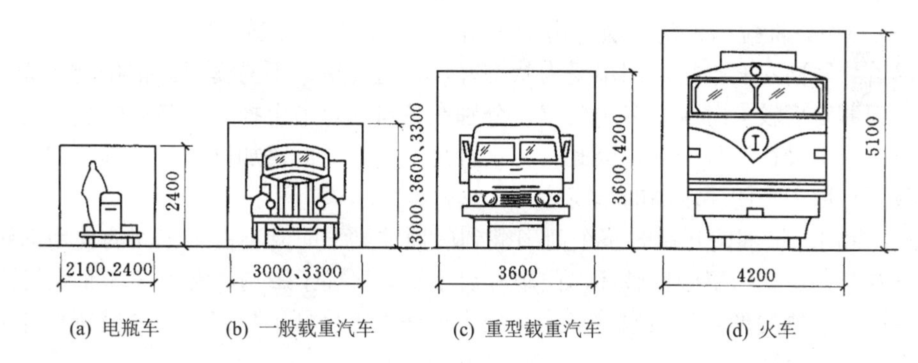

(a) 电瓶车　(b) 一般载重汽车　(c) 重型载重汽车　(d) 火车

图 10.81　常用运输车辆类型及大门洞口尺寸

2) 厂房大门的类型

厂房大门按用途分，有运输工具通行的大门；根据特殊要求设计的特殊大门，如保温门、防火门、冷藏门、射线防护门、防风砂门、隔声门和烘干室门等。

按厂房大门所用的材料分，有钢木大门、木大门、钢板门、空腹薄壁钢门和铝合金门等。大尺寸门一般为钢木门或钢板门。

按大门开启方式分，为平开门、平开折叠门、推拉门、上翻门、升降门、卷帘门、偏心门和光电控制门等，如图 10.82 所示。厂房大门可用人力、机械和电力方式开关。

(1) 平开门。平开门是单层厂房常用的一种大门，其构造简单，开启方便。为便于疏散和节省车间使用面积，平开门通常向外开启，但须设置雨篷，以保护门扇和方便出入。厂房中的平开门均为两扇，大门扇上可开设一扇供人通行的小门，以便在大门关闭时使用。

平开门受力状态较差，易产生下垂或扭曲变形，须用斜撑等进行加固，因此，一般平开门的尺寸不宜过大。

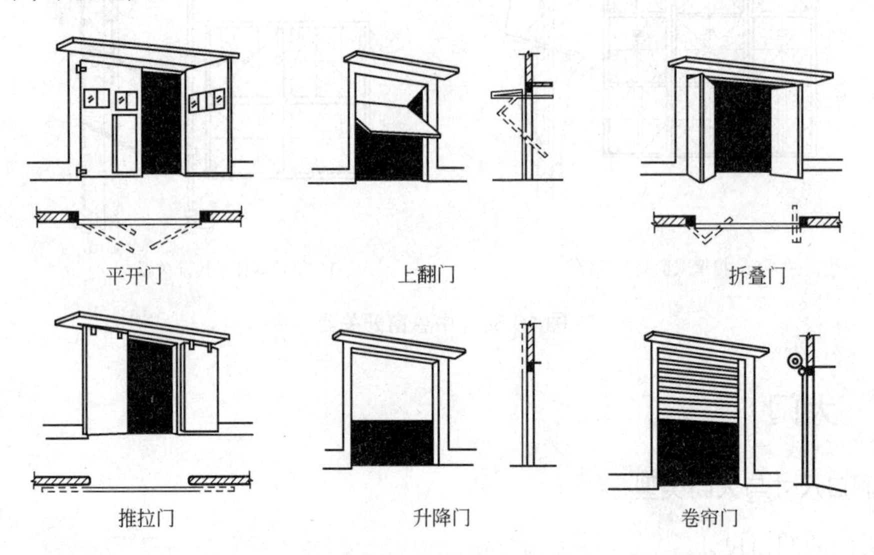

图 10.82　几种常见大门的开启方式

(2) 平开折叠门。由几个较窄的门扇通过铰链组合而成，开启时通过门扇上下滑轮沿导轨左右移动并折叠在一起，使用灵活方便。关闭时分别用插销固定，以防门扇变形和保证大门的刚度。这种门占用空间较少，适用于较大的门洞口。

(3) 推拉门。推拉门也是单层厂房中采用较广泛的大门形式之一。推拉门的开关是通过滑轮沿着导轨向左右推拉，门扇受力状态好，构造简单，不易变形。推拉门一般为两个门扇，当门洞宽度较大时可设多个门扇，分别在各自的轨道上推行。门扇因受室内柱子的影响，一般只能设在室外一侧，因此，应设置足够宽度的雨篷加以保护。推拉门的密闭性较差，故不宜用于密闭要求高的车间。

(4) 上翻门。上翻门开启时整个门扇翻到门顶过梁下面，不占用车间的使用面积，可避免大风及车辆造成门扇碰损破坏，门扇开启不受厂房柱子影响，常用于车库大门。

上翻门按导轨的形式和门扇的形式又分为重锤直轨吊杆上翻门、弹簧横轨杠杆上翻门和重锤直轨折叠上翻门。

(5) 升降门。升降门开启时门扇沿导轨向上升。门洞高时可沿水平方向将门扇分为几扇。这种门不占使用空间，只需在门洞上部留有足够的上升高度即可。开启方式宜采用电动，也可用平衡锤手动开启。升降门适用于较高大的大型厂房。

(6) 卷帘门。卷帘门的帘板(页板)由薄钢板或铝合金冲压成型，开启时由安装在门上部的转轴转动，将帘板卷起，这种门的高度不受限制。卷帘门有手动和电动两种开启方式，当采用电动方式开启时，必须设置停电时手动开启的备用设施。卷帘门有较好的防火、防盗性能。适用于门洞宽不超过 7000 mm 的门和非频繁开启的高大门洞。

2. 大门构造

工业厂房各类大门的构造各不相同，一般均有标准图可供选择。以下着重介绍平开门及推拉门的构造。

1) 平开钢木大门构造

平开门钢木大门由门扇、门框与五金配件组成。洞口尺寸一般不宜大于 3600 mm×3600 mm。门扇有木制、钢板、钢木混合等几种，当门扇面积大于 5 m^2 时，宜采用钢木或钢板制作。

(1) 门扇。钢木大门门扇由骨架和面板构成，骨架通常用角钢或槽钢制成。为防止门扇变形，钢骨架应加设角钢的横撑和交叉支撑，门扇一般均用 15～25 mm 厚的木板作门芯板，用螺栓固定在骨架上，平开钢木大门构造如图 10.83 所示。北方地区为防止风沙吹入车间，在门扇下沿以及门扇与门框、门扇与门扇间的缝隙应加钉橡皮条。寒冷地区有保温要求的厂房大门，可采用双层门芯板，中间填充保温材料，并在门扇边缘加钉橡皮条等密封材料封闭缝隙。

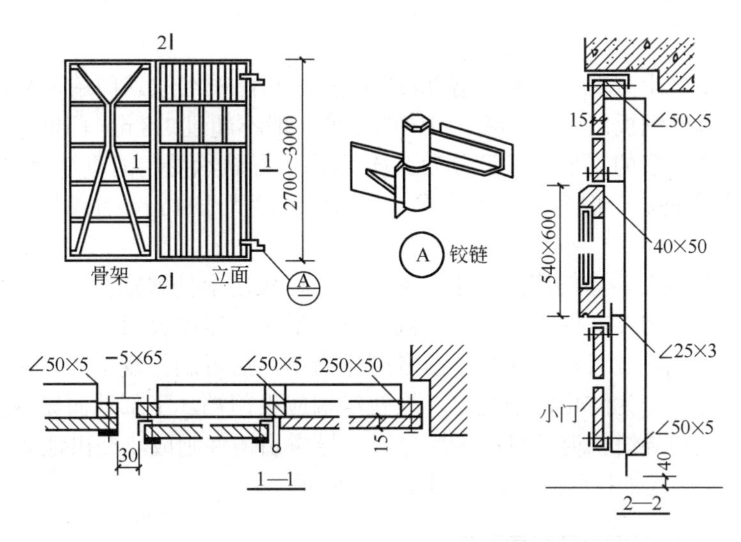

图 10.83　平开钢木大门

(2) 门框。门框由上框和边框构成。上框可利用门顶的钢筋混凝土过梁兼作。过梁上一般均带有雨篷，雨篷应比门洞每边宽出 370～500 mm，雨篷挑出长度一般为 900 mm。边框有钢筋混凝土和砖砌两种。当门洞宽度大于 3.0 m 时，应采用钢筋混凝土边框，用以固定门铰链。边框与墙砌体应有拉筋连接，并在铰链位置上预埋铁件钢筋混凝土门框与过梁，构造如图 10.84 所示。当门洞宽度小于 2.4 m 且两边为砌体墙时，可不设钢筋混凝土边框，但应在铰链位置上镶砌混凝土预制块，其上带有与砌体的拉接筋和与铰链焊接的预埋铁件，砖砌门框与过梁的构造如图 10.85 所示。门框须立于基础梁或基础上，不可直接立于地基土上。

平开钢木大门中的五金配件除铰链(门轴)外，一般还有上、下插销、门扇定位钩、门闩和拉手等。

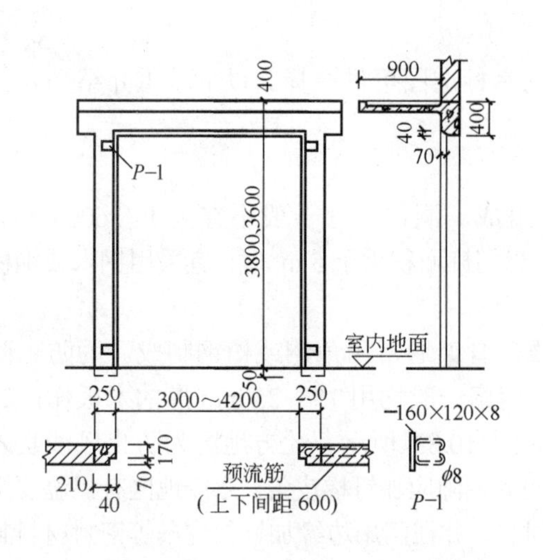

图 10.84　钢筋混凝土门框与过梁

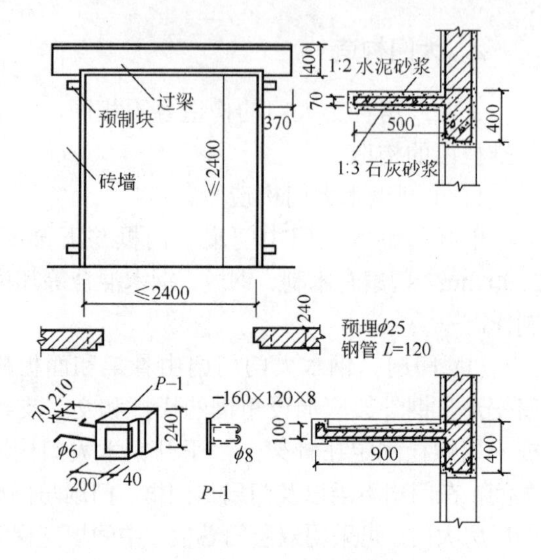

图 10.85　砖砌门框与过梁

2) 推拉门构造

推拉门由门扇、上导轨、滑轮、导饼(或下导轨)和门框组成。门扇可采用钢木门扇、钢板门扇和空腹薄壁钢板门扇等，每个门扇的宽度一般不超过 1.8 m。门框一般由钢筋混凝土制作。推拉门按门扇的支承方式又分为上挂式(由上导轨承受门的重量)和下滑式(由下导轨承受门的重量)两种。一般多采用上挂式；当门扇高度大于 4 m，且重量较重时，则应采用下滑式。

(1) 上挂式推拉门。当门扇高度小于 4 m 时，可采用上挂式推拉门。上导轨和滑轮是使门扇向两侧推拉的重要部件，构造上应做到坚固耐久，滚动灵活，并需经常维修，以免生锈。滑轮装置有单轮、双轮或四轮，前者制作简单，后者制作复杂但不易卡滞和脱轨，可根据门的大小选用。为防止门扇脱轨，导轨尽端应设门挡。下部地面设导向装置，导向装置有凹式、凸式和导饼轨道，目前多用导饼，导饼由铸件制成，凸出地面 20 mm，间距 300～900 mm，上挂式推拉门的构造如图 10. 86 所示。

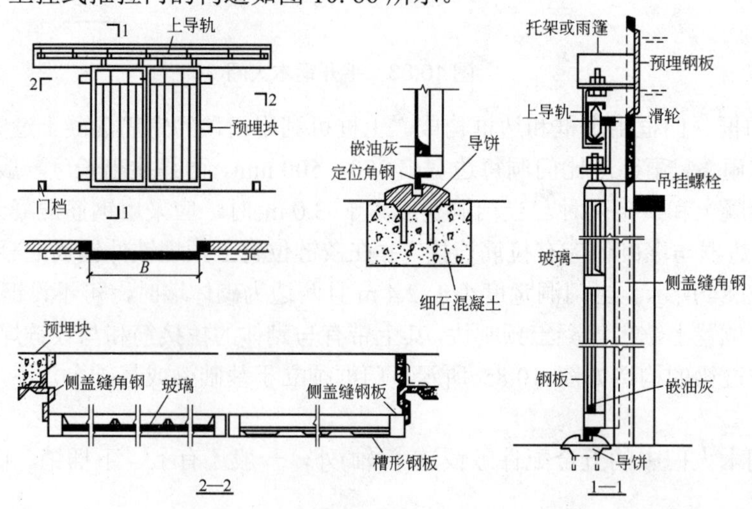

图 10.86　上挂式推拉门

(2) 下滑式推拉门。当门扇高度大于 4 m 时，采用下滑式推拉门。在门洞上下均设导轨，门扇重量由下面的导轨承担。推拉门位于墙外侧时，门上部应设雨篷。

3) 折叠门

(1) 折叠门的类型。折叠门一般有侧挂式、侧悬式和中悬式三种类型，如图 10.87 所示。

① 侧挂式折叠门。在平开门扇边侧用普通铰链悬挂一个门扇，不再另设导轨，适用于较小尺寸的门洞，如图 10.87(a)所示。

② 侧悬式折叠门。除安装在各门扇侧边的铰链外，每个门扇都用滑轮铰链与门洞上边的轨道相连，下部安装有地槽滑轮，可适用于较大的门洞。侧悬式折叠门是将滑轮铰链安装在门扇的上部侧边，每个滑轮铰链同时连接两个门扇，如图 10.87(b)所示。

③ 中悬式折叠门。滑轮铰链安装在每个门扇中部，每个滑轮铰链连接一个门扇，如图 10.87(c)所示。

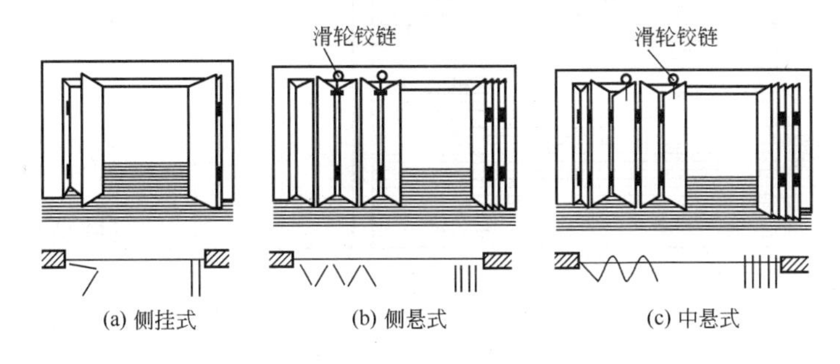

图 10.87 折叠门的类型

(2) 侧悬式折叠门的构造。空腹薄壁钢侧悬折叠门，如图 10.88 所示。空腹薄壁钢门的壁较薄，耐腐蚀性差，不能用于有腐蚀介质的车间。

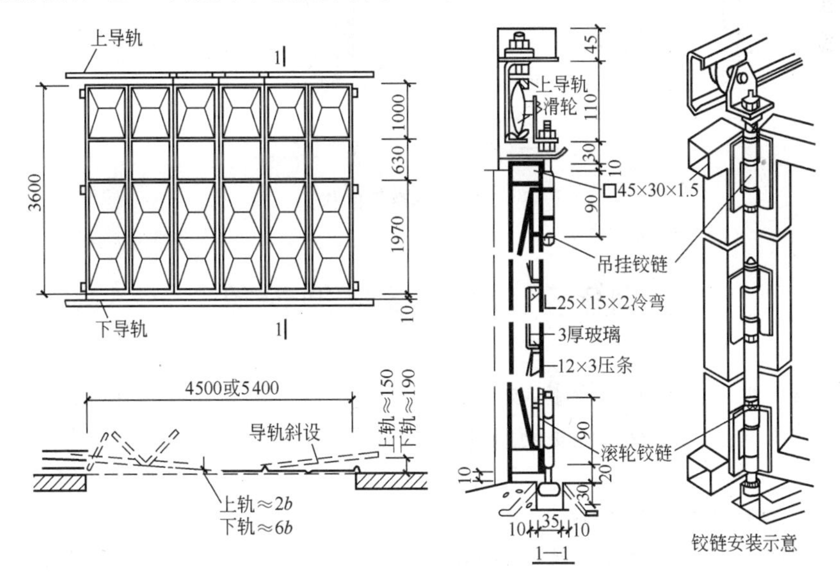

图 10.88 空腹薄壁钢侧悬折叠门

4) 卷帘门

卷帘门的结构紧凑、开启方便、密封性好，有防火、防风、防尘和防盗等优点。卷帘门按性能分，有普通型卷帘门、防火型卷帘门、防风型卷帘门等。按门扇结构分，有帘板结构卷帘门和通花结构卷帘门。大型卷帘门必要时可在卷帘门扇上设置供单人通行的小门扇。卷帘门的构造如图 10.89 所示。

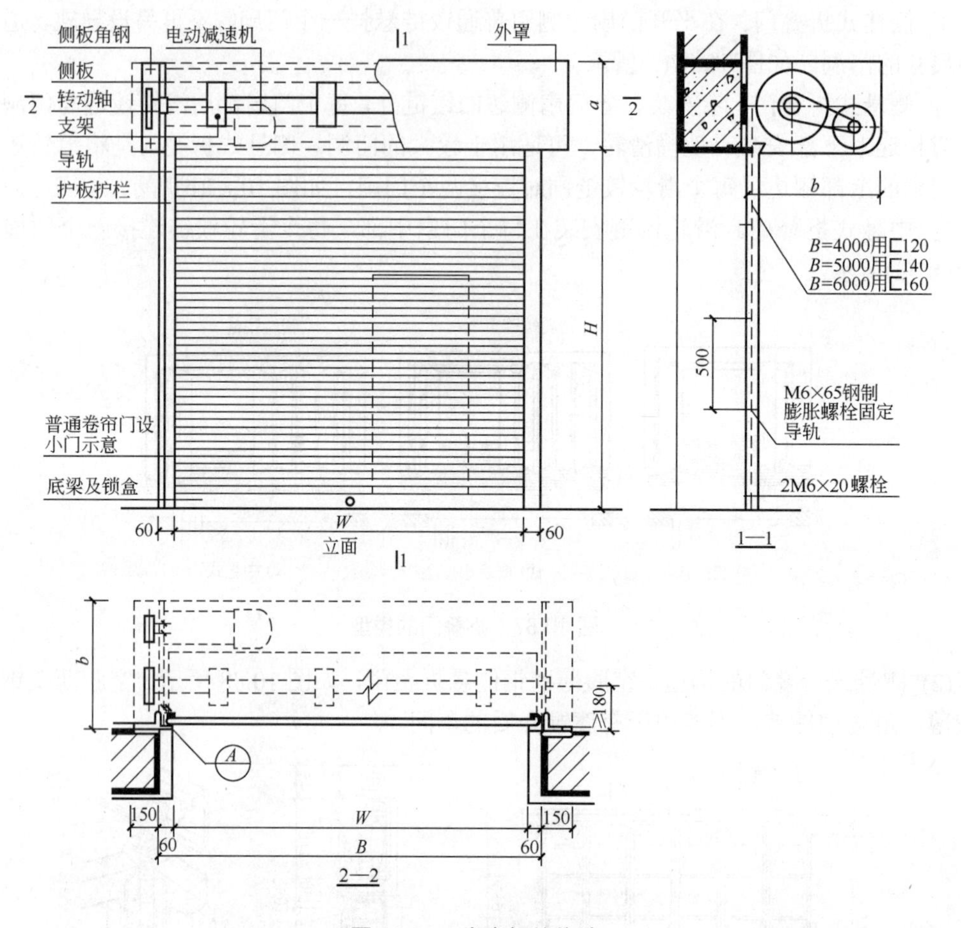

图 10.89　卷帘门的构造

10.5　地面及其他设施

工业厂房的地面面积大，荷重大，材料用量大，要能满足生产使用要求。如生产精密仪器或仪表的车间，地面要求满足防尘要求；生产中有爆炸危险的车间，地面应满足防爆要求(不因撞击而产生火花)；有化学侵蚀的车间，地面应满足防腐蚀要求等。因厂房内工段数量较多，各工段生产要求不同，也增加了地面和钢梯等其他设备构造的复杂性。所以正确而合理地选择地面和钢梯等其他设备材料及相应的构造，不仅有利于生产，而且对节约材料和基建投资都有重要意义。

10.5.1　地面

1．厂房地面的特点与要求

(1) 具有足够的强度和刚度，满足大型生产和运输设备的使用要求，有良好的抗冲击、抗震、耐磨、耐碾压性能。

(2) 满足不同生产工艺的要求，如隔热、防火、防水、防腐蚀、防尘等，处理好不同生产工段对地面不同要求引起的多类型地面的组合拼接。

(3) 选择合理的地面类型、构造及面层材料，为工人营造良好的劳动条件。

(4) 处理好设备基础、满足设备管线敷设、地沟设置等特殊要求。

(5) 合理选择材料与构造做法，降低造价。

2．常用地面的组成

厂房地面与民用建筑地面一样，一般由面层、垫层和基层(地基)组成。当上述构造层不能充分满足使用要求或构造要求时，可增设其他构造层，如结合层、找平层、隔离层等，如图 10.90 所示；在某些特殊情况下，还需增设保温层、隔绝层等附加层。为便于排水，地面还可设置 0.5%～1%的坡度。

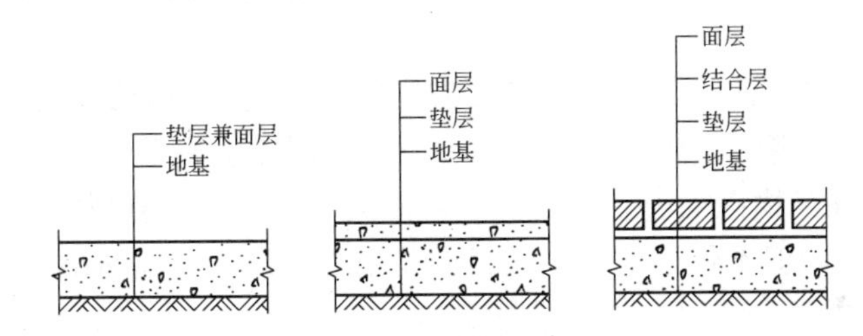

图 10.90　厂房地面的组成

1) 面层的选择

地面面层是直接使用的表层，它与车间的工艺生产特点有直接关系，其名称常以面层材料来命名。根据构造及材料性能不同，面层可分为整体式(包括单层整体式和多层整体式)及板、块状两大类。由于面层是直接承受各种物理、化学作用的表面层。因此应根据生产特征、使用要求和技术经济条件来选择面层。

2) 垫层的选择

垫层是承受并传递地面荷载至基层(地基)的构造层。按材料性质的不同，垫层可分为刚性垫层、半刚性垫层和柔性垫层三种。

刚性垫层是指用混凝土、沥青混凝土和钢筋混凝土等材料做成的垫层。它整体性好，不透水，强度大，适用于直接安装中小型设备、受较大集中荷载、且要求变形小的地面；以及受侵蚀性介质或大量水、中性溶液作用或面层构造要求为刚性垫层的地面。

半刚性垫层是指灰土、三合土和四合土等材料做成的垫层。半刚性垫层受力后有一定的塑性变形，它可以利用工业废料和建筑废料制作，因而造价低。

柔性垫层是夯实的砂、碎石及素炉渣等做成的垫层。

垫层的选择应与面层材料相适应，同时应考虑生产特征和使用要求等因素。如现浇整体式面层、卷材或塑料面层，以及用砂浆或胶泥做结合层的板、块状面层，其下部的垫层宜采用混凝土垫层；用砂、炉渣作结合层的块材面层，宜采用柔性垫层或半刚性垫层。

垫层的厚度，主要根据作用在地面上的荷载情况来确定，其所需的厚度应按《工业建筑地面设计规范》的有关规定计算确定。按构造要求的最小厚度、最低强度等级和配合比如表 10.4 所示。

表 10.4　垫层最小厚度、最低强度等级和配合比

名　称	最小厚度/mm	最低强度等级和配合比
混凝土	60	C7.5 (水泥、砂、石子)
四合土	80	1∶1∶6∶12(水泥、石灰渣、砂、碎砖)
三合土	100	1∶3∶6(石灰、砂、粒料)
灰　土	100	2∶3(石灰、素土)
粒　料	60	(砂、煤渣、碎石等)

注：混凝土垫层兼面层时，混凝土最低强度等级为 C15，最小厚度为 60 mm。

为减少温度变化产生不规则裂缝引起地面的破坏，混凝土垫层应设接缝，接缝按其作用可分为伸缩缝和缩缝两种，厂房内的混凝土垫层受温度变化影响不大，故不设伸缩缝，只做缩缝。

缩缝分为纵向和横向两种，平行于施工方向的缝称为纵向缩缝，垂直于施工方向的缝称为横向缩缝。纵向缩缝宜采用平头缝，当混凝土垫层厚度大于 150 mm 时，宜设企口缝，企口缝间距为 3～6 m，横向缩缝宜采用假缝，混凝土垫层的缩缝形式如图 10.91 所示，假缝的处理是上部有缝，但不贯通地面，其目的是引导垫层的收缩裂缝集中于该处，假缝间距为 6～12 m。

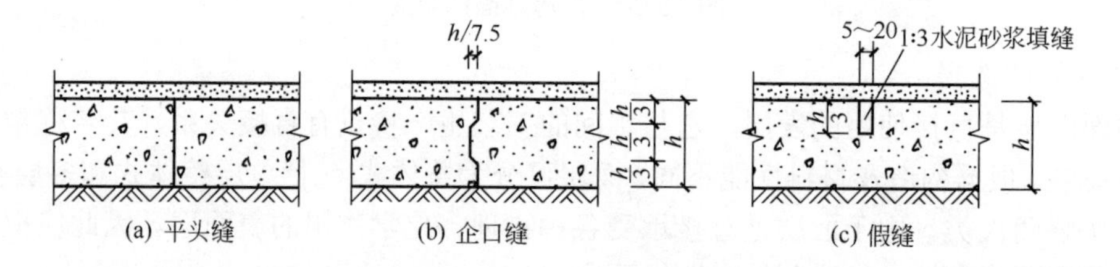

图 10.91　混凝土垫层的缩缝形式

当采用细石混凝土面层时，面层的分隔缝应与垫层的缩缝对齐。但对设有隔离层的水玻璃混凝土或耐碱混凝土面层，分隔缝可不与垫层的缩缝对齐；若采用沥青类地面或块材面层，面层可不设缝。

3) 基层(地基)

基层是承受上部荷载的土壤层，是经过处理的地基土层，要求有足够的承载力。最常见的是素土夯实基层。地基处理的质量直接影响地面承载力，地基土不应用湿土、淤泥、腐殖土、冻土以及有机物含量大于 8%的土作填料。若地基土松软，可加入碎石、碎砖或铺设灰土夯实，以提高其强度。用单纯加厚混凝土垫层和提高其强度等级的办法来提高承载力是不经济的。

4) 附加层

单层厂房地面根据需要可设置结合层和隔离层等附加层。

(1) 结合层。结合层是连结块材面层、板材或卷材与垫层的中间层。它主要起上下结合的作用。结合层的材料应根据面层和垫层的条件来进行选择，水泥砂浆或沥青砂浆结合层适用于有防水、防潮要求或要求稳定而无变形的地面；当地面有防酸、防碱要求时，结合层应采用耐酸砂浆或树脂胶泥等。此外，块材、板材之间的拼缝也应填以与结合层相同的材料，有冲击荷载或高温作用的地面常用砂作结合层。

(2) 隔离层。隔离层的作用是防止地面的水、腐蚀性液体渗漏到地面下影响建筑结构；或防止地下的水、潮气、腐蚀性介质由下向上渗透扩散，对地面产生不利影响的构造层。如果厂房地面有侵蚀性液体影响垫层时，隔离层应设在垫层之上，可采用再生油毡(一毡二油)或石油沥青油毡(二毡三油)或采用软聚氯乙烯玻璃钢做隔离层来防止渗透。地面处于地下水位毛细管作用上升范围内，而生产上又需要有较高的防潮要求时，地面须设置防水的隔离层，且隔离层应设在垫层下，可采用一层沥青混凝土或灌沥青碎石的隔离层，防止地下水影响的隔离层设置如图 10.92 所示。

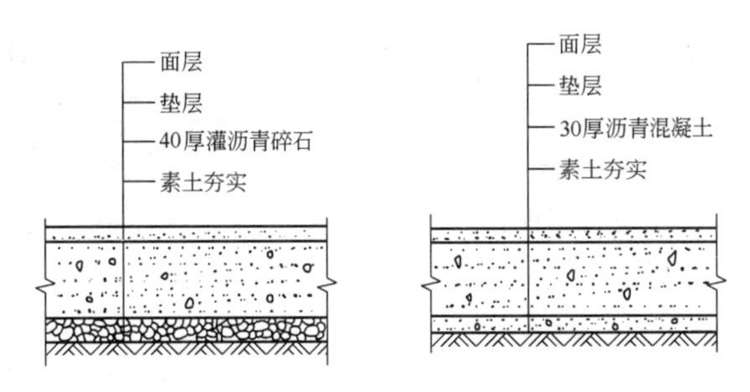

图 10.92　防止地下水影响的隔离层设置

(3) 找平(找坡)层。找平层起找平或找坡作用。当面层较薄，要求面层平整或有坡度时，垫层上需设找平层。在刚性垫层上，找平层一般为 20 mm 厚 1∶2 或 1∶3 水泥砂浆；在柔性垫层上，找平层宜采用细石混凝土制作(不大于 30 mm 厚)。找坡层常用 1∶1∶8 水泥石灰炉渣做成(最薄处不大于 30 mm 厚)。

3. 地面的类型及构造做法

单层厂房地面一般是按照面层材料的不同而分类的，有素土夯实、灰土、石灰炉渣、石灰三合土、水泥砂浆、混凝土、细石混凝土、水磨石、木板、块石、黏土砖、陶土板、菱苦土、沥青混凝土和金属板等各种地面。其做法有单层整体地面、多层整体地面和块料地面。

4. 地面的细部构造

1) 变界缝

(1) 不同材料地面的接缝。两种不同材料的地面由于强度不同，交界缝处易遭破坏，应根据使用情况采取加固措施。一般可在地面交界处设置与垫层固定的角钢或扁钢嵌边，角钢与整体面层的厚度要一致；或设置混凝土预制块加固，以保证不同材料的垫层或面层的接缝施工，如图 10.93 所示。

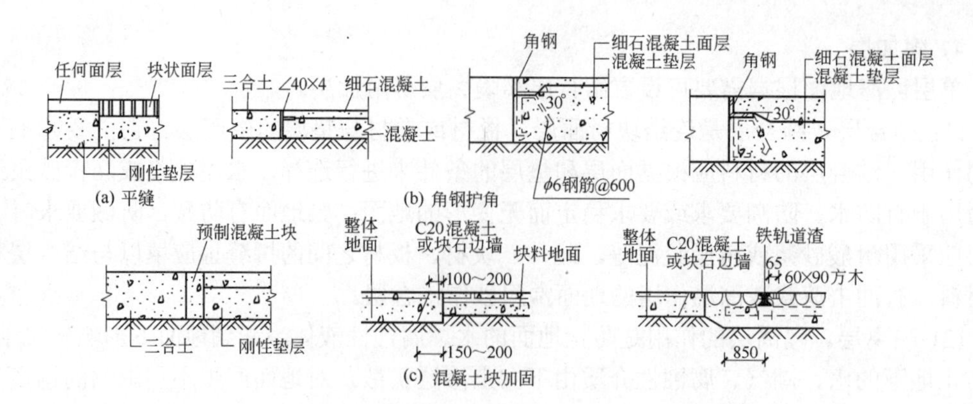

图 10.93　不同材料地面的接缝

(2) 防腐地面与非防腐地面接缝。防腐地面与非防腐地面交界处一般应设挡水，并对挡水采取相应的防水措施，如图 10.94 所示。

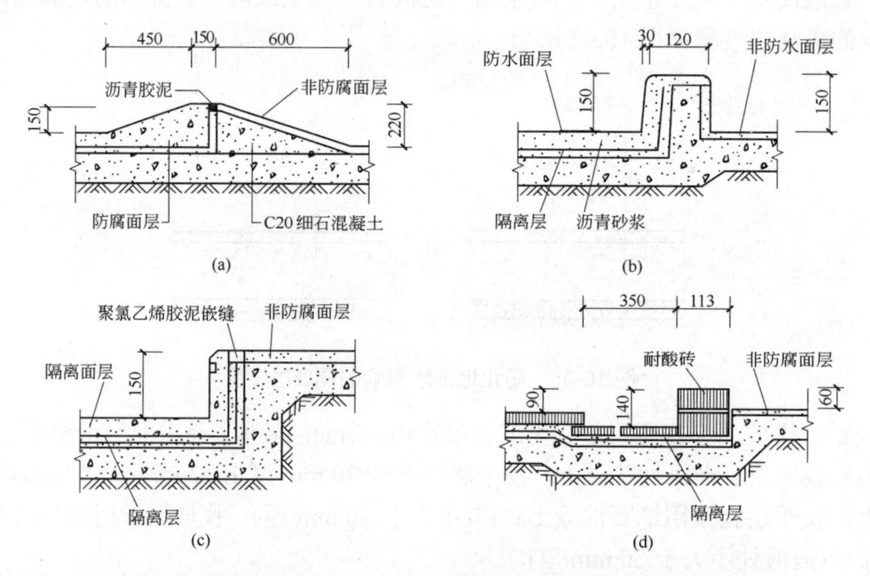

图 10.94　不同材料地面接缝处的挡水构造

(3) 地面与铁路的连接。当厂房内铺设铁轨时，应考虑车辆和行人的通行方便，轨顶应与地面平齐。轨道区一般铺设板、块地面，其宽度不小于枕木的外伸长度。当轨道上常有重型车辆通过时，轨沟要用角钢或旧钢轨等加固，地面与铁路的连接构造如图 10.95 所示。

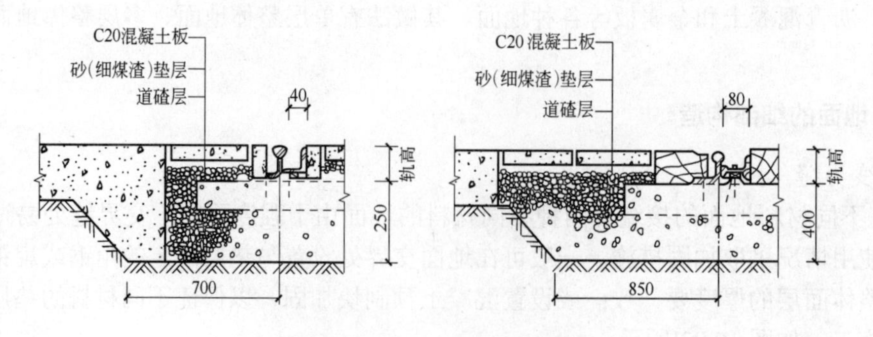

图 10.95　地面与铁路的连接构造

2) 变形缝

厂房地面变形缝与民用建筑的变形缝类似，有伸缩缝、沉降缝或防震缝。地面变形缝的位置与整个建筑的变形缝一致，且贯穿地面地基以上的各构造层。

通常，在一般地面与锻锤、破碎机等振动大的设备基础之间应设变形缝；在厂房内各部分地面承受荷载的大小悬殊时，相邻处需设变形缝。若混凝土垫层已设置伸缩缝时，可不另设地面伸缩缝。

一般地面变形缝的构造做法如图 10.96(a)所示；在有较大冲击、磨损或车辆频繁作用以及有巨型机械作用的地面变形缝处，地面应设钢板盖缝，角钢或扁铁护边，如图 10.96(b)所示；防腐蚀地面应尽量避免设置变形缝，若确需设置时，可在变形缝两侧利用增加面层厚度或垫层厚度的方式设置挡水。挡水设置和缝内的防腐蚀处理，如图 10.96(c)所示。

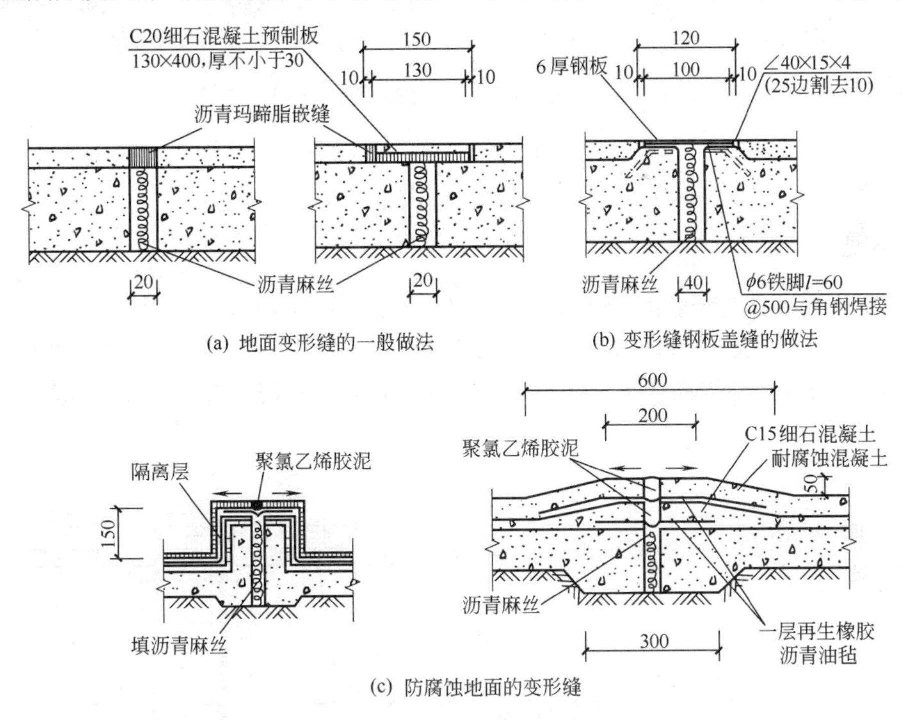

图 10.96 地面变形缝的构造

5. 地沟

由于生产工艺的需要，厂房内需要铺设各种生产管线，如电缆、采暖、通风、压缩空气、蒸汽管道等，因此需要设置地沟。地沟断面尺寸应根据生产工艺所需的管道数量、大小、类型等确定。

地沟由底板、沟壁、盖板三部分组成。常用的地沟有砖砌地沟和混凝土地沟两种，地沟的构造如图 10.97 所示。砖砌地沟适用于沟内无防酸、防碱要求，沟外部也不受地下水影响的厂房。沟底为现浇混凝土，沟壁一般由 120～490 mm 普通砖砌筑，如图 10.97(a)所示。上端应设混凝土垫梁，以支承盖板。砖砌地沟一般须作防潮处理，做法是在沟壁外刷冷底子油一道，热沥青二道，沟壁内抹 20 mm 厚 1∶2 水泥砂浆，内掺 3%防水剂。现浇

钢筋混凝土地沟能用于地下水位以下，沟底和沟壁由混凝土整体浇注而成，如图 10.97(b)所示。

地沟应根据地下水情况采取防水或防潮措施。地沟盖板多为预制钢筋混凝土板，设有活络拉手，如图 10.97(c)所示。

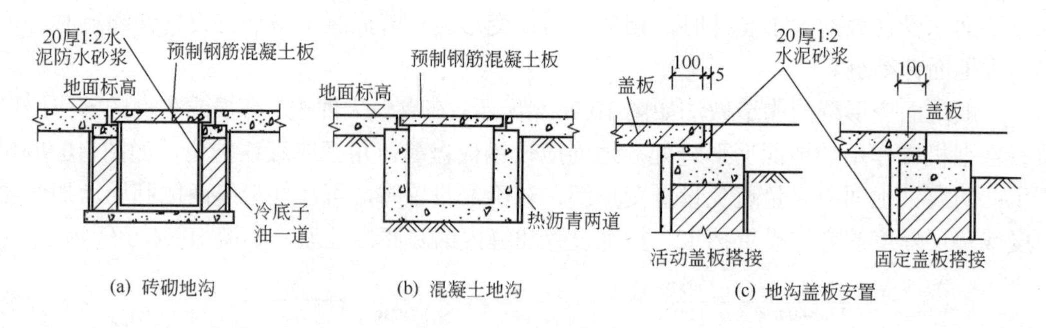

图 10.97 地沟的构造

当地沟穿越外墙时，为避免发生不均匀沉降，应注意室内外管沟的接头处理。一般做法是在墙体外侧的管沟部分设置变形缝，如图 10.98 所示。

6. 坡道

厂房的室内外高差一般为 150 mm。为了便于各种车辆通行，在门口外侧须设置坡道。坡道宽度应比门洞大出 1200 mm，坡度一般为 10%～15%，最大不超过 30%。坡度较大(大于 10%)时，应在坡道表面作齿槽防滑。若车间有铁轨通入时，则坡道设在铁轨两侧，如图 10.99 所示。

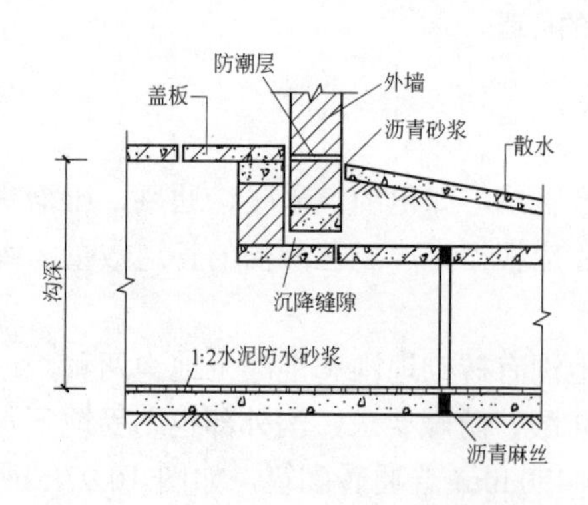

图 10.98 地沟穿越外墙的变形缝处理

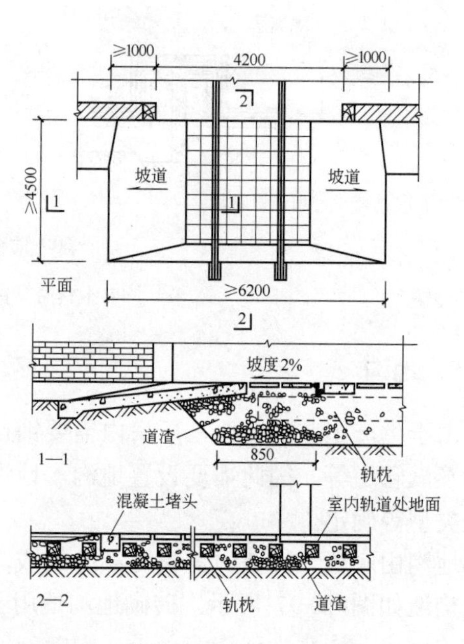

图 10.99 车间入口处有轨道的地面

10.5.2　钢梯与平台

在工业厂房中室内常需设置各种作业平台钢梯、吊车钢梯；室外需设置屋面检修及消防钢梯等。

1. 作业钢梯与平台

单层厂房由于内部空间和设备高度较大，需设置各种钢梯及平台以满足生产要求。按其用途分有作业平台、吊车平台，作业钢梯、吊车钢梯及消防检修钢梯等。

1) 作业钢梯

作业钢梯多选用定型构件。定型作业钢梯的坡度一般较陡，有 45°、59°、73°、90°四种。作业钢梯的高度(即平台高度)一般随坡度的增大而增高，最大高度可达 4.2～5.4 m，但 90° 直梯的高度不超过 4.8 m，钢梯的宽度一般为 600～800 mm，每级踏步高 300 mm 左右。作业钢梯的形式如图 10.100 所示。

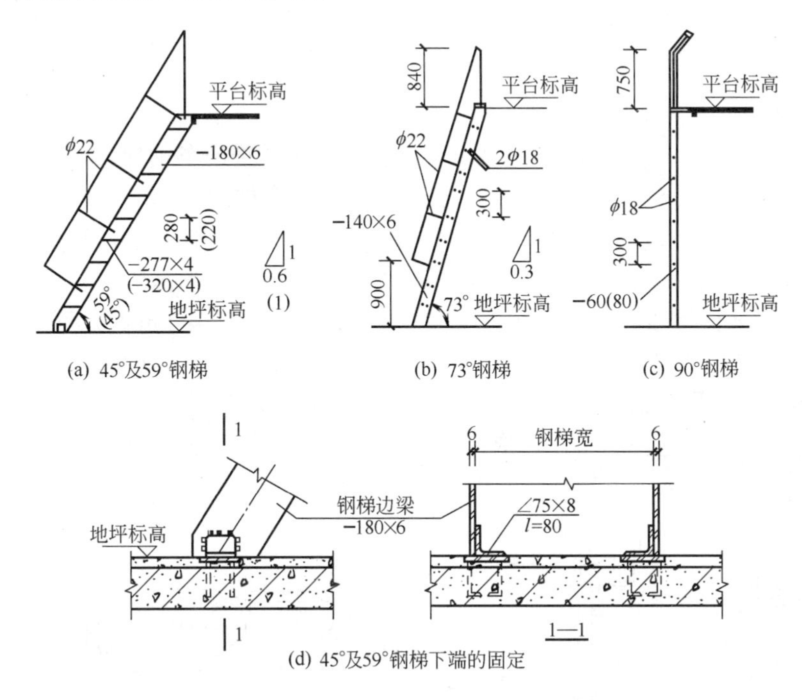

图 10.100　作业钢梯

作业钢梯的构造随坡度陡缓而异，45°、59°、73° 钢梯的踏步一般采用网纹钢板，若材料供应困难时，可改用普通钢板压制或做电焊防滑点(条)；90° 钢梯的踏条一般用 1～2 根 $\phi 8$ 圆钢做成；钢梯边梁的下端和预埋在地面混凝土基础中的预埋钢板焊接；边梁的上端固定在作业(或休息)平台钢梁或钢筋混凝土梁的预埋铁件上。

2) 作业平台

作业平台是指在一定高度上用于设备操作的平台。按其制作的材料分有钢平台和钢筋混凝土平台。一般采用钢筋混凝土板平台，当面积较小、开洞较多、结构复杂时，宜用钢平台。作业平台周边应设 1.0 m 高的安全栏杆，作业平台示例如图 10.101 所示。

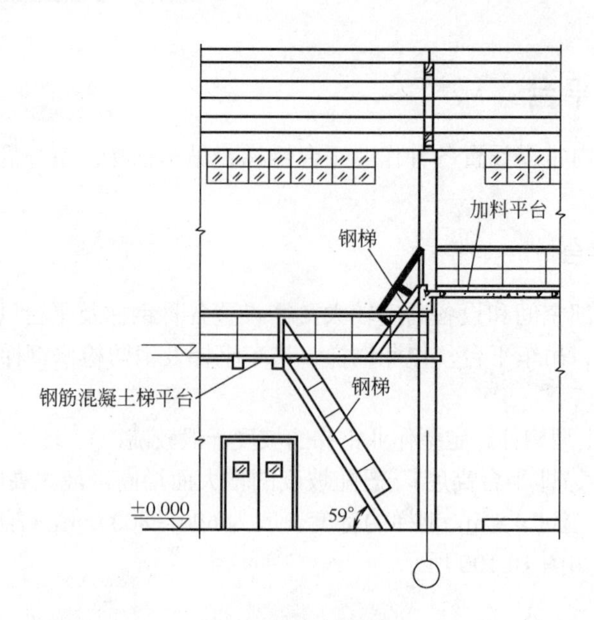

图 10.101　作业平台

3) 吊车钢梯

为便于吊车司机上下吊车，应在靠吊车司机室一侧设置吊车钢梯。为了避免吊车停靠时撞击端部的车挡，吊车钢梯宜布置在厂房端部的第二个柱距内。

当多跨车间相邻两跨均有吊车时，吊车梯可设在中柱上，使一部吊车钢梯为两跨吊车服务。同一跨内有两台以上吊车时，每台吊车均应有单独的吊车钢梯。

吊车钢梯主要由梯段和平台两部分组成，当梯段高度小于 4.2 m 时，可不设中间平台，做成直梯，吊车钢梯及连接如图 10.102 所示。吊车钢梯的坡度一般为 63°，即 1∶2，宽度为 600 mm，63°吊车钢梯的形式与连接构造如图 10.103 所示。

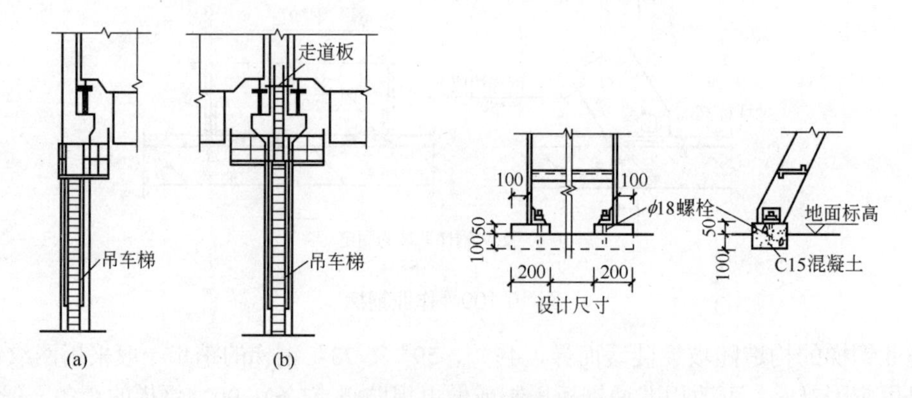

图 10.102　吊车钢梯及连接

选择吊车钢梯时，可根据吊车轨顶标高，选用定型的吊车钢梯和平台型号。吊车梯平台的标高应低于吊车梁底面 1.8 m 以上，以利于通行。为防止滑倒，吊车钢梯的平台板及踏步板宜采用花纹钢板。梯段和平台的栏杆扶手一般为ϕ22 圆钢制作。梯段斜梁的上端与安装在厂房柱列上(或固定在墙上)的平台连接，斜梁的下端固定在刚性地面上。若为非刚性地面时，则应在地面上加设混凝土基础。

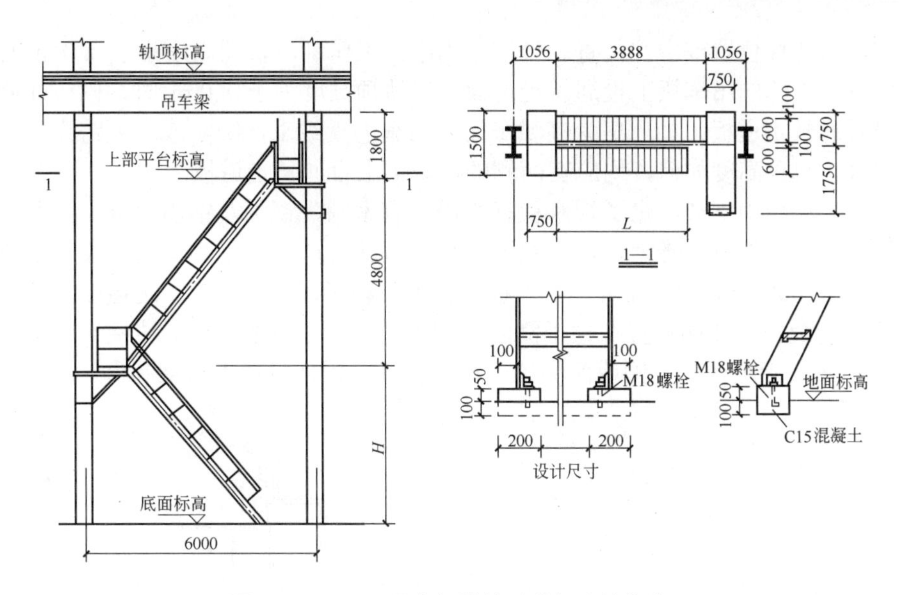

图 10.103　63°吊车钢梯的形式与连接构造

4) 屋面检修及消防钢梯

当单层厂房屋面高度大于 9.0 m 时，为了便于屋面的检修、清灰、清除积雪和擦洗天窗，厂房均应设置屋面检修钢梯，并兼作消防梯。屋面检修钢梯多为直梯形式，如图 10.104 所示。当厂房过高时，可选用有休息平台的斜梯。

屋面检修钢梯设置在窗间墙或其他实墙上，不得面对窗口。当厂房有高低跨时，应使屋面检修钢梯先经低跨屋面再通到高跨屋面。设有矩形、梯形、M 形天窗时，屋面检修及消防钢梯宜设在天窗的间断处附近，以便于上屋面后横向穿越，并应在天窗端壁上设置上天窗屋面的直梯，钢梯与墙的连接构造如图 10.104(a)所示。

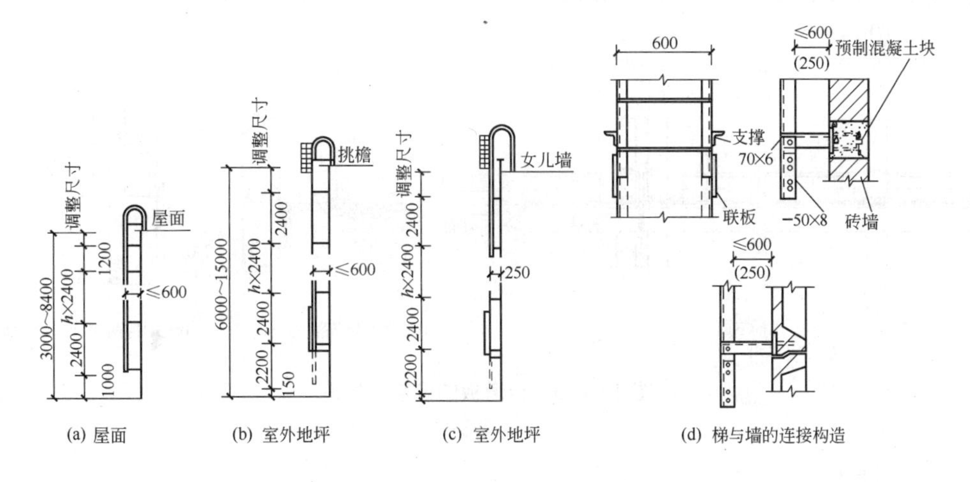

图 10.104　屋面检修及消防直钢梯

10.5.3　吊车梁走道板

吊车梁走道板是为维修吊车轨道和吊车而设置的。吊车梁走道板沿吊车梁顶面铺设，

可设置在厂房边柱位置或中柱位置。当吊车为中级工作制，轨顶高度小于 8.0 m 时，只需在吊车操纵室一侧的吊车梁上设通长走道板；若轨顶高度大于 8.0 m 时，则应在两侧的吊车梁上设置通长走道板；如厂房为高温车间、吊车为重级工作制，或露天跨设吊车时，不论吊车台数、轨顶高度如何，均应在两侧的吊车梁上设通长走道板。

吊车梁走道板由支架、走道板和栏杆组成，有木制、钢制及钢筋混凝土三种。目前采用较多的预制钢筋混凝土走道板，有定型构件供设计时选择。预制钢筋混凝土走道板的宽度有 400 mm、600 mm、800 mm 三种，板的长度与柱子净距相配套，走道板的横断面为槽形或 T 形。走道板的两端搁置在柱子侧面的钢牛腿上，并与之焊牢，边柱走道板的布置如图 10.105 所示。走道板的一侧或两侧还应设置栏杆，栏杆材料为角钢制作。

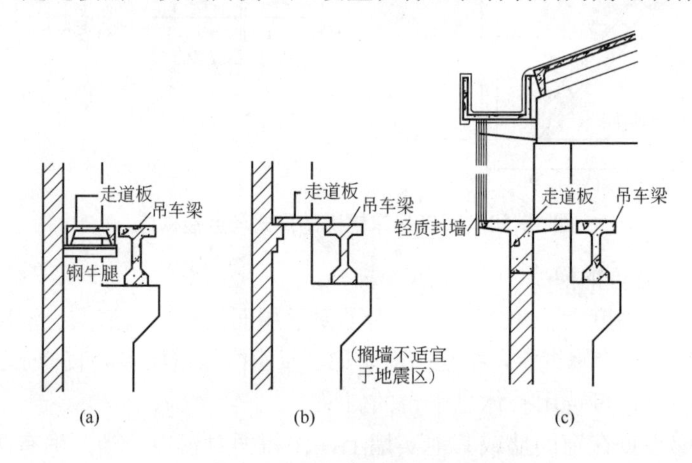

图 10.105　边柱走道板的布置

走道板一般用钢支架支撑固定，若利用外墙支撑时，可不另设支架；当走道板设在中柱而中柱两侧吊车梁轨顶等高时，走道板可直接铺放在两个吊车梁上。走道板的设置与构造如图 10.106 所示。

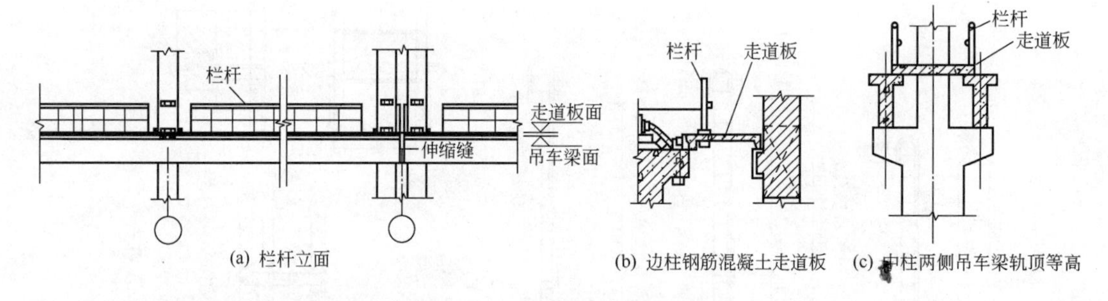

图 10.106　走道板的设置与构造

10.5.4　隔断

隔断，可以按生产、管理、安全卫生等不同的需要，在单层工业厂房内设置出车间办公室、工具间、临时仓库等房间。

通常隔断的上部空间是与车间连通的，只是在为了防止车间生产的有害介质侵袭时，才在隔断的上部加设胶合板、薄钢板、硬质塑料及石棉水泥板等材料做成顶盖，构成一个

封闭的空间。不加顶盖的隔断高度一般为 2.1 m，加顶盖的隔断高度一般为 3.0～3.6 m。

常用的隔断有木板隔断、金属网隔断、预制钢筋混凝土板隔断、铝合金隔断、混合隔断以及塑钢、玻璃钢、石膏板等轻质材料隔断等。

1．木隔断

木隔断多用于车间内的办公室、工具间。木隔断有全木隔断和玻璃与木材的组合隔断。木隔断造价较高。

2．砖隔断

砖隔断一般为 240 mm 厚砖墙，采用 120 mm 厚墙时需加壁柱。砖隔断防火、防腐蚀性能好，造价低，用得较多。

3．金属网隔断

金属网隔断由金属框架和金属网组成，其构造如图 10.107 所示。金属网有镀锌铁丝网和钢板网。金属网隔断透光性好、灵活性大，可用于生产工段的分隔。

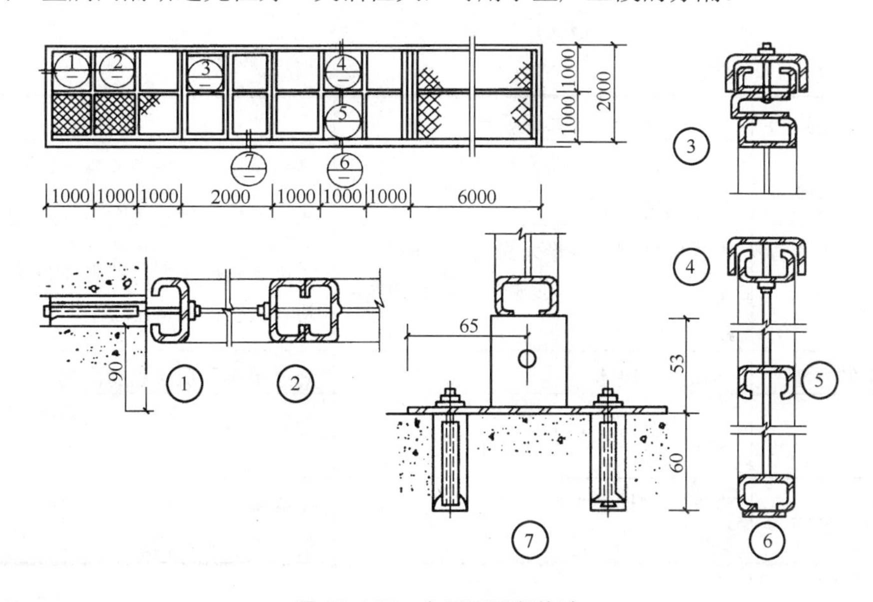

图 10.107　金属网隔断构造

4．钢筋混凝土隔断

钢筋混凝土隔断多为预制装配式，施工方便、防火性能好，适用于温度高的车间，装配式钢筋混凝土隔断的构造如图 10.108 所示。

5．混合隔断

混合隔断的下部一般是高约 1.0 m 的砖砌隔断。上部为玻璃木材组合隔断、玻璃铝合金隔断或金属网隔断。隔断的每 3.0 m 间距应设置一砖柱，提高隔断的稳定性。

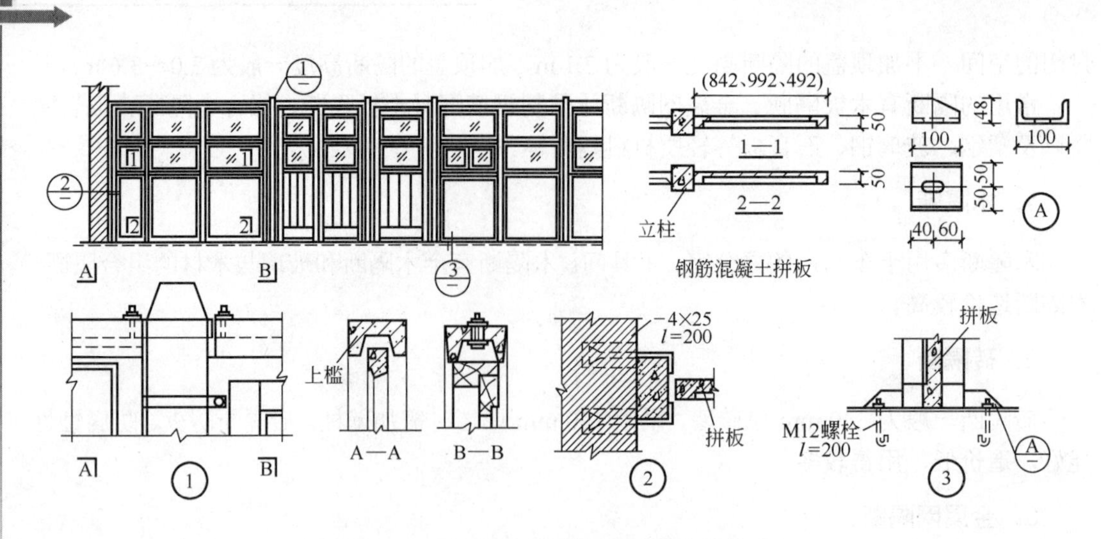

图 10.108　装配式钢筋混凝土隔断的构造

10.6　单元小结

内　容	知识要点	能力要求
单层工业厂房屋面	屋面排水与屋面防水构造；屋面保温与隔热构造	掌握单层厂房屋面的排水与防水构造；了解屋面保温、与隔热构造做法
天窗	天窗的类型；矩形采光天窗的构造；平天窗的构造；矩形避风天窗的构造；下沉式天窗的构造	了解天窗的类型；熟悉各类采光天窗、避风天窗的构造及做法
单层厂房的外墙	砖墙及砌块墙	熟悉单层厂房砖墙的构造
侧窗、大门	侧窗；大门	熟悉单层厂房门和窗的类型；构造形式及其做法
地面及其他设施	地面；钢梯与平台；吊车梁走道板；隔断	掌握单层工业厂房建筑的地面构造，了解其他设施及构造

10.7　复习思考题

1. 单层厂房屋面排水有哪几种方式？各适用于哪些范围？屋面排水如何组织？排水装置包括哪些？试画出屋顶平面图并表达排水方式。

2. 单层厂房屋面排水坡度与哪些因素有关？卷材防水常用的屋面坡度是多少？其他防水屋面常用的坡度是多少？

3. 单层厂房卷材防水屋面与民用建筑卷材防水屋面有何不同？单层厂房卷材防水屋面的接缝、挑檐、纵墙外檐沟、天沟泛水、变形缝等部位在构造上应如何处理？试画出各节点的构造图。

4. 钢筋混凝土构件自防水屋面有什么特点？它有什么优缺点？有哪些类型？构件自防水屋面在屋面板构件上有什么要求？板缝处理有哪几种？试画出节点图。

5. 单层厂房为什么要设置天窗？天窗有哪些类型？试分析它们的优缺点及适用性。

6. 常用的矩形天窗布置有什么要求？它由哪些构件组成？天窗架有哪些形式？它与屋架或屋面梁如何连接？一般天窗端壁有哪些类型及构造？天窗屋顶排水有哪些方式？构造上有什么要求？天窗侧板有哪些类型？它如何搁置？天窗侧板在构造上有什么要求？天窗扇有哪些类型和开启形式？经常使用哪些开关器？上悬(中悬)钢天窗扇和木天窗扇应如何组合？试用画图表达上述构件的连接和构造。

7. 什么是避风天窗？为什么避风天窗排气、通风能稳定？

8. 矩形避风天窗的挡风板有哪些形式？立柱式和悬挂式矩形避风天窗在构造上有什么不同？试以画图来表达。

9. 什么叫做井式天窗？它有什么优缺点？它有哪些布置形式？井式天窗是由哪些构配件组成的？它们在构造上应如何处理？

10. 什么叫做平天窗？它有什么优缺点？平天窗有几种类型？它在构造处理上应注意什么问题？

11. 墙与柱、墙与屋架(或屋面梁)、女儿墙及山墙与屋面板等是怎样连接以加强墙体的整体性和稳定性的？

12. 一般板材墙有哪些类型和规格尺寸？

13. 常见的横向布置墙板与柱有哪些连接方案？它们的优缺点和适用范围是什么？它们的构造要点是什么？试画节点图表达。墙板板缝是怎么处理的？试画节点图表达。板材墙的特殊部位又是怎么处理的？

14. 什么是轻质板材墙？一般有什么材料？目前较多采用的石棉水泥波形瓦轻质板材墙在构造上是怎样处理的？

15. 开敞式外墙适用于什么车间？

16. 单层厂房侧窗与民用房屋比较有什么特点？除满足采光和通风之外，有的车间按生产工艺特点，对侧窗尚有哪些特殊要求？

17. 侧窗按开启方式分有哪些形式？它们各适用于何种情况？木、钢组合窗在拼框构造上有什么要求？试画出节点图。垂直旋转通风窗的构造要点是什么？

18. 单层厂房大门有哪些类型(主要指按开启方式分，它们的优缺点和适用范围是什么)？

19. 平开和推拉大门由哪些构配件组成？试画出主要节点图。

20. 厂房地面有什么特点和要求？地面由哪些构造层次组成？它们各有什么作用？

21. 选择面层和垫层时应考虑哪些因素？对基层(地基)有什么要求？根据使用或构造要求，有时还需增设结合层、找平层、防水层等，它们一般用什么材料？怎么做？

22. 地沟和坡道在构造上是怎么处理的？

23. 厂房的金属梯有哪些类型？它们在布置和构造上有什么要求？

24. 厂房隔断有什么特点？有哪些类型？

下篇　建筑设计基础

第 11 章　建筑设计的内容、依据和程序

内容提要：本章主要介绍建筑设计的内容；建筑设计的依据以及建筑设计的基本程序。

教学目标：

理解建筑设计的内容，了解建筑设计与结构设计、建筑设备设计的关系；

熟悉建筑设计的依据；

了解建筑设计的基本程序和各阶段的主要内容。

建筑设计是指在建造建筑物之前，由设计者按照建设任务要求，遵循有关的法律与法规，把施工与使用过程中所存在或可能发生的问题，提前做好全面设想，拟定好解决问题的方法与方案，并用图纸和文件表达出来的一种过程与结果。

11.1　建筑设计内容

一项建筑工程从拟定计划到建成使用都要经过几个环节：编制设计任务书、设计指标及方案审定、选址及场地勘测、建筑工程设计、施工招标与组织、配套及装修工程、试运行及交付使用、回访总结。

建筑工程设计是指设计一幢建筑物或一个建筑群所要做的全部工作，包括建筑设计、结构设计和设备设计三个方面的内容。人们习惯上将之统称为建筑设计。

从专业分工的角度确切地说，建筑设计是指建筑工程设计中由建筑师承担的那一部分设计工作。

1. 建筑设计

建筑设计可以是一个单项建筑物的建筑设计，也可以是一个建筑群的总体设计，一般由注册建筑师来完成建筑设计建筑师根据审批下达的设计任务书和国家有关的政策规定，综合分析其建筑功能、建筑规模、建筑标准、材料供应、施工水平、地段特点和气候条件等因素，运用科学技术知识和美学方案，正确处理各种要求之间的相互关系，为创造良好的空间环境提供方案和建造蓝图。建筑设计在整个工程设计中起着主导和先行的作用，它包括建筑空间环境的组合设计和构造设计两部分内容。

1) 建筑空间环境的组合设计

建筑空间环境的组合设计是指通过建筑空间的规定、塑造和组合，综合解决建筑物的

功能、技术、经济和美观等问题。其主要通过建筑总平面设计、建筑平面设计、建筑剖面设计、建筑体型与立面设计来完成。

2) 建筑空间环境的构造设计

建筑空间环境的构造设计主要是确定建筑物各构造组成部分的材料及构造方式，包括对基础、墙体、楼地层、楼梯、屋顶和门窗等构配件进行详细的构造设计，这也是建筑空间环境组合设计的继续和深入。

2. 结构设计

结构设计是根据建筑设计方案选择切实可行的结构布置方案，进行结构计算及构件设计，一般由结构工程师完成。

3. 设备设计

设备设计主要包括给水排水、电气照明、采暖、通风、空调和动力等方面的设计，由有关专业的工程师配合建筑设计来完成。

建筑设计是在反复分析比较，与各专业设计协调配合，贯彻国家和地方的有关政策、标准、规范和规定，并需反复修改，才逐步完成的。各专业设计的图纸、计算书、说明书及预算汇总，构成一项建筑工程的完整文件，作为建筑工程施工的依据。

11.2　建筑设计依据

建筑设计是房屋建造过程中的一个重要环节，其工作是将有关设计任务的文字资料转变为图纸。在这个过程中，还必须贯彻国家的建筑方针和政策，并使建筑与当地的自然条件相适应。因此，建筑设计也是一个依次渐进的科学决策过程，必须在一定的基础上有依据地进行。

现将建筑设计过程中涉及的一些主要依据分述如下。

1. 满足使用功能的要求

(1) 人体尺度和人体活动所需的空间尺度。人体尺度及人体活动所占的空间尺度是确定民用建筑内部各种空间尺度的主要依据。如图 11.1 所示为中等身材男子的人体基本尺度和人体基本动作尺度。

(2) 家具、设备尺寸和使用空间。房间内家具设备的尺寸，以及人们使用它们所需的活动空间是确定房间内部使用面积的重要依据。

2. 满足自然条件的要求

1) 气候条件

温度、湿度、日照、雨雪、风向和风速等气候条件对建筑物的设计有较大的影响。例如湿热地区，房屋设计要考虑隔热、通风和遮阳等问题；干冷地区，通常又希望把房屋的体型尽可能设计得紧凑一些，以减少外围护面的散热，有利于室内采暖、保温。

日照和主导风向通常是确定房屋朝向和间距的主要因素，风速是高层建筑、电视塔等设计中考虑结构布置和建筑体型的重要因素，雨雪量的多少对选用屋顶形式和构造也有一

定影响。在设计前，需要收集当地上述有关的气象资料，作为设计的依据。

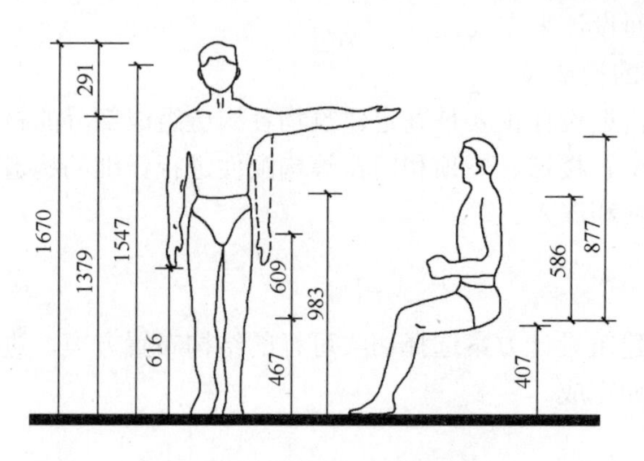

(a) 中等身材男子的人体基本尺度

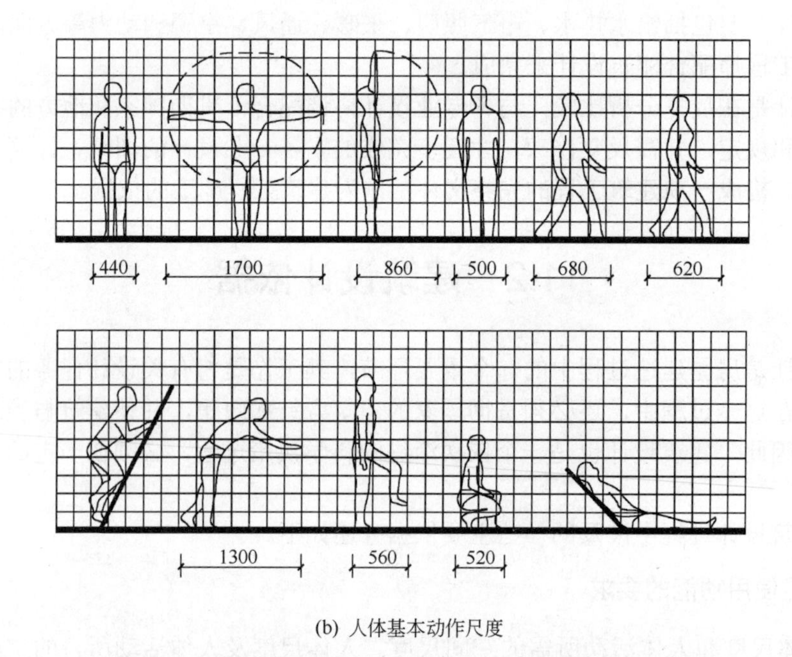

(b) 人体基本动作尺度

图 11.1　中等身材男子的人体基本尺度和人体基本动作尺度

如图 11.2 所示为我国部分城市的风向频率玫瑰图，图中实线部分表示全年风向频率，虚线部分表示夏季风向频率，风向是指由外部吹向中心。风向频率玫瑰图(简称风玫瑰图)是依据该地区多年来统计的各个方向吹风的平均日数的百分数按比例绘制而成的，一般用 16 个罗盘方位表示。

2) 地形、地质和地震烈度

基地地形的平缓或起伏、地质构成、土壤特性和地耐力的大小对建筑物的平面组合、结构布置和建筑体型都有明显的影响。坡度较陡的地形，常结合地形错层建造房屋，复杂的地质条件，要求房屋的构成和基础的设置采取相应的结构构造措施。

地震烈度表示地面及房屋建筑遭受地震破坏的程度。在地震烈度 6 度以下地区，地震对建筑物的损坏影响较小；9 度以上的地区，由于地震过于强烈，从经济因素及耗用材料

考虑，除特殊情况外，一般应尽可能避免在这些地区建设。房屋抗震设防的重点是指 6、7、8、9 度地震烈度的地区。

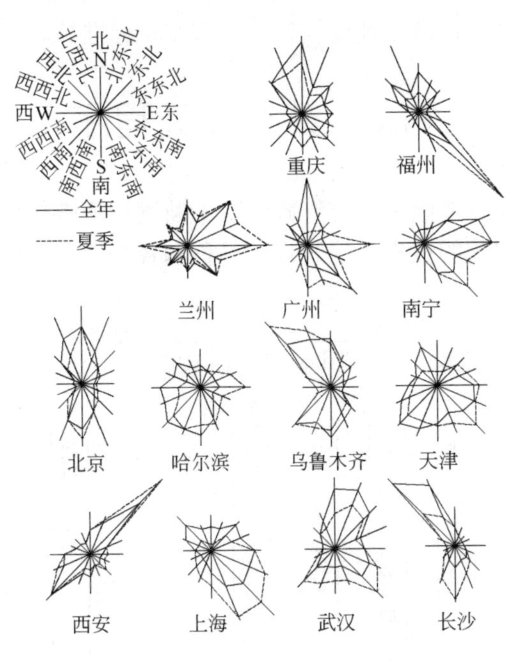

图 11.2　风向频率玫瑰图

3) 水文条件

水文条件是指地下水位的高低以及地下水的性质，直接影响建筑物的基础和地下室，设计时应采取相应的防水和防腐措施。

3. 满足设计文件的有关要求

(1) 建设单位主管部门有关建设任务使用要求、建筑面积、单方造价和总投资的批文以及国家有关部、委或各省、市、地区规定的有关设计定额和指标。

(2) 工程设计任务书。由建设单位根据使用要求，提出各种房间的用途、面积大小以及其他的一些要求，工程设计的具体内容、面积建筑标准等都需要和主管部门的批文相符合。

(3) 城建部门同意设计的批文。内容包括用地范围(常用红线划定)以及有关规划、环境等城镇建设对拟建房屋的要求。

(4) 委托设计工程项目表。建设单位根据有关批文向设计单位正式办理委托设计的手续。规模较大的工程还常采用投标方式，委托中标单位进行设计。

设计人员根据上述设计的有关文件，通过调查研究，收集必要的原始数据和勘测设计资料；综合考虑总体规划、基地环境、功能要求、结构施工、材料设备、建筑经济以及建筑艺术等方面的问题，进行设计并绘制成建筑图纸，编写主要设计意图说明书；其他工种也相应设计并绘制各类图纸，编制各工种的计算书、说明书以及概算和预算书。上述整套设计图纸和文件便成为房屋施工的依据。

4．满足技术和设计标准要求

建筑设计中应遵循国家的各种标准和设计规范、规程及各地或各部门颁发的标准。如建筑设计防火规范、住宅设计规范及建筑模数协调统一标准等。

11.3 建筑设计程序

建筑设计过程也就是贯彻国家的方针政策，不断进行调查研究，合理解决建筑物的功能、技术、经济和美观问题的过程。建筑设计过程和各个设计阶段的具体工作及各阶段的工作成果如图 11.3 所示。

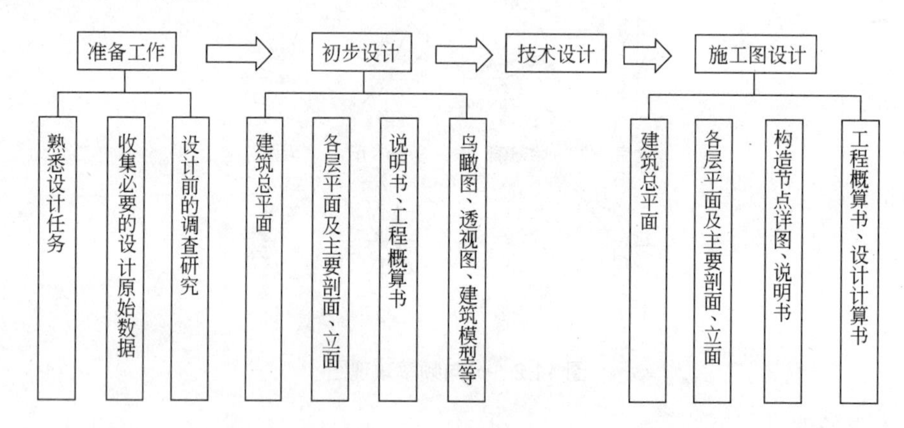

图 11.3 建筑设计过程和各个设计阶段的具体工作及各阶段的工作成果

11.3.1 设计前的准备工作

1．熟悉设计任务

(1) 首先要落实设计任务，掌握必要的批文。建设单位必须具有以下批文才可向设计单位办理委托设计手续。

① 主管部门的批文。

② 上级主管部门对建设项目的批准文件，包括建设项目的使用要求、建筑面积、单方造价和总投资等。

③ 城市建设部门同意设计的批文。

为了加强城市的管理及进行统一规划，一切设计都必须事先得到城市建设部门的批准。批文必须明确指出用地范围(常用红色线划定)，以及有关规划、环境及个体建筑的要求。

(2) 其次要熟悉设计任务书。

设计任务书是经上级主管部门批准提供给设计单位进行设计的依据性文件，一般包括以下内容。

① 建设项目总的要求、用途、规模及一般说明。

② 建设项目的组成，单项工程的面积，房间组成，面积分配及使用要求。

③ 建设项目的投资及单方造价，土建设备及室外工程的投资分配。

④ 建设基地大小、形状、地形，原有建筑及道路现状，并附地形测量图。

⑤ 供电、供水、采暖及空调等设备方面的要求，并附有水源、电源的使用许可文件。

⑥ 设计期限及项目建设进度计划安排要求。

2．收集必要的设计原始数据

通常建设单位提出的设计任务，主要是从使用要求、建设规模、造价和建设进度方面考虑的。需要收集下列有关原始数据和设计资料。

(1) 气象资料。所在地区的温度、湿度、日照、雨雪、风向和风速，以及冻土深度等资料。

(2) 基地地形及地质水文资料。如地形标高，土壤种类及承载力，地下水位以及地震烈度等资料。

(3) 水电等设备管线资料。基地地下的给水、排水和电缆等管线布置以及基地上的架空线等供电线路情况。

(4) 与设计项目有关的定额指标，如面积定额以及建筑用地、用材等指标。

3．设计前的调查研究

除设计任务书提供的资料外，还应当收集必要的设计资料和原始数据，如：建设地区的气象、水文地质资料；基地环境及城市规划要求；施工技术条件及建筑材料供应情况；与设计项目有关的定额指标及已建成的同类型建筑的资料；当地文化传统、生活习惯及风土人情等等。

11.3.2　设计阶段的划分

在设计准备过程以及设计的各个阶段中，设计人员都需要认真学习并贯彻国家有关建设的方针和政策，同时也需要学习并分析有关设计项目的国内外图纸、文字资料等设计经验。建筑设计过程按工程复杂程度、规模大小及审批要求，划分为不同的设计阶段。一般分为两阶段设计或三阶段设计。

两阶段设计是指初步设计和施工图设计两个阶段，一般的工程多采用两阶段设计。对于大型民用建筑工程或技术复杂的项目，应采用三阶段设计，即初步设计、技术设计和施工图设计。

1．初步设计阶段

初步设计阶段是建筑设计的第一阶段。它的主要任务是提出设计方案，即在已定的基地范围内，按照设计任务书所拟的房屋使用要求，综合考虑技术经济条件和建筑艺术方面的要求，提出设计方案。

初步设计的内容包括确定建筑物的组合方式，选定所用的建筑材料和结构方案，确定建筑物在基地的位置，说明设计意图，分析设计方案在技术、经济上的合理性，并提出概算书。

初步设计的图纸和设计文件如下。

(1) 建筑总平面图。其内容包括建筑物在基地上的位置、标高、道路、绿化以及基地上设施的布置和说明等，比例尺一般采用1∶500～1∶2 000。

(2) 各层平面及主要剖面、立面图。这些图纸应标出建筑物的主要尺寸，房间的面积、高度以及门窗位置，部分室内家具和设备的布置等，比例尺一般采用 1∶100～1∶200。

(3) 说明书。对设计方案的主要意图，主要结构方案及构造特点，建筑材料及装修标准以及主要技术经济指标等进行说明。

(4) 工程概算书。

(5) 根据设计任务的需要，可能辅以建筑透视图或建筑模型。

建筑初步设计有时需要提供几个方案，送甲方及有关部门审议、比较后确定设计方案，这一方案批准下达后，便是下一阶段设计的依据文件。

2．技术设计阶段

技术设计的主要任务是在初步设计的基础上进一步解决各种技术问题。技术设计的图纸和文件与初步设计大致相同，但更详细些。具体内容包括整个建筑物和各个局部的具体做法，各部分之间确切的尺寸关系，内外装修的设计，结构方案的计算和具体内容，各种构造和用料的确定，各种设备系统的设计和计算，各技术工种之间各种矛盾的合理解决，设计预算的编制等。

3．施工图设计阶段

施工图设计是建筑设计的最后阶段，是提交施工单位进行施工的设计文件。它的主要任务是满足施工要求，解决施工中的技术措施、用料及具体做法。

施工图设计的内容包括：确定全部工程尺寸和用料，绘制建筑、结构、设备等全部施工图纸，编制工程说明书、结构计算书和预算书。

施工图设计的图纸及设计文件如下。

(1) 建筑总平面。比例尺 1∶500，建筑基地范围较大时，也可用 1∶1000；当采用 1∶2000 时，应详细标明基地上建筑物、道路、设施等所在位置的尺寸、标高，并附说明。

(2) 各层建筑平面、各个立面及必要的剖面。比例尺一般采用 1∶100、1∶200。

(3) 建筑构造节点详图。主要为檐口、墙身和各构件的连接点，楼梯、门窗以及各部分的装饰大样等，根据需要，可采用 1∶1、1∶5、1∶10、1∶20 等比例。

(4) 各工种相应配套的施工图。如基础平面图和基础详图、楼板及屋面平面图和详图，结构施工图，给排水、电器照明以及暖气或空气调节等设备施工图。

(5) 建筑、结构及设备等的说明书。

(6) 结构及设备的计算书。

(7) 工程预算书。

11.4 单元小结

内　容	知识要点	能力要求
建筑设计	建筑设计内容、建筑设计依据、建筑设计程序	会整理施工图纸

11.5　复习思考题

1. 建筑设计包括哪几方面的内容？两阶段设计和三阶段设计的含义和适用范围是什么？

2. 简要说明建筑设计的主要依据。

第 12 章　民用建筑设计基础知识

内容提要：本章主要介绍民用建筑设计的基础知识，包括建筑的平面设计、剖面设计及体型与立面设计的基础知识。

教学目标：

掌握平面设计的内容，理解使用房间、辅助房间、交通联系部分的设计以及建筑平面组合设计的概念及其设计依据；

掌握剖面设计的内容，了解建筑人的各种活动对建筑的形状、高度、层数与空间的要求，理解建筑空间利用的概念；

理解建筑体型和立面设计的原则，了解建筑构图的规律及建筑体型与立面设计的方法。

本章以大量民用建筑分析了民用建筑的平面设计、剖面设计、立面设计的一般原理和方法。力求以一般性原理阐明民用建筑设计中具有普遍性和规律性的问题。

12.1　建筑平面设计

由于建筑平面表示建筑物在水平方向房屋各部分的组合关系，通常能较为集中地反映建筑功能方面的问题。一些剖面关系比较简单的民用建筑，其平面布置基本上能够反映空间组合的主要内容。因此，在进行平面方案设计时，总是先从建筑平面设计入手，始终紧密联系建筑的空间关系，联系建筑的剖面和立面，分析其可行性与合理性，从建筑整体空间体量和组合的效果考虑，不断修改。

12.1.1　平面设计的内容

建筑平面设计包括单个房间的平面设计及平面组合设计。

从组成平面各部分的使用性质来分析，建筑平面分为使用部分和交通联系部分。使用部分是指各类建筑物中的使用房间和辅助房间；交通联系部分是指建筑物中各房间之间、楼层之间和室内与室外之间联系的空间。

单个房间设计是在整体建筑合理而适用的基础上，确定房间的面积、形状、尺寸以及门窗的大小和位置。

平面组合设计是根据各类建筑的功能要求，抓住使用房间、辅助房间、交通联系部分的相互关系，结合基地环境及其他条件，采取不同的组合方式将各单个房间合理地组合起来。图 12.1 所示为某住宅平面示意图。

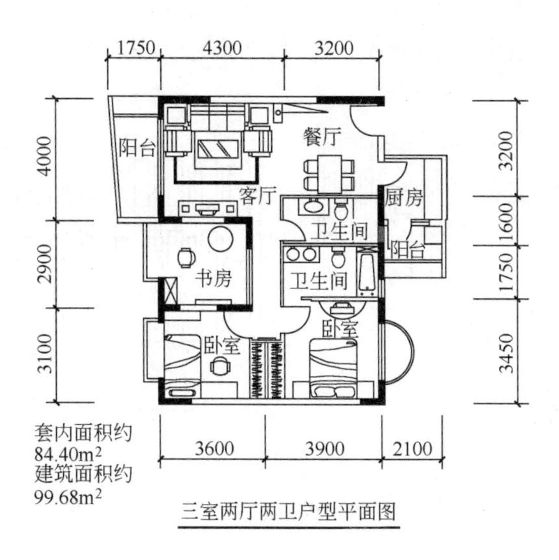

图 12.1　某住宅平面示意图

12.1.2　使用房间设计

1. 房间面积

1) 房间面积的组成

(1) 家具和设备所占用的面积。

(2) 人们使用家具设备及活动所需的面积。

(3) 房间内部的交通面积。

2) 影响房间面积大小的因素

(1) 容纳人数。在实际工作中，房间的面积主要是依据我国有关部门及各地区制订的面积定额指标来确定。应当指出：每人所需的面积除面积定额指标外，还需通过调查研究并结合建筑物的标准综合考虑。表 12.1 所示是部分民用建筑房间面积定额参考指标。

表 12.1　部分民用建筑房间面积定额参考指标

建筑类型	房间名称	面积定额/(m^2/人)	备　注
中小学	普通教室	1～1.2	小学取下限
办公楼	一般办公室	3.5	不包括走道
	会议室	0.5	无会议桌
		2.3	有会议桌
铁路旅客站	普通候车室	1.1～1.3	
图书馆	普通阅览室	1.8～2.5	4～6 座双面阅览桌

有些建筑的房间面积指标未作规定，使用人数也不固定，如展览室、营业厅等。这就要求设计人员根据设计任务书的要求，对同类型、规模相近的建筑物进行调查研究，通过分析比较得出合理的房间面积。

(2) 家具设备及人们使用活动面积。图 12.2 所示为某住宅卧室和教室室内使用面积分析示意图。

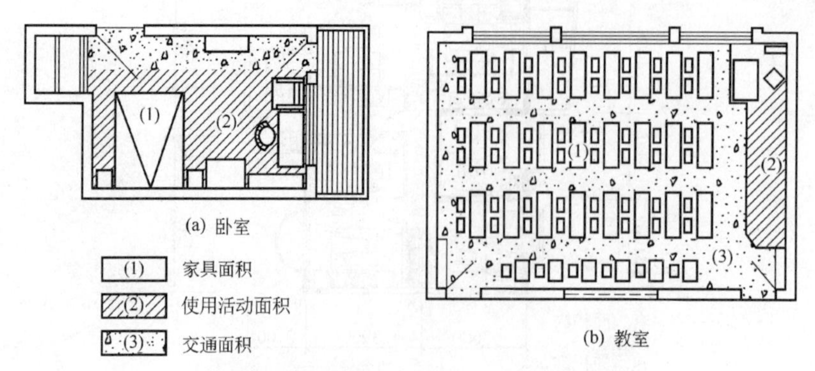

图 12.2　卧室和教室室内使用面积分析图

2. 房间形状

民用建筑常见的房间形状有矩形、方形、多边形、圆形和扇形等。

绝大多数的民用建筑房间形状常采用矩形。

对于一些单层大空间，如观众厅、杂技场及体育馆等房间，它们的形状则首先应满足这类建筑的特殊功能及视听要求，图 12.3 所示为这些房间的平面形状举例。

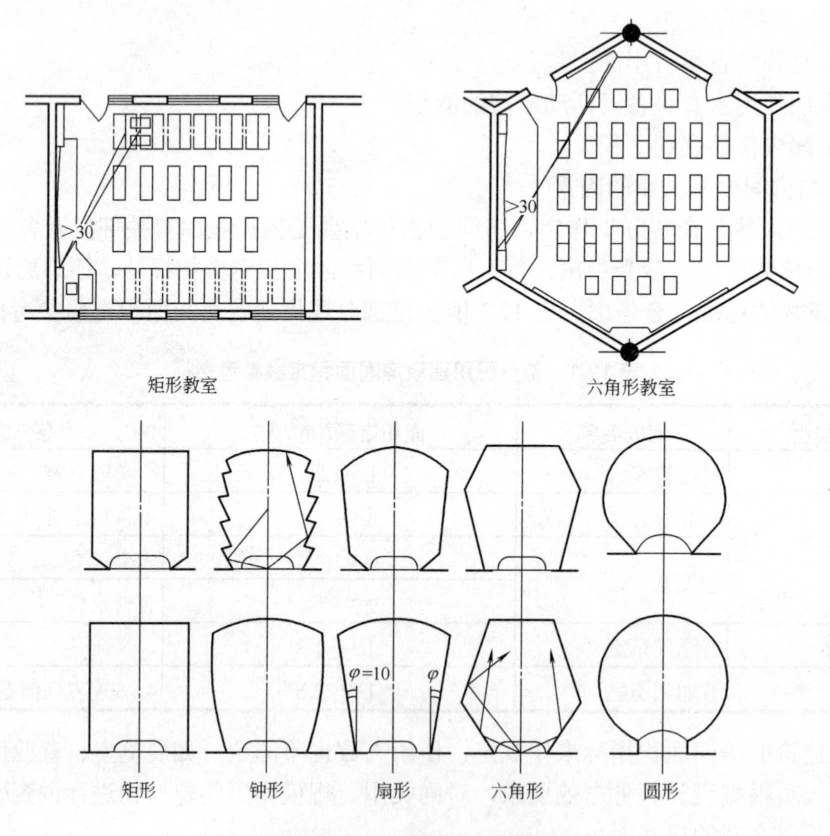

图 12.3　单层大空间房间的平面形状

3. 房间平面尺寸

房间尺寸是指房间的面宽和进深，而面宽常常是由一个或多个开间组成的。在确定了房间面积和形状之后，确定合适的房间尺寸便是一个重要问题了。一般从以下几方面进行综合考虑。

(1) 满足家具设备布置及人们活动的要求。例如，主要卧室要求床能在两个方向布置，因此开间尺寸常取 3.6 m，深度方向常取 3.90～4.50 m；小卧室开间尺寸常取 2.70～3.00 m。医院病房主要是满足病床的布置及进行医护活动的要求，3～4 人的病房开间尺寸常取 3.30～3.60 m，6～8 人的病房开间尺寸常取 5.70～6.00 m。图 12.4 和图 12.5 所示分别为卧室和病房的开间和进深尺寸。

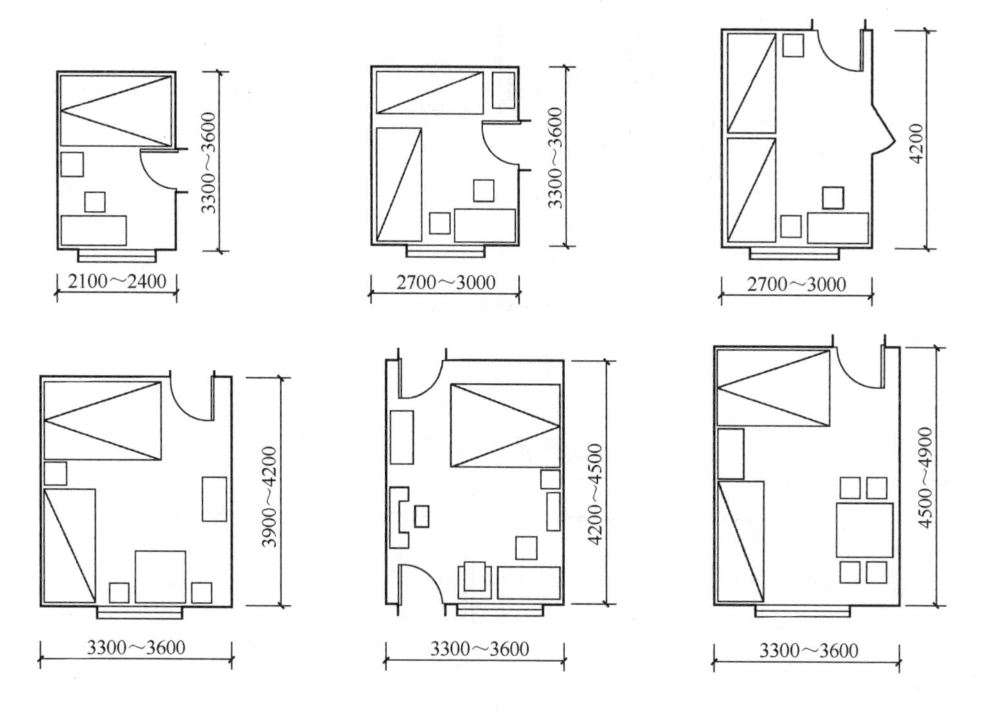

图 12.4 卧室开间和进深尺寸

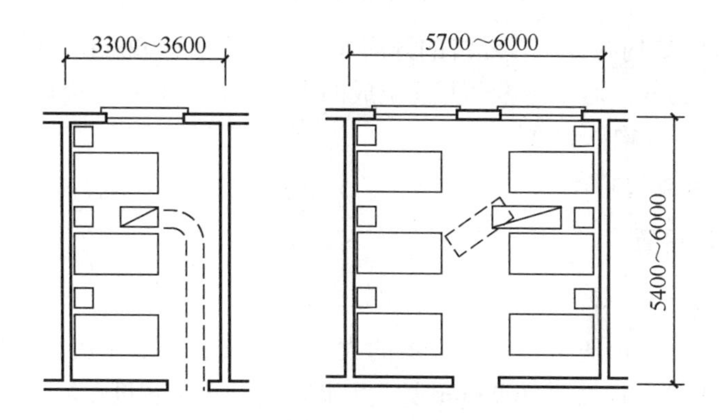

图 12.5 病房开间和进深尺寸

(2) 满足视听要求。有的房间如教室、会堂、观众厅等的平面尺寸除满足家具设备布置及人们的活动要求外，还应保证有良好的视听条件。

从视听的功能考虑，教室的平面尺寸应满足以下要求：第一排座位距黑板的距离≥2.00 m；后排距黑板的距离不宜大于 8.50 m；为避免学生过于斜视，水平视角应≥30°。中学教室平面尺寸常取 6.00 m×9.00 m、6.30 m×9.00 m、6.60 m×9.00 m、6.90 m×9.00 m 等。教室的视线要求与平面尺寸关系如图 12.6 所示。

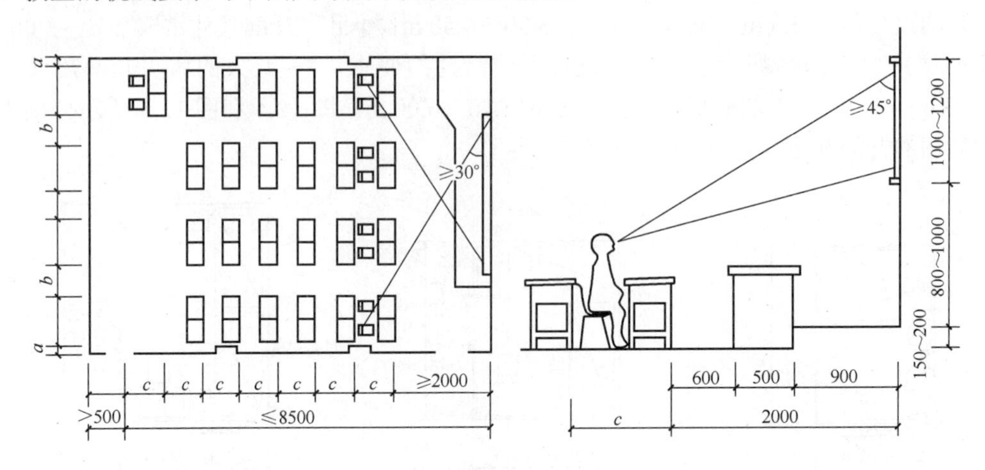

图 12.6 教室的视线要求与平面尺寸关系

(3) 良好的天然采光。一般房间多采用单侧或双侧采光，因此，房间的深度常受到采光的限制。一般单侧采光时进深不大于窗上口至地面距离的 2 倍，双侧采光时进深可较单侧采光时增大一倍。采光方式与进深的关系如图 12.7 所示。

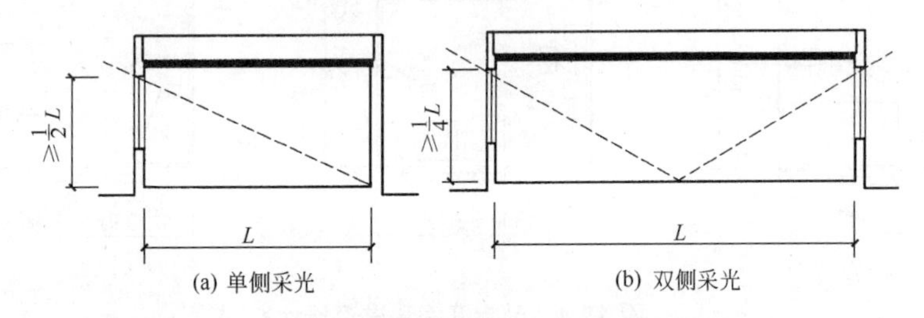

图 12.7 采光方式与进深的关系

(4) 经济合理的结构布置。较经济的开间尺寸是不大于 4.00 m，钢筋混凝土梁较经济的跨度是不大于 9.00 m。对于由多个开间组成的大房间，如教室、会议室、餐厅等，应尽量统一开间尺寸，减少构件类型。

(5) 符合建筑模数协调统一标准。

4. 房间的门窗设置

1) 门的宽度及数量

门的宽度取决于人流股数及家具设备的大小等因素。一般单股人流通行最小宽度取 550 mm，一个人侧身通行需要 300 mm 宽。因此，门的最小宽度一般为 700 mm，常用于住宅中的厕所、浴室。住宅中卧室、厨房、阳台的门应考虑一人携带物品通行，卧室常取

900 mm，厨房可取 800 mm。普通教室、办公室等的门应考虑一人正面通行，另一人侧身通行，常采用 1000 mm。双扇门的宽度可为 1200～1800 mm，四扇门的宽度可为 2400～3600 mm。

按通常要求，当房间使用人数超过 50 人，面积超过 60 m^2 时，至少需设两个门。影剧院、礼堂的观众厅、体育馆的比赛大厅等，门的总宽度可按 600 mm 宽/每 100 人(根据规范估计值)计算。影剧院、礼堂的观众厅，按≤250 人/安全出口，人数超过 2000 人时，超过部分按≤400 人/安全出口；体育馆按≤400～700 人/安全出口，规模小的按下限取值。

2) 窗的面积

窗口面积的大小主要根据房间的使用要求、房间面积及当地日照情况等因素来考虑。根据不同房间的使用要求，建筑采光标准分为五级，每级规定相应的窗地面积比，即房间窗口总面积与地面积的比值，表 12.2 所示为民用建筑采光等级表。

表 12.2 民用建筑采光等级表

采光等级	视觉作业分类		侧面采光		房间名称	窗地面积比 AC/Ad
	作业精确度	识别对象的最小尺寸 d/mm	采光系数最低值 Cmin/%	室内天然光临界照度/lx		
I	特别精细	$d \leq 0.15$	5	250	工艺品雕刻、刺绣、绘画室、特别精密机电产品加工、装配检验室	1/2.5
II	很精细	$0.15 < d \leq 0.3$	3	150	设计室、绘图室	1/3.5
III	精细	$0.3 < d \leq 1.0$	2	100	办公室、视频工作室、会议室、学校教室、实验室、报告厅、图书馆阅览室、开架书库、医院诊室、药房、治疗室、药房、化验室、博物馆文物修复、复制、门厅工作室、技术工作室	1/5
IV	一般	$1.0 < d \leq 5.0$	1	50	起居室、卧室、书房、复印室、档案室、图书馆目录室、宾馆大堂、客房、宾馆餐厅、多功能厅、医院候诊室、挂号处、综合大厅、病房、医护办公室、博物馆展厅	1/7
V	粗糙	$d > 5.0$	0.5	25	卫生间、过厅、走道、楼梯间、餐厅、书库	1/12

3) 门窗位置

(1) 门窗位置应尽量使墙面完整，便于家具设备布置和充分利用室内的有效面积。

(2) 门窗位置应有利于采光、通风。

(3) 门的位置应方便交通，利于疏散。

图 12.8 所示为卧室、集体宿舍门位置的比较。

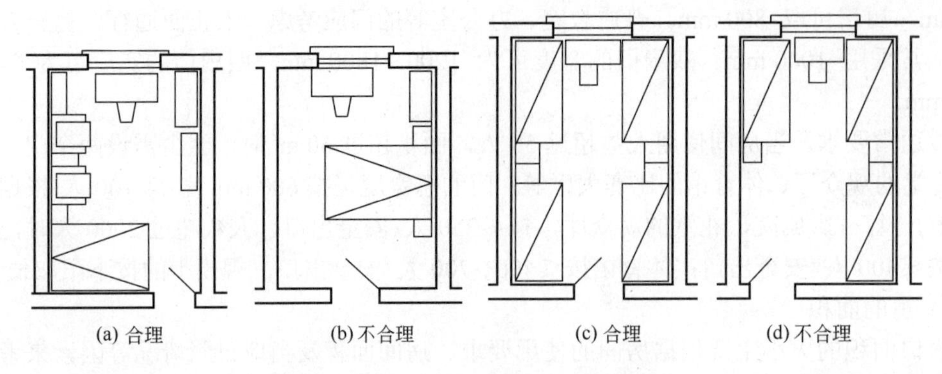

图 12.8　卧室、集体宿舍门位置的比较

4) 门的开启方向

门的开启方向不影响交通，便于安全疏散，防止紧靠在一起的门扇相互碰撞。图 12.9 所示为紧靠在一起的门的开启方向。

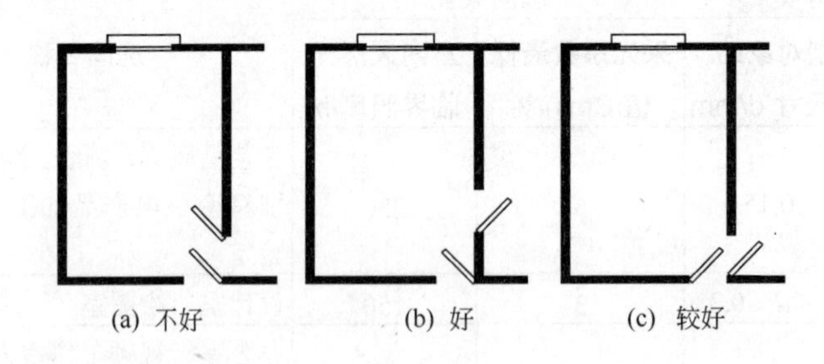

图 12.9　紧靠在一起的门的开启方向

12.1.3　辅助房间设计

1. 厕所

1) 厕所设备及数量

厕所卫生设备有大便器、小便器、洗手盆和污水池等。厕所设备及组合尺寸如图 12.10 所示。

卫生设备的数量及小便槽的长度主要取决于使用人数、使用对象及使用特点。一般民用建筑每一个卫生器具可供使用的人数如表 12.3 所示。具体设计中可以此表为依据，并结合调查研究最后确定其数量。

2) 厕所设计的一般要求

(1) 厕所在建筑物中常处于人流交通线上并与走道及楼梯间相联系，应设前室，以前室作为公共交通空间和厕所的缓冲地，并使厕所隐蔽一些。

(2) 大量人群使用的厕所，应有良好的天然采光与通风。少数人使用的厕所允许间接采光，但必须有抽风设施。

(3) 厕所位置应有利于节省管道，减少立管并靠近室外给排水管道。同层平面中男、女厕所最好并排布置，避免管道分散。多层建筑中应尽可能把厕所布置在上下相对应的位置。

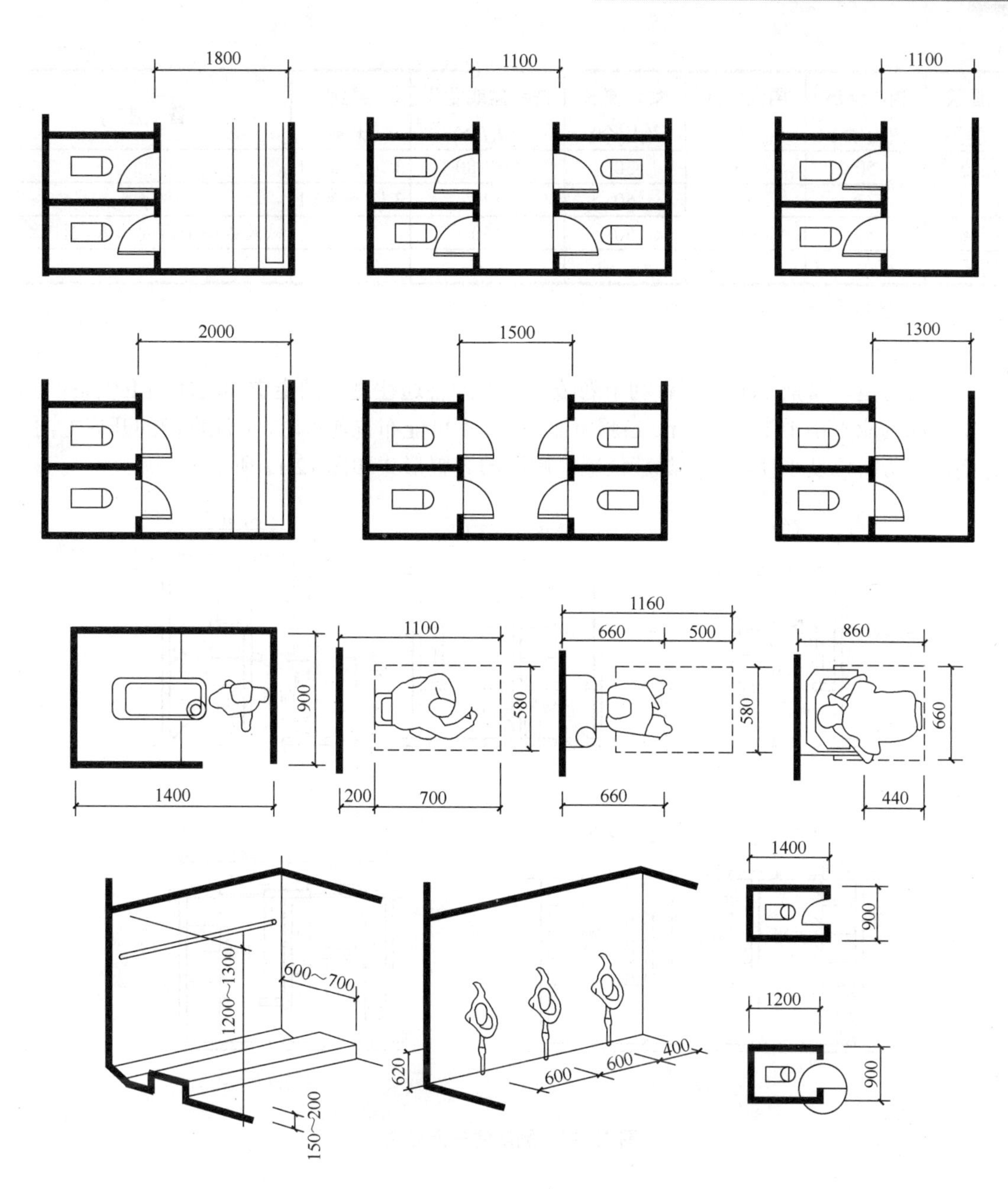

图 12.10　厕所设备及组合尺寸

表 12.3　部分民用建筑厕所设备数量参考指标

建筑类型	男小便器/(人/个)	男大便器/(人/个)	女大便器/(人/个)	洗手盆或龙头/(人/个)	男女比例	备　注
旅馆	20	20	12			男女比例按设计要求
宿舍	20	20	15	15		男女比例按实际使用情况
中小学	40	40	25	100	1∶1	小学数量应稍多
火车站	80	80	50	150	2∶1	

续表

建筑类型	男小便器/(人/个)	男大便器/(人/个)	女大便器/(人/个)	洗手盆或龙头/(人/个)	男女比例	备　注
办公楼	50	50	30	50～80	3∶1～5∶1	
影剧院	35	75	50	140	2∶1～3∶1	
门诊部	50	100	50	150	1∶1	总人数按全日门诊人次计算
幼托		5～10	5～10	2～5	1∶1	

注：一个小便器折合 0.6 m 长小便槽。

3) 厕所布置

应设前室，带前室的厕所有利于隐蔽，可以改善通往厕所的走道和过厅的卫生条件。前室的深度应不小于 1.5～2.0 m。当厕所面积小，不可能布置前室时，应注意门的开启方向，务必使厕所蹲位及小便器处于隐蔽位置。厕所的布置形式如图 12.11 所示。

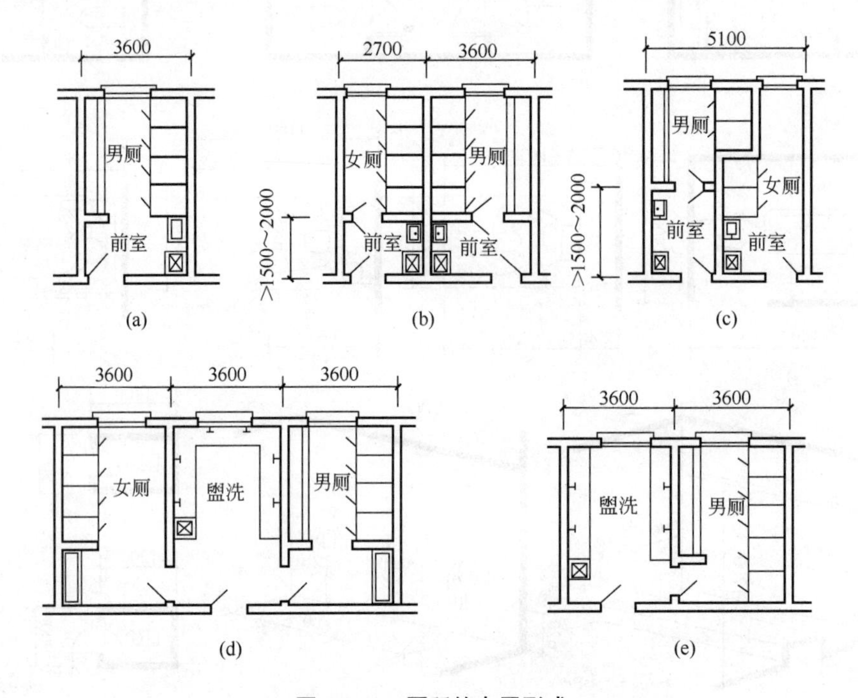

图 12.11　厕所的布置形式

2. 浴室和盥洗室

浴室和盥洗室的主要设备有洗脸盆、污水池、淋浴器，有的设置浴盆等。除此以外，公共浴室还设有更衣室，其中主要设备有挂衣钩、衣柜、更衣凳等。设计时可根据使用人数确定卫生器具的数量，同时结合设备尺寸及人体活动所需的空间尺寸进行布置。

淋浴设备及组合尺寸如图 12.12 所示。面盆、浴盆设备及组合尺寸如图 12.13 所示。

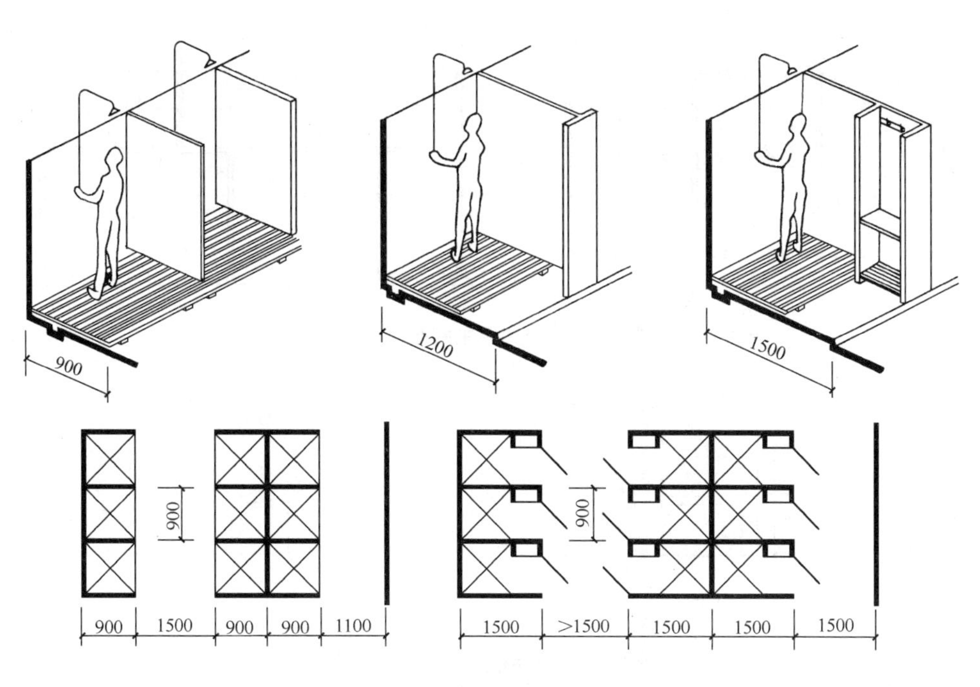

图 12.12　淋浴设备及组合尺寸

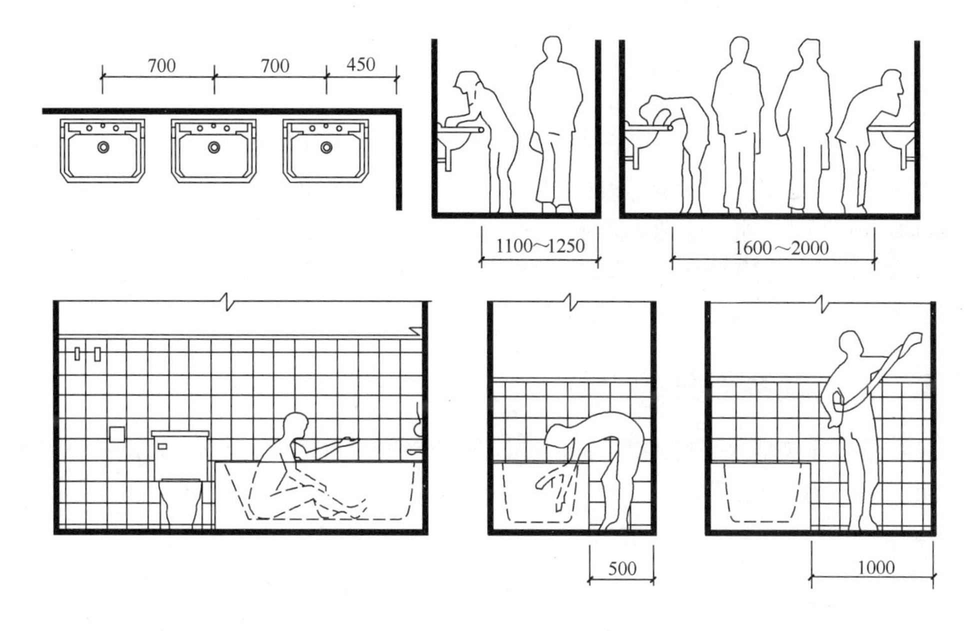

图 12.13　面盆、浴盆设备及组合尺寸

浴室、盥洗室常与厕所布置在一起，称为卫生间，按使用对象不同，卫生间又可分为专用卫生间及公共卫生间。公共卫生间的布置实例如图 12.14 所示，专用卫生间的布置举例如图 12.15 所示。

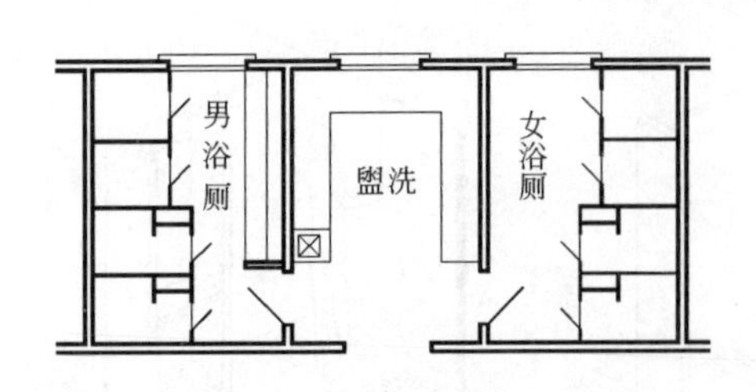

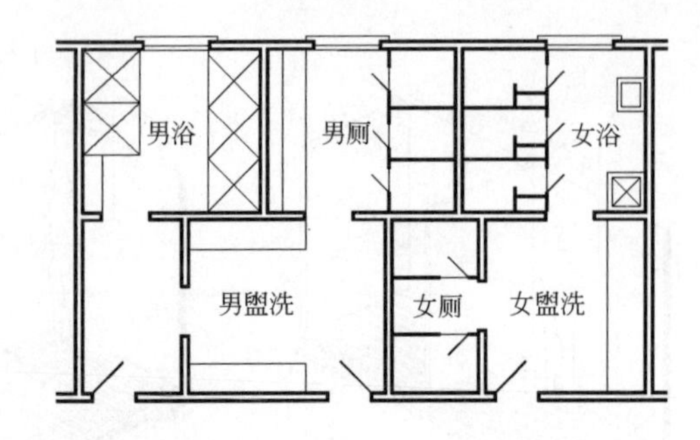

图 12.14　公共卫生间布置实例

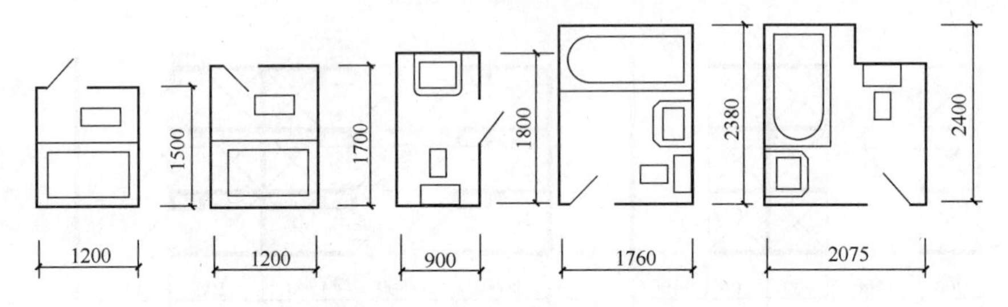

图 12.15　专用卫生间布置举例

3. 厨房

厨房设计应满足以下几方面的要求。

(1) 厨房应有良好的采光和通风条件。

(2) 尽量利用厨房的有效空间，布置足够的贮藏设施，如壁柜、吊柜等。为方便存取，吊柜底距地高度不应超过 1.7 m。除此以外，还可充分利用案台、灶台下部的空间贮藏物品。

(3) 厨房的墙面、地面应考虑防水，便于清洁，地面应比一般房间地面低 20～30 mm。

(4) 厨房室内布置应符合操作流程，并保证必要的操作空间。厨房的布置形式有单排、双排、L 形、U 形、半岛形和岛形几种。

12.1.4　交通联系部分的设计

交通联系部分包括水平交通空间(走道)，垂直交通空间(楼梯、电梯、自动扶梯及坡道)，交通枢纽空间(门厅、过厅)等。

1. 走道

1) 走道的类型

走道又称为过道、走廊，有内廊和外廊之分。按走道的使用性质不同，可以分为以下三种情况。

(1) 完全为交通需要而设置的走道。

(2) 主要作为交通联系同时也兼有其他功能的走道。

(3) 多种功能综合使用的走道，如展览馆的走道应满足边走边看的要求。

2) 走道的宽度和长度

走道的宽度和长度主要根据人流和家具通行、安全疏散、防火规范、走道性质和空间感受来综合考虑。为了满足人的行走和紧急情况下的疏散要求，我国《建筑设计防火规范》(GB 50016—2006)规定学校、商店、办公楼等建筑底层的疏散走道、楼梯、外门的各自总宽度不应低于表 12.4 所示的指标。

表 12.4　疏散走道、安全出口、疏散楼梯和房间疏散门每 100 人的净宽度　　单位：m

楼层位置	耐火等级		
	一、二级	三级	四级
地上一、二层	0.65	0.75	1.00
地上三层	0.75	1 .00	—
地上四层及四层以上各层	1.00	1.25	—
与地面出入口地面的高差不超过 10m 的地下建筑	0.75	—	—
与地面出入口地面的高差超过 10m 的地下建筑	1.00	—	—

综上所述，一般民用建筑常用走道的宽度如下：

教学楼：内廊 2.10～3.00 m、外廊 1.8～2.1 m。

门诊部：内廊 2.40～3.00 m、外廊 3.00 m(兼候诊)。

办公楼：内廊 2.10～2.40 m、外廊 1.50～1.80 m。

旅馆：内廊 1.50～2.10 m、外廊 1.50～1.80 m。

作为局部联系或住宅内部走道的宽度不应小于 0. 90 m。

走道的长度应根据建筑物的性质、耐火等级及防火规范来确定。按照《建筑设计防火规范》(GB 50016—2006)的要求，最远房间出入口到楼梯间安全出入口的距离必须控制在一定的范围内，如表 12.5 所示。

表 12.5　直接通向疏散走道的房间疏散门至最近安全出口的最大距离　　单位：m

名　称	位于两个安全出口之间的疏散门			位于袋形走道两侧或尽端的疏散门		
	耐火等级			耐火等级		
	一、二级	三级	四级	一、二级	三级	四级
托儿所、幼儿园	25.0	20.0	—	20.0	15.0	—
医院、疗养院	35.0	30.0	—	20.0	15.0	—
学校	35.0	30.0	—	22.0	20.0	—
其他民用建筑	40.0	35.0	25.0	22.0	20.0	15.0
建筑内的观众厅、展览厅、多功能厅、餐厅、营业厅和阅览室等，其室内任何一点至最近安全出口的直线距离不宜大于 30.0 m。						

注：① 敞开式外廊建筑的房间疏散门至安全出口的最大距离可按本表增加 5.0 m；

② 建筑物内全部设置自动喷水灭火系统时，其安全疏散距离可按本表规定增加 25%；

③ 房间内任一点到该房直接通向疏散走道的疏散门的距离计算：住宅应为最远房间内任一点到户门的距离，跃层式住宅内的户内楼梯的距离可按其梯段总长度的水平投影尺寸计算。

3) 走道的采光和通风

走道的采光和通风主要依靠天然采光和自然通风。内走道一般是通过直接和间接采光，如过、走道尽头开窗，利用楼梯间、门厅或走道两侧房间设高窗来解决等。

2. 楼梯

1) 楼梯的形式

楼梯的形式主要有单跑梯、双跑梯(平行双跑、直双跑、L 型、双分式、双合式、剪刀式)、三跑梯、弧形梯和螺旋楼梯等形式。

2) 楼梯的宽度和数量

楼梯的宽度和数量主要根据使用性质、使用人数和防火规范来确定。一般供单人通行的楼梯宽度应不小于 850 mm，双人通行楼梯宽度为 1100～1200 mm。一般民用建筑楼梯的最小净宽度应满足两股人流疏散的要求，但住宅内部楼梯可减小到 850～900 mm。

楼梯的数量应根据使用人数及防火规范要求来确定，必须满足关于走道内房间门至楼梯间的最大距离的限制，如表 12.5 所示。在通常情况下，每一幢公共建筑均应设两个楼梯。对于使用人数少或除幼儿园、托儿所、医院以外的二、三层建筑，当其符合表 12.5 所示的条件时，也可以只设一个疏散楼梯。

3. 电梯和自动扶梯

高层建筑的垂直交通以电梯为主，其他有特殊功能要求的多层建筑，如大型宾馆、百货公司、医院等，除设置楼梯外，还需设置电梯以解决垂直升降的问题。

自动扶梯是一种在一定方向上能大量、连续输送客流的装置。除了为乘客提供一种既方便又舒适的上下楼层间的运输工具外，自动扶梯还可引导乘客走一些既定路线，以引导乘客和顾客游览、购物，并具有良好的装饰效果。在具有频繁而连续人流的大型公共建筑中，如百货大楼、展览馆、游乐场、火车站、地铁站、航空港等建筑中将自动扶梯作为主要垂直交通工具考虑。有关电梯、自动扶梯的布置方式、设计要求见第 5 章 5.5 节。

4. 门厅

门厅作为交通枢纽，其主要作用是接纳、分配人流，室内外空间过渡及各方面交通(过道、楼梯等)的衔接。同时，根据建筑物使用性质的不同，门厅还兼有其他功能，如医院门厅常设挂号、收费、取药的房间，旅馆门厅兼有休息、会客、接待、登记和小卖部等功能。除此以外，门厅作为建筑物的主要出入口，其不同空间处理可体现出不同的意境和形象。因此，民用建筑中门厅是建筑设计重点处理的部分。

1) 门厅的大小

门厅的大小应根据各类建筑的使用性质、规模及质量标准等因素来确定，设计时可参考有关面积定额指标。部分民用建筑门厅面积的参考指标如表 12.6 所示。

表 12.6　部分民用建筑门厅面积的参考指标

建筑名称	面积定额	备　注
中小学校	0. 06～0.08 m^2/每个学生	
食堂	0. 08～0.18 m^2/每座	包括洗手间、小卖部
城市综合医院	11 m^2/每日百人次	包括衣帽间和咨询台
旅馆	0.2～0. 5 m^2/床	
电影院	0. 13 m^2/每个观众	

2) 门厅的布局

门厅的布局可分为对称式与非对称式两种。设计门厅时应注意：

(1) 门厅应处于总平面中明显而突出的位置。

(2) 门厅内部设计要有明确的导向性，同时交通流线组织简明醒目，减少相互干扰。

(3) 重视门厅内的空间组合和建筑造型要求。

(4) 门厅对外出口的宽度按防火规范的要求不得小于通向该门厅的走道、楼梯宽度的总和。

12.1.5 建筑平面组合设计

1. 平面组合设计的任务

建筑平面组合设计就是将建筑平面中的使用部分、交通联系部分有机地联系起来，使之成为一个使用方便、结构合理、体型简洁、构图完整、造价经济及与环境协调的建筑物。

2. 平面组合设计的要求

1) 使用功能

平面组合的优劣主要体现在合理的功能分区及明确的流线组织两个方面。当然，采光、通风和朝向等要求也应予以充分的重视。

(1) 功能分区合理。合理的功能分区是将建筑物若干部分按不同的功能要求进行分类，并根据它们之间的密切程度加以划分，使之分区明确、联系方便。在分析功能关系时，常借助于功能分析图来形象地表示各类建筑物的功能关系及联系顺序。图 2.16～图 12.18 所示分别为教学楼功能分析图和住宅的主次关系。

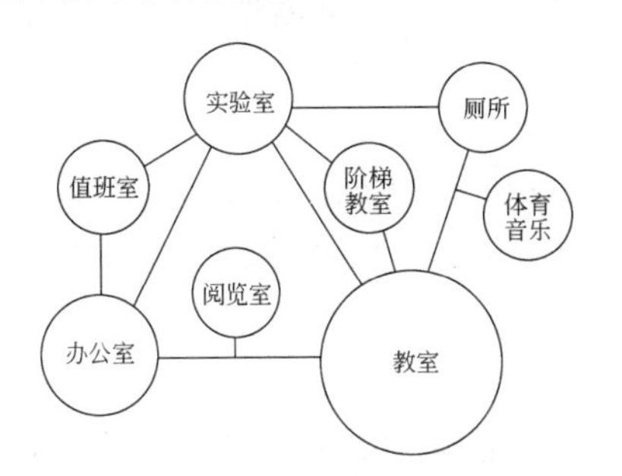

图 12.16 教学楼功能分析图

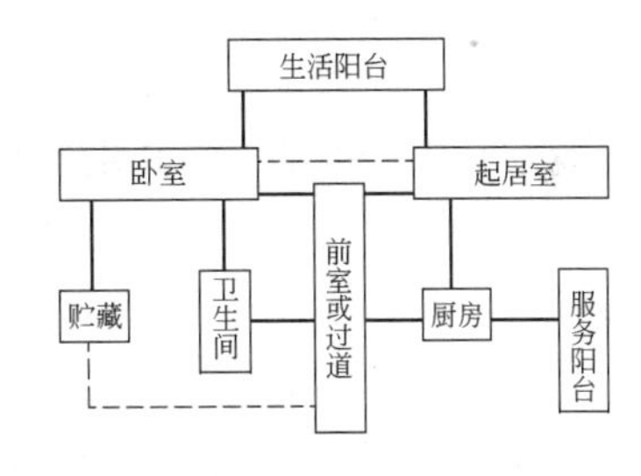

图 12.17 住宅功能分析图

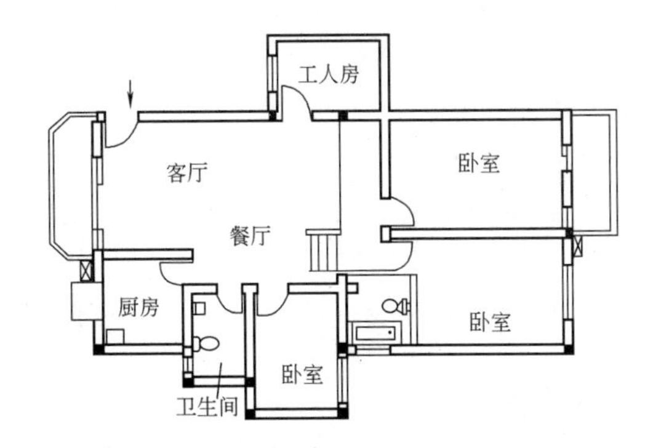

图 12.18 住宅平面图

具体设计时，可根据建筑物不同的功能特征，从以下三个方面进行分析。

① 主次关系。组成建筑物的各房间，按使用性质及重要性，必然存在着主次之分。在平面组合时应分清主次、合理安排。平面组合中，一般是将主要使用的房间布置在朝向较好的位置，靠近主要出入口，并有良好的采光通风条件，次要房间可布置在条件较差的位置。

② 内外关系。各类建筑物的组成房间中，有的对外联系密切，直接为公众服务，有的对内关系密切，供内部使用。一般是将对外联系密切的房间布置在交通枢纽附近，位置明显便于直接对外，而将对内性强的房间布置在较隐蔽的位置。用于饮食的建筑物，餐厅是对外的，人流量大，应布置在交通方便、位置明显处，而对内性强的厨房等部分则布置在后部，次要入口面向内院较隐蔽的地方。

③ 联系与分隔。在分析功能关系时，常根据房间的使用性质如“闹”与“静”、“清”与“污”等方面进行功能分区，使其既分隔而互不干扰，且又有适当的联系。如教学楼中的多功能厅、普通教室和音乐教室，它们之间联系密切，但为防止声音干扰，必须适当隔开。教室与办公室之间要求方便联系，但为了避免学生影响教师的工作，也需适当隔开。

(2) 流线组织明确。流线分为人流及货流两类。所谓流线组织明确，就是使各种流线简捷、通畅，不迂回逆行，尽量避免相互交叉。

2) 结构类型

目前民用建筑常用的结构类型有混合结构、框架结构、剪力墙结构、框剪结构和空间结构。

(1) 混合结构。多为砖混结构。这种结构形式的优点是构造简单、造价较低；缺点是房间尺寸受钢筋混凝土梁板经济跨度的限制，室内空间小，开窗也受到限制，仅适用于房间开间和进深尺寸较小、层数不多的中小型民用建筑，如住宅、中小学校、医院及办公楼等。

(2) 框架结构。框架结构的主要特点是结构形式强度高，整体性好，刚度大，抗震性好，平面布局灵活性大，开窗较自由，但钢材、水泥用量大，造价较高。适用于开间、进深较大的商店、教学楼、图书馆之类的公共建筑以及多、高层住宅、旅馆等。

(3) 剪力墙结构。剪力墙结构的主要优点是结构形式强度高，整体性好，刚度大，抗震性好；缺点是房间尺寸受钢筋混凝土梁板经济跨度的限制，室内空间小，开窗也受到限制，适用于房间开间和进深尺寸较小、层数较多的中小型民用建筑。

(4) 框剪结构。框剪结构的主要特点是结合了框架结构和剪力墙结构的优点。

(5) 空间结构。这类结构用材经济，受力合理，并为解决大跨度的公共建筑提供了有利条件，如薄壳、悬索和网架等结构。

3) 设备管线

民用建筑中的设备管线主要包括给水排水、空气调节以及电气照明等所需的设备管线，它们都占有一定的空间。在满足使用要求的同时，应尽量将设备管钱集中布置、上下对齐，方便使用，有利施工和节约管线，图 12.19 所示为旅馆卫生间管线集中布置的举例。

4) 建筑造型

建筑造型影响到建筑的平面组合。当然，造型本身是离不开功能要求的，它一般是内部空间的直接反映。但是，简洁、完美的造型要求以及不同建筑物的外部性格特征又会反过来影响到建筑的平面布局及平面形状。

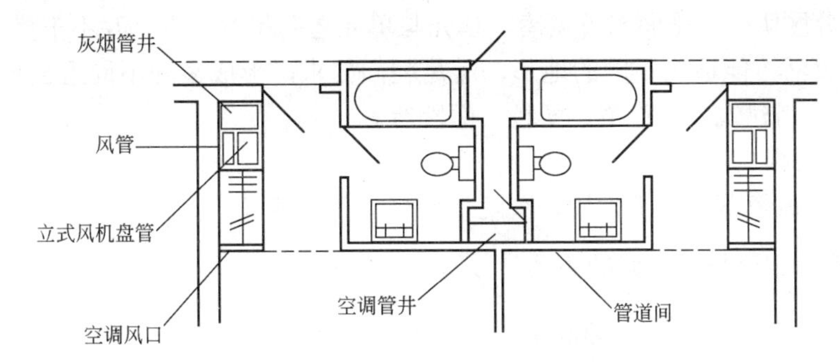

图 12.19　旅馆卫生间管线布置

3. 平面组合形式

平面组合就是根据使用功能特点及交通路线的组织，将不同房间组合起来。常见的平面组合形式如下。

1) 走道式组合

走道式组合的特点是使用房间与交通联系部分明确分开，各房间沿走道一侧或两侧并列布置，房间门直接开向走道，通过走道相互联系；各房间基本上不被交通穿越，能较好地保持相对独立性；各房间有直接的天然采光和通风，结构简单，施工方便等。这种形式广泛应用于一般民用建筑，特别适用于相同房间数量较多的建筑，如学校、宿舍、医院和旅馆等。

根据房间与走道布置关系不同，走道式组合又可分为内走道与外走道两种组合。

(1) 外走道组合可保证主要房间有好的朝向和良好的采光通风条件，但这种布局会造成走道过长，交通面积大。个别建筑由于特殊要求，也采用双侧外走道形式。

(2) 内走道组合各房间沿走道两侧布置，平面紧凑，外墙长度较短，对寒冷地区建筑热工有利。但这种布局难免出现一部分使用房间朝向较差，且走道采光通风较差，房间之间相互干扰较大的问题。

2) 套间式组合

套间式组合的特点是用穿套的方式按一定的序列组织空间。房间与房间之间相互穿套，不再通过走道联系。其平面布置紧凑，面积利用率高，房间之间联系方便，但各房间使用不灵活，相互干扰大。适用于住宅、展览馆等。

3) 大厅式组合

大厅式组合是以公共活动的大厅为主穿插布置辅助房间。这种组合的特点是主体房间使用人数多、面积大、层高大，辅助房间与大厅相比，尺寸大小悬殊，常布置在大厅周围并与主体房间保持一定的联系，适用于影剧院、体育馆等。

4) 单元式组合

单元式组合是将关系密切的房间组合在一起成为一个相对独立的整体，称为单元。将一种或多种单元按地形和环境情况在水平或垂直方向重复组合起来成为一幢建筑，这种组合方式称为单元式组合。

单元式组合的优点有以下几方面。

(1) 能提高建筑标准化，节省设计工作量，简化施工。

(2) 功能分区明确，平面布置紧凑，单元与单元之间相对独立、互不干扰。

(3) 布局灵活，能适应不同的地形，满足朝向要求，形成多种不同组合形式，因此，广泛用于大量民用建筑，如住宅、学校、医院等。

5) 庭院式组合

建筑物围合成院落，用于学校、医院、图书室和旅馆等。

4. 建筑平面组合与总平面的关系

1) 基地的大小、形状和道路布置

基地的大小和形状直接影响建筑的平面布局、外轮廓形状和尺寸。基地内的道路布置及人流方向是确定出入口和门厅平面位置的主要因素。因此在平面组合设计中，应密切结合基地的大小、形状和道路布置等外在条件，使建筑平面布置的形式、外轮廓形状和尺寸以及出入口的位置等符合城市总体规划的要求。

图 12.20 所示为某中学教学楼的总平面图实例，该教学楼位于学校的主轴线上，建筑布局较好地控制了校园空间的划分与联系。

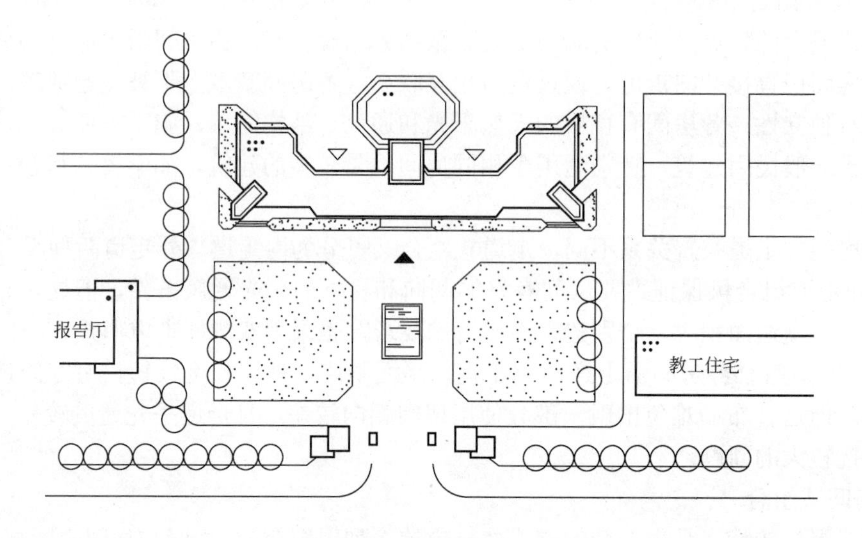

图 12.20　某中学教学楼的总平面图

2) 基地的地形条件

基地地形若为坡地时，则应将建筑平面组合与地面高差结合起来，以减少土方量，而且可以造成富于变化的内部空间和外部形式。坡地建筑的布置方式有以下几种。

(1) 地面坡度在 25%以上时，建筑物适宜平行于等高线布置。

(2) 地面坡度在 25%以下时，建筑物应结合朝向要求布置。

3) 建筑物的朝向和间距

(1) 朝向应从以下几方面来考虑。

① 日照。我国大部分地区处于夏季热、冬季冷的状况。为保证室内冬暖夏凉的效果，建筑物的朝向应为南向，南偏东或偏西少许角度(15°)。在严寒地区，由于冬季时间长、夏

季不太热，应争取日照，建筑朝向以东、南、西为宜。

② 风。根据当地的气候特点及夏季或冬季的主导风向，适当调整建筑物的朝向，使夏季可获得良好的自然通风条件，而冬季又可避免寒风的侵袭。

③ 基地环境。对于人流集中的公共建筑的房屋朝向，主要考虑人流走向、道路位置和邻近建筑的关系，对于风景区的建筑，则应以创造优美的景观作为考虑朝向的主要因素。

(2) 间距是指建筑物之间的距离，主要应根据日照、通风等卫生条件与建筑防火安全要求来确定。除此以外，还应综合考虑防止声音和视线干扰，绿化、道路及室外工程所需要的间距以及地形利用、建筑空间处理等问题。建筑物的日照间距如图 12.21 所示。

日照间距的计算公式为

$$L=\frac{H}{\tan\alpha}$$

式中：L——房屋水平间距；

H——南向前排房屋檐口至后排房屋底层窗台的垂直高度；

α——当房屋正南向时冬至日正午的太阳高度角。

我国大部分地区日照间距约为(1.0～1.7) H。愈往南日照间距愈小，愈往北则日照间距愈大，这是因为太阳高度角在南方要大于北方的原因。

对于大多数的民用建筑，日照是确定房屋间距的主要依据，因为在一般情况下，只要满足了日照间距，其他要求也就能满足。但有的建筑由于所处的周围环境不同，以及使用功能要求不同，房屋间距也不同，如教学楼为了保证教室的采光和防止声音、视线的干扰，间距要求应大于或等于 2.5H，而最小间距不小于 12 m。又如医院建筑，考虑卫生要求，间距应大于 2.0H，对于 1～2 层病房，间距不小于 25 m；3～4 层病房，间距不小于 30 m；对于传染病房与非传染病房的间距，应不小于 40 m。为节省用地，实际设计采用的建筑物间距可能会略小于理论计算的日照间距。

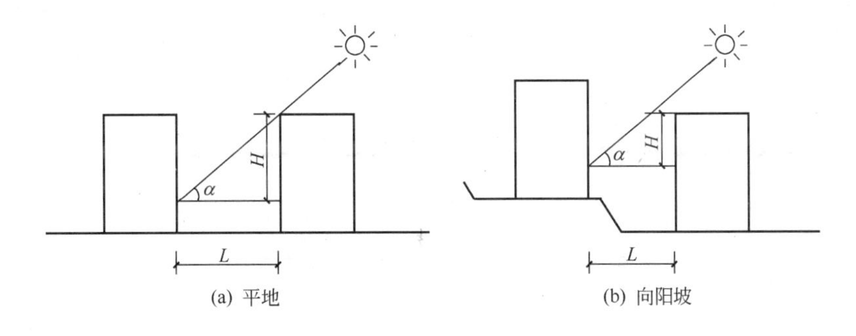

图 12.21　建筑物的日照间距

12.2　建筑剖面设计

建筑剖面设计是建筑设计的基本组成内容之一，它与平面设计是从两个不同方面来反映建筑物内部空间的关系。平面设计着重解决内部空间在水平方向上的问题，而剖面设计是根据建筑物的用途、规模、环境条件及人们的使用要求，解决建筑物在高度方向的布置

问题。内容包括确定建筑物的层数和房间的剖面形式，决定建筑各部分在高度方向的尺寸，进行建筑空间组合，处理室内空间并加以利用等。

12.2.1 房间的剖面形状

房间的剖面形状分为矩形和非矩形两类，大多数民用建筑均采用矩形，非矩形剖面常用于有特殊要求的房间。房间的剖面形状主要是根据使用要求和特点来确定的，同时也要结合具体的物质技术、经济条件及特定的艺术构思考虑，使之既满足使用又能达到一定的艺术效果。

1. 使用要求

在民用建筑中，绝大多数的建筑是属于一般功能要求的，如住宅、学校、办公楼、旅馆和商店等，这类建筑房间的剖面形状多采用矩形；对于某些有特殊功能要求(如视线、音质等)的房间，则应根据使用要求选择适合的剖面形状。

有视线要求的房间主要是指影剧院的观众厅、体育馆的比赛大厅及教学楼中阶梯教室等。这类房间除平面形状、大小应满足一定的视距、视角要求外，地面应有一定的坡度，以保证良好的视觉要求。

1) 视线要求

在剖面设计中，为了保证良好的视觉条件，即视线无遮挡，需要将座位逐排升高，使室内地面形成一定的坡度。地面的升起坡度主要与设计视点的位置及视线升高值有关，另外，第一排座位的位置、排距等对地面的升起坡度也有影响。

图 12.22 所示为电影院和体育馆设计视点与地面坡度的关系。

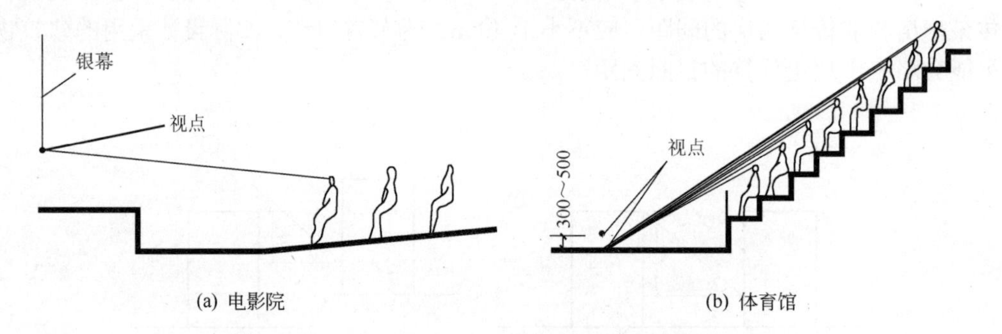

图 12.22　设计视点与地面坡度的关系

视线升高值 C 的确定与人眼到头顶的高度和视觉标准有关，一般定为 120 mm。当错位排列(即后排人的视线擦过前面隔一排人的头顶而过)时，C 值取 60 mm；当对位排列(即后排人的视线擦过前排人的头顶而过)时，C 值取 120 mm。以上两种座位排列法均可保证视线无遮挡的要求。如图 12.23 所示为视觉标准与地面升起的关系，如图 12.24 所示为中学演示教室的地面升高剖面图。

2) 音质要求

凡剧院、电影院及礼堂等建筑物，大厅的音质要求对房间的剖面形状影响很大。为保证室内声场分布均匀，防止出现空白区、回声和聚焦等现象，在剖面设计中要注意对顶棚、墙面和地面的处理。为有效地利用声能，加强各处的直达声，必须使大厅地面逐渐升高，除此以外，顶棚的高度和形状是保证听得清楚、声音真实的一个重要因素。它的形状应使大厅各座位都能获得均匀的反射声，同时能加强声压不足的部位。一般说来，凹面易产生聚焦，声场分布不均匀；凸面是声扩散面，不会产生聚焦，声场分布均匀。为此，大厅顶棚应尽量避免采用凹曲面或拱顶。

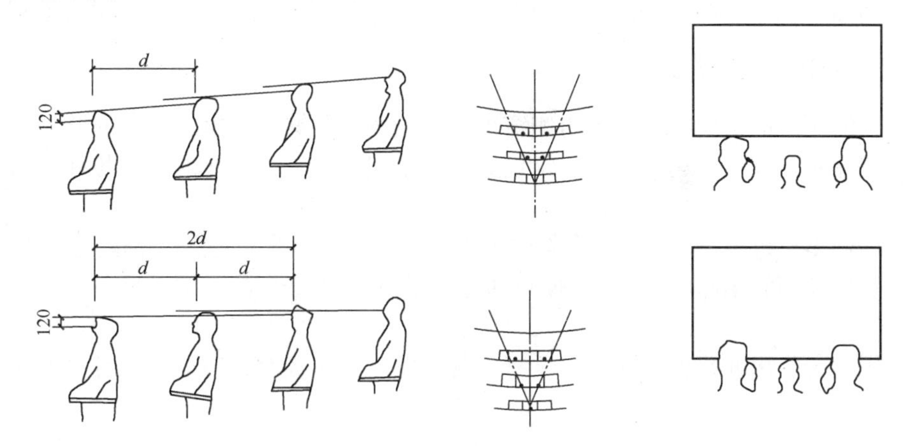

图 12.23　视觉标准与地面升起的关系

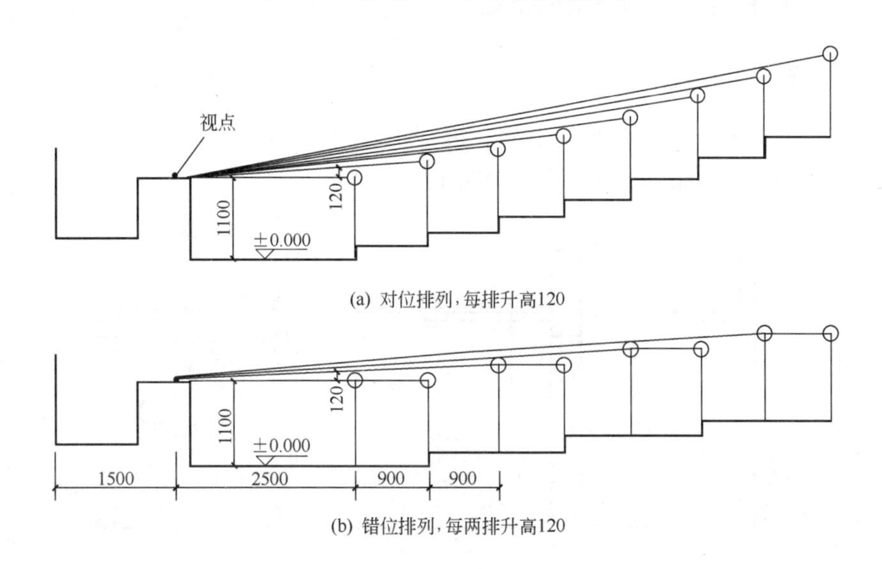

(b) 错位排列，每两排升高120

图 12.24　中学演示教室的地面升高剖面图

图 12.25 所示为观众厅的几种剖面形状示意图。

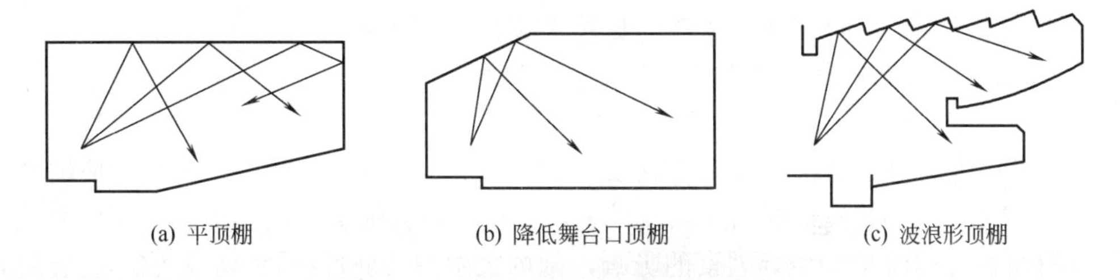

(a) 平顶棚　(b) 降低舞台口顶棚　(c) 波浪形顶棚

图 12.25　观众厅的几种剖面形状示意图

2. 结构、材料和施工的影响

矩形的剖面形状规整、简单、有利于采用梁板式结构布置，同时施工也较简单，常用于大量民用建筑。即使有特殊要求的房间，在能够满足使用要求的前提下，也宜优先考虑采用矩形剖面。

3. 室内采光、通风的要求

一般进深不大的房间，通常采用侧窗采光和通风已足够满足室内生活的要求。当房间进深大，侧窗不能满足上述要求时，常设置各种形式的天窗，从而形成了各种不同的剖面形状。

有的房间虽然进深不大，但具有特殊要求，如展览馆中的陈列室，为使室内照度均匀、稳定、柔和并减轻和消除眩光的影响，避免直射阳光损害陈列品，常设置各种不同形式的采光窗。

对于厨房一类房间，由于在操作过程中常散发出大量蒸汽、油烟等，可在顶部设置排气窗以加速排除有害气体。

12.2.2 房屋各部分高度的确定

1. 房间的净高和层高

房间的净高是指楼地面到结构层(梁、板)底面或顶棚下表面之间的距离。层高是指该层楼地面到上一层楼地面之间的距离，如图 12.26 所示。

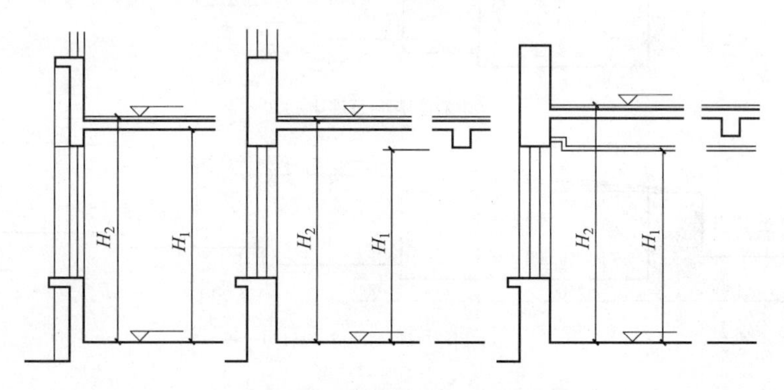

图 12.26 房间的净高和层高

H_1—净高； H_2—层高

在通常情况下，房间高度的确定主要考虑以下几个因素。

1) 人体活动及家具设备的要求

房间净高应不低于 2.2 m。

卧室使用人数少、面积不大，常取 2.7～3.0 m；教室使用人数多，面积相应增大，一般取 3.3～3.6 m；公共建筑的门厅人流较多，高度可较其他房间适当提高；商店营业厅净高受房间面积及客流量多少等因素的影响，国内大中型营业厅(无空调设备的)底层层高为 4.2～6.0 m，二层层高为 3.6～5.1 m。

房间的家具设备以及人们使用家具设备的必要空间，也直接影响到房间的净高和层高。如学生宿舍通常设有双层床，则层高不宜小于 3.3 m；医院手术室净高应考虑手术台、无影灯以及手术操作所必要的空间，净高不应小于 3.0 m；游泳馆比赛大厅，房间净高应考虑跳水台的高度、跳水台至顶棚的最小高度；对于有空调要求的房间，通常在顶棚内布置有水平风管，确定层高时应考虑风管尺寸及必要的检修空间。

2) 采光、通风要求

房间的高度应有利于天然采光和自然通风。房间里光线的照射深度，主要靠窗户的高度来解决，进深越大，要求窗户上沿的位置越高，即相应房间的净高也要高一些。当房间采用单侧采光时，通常窗户上沿离地的高度，应大于房间进深长度的一半。当房间允许两侧开窗时，房间的净高不小于总深度的 1/4。

房间的通风要求，室内进出风口在剖面上的高低位置，也对房间净高有一定影响。潮湿和炎热地区的民用房屋，经常利用空气的气压差来组织室内穿堂风，如在内墙上开设高窗，或在门上设置亮子等改善室内的通风条件，在这些情况下，房间净高就相应要高一些。

除此以外，容纳人数较多的公共建筑，尚应考虑房间正常的气容量，以保证必要的卫生条件。

3) 结构高度及其布置方式的影响

层高等于净高加上楼板层结构的高度。因此在满足房间净高要求的前提下，其层高尺寸随结构层的高度而变化，应考虑梁所占的空间高度。

4) 建筑经济效果

层高是影响建筑造价的一个重要因素。实践表明，普通砖混结构的建筑物，层高每降低 100 mm 可节省投资 1%。

5) 室内空间比例

一般地说，面积大的房间高度要高一些，面积小的房间则可适当降低高度。同时，不同的比例尺度给人以不同的心理效果，高而窄的比例易使人产生兴奋、激昂、向上的情绪，且具有严肃感。但过高就会觉得不亲切甚至可产生恐惧感；宽而矮的空间使人感觉宁静、开阔、亲切，但过低又会使人产生压抑、沉闷的感觉。图 12.27 所示为不同空间比例给人以不同感受的示例。

(a) 宽而矮的空间比例

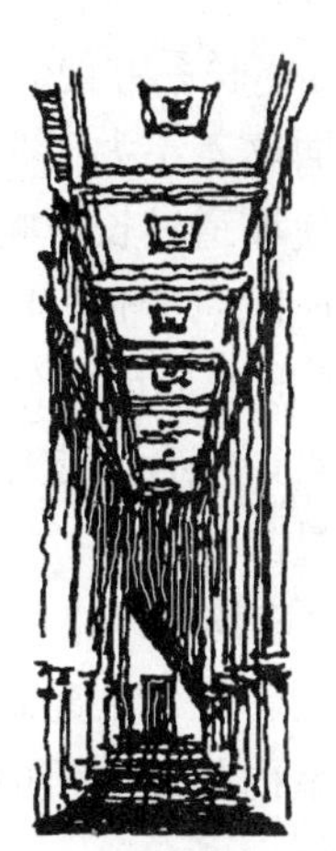

(b) 高而窄的空间比

图 12.27　不同空间比例给人不同的感受

2. 窗台高度

窗台高度与使用要求、人体尺度、家具尺寸及通风要求有关。大多数的民用建筑，窗台高度主要考虑方便人们工作、学习，保证书桌上有充足的光线。

一般常取窗台高度为900～1000 mm，这样窗台距桌面高度控制在100～200 mm之间，保证了桌面上充足的光线，并使桌上纸张不致被风吹出窗外。

对于有特殊要求的房间，如设有高侧窗的陈列室，为消除和减少眩光，应避免陈列品靠近窗台布置。实践中总结出窗台到陈列品的距离要使保护角大于14°。为此，一般将窗下口提高到离地2.5 m以上。厕所、浴室窗台可提高到1800 mm左右。托儿所、幼儿园窗台高度应考虑儿童的身高及较小的家具设备，医院儿童病房为方便护士照顾病儿，窗台高度均应较一般民用建筑低一些。图12.28所示为民用建筑窗台的高度。

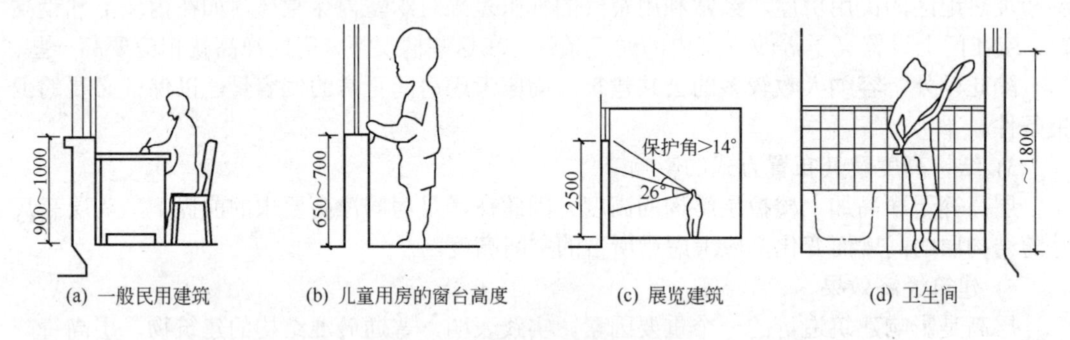

图12.28　民用建筑窗台的高度

公共建筑的房间如餐厅、休息厅、娱乐活动场所，以及疗养建筑和旅游建筑，为使室内阳光充足和便于观赏室外景色，丰富室内空间，常将窗台做得很低，甚至采用落地窗。

3. 室内外地面高差

为了防止室外雨水流入室内，并防止墙身受潮，一般民用建筑常把室内地坪适当提高，以使建筑物室内外地面形成一定高差，该高差主要由以下因素确定。

(1) 内外联系方便。住宅、商店、医院等建筑的室外踏步的级数常以不超过四级，即室内外地面高差不大于 600 mm 为好。而仓库类建筑物，为便于运输，在入口处常设置坡道，为不使坡道过长影响室外道路布置，室内外地面高差以不超过300 mm为宜。

(2) 防水、防潮要求。室内外地面高度差一般大于或等于300 mm。

(3) 地形及环境条件。位于山地和坡地的建筑物，应结合地形的起伏变化和室外道路布置等因素，综合确定底层地面标高，使其既方便内外联系，又有利于室外排水和减少土石方工程量。

(4) 建筑物的性格特征。一般民用建筑应具有亲切、平易近人的感觉，因此室内外高差不宜过大。纪念性建筑物除在平面空间布局及造型上反映出它独自的性格特征以外，还常借助于室内外高差值的增大，如采用高的台基和较多的踏步处理，以增强严肃、庄重、雄伟的气氛。

12.2.3 房屋的层数

影响房屋层数的因素有以下几方面。

1. 使用要求

住宅、办公楼和旅馆等建筑，可采用多层和高层。

对于托儿所、幼儿园等建筑，考虑到儿童的生理特点和安全，同时为便于室内与室外活动场所的联系，其层数不宜超过 3 层。医院门诊部为方便病人就诊，层数也以不超过 3 层为宜。

影剧院、体育馆等一类公共建筑都具有面积和高度较大的房间，人流集中，为迅速而安全地进行疏散，宜建成低层。

2. 建筑结构的类型、材料和施工要求

建筑结构的类型和材料是决定房屋层数的基本因素。如一般混合结构的建筑是以墙或柱承重的梁板结构体系，一般为 1～6 层。常用于一般大量民用建筑，如住宅、宿舍、中小学教学楼、中小型办公楼、医院和食堂等。

多层和高层建筑，可采用梁柱承重的框架结构、剪力墙结构或框架剪力墙结构等结构体系。

空间结构体系，如薄壳、网架、悬索等则适用于低层大跨度建筑，如影剧院、体育馆、仓库及食堂等。

3. 地震烈度

地震烈度不同，对房屋的层数和高度要求也不同。砌体房屋的总高度和层数限值如表 12.7 所示；钢筋混凝土房屋最大适用高度如表 12.8 所示。

4. 建筑基地环境与城市规划要求

房屋的层数与所在地段的大小、高低起伏变化有关。不能脱离一定的环境条件，特别是位于城市街道两侧、广场周围及风景园林区等，必须重视建筑与环境的关系，做到与周围建筑物、道路、绿化等协调一致。同时要符合当地城市规划部门对整个城市面貌的统一要求。

表 12.7 砌体房屋的总高度和层数限值　　单位：m

房屋类别		最小墙厚度/mm	设防烈度和设计基本地震加速度											
			6		7				8				9	
			0.05g		0.10g		0.15g		0.20g		0.30g		0.40g	
			高度	层数	高度	层数	高度	层数	高度	层数	高度	层数	高度	层数
多层砌体房屋	普通砖	240	21	7	21	7	21	7	18	6	15	5	12	4
	多孔砖	240	21	7	21	7	18	6	18	6	15	5	9	3
	多孔砖	190	21	7	18	6	15	5	15	5	12	4	—	—
	混凝土砌块	190	21	7	21	7	18	6	18	6	15	5	9	3

表 12.8　钢筋混凝土房屋最大适用高度　　单位：m

结构类型	设防烈度				
	6 度	7 度	8 度		9 度
			0.20g	0.30g	
框架	60	50	40	35	24
框架—抗震墙	130	120	100	80	50
抗震墙	140	120	100	80	60

12.2.4　建筑空间的组合与利用

1. 建筑空间的组合

建筑空间的组合，就是根据内部使用要求，结合基地环境等条件将各种不同形状、大小、高低的空间组合起来。使之成为使用方便、结构合理、体型简洁完美的整体。图 12.29 所示为大小、高低不同的空间组合形式。

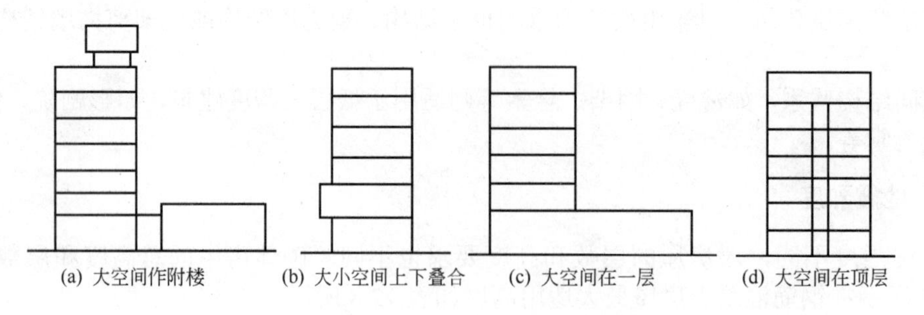

图 12.29　大小、高低不同的空间组合

当建筑物内部出现高低差，或由于地形的变化使房屋几部分空间的楼地面出现高低错落时，可采用错层的方式使空间取得和谐统一。具体处理方式如下。

(1) 以踏步或楼梯联系各层楼地面以解决错层高差，如图 12.30 所示。

(2) 以室外台阶解决错层高差。

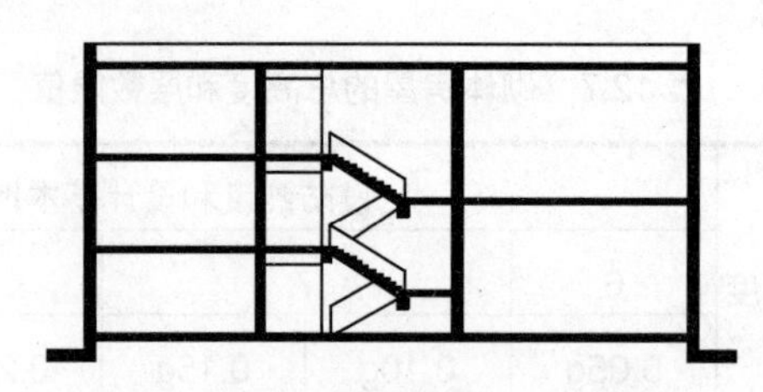

图 12.30　以楼梯解决错层高差

2. 建筑空间的利用

1) 夹层空间的利用

在公共建筑中的营业厅、体育馆、影剧院、候机楼等，由于功能要求其主体空间与辅

助空间的面积和层高不一致，因此常采取在大空间周围布置夹层的方式，以达到利用空间及丰富室内空间的效果。图 12.31 所示为利用夹层空间的实例。

2) 房间上部空间的利用

房间上部空间主要是指除人们日常活动和家具布置以外的空间。如住宅中常利用房间上部空间设置搁板、吊柜作为贮藏之用，如图 12.32 所示。

图 12.31　夹层空间的利用

图 12.32　住宅房间上部空间的利用

3) 结构空间的利用

在建筑物中增加墙体厚度，则墙体所占用的室内空间也相应增加，因此充分利用墙体(结构)空间可以起到节约空间的作用。通常多利用墙体空间设置壁柜、窗台柜，利用角柱布置书架及工作台。

4) 楼梯间及走道空间的利用

一般民用建筑楼梯间底层休息平台下至少有半层高，可作为布置贮藏室及作辅助用房和出入口之用。同时，楼梯间顶层有一层半的空间高度，也可以利用其部分空间布置一个小储藏间。

民用建筑走道主要用于人流通行，其面积和宽度都较小，高度也相应要求低些，可充分利用走道上部多余的空间布置设备管道及照明线路。在居住型的建筑中常利用走道上空布置储藏空间。

走道及楼梯间空间的利用示例如图 12.33 所示。

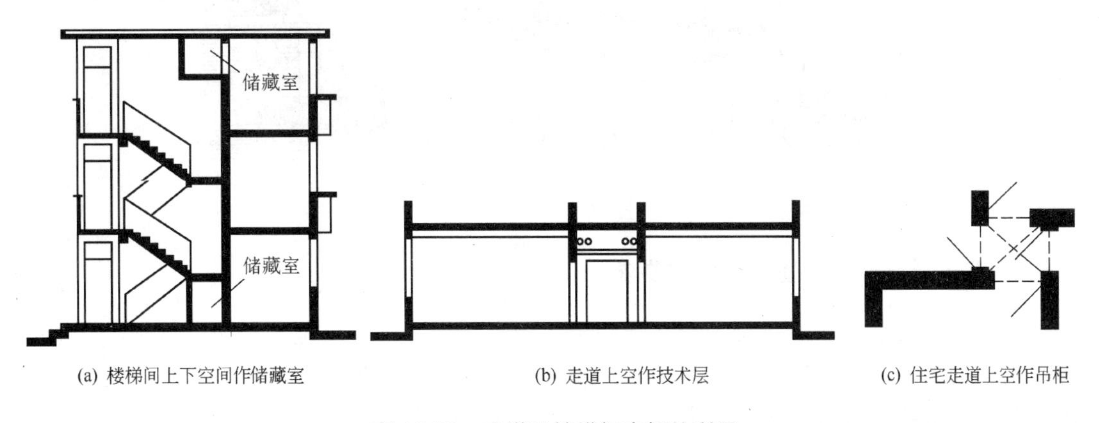

(a) 楼梯间上下空间作储藏室　(b) 走道上空作技术层　(c) 住宅走道上空作吊柜

图 12.33　走道及楼梯间空间的利用

12.3 建筑体型及立面设计

建筑的外部形象包括体型和立面两个方面，是建筑造型设计的一个主要组成部分。建筑体型设计主要是对建筑外形总的体量、形状、比例、尺度等方面的确定，并针对不同类型建筑采用相应的体型组合方式，体型组合对建筑形象的总体效果具有重要影响，而立面设计是建筑物体型的进一步深化。体型和立面处理贯穿于整个建筑设计的始终，在设计中应将二者作为一个有机的整体统一考虑。建筑体型及立面设计是在内部空间及功能合理的基础上，在物质技术条件的制约下考虑到所处的地理位置及环境的协调，对外部形象从总的体型到各个立面以及细部，按照一定的美学规律加以处理，以求得完美的建筑形象。

12.3.1 建筑体型和立面设计的原则

1. 反映建筑使用功能要求和特征

建筑是为了满足人们生产和生活需要而创造出的物质空间环境。各类建筑由于使用功能的千差万别，室内空间全然不同，在很大程度上决定了建筑的不同外部体型及立面特征。

例如住宅建筑：重复排列的阳台、尺度不大的窗户，形成了生活气息浓郁的居住建筑性格特征。图 12.34 所示为某小区住宅楼示例。体育场建筑：外观上体现出内部的大空间以及看台结构。行政办公大楼建筑：具有庄重、雄伟的外观特征。

2. 反映物质技术条件的特点

建筑不同于一般的艺术品，它必须运用大量的建筑材料，并通过一定的结构施工技术等手段才能建成。因此，建筑体型及立面设计必然在很大程度上受物质技术条件的制约，并反映出结构、材料和施工的特点。图 12.35 所示是北京奥林匹克体育中心游泳馆。

图 12.34 某小区住宅楼

3. 符合城市规划及基地环境的要求

建筑本身就是构成城市空间和环境的重要因素，它不可避免地要受城市规划、基地环境的某些制约，所以建筑基地的地形、地质、气候、方位、朝向、形状、大小、道路、绿化以及与原有建筑群的关系等，都对建筑外部形象有极大影响。

例如美国建筑大师莱特设计的流水别墅，建于幽雅的山泉峡谷之中，建筑凌跃于奔泻而下的瀑布之上，与山石、流水、树林融为一体。图 12.36 所示为流水别墅实例。

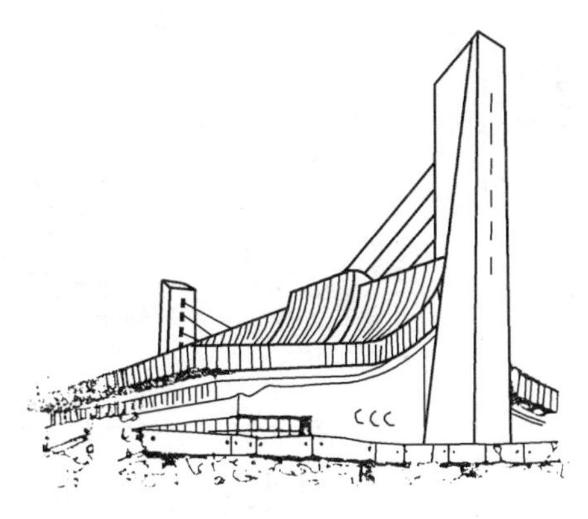
图 12.35　北京奥林匹克体育中心游泳馆

图 12.36　流水别墅

4. 适应社会经济条件

建筑外形设计应本着勤俭的精神，严格掌握质量标准，尽量节约资金。一般对于大量性建筑，标准可以低一些，而国家重点建造的某些大型公共建筑，标准则可高些。

应当指出：建筑外形的艺术美并不以投资的多少为决定因素。事实上只要充分发挥设计者的主观能动性，在一定的经济条件下，巧妙地运用物质技术手段和构图法则，努力创新，完全可以设计出适用、安全、经济、美观的建筑物。

12.3.2　建筑美的构图规律

建筑造型有其内在的规律，人们要创造出美的建筑，就必须遵循建筑美的法则，如统一、均衡、稳定、对比、韵律、比例和尺度等等。不同时代、不同地区、不同民族，尽管建筑形式千差万别，尽管人们审美观各不相同，但这些建筑美的基本法则都是一致的，是被人们普遍承认的客观规律，因而具有普遍性。

1. 统一与变化

统一与变化是建筑构图的一条重要原则，它是一切形式美的基本规律，具有广泛的普遍性和概括性。

1) 以简单的几何形体求统一

任何简单的容易被人们辨认的几何形体都具有一种必然的统一。图 12.37 所示为基本的建筑形体，图中的基本形体依次为三棱体；正方体；半球体；棱锥体；长圆柱体；矮圆柱体；竖直的长方体；平卧的长方体；长圆锥体等。

图 12.37　基本的建筑形体

2) 主从分明，以陪衬求统一

复杂体型的建筑物根据功能的要求常包括主要部分和从属部分，如果不加以区别对待，则建筑必然显得平淡、松散，缺乏统一性。在外形设计中，恰当地处理好主要与从属、重点与一般的关系，使建筑形成主从分明，以次衬主，就可以加强建筑的表现力，取得完整统一的效果。图 12.38 所示为以低衬高的示例。

图 12.38　以低衬高

2. 均衡与稳定

一幢建筑物由于各体量的大小、高低、材料的质感、色彩的深浅、虚实变化不同，常表现出不同的轻重感。一般说来，体量大的、实体的、材料粗糙及色彩暗的，感觉上要重些；体量小的、通透的、材料光洁和色彩明快的，感觉上要轻一些。研究均衡与稳定，就是要使建筑形象显得安定、平稳。

1) 均衡

均衡主要研究建筑物各部分前后左右的轻重关系。在建筑构图中，人们的均衡感与力学原理有着密切的联系。均衡的力学原理如图 12.39 所示，支点表示均衡中心，根据均衡中心的位置不同，又可分为对称的均衡与不对称的均衡。

对称的建筑是绝对均衡的，如图 12.40 所示，以中轴线为中心并加以重点强调，两侧对称容易取得完整统一的效果，给人以端庄、雄伟、严肃的感觉，常用于纪念性建筑或者其他需要表现庄严、隆重的公共建筑。

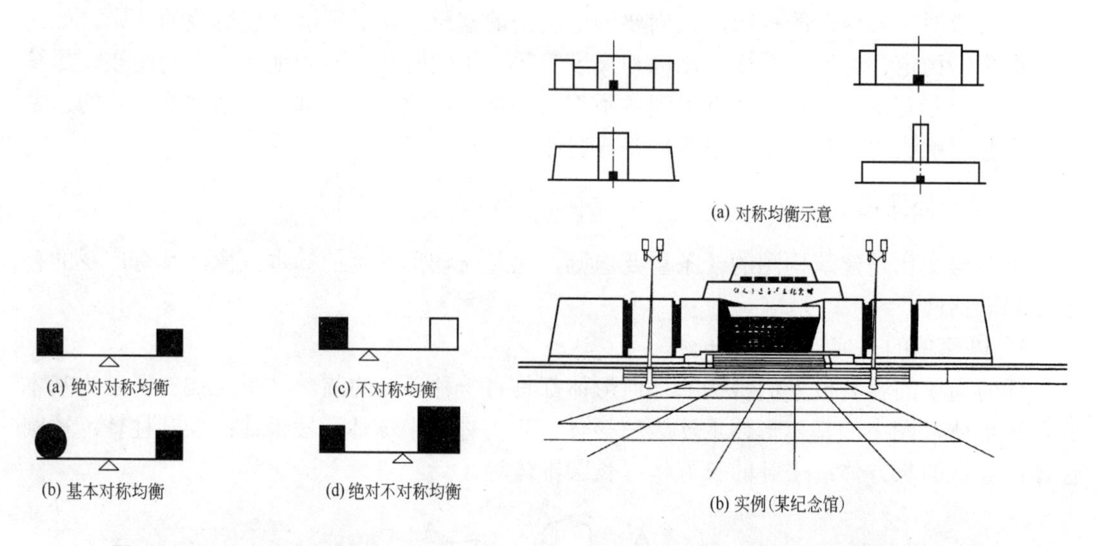

(a) 绝对对称均衡　(c) 不对称均衡

(b) 基本对称均衡　(d) 绝对不对称均衡

图 12.39　均衡的力学原理

(a) 对称均衡示意

(b) 实例(某纪念馆)

图 12.40　对称均衡

不对称均衡，如图 12.41 所示，是将均衡中心(视觉上最突出的主要出入口)偏于建筑的一侧，利用不同体量、材质、色彩、虚实变化等的平衡达到不对称均衡的目的，它与对称均衡相比显得轻巧、活泼。

2) 稳定

稳定是指建筑整体上下之间的轻重关系。一般来说上面小，下面大，由底部向上逐层缩小的手法可获得稳定感，如图 12.42 所示。

近代建造了不少底层架空的建筑，利用悬臂结构的特性、粗糙材料的质感和浓郁的色彩加强底层的厚重感，同样可达到稳定的效果。图 12.43 所示为上大下小的稳定构图。

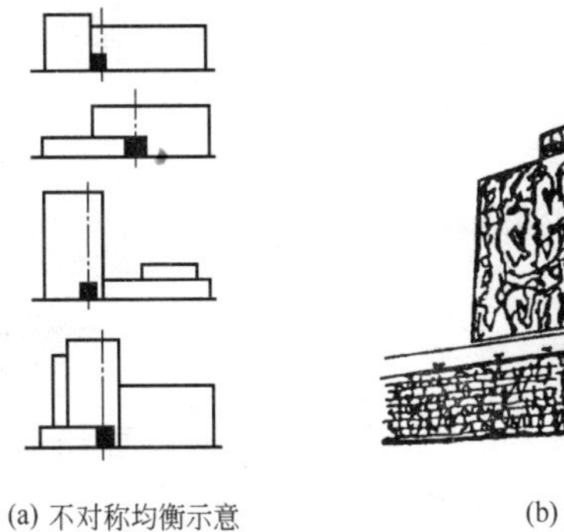

(a) 不对称均衡示意

(b) 墨西哥某图书馆

图 12.41　不对称均衡

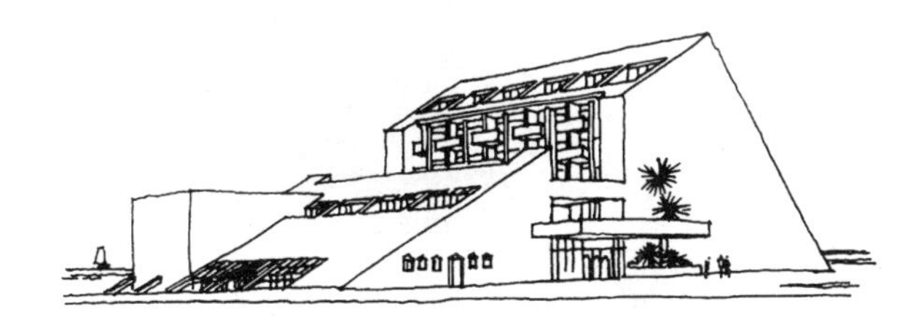

图 12.42　上小下大的稳定构图

图 12.43　上大下小的稳定构图

3. 韵律与对比

1) 韵律

韵律是使同一要素或不同要素有规律地重复出现的手法。它广泛渗透于自然界一切事物和现象中，如心跳、呼吸、水纹、树叶等，这种有规律的变化和有秩序的重复所形成的节奏，能给人以美的感受。韵律美按其形式特点可以分为以下几种类型。

(1) 连续的韵律。连续的韵律是运用一种或几种建筑要素的连续、重复排列所产生的韵律感。各组成部分保持着恒定的距离和关系，可以无限地连绵延长，如图 12.44 所示。

(2) 渐变的韵律。渐变的韵律是将某些要素，如体量的大小、高低、色彩的冷暖、浓淡，质感的粗细、轻重等进行有规律的增减。由于这种变化是取渐变的形式以造成统一和谐的韵律感，故称为渐变的韵律，如图 12.45 所示。

(3) 起伏的韵律。渐变的韵律如果按照一定的规律时增时减，或具有不规则的节奏感即为起伏的韵律。这种形式活泼而富有运动感，如图 12.46 所示。

(4) 交错的韵律。各要素按一定规律交织、穿插而形成交错的韵律。各要素间相互制约，一隐一显，表现出一种有组织的变化，这种手法在建筑构图中更加强调相互穿插的处理，形成一种丰富的韵律感，如图 12.47 所示。

另外，建筑物由于使用功能的要求和结构技术的影响也存在着很多重复的因素，如建筑形体、空间、构件，乃至门窗、阳台、凹廊、雨篷和色彩等，这就为建筑造型提供了很

多有规律的依据，在建筑构图中，有意识地对自然界一切事物和现象加以模仿和运用，从而出现了以具有条理性、重复性和连续性为特征的韵律美。

图 12.44　连续的韵律

图 12.45　渐变的韵律

图 12.46　起伏的韵律

图 12.47　交错的韵律

2) 对比

建筑造型设计中的对比，具体表现在体量的大小、长短、高低、粗细的对比，形状的方圆、锐钝的对比，线条的曲直、横竖的对比，以及方向、虚实、色彩、质地和光影等方面的对比。在同一因素之间通过对比、相互衬托，就能产生出不同的形象效果。对比强烈，则变化大，感觉明显，建筑中很多重点突出的处理手法往往是采取强烈对比的结果；对比小，则变化小，易于取得相互呼应、和谐、协调统一的效果。因此，在建筑设计中恰当地运用对比的强弱是取得统一与变化的有效手段。体量形状的对比实例，如巴西首都巴西利亚的国会大厦，如图 12.48 所示，体型处理运用了竖向的两片板式办公楼与横向体量的政府宫的对比，上院和下院一正一反两个碗状的议会厅的对比，以及整个建筑体型的直与曲、高与低、虚与实的对比，给人留下强烈的印象。此外，这组建筑还充分运用了钢筋混凝土的雕塑感、玻璃窗洞的透明感以及大型坡道的流畅感，从而协调了整个建筑的统一气氛。再如坦桑尼亚国会大厦，如图 12.49 所示，由于功能特点及气候条件，实墙面积很大而开窗极小，虚实对比极为强烈。

4. 比例与尺度

1) 比例

比例是指长、宽、高三个方向之间的大小关系。无论是整体或局部以及整体与局部之间，局部与局部之间都存在着比例关系。如整幢建筑与单个房间长、宽、高之比，门窗或整个立面的高宽比，立面中的门窗与墙面之比，门窗本身的高宽比等。良好的比例能给人以和谐、完美的感受；反之，比例失调就无法使人产生美感。

图 12.48　巴西国会大厦(体量对比)　　　　图 12.49　坦桑尼亚国会大厦(虚实对比)

一般来说，抽象的几何形状以及若干几何形状之间的组合，处理得当就可获得良好的比例而易于为人们所接受。在建筑的外观上，矩形最为常见，建筑物的轮廓、门窗和开间等都形成不同的矩形，如果这些矩形的对角线有某种平行或垂直、重合的关系，将有助于形成和谐的比例关系，如图 12.50 所示。以对角线相互重合、垂直及平行的方法，使窗与窗、窗与墙面之间保持相同的比例关系。

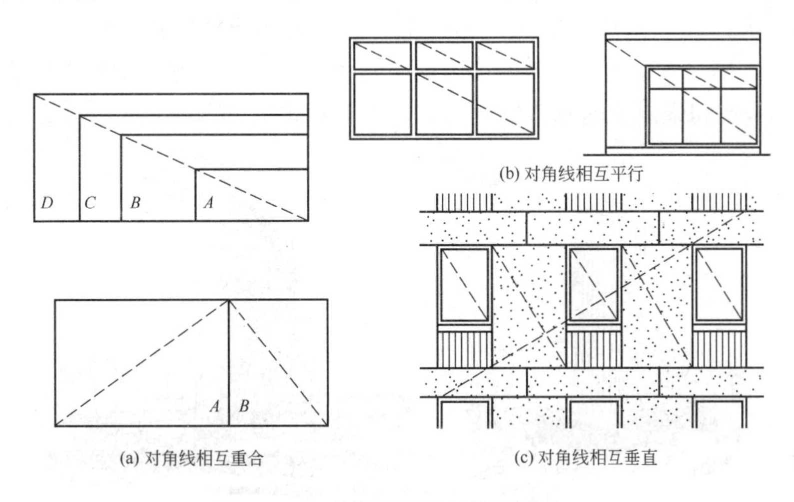

图 12.50　以相似比例求得和谐统一

2) 尺度

尺度是研究建筑物整体和局部构件给人感觉上的大小与其真实大小之间的关系。抽象的几何形体显示不了尺度感，但一经尺度处理，人们就可以感觉出它的大小来。在建筑设计过程中，常常以人或与人体活动有关的一些不变因素如门、台阶和栏杆等作为比较标准，通过与它们的对比而获得一定的尺度感。

建筑设计中，尺度的处理通常有三种方法。

(1) 自然的尺度。以人体大小来度量建筑物的实际大小，从而给人的印象与建筑物真实大小一致。常用于住宅、办公楼和学校等建筑。

(2) 夸张的尺度。运用夸张的手法给人以超过真实大小的尺度感。常用于纪念性建筑或大型公共建筑，以表现庄严、雄伟的气氛。

(3) 亲切的尺度。以较小的尺度获得小于真实的感觉，给人以亲切宜人的尺度感。常用来创造小巧、亲切、舒适的气氛，如庭院建筑等。图 12.51 为苏州留园的实例。

12.3.3 建筑体型及立面设计的方法

不论建筑体型简单还是复杂，都是由一些基本的几何形体组合而成的，基本上可以归纳为单一形体和组合形体两大类。设计中采用哪种形体，并不是按建筑物的规模大小来区别的，如中小型建筑，不一定都是单一体型；大型公共建筑也不一定都是组合体型，应视具体的功能要求和设计者的意图来确定。

图 12.51 苏州留园(亲切尺度)

1. 体型的组合

1) 单一体型

单一体型是指整幢房屋基本上是一个比较完整的、简单的几何形体。这类体型的特点是平面和体型都较为完整单一，复杂的内部空间都组合在一个完整的体型中，平面形式多采用对称的正方形、三角形、圆形、多边形、风车形和“Y”形等单一的几何形状，如图 12.52 所示。单一体型的建筑没有明显的主从关系和组合关系，常给人以造型统一、简洁大方、轮廓鲜明和强烈的印象。

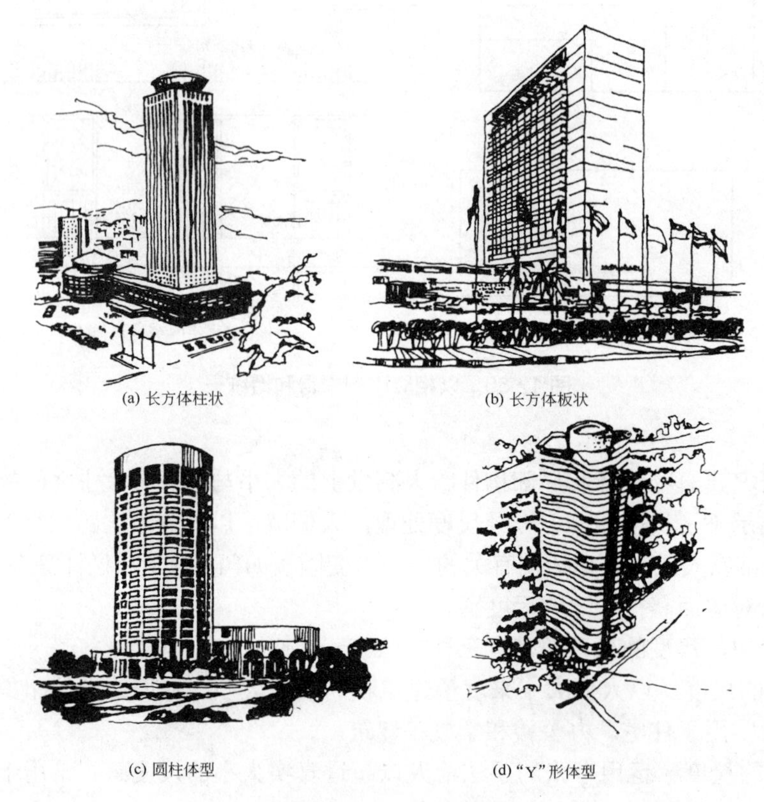

(a) 长方体柱状　(b) 长方体板状　(c) 圆柱体型　(d)“Y”形体型

图 12.52 单一体型建筑

2) 单元组合体型

一般民用建筑如住宅、学校和医院等常采用单元组合体型。它是将几个独立体量的单

元按一定方式组合起来的。它具有以下特点。

(1) 组合灵活。结合基地大小、形状、朝向、道路走向、地形起伏变化，建筑单元可随意增减、高低错落，既可形成简单的一字形体型，也可形成锯齿形、台阶式等体型。

(2) 建筑物没有明显的均衡中心及体型的主从关系，这就要求单元本身具有良好的造型。单元的连续重复，可以形成强烈的韵律感。图 12.53 所示为单元组合体型建筑。

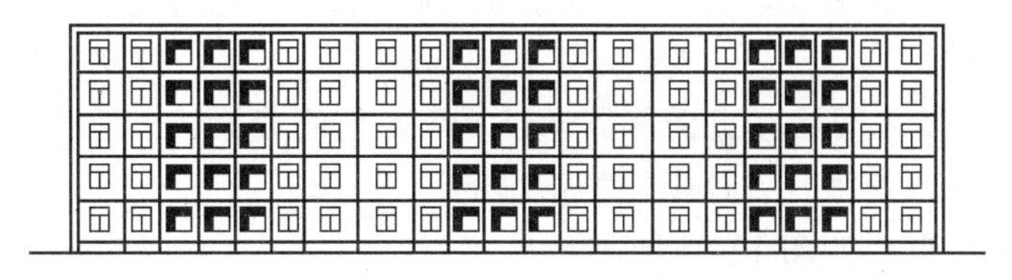

图 12.53　单元组合体型

3) 复杂体型

复杂体型是由两个以上的体量组合而成的，体型丰富，更适用于功能关系比较复杂的建筑物。由于复杂体型存在着多个体量，进行体量与体量之间相互协调与统一时应注意：

(1) 主次关系。进行组合时应突出主体，有重点、有中心，主从分明，巧妙结合以形成有组织、有秩序、不杂乱的完整统一体。

(2) 对比。运用体量的大小、形状、方向、高低和曲直等方面的对比，可以突出主体，突破单调感，从而求得丰富、变化的造型效果。

(3) 均衡与稳定。体型组合的均衡包括对称与非对称两种方式。对称的构图是均衡的，容易取得完整的效果。对于非对称方式要特别注意各部分体量的大小变化、轻重关系、均衡中心的位置，以求得视觉上的均衡。

2. 体型的转折与转角处理

转折主要是指建筑物顺道路或地形的变化作曲折变化。根据功能和造型的需要，转角地带的建筑体型常采用主附体相结合，以附体陪衬主体、主从分明的方式。也可采取局部体量升高以形成塔楼的形式，以塔楼控制整个建筑物及周围道路，使交叉口、主要入口更加醒目。体型的转折与转角处理方案如图 12.54 所示。

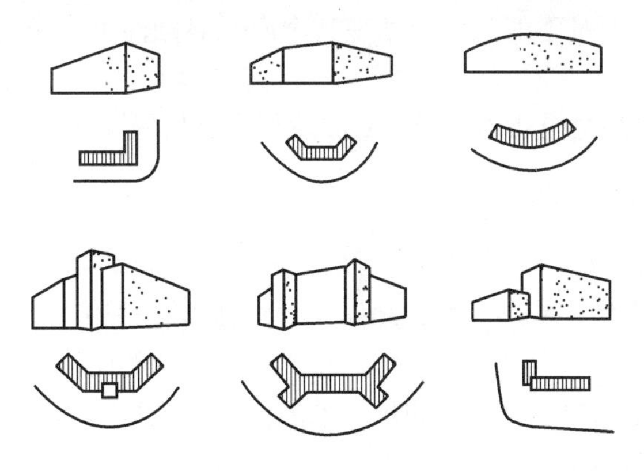

图 12.54　体型的转折与转角处理方案

3. 体量的连接

(1) 直接连接。在体型组合中，将不同体量的面直接相连称为直接连接。这种方式具有体型分明、简洁、整体性强的优点，常用于功能要求各房间联系紧密的建筑。

(2) 以走廊或连接体相连。这种方式的特点是各体量之间相对独立而又互相联系，走廊的开敞或封闭、单层或多层，常随不同功能、地区特点、创作意图而定，使建筑物给人以轻快、舒展的感觉。

(3) 咬接。各体量之间相互穿插，体型较复杂，但组合紧凑，整体性强，较前者易于获得有机整体的效果，是组合设计中较为常用的一种方式。

常见的体量连接形式如图 12.55 所示。

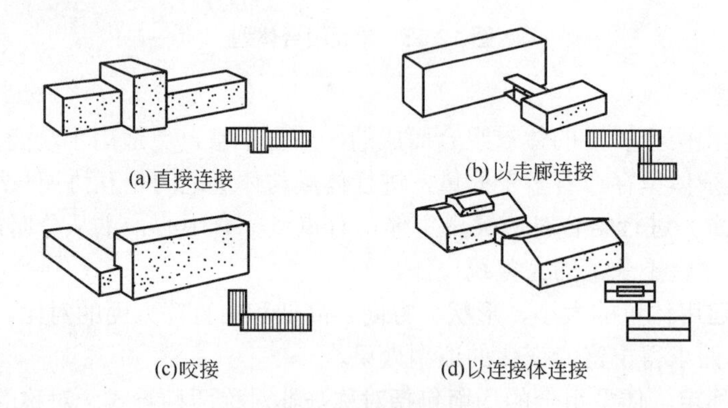

图 12.55　体量连接形式

4. 立面设计

建筑立面是由许多部件组成的，这些部件包括门窗、墙柱、阳台、遮阳板、雨篷、檐口、勒脚和花饰等。立面设计就是恰当地确定这些部件的尺寸大小、比例关系以及材料色彩等。通过形的变换、面的虚实对比、线的方向变化等，求得外形的统一与变化和内部空间与外形的协调统一。

1) 进行立面处理的注意事项

(1) 在推敲建筑立面时不能孤立地处理某个面，必须注意几个面的相互协调和相邻面的衔接以取得统一。

(2) 建筑造型是一种空间艺术，研究立面造型不能只局限在立面的尺寸大小和形状上，应考虑建筑空间的透视效果。

2) 立面处理方法

(1) 立面的比例与尺度。

立面的比例与尺度的处理是与建筑功能、材料性能和结构类型分不开的，由于使用性质、容纳人数、空间大小和层高等的不同，形成全然不同的比例和尺度关系。

建筑立面常借助于门窗、细部等的尺度处理反映建筑物的真实大小。

(2) 立面的虚实与凹凸。

建筑立面中“虚”的部分是指窗、门窗洞口、空廊、门廊及凹廊等，给人以轻巧、通透的感觉；“实”的部分主要是指墙、柱、屋面和栏板等，给人以厚重、封闭的感觉。巧妙地处理建筑外观上的虚实关系，可以获得轻巧生动、坚实有力的外观形象。

以虚为主、虚多实少的处理手法能获得轻巧、开朗的效果，以虚为主的处理效果如图 12.56 所示。

以实为主、实多虚少的处理手法能产生稳定、庄严、雄伟的效果，以实为主的处理效果如图 12.57 所示。

图 12.56　以虚为主的处理

图 12.57　以实为主的处理

虚实相当的处理容易给人以单调、呆板的感觉。在功能允许的条件下，可以适当将虚的部分和实的部分集中，使建筑物产生一定的变化。

由于功能和构造上的需要，建筑外立面常出现一些凹凸部分。凸的部分一般有阳台、雨篷、遮阳板、挑檐、凸柱和突出的楼梯间等。凹的部分有凹廊、门洞等。通过凹凸关系的处理可以加强光影变化，增强建筑物的体积感，丰富立面效果，住宅立面的凹凸虚实处理如图 12.58 所示。

(3) 立面的线条处理。

任何线条本身都具有一种特殊的表现力和多种造型的功能。从方向变化来看，垂直线条处理立面具有挺拔、高耸、向上的气氛，如图 12.59 所示；水平线条处理立面使人感到舒展与连续、宁静与亲切，如图 12.60 所示；斜线处理具有动态的感觉；网格线处理具有丰富的图案效果，给人以生动、活泼而有秩序的感觉。从处理线条的粗细、曲折变化来看，粗线条表现厚重、有力；细线条具有精致、柔和的效果；直线表现刚强、坚定；曲线则显得优雅、轻盈。

图 12.58　住宅立面凹凸虚实处理

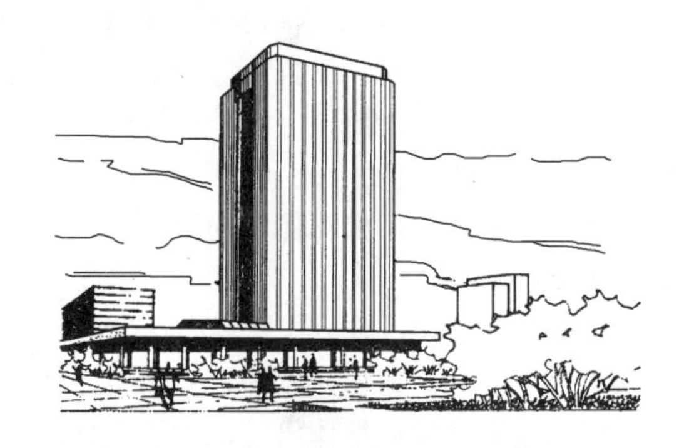

图 12.59　垂直线条的立面处理

建筑立面上客观存在着各种线条，如立柱、墙垛、窗台、遮阳板、檐口、通长的栏板、

窗间墙和分格线等。

(4) 立面的色彩与质感。

不同的色彩具有不同的表现力，给人以不同的感受。以浅色为基调的建筑给人以明快清新的感觉，深色显得稳重，橙黄等暖色调使人感到热烈、兴奋；青、蓝、紫、绿等色使人感到宁静。运用不同色彩的处理，可以表现出不同建筑物的性格、地方特点及民族风格。

建筑的外形色彩设计包括大面积墙面的基调色的选用和墙面上不同色彩的构图等两方面，设计中应注意以下问题。

① 色彩处理必须和谐统一且富有变化，在用色上可采取大面积基调色为主，局部运用其他色彩形成对比而突出重点。

② 色彩的运用必须与建筑物性质相一致。

③ 色彩的运用必须注意与环境的密切协调。

④ 基调色的选择应结合各地的气候特征。寒冷地区宜采用暖色调，炎热地区多偏于采用冷色调。

建筑立面由于材料的质感不同，也会给人以不同的感觉。如天然石材和砖的质地粗糙，具有厚重及坚固感；金属及光滑表面的材料使人感觉轻巧、细腻。立面设计中常常利用材料质感的处理来增强建筑物的表现力，如图 12.61 所示。

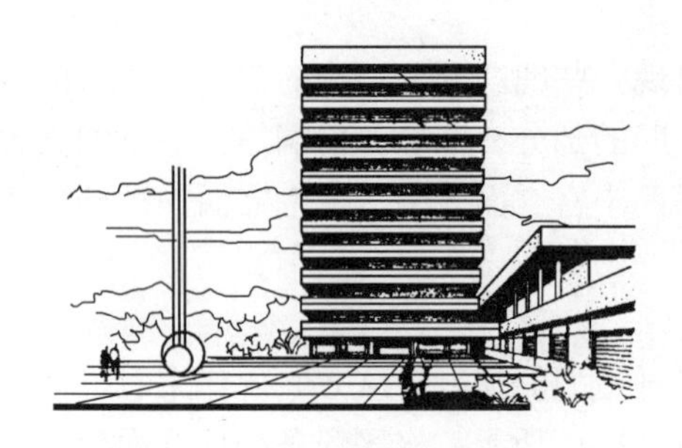

图 12.60　水平线条的立面处理

图 12.61　立面中材料质感的处理

(5) 立面的重点与细部处理。

根据功能和造型的需要，在建筑物某些局部位置进行重点和细部处理，可以突出主体、打破单调感。立面的重点处理常常是通过对比手法取得的。建筑物重点处理的部位如下。

① 建筑物的主要出入口及楼梯间是人流最多的部位，如图 12.62 和图 12.63 所示。

② 根据建筑造型上的特点，重点表现有特征的部分，如体量中的转折、转角、立面的突出部分及上部结束部分，如车站钟楼、商店橱窗和房屋檐口等。

③ 为了使建筑物于统一中有变化，避免单调以达到一定的美观要求，也常在反映该建筑性格的重要部位，如对住宅的阳台、凹廊，公共建筑中的柱头、檐口等部位进行处理，如图 12.64 所示。

在立面设计中，对于体量较小或当人们接近时才能看得清的部分，如墙面勒脚、花格、漏窗、檐口细部、窗套、栏杆、遮阳板、雨篷、花台及其他细部装饰等的处理称为细部处理。细部处理必须从整体出发，接近人体的细部应充分发挥材料色泽、纹理、质感和光泽度的美感作用。对于位置较高的细部，一般应着重于总体轮廓和注意色彩、线条等大的效果，而不宜刻画得过于细腻。

图 12.62　某文化中心入口

图 12.63　某展览馆入口

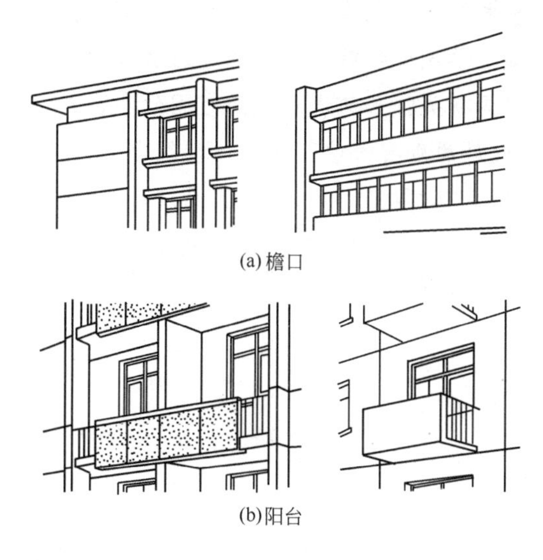

(a) 檐口

(b)阳台

图 12.64　檐口、阳台的局部处理

12.4　单 元 小 结

内　容	知识要点	能力要求
建筑平面设计	平面设计的内容；使用房间设计；辅助房间设计；交通联系部分的设计；建筑平面组合设计	熟悉平面设计的内容，掌握使用、辅助房间及交通联系部分的设计；对建筑平面组合设计及设计依据有一定的了解
建筑剖面设计	房间的剖面形状；房屋各部分高度的确定；房屋的层数；建筑空间的组合与利用	知道剖面设计的内容，了解人的各种活动对建筑的形状、高度、层数与空间的要求，能理解建筑空间利用的概念
建筑体型及立面设计	建筑体型和立面设计的原则；建筑构图规律；建筑体型及立面设计的方法	知道建筑体型和立面设计的原则，了解建筑构图规律及建筑体型与立面设计的方法

12.5 复习思考题

1. 建筑平面设计包含哪些内容？厕所的平面设计应满足哪些要求？
2. 试举例说明确定房间面积的因素有哪些？
3. 房间尺寸指的是什么？确定其尺寸应考虑哪些因素？
4. 交通联系空间按位置分由哪三部分所组成？每部分又包括哪些内容？
5. 走道宽度应如何确定？门厅的设计要求有哪些？
6. 影响建筑平面组合的因素有哪些？
7. 建筑平面组合的基本形式有哪些？各有何特点？举例说明。
8. 什么是层高、净高？举例说明确定房间高度应考虑的因素。
9. 建筑层数与哪些因素有关？如何进行剖面空间的组合？
10. 建筑体型及立面设计原则有哪些？建筑体型组合的方法有哪些？
11. 建筑构图的基本规律有哪些？如何进行立面设计？

第 13 章　建筑施工图的设计规定与要求

内容提要： 本章主要介绍建筑制图的基本知识，包括建筑制图的基本规定、建筑施工图设计深度要求的内容及国标常用图例。

教学目标：

掌握建筑施工图绘制的基本规定；

熟悉建筑施工图的设计深度要求，并掌握绘制建筑施工图的技能；

熟悉国标常用图例。

一套建筑施工图由于专业设计分工的不同，主要分为建筑施工图、结构施工图和水暖电(设备)施工图三大部分。

建筑施工图主要表示建筑物的总体布局、外部造型、内部布置、细部构造、装修和施工要求等。基本图包括总平面图、建筑平面图、立面图和剖面图等；详图包括墙身、楼梯、门窗、厕所、屋檐及各种装修、构造的详细做法。

13.1　建筑设计基本规定

建筑施工图除了要符合投影及剖切等基本图示方法与要求外，还应严格遵守国家颁布的《房屋建筑制图统一标准》(GB/T 50001—2010)、《建筑制图标准》(GB/T 50104—2000)等制图标准中的有关规定。

13.1.1　基本规定

1. 图纸幅面

图纸图幅采用 A0、A1、A2、A3 四种标准，以 A1 图纸为主，如表 13.1 所示。

表 13.1　图纸尺寸规格

图纸种类	A0	A1	A2	A3	A4
图纸宽度/mm	1189	841	594	420	297
图纸高度/mm	841	594	420	297	210

注：A4 主要用于目录、变更、修改等。

特殊需要可采用按长边 1/8 模数加长尺寸(按房屋建筑制图统一标准)，一个专业所用的图纸，不宜多于两种幅面(目录及表格所用 A4 幅面除外)。

2. 图纸比例

常用图纸比例如表 13.2 所示，同一张图纸中应选用一种比例。根据专业制图需要，同

一图样可选用两种比例。

表 13.2　常用比例

图　　名	比　　例
建筑物或构筑物的平面图、立面图、剖面图	1∶50、1∶100、1∶150、1∶200、1∶300
建筑物或构筑物的局部放大图	1∶10、1∶20、1∶25、1∶30、1∶50
配件及构造详图	1∶1、1∶2、1∶5、1∶10、1∶15、1∶20、1∶25、1∶30、1∶50

图名字一般高 10 mm。比例宜注写在图名的右侧，字的基准线应取平；比例的字高宜比图名的字高小一号或二号，如图 13.1 所示。

平面图 1:100

图 13.1　图名与比例

3. 图线

(1) 图线的宽度 b，应根据图样的复杂程度和比例，按《房屋建筑制图统一标准》(GB/T 50001—2010)中图线的规定选用如图 13.2～图 13.4 所示。绘制较简单的图样时，可采用两种线宽的线宽组，其线宽比宜为 b 和 $0.25b$。

(2) 图线的宽度 b，宜从下列线宽系列中选取：2.0、1.4、1.0、0.7、0.5、0.35mm。每个图样，应根据复杂程度与比例大小，先选定基本线宽 b，再选用表 13.3 中相应的线宽组。

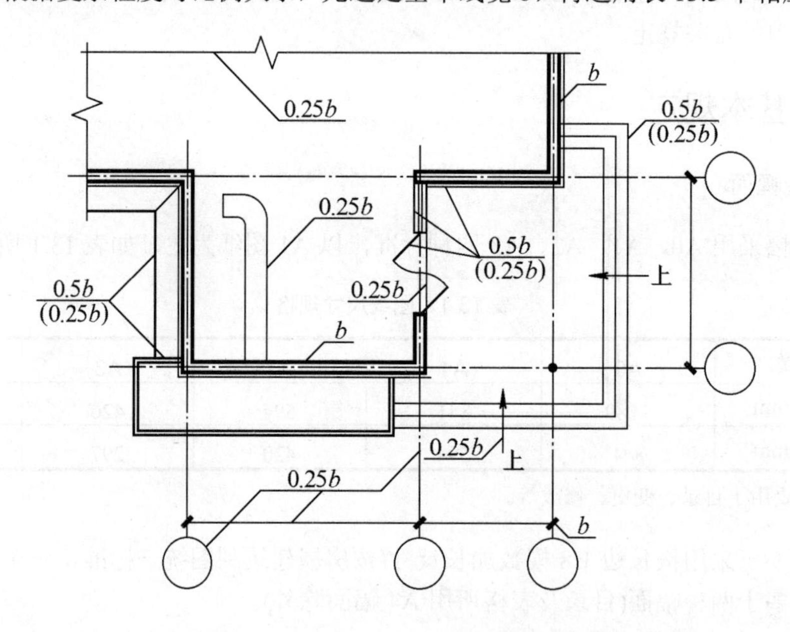

图 13.2　平面图图线宽度选用示例

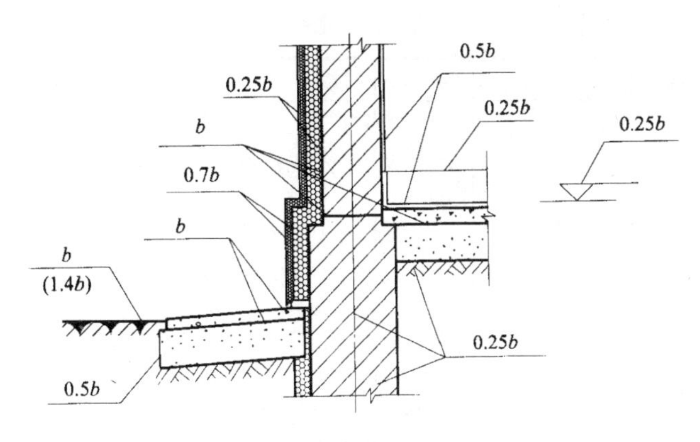

图 13.3　墙身剖面图图线宽度选用示例

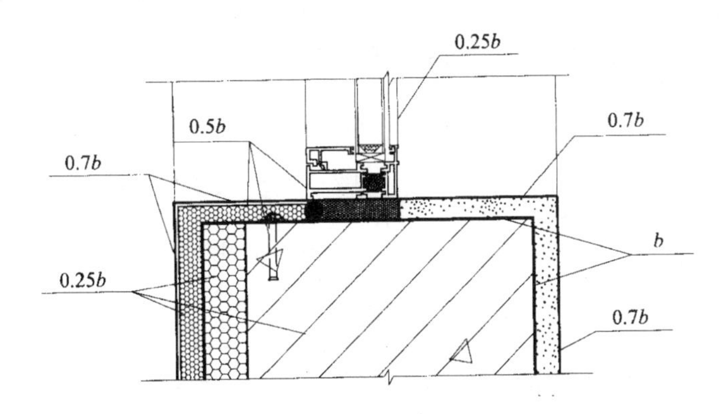

图 13.4　详图图线宽度选用示例

表 13.3　线宽组

线宽比	线宽组/mm					
b	2.0	1.4	1.0	0.7	0.5	0.35
0.5 b	1.0	0.7	0.5	0.35	0.25	0.18
0.25 b	0.5	0.35	0.25	0.18	—	—

注：需要缩微的图纸，不宜采用 0.18mm 及更细的线宽，同一张图纸中，相同比例的各图样，应选用相同的线宽组。

(3) 图纸的图框和标题栏线，可采用表 13.4 所示的线宽。

表 13.4　图框线、标题栏线的宽度　　单位：mm

幅面代号	线宽组		
	图框线	标题栏外框线	标题栏分割线、会签栏线
A0、A1	1.4	0.7	0.35
A2、A3、A4	1.0	0.7	0.35

(4) 建筑专业、室内设计专业制图采用的各种图线应符合表 13.5(摘抄于《建筑制图标准》(GB/T 50004—2010)的规定。

表 13.5　图线

名　称	线　型		线　宽	用　途
实线	粗		b	(1) 平、剖面图中被剖切的主要建筑构造(包括构配件)的轮廓线; (2) 建筑立面图或室内立面图的外轮廓线; (3) 建筑构造详图中被剖切的主要部分的轮廓线; (4) 建筑构配件详图中的外轮廓线; (5) 平、立、剖面图的剖切符号
	中粗		$0.7b$	(1) 平、剖面图中被剖切的次要建筑构造(包括构配件)的轮廓线; (2) 建筑平、立、剖面图中建筑构配件的轮廓线; (3) 建筑构造详图及建筑构配件详图中的一般轮廓线
	中		$0.5b$	小于 $0.7b$ 的图形线、尺寸线、尺寸界限、索引符号、标高符号、详图材料做法引出线、粉刷线、保温层线、地面、墙面的高差分界线等
	细		$0.25b$	图例填充线、家具线、纹样线等
虚线	中粗		$0.7b$	(1) 建筑构造详图及建筑构配件不可见的轮廓线; (2) 平面图中的起重机(吊车)轮廓线; (3) 拟建、扩建建筑物轮廓线
	中		$0.5b$	投影线、小于 $0.5b$ 的不可见轮廓线
	细		$0.25b$	图例填充线、家具线等
单点长划线	粗		b	起重机(吊车)轨道线
	细		$0.25b$	中心线、对称线、定位轴线
折断线	细		$0.25b$	部分省略表示时的断开界线
波浪线	细		$0.25b$	部分省略表示时的断开界线，曲线形构间断开界限，构造层次的断开界限

注：地平线的线宽可用 $1.4b$。

(5) 相互平行的图线，其间隙不宜小于其中的粗线宽度，且不宜小于 0.7mm。虚线、单点长划线或双点长划线的线段长度和间隔，宜各自相等。单点长画线或双点长划线，当在较小图形中绘制有困难时，可用实线代替。单点长划线或双点长划线的两端，不应是点。点划线与点划线交接或点划线与其他图线交接时，应是线段交接。

(6) 虚线与虚线交接或虚线与其他图线交接时，应是线段交接。虚线为实线的延长线时，不得与实线连接。

(7) 图线不得与文字、数字或符号重叠、混淆，不可避免时，应首先保证文字等的清晰。

4. 字体

(1) 图纸上所需书写的文字、数字或符号等，均应笔画清晰、字体端正、排列整齐，标点符号应清楚正确。

(2) 文字的字高，应从如下系列中选用：3.5、5、7、10、14、20 mm。如需书写更大的字，其高度应按 $\sqrt{2}$ 的比值递增。

(3) 图样及说明中的汉字，宜采用长仿宋体，宽度与高度的关系应符合表 13.6 的规定。

大标题、图册封面、地形图等的汉字，也可书写成其他字体，但应易于辨认。

表 13.6　长仿宋体字高宽关系

字高/mm	20	14	10	7	5	3.5
字宽/mm	14	10	7	5	3.5	2.5

(4) 拉丁字母、阿拉伯数字与罗马数字的书写与排列，应符合表 13.7 的规定，字高应不小于 2.5 mm。如需写成斜体字，其斜度应是从字的底线逆时针向上倾斜 75°，斜体字的高度与宽度应与相应的直体字相等。

表 13.7　拉丁字母、阿拉伯数字与罗马数字书写规则

书写格式	一般字体	窄字体
大写字母高度	h	h
小写字母高度(上下均无延伸)	7/10 h	10/14 h
小写字母伸出的头部和尾部	3/10 h	1/14 h
笔画宽度	1/10 h	1/14 h
字母间距	2/10 h	2/14 h
上下行基准线最小间距	15/10 h	21/14 h
词间距	6/10 h	6/14 h

(5) 数量的数值注写，应采用正体阿拉伯数字。各种计量单位凡前面有量值的，均应采用国家颁布的单位符号注写，单位符号应采用正体字母。

(6) 分数、百分数和比例数的注写，应采用阿拉伯数字和数学符号，例如：四分之三、百分之二十五和一比二十应分别写成 3/4、25%和 1∶20。

(7) 当注写的数字小于 1 时，必须写出个位的“0”，小数点应采用圆点，齐基准线书写，例如 0.01。

5. 符号

1) 轴线圆

轴线圆均应以细实线绘制，圆的直径为 8 mm，亦不宜大于 10 mm，字体一律大写。轴线编号：横向轴线用阿拉伯数字编写，纵向轴线采用拉丁字母编写，但不得采用 I、O、Z。参见 1.3 节。

2) 剖切符号

(1) 剖视的剖切符号应由剖切位置线及投射方向线组成，均应以粗实线绘制。剖切位置线的长度宜为 6～10 mm；投射方向线应垂直于剖切位置线，长度应短于剖切位置线，宜为 4～6 mm，如图 13.5 所示。绘制时，剖视的剖切符号不应与其他图线相接触。

(2) 剖视剖切符号的编号宜采用阿拉伯数字，按顺序由左至右、由下至上连续编排，并应注写在剖视方向线的端部。

(3) 需要转折的剖切位置线，应在转角的外侧加注与该符号相同的编号。

(4) 建(构)筑物剖面图的剖切符号宜注在±0.00 标高的平面图上(一般为首层平面图)。

3) 断面的剖切符号

(1) 断面的剖切符号应只用剖切位置线表示，并应以粗实线绘制，长度宜为 6～10 mm。

(2) 断面剖切符号的编号宜采用阿拉伯数字，按顺序连续编排，并应注写在剖切位置线的一侧；编号所在的一侧应为该断面的剖视方向，如图 13.6 所示。

(3) 剖面图或断面图，如与被剖切图样不在同一张图内，可在剖切位置线的另一侧注明其所在图纸的编号，也可以在图上集中说明。

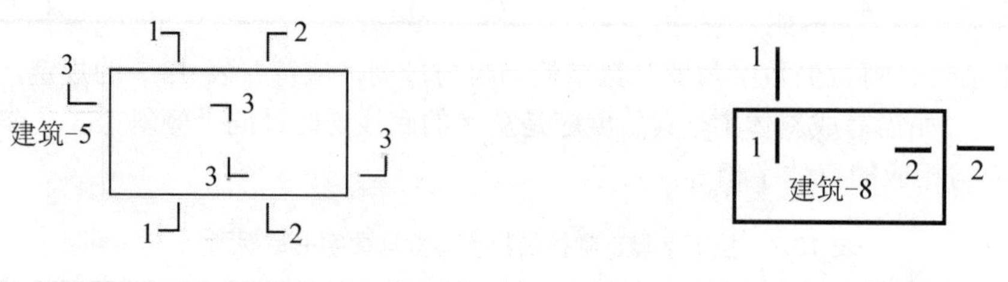

图 13.5　剖切符号　　　　图 13.6　断面剖切符号

4) 引出线

(1) 引出线应以细实线绘制，宜采用水平方向的直线，与水平方向成 30°、45°、60°、90°的直线，或经上述角度再折为水平线。文字说明宜注写在水平线的上方，如图 13.7(a) 所示，也可注写在水平线的端部，如图 13.7(b)所示。索引详图的引出线应与水平直径线相连接，如图 13.7(c)所示。

(2) 同时引出几个相同部分的引出线，宜互相平行，如图 13.8(a)所示，也可画成集中于一点的放射线，如图 13.8(b)所示。

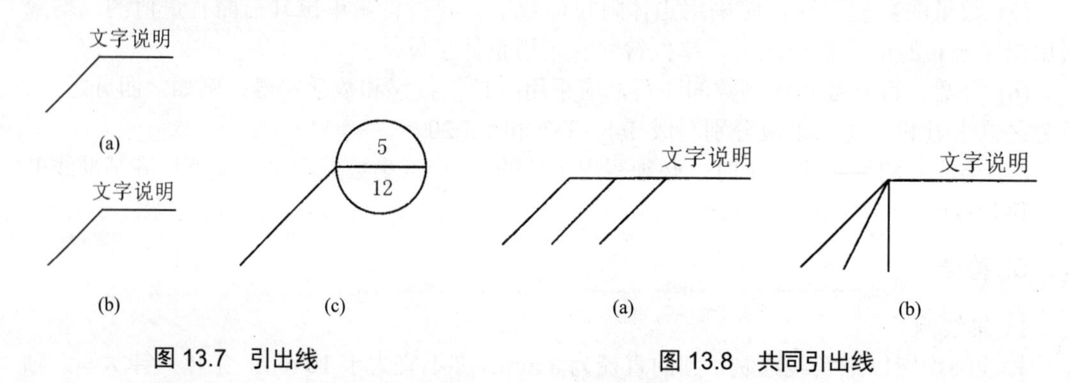

图 13.7　引出线　　　　图 13.8　共同引出线

(3) 多层构造或多层管道共用引出线，应通过被引出的各层。文字说明宜注写在水平线的上方，或注写在水平线的端部，说明的顺序应由上至下，并应与被说明的层次相互一致；如层次为横向排序，则由上至下的说明顺序应与从左至右的层次相互一致，如图 13.9 所示。

5) 索引符号

图样中的某一局部或构件，如需另见详图，应以索引符号索引，如图 13.10(a)所示。索引符号由直径为 10 mm 的圆和水平直径组成，圆及水平直径均应以细实线绘制。索引符号应按下列规定编写：

(1) 索引出的详图，如与被索引的详图同在一张图纸内，应在索引符号的上半圆中用阿拉伯数字注明该详图的编号，并在下半圆中间画一段水平细实线，如图 13.10(b)所示。

(2) 索引出的详图，如与被索引的详图不在同一张图纸内，应在索引符号的上半圆中用阿拉伯数字注明该详图的编号，在索引符号的下半圆中用阿拉伯数字注明该详图所在图纸的编号，如图 13.10(c)所示。数字较多时，可加文字标注。

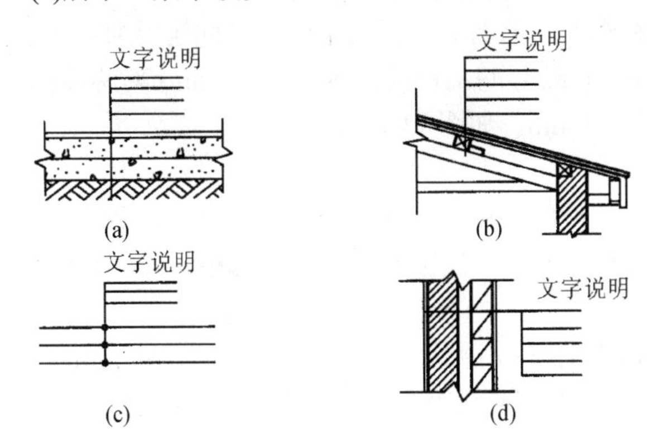

图 13.9 多层构造引出线

(3) 索引出的详图，如采用标准图，应在索引符号水平直径的延长线上加注该标准图册的编号，如图 13.10(d)所示。

(4) 索引符号如用于索引剖视详图，应在被剖切的部位绘制剖切位置线，并以引出线引出索引符号，引出线所在的一侧应为投射方向。索引符号的编写同图 13.10 的规定，如图 13.11 所示。

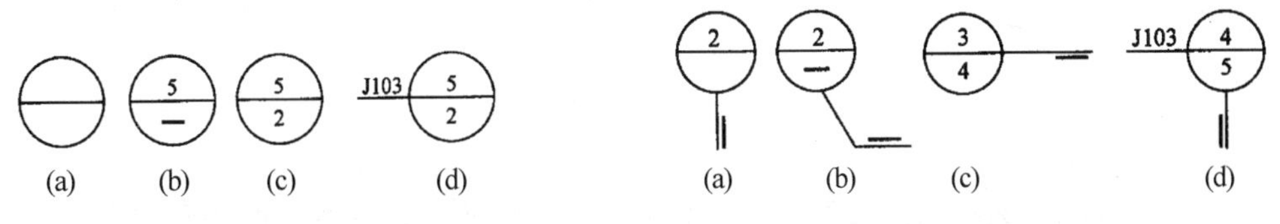

图 13.10 索引符号　　图 13.11 用于索引剖视详图的索引符号

6) 详图符号

(1) 详图的位置和编号，应以详图符号表示。详图符号的圆应以直径为 14mm 粗实线绘制。与索引符号的比较如图 13.12(c)所示。

(2) 详图与被索引的图样同在一张图纸内时，应在详图符号内用阿拉伯数字注明详图的编号，如图 13.12(a)所示。详图与被索引的图样不在同一张图纸内，应用细实线在详图符号内画一水平直径，上半圆中注明详图编号，在下半圆中注明被索引的图纸的编号，如图 13.12(b)所示。

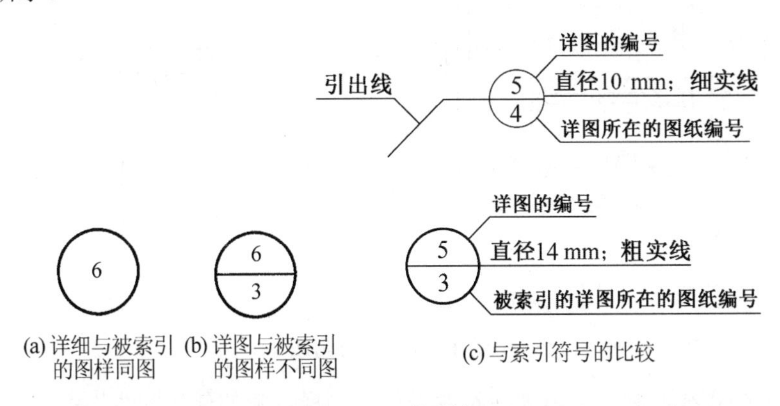

图 13.12 详图符号

7) 对称符号

对称符号由对称线和两端的两对平行线组成。对称线用细点画线绘制；平行线用细实线绘制，其长度宜为 6～10 mm，每对的间距宜为 2～3 mm；对称线垂直平分于两对平行线，两端超出平行线宜为 2～3 mm，如图 13.13(a)所示。

8) 连接符号

应以折断线表示需连接的部位。两部位相距过远时，折断线两端靠图样一侧应标注大写拉丁字母表示连接编号。两个被连接的图样必须用相同的字母编号，如图 13.13(b)所示。

9) 指北针

指北针的形状宜如图 13.13(c)所示，其圆的直径宜为 24 mm，用细实线绘制；指针尾部的宽度宜为 3 mm，指针头部应注“北”或“N”字。需用较大直径绘制指北针时，指针尾部宽度宜为直径的 1/8。

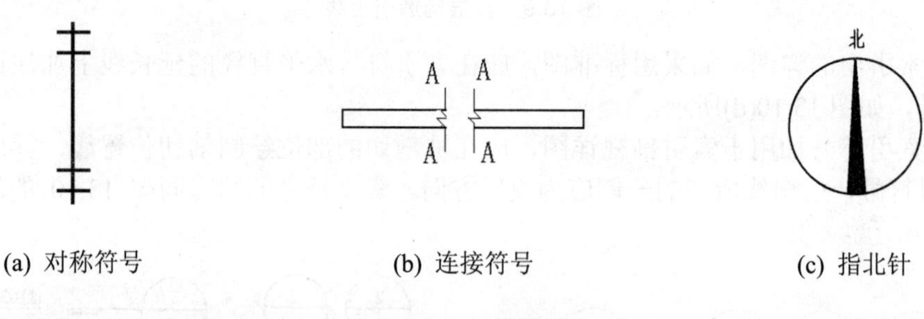

(a) 对称符号　　(b) 连接符号　　(c) 指北针

图 13.13　其他符号

10) 风玫瑰图

风玫瑰折线上的点离圆心的远近，表示从此点向圆心方向刮风的频率的大小。实线表示常年风，虚线表示夏季风，如图 11.2 所示。

6. 尺寸的组成与表示

1) 尺寸界线、尺寸线及尺寸起止符号

图样上的尺寸，包括尺寸界线、尺寸线、尺寸起止符号和尺寸数字，如图 13.14(a)所示。

尺寸界线用细实线绘制，一般应与被注长度垂直，其一端应离开图样轮廓线不小于 2 mm，另一端宜超出尺寸线 2～3 mm。图样轮廓线可用作尺寸界线，如图 13.14(b)所示。

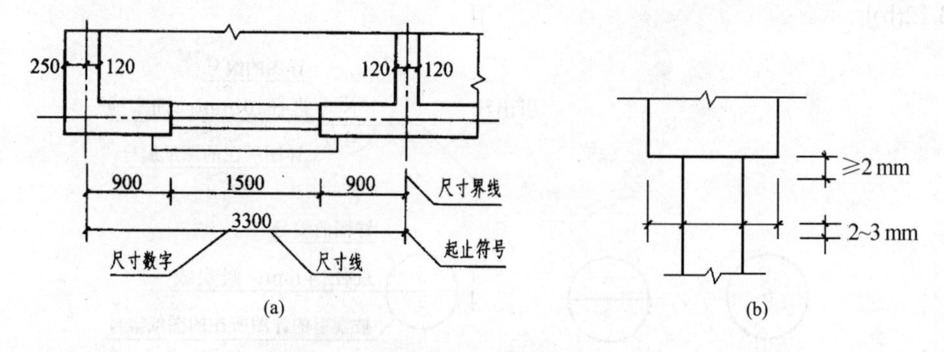

图 13.14　尺寸组成

尺寸线用细实线绘制，应与被注长度平行，图样本身的任何图线均不得用作尺寸线。

尺寸起止符号一般用中粗短斜线绘制，其倾斜方向应与尺寸界线成顺时针 45° 角，长度宜为 2～3 mm。

2) 尺寸数字

图样上的尺寸，应以尺寸数字为准，不得从图上直接量取。尺寸单位，除标高及总平面以米为单位外，其他必须以毫米为单位。

尺寸数字的方向，应按图 13.15(a)所示的规定注写，若尺寸数字在 30° 斜线区内，宜按图 13.15(b)的形式注写。箭头尺寸起止符号，如图 13.16 所示。

一般应依据其方向注写在靠近尺寸线的上方中部。如没有足够的注写位置，最外边的尺寸数字可在尺寸界线的外侧，中间相邻的尺寸数字可错开注写，如图 13.17 所示。

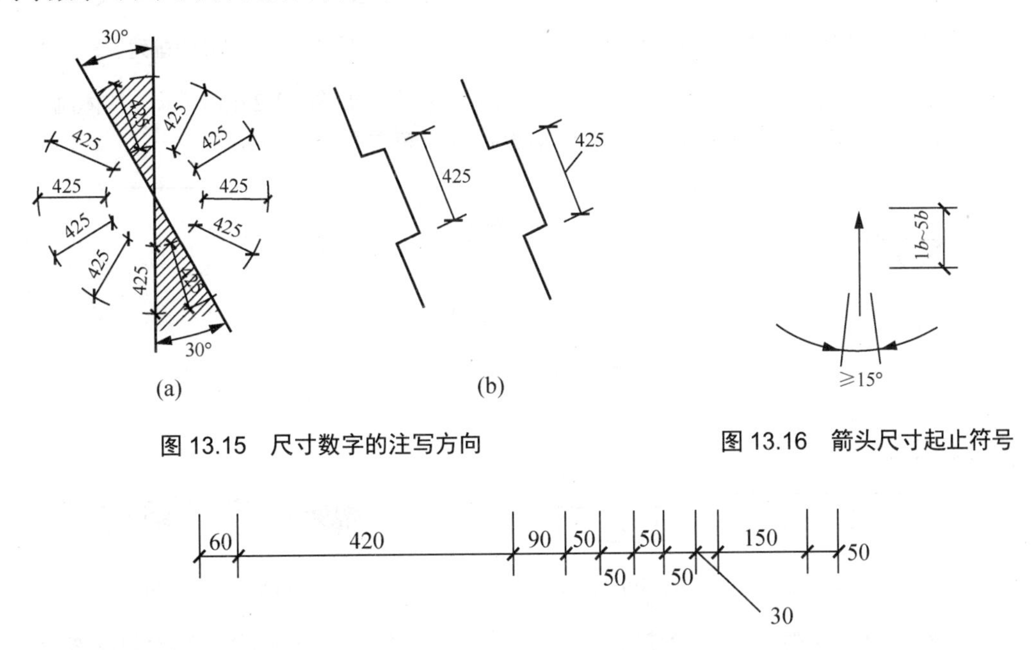

图 13.15　尺寸数字的注写方向

图 13.16　箭头尺寸起止符号

图 13.17　尺寸数字的注写位置

3) 尺寸的排列与布置

尺寸宜标注在图样轮廓以外，不宜与图线、文字及符号等相交，如图 13.18 所示。互相平行的尺寸线，应从被注写的图样轮廓线由近向远整齐排列，较小尺寸应离轮廓线较近，较大尺寸应离轮廓线较远，如图 13.19 所示。

图样轮廓线以外的尺寸界线，距图样最外轮廓之间的距离，不宜小于 10 mm。平行排列的尺寸线的间距，宜为 7～10 mm，并应保持一致。总尺寸的尺寸界线应靠近所指部位，中间的分尺寸的尺寸界线可稍短，但其长度应相等，如图 13.19 所示。

7. 标高符号

标高符号以等腰直角三角形表示，按图 13.20(a)所示形式用细实线绘制，如标注位置不够，也可按图 13.20(b)所示形式绘制。标高符号的具体画法如图 13.20(c)、(d)所示。标高符号的尖端应指至被注高度的位置，尖端一般应向下，也可向上。标高数字应注写在标高符号的左侧或右侧，如图 13.21(a)所示。在图样的同一位置需表示几个不同标高时，标高数字

可按图 13.21(b)的形式注写。标高数字应以米为单位，注写到小数点以后第三位。零点标高应注写成±0.000，正数标高不注“+”，负数标高应注“-”，例如 3.000、-0.600。

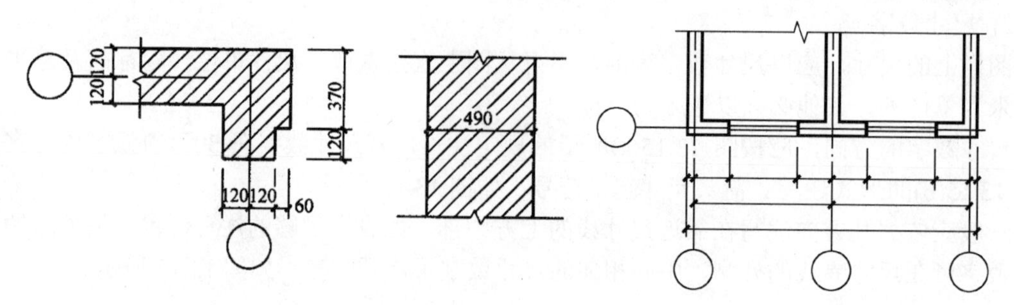

图 13.18　尺寸数字的注写

图 13.19　尺寸的排列

总平面图室外地坪标高符号，宜用涂黑的三角形表示，如图 13.22(a)所示，具体画法如图 13.22(b)所示，在总平面图中，可注写到小数点以后第二位，如 49.25。

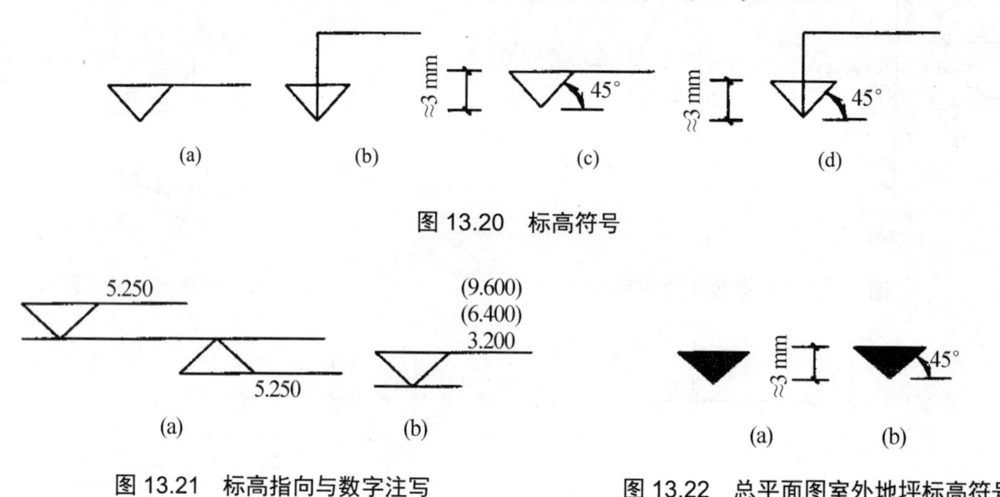

图 13.20　标高符号

图 13.21　标高指向与数字注写

图 13.22　总平面图室外地坪标高符号

13.1.2　平面图、立面图、剖面图的规定

1. 平面图的有关规定

(1) 平面图的方向宜与总图方向一致。平面图的长边宜与横式幅面图纸的长边一致。

(2) 在同一张图纸上绘制多于一层的平面图时，各层平面图宜按层数由低向高的顺序从左至右或从下至上布置。

(3) 除顶棚平面图外，各种平面图应按正投影法绘制。

(4) 建筑物平面图应在建筑物的门窗洞口处水平剖切俯视，屋顶平面图应在屋面以上俯视，图内应包括剖切面及投影方向可见的建筑构造以及必要的尺寸、标高等，表示高窗、洞口、通气孔、槽、地沟及起重机等不可见部分时，应采用虚线绘制。

(5) 建筑物平面图应注写房间的名称或编号。编号注写在直径为 6 mm 细实线绘制的圆圈内，并在同张图纸上列出房间名称表。

(6) 平面较大的建筑物，可分区绘制平面图，但每张平面图均应绘制组合示意图。各

区应分别用大写拉丁字母编号。在组合示意图中需提示的分区，应采用阴影线或填充的方式表示。

(7) 顶棚平面图宜采用镜像投影法绘制。

2．立面图的有关规定

(1) 各种立面图应按直接正投影法绘制。

(2) 建筑立面图应包括投影方向可见的建筑外轮廓线和墙面线脚、构配件、墙面做法及必要的尺寸和标高等。

(3) 室内立面图应包括投影方向可见的室内轮廓线和装修构造、门窗、构配件、墙面做法、固定家具、灯具、必要的尺寸和标高及需要表达的非固定家具、灯具、装饰物件等。室内立面图的顶棚轮廓线，可根据具体情况只表达吊平顶或同时表达吊平顶及结构顶棚。

(4) 平面形状曲折的建筑物，可绘制展开立面图、展开室内立面图。圆形或多边形平面的建筑物，可分段展开绘制立面图、室内立面图，但均应在图名后加注“展开”二字。

(5) 较简单的对称式建筑物或对称的构配件等，在不影响构造处理和施工的情况下，立面图可绘制一半，并应在对称轴线处画对称符号。

(6) 在建筑物立面图上，相同的门窗、阳台、外檐装修、构造做法等可在局部重点表示，绘出其完整图形，其余部分可只画轮廓线。

(7) 在建筑物立面图上，外墙表面分格线应表示清楚。应用文字说明各部位所用面材及色彩。

(8) 有定位轴线的建筑物，宜根据两端定位轴线号编注立面图名称。无定位轴线的建筑物可按平面图各面的朝向确定名称。

(9) 建筑物室内立面图的名称，应根据平面图中内视符号的编号或字母确定。

3．剖面图的有关规定

(1) 剖面图的剖切部位，应概括图纸的用途或设计深度，在平面图上选择能反映全貌、构造特征以及有代表性的部位剖切。

(2) 各种剖面图应按正投影法绘制。各种剖面图内应包括剖切面和投影方向可见的建筑构造、构配件以及必要的尺寸、标高等。

(3) 剖切符号可用阿拉伯数字、罗马数字或拉丁字母编号，如图13.23所示。

(4) 画室内立面时，相应部位的墙体、楼地面的剖切面宜绘出。必要时，占空间较大的设备管线、灯具等的剖切面，亦应在图纸上绘出。

4．其他规定

(1) 指北针应绘制在建筑物±0.000 标高的平面图上，并放在明显位置，所指的方向应与总图一致。

(2) 构配件详图与构造详图，宜按直接正投影法绘制。

(3) 构配件外形或局部构造的立体图，宜按《房屋建筑制图统一标准》(GB/T 50001—2010)的有关规定绘制。

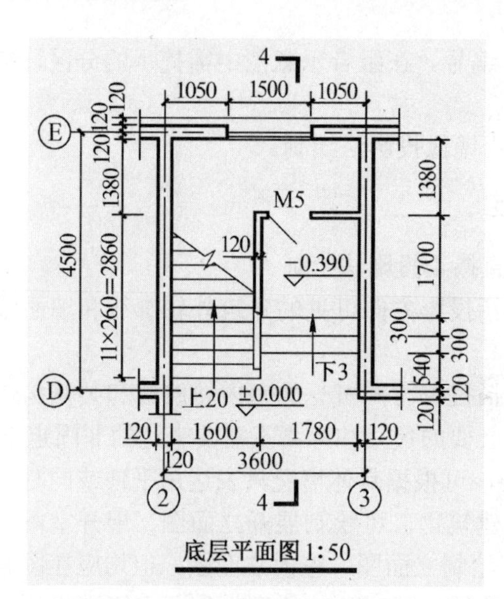

图 13.23　剖切符号

(4) 不同比例的平面图、剖面图，其抹灰层、楼地面、材料图例的省略画法，应符合下列规定：

① 比例大于 1∶50 的平面图、剖面图，应画出抹灰层、保温隔热层等与楼地面、屋面的面层线，并宜画出材料图例；

② 比例等于 1∶50 的平面图、剖面图，剖面图宜画出楼地面、屋面的面层线，宜绘出保温隔热层，抹灰层的面层线应根据需要而定；

③ 比例小于 1∶50 的平面图、剖面图，可不画出抹灰层，但剖面图宜画出楼地面、屋面的面层线；

④ 比例为 1∶100～1∶200 的平面图、剖面图，可画简化的材料图例，但剖面图宜画出楼地面、屋面的面层线；

⑤ 比例小于 1∶200 的平面图、剖面图，可不画材料图例，剖面图的楼地面、屋面的面层线可不画出。

⑥ 相邻的立面图或剖面图，宜绘制在同一水平线上，图内相互有关的尺寸及标高，宜标注在同一竖线上。

13.1.3　尺寸标注

(1) 尺寸分为定位尺寸、定量尺寸和总尺寸三种，绘图时应根据设计深度和图纸用途确定所需注写的尺寸。

(2) 建筑物平面、立面、剖面图，宜标注室内外地坪、楼地面、地下层地面、阳台、平台、檐口、屋脊、女儿墙、雨棚、门、窗、台阶等处的标高。平屋面等不易标明建筑标高的部位可标注结构标高，并予以说明。结构找坡的平屋面，屋面标高可标注在结构板面最低点，并注明找坡坡度。有屋架的屋面，应标注屋架下弦搁置点或柱顶标高。有起重机的厂房剖面图应标注轨顶标高、屋架下弦杆件下边缘或屋面梁底、板底标高。梁式悬挂起重机宜标出轨距尺寸(以米计)。

(3) 楼地面、地下层地面、楼梯、阳台、平台、檐口、屋脊、女儿墙、台阶等处及台阶等处的高度尺寸及标高，应按下列规定注写。

① 平面图及其详图注写完成面标高。

② 立、剖面图及其详图注写完成面的标高及高度方向的尺寸。

③ 其余部位注写毛面尺寸及标高。

④ 标注建筑平面图各部位的定位尺寸，宜标注与其最邻近的轴线间的尺寸。标注建筑剖面各部位的定位尺寸，宜标注其所在层内的尺寸。

13.2　建筑施工图设计要求

施工图设计文件，应满足设备材料采购、非标准设备制作和施工的需要。房屋建筑施工图是用投影原理的各种图示方法和规定画法综合应用绘制的，所以要能识读房屋建筑施工图，必须具备一定的投影知识，掌握形体的各种图示方法和建筑制图标准的有关规定，要熟记建筑图中常用的图例、符号、线型、尺寸和比例的意义，还要了解房屋的组成和构造的知识。

13.2.1　建筑施工图设计一般要求

1. 建筑施工图设计文件

建筑施工图的设计文件包括：

(1) 合同要求所涉及的所有专业的设计图纸(含图纸目录、说明和必要的设备、材料表)以及图纸总封面。

(2) 合同要求的工程预算书。对于方案设计后直接进入施工图设计的项目，若合同未要求编制工程预算书，施工图设计文件应包括工程概算书。

2. 总封面

总封面应标明以下内容：

(1) 项目名称。

(2) 编制单位名称。

(3) 项目的设计编号。

(4) 设计阶段。

(5) 编制单位法定代表人、技术总负责人和项目总负责人的姓名及其签字或授权盖章。

(6) 编制年月(即出图年、月)。

13.2.2　建筑施工图设计深度要求

在施工图设计阶段，建筑专业设计文件应包括图纸目录、施工图设计说明、设计图纸、计算书。参见第 15 章案例。

1. 图纸目录

先列新的绘制图纸，后列选用的标准图或重复利用图。

2. 施工图设计说明

(1) 本子项工程施工图设计的依据性文件、批文和相关规范。

(2) 项目概况。

内容一般应包括建筑名称、建设地点、建设单位、建筑面积、建筑基底面积、建筑工程等级、设计使用年限、建筑层数和建筑高度、防火设计建筑分类和耐火等级、人防工程防护等级、屋面防水等级、地下室防水等级、抗震设防烈度等，以及能反映建筑规模的主要技术经济指标，如住宅的套型和套数(包括每套的建筑面积、使用面积、阳台建筑面积。房间的使用面积可在平面图中标注)、旅馆的客房间数和床位数、医院的门诊人次和住院部的床位数、车库的停车泊位数等。

(3) 设计标高。本子项的相对标局与总图绝对标高的关系。

(4) 用料说明和室内外装修。

① 墙体、墙身防潮层、地下室防水、屋面、外墙面、勒脚、散水、台阶、坡道。油漆、涂料等的材料和做法，可用文字说明或部分文字说明，部分直接在图上引注或加注索引号。

② 室内装修部分除用文字说明以外亦可用表格形式表达(见表 13.8)，在表上填写相应的做法或代号；较复杂或较高级的民用建筑应另行委托室内装修设计；凡属二次装修的部分，可不列装修做法表和进行室内施工图设计，但对原建筑设计、结构和设备设计有较大改动时，应征得原设计单位和设计人员的同意。

表 13.8 室内装修做法表

做法部位 / 名 称	楼、地面	踢脚板	墙裙	内墙面	顶棚	备注

注：表列项目可增减。

(5) 门窗表(见表 13.9)及门窗性能(防火、隔声、防护、抗风压、保温、空气渗透、雨水渗透等)、用料、颜色、玻璃、五金件等的设计要求。

(6) 对采用新技术、新材料的做法说明及对特殊建筑造型和必要的建筑构造的说明。

(7) 幕墙工程(包括玻璃、金属、石材等)及特殊的屋面工程(包括金属、玻璃、膜结构等)的性能及制作要求，平面图、预埋件安装图等以及防火、安全、隔音构造。

(8) 电梯(自动扶梯)选择及性能说明(功能、载重量、速度、停站数、提升高度等)。

(9) 墙体及楼板预留孔洞需封堵时的封堵方式说明。

(10) 其他需要说明的问题。

表 13.9　门窗表

类别	设计编号	洞口尺寸		樘数	采用标准图集及编号		备注
		宽	高		图集代号	编号	
门							
窗							

注：① 采用非标准图集的门窗应绘制门窗立面图及开启方式。

② 单独的表应加注门窗的性能参数、型材类别、玻璃种类及热工性能。

3. 设计图纸

设计图纸的深度要求详见 13.2.4 节。

4. 计算书

计算书是供内部使用的。根据工程性质特点进行热工、视线、防护、防火，安全疏散等方面的计算。计算书作为技术文件归档。

(1) 建筑节能计算书。

① 严寒地区 A 区，严寒地区 B 区及寒冷地区需计算体形系数，夏热冬冷地区与夏热冬暖地区公共建筑不需计算体型系数；

② 各单一朝向窗墙面积比计算(包括天窗屋面比)，设计外窗包括玻璃幕墙的可视部分的热工性能满足规范的限制要求；

③ 设计外墙(包括玻璃幕墙的非可视部分)、屋面、与室外接触的架空楼板(或外挑楼板)、地面、地下室外墙、外门、采暖与非采暖房间的隔墙和楼板、分户墙等的热工性能计算；

④ 当规范允许的个别限值超过要求，通过围护结构热工性能的权衡判断，使围护结构总体热工性能满足节能要求。

(2) 根据工程性质特点进行视线、声学、防护、防火、安全疏散等方面的计算。

13.2.3　建筑施工图纸绘制的深度要求

1. 平面图绘制的深度要求

平面图绘制的深度要求如下。

(1) 承重墙、柱及其定位轴线和轴线编号，内外门窗位置、编号及定位尺寸，门的开启方向，注明房间名称或编号。

(2) 纵、横方向均应标注 3 道尺寸，即门窗洞口尺寸、墙垛与轴线的关系尺寸、轴线间尺寸(柱距、跨度)及轴线总尺寸(或外包总尺寸)。

(3) 墙身厚度(包括承重墙和非承重墙)，柱断面尺寸与壁柱宽、深尺寸(必要时)，及其与轴线关系尺寸。

(4) 变形缝位置、尺寸及做法索引。

(5) 主要建筑设备和固定家具的位置及相关做法索引，如卫生器具、雨水管、水池、台、橱、柜、隔断等。

(6) 电梯、自动扶梯及步道(注明规格)、楼梯(爬梯)位置和楼梯上下方向示意和编号索引。

(7) 主要结构和建筑构造部件的位置、尺寸和做法索引，如中庭、天窗、地沟、地坑、重要设备或设备机座的位置尺寸、各种平台、夹层、人孔、阳台、窗台、雨篷、台阶、坡道、散水、明沟等。

(8) 楼地面预留孔洞和通气管道、管线竖井、烟囱、垃圾道等位置、尺寸和做法索引，以及墙体(主要为填充墙，承重砌体墙)预留洞的位置、尺寸与标高或高度等。

(9) 车库的停车位和通行路线。

(10) 特殊工艺要求的土建配合尺寸。

(11) 室外地面标高、底层地面标高、各楼层标高、地下室各层标高。

(12) 剖切线位置及编号(一般只注在底层平面或需要剖切的平面位置)。

(13) 有关平面节点详图或详图索引号。

(14) 指北针(画在底层平面) 。

(15) 每层建筑平面中防火分区面积和防火分区分隔位置示意(可单独成图，如为一个防火分区，可不注防火分区面积)。

(16) 屋面平面应有女儿墙、檐口、天沟、坡度、坡向、雨水口、屋脊(分水线)、变形缝、楼梯间、水箱间、电梯间、天窗及挡风板、屋面上人孔、检修梯、室外消防楼梯及其他构筑物，必要的详图索引号、标高等；表述内容单一的屋面可缩小比例绘制。

(17) 根据工程性质及复杂程度，必要时可选择绘制局部放大平面图。

(18) 可自由分隔的大开间建筑平面可绘制平面分隔示例系列，其分隔方案应符合有关标准及规定(分隔示例平面可缩小比例绘制)。

(19) 建筑平面较长较大时，可分区绘制，但须在各分区平面图适当位置绘出分区组合示意图，并明显表示本分区部位编号。

(20) 图纸名称、比例。

(21) 图纸的省略：如系对称平面，对称部分的内部尺寸可省略，对称轴部位用对称符号表示，但轴线号不得省略；楼层平面除轴线间等主要尺寸及轴线编号外，与底层相同的尺寸可省略；楼层标准层可共用同一平面，但需注明层次范围及各层的标高。

2．立面图绘制的深度要求

立面图绘制的深度要求如下。

(1) 两端轴线编号，立面转折较复杂时可用展开立面表示，但应准确注明转角处的轴线编号。

(2) 立面外轮廓及主要结构和建筑构造部件的位置，如女儿墙顶、檐口、柱、变形缝、室外楼梯和垂直爬梯、室外空调机搁板、阳台、栏杆、台阶、坡道、花台、雨篷、烟囱、勒脚、门窗、幕墙、洞口、门头、雨水管，以及其他装饰构件、线脚和粉刷分格线等，以及关键控制标高的标注，如屋面或女儿墙标高等；外墙的留洞应注尺寸与标高或高度尺寸(宽×高×深及定位关系尺寸)。

(3) 平、剖面未能表示出来的屋顶、檐口、女儿墙、窗台以及其他装饰构件、线脚等的标高或高度。

(4) 在平面图上表达不清的窗编号。

(5) 各部分装饰用料名称或代号，构造节点详图索引。

(6) 图纸名称、比例。

(7) 各个方向的立面应绘齐全，但差异小、左右对称的立面或部分不难推定的立面可简略；内部院落或看不到的局部立面，可在相关剖面图上表示，若剖面图未能表示完全时，则需单独绘出。

3．剖面图绘制的深度要求

剖面图绘制的深度要求如下。

(1) 剖视位置应选在层高不同、层数不同、内外部空间比较复杂，具有代表性的部位；建筑空间局部不同处以及平面、立面均表达不清的部位，可绘制局部剖面。

(2) 墙、柱、轴线和轴线编号。

(3) 剖切到可见的主要结构和建筑构造部件，如室外地面、底层地(楼)面、地坑、地沟、各层楼板、夹层、平台、吊顶、屋架、屋顶、出屋顶烟囱、天窗、挡风板、檐口、女儿墙、爬梯、门、窗、楼梯、台阶、坡道、散水、平台、阳台、雨篷、洞口及其他装修等可见的内容。

(4) 高度尺寸包括外部尺寸与内部尺寸两部分。

外部尺寸：外部尺寸为 3 道：

第一道：门、窗、窗台、洞口高度、窗上部，室内外高差及细部尺寸(意义同墙段与洞口尺寸)；室内外高差、女儿墙高度。

第二道：层间尺寸。

第三道：总外包尺寸(总高度，从室外地坪至檐部)。

内部尺寸：地坑(沟)深度、隔断、内窗、洞口、平台、吊顶等尺寸。

(5) 标高。主要结构和建筑构造部件的标高，如地面、楼面(含地下室)、平台、吊顶、屋面板、屋面檐口、女儿墙顶、高出屋面的建筑物、构筑物及其他屋面特殊构件等的标高，室外地面标高。

(6) 水平方向的尺寸，只标注轴线间尺寸，轴线圆内应编号。

(7) 注出必要的节点构造详图索引号。

(8) 图纸名称、比例。

设计举例如图 13.24 所示。

4．详图绘制的深度要求

详图绘制的深度要求如下。

(1) 内外墙节点、楼梯，电梯、厨房、卫生间等局部平面放大和构造详图。

(2) 室内外装饰方面的构造，线脚、图案等。

(3) 特殊的或非标准门、窗、幕墙等应有构造详图。如属另行委托设计加工者，要绘制立面分格图，对开启面积大小和开启方式，与主体结构的连接方式、预埋件、用料材质、

颜色等作出规定。

(4) 其他凡在平、立、剖面或文字说明中无法交代或交代不清的建筑构配件和建筑构造。

(5) 对紧邻的原有建筑，应绘出其局部的平、立、剖面，并索引新建筑与原有建筑结合处的详图号。

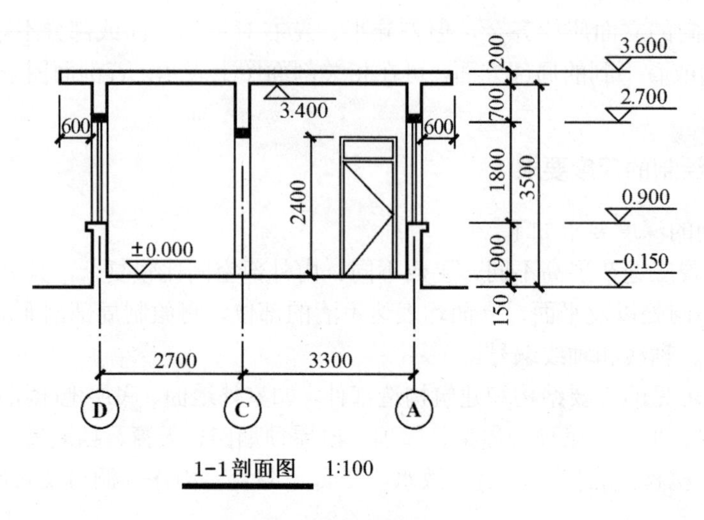

图 13.24　剖面图尺寸标注

下面以外墙和楼梯为例，主要介绍详图绘制的要求。

1) 外墙详图绘制的深度要求

(1) 外墙详图以墙身剖面为主，必要时还应配以外墙平面图及立面图。其内容如下：

① 内外地坪交接处做法。该处节点必须表明基础墙的厚度、室内地坪的位置以及明沟、散水、坡道(或台阶)、墙身防潮层、首层地面和暖气管沟等的做法；并且必须表明踢脚、勒脚和墙裙等部位的装修做法；本层窗台范围的全部内容，包括门窗过梁、室内窗台及室外窗台等的做法，也是必须表示的内容。

② 楼层处节点做法。该处节点的表达范围，包括从下层窗过梁至上层吊顶棚范围内的各种构件、部位的做法；其间包括属于下层的雨罩、遮阳板、楼板、圈梁、阳台板、阳台栏板或栏杆，以及属于上层的楼地面、踢脚、墙裙、内外窗台、窗帘盒(杆)和吊顶棚；也包括相应范围的内外墙面做法等。当若干楼层做法完全一致时，应标出若干层的楼面标高(按标高层画)。

③ 屋顶檐口处做法。该处节点应该表明自顶层窗过梁到檐口、女儿墙上皮范围内的全部内容。根据具体情况，可能包括下述全部或部分内容。

顶层门窗过梁、圈梁、窗帘盒、窗帘杆、雨罩、遮阳板、顶层屋顶板、屋架、屋面、檐口、女儿墙、天沟、排水口、集水斗或雨水管等。

(2) 外墙详图应标注的内容如下。

① 墙与轴线的关系尺寸，轴线编号、墙厚或梁宽。

② 标注出细部尺寸，其中包括散水宽度、窗台高度、窗上口尺寸、挑出窗口过梁、挑檐的细部尺寸、挑檐板的挑出尺寸、女儿墙的高度尺寸、层高尺寸及总高度尺寸。

③ 标注出主要标高。其中包括室外地坪、室内地坪、楼层标高和顶板标高。

④ 标注出室内地面、楼面、吊顶、内墙面、踢脚、墙裙、散水、台阶、外墙面、内墙面、屋面和突出线脚的构造做法代号。

2) 楼梯详图绘制的深度要求

(1) 楼梯详图应包括的内容：

楼梯详图包括楼梯平面、剖面及节点构造 3 部分。

① 楼梯平面。一般包括 3 个，即首层、标准层及顶层平面。在这些图中，应该包括楼梯段、休息平台板、楼梯井、楼层平台及窗和门的位置等，并应标注有楼梯间的墙厚及轴线编号。

② 楼梯剖面。表明休息平台板和楼层标高、各跑楼梯的构造、步数、构件的搭接做法、楼梯栏杆的式样和扶手高度、楼梯间门窗洞口详图索引及材料图例。

③ 楼梯详图。一般包括踏步防滑、底层踏步、栏杆、栏板及扶手连接、休息平台板处护窗栏杆和顶层扶手入墙等。在这些节点中应注明式样、高度、尺寸和材料等细部要求。

(2) 楼梯详图应标注的内容

① 楼梯平面。标注出休息平台板、楼梯段的宽度，标出梯井宽度尺寸、楼梯段水平投影长度、首层及楼层的平面标高、楼梯的上下方向(以±0.000 及各层地面为起点)及上下步数、墙厚及与轴线的关系，标出门、窗编号或代号，轴线圆及编号，剖切线等。

② 楼梯剖面。标注出室内地面、室外地面、楼地面、休息平台板的标高及做法代号，栏杆高度、进深尺寸及轴线和编号等。

③ 楼梯详图。标注出详细尺寸及做法层次等。

13.3 常用图例

施工图设计是提交施工单位进行施工的设计文件，它的主要任务是满足施工要求。常用图示、图例的方式解决施工中的技术措施、用料及具体做法。要熟记建筑图中常用的图例、符号的意义。

13.3.1 建筑材料图例

建筑材料图例摘抄于《房屋建筑制图统一标准》(GB/T 50001—2010)，如表 13.10 所示。

表 13.10 建筑材料图例

序 号	名 称	图 例	说 明
1	自然土壤		包括各种自然土壤
2	夯实土壤		—
3	砂、灰土		—
4	砂砾石、碎砖三合土		—

续表

序号	名称	图例	说明
5	天然石材	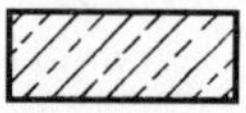	—
6	毛石		—
7	普通砖		包括实心砖、多孔砖、砌块等砌体，断面较窄不易绘出图例线时，可涂红，并在图纸备注中加注说明，画出该材料图例
8	耐火砖		包括耐酸砖等砌体
9	空心砖	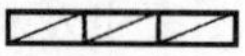	指非承重砖砌体
10	饰面砖		包括铺地砖、马赛克、陶瓷锦砖、人造大理石等
11	焦渣、矿渣	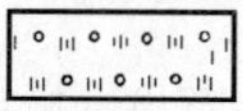	包括与水泥、石灰等混合而成的材料
12	混凝土	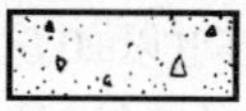	(1) 本图例指能承重的混凝土或钢筋混凝土； (2) 包括各种强度等级、骨料、添加剂的混凝土； (3) 在剖面图上画出钢筋时，不画图例线； (4) 断面图形较小，不易画出图例线时，可涂黑
13	钢筋混凝土		
14	多孔材料	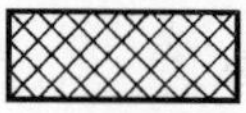	包括水泥珍珠岩、沥青珍珠岩、泡沫混凝土、非承重加气混凝土、软木、蛭石制品等
15	纤维材料	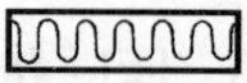	包括矿棉、岩棉、玻璃棉、麻丝、木丝板、纤维板等
16	泡沫塑料材料	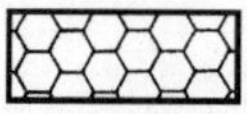	包括聚苯乙烯、聚乙烯、聚氨酯等多孔聚合物类材料
17	木材		(1) 上图为横断面，左上图为垫木、木砖或木龙骨； (2) 下图为纵断面
18	胶合板		应注明为×层胶合板
19	石膏板	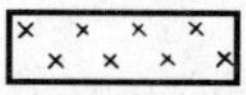	包括圆孔、方孔石膏板、防水石膏板、硅钙板、防火板等
20	金属		(1) 包括各种金属； (2) 图形小时，可涂黑
21	网状材料		(1) 包括金属、塑料等网状材料； (2) 应注明具体材料名称
22	液体	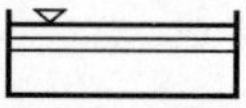	应注明具体液体名称
23	玻璃		包括平板玻璃、磨砂玻璃、夹丝玻璃、钢化玻璃、中空玻璃、加层玻璃、镀膜玻璃等
24	橡胶		

续表

序　号	名　称	图　例	说　明
25	塑料		包括各种软、硬塑料及有机玻璃等
26	防水材料		构造层次多或比例较大时，采用上面图例
27	粉刷	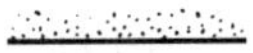	本图例采用较稀的点

注：序号 1、2、5、7、8、13、14、16、17、18 图例中的斜线、短斜线、交叉斜线等一律为倾斜 45° 角。

13.3.2　构造及配件图例

构造及配件图例摘抄于《建筑制图标准》(GB/T 50104—2010)，如表 13.11 所示。

表 13.11　构造及配件图例

序　号	名　称	图　例	说　明
1	墙体	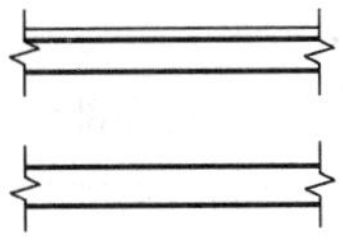	(1) 上图为外墙，下图为内墙； (2) 外墙细线表示有保温层或有幕墙； (3) 应加注文字或涂色或图案填充表示各种材料的墙体； (4) 在各层平面图中防火墙宜着重以特殊图案填充表示
2	隔断		(1) 加注文字或涂色或图案填充表示各种材料的轻质隔断； (2) 适用于到顶与不到顶隔断
3	栏杆		—
4	楼梯	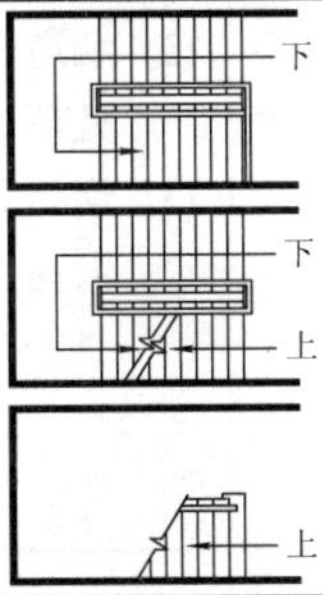 下 下 上 上	(1) 上图为顶层楼梯平面，中图为中间层楼梯平面，下图为底层楼梯平面 (2) 需设置靠墙扶手或中间扶手时，应在图中表示
5	坡道	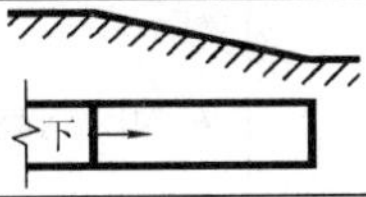 下	长坡道
		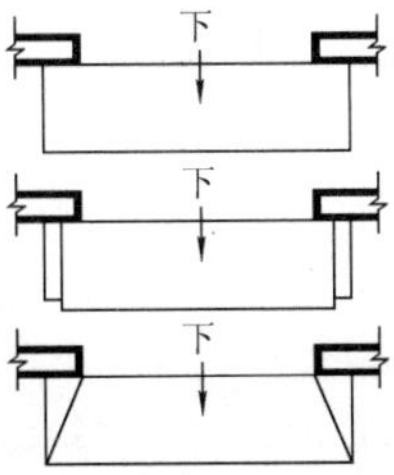 下 下 下	上图为两侧垂直的门口坡道，中图为有挡墙的门口坡道，下图为两侧找坡的门口坡道

续表

序　号	名　称	图　例	说　明
6	台阶	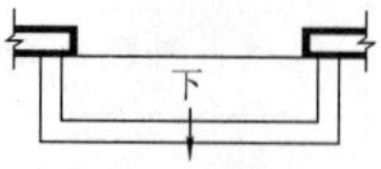 下	—
7	平面高差	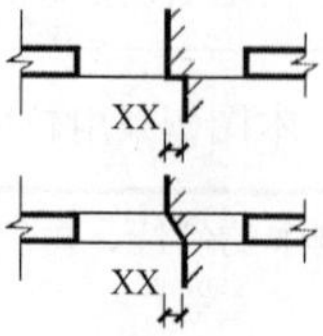 XX XX	用于高差小的地面或楼面交接处，并与门的开启方向协调
8	墙预留洞、槽	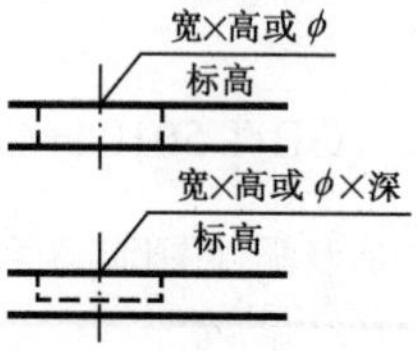 宽×高或 ϕ 标高 宽×高或 ϕ×深 标高	(1) 上图为预留洞，下图为预留槽 (2) 平面以洞(槽)中心定位 (3) 标高以洞(槽)底或中心定位 (4) 宜以涂色区别墙体和预留洞(槽)
9	检查口	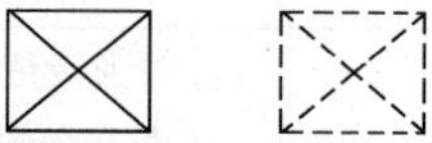	左图为可见检查口，右图为不可见检查口
10	孔洞		阴影部分亦可以填充灰度或涂色代替
11	坑槽	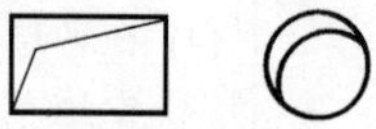	—
12	烟道	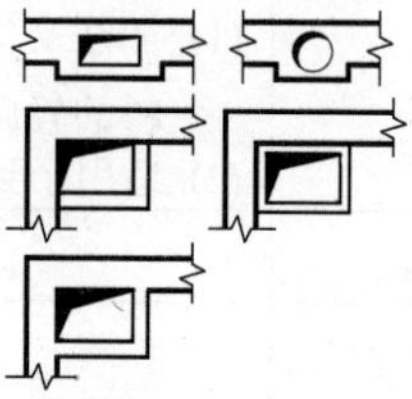	(1) 阴影部分亦可填充灰度涂色代替 (2) 烟道、风道与墙体为相同材料，其相接处墙身线应连通 (3) 烟道、风道根据需要增加不同材料的内衬
13	通风道	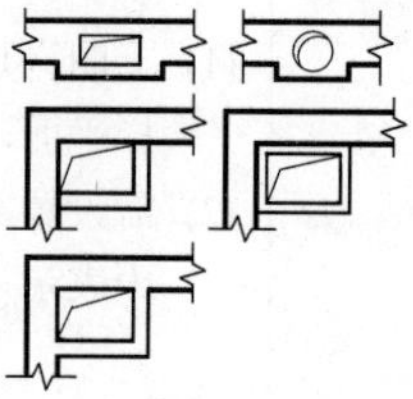	
14	空门洞	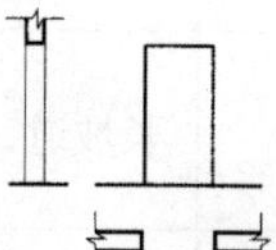 h=	h 为门洞高度

续表

序　号	名　称	图　例	说　明
15	单面开启单扇门(包括平开或单面弹簧)		(1) 门的名称代号用 M 表示 (2) 平面图中，下为外，上为内 门开启线为 90°、60° 或 45°，开启弧线宜绘出 (3) 立面图中，开启线实线为外开，虚线为内开。开启线交角的一侧为安装合页一侧。开启线在建筑立面图中可不表示，在立面大样图中可根据需要绘出 (4) 剖面图中，左为外，右为内 (5) 附加纱扇应以文字说明，在平、立、剖面图中均不表示 (6) 立面形式应按实际情况绘制
	双面开启单扇门(包括双面平开或双面弹簧)		
	双层单扇平开门		
16	单面开启双扇门(包括平开或单面弹簧)		
	双面开启双扇门(包括双面平开或双面弹簧)		
	双层双扇平开门		
17	折叠门		(1) 门的名称代号用 M 表示 (2) 平面图中，下为外，上为内 (3) 立面图中，开启线实线为外开，虚线为内开。开启线交角的一侧为安装合页一侧 (4) 剖面图中，左为外，右为内 (5) 立面形式应按实际情况绘制
	推拉折叠门		

续表

序　号	名　称	图　例	说　明
18	墙洞外单扇推拉门		(1) 门的名称代号用 M 表示 (2) 平面图中，下为外、上为内 (3) 剖面图中，左为外、右为内 (4) 立面形式应按实际情况绘制
	墙洞外双扇推拉门		
	墙中单扇推拉门		(1) 门的名称代号用 M 表示 (2) 立面形式应按实际情况绘制
	墙中双扇推拉门		
19	门连窗		说明同 15
20	旋转门		(1) 门的名称代号用 M (2) 立面形式应按实际情况绘制
21	自动门		(1) 门的名称代号用 M (2) 立面形式应按实际情况绘制
22	折叠上翻门		(1) 门的名称代号用 M 表示 (2) 平面图下为外、上为内 (3) 剖面图左为外、右为内 (4) 立面形式应按实际情况绘制
23	提升门		(1) 门的名称代号用 M 表示 (2) 立面形式应按实际情况绘制
24	竖向卷帘门		—

续表

<table>
<tr><th>序号</th><th>名称</th><th>图例</th><th>说明</th></tr>
<tr><td>25</td><td>固定窗</td><td>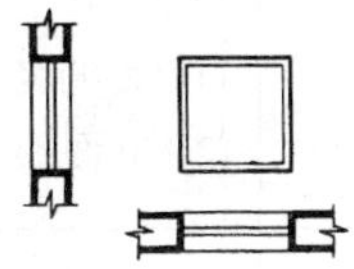</td><td rowspan="8">(1) 窗的名称代号用 C 表示
(2) 平面图中，下为外，上为内
(3) 立面图中，开启线实线为外开，虚线为内开。开启线交角的一侧为安装合页一侧。开启线在建筑立面图中可不表示，在门窗立面大样图中需绘出
(4) 剖面图中，左为外右为内，虚线仅表示开启方向，项目设计不表示
(5) 附加纱窗应以文字说明，在平、立、剖面图中均不表示
(6) 立面形式应按实际情况绘制</td></tr>
<tr><td>26</td><td>上悬窗</td><td>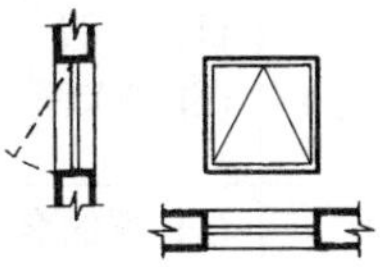</td></tr>
<tr><td>27</td><td>中悬窗</td><td>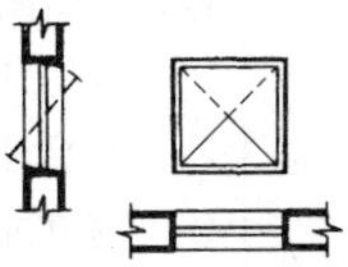</td></tr>
<tr><td>28</td><td>下悬窗</td><td>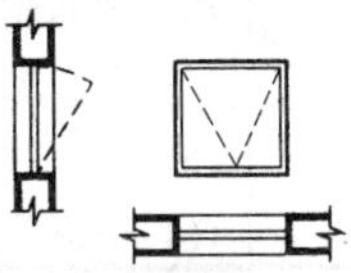</td></tr>
<tr><td>29</td><td>立转窗</td><td>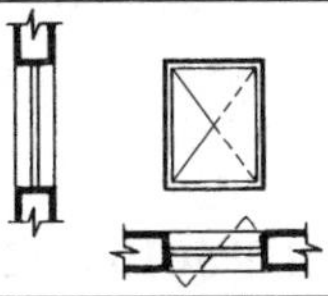</td></tr>
<tr><td>30</td><td>单层外开平开窗</td><td>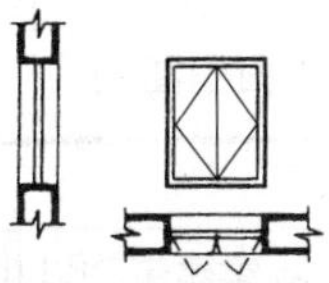</td></tr>
<tr><td>31</td><td>单层内开平开窗</td><td>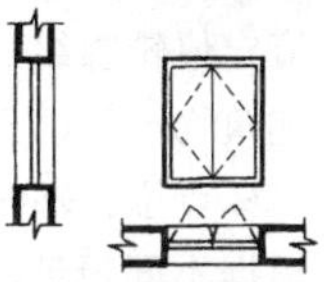</td></tr>
<tr><td>32</td><td>双层内外开平开窗</td><td>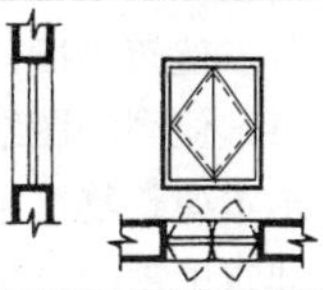</td></tr>
<tr><td>33</td><td>单层推拉窗</td><td>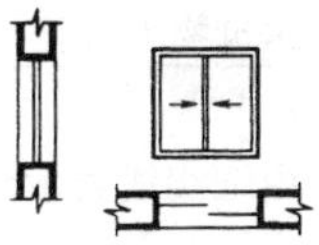</td><td>(1) 窗的名称代号用 C 表示
(2) 立面形式应按实际情况绘制</td></tr>
<tr><td>34</td><td>双层推拉窗</td><td>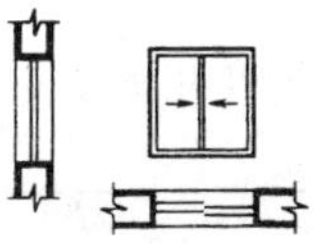</td><td>(1) 窗的名称代号用 C 表示
(2) 立面形式应按实际情况绘制</td></tr>
</table>

续表

序　号	名　称	图　例	说　明
35	上推窗		(1) 窗的名称代号用C表示 (2) 立面形式应按实际情况绘制
36	百叶窗		(1) 窗的名称代号用C表示 (2) 立面形式应按实际情况绘制
37	高窗	h=	(1) 窗的名称代号用C表示 (2) 立面图中，开启线实线为外开，虚线为内开。开启线交角的一侧为安装合页一侧。开启线在建筑立面图中可不表示，在门窗立面大样图中需绘出 (3) 剖面图中，左为外、右为内 (4) 立面形式应按实际情况绘制 (5) h表示高窗底距本层地面标高 (6) 高窗开启方式参考其他窗型

13.3.3　总平面图图例

总平面图图例摘抄于《总图制图标准》(GB/T 50103—2010)，如表13.12所示。

表13.12　总平面图图例

序　号	名　称	图　例	说　明
1	新建建筑物	X= Y= ① 12F/2D H=59.00m	新建建筑物以粗实线表示与室外相接处±0.000外墙定位轮廓线 建筑物一般以±0.000高度处外墙定位轴线交叉点坐标点位。轴线用细实线表示，并标明轴线号 根据不同设计阶段标注建筑编号，地上、地下层数，建筑高度，建筑出入口位置(两种表示方法均可，但同一图纸采用一种表示方法) 地下建筑物以粗虚线表示其轮廓 建筑上部(±0.000以上)外挑建筑用细实线表示 建筑物上部连廊用细虚线表示并标注位置
2	原有建筑物		用细实线表示
3	计划扩建的预留地或建筑物		用中粗虚线表示
4	拆除的建筑物		用细实线表示

续表

序　号	名　称	图　例	说　明
5	铺砌场地		—
6	敞棚或敞廊		—
7	围墙		—
8	挡土墙	5.00 1.50	挡土墙根据不同设计阶段的需要标注 墙顶标高/墙底标高
9	挡土墙上设围墙		—
10	烟囱		实线为烟囱下部直径，虚线为基础，必要时可注写烟囱高度和上、下口直径
11	台阶及无障碍坡道		(1) 表示台阶(级数仅为示意) (2) 表示无障碍坡道
12	坐标	1. X105.00 Y425.00 2. A105.00 B425.00	(1) 表示地形测量坐标系 (2) 表示自设坐标系 坐标数字平行于建筑标注
13	方格网交叉点标高	−0.50 | 77.85 78.35	“78.35”为原地面标高；“77.85”为设计标高； “−0.50”为施工高度； “−”表示挖方(“+”表示填方)
14	填挖边坡		—
15	室内标高	151.00 (±0.00)	—
16	室外标高	143.00	室外标高也可采用等高线表示

13.4　复习思考题

1. 建筑施工图的基本规定有哪些？
2. 建筑平面图、立面图、剖面图中表示与标注的内容分别有哪些？
3. 举例说明图纸中的三种尺寸标注。

第 14 章　课程设计指导

内容提要：本章组织了 6 个课程设计作业。包括墙体构造设计、楼梯尺度的测量和楼梯计算设计、平屋顶构造设计、单层厂房定位轴线布置设计及单元式多层住宅课程设计任务。并提供了部分设计参考资料和单元式多层住宅课程设计任务书。

教学目标：

上篇教学中可通过构造实训作业(可选作部分)，巩固已学习的相关建筑知识及其构造原理;

以提高识读与绘制施工图的能力为主组织教学;

课程设计可根据需要进行，单元式多层住宅课程设计任务书仅作参考。

课程实训是为了全面训练学生识读、绘制施工图和建筑设计的能力，检验学生学习和运用建筑构造知识的程度而设置的。本章的 6 个课程设计作业，可由教师根据实际情况选择安排。

14.1　建筑墙身节点构造详图设计

墙体是建筑物的重要组成部分，墙体细部构造处理得当与否，对建筑功能、建筑空间环境气氛和美观度影响很大，应根据不同的使用和装饰要求选择相应的材料、构造方法，以达到设计的实用性、经济性、装饰性。这里安排了墙体细部构造的部分设计。

14.1.1　墙体构造设计

1. 目的要求

通过本设计重点掌握除屋顶檐口以外的墙身剖面构造，训练绘制和识读施工图的能力。

2. 设计条件

(1) 住宅建筑的外墙，墙上开窗，层高 2.8 m、3.0 m、3.2 m。

(2) 外墙采用非承重砖墙或承重砖墙，厚度由学生按当地习惯做法自定(如 240 mm、370 mm 等)。

(3) 采用钢筋混凝土现浇楼板，板的厚度由学生选用(如 80 mm、90 mm、100 mm 等)。

(4) 室内外地面高差为 300 mm 或 450 mm，室外地坪及室内地面做法由学生按当地习惯自行确定。

(5) 墙面装修方案由学生自行确定。

(6) 外墙构造应结合当地习惯考虑保温或隔热等节能做法。

3. 设计内容及深度要求

1) 设计内容

要求沿外墙有窗的部位纵剖，绘制基础以上至二层楼踢脚板以下部分的墙身剖面图，剖切部位如图 14.1 所示。重点绘制以下大样(比例均为 1∶10)。

(1) 内外墙面装修(包括清水墙)。

(2) 窗过梁(窗套)。

(3) 内外窗台。

(4) 勒脚、室内地面及墙身防潮处理。

(5) 散水或明沟及室外地坪。

2) 绘图要求

(1) 用 3#绘图纸一张(禁用描图纸)以铅笔或墨笔绘成。图中线条、材料符号等一律按建筑制图标准表示。

(2) 要求字体工整，线条粗细分明。

3) 设计深度

(1) 绘出定位轴线及编号圆圈，详图编号及详图索引号。

(2) 绘制墙身、勒脚、内外墙面装修厚度，做法和所用材料。

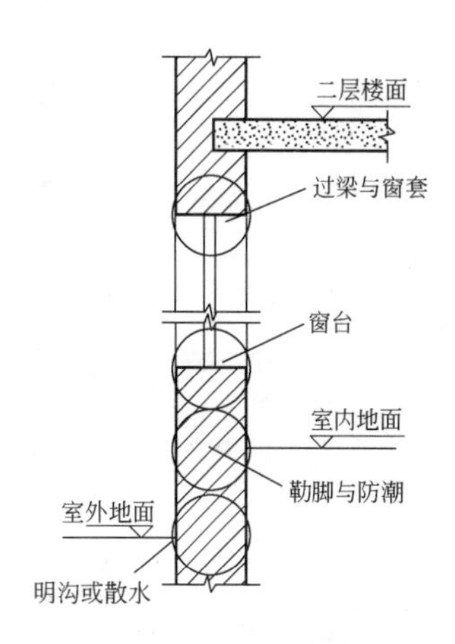

图 14.1 墙身剖面图

(3) 绘制水平防潮层，注明材料和做法，并标注标高。

(4) 绘制散水(或明沟)和室外地面(坪)，用多层构造引出线标注其材料、做法、强度等级和尺寸，标注散水宽度、坡度方向和坡度值，标注室外地面标高。注意标出散水与勒脚之间的构造处理。

(5) 绘制室内首层地面构造，用多层构造引出线标注，绘制踢脚板，标注室内地面标高。

(6) 绘制室内外窗台，表明形状和饰面，标注窗台的厚度、宽度、坡度方向和坡度值，标注窗台顶面标高。

(7) 绘制窗框轮廓线，不绘细部(也可参照图集绘制窗框，其位置应正确，断面形状应准确，与内外窗台的连接应清楚)。

(8) 绘制窗过梁，注明尺寸和下皮标高。

各节点的构造做法很多，可按参考资料任选一种绘制，并可参考第 15 章的案例。

14.1.2 建筑墙体节点构造设计参考资料

1. 窗及过梁参考尺寸

(1) 窗洞高：1200 mm、1500 mm、1800 mm，窗洞宽：1200 mm、1500 mm、1800 mm、2100 mm。

(2) 窗的材质(木窗、钢窗、铝合金窗、铝塑窗)自行确定，部分参考截面尺寸如图 14.2 所示。

(3) 钢筋混凝土过梁截面尺寸(见表 14.1)。

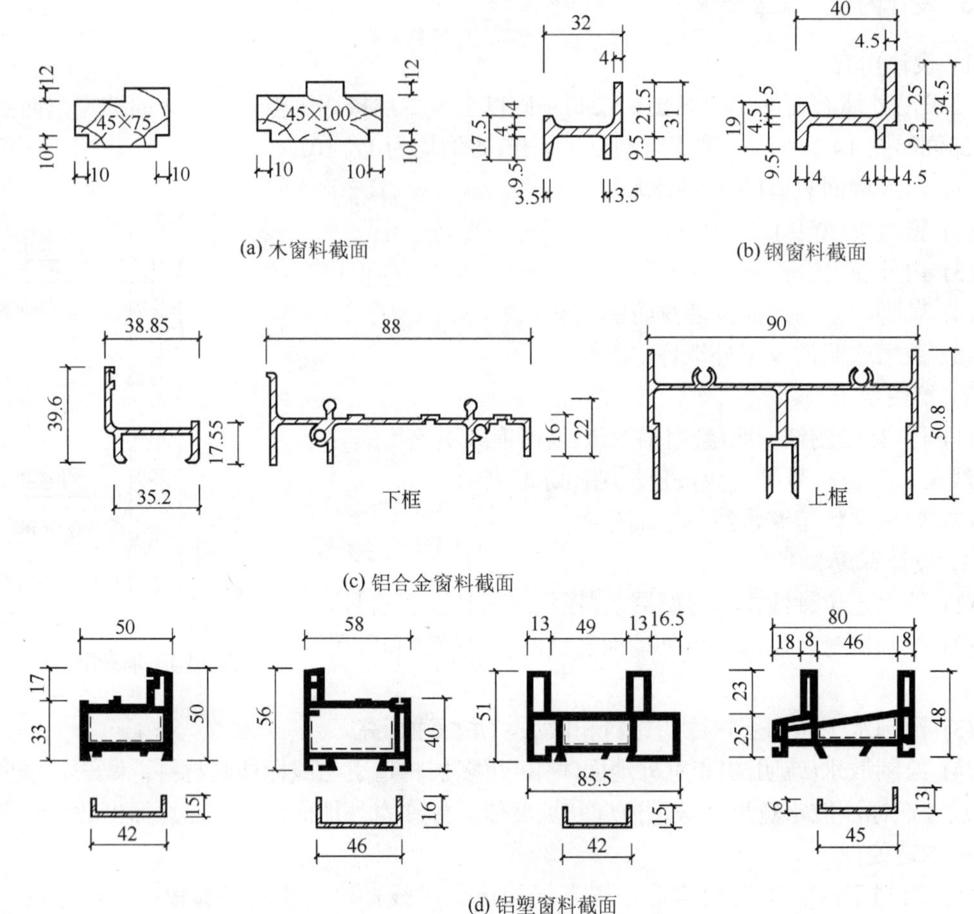

(a) 木窗料截面　(b) 钢窗料截面

(c) 铝合金窗料截面

(d) 铝塑窗料截面

图 14.2　窗截面参考

表 14.1　钢筋混凝土过梁截面尺寸

截面形式	窗洞宽度	荷载/(kN/m)	b/mm	h/mm
b × h 矩形截面	1200	100	240	180
	1500	0	180	120
		150	240	180
	1800	0	180	120
		150	240	180
	2100	0	180	120
		150	240	180

续表

截面形式	窗洞宽度	荷载 /(kN/m)	b /mm	h /mm
b 500 h 60	1200	100	240	180
	1500	0	240	120
		150		180
	1800	0	240	120
		150		180
	2100	0	240	120
		150		180

2．窗套、窗台参考构造(见图 14.3)

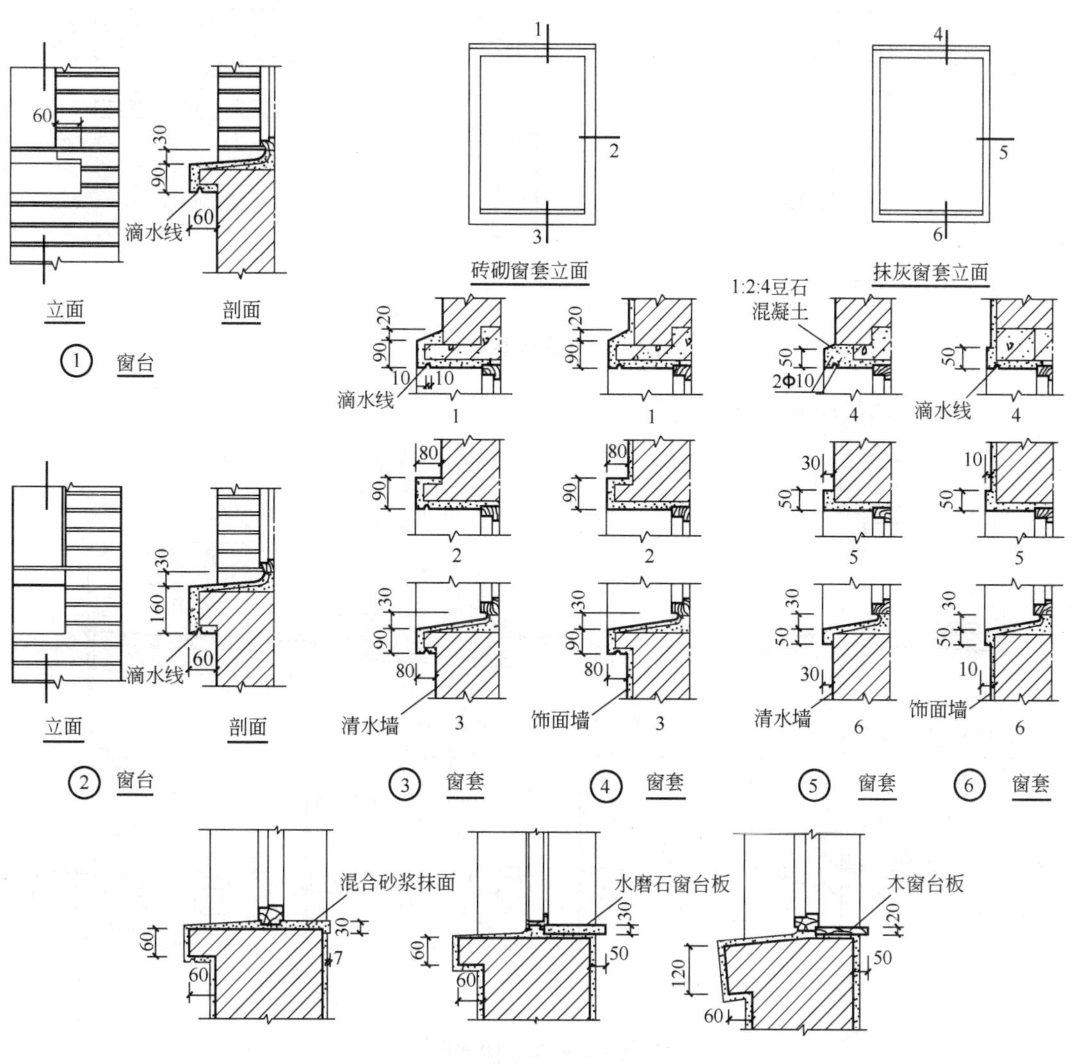

图 14.3　窗套、窗台参考构造

3. 踢脚参考构造(见图 14.4)

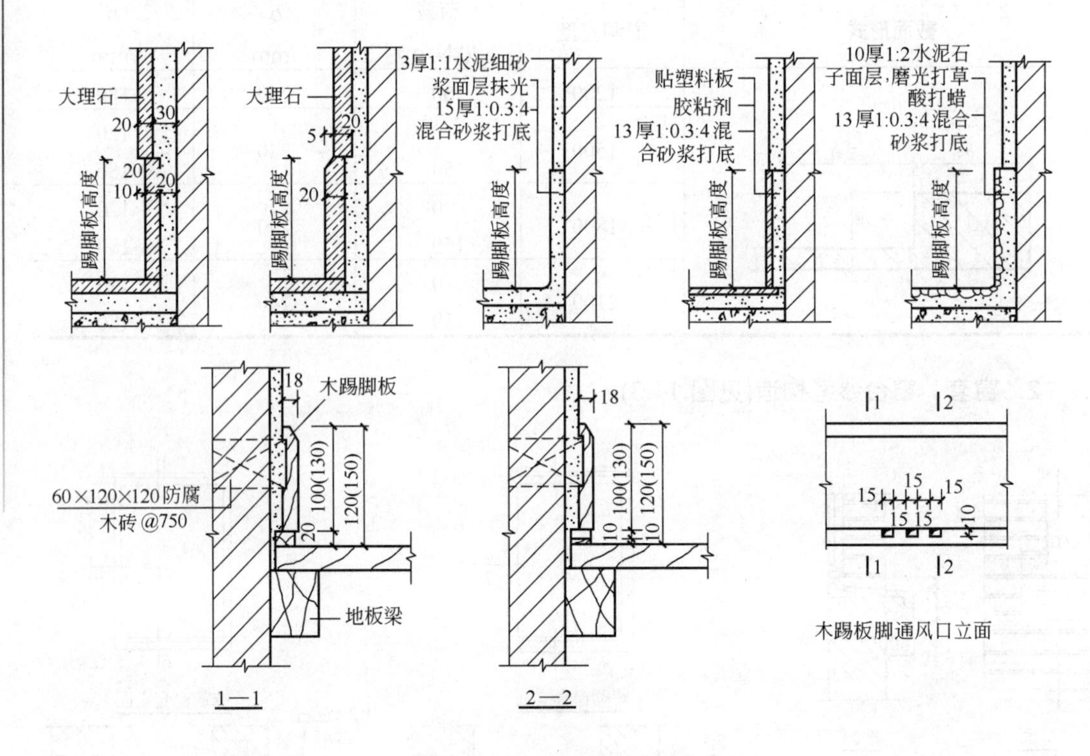

图 14.4 踢脚参考构造

4. 散水、明沟构造(见图 14.5)

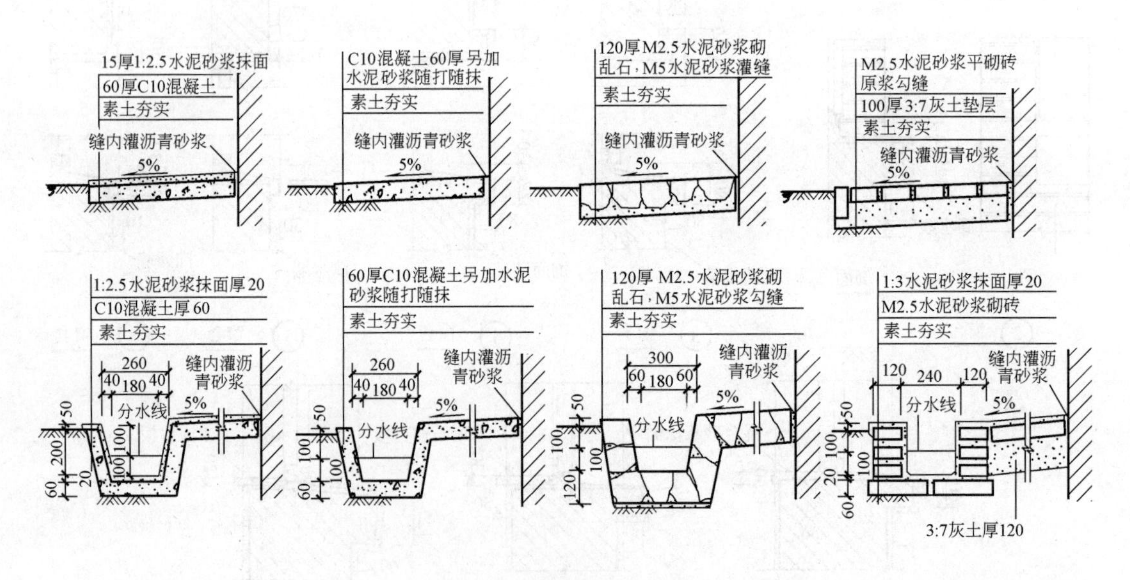

图 14.5 散水、明沟构造

5. 地面构造(见表 14.2)

表 14.2　常见地面构造

类别	名称	构造简图	构造	
			地面	楼面
整体式楼地面	水泥砂浆楼地面	水泥砂浆楼地面	(1) 25 mm 厚 1∶2 水泥砂浆铁板赶平 (2) 水泥浆结合层一道	
			(3) 80(100) mm 厚 C15 混凝土垫层 (4) 素土夯实基土	(3) 钢筋混凝土楼板
	现浇水磨石楼地面	水磨石楼地面	(1) 表面草酸处理后打蜡上光 (2) 15 mm 厚 1∶2 水泥石粒水磨石面层 (3) 25 mm 厚 1∶2.5 水泥砂浆找平层 (4) 水泥浆结合层一道	
			(5) 80(100) mm 厚 C15 混凝土垫层 (6) 素土夯实基土	(5) 钢筋混凝土楼板
块料式楼地面	地砖楼地面	地砖楼地面	(1) 8 mm～10 mm 厚地砖面层，水泥浆擦缝 (2) 20 mm 厚 1∶2.5 干硬性水泥砂浆结合层，上洒 1 mm～2 mm 厚干水泥并洒清水适量 (3) 水泥浆结合层一道	
			(4) 80(100) mm 厚 C15 混凝土垫层 (5) 素土夯实基土	(4) 钢筋混凝土楼板
	陶瓷锦砖楼地面	陶瓷锦砖楼地面	(1) 6 mm 厚陶瓷锦砖面层，水泥浆擦缝并揩干表面水泥浆 (2) 20 mm 厚 1∶2.5 干硬性水泥砂浆结合层，上洒 1～2 mm 厚干水泥并洒清水适量 (3) 水泥浆结合层一道	
			(4) 80(100) mm 厚 C15 混凝土垫层 (5) 素土夯实基土	(4) 钢筋混凝土楼板
	花岗石楼地面	花岗石楼地面	(1) 20 mm 厚花岗石块面层，水泥浆擦缝 (2) 20 mm 厚 1∶2.5 干硬性水泥砂浆结合层，上洒 1 mm～2 mm 厚干水泥并洒清水适量 (3) 水泥浆结合层一道	
			(4) 80(100) mm 厚 C15 混凝土垫层 (5) 素土夯实基土	(4) 钢筋混凝土楼板
	大理石楼地面	大理石楼地面	(1) 20 mm 厚大理石块面层，水泥浆擦缝 (2) 20 mm 厚 1∶2.5 干硬性水泥砂浆结合层，上洒 1 mm～2 mm 厚干水泥并洒清水适量 (3) 水泥浆结合层一道	
			(4) 80(100) mm 厚 C15 混凝土垫层 (5) 素土夯实基土	(4) 钢筋混凝土楼板

续表

类别	名称	构造简图	构造	
			地面	楼面
木楼地面	铺贴木楼地面	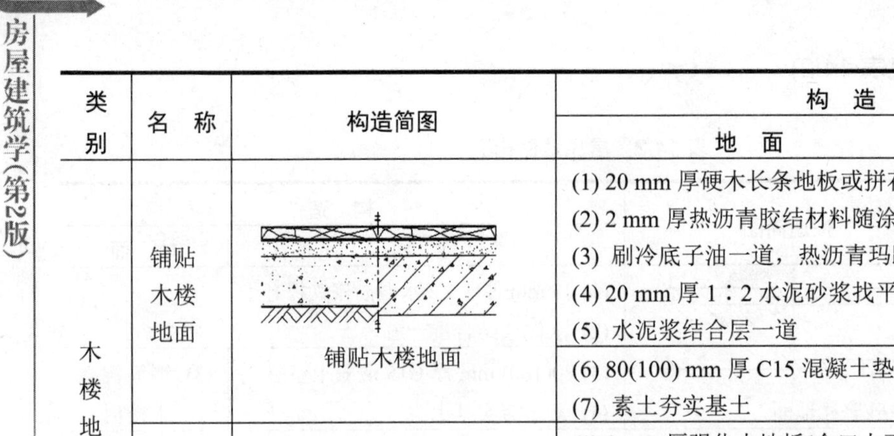 铺贴木楼地面	(1) 20 mm 厚硬木长条地板或拼花面层氯丁橡胶粘贴 (2) 2 mm 厚热沥青胶结材料随涂随铺贴 (3) 刷冷底子油一道，热沥青玛蹄脂一道 (4) 20 mm 厚 1∶2 水泥砂浆找平层 (5) 水泥浆结合层一道	
			(6) 80(100) mm 厚 C15 混凝土垫层 (7) 素土夯实基土	(6) 钢筋混凝土楼板
	强化木楼地面	强化木楼地面	(1) 8 mm 厚强化木地板(企口上下均匀刷胶)拼接 (2) 3 mm 聚乙烯(EPE)高弹泡沫垫层 (3) 25 mm 厚 1∶2.5 水泥砂浆找平层铁板赶平 (4) 水泥浆结合层一道强化木楼地面	
			(5) 80(100) mm 厚 C15 混凝土垫层 (6) 素土夯实基土	(5) 钢筋混凝土楼板
卷材式楼地面	地毯楼地面	地毯楼地面	(1) 3 mm～5 mm 厚地毯面层浮铺 (2) 20 mm 厚 1∶2.5 水泥砂浆找平层 (3) 水泥浆结合层一道 (4) 改性沥青一布四涂防水层	
			(5) 80(100) mm 厚 C15 混凝土垫层 (6) 素土夯实基土	(5) 钢筋混凝土楼板

14.1.3 工程实例

(1) 工程概况：我国南方地区的某一幢四层砖混结构私人住宅楼，每层建筑面积为 120m^2。建筑物四角和内外墙交接处有构造柱与圈梁进行拉结，整体性和刚度满足要求。

(2) 墙身节点详图如图 14.6 所示。

该墙身节点沿外墙有窗的部位纵剖，绘制了地梁以上至二层楼板以下部分的墙身剖面图，重点绘制如下大样(比例均为 1∶10)。

①内外墙面装修；②窗过梁(窗套)；③内外窗台、踢脚板做法；④勒脚、室内地面、楼面及墙身防潮处理；⑤散水及室外地坪。

该墙身节点详图大样绘制，基本满足了要求，但仍然存在一些不足需要学习讨论：

① 讨论墙厚 180mm，是否满足结构承载要求？

② 标注内容：详图中缺少洞口高尺寸、窗台做法、圈梁、地梁及楼板混凝土标号等。

③ 绘图缺少：与地面踢脚板垂直的水平踢脚线。

有关墙身建筑设计图纸设计深度和标注要求，详见 13.2.4 节内容。

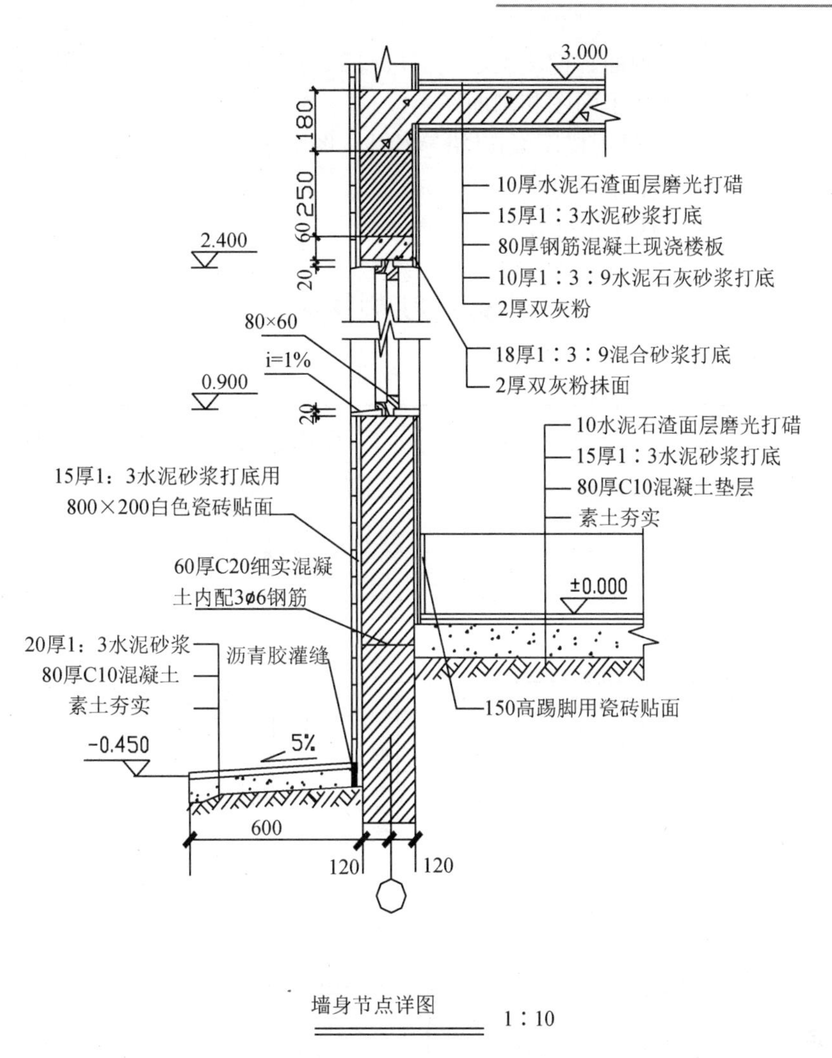

图 14.6　外墙节点详图

14.2　楼梯尺度测量

1. 目的要求

楼梯是建筑构造学习中的难点，通过对楼梯尺度实物的测量，熟悉楼梯承重方案的选择和楼梯构造及各细部尺寸要求，训练识读能力，为 14.3 节楼梯的计算设计打下基础。

2. 测量要求

(1) 选择所在学校的某一教学楼或宿舍楼，测量某平行双跑楼梯，如图 14.7 所示。

(2) 由学生自己选择某一层，通过实地观察明确楼梯位置、楼梯的类型、结构形式、楼梯层数；查看各梯段及楼梯平台(中间、楼层平台)的起始位置、尺寸；测量踏步、级数、净高、栏杆等各细部位尺寸等。

(3) 查看楼梯间墙、地面、梯段侧边及梯段底部装修做法，并写出其做法。

(4) 绘出所测量楼梯的平面图和剖面图。

① 用3#绘图纸一张(禁用描图纸)以铅笔绘成。图中线条、材料符号等一律按建筑制图标准表示。

② 要求字体工整，线条粗细分明。

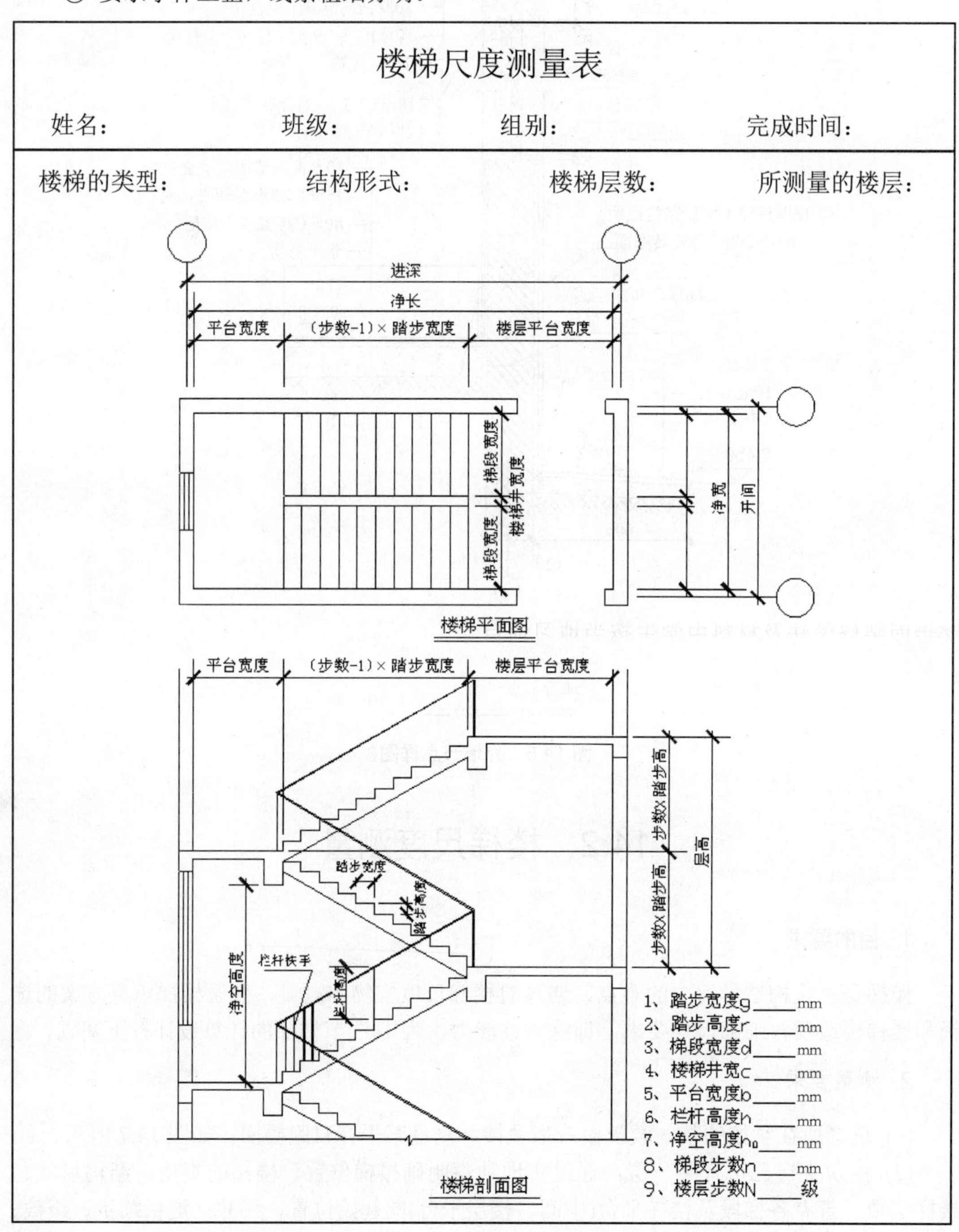

图 14.7　楼梯尺度测量

14.3　建筑楼梯设计

楼梯是房屋各楼层间的垂直交通联系部分。楼梯设计应根据使用要求，选择合适的形式，布置恰当的位置，根据使用性质、人流通行情况及防火规范综合确定楼梯的宽度及数量，并根据使用对象和使用场合选择最合适的坡度。这里只介绍在已知楼梯间的层高、开间、进深尺寸的前提下楼梯的设计问题。

14.3.1　楼梯设计

1．目的要求

通过楼梯构造设计，掌握楼梯方案选择和楼梯构造设计的主要内容，训练绘制和识读施工图的能力。

2．设计条件

(1) 某五层砖混结构内廊式办公楼的次要楼梯，层高为 3.30 m，室内外高差 0.45 m。

(2) 采用平行双跑楼梯，楼梯间开间为 3.30 m，进深为 5.70 m，楼梯底层中间平台下做通道，底层局部平面如图 14.8 所示。

(3) 楼梯间的门洞口尺寸为 1500 mm×2100 mm，窗洞口尺寸为 1500 mm×1800 mm；房间的门洞口尺寸为 900 mm×2 100 mm，窗洞口尺寸为 1800 mm×1800 mm。

(4) 采用现浇整体式钢筋混凝土楼梯，梯段形式、步数、踏步尺寸、栏杆(栏板)形式、踏步面装修做法及材料由学生按当地习惯自行确定。

(5) 楼梯间的墙体为砖墙，窗可用木窗、钢窗、铝合金窗及塑钢窗。

(6) 楼层地面、平台地面做法及材料由学生自行确定。参考第 15 章的案例。

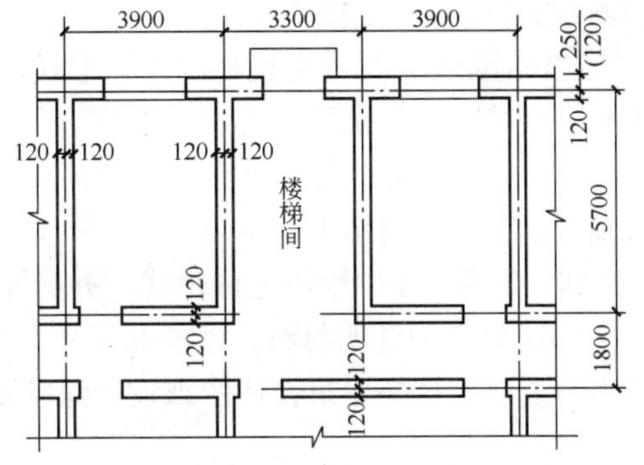

图 14.8　某内廊式办公楼底层局部平面

3．设计内容及深度要求

1) 设计内容

按所给出的平面图，在各层平面中设计布置底层通道、各梯段、平台、栏杆和扶手等。绘制以下内容。

(1) 楼梯间底层、二层、顶层 3 个平面图，比例为 1∶50。

(2) 楼梯间剖面图，比例为 1∶30。

(3) 楼梯节点详图(2～3 个)。

2) 绘图要求

用 2#绘图纸一张(禁用描图纸)以铅笔绘成。图中线条、材料符号等一律按建筑制图标准表示，要求字体工整，线条粗细分明。

3) 设计深度，详见 13.2.4 节

(1) 在楼梯各平面图中绘出定位轴线，标出定位轴线至墙边的尺寸。在底层平面图中绘出楼梯间墙、门窗，楼梯踏步平台及栏杆扶手、折断线。以各层地面为基准标注楼梯的上、下指示箭头，并在上行指示线旁注明到上层的步数和踏步尺寸。

(2) 在楼梯各层平面图中注明中间平台及各层地面的标高。

(3) 在首层楼梯平面图上注明剖面剖切线的位置及编号，注意剖切线的剖视方向。剖切线应通过楼梯间的门和窗，还应绘出室外台阶或坡道、部分散水的投影等。

(4) 平面图上标注三道尺寸。

① 进深方向。

第一道：平台净宽、梯段长：踏面宽×步数。

第二道：楼梯间净长。

第三道：楼梯间进深轴线尺寸。

② 开间方向。

第一道：楼梯段宽度和楼梯井宽度。

第二道：楼梯间净宽。

第三道：楼梯间开间轴线尺寸。

③ 内部标注楼层和中间平台标高、室内外地面标高，标注楼梯上下行指示线；注明该层楼梯的踏步数和踏步尺寸。

④ 注写图名、比例，底层平面图还应标注剖切符号。

(5) 首层平面图上要绘出室外(内)台阶，散水。二层平面图应绘出雨篷，三层及三层以上平面图不再绘雨篷。

(6) 剖面图应注意剖视方向，不要把方向弄错。剖面图可绘制顶层栏杆扶手，其上用折断线切断，暂不绘屋顶。

(7) 剖面图的内容为楼梯的断面形式，栏杆(栏板)、扶手的形式，墙、楼板和楼层地面，顶棚、台阶，室外地面，首层地面等。

(8) 标注标高：楼梯间底层地面、室内地面、室外地面、各层平台、各层地面、窗台及窗顶、门顶、雨篷上、下皮等处。

(9) 在剖面图中绘出定位轴线，并标注定位轴线间的尺寸。注出详图索引号。

(10) 详图应注明材料、做法和尺寸。与详图无关的连续部分可用折断线断开，注出详图编号。有关楼梯建筑设计图纸设计深度要求和标注，详见 13.2.4 节。

14.3.2 楼梯设计举例

1. 楼梯的设计步骤

楼梯的设计步骤各细部尺寸和符号的含义如图 5.3 和图 5.6 所示。

(1) 确定踏步的宽和高 $g + r = 450$ mm；　$g + 2r = 600$ mm～620 mm。

(2) 楼梯段宽度 B_1。

(3) 踏步数量 $n = H/h$。

(4) 梯段踏步数 $3 \leqslant n \leqslant 18$。

(5) 楼梯梯段长度 $L_1=(n-1)g$。

(6) 梯井宽 $B_2=(B-2B_1)$(B 为开间净宽度) $\geqslant$ 150 mm。

(7) 平台深度 $L_2 \geqslant B_1$；$L_2=B_1+1/2g$。

(8) 首层净高 $H_1 \geqslant 2$ m。

2．设计举例

已知某单元住宅，一梯两户，耐火等级为二级；楼梯开间 2.7 m，进深 5.1 m；层高为 2.7 m，共三层，底层平台下供人通行，楼梯间承重墙厚 240 mm，轴线居中，门宽 1. 0 m。试设计该楼梯。

根据计算结果绘制完成的楼梯平面及剖面图如图 14.9 所示。设计计算步骤如下：

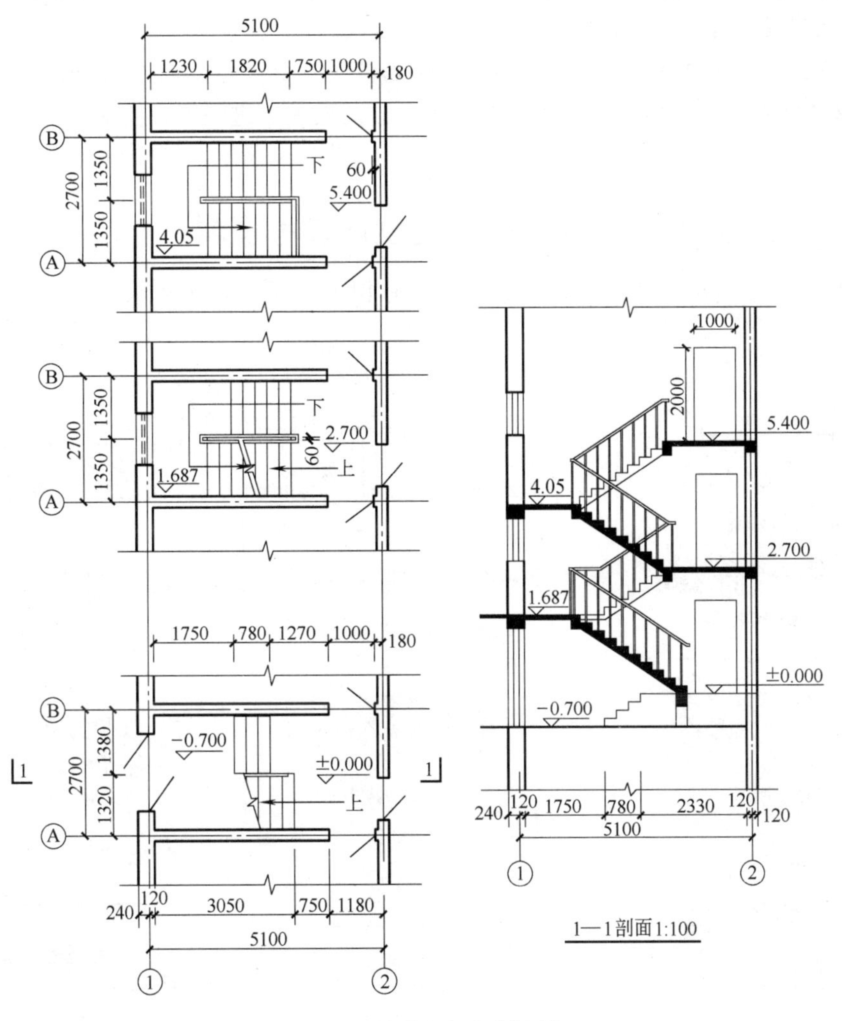

图 14.9 楼梯平面及剖面图

(1) 由于是住宅，一楼两户，取楼梯段宽为 1.2 m。

(2) 选双跑式楼梯，设楼梯井宽 60 mm，则楼梯间开间为 1.2×2+0.06+0.24=2.7 m。

(3) 考虑到是住宅，取踏步面宽为 b=260 mm，h=[(600～610)−260]÷2=170 mm～175 mm。

(4) 确定楼梯级数。2700÷170=15.88(级)，选 16 级，则楼梯踏步高为 168.75 mm，符合表 5.3 中的最大高度规定。采用双跑楼梯，则每跑为 8 级。

(5) 确定平台深度及标高。按照平台深度大于等于楼梯段净宽要求，取平台深度为 1.23 m(加 0.12 m 墙厚，则平台边缘至楼梯间纵轴线距离为 1.35 m)。

底层平台下要通行人，净高不得小于 2 m，设休息平台梁高为 0.3 m。若第一跑与第二跑为等长，则第一个休息平台面标高仅 1.35 m(2.7÷2=1.35 m)，扣除休息平台的结构尺寸 0.3 m，梁底标高仅 1.05 m，这显然不符合通行要求。解决这一问题的方法是适当加长第一跑(注意：还要考虑楼层净高是否满足要求)以及提高室内外高差，并将室外的台阶移至室内。把第一跑加长到 10 级，休息平台面高为 10×0.16875=1.6875 m，扣除休息平台梁高度 0.3 m，标高为 1.3875 m。取室内外高差为 0.7 m，4 级台阶(700÷4=175 mm)移至室内，则底层平台下高度为 1.3875+0.7=2.0875 m，符合要求。

(6) 确定楼梯间进深。底层第一跑为 10 级(计 9 个踏面)，则楼梯间的尺寸 9×0.26+1.23+0.12+1=4.69 m，余 410 mm 考虑住宅入户开门要求，进深符合要求。

(7) 根据上述计算绘制的楼梯平面及剖面图如图 14.9 所示，楼梯节点详图略。

14.3.3 楼梯构造设计及节点构造设计参考资料

(1) 楼梯踏步构造、楼梯栏杆构造分别如图 14.10 和图 14.11 所示。

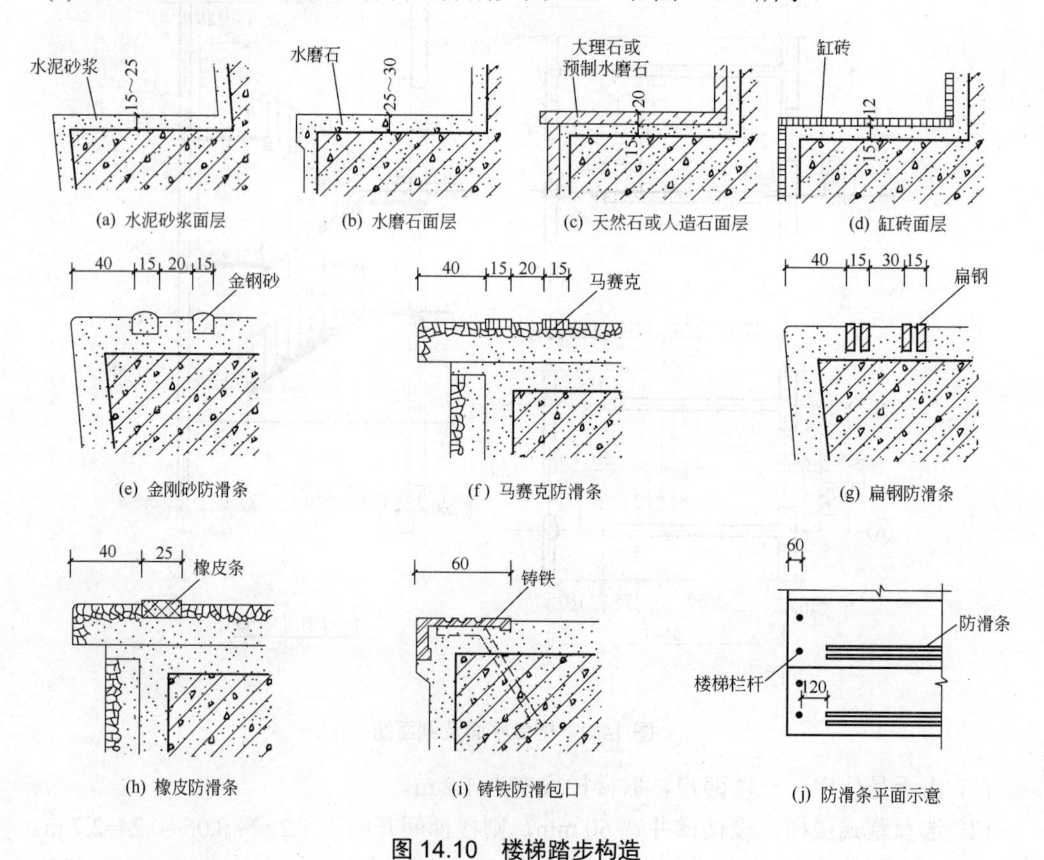

图 14.10 楼梯踏步构造

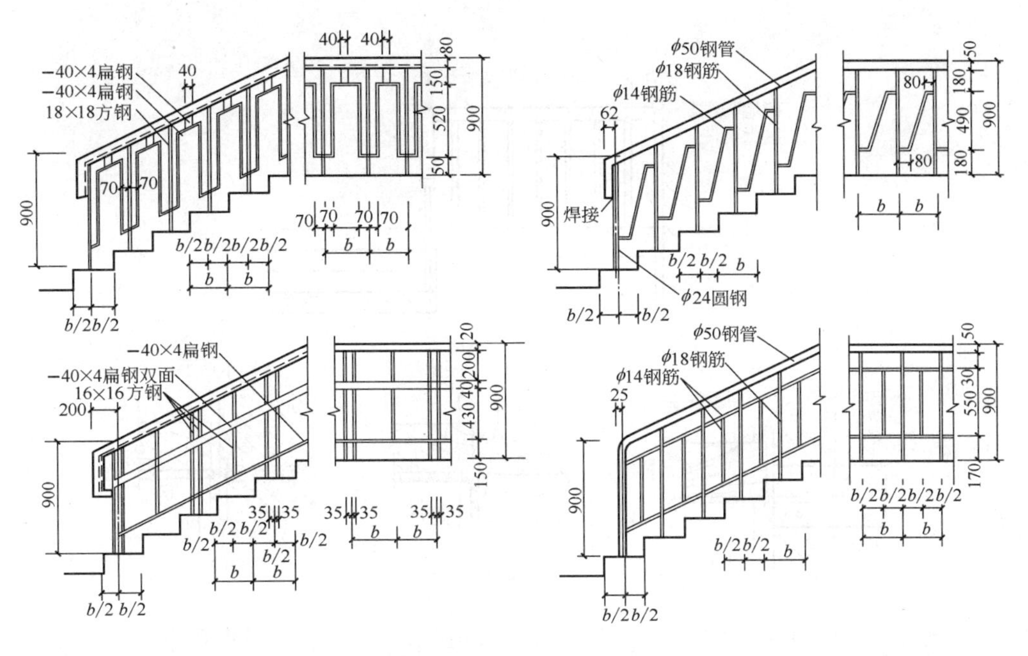

图 14.11　楼梯栏杆构造

(2) 楼梯栏杆安装构造如图 5.29 和图 14.12 所示，扶手端部与墙的连接如图 5.30 和图 14.13 所示。

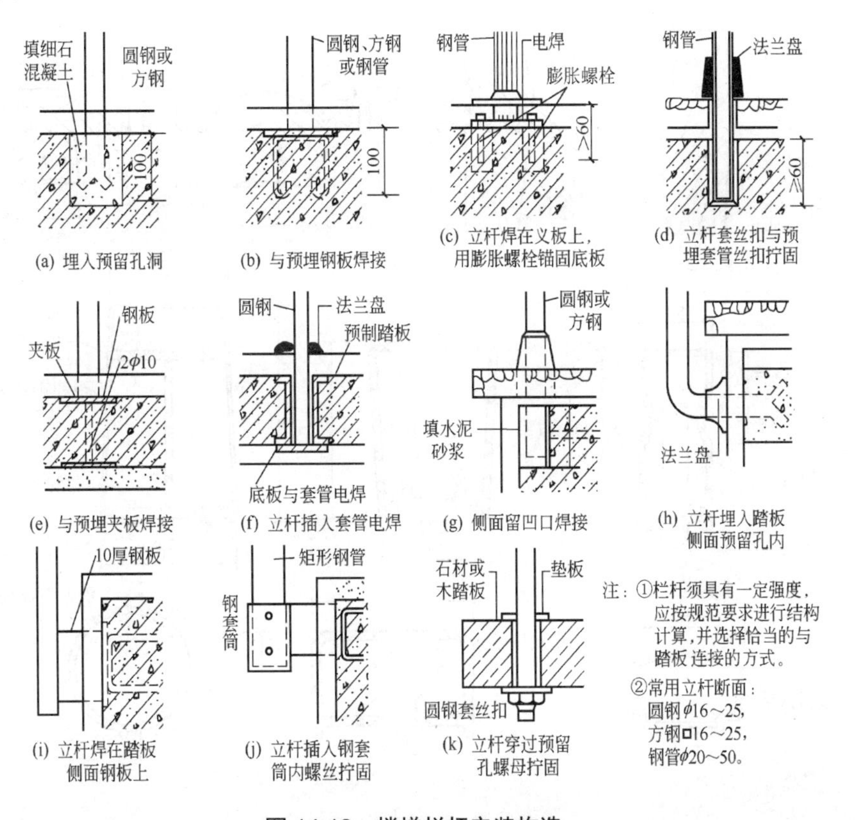

图 14.12　楼梯栏杆安装构造

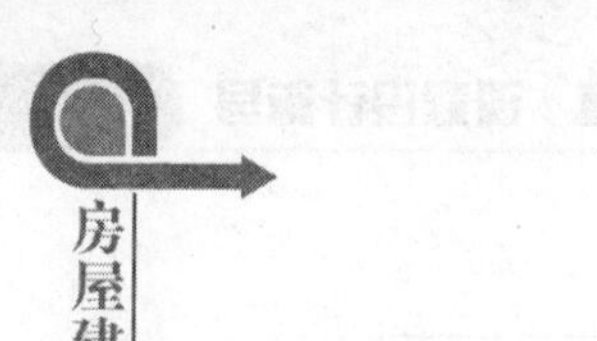

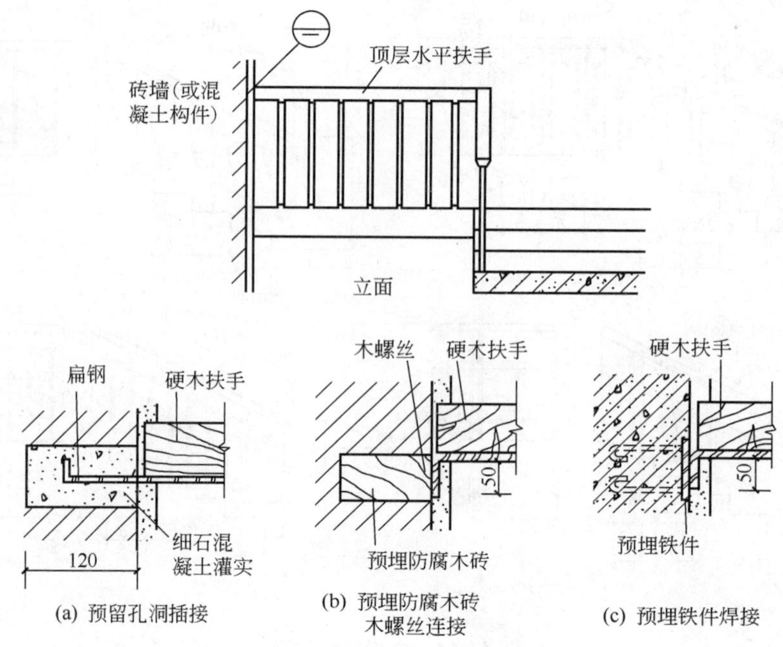

图 14.13　扶手端部与墙的连接

(3) 楼梯扶手构造如图 5.33 和图 14.14 所示。

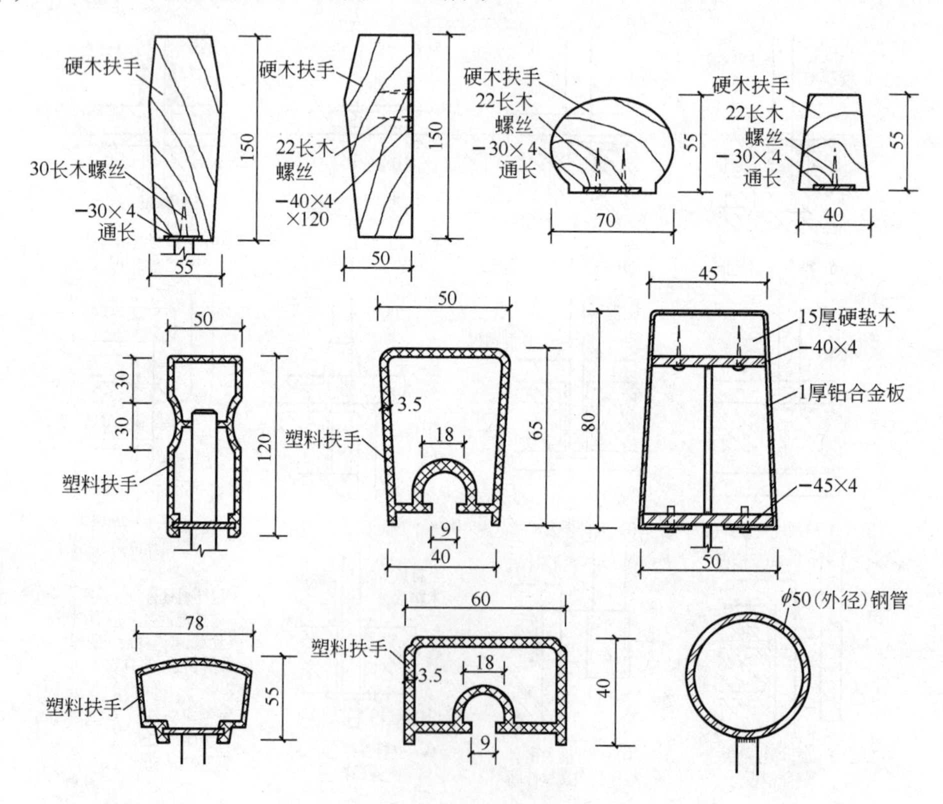

图 14.14　楼梯扶手构造

14.4　平屋顶构造设计

屋顶是房屋建筑构造的一个重要部分，屋顶有组织排水的设计方法和屋顶构造节点详图设计是学习的重要内容。

14.4.1　平屋顶构造设计

1. 目的要求

通过本次设计，使学生掌握屋顶有组织排水的设计方法和屋顶构造节点详图设计，训练绘制和识读施工图的能力。

2. 设计条件

(1) 某六层宿舍，层高 3.30 m，底层地面标高为±0.000 m，室外标高为-0.300 m，顶层地面标高为 16.500 m，屋面结构层标高为 19.765 m。如图 14.15 所示为某宿舍楼顶层平面图。

(2) 采用钢筋混凝土框架结构，楼板均为现浇板。

(3) 下部各层门窗及入口的洞口平面位置与顶层门窗洞口的平面位置相同。

(4) 屋面为不上人屋面，无特别的使用要求，采用卷材防水。

(5) 该建筑物所在地年降雨量为 900 mm，每小时最大降雨量为 100 mm。

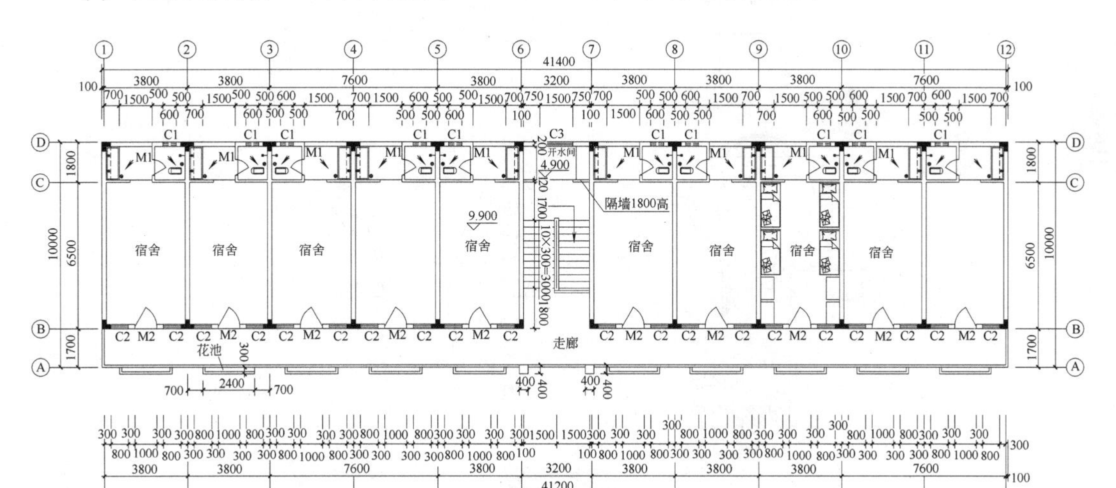

图 14.15　某宿舍楼顶层平面图(比例 1∶100)

3. 设计内容及深度要求

1) 设计内容

绘制该宿舍楼的屋顶平面图和屋顶节点详图。

(1) 屋顶平面图(比例 1∶100)。

绘制出屋顶平面图，明确表示出排水分区、排水坡度、雨水口位置、穿出屋顶的突出物的位置等。要求绘制檐沟轮廓线、檐口边线或女儿墙的轮廓线、建筑物的分水线，并标注其位置；绘制雨水口的位置；标注出屋面各坡度方向和坡度值；标注出详图索引号，参见图 14.16 所示屋面雨水口构造示意图和第 15 章实例。

(2) 屋顶节点详图(比例 1∶10)。

屋顶节点详图包括檐口节点详图、泛水节点详图和雨水口节点详图，详图用断面图形式表示。

2) 设计要求

(1) 用一张 3#图纸完成。图中线条、材料等，一律按建筑制图标准表示。

(2) 各种节点的构造做法很多，可任选一种做法绘制。

(3) 图中必须注明具体尺寸、做法和所用材料。

(4) 要求字体工整，线条粗细分明。有关屋面建筑设计图纸设计深度要求和标注，详见 13.2.4 节。

14.4.2 屋顶节点构造设计参考资料

雨水口、檐口的构造分别如图 14.16 和图 14.17 所示。

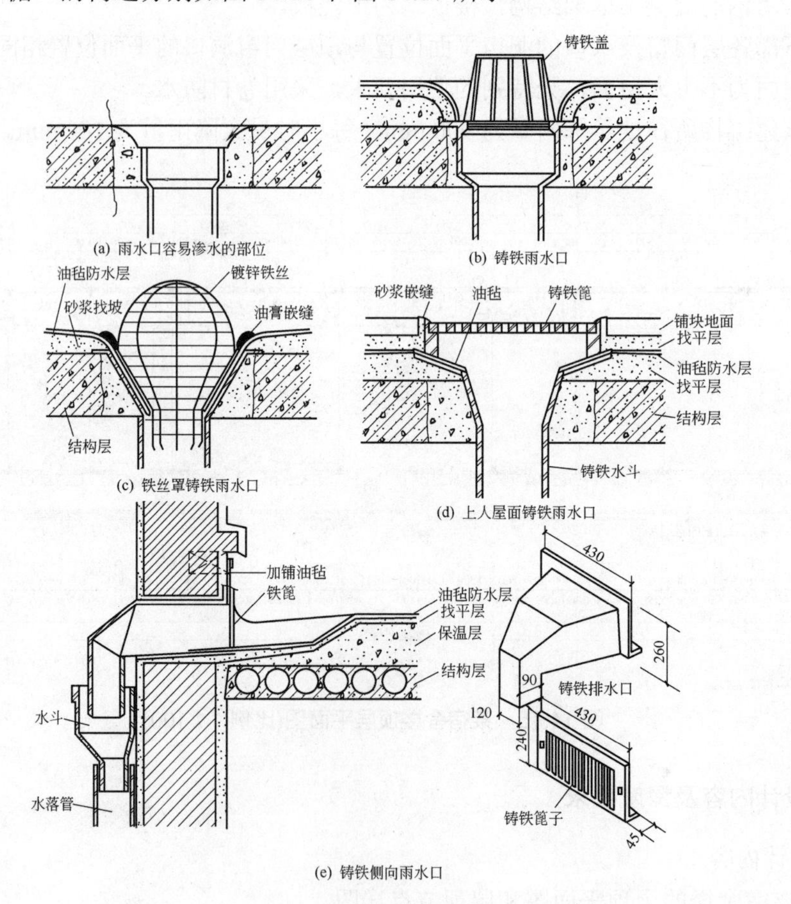

图 14.16 雨水口的构造

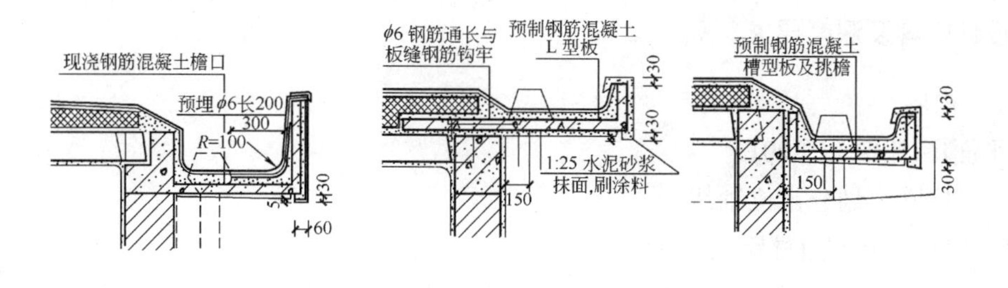

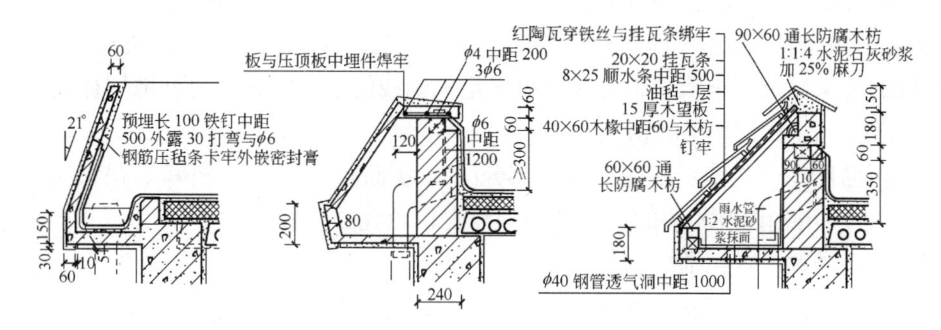

图 14.17　檐口的构造

14.5　单层厂房定位轴线布置

单层厂房的定位轴线是确定厂房主要构件的位置及其标志尺寸的基线，同时也是设备定位、安装及厂房施工放线的依据，掌握单层厂房定位轴线布置的基本原则和方法是学习的重点。

14.5.1　单层厂房定位轴线布置设计

1．目的要求

通过绘制单层双跨不等高厂房定位轴线平面图及各柱与墙定位轴线详图，掌握单层厂房定位轴线布置的基本原则和方法，培养识读与绘制施工图的能力，进一步提高绘图技巧。

2．设计条件

(1) 某金工装配车间平面轮廓示意图如图 14.18 所示。

(2) 低跨为 5 t 吊车，轨顶标高 6.60 m，柱顶标高 8.70 m。

(3) 高跨为 10 t 吊车，轨顶标高 9.00 m，柱顶标高 11.10 m。

(4) 车间平面轮廓示意图中有“△”符号处设大门，尺寸为山墙大门 2100 mm×3000 mm，纵墙大门 3300 mm×3600 mm，室内外地面高差 150 mm。

(5) 侧窗在每一个柱距间可设高、低侧窗，窗宽为 3600 mm。

(6) 外墙可为砖墙或砌块墙。

3. 设计内容及深度要求

1) 设计内容

(1) 平面图(比例1∶200)。

① 布置柱网，划分定位轴线。

② 山墙处设抗风柱(柱距取4～6 m)。

③ 确定围护结构及门窗的位置，每个入口设坡道，墙脚设散水。

④ 表示吊车轮廓、吊车轨道中心线，标明吊车吨位Q、吊车跨度L_k、吊车轨顶标高H、柱与轴线的关系以及吊车轨顶中心线至纵向定位轴线的水平距离、内外地坪标高。

(2) 局部剖面图(比例1∶20)。

局部剖面图在此是表示牛腿及以上部分(以下折断)，包括柱、外墙、吊车梁、侧窗、屋架(中间部分折断)以及相关的围护结构等与定位轴线的联系。

局部剖面图的内容包括：

① 平行不等高跨中列柱与定位轴线的联系(按条件图设双轴线)。

② 外墙、纵向边列柱与定位轴线的联系。

(3) 节点平面详图(比例1∶20)包括：

① 外纵墙、边柱与纵、横向定位轴线的定位。

② 外墙、端部边柱与纵、横向定位轴线的定位。

③ 山墙、端部中柱与纵、横向定位轴线的定位。

④ 不等高跨处中柱与纵、横向定位轴线的定位。

⑤ 山墙、抗风柱与定位轴线的定位。

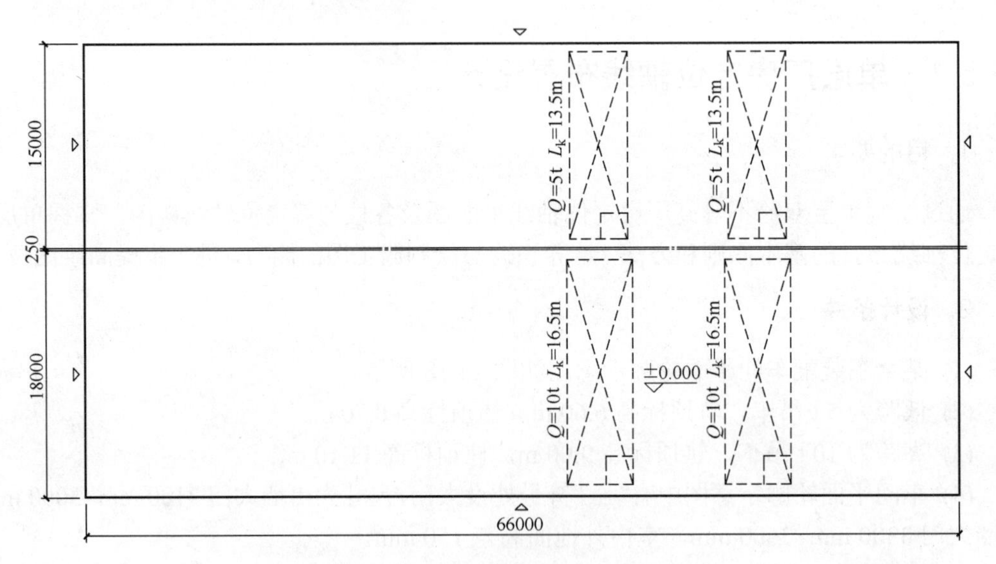

图14.18 某金工装配车间平面轮廓示意图

2) 绘图要求

(1) 用2#(或2#加长图)绘图纸一张(禁用描图纸)以铅笔或墨笔绘成。图中线条、材料符

号等一律按建筑制图标准表示。

(2) 要求字体工整，线条粗细分明。

3) 设计深度

(1) 绘出外墙、柱、吊车梁、侧窗、屋架。

(2) 标明定位轴线与屋架端部标志尺寸的关系、插入距 A、联系尺寸 D、封墙厚度 B。

(3) 吊车轨顶中心线至定位轴线的水平距离 e。

(4) 标明索引号及比例。

(5) 在适当位置布置 4 部吊车梯；天沟端头及檐沟适当部位设置雨水管；在适当部位设置屋面消防梯；在厂房中部设置柱间支撑。

(6) 标注局部剖面图索引号。

(7) 标注三道尺寸线(门窗定位尺寸、轴线或柱距尺寸、总尺寸)及室内外标高。

(8) 注写图名和比例。

14.5.2　构造设计参考资料

单层厂房设计参考资料如图 14.19～图 14.27 所示，吊车设计有关参数如表 14.3 所示。

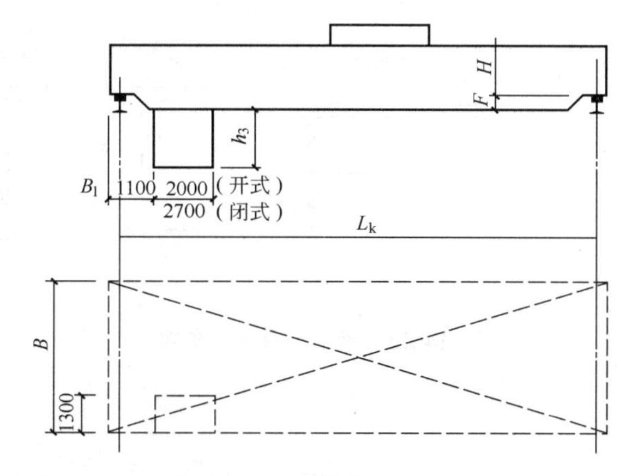

图 14.19　吊车设计有关参数

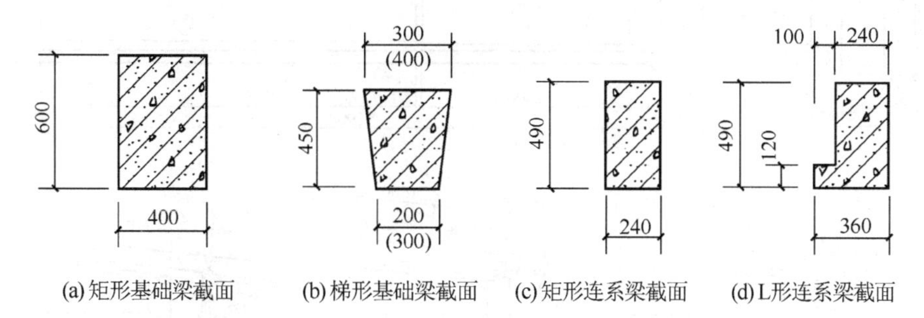

图 14.20　钢筋混凝土基础梁和连系梁断面

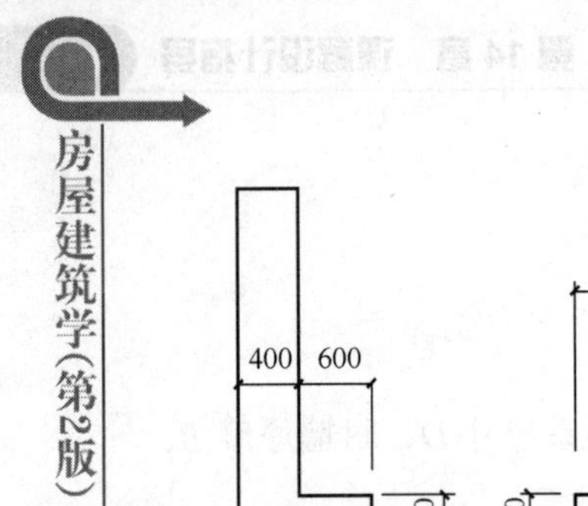

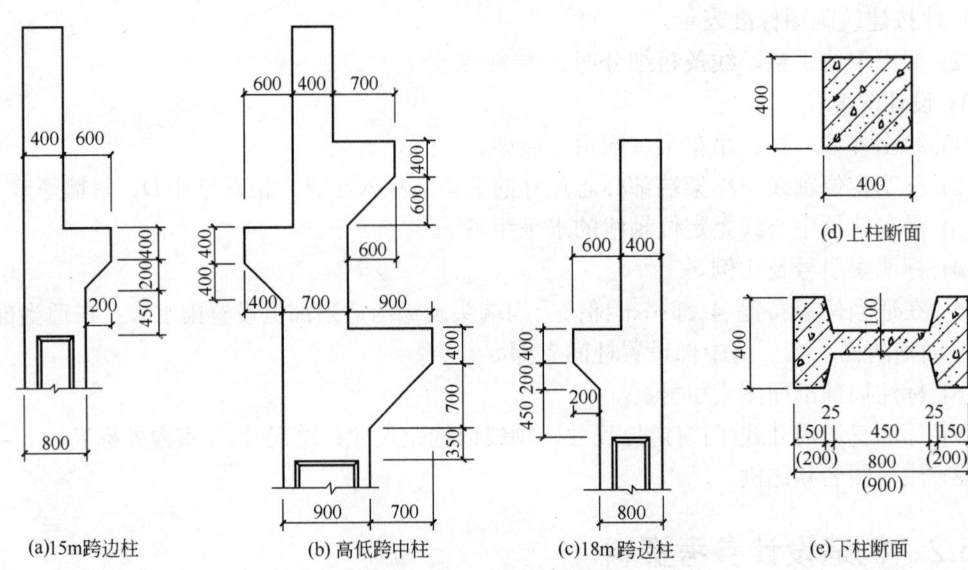

图 14.21　钢筋混凝土柱

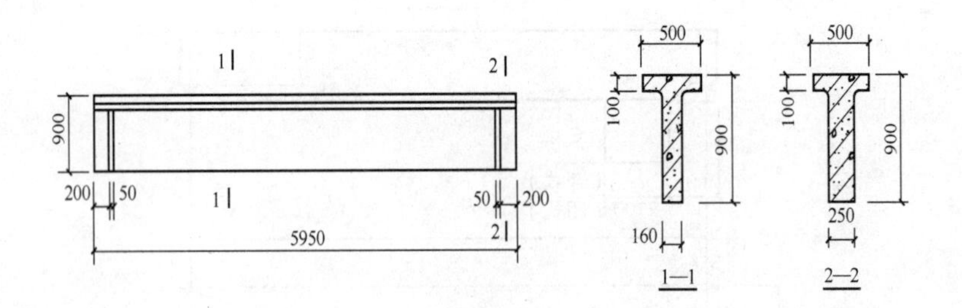

图 14.22　钢筋混凝土吊车梁

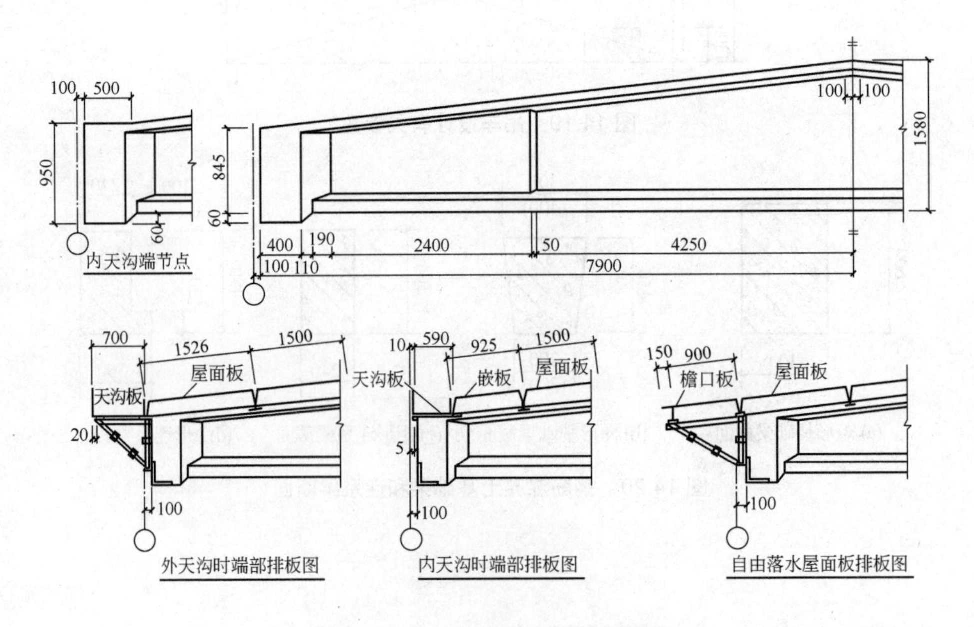

图 14.23　15 m 双坡工字形屋面梁

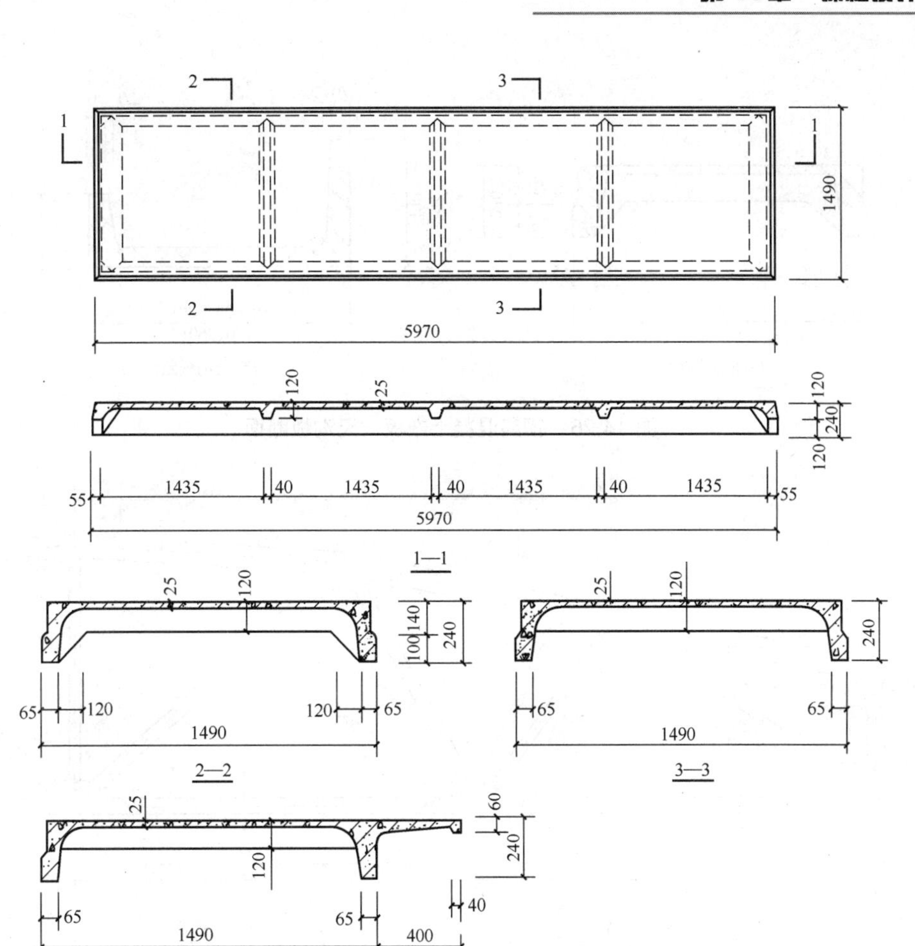

图 14.24　1.5 m×6.0 m 预应力钢筋混凝土屋面板

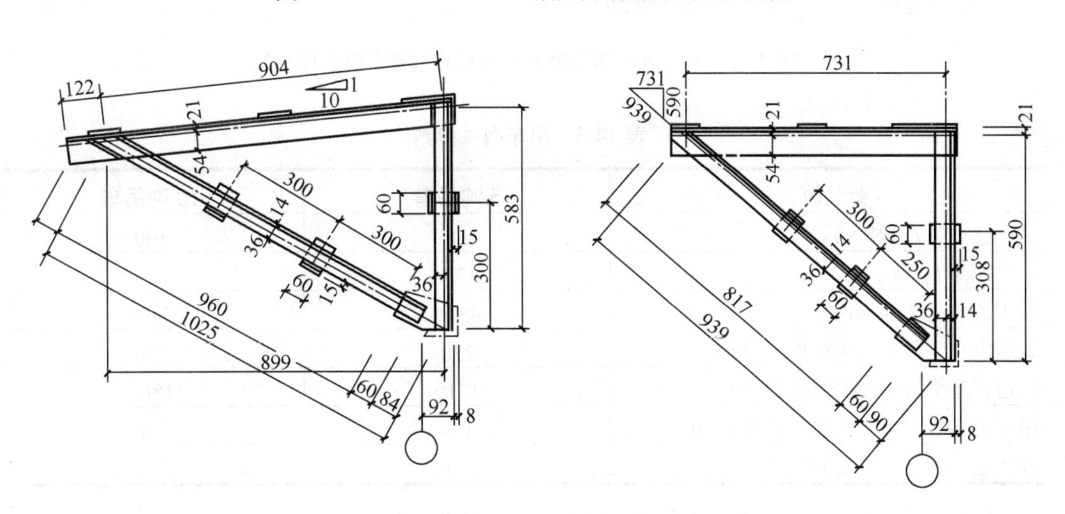

图 14.25　15 m 屋面梁檐口用钢牛腿图

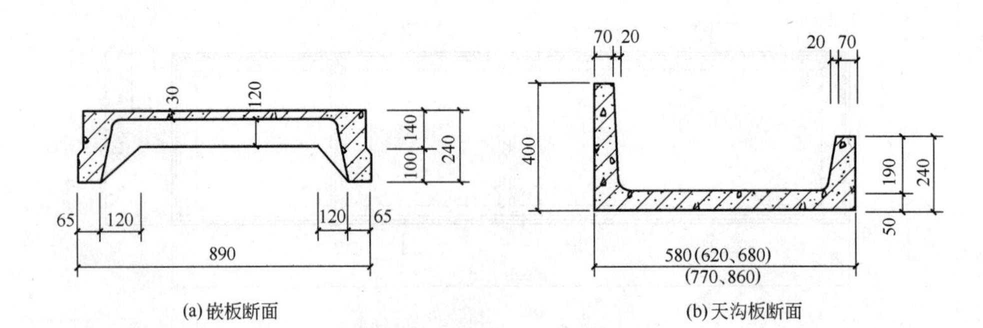

图 14.26　钢筋混凝土嵌板、天沟板断面

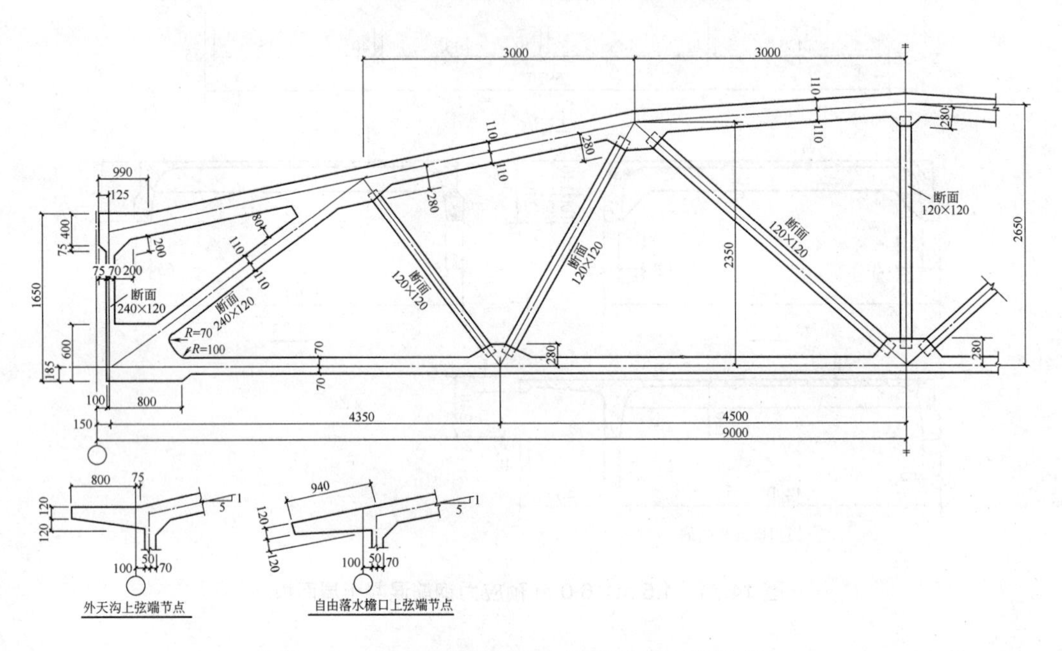

图 14.27　预应力钢筋混凝土折线形屋架(跨度 18 m)

表 14.3　吊车有关参数

参　数	5 吨吊车	10 吨吊车
吊车起重量 Q/kN	50	100
吊车跨度 L_k/ m	13.5	16.5
吊车最大宽度 B/ mm	4540	5440
轨道中心至吊车外端距离 B_1/ mm	230	230
轨道顶面至吊车顶端距离 H/ mm	1719	1860
吊车大梁地面至轨道顶面距离 F/ mm	126	176
操作室地面至大梁底面距离 h_3/ mm	2000	2350

设计时可直接参考《预应力钢筋混凝土工字形屋面梁(15 m 双坡)》05G414—4、《预应力钢筋混凝土折线形屋架》04 G 415—1 等标准图集及其他构件的标准图集。

14.6　住宅楼建筑课程设计

房屋建筑课程设计是课程教学的重要组成部分，是巩固和深化课堂所学知识的重要环节，是培养学生动手能力，训练严谨的科学态度和作风的手段。通过本次课程设计，使学生进一步掌握民用建筑设计的基本原理和具体方法，熟悉建筑施工图的内容、表达方式和设计步骤，扩大和巩固所学的理论知识与专业知识，提高学生建筑设计和制图能力。使学生熟练掌握建筑制图标准，得到施工图设计的基本训练，具有解决建筑设计和施工中一般工程技术问题的能力。

14.6.1　课程设计任务书

1. 设计题目

单元式多层住宅设计。

2. 设计目的

(1) 根据课程设计任务书，运用建筑设计的理论和方法进行一般建筑的初步设计，从中了解建筑设计的步骤和方法，并完成初步设计所要求的建筑平、立、剖面设计图。

(2) 根据初步设计、运用建筑构造的基本理论和方法，进行一般建筑的构造设计，完成扩大初步设计所要求的建筑平、立、剖面图和部分构造详图。通过课程设计使学生能较牢固地掌握建筑构造的基本理论和方法。

3. 设计资料

城市型住宅，位于某城市某住宅小区内，层数结构类型、套型自定。平均每套建筑面积为 70～120 m^2。

4. 设计内容及设计深度要求

(1) 建筑设计总说明。

① 工程概况：包括位置、层数、层高、占地面积、建筑面积等。

② 建筑构造要求及工程做法：包括墙体厚度、屋面保温层厚度、各种构件材料的选型以及楼地面、墙面、屋面等装饰工程做法(可从标准设计图 88J 集中选取)，工程做法可采用列表表示法，如表 13.9 所示。

③ 门窗表：以表格方式表示本工程每个门窗的编号、洞口尺寸、数量、选用标准图集号等，如表 13.10 所示。

(2) 一层平面图和标准层平面图(或各楼层平面图)。

(3) 立面图(主要正立面图和侧立面图)。

(4) 剖面图(1～2 个)。

(5) 屋顶平面图和节点详图。

(6) 楼梯详图：要求绘制底层、二层和顶层平面图及楼梯间剖面图。

以上相关设计深度要求和设计步骤详见 13.2.3 节和 14.6.2 节。

(7) 其他要求。

① 学生应严格按照指导老师安排、有组织、有秩序地在 2 周内完成以下设计。应尽可能学习各种技术规范，查阅各种技术资料、开阔眼界。

② 建筑设计方案草图根据当地情况由学生自行设计完成，经教师审阅后进行建筑施工图设计。建筑施工图均应按建筑制图标准规定表示，布图均匀，线条清晰，粗细分明，各种符号线形一律符合建筑制图标准的规定，汉字一律用仿宋字，画图必须用绘图铅笔绘制，禁止用自动铅笔。

③ 图纸规格：以 A2 幅面(594×420)为主，必要时可采用 A2 加长幅面，图纸封面和目录采用 A4 幅面。

标题栏采用图 14.4 所示统一格式，其中图号按“建施—1”“建施—2”填写。

表 14.4　标题栏参考样式

××××××学院		专　业	图　号	
题　目	××楼建筑课程设计		比　例	
班　级		(图　名)	日　期	
姓　名			成　绩	
学　号			教　师	

注：标题栏各列宽度从左到右依次为 15 mm，30 mm，90 mm，15 mm，30 mm，各行高度为 8 mm。

5. 进度安排

各部分设计进度如表 14.5 所示。

表 14.5　设计进度

序　号	设计项目	参考学时分配(学时数)		
		讲　课	设　计	单项时数合计
1	建筑设计方案	2	2	4
2	底层平面图和标准层平面图	2	22	24
3	立面图(主要的正立面图和侧立面图)		12	12
4	剖面图		16	16
5	屋顶平面图、节点图		10	10
6	标题栏、总说明、装订		2	2
总　计			64	68

14.6.2　设计步骤

一般情况下，各部分的设计流程如图 14.28 所示。

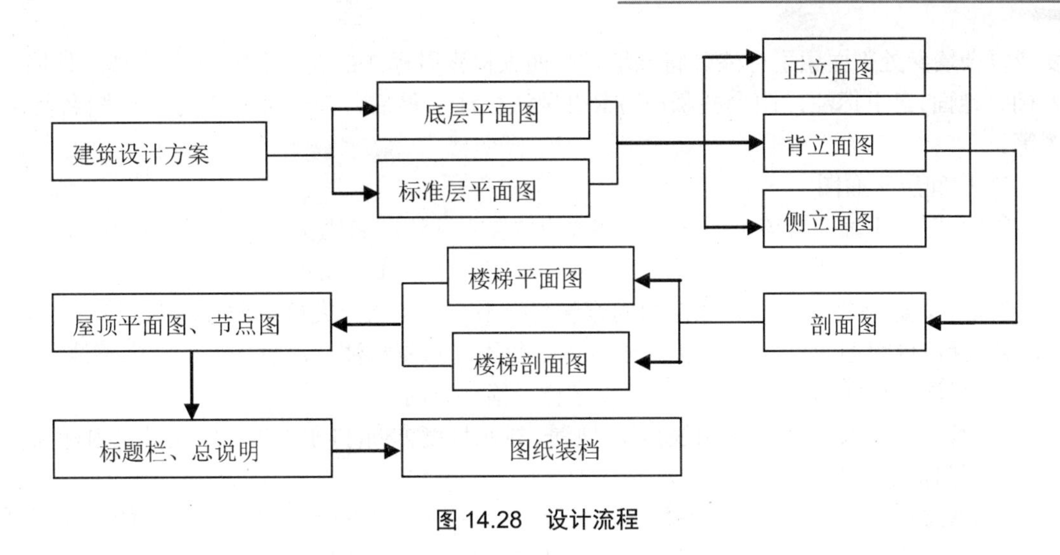

图 14.28　设计流程

1. 平面图

建筑平面图是建筑施工图的基本样图，它是假想用一水平的剖切面沿门窗洞位置将房屋剖切后，对剖切面以下部分所作的水平投影图。它反映出房屋的平面形状、大小和布置；墙、柱的位置、尺寸和材料；门窗的类型和位置等。

对于多层建筑，一般应每层有一个单独的平面图。但一般建筑常常是中间几层平面布置完全相同，这时就可以省掉几个平面图，只用一个平面图表示，这种平面图称为标准层平面图。

建筑施工图中的平面图，一般有底层平面图(表示第一层房间的布置、建筑入口、门厅及楼梯等)、标准层平面图(表示中间各层的布置)、顶层平面图(房屋最高层的平面布置图)以及屋顶平面图(即屋顶平面的水平投影，其比例尺一般比其他平面图小)。

建筑平面图的绘图步骤如下：

1) 首层平面图

① 布图：正确安排首层平面图、指北针文字说明位置，标注图名比例；完善图签栏内容。

② 画所有定位轴线，然后画出墙、柱轮廓线。平面图上主要有图线、定位轴线及编号、尺寸标注、剖切位置、指北针、详图索引、名称的标注。

③ 注意尺寸标注、剖切位置、指北针、详图索引、名称的标注。完善轴号及四边三道尺寸：总尺寸、轴间尺寸、细毛尺寸。

④ 门窗编号(结合立面、注意相同宽度窗户不一定是同一类窗户编号)。

⑤ 标注内墙墙间尺寸和内墙门窗定位尺寸(不需重复标注、注意图面的清晰整洁)。

⑥ 标注楼梯间首级踏步定位、“上”字样及箭头方向。

⑦ 有排水要求的房间标注地漏、排水坡度方向(排水坡度 1%)及其室内标高；绘制门口高差线。

⑧ 标注室内外标高、标注台阶、坡度“上”“下”字样及箭头方向。

⑨ 标注台阶、散水(明沟或暗沟)、坡度、花池索引做法标注。

⑩ 标注楼梯间引出剖面符号、编号、标注楼梯间、厨房、卫生间的大样索引标注、重

要或复杂墙身处剖面索引标注、特殊墙柱平面大样索引标注；变形缝的做法(内墙、外墙、天棚、地面)索引标注；阳台栏板(杆)索引做法标注。最后，在平面图下方写出图名及比例等。

2) 中间层平面图

① 布图：正确安排该平面图、文字说明位置，标注图名比例；完善图签栏内容。

② 完善轴号及四边三道尺寸：总尺寸、轴间尺寸、细毛尺寸。

③ 门窗编号(结合立面、注意相同宽度窗户不一定是同一类窗户编号)。

④ 标注内墙墙间尺寸和内墙门窗定位尺寸(不需重复标注、注意图面的清晰整洁)。

⑤ 标注楼梯间踏步“上”、“下”字样及箭头方向。

⑥ 有排水要求的房间(含雨篷)标注地漏、排水坡度方向(排水坡度 1%)及其室内标高标注。绘制门口高差线。

⑦ 本层室内标高标注；雨篷翻边索引做法标注；标注梯间、厨房、卫生间的大样索引标注；重要或复杂墙身处剖面索引标注；特殊墙柱平面大样索引标注；变形缝的做法(内墙、外墙、天棚、地面)索引标注；阳台栏板(杆)索引做法标注。

⑧ 标注梯间、厨房、卫生间的大样索引标注。

2. 立面图

在与房屋立面平行的投影面上所作房屋的正投影图，称为建筑立面图，简称立面图。其中反映主要出入口或比较显著地反映出房屋外貌特征的那一面的立面图，称为正立面图，其余的立面图相应地称为背立面图和侧立面图。通常也按房屋的朝向来命名，如南立面图、北立面图、东立面图、西立面图等。有时也按轴线编号来命名，如①～⑨立面图。

关于立面图，通常门窗只表示门窗框的框(单线条)，阳台的立面应表示出空心或实心，如楼梯间采用花格墙时，可用单线格的分块和花纹示意(不必画满)。建筑立面图应与平面图尺寸对应，侧立面图或剖面图可放在所画立面图的一侧。

建筑立面图的画图步骤如下。

① 布图：正确安排该立面图、文字说明位置，并完善图签栏内容。

② 画室外地坪、两端的定位轴线、外墙轮廓线、屋顶线等。

③ 根据层高、各种分标高和平面图门窗洞口尺寸，画出立面图中门窗洞、檐口、雨篷、雨水管等细部的外形轮廓。

④ 画出门扇、墙面分格线、雨水管等细部，对于相同的构造、做法(如门窗立面和开启形式)可以只详细画出其中的一个，其余的只画外轮廓。

⑤ 经过检查无误后，擦去多余作图线，按施工要求加深图线，画出少量门窗扇、装饰、墙面分格线、轴线，并标注标高、写图名、比例及有关文字说明。为了加强图面效果，使外形清晰、重点突出、层次分明，在立面图上往往选用各种不同的线型。习惯上屋脊和外墙等最外轮廓线用粗实线；勒脚、窗台、门窗洞、檐口、阳台、雨篷、柱、台阶和花池等轮廓线用中实线；门窗扇、栏杆、雨水管和墙面分格线等用细实线。

⑥ 引注装修做法，如檐口、外墙面、窗台、勒脚、雨篷等，用工程字直接注写在立面图的相应位置上，并用指示线指示其部位(须注明装饰的材料名称(非品牌名称)、颜色、规格及施工做法，必要时需注明安全事项)。

⑦ 标注左右两个轴号，应按“×－××立面图”注写图名，并标注比例。

3. 剖面图

假想用一个或多个垂直于外墙轴线的铅垂剖切面，将房屋剖开，所得的投影图，简称剖面图。剖面图表示房屋内部的结构或构造形式、分层情况和各部位的联系、材料及其高度等，是与平、立面图相互配合的重要图样。

剖切面一般横向，即平行于侧面，必要时也可纵向，即平行于正面。其位置应选择能反映出房屋内部构造比较复杂与典型的部位。剖面图的名称应与平面图上所标注的一致。

剖面图绘图步骤如下：

① 画竖向定位轴线及其编号，注意剖面应与平面图中剖切符号指示的方向一致，与平面图剖切符号方向一致。

② 画楼层的楼面标高水平线和楼梯平台面、阳台地面等的水平线，先把这些水平线控制好，画图时才不致出现错误。

③ 画楼梯。建筑剖面图上的楼梯只是表示空间关系，不是楼梯的施工图，楼梯的施工图需要画成楼梯详图。这次设计不要求作楼梯的施工图，但是剖面图上楼梯的空间关系应表达清楚。至于楼梯的节点细剖构造则不必在剖面图中表示出来。

④ 画墙体厚度、门窗洞口、楼板厚度、梁的位置(包括过梁、圈梁)。

⑤ 画可见轮廓线，如门窗洞、阳台、女儿墙、烟囱、上人孔、室内固定家具和固定设备等可见轮廓线。

⑥ 画其他部分，如楼地面、屋顶隔热层、室外散水等。

⑦ 标注尺寸(三道尺寸)：总高尺寸；屋间尺寸；门窗洞口和窗间墙段尺寸。

⑧ 注写标高。包括各层楼面和地面标高、楼梯平台标高、阳台地面标高、室外地面标高、檐口下表面标高(坡屋顶)、女儿墙顶面标高(平屋顶)、挑檐下表面标高(平屋顶)、雨篷底面标高等，最后注写图名和比例。

4．屋顶平面图

绘制屋顶平面图之前先要确定屋顶的构造方案。从形式上可以有平屋顶和坡屋顶之分；从排水方式上考虑，一般宜采用有组织排水、有檐沟外排水、女儿墙外(内)排水和女儿墙檐沟外排水等多种方案。学生可以根据当地习惯做法加以选择。

绘图步骤如下。

① 布图：正确安排该平面图、文字说明位置，标注图名比例；完善图签栏内容。

② 完善轴号及四边尺寸(注意是否有需要微调门窗位置、标注清楚所有门窗及外檐沟、飘板构架等平面尺寸)：总尺寸、轴间尺寸、细毛尺寸。

③ 门窗编号(结合立面、注意相同宽度窗户不一定是同一类窗户编号)。

④ 标注内墙墙间尺寸和内墙门窗定位尺寸(不需重复标注、注意图面的清晰整洁)。

⑤ 标注楼梯间踏步“下”字样及箭头方向，文字引出标注楼梯间水平栏杆安全高度。

⑥ 屋面排水设计：标注排水箭头方向、坡度，排水管位置设计(建筑找坡 2%，结构找坡 3%，檐沟排水坡度 1%)。

⑦ 梯间平台标高标注；屋面最高处和最低处标高标注；出屋面做法索引标注；屋面分仓缝做法索引标注(间距不应大于 6 米×6 米)；女儿墙(檐沟)、泛水的做法索引标注；排水系统的选用做法索引标注；水簸箕选用做法索引标注；检修口或钢爬梯做法索引标注。

⑧ 飘板构架的详图索引标注(若有)。变形缝的做法(屋面、与女儿墙交接处、檐沟)索引标注。

5. 楼梯详图

楼梯由楼梯段(简称梯段，包括踏步或斜梁)、平台(包括平台板和梁)和栏板(或栏杆)等组成。

楼梯详图主要表示楼梯的类型、结构形式、各部位的尺寸及装修做法。楼梯详图包括平面图、剖面图及踏步、栏板详图等，并尽可能画在同一张图纸内。平、剖面图比例要一致，以便对照阅读。踏步、栏板详图比例要大些，以便表达清楚该部分的构造情况。

一般每一层楼都要画一楼梯平面图。三层以上的房屋，若中间各层的楼梯位置及其梯段数、踏步数和大小都相同时，通常只画出底层、中间层和顶层三个平面图。三个平面图画在同一张图纸内，并互相对齐，以便于阅读。楼梯平面图的剖切位置，是在该层往上走的第一梯段(休息平台下)的任一位置处。各层被剖切到的梯段，按“国标”规定，均用平面图中一条斜折断线表示。在每一梯段处画有一长箭头，并注写“上”或“下”字和步级数，表明从该层楼(地)面往上或往下走多少步级可达到上(或下)一层的楼(地)面。各层平面图中应标出该楼梯间的轴线。在底层平面图应标注楼梯剖面图的剖切符号。

1) 楼梯平面图绘图步骤

① 首先布图，其次画出楼梯间的开间、进深轴线和墙厚、门窗洞位置。确定平台宽度、楼梯宽度和长度。

根据楼梯间的开间、进深和楼层高度，确定：L_2—平台深度；B_1—梯段宽度；g—踏面宽度；L_1—梯段长度；B_2—梯井宽度；n—级数。

② 采用两平行线间距任意等分的方法划分踏步宽度。根据 L_1、g、n 可用等分两平行线间距的方法画出踏面投影，踏面数等于 $n-1$。

③ 画栏杆(或栏板)、上下行箭头等细部，检查无误后加深图线，注写标高、尺寸、剖切符号、图名、比例及文字说明等。

2) 楼梯剖面图绘制

首先，判断现浇钢筋混凝土板式楼梯还是梁式楼梯。被剖梯段的步级数可直接看出，未剖梯段的步级，因被遮挡而看不见，但可在其高度尺寸上标出该段步级的数目。习惯上，若楼梯间的屋面没有特殊之处，一般可不画出。在多层房屋中，若中间各层的楼梯构造相同时，则剖面图可只画出底层、中间层和顶层剖面，中间用折断线分开。

剖面图中应注明地面、平台面、楼面等的标高和梯段、栏板的高度尺寸。梯段高度尺寸注法与平面图中梯段长度尺寸注法相同，在高度尺寸中注的是步级数，而不是踏面数(两者相差为1)。栏杆高度尺寸是从踏面中间算至扶手顶面，一般为900 mm，扶手坡度应与梯段坡度一致。

楼梯剖面图的绘图步骤如下：

① 画轴线、定室内外地面与楼面线、平台位置及墙身，量取楼梯段的水平长度、竖直高度及起步点的位置。

② 用等分两平行线间距离的方法划分踏步的宽度、步数和高度、级数。

③ 画出楼板和平台板厚，再画楼梯段、门窗、平台梁及栏杆、扶手等细部。

④ 检查无误后加深图线，在剖切到的轮廓范围内画上材料图例，注写标高和尺寸，最后在图下方写上图名及比例等。

⑤ 踏步、扶手和栏板都另有详图，用更大的比例画出它们的形式、大小、材料及构造情况。

6. 建筑其他详图

对房屋的细部或构、配件用较大的比例(1∶20、1∶10、1∶5、1∶2、1∶1 等)将其形状、大小、材料和做法，按正投影图画法，详细地表示出来的图样，称为建筑详图，简称详图。

详图的图示方法，视细部的构造复杂程度而定。详图的特点，一是比例较大，二是图示详尽清楚(表示构造合理，用料及做法适宜)，三是尺寸标注齐全。

详图数量的选择，与房屋的复杂程度及平、立、剖面图的内容及比例有关。

(1) 门窗详图：布图、按 1∶50 比例中粗线绘制出图；可单线图绘制；标注分格尺寸、弧形圆心半径定位、注意门窗开启线的绘制。

(2) 厨房详图：布图、按 1∶50 比例绘制出图；绘制粉刷线、填充图例；标注四向轴线号尺寸两道(轴间尺寸、洁具自身尺寸及定位尺寸)；烟道尺寸定位及做法索引标注；室内建筑标高标注；标注地漏及排水坡度。

(3) 卫生间详图：布图、按 1∶50 比例绘制出图；绘制粉刷线、填充图例；标注四向轴线号尺寸两道(轴间尺寸、洁具自身尺寸及定位尺寸)；各洁具做法索引标注；室内建筑标高标注；标注地漏及排水坡度。

(4) 雨篷、女儿墙、檐沟、飘板、腰线、栏板、栏杆、窗台、窗顶、空调外挂机位、外飘窗等可参见标准图集绘制，按 1∶10～1∶50 比例绘制出图；主要绘制清楚结构和构造关系。绘制粉刷线；填充图例；标注尺寸(尺寸有由轴线号引出的横向构件尺寸关系，有由标高引出的竖向的构件尺寸关系)；标注构造做法文字说明；设置出图线形线宽。

14.6.3　教学指导方式

(1) 建筑设计方案草图根据当地情况，上课阶段由教师及早布置，学生自行设计完成。设计方案草图经教师审阅后再进行建筑施工图设计。建筑施工图均应按建筑制图标准规定表示。图面要求：布图均匀，线条清晰，粗细分明，各种符号线形一律符合建筑制图标准的规定，汉字一律用仿宋字。

(2) 按设计指导书的要求和步骤，学生动手设计，教师进行一对一辅导，做到发现问题随时解决。针对学生暴露出来的具有代表性的问题每天安排固定时间进行总结。

(3) 确定门窗大小，规格与形式，其中窗户应根据教室窗地比(窗洞总面积/房间净面积)按 1/4 设置，其他用途房间按 1/6～1/8 考虑。

(4) 一般先平面后立面，最后剖面及详图，各道尺寸应反复检查校对，确保正确一致。

(5) 建筑设计总说明可在图纸全部绘制完成后进行。

(6) 未尽事宜参见设计指导书。

14.6.4 设计成绩考评及参考资料

1. 设计成绩考核评分方法

设计成绩主要综合考虑以下几方面。

(1) 平时成绩(包括纪律表现、学习态度、出勤和安全等)，占 10%。

(2) 设计图纸，占 90%。

2. 设计成绩评定标准(参考)

根据以上考核项目，按百分制评定设计成绩，评分等级及标准参见表 14.6。

3. 设计参考资料

设计参考资料由指导教师根据当地情况指定。

表 14.6 评分等级及标准

评分等级	评分标准
90 分以上	· 完整达到课程设计分量及内容正确 · 图纸设计正确无误，图面清洁、有条理 · 图面各类标注完整、准确 · 课程设计期间按要求出勤
80～90 分	· 达到课程设计分量及内容正确 · 图纸设计正确无误，图面清洁、有条理 · 图面各类标注完整、准确 · 课程设计期间按要求出勤
70～80 分	· 基本达到课程设计分量及内容正确 · 图纸设计正确，图面较清洁、有条理 · 图面各类标注较完整、准确 · 课程设计期间基本按要求出勤
60～70 分	· 基本达到课程设计分量及内容正确 · 图纸设计正确，图面较清洁 · 图面各类标注较完整 · 课程设计期间有迟到、早退现象
60 分以下	· 基本达到课程设计分量及内容正确 · 图纸设计正确，图面较清洁 · 图面各类标注较完整 · 课程设计期间有迟到、早退现象

14.7　复习思考题

1. 绘出学生自己所在宿舍的地面构造详图，按制图规定标注出各个层次的构造(尺寸、材料及材料强度等级)。

2. 参观建筑屋面工程施工现场，说明现场屋面采用的防水方式，并绘出屋顶平面图。

3. 根据当地的教学实际，选择性地完成课程实训中墙身、楼梯、平屋顶构造、单层厂房定位轴线等作业，设计条件也可由教师给出。

4. 按课程任务书的要求，完成单元式住宅楼建筑课程设计。

第15章　民用建筑设计实例

内容提要：本章以某四层商住楼和江南某别墅建筑施工图为例，介绍建筑施工图的图示内容和要求，建筑施工图上表达的建筑信息及各种图示方法。本章可以作为课程设计综合训练的辅导资料，也可穿插在上篇的各章节中作为案例学习。

教学目标：

了解建筑施工图图示目的和表示方法；

掌握建筑施工图的识读方法，提高识读施工图的能力；

掌握建筑设计图示方法和构造，了解节能设计的主要内容。

为了更好地识读施工图纸，本章提供了一套某商住楼(见图 15.1～图 15.8)和一套别墅(见图 15.9～图 15.26)建筑施工图。通过学习了解建筑施工图图示目的和表示方法；掌握建筑施工图的识读方法和表达方法。

15.1　商住楼建筑施工图

15.1.1　设计说明

1．工程概况

本工程为一幢四层商住楼，总建筑面积为 3000.2 m^2，本工程的主体为砖混结构，其合理使用年限为 50 年，防火等级为二级，屋面防水等级为二级。

2．设计依据

(1) 规划土地管理处批准的建设用地范围图。
(2) 建设单位通过的方案。
(3) 有关现行设计法规、规范及规定。

3．设计范围

本工程为四层砖混结构商住楼，设计包括建筑、结构，不包括散水以外的其他工程。

4．设计尺寸单位

本工程除总平面尺寸标高以 m 为单位外，其余尺寸以 mm 为单位。

5．门窗

外墙门窗装于墙中，内墙门窗装于墙内平，卧室窗帘杆用不锈钢管。外墙门窗颜色除铝合金门窗外均为浅咖啡色，门外侧均刷一底两度浅咖啡色调合漆。木门内侧及内装修均

刷一底两度奶油调合漆。

6. 预埋件

凡埋入楼、地面及墙内铁件均刷防锈漆两度；露明铁件均刷防锈漆一度，调合漆两度；埋入墙内木砖均满涂防腐漆。

7. 墙体

外墙用 370 mm 厚，内墙用 240 mm 厚黏土砖砌筑，外墙轴线距外墙外平 250 mm，内墙轴线均居墙中。

8. 其他

(1) 封闭阳台窗尺寸、分格、安装及预埋件由甲方订货后，现场实测确定。立面图中示意的分格仅供参考。

(2) 阳台晒衣架详见 88 J 3—7—2。

15.1.2 房间构造做法

1. 室内构造做法

室内构造做法如表 15.1 所示。

表 15.1 房间构造做法表

做法部位 房间名称	楼地面	底层地面	顶　棚	内墙面	踢　脚
起居室、卧室、餐厅	88J1—楼 6	88J1—地 6	88J1—棚 8(白色)	88J1—内墙 4(白色)	—
厨房	88J1—楼 23 防水层 3 厚 SBS 两道	—	88J1—棚 10	88J1—内墙 5	—
卫生间	88J1—楼 23 防水层 3 厚 SBS 两道	88J1—地 38	88J1—棚 10	88J1—内墙 5	同楼地面
楼梯	88J1—楼 6	88J1—地 6	88J1—棚 8(白色)	88J1—内墙 4(白色)	同楼地面
商铺	—	88J1—地 6	88J1—棚 8(白色)	88J1—内墙 4(白色)	同楼地面

注：① 起居室，卧室、餐厅水泥楼地面做毛。
② 厨房、卫生间楼地面瓷砖规格，颜色现场定。
③ 顶棚面层为乳胶漆。

2．室外构造做法

(1) 屋面：不上人屋面见 88J1—1—9 02J01—172—屋Ⅱ2，屋面泛水做法见 88J5—9—A，屋面变形缝做法见 88 J 5—13—E，落水管做法见 88 J 5—23—4。

(2) 外墙面：涂料墙面做法参见 88 J 1—外墙 33，颜色见立面设计。

(3) 雨篷、阳台板底：均刷白色外墙涂料。

(4) 踏步、散水：见 88 J 1—台 5(300 mm 厚)、88 J 1—散 3，宽 1500 mm。

(5) 所有外墙窗开启扇均设纱窗。

(6) 残疾人坡道做法见 88 J 12—12—3。

3．门窗表(见表 15.2)

表 15.2 门窗表

代　号	尺寸/mm		数　量					备　注
	宽度	高度	一层	二层	三层	四层	总　计	
M-1	2 100	2 400	8	—	—	—	8	商铺正门
M-2	1 800	2 400	8	—	—	—	8	商铺正门
M-3	1 200	1 200	4	—	—	—	4	单元门
M-4	1 000	2 100	—	8	8	8	24	户门
M-5	900	2 100	16	8	8	8	40	起居室、卧室门
M-6	800	2 100	16	8	8	8	40	卫生间，阳台分隔门
TLM-1	1 500	1 500	—	8	8	8	24	厨房门
C-1	1 800	1 800	8	16	16	16	56	铝合金推拉窗
C-2	1 500	1 800	8	—	—	—	8	铝合金推拉窗
C-3	1 200	1 200	—	4	4	4	12	铝合金推拉窗
C-4	900	1 200	2	2	2	2	8	铝合金推拉窗

注：表中外墙窗均为单框单玻窗，门的开启方向见平面图，外墙门窗装于墙中，内墙门窗装于墙内平，铝合金封闭阳台窗大小现场量定制作。门窗图集代号略。

15.1.3 建筑施工图

建筑施工总平面图如图 15.1 所示。图 15.2 为一层的平面图。图 15.3 为标准层的平面图。图 15.4 为四层的平面图，图 15.5 为屋顶的平面层，图 15.6 为①～㉖立面图，图 15.7 为㉖～①立面图，图 15.8 为剖面图、侧立面图及节点大样图。

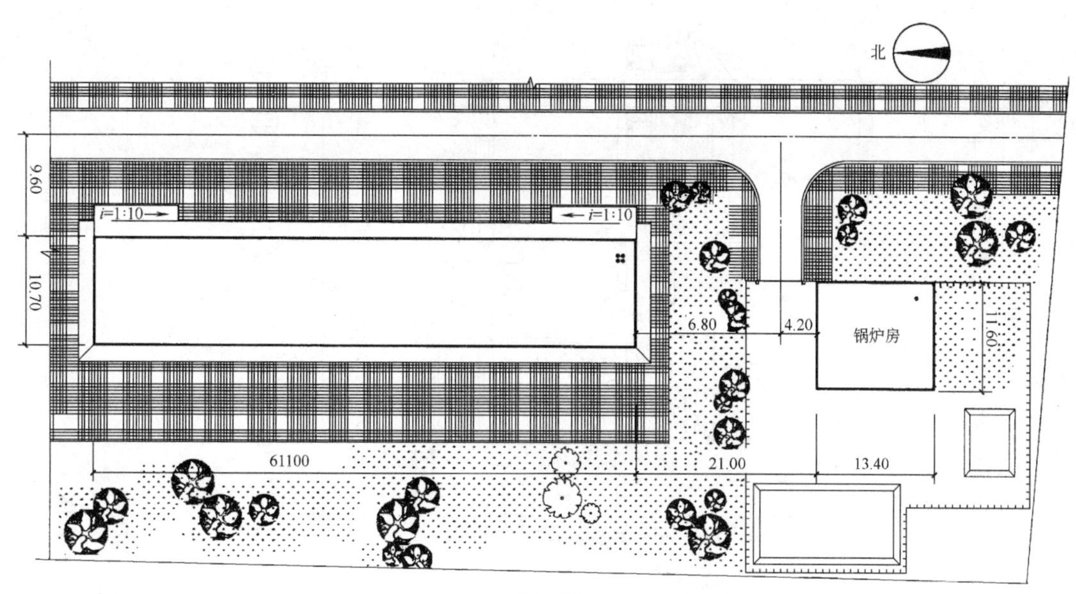

图 15.1　总平面图

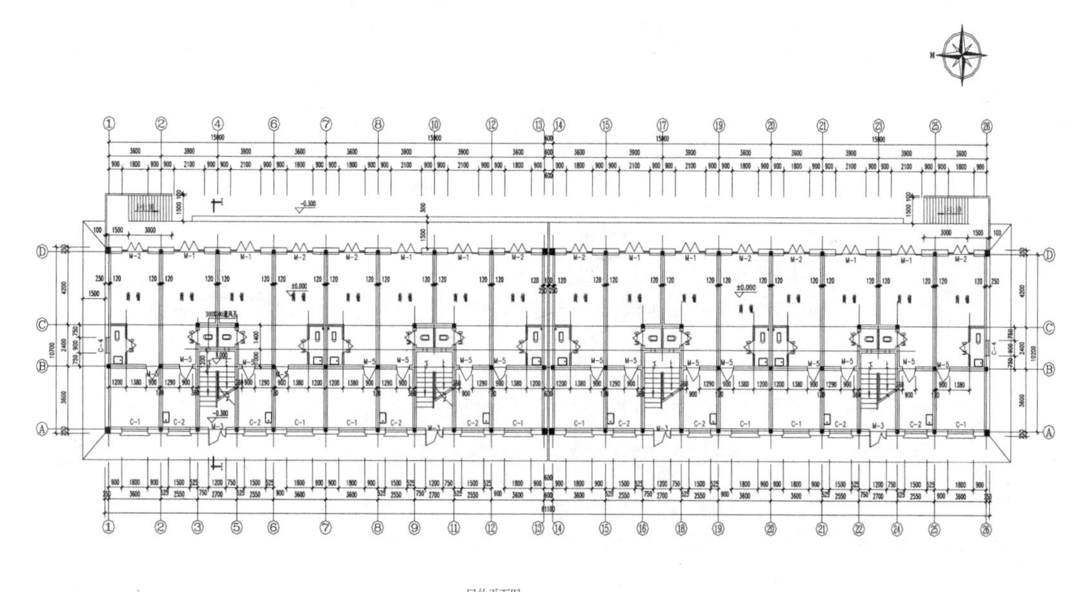

图 15.2　一层的平面图

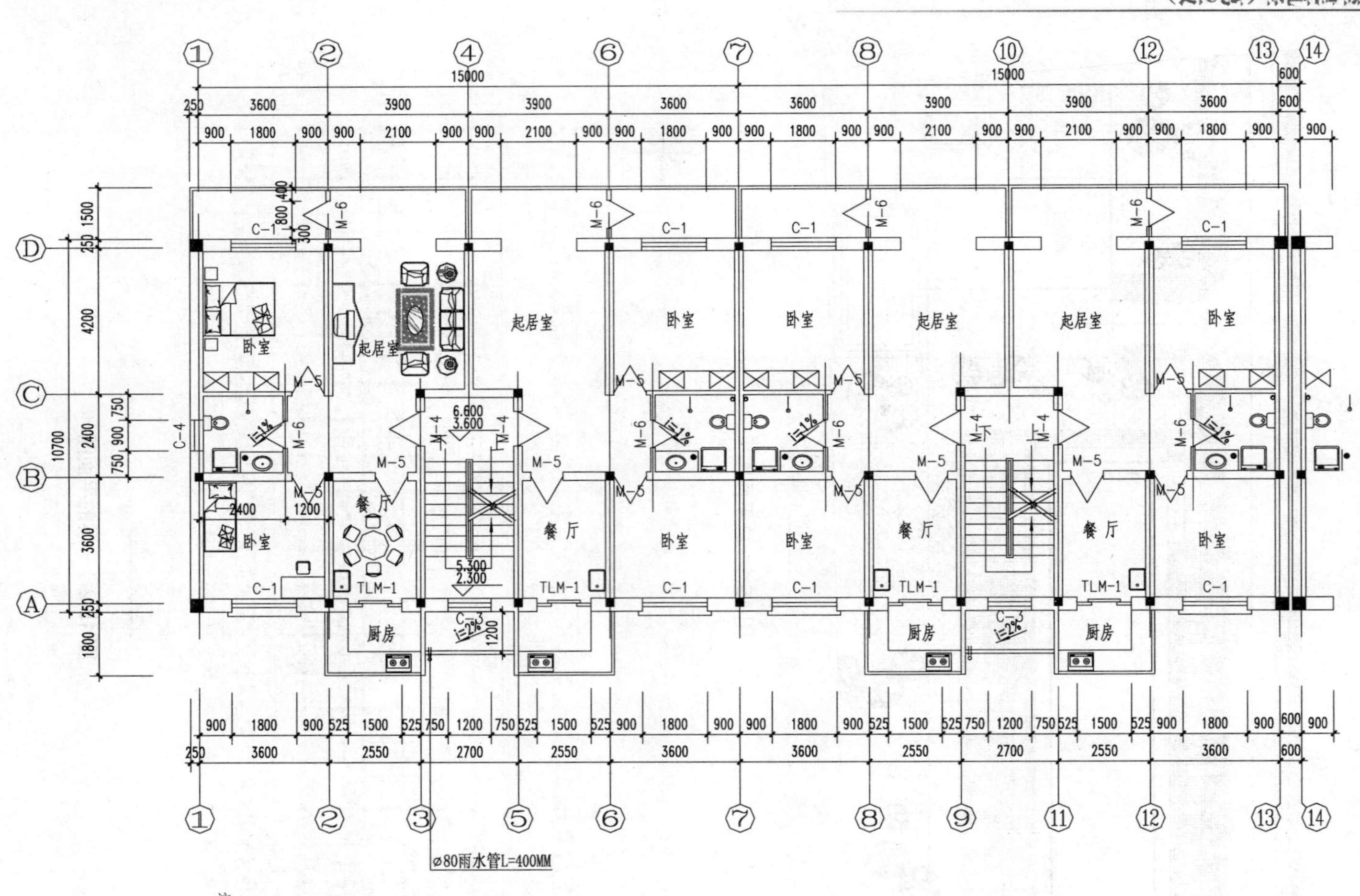

注：

1. 所有卫生间地面做法见88J1-楼23（防水层为3厚SBS两道）.
2. 大理石台面形式及颜色二次装修定.
3. 所有洁器具选型见设备图标注.
4. 所有卫生间楼面均降低100mm.

图 15.3　标准层的平面图

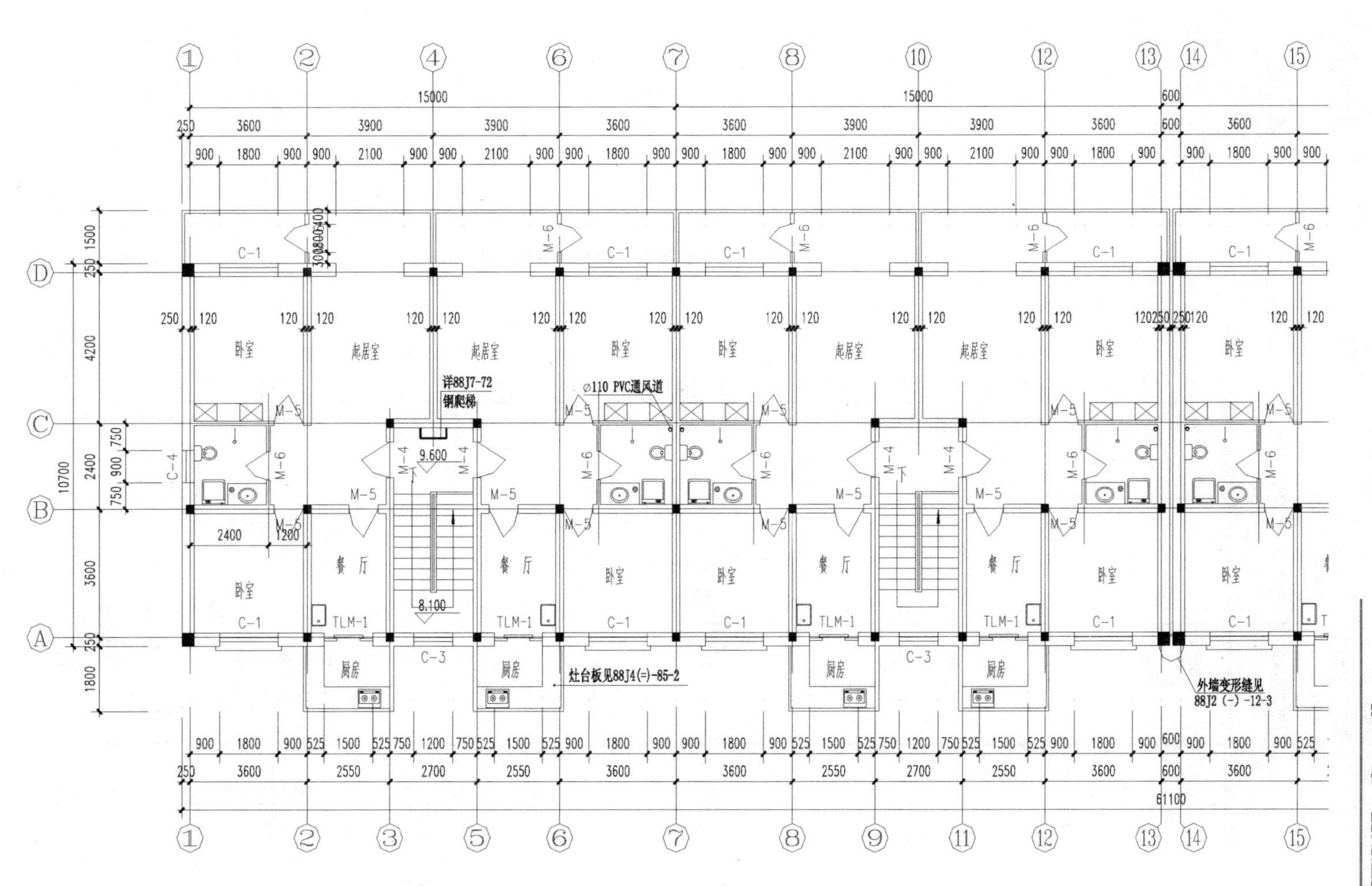
卧室
起居室
餐厅
厨房
C-1
C-3
C-4
M-4
M-5
M-6
TLM-1
详88J7-72 钢爬梯
⌀110 PVC通风道
灶台板见88J4(=)-85-2
外墙变形缝见 88J2 (-) -12-3
9.600
8.100
15000
10700
61100

图 15.4　四层的平面图

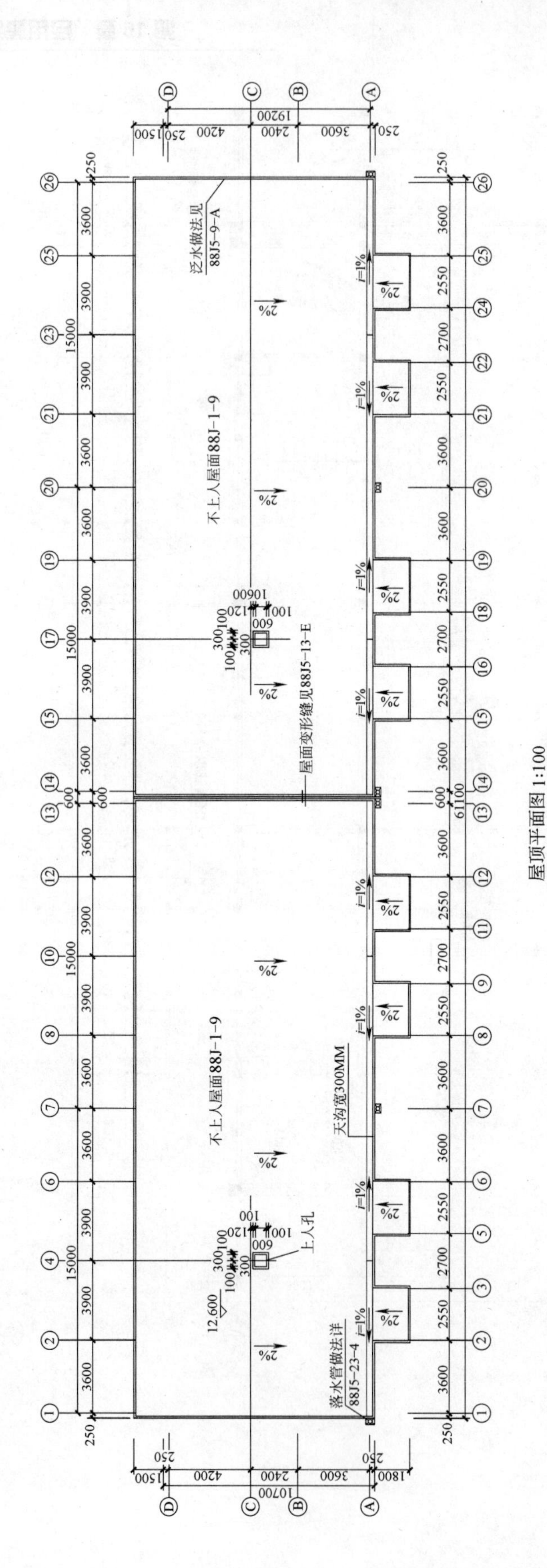

屋顶平面图 1:100

图 15.5　屋顶的平面图

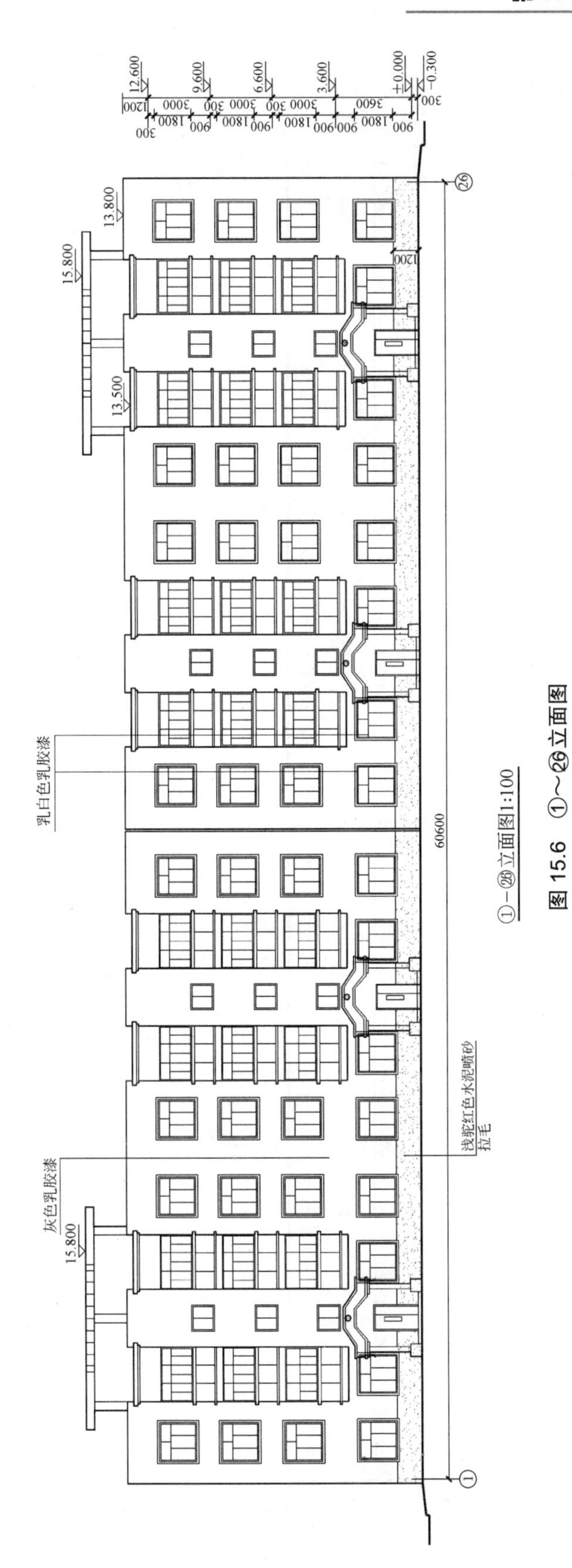

乳白色乳胶漆
灰色乳胶漆
浅驼红色水泥喷砂拉毛
①－㉖立面图1:100
60600
15.800
13.800
13.500
12.600
9.600
6.600
3.600
±0.000
-0.300

图 15.6　①～㉖立面图

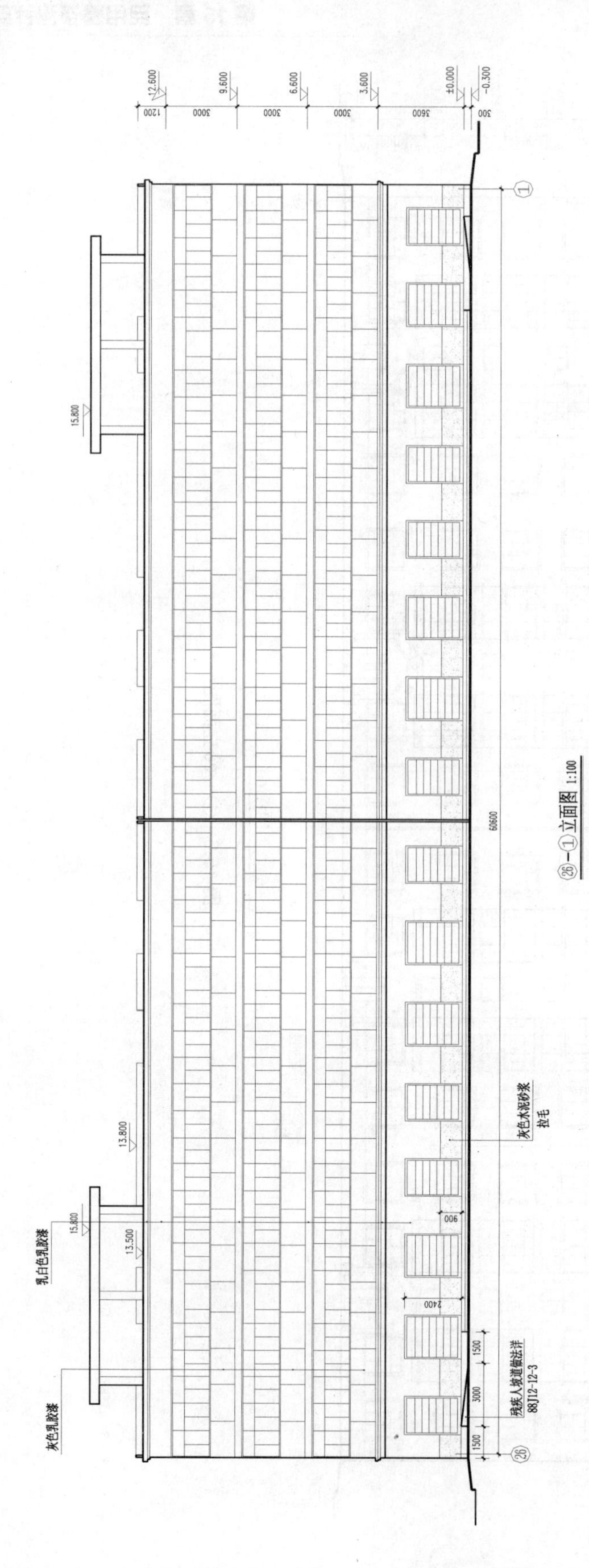

12.600
9.600
6.600
3.600
±0.000
-0.300
1200
3000
3000
3000
3600
300
15.800
13.800
15.800
13.500
乳白色乳胶漆
灰色乳胶漆
灰色水泥砂浆
拉毛
残疾人坡道做法详
88J12-12-3
1500
3000
1500
2400
900
60600
㉖
①
㉖-①立面图 1:100

图 15.7 ㉖~①立面图

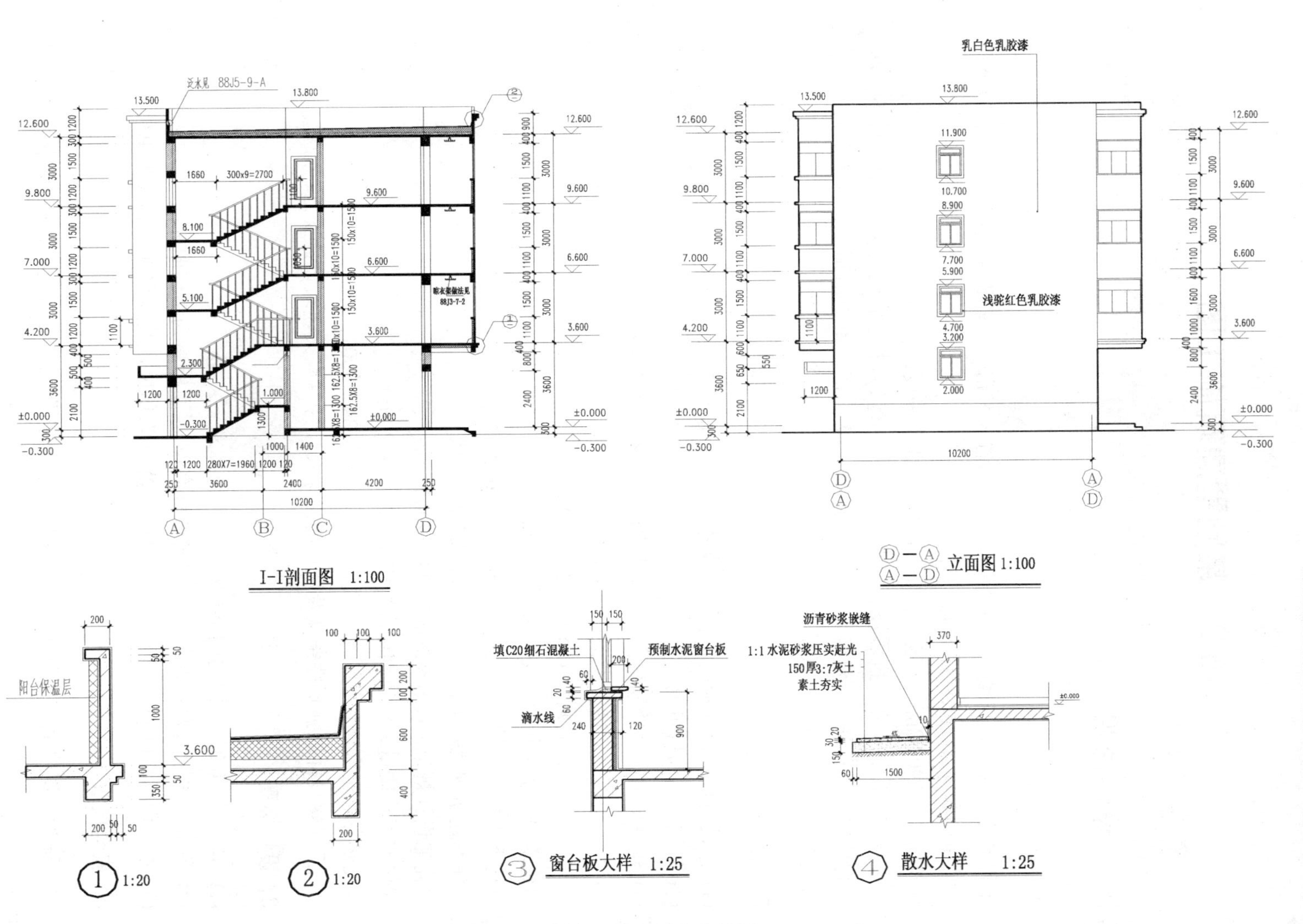

图 15.8　剖面图、侧立面图及节点大样图

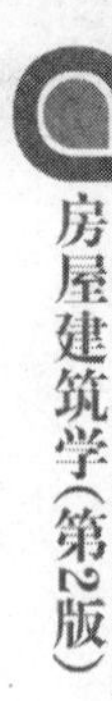

15.2　某别墅建筑施工图

15.2.1　设计说明

1. 工程概况

工程名称：×××二期　　建设地点：江苏省××市　　建设单位：×××有限公司
主要范围和内容：低层住宅施工图
建筑面积：390.98m^2　　建筑层数：1+3　　建筑高度：10.1m
抗震设防烈度：6 度　抗震设防类别：丙类　　建筑耐火等级：地上二级，地下一级
合理使用年限：50 年　建筑防水等级：屋面二级，地下室二级(顶板有种植土为一级)
防火设计的建筑分类：低层住宅

2. 设计依据

(1) 建设单位提供的相关资料及任务书。
(2) 规划部门的意见书或批准文件。
(3) 建设单位提供的勘察报告，编号为 2011-×-×××-×
(4) 本工程设计依据的主要设计规范：
《民用建筑设计通则》(GB 50352—2005)
《建筑设计防火规范》(GB 50016—2006)
《地下工程防水技术规范》(GB 50108—2009)
《住宅建筑规范》(GB 50368—2005)(2005 年版)
《住宅设计规范》(GB 50096—1999)(2003 年版)
《住宅工程质量通病控制标准》(DBJ32/J 16—2005)
《夏热冬冷地区居住建筑节能设计标准》(JGJ 134—2001)
(5) 工程建设标准强制性条文及现行的国家及江苏省有关建筑设计规范、规程、规定。

3. 设计标高

(1) 本工程±0.000 相当于 1985 国家高程为×××× m。
(2) 各层标注标高为完成面标高(建筑面标高)，屋面标高为结构面标高。
(3) 本工程标高以 m 为单位，总平面尺寸以 m 为单位，其他尺寸以 mm 为单位。

4. 安全疏散

本工程为多层住宅，每单元设一座楼梯。地下室设直通室外的金属竖向梯作为第二安全出口。

5. 建筑防火构造

(1) 所有管道井、电缆井(暖通土建风道除外) 在每层楼板处用相当于楼板耐火极限的不燃烧体做防火分隔，其井壁应采用耐火极限不低于 1.00h 的不燃烧体。井壁上的检查门

应采用丙级防火门。

(2) 所有土建及设备装修材料均需满足相应防火规范要求，施工时必须按工程消防要求进行施工，各项防火措施均应符合有关规范的规定。二次装修应符合《建筑内部装修设计防火规范》，不得任意改变本施工图各项防火设计要求。

玻璃幕墙分隔应与楼板、梁、内隔墙连接牢固，并满足防火分隔要求。

(3) 防火卷帘应用公安消防都认可的产品，埋件由专业厂家提供，按要求预埋。代替防火墙的防火卷帘应符合防火墙耐火极限及背火面温升判定等条件。疏散通道上的防火卷帘应在卷帘两侧设置启闭装置，并具有自动、手动和机械控制功能。甲级防火门窗耐火极限为 1.2h，乙级防火门窗 0.9h，丙级防火门窗 0.6h。防火门应向疏散方向开启，并在关闭后能从任一侧手动开启。常开防火门发生火灾时应能自动关闭和信号反馈。

(4) 管井层层设防火分隔，厚度同结构板厚，且不小于 100mm。

6. 砌体工程

(1) 墙体的基础部分见结施，承重钢筋混凝土墙体、构造柱见结施。墙体厚度详见建筑平面图；墙上门窗洞口过梁均按相应砌体材料的标准图集中的规定做法施工。

(2) 墙身防潮层：在室内地坪下约 50 处做 20 厚 1∶2 水泥砂浆内加 3%～5%防水剂的墙身防潮层(在此标高为钢筋混凝土构造，或下为砌石构造时可不做)，当室内外地坪变化处防潮层应重叠，并在高低差埋土一侧墙身做 20 厚 1∶2 水泥砂浆防潮层，如埋土侧为室外，还应刷 1.5 厚聚氨酯防水涂料(或其他防潮材料)。

(3) 厨房、卫生间、不封窗凹阳台、空调室外机搁板、宽度大于 100 的线脚等易积水部位，在其周边墙身下应做 200 高细石混凝土翻边，与楼板一同浇注，宽度同墙厚，门洞口不做。

(4) 建筑物内管道井、电缆井层层在楼面标高处预留钢筋，待管道安装后用 C20 混凝土封隔，其井壁应用耐火极限不低于 1 小时的不燃烧体，井壁上检查门应为丙级防火门。

(5) 空调管线、卫生间浴霸排气孔穿墙应预埋 PVC 管。空调管线孔净尺寸直径为 80 毫米(双机直径为 100 毫米)，挂壁式空调机孔中心距楼地面高为 2300 毫米，向外侧下方倾斜 2%；柜式空调机孔中心距地面 250 毫米，向外侧下方倾斜 2%。卫生间浴霸排气孔留孔净尺寸直径为 100 毫米，孔中心距楼地面高度详见立面图。空调冷凝水有组织排放，雨水管、冷凝水管穿钢筋混凝土板，应埋套管。

7. 防水工程

(1) 地下室防水工程执行《地下工程防水技术规范》(GB 50108)和地方的有关规程和规定。

(2) 地下室外墙钢筋混凝土自防水，防水等级二级,设计抗渗等级为 P6，外部迎水面及底板外侧涂刷防水涂料两道。

(3) 钢筋混凝土外墙和水池穿墙管采用预埋套管做法,防水节点做法详见苏J02—2003。所有钢筋混凝土水池、水箱内侧均涂刷环保型防水涂料两道。

(4) 地下室钢筋混凝土墙，板的施工缝与后浇带，以及固定模板的螺栓，应严格按施工手册执行，认真处理好地下工程的防水节点。

(5) 厨房及卫生间地面涂刷水泥基防水涂料两道，遇隔墙与管道处防水涂料上翻 300。

凡设有地漏房间应做防水层，图中未注明整个房间做坡度者，均在地漏周围 1m 范围内做1%坡度坡向地漏；有水房间的楼地面应低于相邻房间≥30mm 或做挡水门槛，有大量排水的应设排水沟和集水坑。上有绿化，要设置防穿刺防水材料。

(6) 临空且具有厚覆土层的地下室顶板，其防水做法应参照种植屋面，排水坡度可减至 0.3%～0.5%。

(7) 防水混凝土的施工缝、穿墙管道预留洞、转角、坑槽、后浇带等部位和变形缝等地下工程薄弱环节应按《地下防水工程质量验收规范》GB 50208 办理。

(8) 屋面排水组织见屋面平面图，内排水雨水管见水施图，外排雨水斗、雨水管做法详见苏 J03—2006。

(9) 厕卫细石混凝土阻水带，混凝土的强度同结构强度，且不小于 C30。

8．其他施工中注意事项

(1) 图中所选用标准图中有对结构工种的预埋件、预留洞，如楼梯、平台钢栏杆、门窗、建筑配件等，本图所标注的各种留洞与预埋件应与各工种密切配合后，确认无误方可施工。

(2) 两种材料的墙体交接处，应根据饰面材质在做饰面前加钉金属网或在施工中加贴玻璃丝网格布，防止裂缝。

(3) 预埋木砖及贴邻墙体的木质面均做防腐处理，露明铁件均做防锈处理。

(4) 顶层楼梯间或房间临屋面处外墙浇筑细石混凝土翻边，详见大样图。屋面女儿墙临屋面处外墙浇筑细石混凝土翻边，详见大样图。临楼层室外平台处外墙浇筑细石混凝土翻边，详见大样图。

(5) 厕所厨房内外墙临楼面处均浇筑细石混凝土翻边，高 200，宽同墙体。

(6) 除注明的以外，所有临空处栏杆高度距楼地面完成面高度多层及低层建筑为 1050。落地玻璃窗以及窗下墙小于 900 时应设护窗栏杆，护窗栏杆详见大样图。

(7) 所有通风土建风道内壁均用 1:2.5 水泥砂浆抹面，随砌随粉，其他设备管道井楼面预留洞待管线安装完毕后一律用混凝土封闭洞口。

(8) 所有施工图必须报各政府相关部门审批通过后方可施工。施工中应严格执行国家各项施工质量验收规范。

15.2.2 建筑构造做法

1．外装修工程

(1) 外装修设计和做法索引见“立面图”及外墙详图。

(2) 设有外墙内保温的建筑构造详见索引标准图及外墙详图。

(3) 外装修选用的各项材料其材质、规格、颜色等，均由施工单位提供样板，经建设和设计单位确认后进行封样，并据此验收。

(4) 外墙主体保温材料采用挤塑聚苯板，做法详见××省工程建设标准设计图集。

2．建筑构造做法

建筑构造做法如表 15.3 所示。

表 15.3 建筑构造做法一览表

	编号	名称	做法及说明	适用区域
地面	G1	水泥地面	40 厚 C20 细石砼找平保护层，提浆抹光，内配ϕ4@200 单层双向抗裂钢筋网片	地下储藏室
			100 厚碎石夯实(黄砂冲填空隙)	
			2∶8 灰土分层夯实，压实系数 95%	
			现浇钢筋抗渗混凝土底板(厚度详结施，抗渗等级≥P6)	
			40 厚 C20 细石混凝土保护层	
			无纺布隔离保护层(200 克/平方米)	
			3 厚 SBS 改性沥青卷材防水层	
			100 厚 C15 混凝土垫层提浆抹光	
楼面	F1	防水楼面	20 厚 1∶2.5 水泥砂浆保护层	卫生间
			1.2 厚双组份聚氨酯涂膜防水层，翻上至窗台底	
			20 厚 1∶2.5 水泥砂浆找平层，沿墙四周及竖管根部抹小八角	
			现浇钢筋混凝土楼板	
	F2	防水楼面	20 厚聚合物防水砂浆找坡找平层，沿墙四周竖管根部抹小八角	厨房
			素水泥浆结合层一道	
			现浇钢筋混凝土楼板随捣随平	
	F3	防水楼面	20 厚 1∶2.5 水泥砂浆保护层	阳台、空中花园
			2.0 厚双组份聚氨酯涂膜防水层,四周沿墙、柱面上反不小于 30cm，上反部分厚度为 1.2	
			20 厚 1∶2.5 抗裂水泥砂浆找平	
			C20 细石混凝土找坡 1%，最薄处 20 厚，坡向地漏	
			素水泥砂浆+108 胶	
			现浇钢筋混凝土板	
	F4	水泥楼面	20 厚 1∶2.5 水泥砂浆找平层	住宅其他房间
			素水泥浆结合层一道	
			现浇钢筋混凝土楼板随捣随平，表面浮浆清除干净	
	F5	地砖楼面	10 厚地砖贴面，水泥浆擦缝	公共楼梯间
			撒素水泥(洒适量水泥浆)	
			20 厚 1∶2 干硬性水泥砂浆粘结层	
			刷素水泥浆一道	
			现浇钢筋混凝土板	
	F6	地下室顶板	覆种植土(另详园景设计)	地下室顶板室外地面
			碎石滤水层(另详园景设计)	
			100 厚 C30 细石混凝土内配ϕ6@200 双向钢筋	
			20 厚 1∶2 水泥砂浆保护层	
			无纺布隔离保护层(200 克/m)	
			3 厚 SBS 改性沥青卷材防水层(耐穿刺要求)	
			最薄处 20 厚细石混凝土找平找坡层，原浆收光	
			现浇钢筋混凝土屋面板	

续表

	编号	名称	做法及说明	适用区域
屋面	R1	防水保温平屋面建筑找坡 2%	50 厚 C30 抗渗混凝土内配　4@200 双向，随浇随抹平，分仓 3 米见方(沿女儿墙设伸缩缝，缝宽 10mm，防水油膏嵌缝)	平屋面、下层有房间的露台 注：防水层在反梁交接处需在反梁的顶部、侧面满铺，在墙柱交接处翻起高度不小于 300，翻起部分防水做 20 厚 1∶3 水泥砂浆保护层
			岩棉保温板(燃烧性能 A 级)厚度详各户型节能设计专篇，导热系数小于 0.0289W/MK)	
			20 厚 1∶2.5 水泥砂浆保护层	
			2.0 厚双组份聚氨酯涂膜防水层	
			20 厚 1∶2.5 抗裂水泥砂浆找平	
			C20 细石混凝土找坡 2%，最薄处 20 厚	
			素水泥砂浆+108 胶	
			现浇钢筋混凝土屋面板	
	R2	平屋面建筑找坡 1%	10 厚 1∶2.5 水泥砂浆保护层	钢筋混凝土雨篷、室外空调凹槽底板，注：防水层在墙柱交接处翻起高度、做法同上
			1 厚双组份聚氨酯涂膜防水层	
			10 厚 1∶2.5 聚合物水泥砂浆找平层	
			C20 细石混凝土找坡 1%，最薄处 20 厚	
			现浇钢筋混凝土板	
	R3	防水保温坡屋面	红色西班牙陶土筒瓦	坡屋面 注：斜坡屋面和外墙交接部位需采用 2．0 厚双组份聚氨酯涂膜防水层，具体做法参照相关设计节点
			1∶1.4 水泥石灰砂浆坐浆	
			50 厚 C30 抗渗混凝土内配 4@200 双向(ϕ4 钢筋保护层 20mm 厚)，随浇随抹平(3m×3m 分隔缝，缝宽 10mm，防水油膏嵌缝)	
			岩棉保温板(燃烧性能 A 级)厚度详见各户型节能设计专篇，导热系数小于 0.0289W/M·K)	
			20 厚 1∶2.5 水泥砂浆保护层	
			无纺布隔离保护层(200 克/g/m^2)	
			3 厚 SBS 改性沥青卷材防水层	
			20 厚 1∶2.5 抗裂水泥砂浆找平	
			素水泥砂浆+108 胶	
			现浇钢筋混凝土屋面板	
内墙面	IW1	水泥砂浆墙面	面层(住户自理)	厨房、卫生间 注：内墙不同材料交接处用钢丝网搭接，搭接长度≥300mm
			10 厚 1∶2.5 水泥砂浆面层细拉毛处理	
			15 厚 1∶2 聚合物抗裂水泥砂浆找平	
			素水泥砂浆+108 胶做喷浆处理	
			基层墙体	
	IW2	水泥砂浆墙面	批白	住宅其他房间 注：内墙不同材料交接处用钢丝网搭接，搭接长度≥300mm
			5 厚 1∶0.3∶3 水泥石灰砂浆粉面	
			15 厚 1∶3∶9 水泥石灰砂浆打底	
			素水泥砂浆+108 胶做喷浆处理	
			基层墙体	

续表

	编号	名称	做法及说明	适用区域
内墙面	IW3	防水涂料墙面	刷外墙防水涂料二道(底涂一道，满刮防潮腻子一道)	阳台(含梁内侧) 注：内墙不同材料交接处用钢丝网搭接，搭接长度≥300mm
			5 厚 1∶0.3∶3 水泥石灰砂浆粉面	
			15 厚 1∶3∶9 水泥石灰砂浆打底	
			素水泥砂浆+108 胶做喷浆处理	
			基层墙体	
	IW4	地下室内墙面	刷(白色)防霉乳胶漆两道	地下室内墙 注：内墙不同材料交接处用钢丝网搭接，搭接长度≥300mm
			满刮防霉腻子	
			5 厚 1∶0.3∶3 水泥石灰砂浆粉面	
			15 厚 1∶3∶9 水泥石灰砂浆打底，用素水泥浆＋108 胶做喷浆处理	
			墙体	
外墙面	EW1	涂料自保温墙面	喷涂外墙涂料，防水腻子打底	
			弹性底漆、柔性腻子	
			10 厚 1∶2.5 水泥砂浆找平	
			10 厚 1∶3 水泥砂浆打底扫毛	
			刷界面处理剂一道	
			基层墙体(300 厚)	
	EW2	涂料墙面	喷涂外墙涂料，防水腻子打底	无外保温处外墙详立面图
			两道各 5 厚 1∶3 聚合物水泥砂浆分层抹面	
			15 厚 1∶3 水泥砂浆掺聚丙烯纤维	
	EW3	毛石墙面	文化石(做法详专业厂商)	
			10 厚 1∶2.5 水泥砂浆找平	
			10 厚 1∶3 水泥砂浆打底扫毛	
			基层墙体(满挂钢丝网)刷界面处理剂一道	
	EW4	地下室防水墙面	墙体基层	地下室外墙面(地面以下部分，高度由基底做至设计标高)
			3 厚 SBS 改性沥青卷材防水层	
			无纺布隔离保护层(200 克/米 ^{2})	
			20 厚 1∶3 水泥砂浆保护层	
			30 厚聚苯板保护层	
			素土回填分层夯实，压实系数 0.95	
顶棚	C1	涂料平顶	刷白色外墙防水涂料二道(底涂一道，满刮防潮腻子一道)	阳台
			5 厚 1∶2 水泥砂浆抹面	
			10 厚 1∶3 水泥砂浆打底	
			钢筋混凝土板底(梁底)	
	C2 C3	水泥平顶 批白平顶	批白	厨房、卫生间 住宅其余房间
			现浇钢筋混凝土楼板，磨光	
	C4	地下室顶板顶棚	刷白色防霉内墙乳胶漆二道(底涂一道，满刮防潮腻子一道)	地下室顶板顶棚
			5 厚 1∶2 水泥砂浆抹面	
			10 厚 1∶3 水泥砂浆打底	
			现浇钢筋混凝土板	
室外踏步 入户平台			1∶3 干硬性水泥砂浆找平	
			现浇钢筋混凝土板	

15.2.3 门窗工程

(1) 所有与室外空气接触的外窗采用铝型材单框断热桥窗；铝型材表面处理要求如表 15.4 所示，门窗五金件要求为铜质或不锈钢五金件。玻璃厚度为 5 毫米，空气层厚度为 12 毫米，传热系数为 2.7。门窗代号如表 15.4 所示。

表 15.4　铝型材表面处理要求

品　种	阳极氧化、着色	电永涂漆	静电粉末喷涂	氟碳漆喷涂
厚度	AA15	B 级	40~120μm	≥30μm
选用方式			●	

表 15.5　门窗代号

<table>
<tr><th>材　料</th><th>定　义</th><th colspan="2">平面形式/耐火等级</th><th>开启方式</th><th>主开启扇位置</th><th>其　他</th></tr>
<tr><td>铝合金 L</td><td>门 M</td><td colspan="2">平开窗门 A</td><td>固定 G</td><td>左侧(顺时针)1</td><td>开启扇带纱窗 s</td></tr>
<tr><td>木 M</td><td>窗 C</td><td colspan="2">凸窗 B</td><td>平开 P</td><td>右侧(逆时针)2</td><td>部分带百叶 y</td></tr>
<tr><td>钢 G</td><td>门连窗 X</td><td colspan="2">转折窗(门)C</td><td>上悬 S</td><td>居中 3</td><td>部分带玻璃 b</td></tr>
<tr><td rowspan="2">防火门(窗)F</td><td>幕墙 Q</td><td rowspan="2">等级耐火</td><td>甲级 J</td><td>推拉 T</td><td>两侧 4</td><td></td></tr>
<tr><td>百叶 Y</td><td>乙级 Y</td><td></td><td></td><td></td></tr>
</table>

(2) 本工程的外门窗按不同用途、材料及立面要求分别编号，详见门窗立面图(见图 15.9)及门窗表(见表 15.6)。图中门窗所注尺寸均为门窗洞口尺寸。

(3) 门窗立樘：外门窗立樘详见墙身节点图，内门窗立樘除图中另有注明者外，双向平开门立樘墙中，单向平开门立樘开启方向墙面平，管道竖井门设门槛高 200。

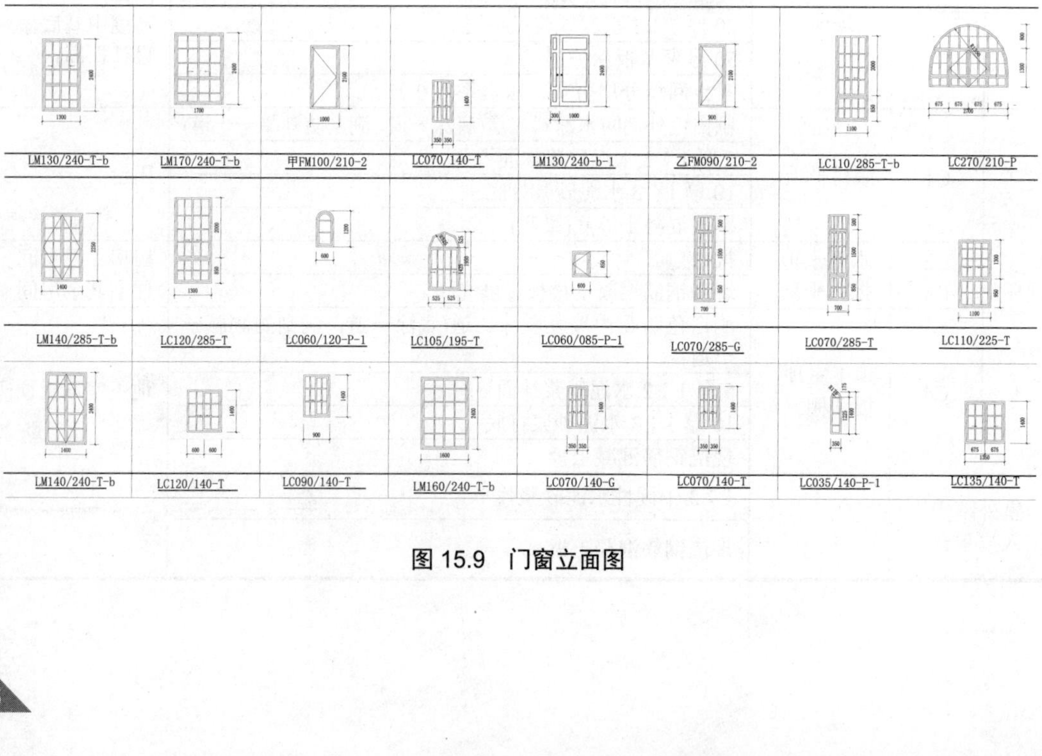

图 15.9　门窗立面图

表 15.6　门窗表

代　号	尺寸/mm		数　量				备　注
	宽度	高度	地下室	一层	二层	总　计	
LC070/140-T	700	1400	1		5	6	
LM130/240-T-b	1300	2400	1			1	
甲 FM090/210-2	900	2100	1			1	甲级防火门
LM170/240-T- b	1700	2400	1			1	
乙 FM090/210-2	900	2100		1		1	乙级防火门
LM30/240-b-1	1300	2400		1		1	安全防卫门
LC110/285-T-b	1100	2850		4		4	
LC270/210-P	2700	2100		1		1	
LM140/225- T -b	1400	2250		1		1	
LC105/195-T	1050	1950		1		1	
LC060/120-P-1	1050	1950		1		1	
LC060/085-P-1	1050	1950		2		2	
LC120/285-T	1050	1950		1		1	
LC070/285-G	1050	1950		2		2	
LC070/285-T	1050	1950		3		3	
LC110/225-T	1100	2250			1	1	
LM140/240-T-b	1400	2400			1	1	
LC060/120-P-1	600	1200			1	1	
LM090/140-T	900	1400			2	2	
LM160/240-T- b	1600	2400			1	1	
LC070/140-G	700	1400			2	2	
LC060/085-P-1	600	850			1	1	
LC135/140-T	1350	1400			1	1	
LC035/140-P-1	350	1400			1	1	
LC120/140-G	1200	1400			1	1	

注：表中门窗代号含义：例如铝合金 3000 宽×1800 高平开凸窗，主开启扇位于右侧，带纱窗：LCB300/180-P-2-s；顺时针方向开启的 850 宽×2100 高单扇木门，编号为 MM085/210-1。

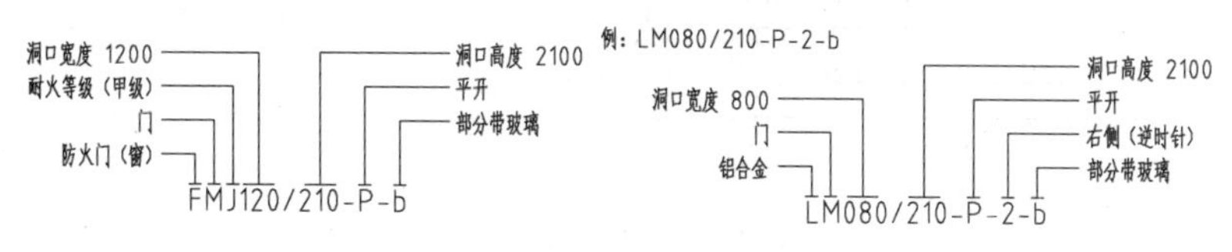

(4) 外墙窗台面须采用 80 毫米厚细石混凝土配筋现浇板，窗框与窗洞口之间的安装间隙应控制在 30 毫米内，间隙内分次插填干硬性纤维水泥砂浆。

15.2.4 建筑施工图

建筑施工平面图如图 15.10～图 15.13 所示。

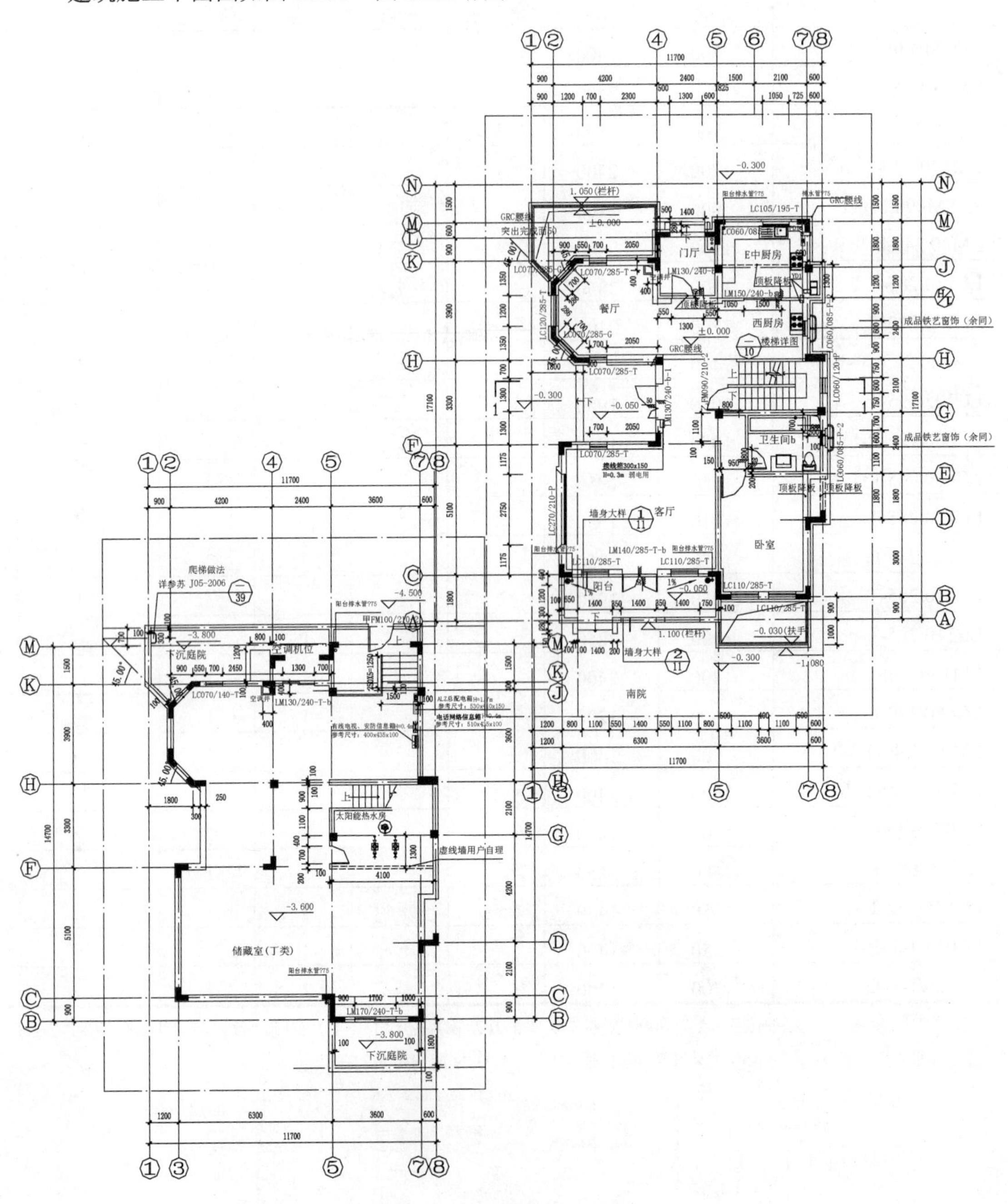

图 15.10　地下室平面图

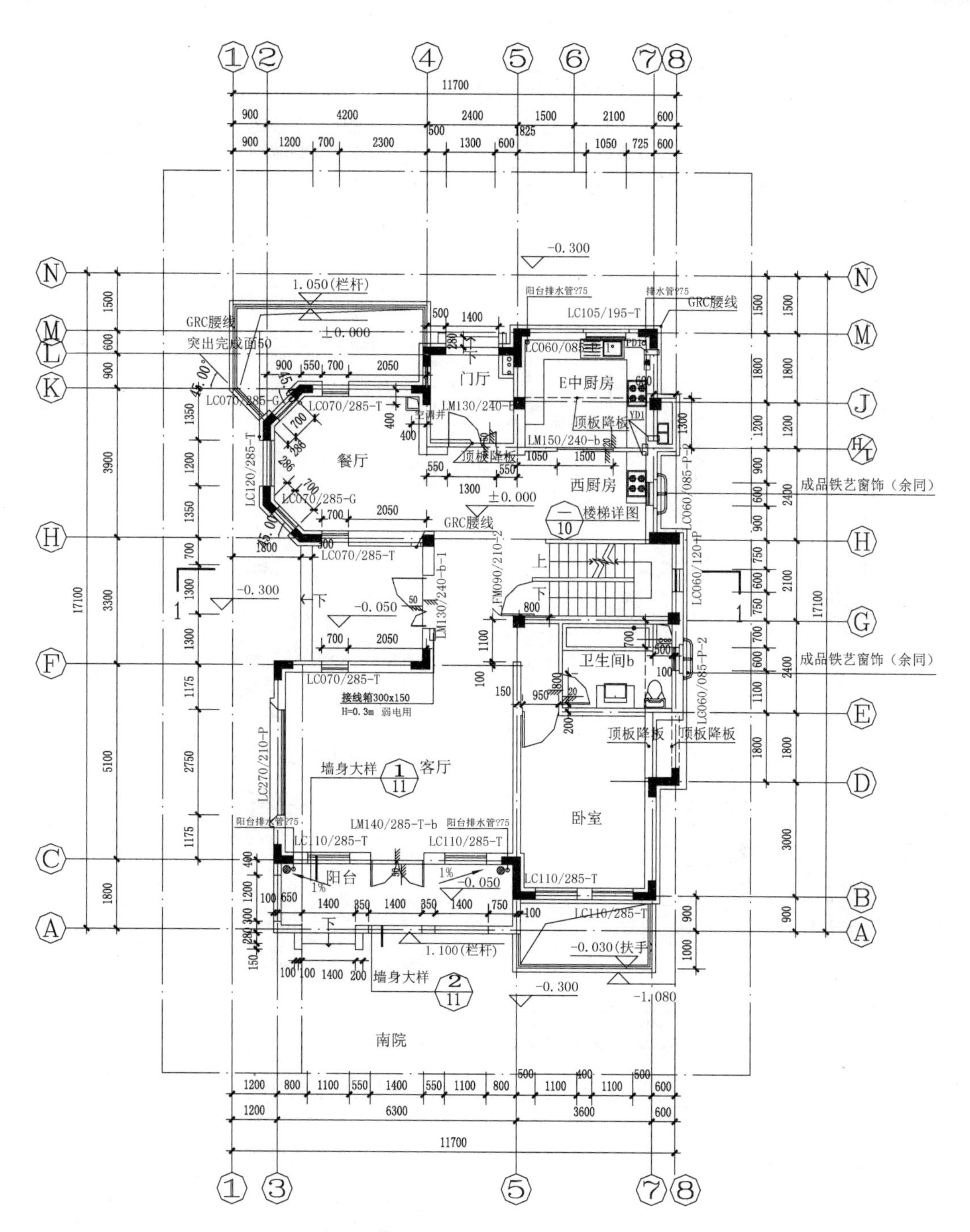

图 15.11　一层的平面图

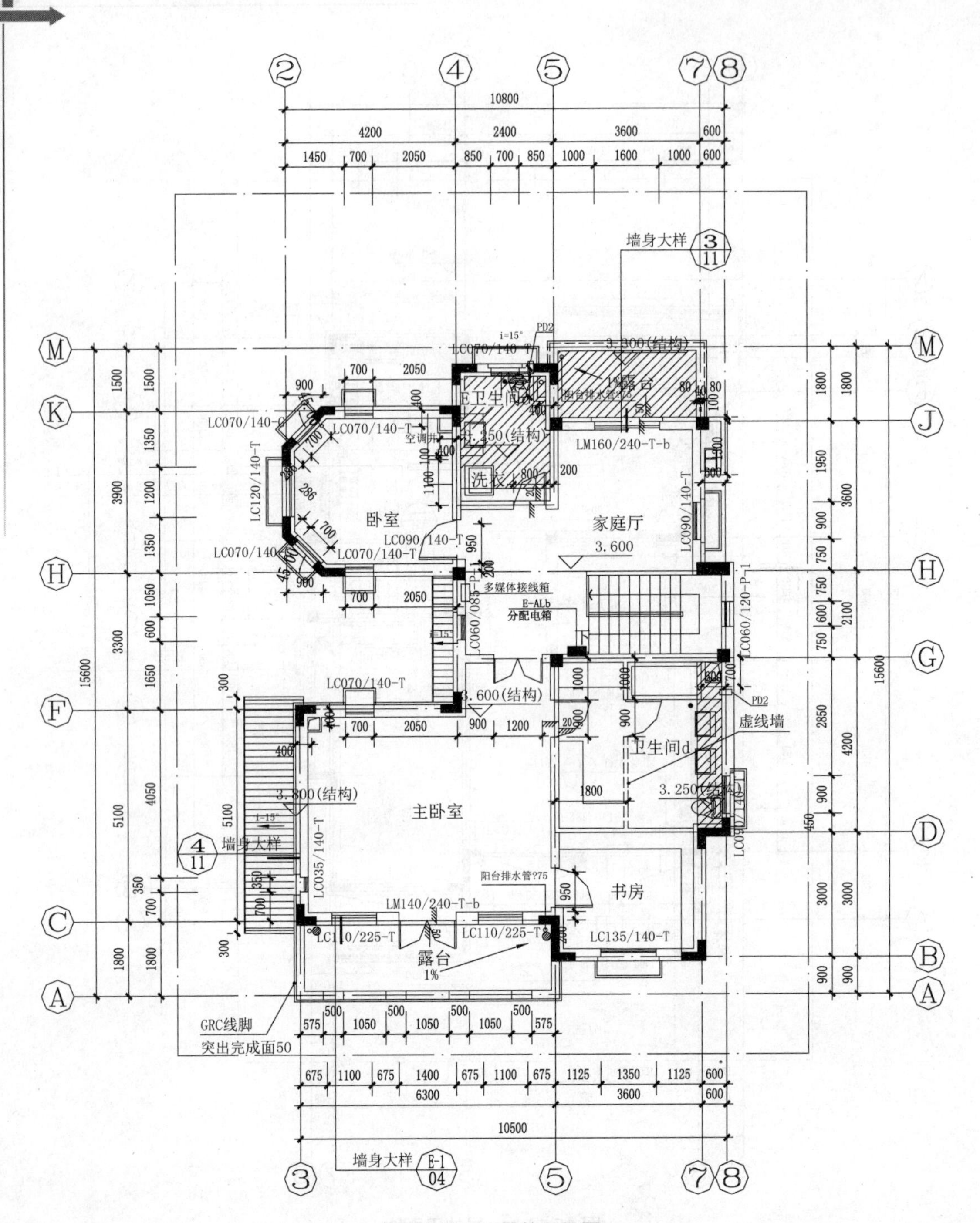

图 15.12　二层的平面图

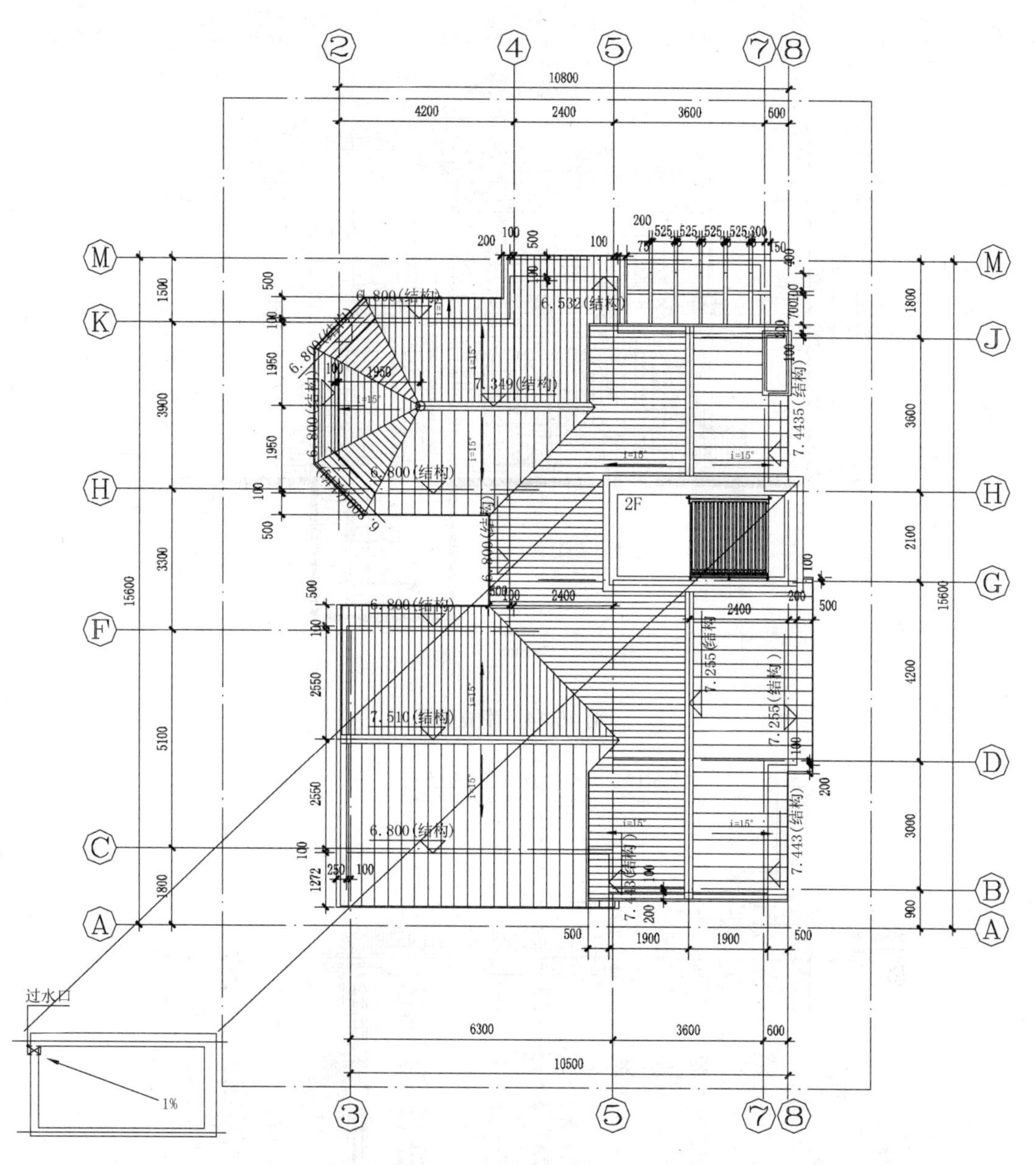

图 15.13 屋顶的平面图

图 15.13 为屋顶的平面图，图 15.14～图 15.17 为立面图；
剖面图如图 15.18 所示，b 卫生间平面图如图 15.19 所示；
楼梯间平面图、剖面图如图 15.20 所示；
节点大样图如图 15.21～图 15.23 所示。

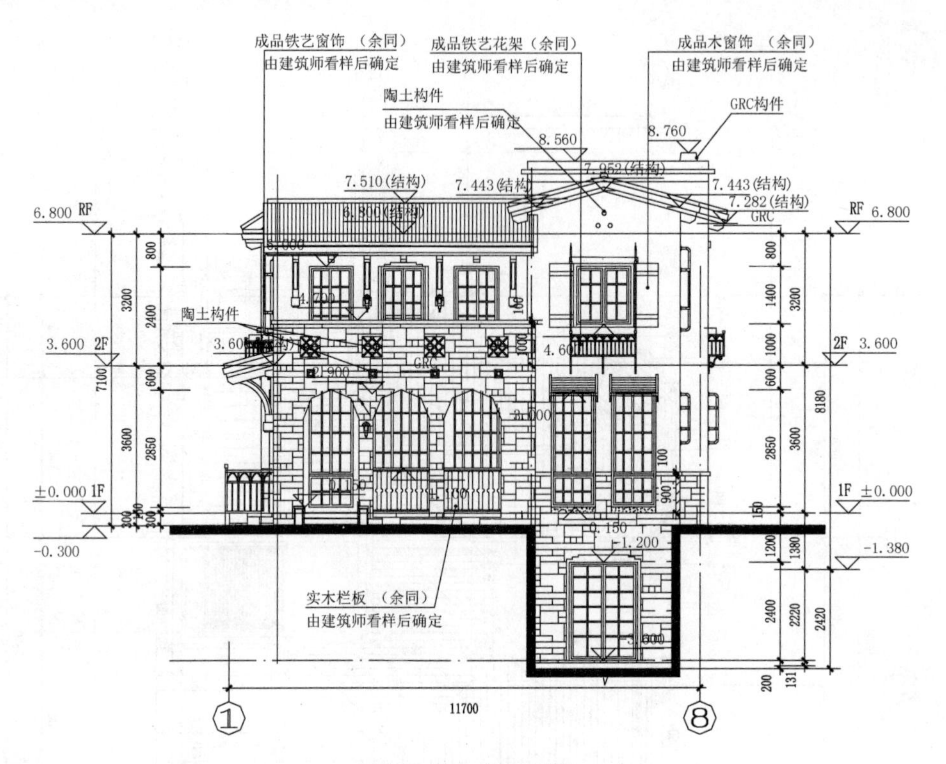

图 15.14　南立面图

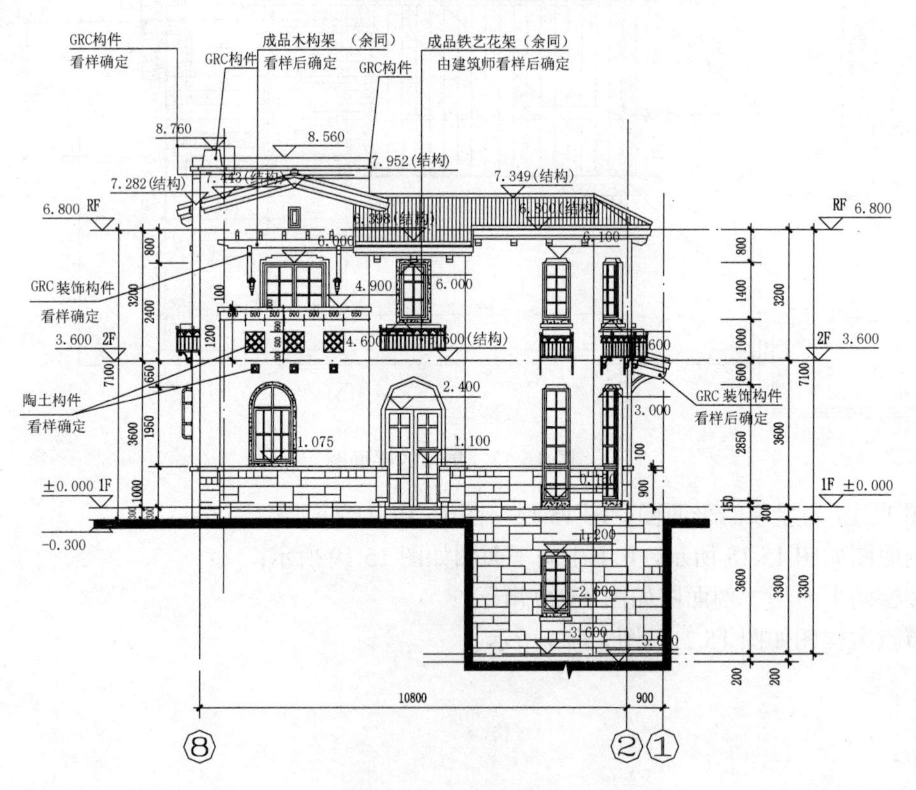

图 15.15　北立面图

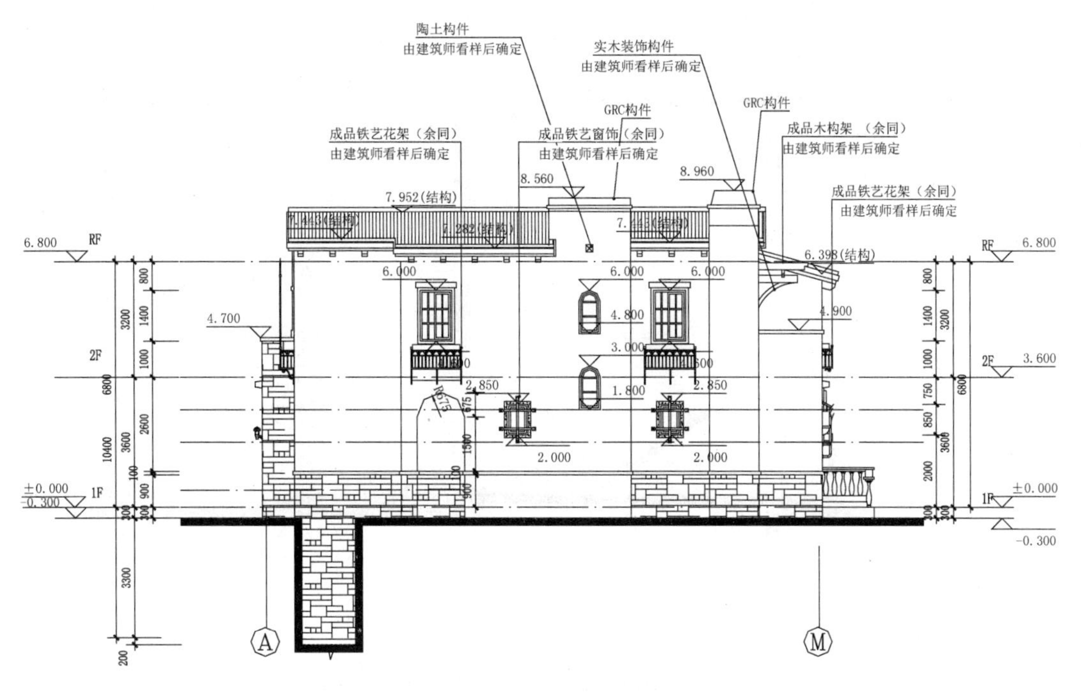

图 15.16　东立面图

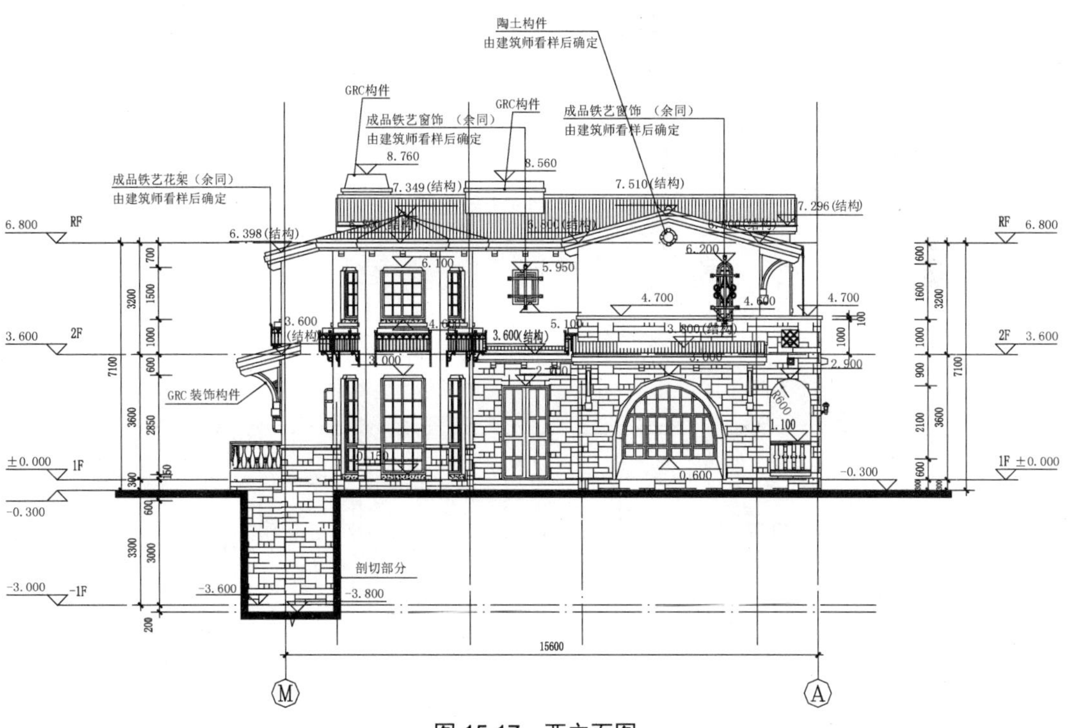

图 15.17　西立面图

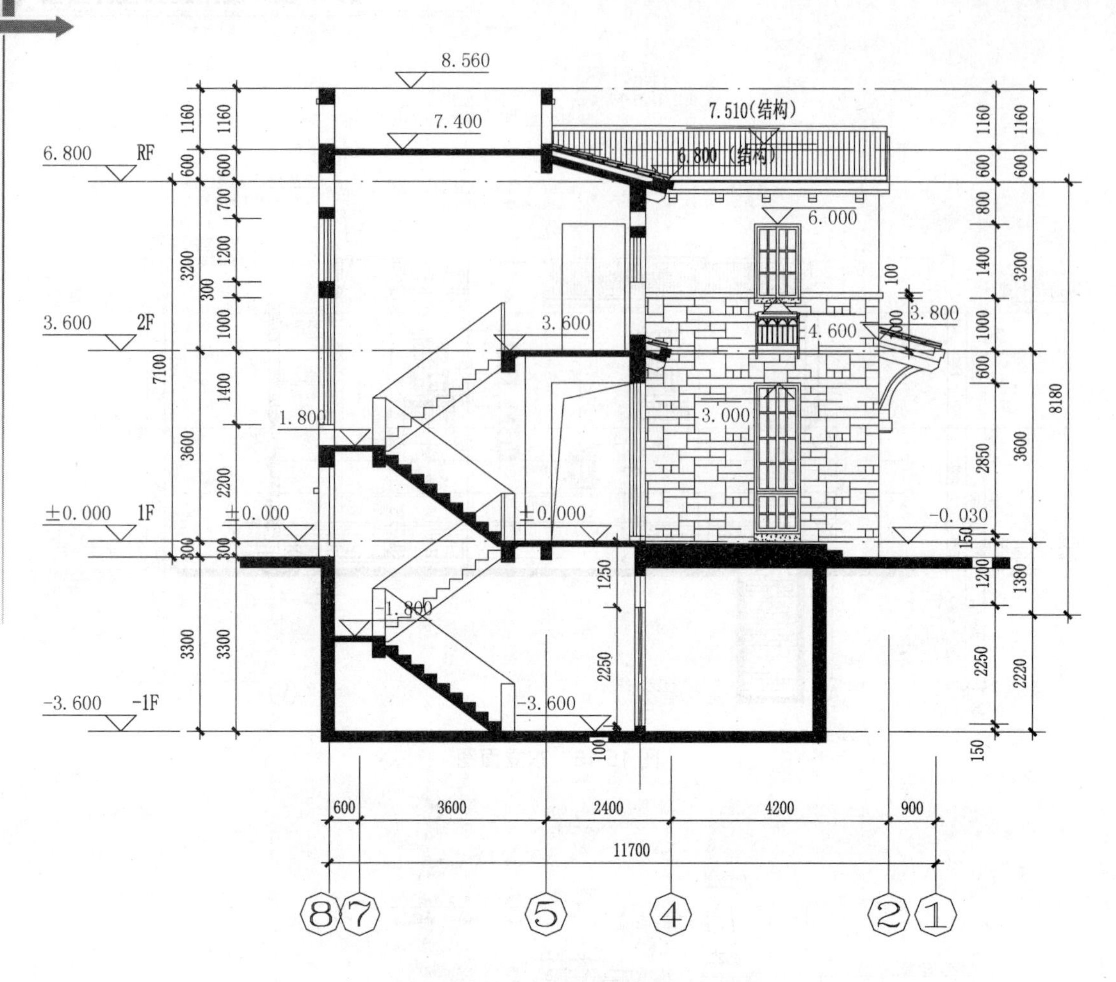

图 15.18 1—1 剖面图

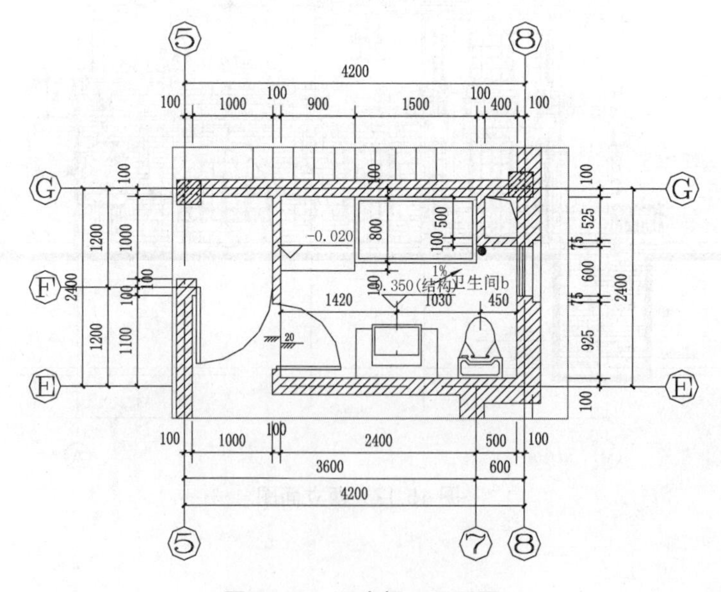

图 15.19 卫生间 b 平面图

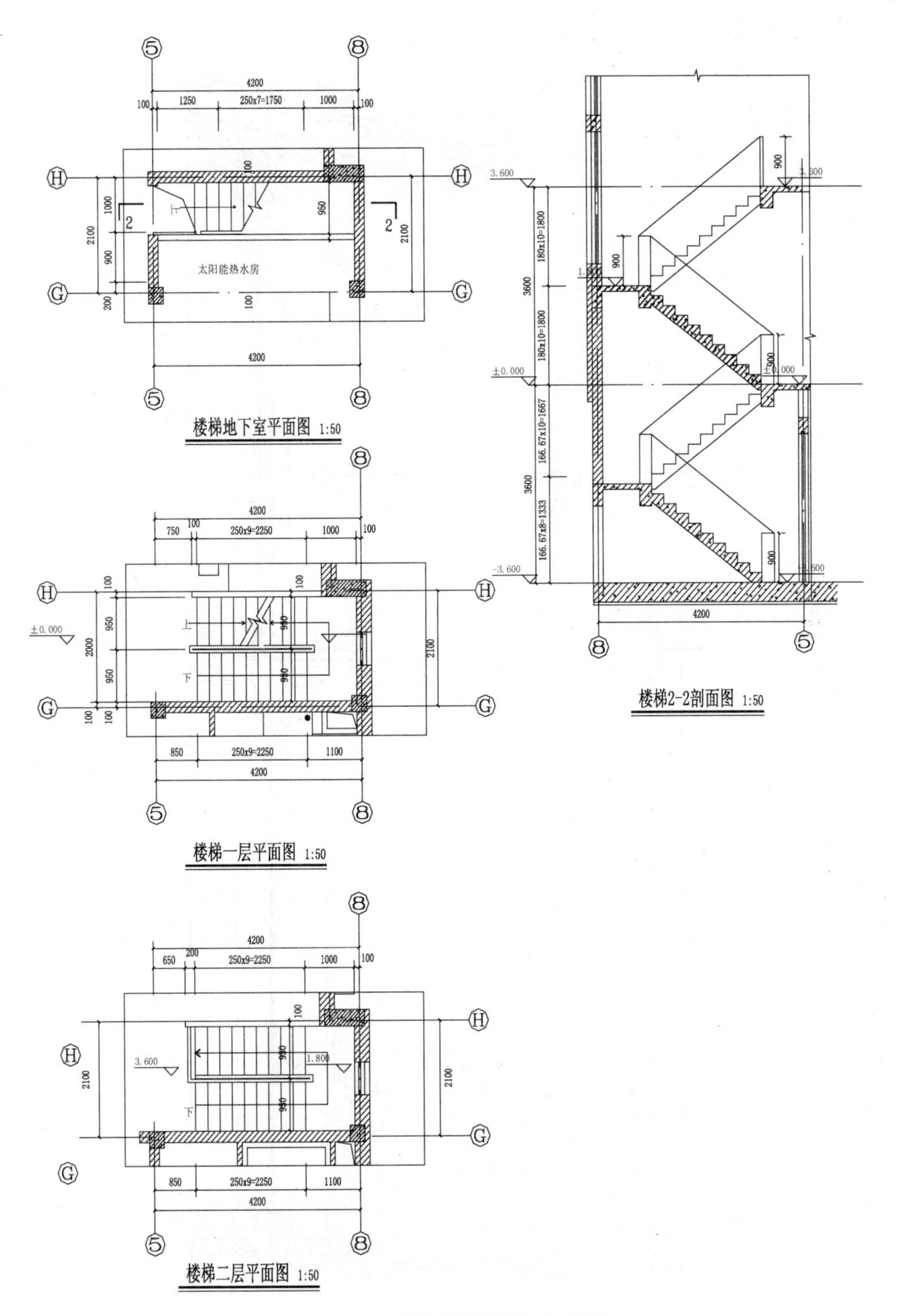

图 15.20　楼梯间平面图、剖面图

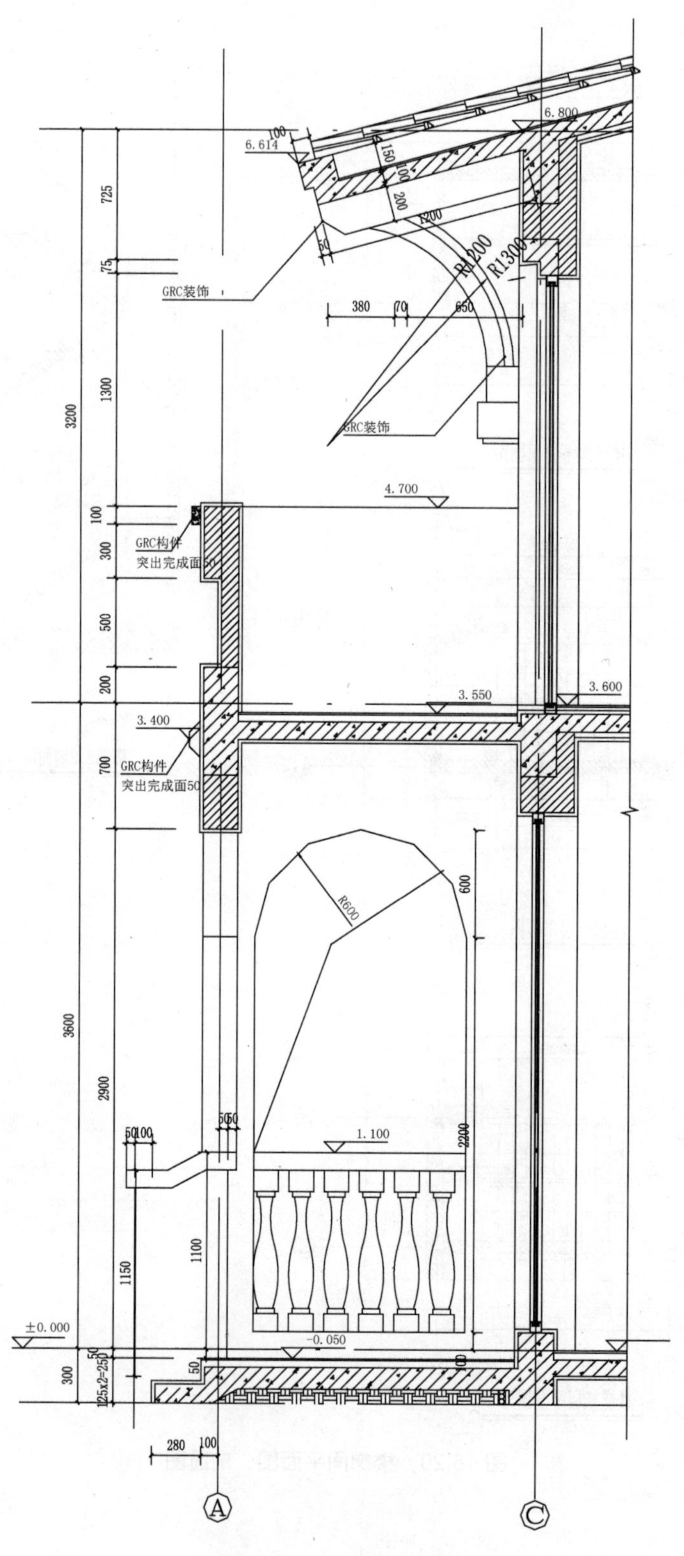

图 15.21　1 墙身大样图

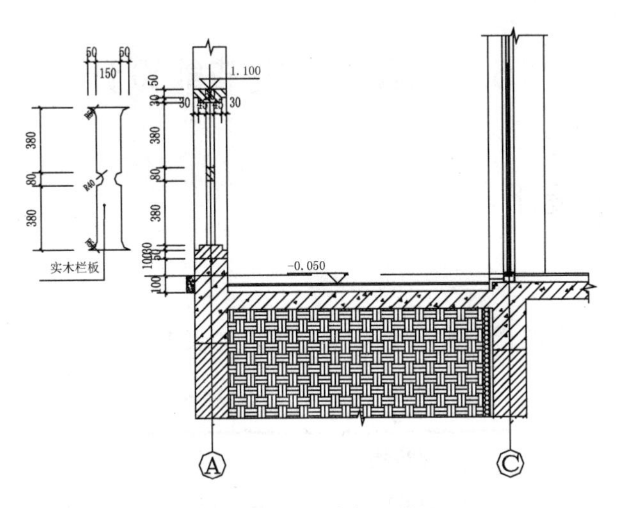

图 15.22　2 墙身大样图

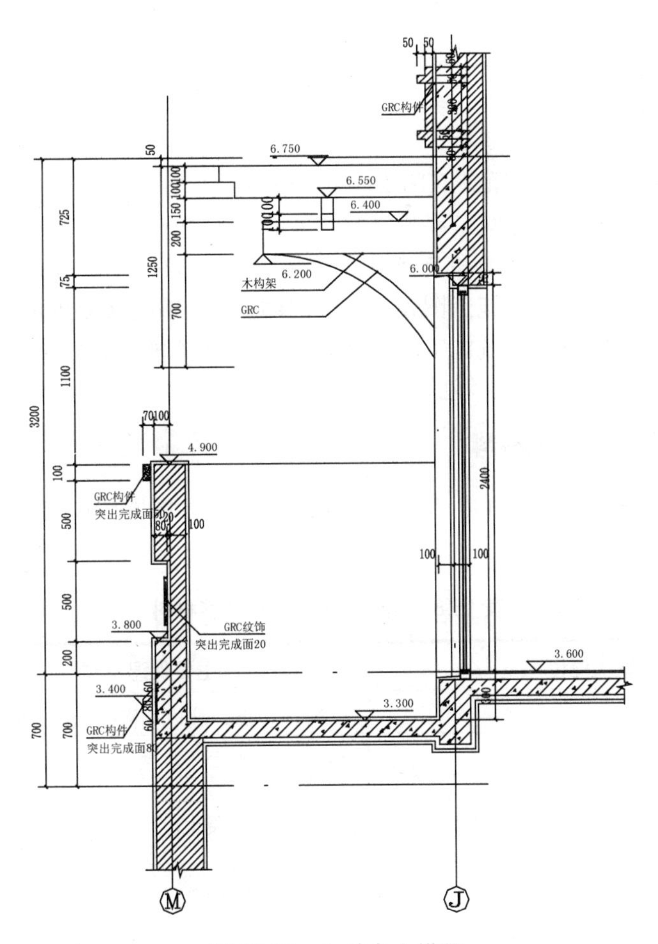

图 15.23　3 墙身大样图

15.3 居住建筑节能设计

15.3.1 建筑节能设计

1.工程概况

该居住工程的工程概况详见本章15.2节内容，如表15.7所示。

表15.7 工程概况

所在城市	气候分区	结构形式	层数	建筑物朝向	体型系数		节能计算面积/m^2	节能设计方法
					工程设计值	规范限值		
苏州	夏热冬冷	框架结构	2	南偏东8度	0.62	0.55	390.98	

2. 节能设计依据

(1)《民用建筑热工设计规范》(GB 50176—1993)
(2)《夏热冬冷地区居住建筑节能设计标准》(JGJ 134—2001)
(3)《江苏省居住建筑热环境和节能设计标准》(DGJ 32/J 71-2008)
(4)《江苏省民用建筑工程施工图设计文件(节能专篇)编制深度规定》(2009年版)
(5)《江苏省太阳能热水系统施工图设计文件编制深度规定》(2008年版)
(6) 国家、省、市现行的相关法律、法规

3. 建筑物维护结构节能材料

本工程外墙墙体材料为300厚ALC加气混凝土砌块，内墙墙体材料为200厚混凝土双排孔砌块190，如表15.8所示。

表15.8 建筑物维护结构节能材料

维护结构部位	主要保温材料	厚度/mm
屋面1	矿棉、岩棉、玻璃棉板(ρ=80～200)	90.00
东、西、南、北向主墙体1	ALC加气混凝土砌块	300.00
冷桥柱1、梁1	ALC加气混凝土砌块	100.00
冷桥过梁1		
冷桥楼板1	模塑聚苯板(EPS)	20.00
底面接触室外空气的架空层或外挑楼板1	矿棉、岩棉、玻璃棉板(ρ=80～200)	50.00
分隔采暖空调居住空间与封闭式非采暖空调空间的隔墙1		
分隔采暖空调居住空间与封闭		

15.3.2　建筑节能节点构造

建筑节能构造节点图如图 15.24～图 15.26 所示。

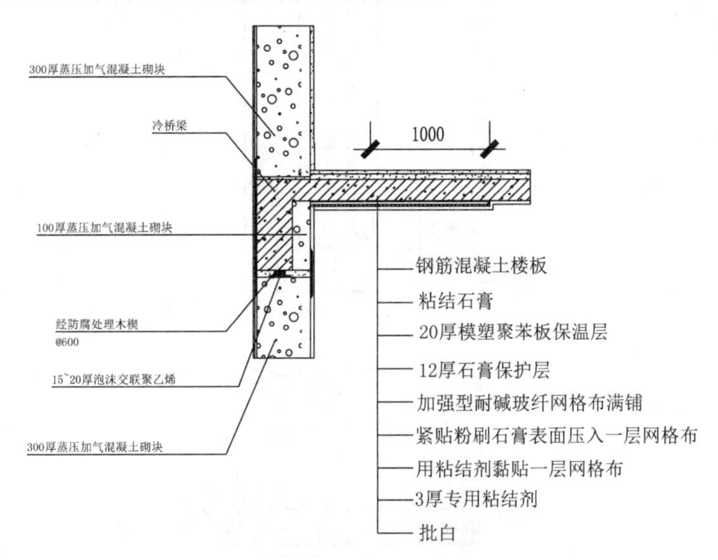

图 15.24　100 厚蒸压加气混凝土砌块(冷桥梁)

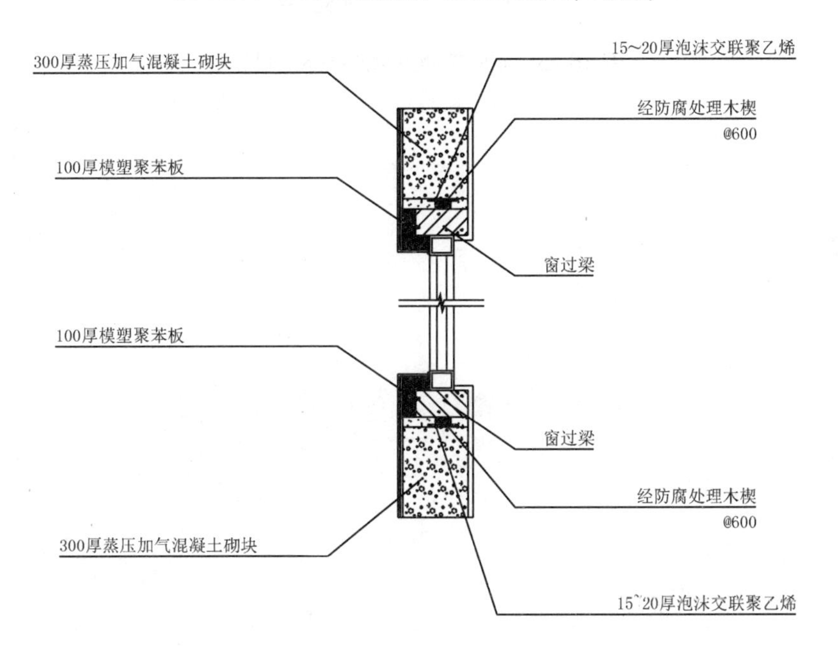

图 15.25　门窗洞上下口保温构造做法

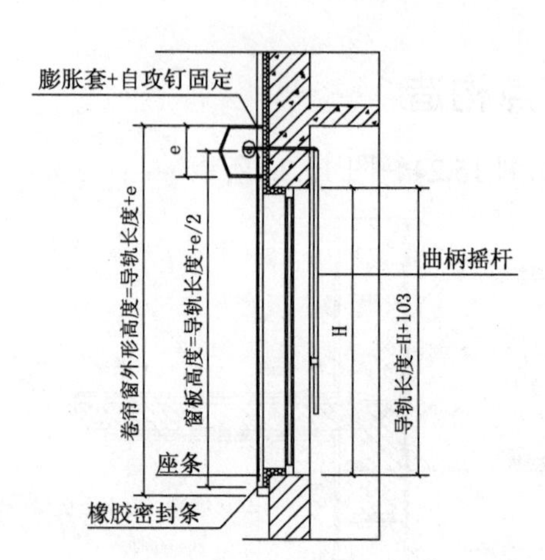

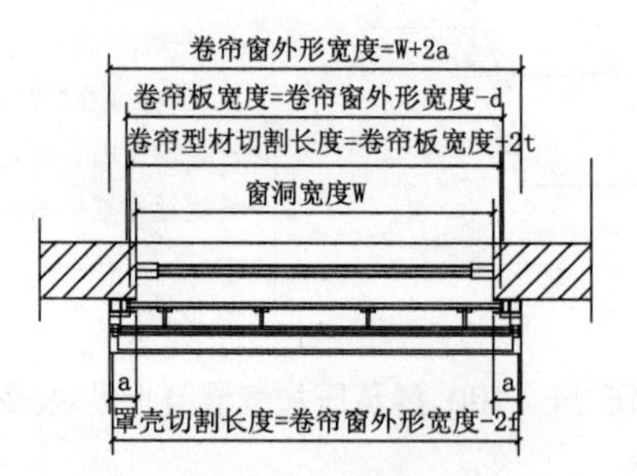

图 15.26　南向手动织物活动外遮阳节点

主要参考文献

1. 赵研. 房屋建筑学. 北京：高等教育出版社，2002
2. 南京工学院建筑系. 建筑构造(第一册). 北京：中国建筑工业出版社，1981
3. 李必瑜. 房屋建筑学. 武汉：武汉工业大学出版社，2003
4. 同济大学，东南大学，西安冶金建筑科技大学，重庆建筑大学. 房屋建筑学. 北京：中国建筑工业出版社，1997
5. 赵研，陈卫华，姬慧. 建筑构造. 北京：中国建筑工业出版社，2000
6. 舒秋华. 房屋建筑学. 武汉：武汉工业大学出版社，2001
7. 袁雪峰，张海梅. 房屋建筑学. 第3版. 北京：科学出版社，2005
8. 建筑识图与构造(本教材编审委员会). 北京：中国建筑工业出版社，2004
9. 李祯祥. 房屋建筑学(上册). 北京：中国建筑工业出版社，1999
10. 建筑设计资料集. 第2版. 北京：中国建筑工业出版社，1996
11. 林晓东. 建筑装饰构造. 天津：天津科学技术出版社，1997
12. 吴健. 装饰构造. 南京：东南大学出版社，2002
13. 韩建新，刘广洁. 建筑装饰构造. 第2版. 北京：中国建筑工业出版社，2004
14. 陈卫华. 建筑装饰构造. 北京：中国建筑工业出版社，2000
15. 李秧耕，何乔治，何峰峰. 电梯基本原理及安装维修全书. 北京：机械工业出版社，2003
16. 崔艳秋，姜丽荣. 房屋建筑学课程设计指导. 北京：中国建筑工业出版社，1999
17. 苏炜. 房屋建筑学. 北京：化学工业出版社，2005
18. 夏林涛，李燕. 建筑构造与识图. 机械工业出版社，2012
19. 房屋建筑制图统一标准 GB/T 50001—2010
20. 总图制图标准 GB/T 50103—2010
21. 建筑制图标准 GB/T 50104—2010
22. 住宅设计规范 GB 50096—2011
23. 建筑设计防火规范 GB 50016—2006